21 世纪全国应用型本科土木建筑系列实用规划教材

土木工程施工

主　编	邓寿昌	李晓目
副主编	刘在今	范建洲
参　编	陈德方	张新胜
	张厚先	张学兵
	杨秀华	赵花丽
	姚金星	
主　审	周先雁	郦　伟

内 容 简 介

本书是以全国高校土木工程学科专业指导委员会组织制定的《土木工程施工课程教学大纲》为依据编写的，力求反映国内外先进的施工技术和施工组织方法，重视基本概念和理论的阐述，培养实际工程中分析问题和解决问题的能力。

全书共16章，分别为第1章土方工程、第2章桩基工程、第3章砌筑工程、第4章混凝土结构工程、第5章预应力混凝土工程、第6章结构安装工程、第7章空间结构安装工程、第8章路桥工程、第9章防水工程、第10章装饰工程、第11章冬期与雨季施工、第12章施工组织概论、第13章流水施工基本原理、第14章网络计划技术、第15章单位工程施工组织设计、第16章施工组织总设计。

本书可作为普通高等学校土木工程专业各专业方向及相关专业的本科教材，也可作为土木工程设计、施工、管理和建设监理工程技术人员的参考书。

图书在版编目(CIP)数据

土木工程施工/邓寿昌，李晓目主编．—北京：北京大学出版社，2006.12
(21世纪全国应用型本科土木建筑系列实用规划教材)
ISBN 978-7-301-11344-8

Ⅰ．土…　Ⅱ．①邓…　②李…　Ⅲ．土木工程—工程施工—高等学校—教材　Ⅳ．TU7

中国版本图书馆CIP数据核字(2006)第146150号

书　　　名：	土木工程施工
著作责任者：	邓寿昌　李晓目　主编
策划编辑：	吴　迪
责任编辑：	刘　丽
标准书号：	ISBN 978-7-301-11344-8/TU·0045
出　版　者：	北京大学出版社
地　　　址：	北京市海淀区成府路205号　100871
网　　　址：	http://www.pup.cn　http://www.pup6.com
电　　　话：	邮购部62752015　发行部62750672　编辑部62750667　出版部62754962
电子邮箱：	pup_6@163.com
印　刷　者：	三河市博文印刷有限公司
发　行　者：	北京大学出版社
经　销　者：	新华书店
	787毫米×1092毫米　16开本　29印张　675千字
	2006年12月第1版　2019年1月第10次印刷
定　　　价：	42.00元

未经许可，不得以任何方式复制或抄袭本书之部分或全部内容。
版权所有，侵权必究　　举报电话：010-62752024
　　　　　　　　　　　　电子邮箱：fd@pup.pku.edu.cn

21世纪全国应用型本科土木建筑系列实用规划教材
专家编审委员会

主　任　彭少民

副主任　(按拼音顺序排名)

　　　　　陈伯望　　金康宁　　李　忱　　李　杰
　　　　　罗迎社　　彭　刚　　许成祥　　杨　勤
　　　　　俞　晓　　袁海庆　　周先雁　　张俊彦

委　员　(按拼音顺序排名)

　　　　　邓寿昌　　付晓灵　　何放龙　　何培玲
　　　　　李晓目　　李学罡　　刘　杰　　刘建军
　　　　　刘文生　　罗　章　　石建军　　许　明
　　　　　严　兵　　张泽平　　张仲先

丛书总序

我国高等教育发展迅速，全日制高等学校每年招生人数至 2004 年已达到 420 万人，毛入学率 19%，步入国际公认的高等教育"大众化"阶段。面临这种大规模的扩招，教育事业的发展与改革坚持以人为本的两个主体：一是学生，一是教师。教学质量的提高是在这两个主体上的反映，教材则是两个主体的媒介，属于教学的载体。

教育部曾在第三次新建本科院校教学工作研讨会上指出："一些高校办学定位不明，盲目追求上层次、上规格，导致人才培养规格盲目拔高，培养模式趋同。高校学生中'升本热'、'考硕热'、'考博热'持续升温，应试学习倾向仍然比较普遍，导致各层次人才培养目标难于全面实现，大学生知识结构不够合理，动手能力弱，实际工作能力不强。"而作为知识传承载体的教材，在高等教育的发展过程中起着至关重要的作用，但目前教材建设却远远滞后于应用型人才培养的步伐，许多应用型本科院校一直沿用偏重于研究型的教材，缺乏针对性强的实用教材。

近年来，我国房地产行业已经成为国民经济的支柱行业之一，随着本世纪我国城市化的大趋势，土木建筑行业对实用型人才的需求还将持续增加。为了满足相关应用型本科院校培养应用型人才的教学需求，从 2004 年 10 月北京大学出版社第六事业部就开始策划本套丛书，并派出十多位编辑分赴全国近三十个省份调研了两百多所院校的课程改革与教材建设的情况。在此基础上，规划出了涵盖"大土建"六个专业——土木工程、工程管理、建筑学、城市规划、给排水、建筑环境与设备工程的基础课程及专业主干课程的系列教材。通过 2005 年 1 月份在湖南大学的组稿会和 2005 年 4 月份在三峡大学的审纲会，在来自全国各地几十所高校的知名专家、教授的共同努力下，不但成立了本丛书的编审委员会，还规划出了首批包括土木工程、工程管理及建筑环境与设备工程等专业方向的四十多个选题，再经过各位主编老师和参编老师的艰苦努力，并在北京大学出版社各级领导的关心和第六事业部的各位编辑辛勤劳动下，首批教材终于 2006 年春季学期前夕陆续出版发行了。

在首批教材的编写出版过程中，得到了越来越多的来自全国各地相关兄弟院校的领导和专家的大力支持。于是，在顺利运作第一批土建教材的鼓舞下，北京大学出版社联合全国七十多家开设有土木建筑相关专业的高校，于 2005 年 11 月 26 日在长沙中南林业科技大学召开了《21 世纪全国应用型本科土木建筑系列实用规划教材》（第二批）组稿会，规划了①建筑学专业；②城市规划专业；③建筑环境与设备工程专业；④给排水工程专业；⑤土木工程专业中的道路、桥梁、地下、岩土、矿山课群组近六十个选题。至此，北京大学出版社规划的"大土木建筑系列教材"已经涵盖了"大土建"的六个专业，是近年来全国高等教育出版界唯一一套完全覆盖"大土建"六个专业方向的系列教材，并将于 2007 年全部出版发行。

我国高等学校土木建筑专业的教育，在国家教育部和建设部的指导下，经土木建筑专业指导委员会六年来的研讨，已经形成了宽口径"大土建"的专业发展模式，明确了土木建筑专业教育的培养目标、培养方案和毕业生基本规格，从宽口径的视角，要求毕业生能从事土木工程的设计、施工与管理工作。业务范围涉及房屋建筑、隧道与地下建筑、公路与城市道路、铁道工程与桥梁、矿山建筑等，并且制定一整套课程教学大纲。本系列教材就是根据最新的培养方案和课程教学大纲，由一批长期在教学第一线从事教学并有过多年工程经验和丰富教学经验的教师担任主编，以定位"应用型人才培养"为目标而编撰，具有以下特点：

(1) 按照宽口径土木工程专业培养方案，注重提高学生综合素质和创新能力，注重加强学生专业基础知识和优化基本理论知识结构，不刻意追求理论研究型教材深度，内容取舍少而精，向培养土木工程师从事设计、施工与管理的应用方向拓展。

(2) 在理解土木工程相关学科的基础上，深入研究各课程之间的相互关系，各课程教材既要反映本学科发展水平，保证教材自身体系的完整性，又要尽量避免内容的重复。

(3) 培养学生，单靠专门的设计技巧训练和运用现成的方法，要取得专门实践的成功是不够的，因为这些方法随科学技术的发展经常改变。为了了解并和这些迅速发展的方法同步，教材的编撰侧重培养学生透析理解教材中的基本理论、基本特性和性能，又同时熟悉现行设计方法的理论依据和工程背景，以不变应万变，这是本系列教材力图涵盖的两个方面。

(4) 我国颁发的现行有关土木工程类的规范及规程，系 1999 年—2002 年完成的修订，内容有较大的取舍和更新，反映了我国土木工程设计与施工技术的发展。作为应用型教材，为培养学生毕业后获得注册执业资格，在内容上涉及不少相关规范条文和算例。但并不是规范条文的释义。

(5) 当代土木工程设计，越来越多地使用计算机程序或采用通用性的商业软件，有些结构特殊要求，则由工程师自行编写程序。本系列的相关工程结构课程的教材中，在阐述真实结构、简化计算模型、数学表达式之间的关系的基础上，给出了设计方法的详细步骤，这些步骤均可容易地转换成工程结构的流程图，有助于培养学生编写计算机程序。

(6) 按照科学发展观，从可持续发展的观念，根据课程特点，反映学科现代新理论、新技术、新材料、新工艺，以社会发展和科技进步的新近成果充实、更新教材内容，尽最大可能在教材中增加了这方面的信息量。同时考虑开发音像、电子、网络等多媒体教学形式，以提高教学效果和效率。

衷心感谢本套系列教材的各位编著者，没有他们在教学第一线的教改和工程第一线的辛勤实践，要出版如此规模的系列实用教材是不可能的。同时感谢北京大学出版社为我们广大编著者提供了广阔的平台，为我们进一步提高本专业领域的教学质量和教学水平提供了很好的条件。

我们真诚希望使用本系列教材的教师和学生，不吝指正，随时给我们提出宝贵的意见，以期进一步对本系列教材进行修订、完善。

本系列教材配套的 PPT 电子教案以及习题答案在出版社相关网站上提供下载。

《21 世纪全国应用型本科土木建筑系列实用规划教材》
专家编审委员会
2006 年 1 月

前　言

随着我国经济建设的不断发展和国际交往的不断深入，工程建设领域对技术人员知识面的要求愈趋宽广，原有的专业口径过窄，不能很好地适应社会需求和国际上土木专业人才培养方案的通行惯例。为此，教育部对普通高等学校相关专业设置进行了调整，土木工程专业的教学内容涵盖了原来的工业与民用建筑工程、道路与桥梁工程这四个相近专业。因此新专业的教学计划、课程内容调整以及新教材的编写就是一项重要的工作，我们根据全国高校土木工程学科专业指导委员会对本专业的教学要求，组织编写了这本土木工程施工教材，作为土木工程专业的施工技术及施工组织课程的教学用书。

本教材着重介绍了大土木工程专业下的房屋建筑、道路与桥梁施工技术，同时也论述了施工组织方面的基本原理，根据国家现行的各种设计和施工规范来介绍和反映土木工程施工的新理论、新技术、新工艺。

土木工程施工是土木工程专业的一门必修的专业课程，它的研究对象是土木工程施工的建造技术规律和劳动组织规律。这里所指的建造技术规律，系指每一个分部分项工程的工艺原理、施工方法、操作技术、机械选用及工法优选；这里所讲的劳动组织规律，系指在建造中的人力、材料、机械设备、资金这些要素的约束条件下、在有限的时间和空间内，对各要素进行有方向、有时序、有先后的时空上的统筹安排，诸如全场性的施工部署、施工方案的优选、开工程序、进度安排、资源的配置、生产和生活基地的规划、科学的组织及实现现代化管理的方法和手段。只有正确掌握建造技术规律和劳动组织规律，才能有效地、科学地组织施工，从而保证人尽其才，物尽其用，以最少的消耗取得最大的投资效益。

本课程具有涉及知识面广、交叉性强、发展迅速等特点。对施工规律的研究需要运用数学、力学、材料、测量、结构、机电、运筹学及有关管理方面的基础理论，是土木工程专业所有课程的综合应用。作为应用性的专业课，其研究内容均来源于丰富的工程实践，需要我们用毕生的精力甚至几代人的时间去上下求索。随着我国建设事业与科学技术的不断发展，新理论、新技术、新工艺、新材料、新方法层出不穷，现代化施工管理方面也硕果累累。这些，为我们编写本教材提供了丰富的材料。

土木工程施工主要培养学生具有独立分析与解决土木工程建造中有关施工技术与组织管理的一般问题。本书是在土木工程专业调整与课程体系改革的基础上，根据土木工程施工的教学任务和面向21世纪土木类人才培养目标，土木工程学科专业指导委员会对课程设置及教学大纲的要求组织编写的，编写中重视基本概念和理论的阐述、基本理论的分析与应用。同时，随着教学改革的发展趋势，教学课时相对以前会越来越少的特点，篇幅不能编得很大，在考虑专业适用面的前提下，内容尽量精简。

本书的编写定位在满足普通高校土木工程专业教学的要求上；力求综合运用有关学科的基本理论和知识，以解决工程建造的实践问题；理论联系实际，以应用为主；力求符合新规范、新标准和有关技术法规。着眼于解决土木工程施工的关键和施工组织的主要矛盾；着重方案性问题的探讨和技术经济比较；重点剖析影响工程质量的因素及对策；综合论述施工工艺管理和工序操作要点；阐明先进技术和科学管理对发展生产、保证质量、加速工程建设、提高综合经济效益的重要意义。努力做到深入浅出、通俗易懂。

本书由邓寿昌和李晓目主编，周先雁(中南林业科技大学)、郦伟(惠州学院)主审。第1章由中南林业科技大学张新胜编写，第2、3章由南昌工程学院刘在今编写，第4章由孝感学院李晓目编写，第5、6章由南京工程学院张厚先编写，第7章由江西科技师范学院陈德方编写，第8章由孝感学院杨秀华、赵花丽编写，第9章由长江大学姚金星编写，第10章由湘潭大学张学兵编写，第11章由中南林业科技大学邓寿昌编写，第12、13、14章由山西大学范建洲编写，第15、16章由陈德方编写。

由于编者水平有限，时间仓促，不足之处在所难免，衷心希望广大读者批评指正。

编　者

2006年9月

目 录

第1章 土方工程 ... 1
1.1 土的工程分类及性质 ... 1
1.1.1 土的工程分类 ... 1
1.1.2 土的性质 ... 1
1.2 土方工程量计算及场地土方调配 ... 3
1.2.1 场地平整的土方量计算 ... 4
1.2.2 基坑、基槽土方量计算 ... 9
1.2.3 土方调配量的计算 ... 10
1.3 土方边坡与支护 ... 14
1.3.1 土方边坡放坡 ... 15
1.3.2 土壁支护 ... 15
1.4 土方工程施工排水与降水 ... 23
1.4.1 基坑排水 ... 23
1.4.2 降低地下水位 ... 26
1.5 土方机械化施工 ... 35
1.5.1 场地平整施工 ... 35
1.5.2 基坑开挖 ... 37
1.5.3 土方的填筑与压实 ... 40
1.6 思考题与习题 ... 43

第2章 桩基工程 ... 46
2.1 预制桩施工 ... 46
2.1.1 钢筋混凝土预制桩制作、运输和堆放 ... 46
2.1.2 锤击沉桩施工 ... 48
2.1.3 静力压桩施工 ... 54
2.2 灌注桩施工 ... 54
2.2.1 钻孔灌注桩 ... 54
2.2.2 人工挖孔灌注桩 ... 56
2.2.3 套管成孔灌注桩 ... 57
2.2.4 爆扩成孔灌注桩 ... 59
2.3 桩基检测与验收 ... 61
2.3.1 预制桩质量要求及验收 ... 61
2.3.2 灌注桩质量要求及验收 ... 61
2.3.3 桩基静载法检测 ... 62
2.3.4 桩基动载法检测 ... 63
2.4 思考题 ... 64

第3章 砌筑工程 ... 65
3.1 脚手架和垂直运输机械 ... 65
3.1.1 脚手架的作用和种类 ... 65
3.1.2 扣件式钢管脚手架 ... 66
3.1.3 碗扣式钢管脚手架 ... 67
3.1.4 垂直运输机械种类 ... 69
3.2 砌筑材料 ... 71
3.2.1 砌块材料 ... 71
3.2.2 砌筑砂浆 ... 72
3.3 砖石砌体施工 ... 74
3.3.1 砖砌体施工的基本要求 ... 74
3.3.2 砖砌体施工程序 ... 75
3.3.3 砖砌体质量要求 ... 77
3.3.4 石砌体质量要求 ... 78
3.4 砌块砌体施工 ... 80
3.4.1 混凝土小砌块砌体施工 ... 80
3.4.2 蒸压加气混凝土砌块砌体施工 ... 80
3.4.3 粉煤灰砌块砌体施工 ... 81
3.5 思考题 ... 82

第4章 混凝土结构工程 ... 83
4.1 钢筋工程 ... 84
4.1.1 钢筋连接 ... 85
4.1.2 钢筋的配料 ... 92
4.1.3 钢筋的代换 ... 97
4.2 模板工程 ... 97
4.2.1 木模板 ... 98
4.2.2 组合钢模板 ... 100

	4.2.3	模板设计 102
	4.2.4	模板拆除 105
4.3	混凝土工程 105
	4.3.1	混凝土的制备 106
	4.3.2	混凝土的运输 112
	4.3.3	混凝土的浇筑和捣实 115
	4.3.4	混凝土养护 123
	4.3.5	混凝土质量的检查 124
4.4	思考题与习题 126

第5章 预应力混凝土工程 128

5.1	先张法施工 128
	5.1.1	张拉设备与夹具 129
	5.1.2	先张法施工工艺 134
5.2	后张法施工 138
	5.2.1	锚具及预应力筋制作 138
	5.2.2	张拉设备 148
	5.2.3	后张法施工工艺 149
5.3	习题 156

第6章 结构安装工程 157

6.1	起重机械与索具 157
	6.1.1	桅杆式起重机 157
	6.1.2	自行杆式起重机 160
	6.1.3	塔式起重机 164
	6.1.4	索具设备 169
6.2	钢筋混凝土单层工业厂房结构吊装 172
	6.2.1	构件吊装工艺 172
	6.2.2	结构吊装方案 180
	6.2.3	工程实例 187
6.3	轻型钢结构吊装 193
	6.3.1	轻型钢结构构造 193
	6.3.2	轻型钢结构连接 194
	6.3.3	轻型钢结构吊装程序 196
6.4	习题 196

第7章 空间结构安装工程 197

| 7.1 | 网格结构施工 .... 197 |
| | 7.1.1 | 网格结构的制作 .... 197 |

	7.1.2	单元拼装 199
7.2	薄壳结构施工 203
7.3	思考题 207

第8章 路桥工程 208

8.1	道路工程施工 208
	8.1.1	路面基层(底基层)施工 ... 208
	8.1.2	沥青路面施工 214
	8.1.3	水泥混凝土路面施工 222
8.2	桥梁工程施工 228
	8.2.1	预制梁的运输和安装 229
	8.2.2	悬臂体系和连续体系梁桥的施工特点 232
	8.2.3	拱桥施工 241
8.3	思考题 249

第9章 防水工程 250

9.1	屋面防水工程 250
	9.1.1	卷材防水屋面 251
	9.1.2	涂膜防水屋面 255
	9.1.3	刚性防水屋面 257
9.2	地下防水工程 258
	9.2.1	卷材防水层 259
	9.2.2	水泥砂浆防水层 261
	9.2.3	冷胶料防水层 262
	9.2.4	防水混凝土 263
9.3	思考题 264

第10章 装饰工程 266

10.1	抹灰工程 266
	10.1.1	抹灰工程的分类和抹灰层的组成 266
	10.1.2	抹灰基体的表面处理 268
	10.1.3	一般抹灰工程施工工艺 ... 268
	10.1.4	装饰抹灰工程施工工艺 ... 271
10.2	饰面工程 274
	10.2.1	饰面材料的选用及质量要求 275
	10.2.2	饰面板(砖)施工 275
	10.2.3	饰面砖镶贴工艺 279
10.3	幕墙工程 281

		10.3.1	玻璃幕墙	282
		10.3.2	铝合金板玻璃幕墙	285
		10.3.3	石材幕墙	286
	10.4	涂饰工程		286
		10.4.1	油漆涂饰	286
		10.4.2	涂料涂饰	288
	10.5	刷浆工程		291
		10.5.1	常用刷浆材料及配制	291
		10.5.2	刷浆施工	292
	10.6	裱糊工程		292
		10.6.1	常用材料	292
		10.6.2	质量要求	293
		10.6.3	塑料壁纸的裱糊施工	293
	10.7	思考题		295

第11章 冬期与雨季施工 ... 296

- 11.1 冬期与雨季施工的特点 ... 296
  - 11.1.1 冬期施工的特点和准备工作 ... 296
  - 11.1.2 雨季施工的特点、要求和准备工作 ... 297
- 11.2 土方工程冬期施工 ... 298
  - 11.2.1 土的冻结与防冻 ... 298
  - 11.2.2 冻土的融化 ... 301
  - 11.2.3 土的开挖 ... 302
  - 11.2.4 冬期回填土施工 ... 303
- 11.3 混凝土工程冬期施工 ... 304
  - 11.3.1 混凝土冬期施工的界定 ... 304
  - 11.3.2 钢筋工程冬期施工 ... 304
  - 11.3.3 混凝土冬期施工的基本理论和试验 ... 306
  - 11.3.4 混凝土受冻临界强度 ... 310
  - 11.3.5 混凝土冬期施工抗早期冻害的措施 ... 310
  - 11.3.6 混凝土冬期施工的化学外加剂 ... 311
  - 11.3.7 化学防冻外加剂的设计理论和设计方案 ... 317
  - 11.3.8 混凝土冬期施工的工艺要求 ... 318
  - 11.3.9 混凝土拌和物温度计算 ... 320
  - 11.3.10 混凝土的运输及温度损失计算 ... 321
  - 11.3.11 混凝土的浇筑及入模后养护起始温度 T_3 的计算 ... 322
  - 11.3.12 混凝土冬期施工非加热养护方法 ... 323
  - 11.3.13 非大体积混凝土蓄热养护热工计算方法——吴震东公式简介 ... 325
  - 11.3.14 加热养护方法 ... 329
  - 11.3.15 混凝土的测温和质量检查 ... 340
  - 11.3.16 混凝土的拆模和成熟度 ... 341
- 11.4 砌筑工程冬期施工 ... 341
  - 11.4.1 掺盐砂浆法 ... 342
  - 11.4.2 冻结法 ... 343
  - 11.4.3 暖棚法 ... 344
- 11.5 其他工程冬期施工 ... 345
  - 11.5.1 装饰工程冬期施工 ... 345
  - 11.5.2 屋面工程冬期施工 ... 345
- 11.6 雨季施工 ... 346
  - 11.6.1 雨季施工的原则 ... 346
  - 11.6.2 分部分项工程雨季施工措施 ... 346
- 11.7 思考题与习题 ... 348

第12章 施工组织概论 ... 350

- 12.1 基本知识 ... 350
  - 12.1.1 基本建设程序及施工程序 ... 350
  - 12.1.2 土木工程产品及其生产的特点 ... 351
  - 12.1.3 施工对象分解 ... 351
  - 12.1.4 组织施工的基本原则 ... 352
- 12.2 施工准备工作 ... 354
  - 12.2.1 技术准备 ... 354
  - 12.2.2 物资准备 ... 356
  - 12.2.3 劳动组织准备 ... 357

12.2.4 施工现场准备 358
12.3 施工组织设计 358
　12.3.1 施工组织设计的任务和作用 358
　12.3.2 施工组织设计的分类 358
　12.3.3 施工组织设计的编制依据 360
　12.3.4 施工组织设计的基本内容 360
　12.3.5 施工组织设计的编制 361
12.4 思考题 362

第13章 流水施工基本原理 363

13.1 流水施工概述 363
　13.1.1 流水施工的方式 363
　13.1.2 流水施工的实质 365
　13.1.3 流水施工的分类 366
13.2 流水施工参数 367
　13.2.1 工艺参数 367
　13.2.2 空间参数 367
　13.2.3 时间参数 370
13.3 流水施工的组织方法 372
　13.3.1 等节奏流水 372
　13.3.2 异节奏流水 374
　13.3.3 无节奏流水 376
13.4 习题 377

第14章 网络计划技术 379

14.1 网络图的基本概念 379
　14.1.1 网络计划的应用与特点 379
　14.1.2 双代号网络计划的基本形式 380
　14.1.3 单代号网络图 381
　14.1.4 时标网络计划 382
14.2 网络图的绘制与计算 382
　14.2.1 双代号网络图的绘制 382
　14.2.2 双代号网络图时间参数计算 388
　14.2.3 双代号时标网络计划的绘制与计算 393
　14.2.4 网络图在工程中的应用实例 395
14.3 网络计划的优化 398
　14.3.1 工期优化 398
　14.3.2 费用优化 400
　14.3.3 资源优化 402
14.4 网络计划的电算方法简介 405
　14.4.1 建立数据文件 405
　14.4.2 计算程序 406
　14.4.3 输出部分 407
14.5 习题 407

第15章 单位工程施工组织设计 409

15.1 单位工程施工组织设计内容 409
15.2 单位工程施工方案设计 410
　15.2.1 施工方案的基本要求 410
　15.2.2 单位工程施工方案的确定 410
15.3 单位工程施工进度计划和资源需要量计划编制 415
　15.3.1 施工进度计划的形式 415
　15.3.2 编制施工进度计划的一般步骤 416
　15.3.3 资源需要量计划 417
15.4 施工现场布置平面图设计及技术经济指标分析 419
　15.4.1 施工平面图设计的内容、依据和原则 419
　15.4.2 施工平面图设计的步骤 420
　15.4.3 施工平面图管理 422
　15.4.4 主要技术经济指标 422
15.5 单位工程施工组织设计实例 423
15.6 思考题 434

第16章 施工组织总设计 435

16.1 施工组织总设计概述 435
　16.1.1 施工组织总设计的作用与内容 435
　16.1.2 施工组织总设计编制依据和程序 435

16.2 工程概况 436
 16.2.1 建设项目与建设场地
    特点 437
 16.2.2 工程承包合同目标 437
 16.2.3 施工条件 437
16.3 施工部署和施工方案 437
 16.3.1 确定工程施工程序 437
 16.3.2 主要项目的施工方案 438
 16.3.3 明确施工任务划分与组
    织安排 438
 16.3.4 编制施工准备工作计划......438
16.4 施工总进度计划的编制 439
 16.4.1 施工总进度计划的编制
    依据、原则与内容 439

 16.4.2 施工总进度计划的编制
    方法 440
16.5 各项资源需要量与施工准备工作
  计划 442
 16.5.1 各项资源需要量计划 442
 16.5.2 施工准备工作计划 443
16.6 施工总平面图设计 443
 16.6.1 施工总平面图设计的原则
    与内容 443
 16.6.2 施工总平面图的设计
    方法 444
16.7 思考题 446

参考文献 447

第1章 土方工程

教学提示：本章主要研究建筑场地和基坑(槽)施工的基本理论知识和施工技术，包括土的基本性质，土方的开挖、运输和压实。与基坑(槽)施工密切相关的施工排水，基坑边坡稳定措施也是土方工程中重要的施工项目。

教学要求：通过本章学习，了解施工中土的相关性质，了解影响土方边坡稳定的因素，了解基坑排水方法及要求。掌握土方工程量计算方法，熟悉用线性规划进行土方调配的方法。

土木工程施工中，常见土石方工程内容有：场地平整、基坑(槽)与管沟开挖、路基开挖、人防工程开挖、地坪填土、路基填筑以及基坑回填等，以及排水、降水、土壁支撑等准备工作和辅助工程。

土方工程施工往往具有工程量大、劳动繁重和施工条件复杂等特点；土方工程施工受气候、水文、地质、场地限制、地下障碍等因素的影响，加大了施工的难度。在土方工程施工前，应详细分析与核对各项技术资料(如地形图、工程地质和水文地质勘察资料、地下管道、电缆和地下地上构筑物情况及土方工程施工图等)，进行现场调查并根据现有施工条件，制定出技术可行、经济合理的施工方案。

1.1 土的工程分类及性质

1.1.1 土的工程分类

土的种类繁多，从不同的技术角度，分类方法各异。按施工时开挖的难易程度可分为八类，见表1-1。土的开挖难易程度直接影响土方工程的施工方案、劳动量消耗和工程费用。

1.1.2 土的性质

土的主要工程性质有：土的可松性、渗透性、原状土经机械压实后的沉降量、压缩性等，此外还有密实度、抗剪强度、土压力等。

1. 土的可松性

自然状态下的土经开挖后，其体积因松散而增加，称为土的最初可松性，以后虽经回填压实，仍不能恢复到原来的体积，称为土的最终可松性。最初可松性系数用 K_s 表示，最终可松性系数用 K_s' 表示，即

各类土的可松性系数见表1-1。

最初可松性系数 $$K_s = \frac{V_2}{V_1} \tag{1-1}$$

最终可松性系数 $K_s' = \dfrac{V_3}{V_1}$ (1-2)

式中：K_s——土的最初可松性系数；

K_s'——土的最终可松性系数；

V_1——原土的体积(m^3)；

V_2——原土开挖后的松散体积(m^3)；

V_3——松散后经压实后的体积(m^3)。

由于土方工程量是以自然状态的体积来计算的，所以在土方调配、计算土方机械生产率及运输工具数量等的时候，必须考虑土的可松性。

表 1-1 土的工程分类

类 别	土的名称	开挖方法	可松性系数	
			K_s	K_s'
第一类 (松软土)	砂，粉土，冲积砂土层，种植土，泥炭(淤泥)	用锹、锄头挖掘	1.08～1.17	1.01～1.04
第二类 (普通土)	粉质黏土，潮湿的黄土，夹有碎石、卵石的砂，种植土，填筑土和粉土	用锹、锄头挖掘，少许用镐翻松	1.14～1.28	1.02～1.05
第三类 (坚土)	软及中等密实黏土，重粉质黏土，粗砾石，干黄土及含碎石、卵石的黄土、粉质黏土、压实填筑土	主要用镐，少许用锹、锄头，部分用撬棍	1.24～1.30	1.04～1.07
第四类 (砾砂坚土)	重黏土及含碎石、卵石的黏土，粗卵石，密实的黄土，天然级配砂石，软泥灰岩及蛋白石	先用镐、撬棍，然后用锹挖掘，部分用锲子及大锤	1.26～1.37	1.06～1.09
第五类 (软石)	硬石炭纪黏土，中等密实的叶岩、泥灰岩、白垩土，胶结不紧的砾岩，软的石灰岩	用镐或撬棍、大锤，部分用爆破方法	1.30～1.45	1.10～1.20
第六类 (次坚石)	泥岩，砂岩，砾岩，坚实的叶岩、泥灰岩，密实的石灰岩，风化花岗岩、片麻岩	用爆破方法，部分用风镐	1.30～1.45	1.10～1.20
第七类 (坚石)	大理岩，辉绿岩，玢岩，粗、中粒花岗岩，坚实的白云岩、砾岩、砂岩、片麻岩、石灰岩，风化痕迹的安山岩、玄武岩	用爆破方法	1.30～1.45	1.10～1.20
第八类 (特坚石)	安山岩，玄武岩，花岗片麻岩，坚实的细粒花岗岩，闪长岩、石英岩、辉长岩、辉绿岩、玢岩	用爆破方法	1.45～1.50	1.20～1.30

2. 渗透性

渗透性表示单位时间内水穿透土层距离的能力，以 m/昼夜表示。

法国学者达西根据砂土渗透实验，发现如下关系(达西定律)：

$$V = K \cdot i \tag{1-3}$$
$$i = h/l \tag{1-4}$$

式中：V ——渗透水流的速度(m)；

K ——渗透系数(m/d)；

i ——水力坡度；

l ——渗流路程水平投影长度(m)；

h ——渗流路程垂直高差(m)。

渗透系数是降低地下水中计算涌水量的重要参数。常见的土渗透系数见表1-2。

表1-2 土的渗透系数表

土的种类	K/(m/d)	土的种类	K/(m/d)
亚黏土、黏土	<0.1	含黏土的中砖及纯细砂	20~25
亚黏土	0.1~0.5	含黏土的细砂及纯中砂	35~50
含亚黏土的粉砂	0.5~1.0	纯粗砂	50~75
纯粉砂	1.5~5.0	粗砂夹砾石	50~100
含黏土的细砂	10~15	砾石	100~200

3. 原状土经机械压实的沉降量

原状土经机械往返压实或经其他压实措施后，会产生一定的沉陷，根据不同土质，其沉降量一般在3~30cm之间。可按下述经验公式计算：

$$S = \frac{P}{C} \tag{1-5}$$

式中：S ——原状土经机械压实后的沉降量(cm)；

P ——机械压实的有效作用力(kg/cm^2)，对容量为6~8m^3的铲运机可取0.6MPa，对100马力推土机可取0.4MPa；

C ——原状土的抗陷系数(kg/cm^3)，可按表1-3取值。

表1-3 不同土的C值参考表

原状土质	C/MPa	原状土质	C/MPa
沼泽土	0.01~0.015	大块胶结的砂、潮湿黏土	0.035~0.06
凝滞的土、细粒砂	0.018~0.025	坚实的黏土	0.10~0.125
松砂、松湿黏土、耕土	0.025~0.035	泥灰石	0.13~0.18

1.2 土方工程量计算及场地土方调配

在土方工程施工之前，必须计算土方的工程量。主要有土方平整量、调配量和土方开挖量计算。一般情况下，将土方划分成一定的几何形状，采用一定精度的方法进行计算。

1.2.1 场地平整的土方量计算

场地平整的工作就是将天然地面改造成我们所要求的设计平面。由设计平面的标高和天然地面的标高之差,可以得到场地各点的施工高度,由此可计算场地平整的土方量。

场地平整土方量的计算方法通常有方格网法和断面法。方格网法适用于地形较为平坦的地区,断面法则多用于地形起伏变化较大的地区。以方格网法为例,其计算步骤如下:

1. 场地设计标高的确定

选择设计标高,需考虑以下因素:(1)满足生产工艺和运输的要求;(2)尽量利用地形,以减少挖方数量;(3)场地以内的挖方与填方能达到相互平衡以降低土方运输费用;(4)要有一定的泄水坡度(≥2‰),使其满足排水要求;(5)考虑最高洪水位的要求。

当设计文件上对场地标高无特定要求时,场地的设计标高可照下述步骤和方法确定。

1) 初步计算场地设计标高

将地形图划分方格,方格一般采用 20m×20m~40m×40m,如图 1.1(a)所示。每个方格的角点标高,一般根据地形图上相邻两等高线的标高,用插入法求得;在无地形图的情况下,也可在地面用木桩打好方格网,然后用仪器直接测出。

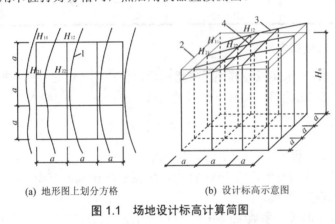

(a) 地形图上划分方格　　　(b) 设计标高示意图

图 1.1　场地设计标高计算简图

1—等高线;2—设计标高平面;3—自然地面;4—零线

一般说来,理想的设计标高,应该使场地内的土方在平整前和平整后相等而达到挖方和填方的平衡,如图 1.1(b)所示,即

$$H_0 N a^2 = \sum a^2 \left(\frac{H_{11} + H_{12} + H_{21} + H_{22}}{4} \right) \tag{1-6}$$

所以

$$H_0 = \sum \left(\frac{H_{11} + H_{12} + H_{21} + H_{22}}{4N} \right) \tag{1-7}$$

式中:H_0——计算的场地设计标高(m);

　　　a——方格边长(m);

　　　N——方格个数;

　　　H_{11},…,H_{22}——任一个方格的 4 个角点的标高(m)。

从图 1.1 中可看出,H_{11} 系一个方格的角点标高,H_{12} 和 H_{21} 均系 2 个方格公共的角点标高，H_{22}则系 4 个方格公共的角点标高。如果将所有方格的 4 个角点标高相加，那么，类似H_{11}这样的角点标高加了 1 次，类似H_{12}和H_{21}的标高加了 2 次，而类似H_{22}的标高则加了 4 次。因此，上式可改写成下列的形式：

$$H_0 = \left(\frac{\sum H_1 + 2\sum H_2 + 3\sum H_3 + 4\sum H_4}{4N}\right) \tag{1-8}$$

式中：H_1、H_2、H_3、H_4——分别为一个方格、二个方格、三个方格、四个方格所共有的角点标高(m)。

2) 计算设计标高的调整值

式(1-8)所计算的标高，纯系理论计算值，实际上，还需考虑以下因素进行调整：

(1) 由于土具有可松性，必要时应相应地提高设计标高。

(2) 由于设计标高以上的各种填方工程用土量影响设计标高的降低，或者设计标高以下的各种挖方工程而影响设计标高的提高。

(3) 由于边坡填挖土方量不等(特别是坡度变化大时)而影响设计标高的增减。

(4) 根据经济比较结果，而将部分挖方就近弃土于场外，或将部分填方就近取土于场外而引起挖填土的变化，需增减设计标高。

3) 考虑泄水坡度对设计标高的影响

(1) 单向泄水时，场地各点设计标高的求法。

当考虑场地内挖填平衡的情况下，用式(1-8)计算出的设计标高H_0，作为场地中心线的标高如图 1.2 所示，场地内任意一点的设计标高则为：

$$H_n = H_0 \pm l \cdot i \tag{1-9}$$

式中：H_n——场内任意一点的设计标高(m)；

l——该点至H_0的距离(m)；

i——场地泄水坡度(不小于 2‰)；

$\pm$——该点比H_0高则取"+"号，反之取"–"号。

(2) 双向泄水时，场地各点设计标高的求法。

其原理与前相同，如图 1.3 所示。H_0为场地中心点标高，场地内任意一点的设计标高为：

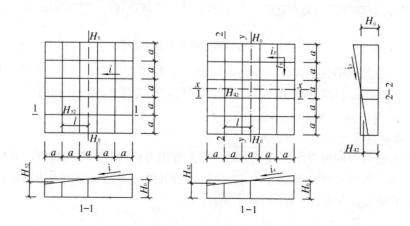

图 1.2　单向泄水坡度的场地　　图 1.3　双向泄水坡度的场地

H_0-H_0—垂直泄水方向的场地中心线；x-x、y-y—分别为经过平整场地中心的x、y方向线

$$H_n = H_0 \pm l_x \cdot i_x \pm l_y \cdot i_y \tag{1-10}$$

式中：l_x、l_y——该点在 x-x、y-y 方向距场地中心线的距离(m)；

i_x、i_y——该点于 x-x、y-y 方向的泄水坡度。

2. 场地平整土方量计算

根据每个方格角点的自然地面标高和实际采用的设计标高，算出相应的角点填挖高度，然后计算每一个方格的土方量，并算出场地边坡的土方量，再将场地上所有方格和边坡的挖填土方量分别求和，这样即可以得到整个场地的挖、填土总方量。

1) 场地各方格的土方量的计算

计算步骤如下：

(1) 根据已有地形图划分成若干个方格网，尽量与测量的纵、横坐标网对应。将设计坐标和自然地面标高分别标注在方格点的右上角和右下角。设计地面标高与自然地面标高的差值，即各角点的施工高度(挖或填)，填写在方格网的左上角，挖方为"—"，填方为"＋"，如图1.4所示。各方格网点的挖填高度 h_n 计算公式：

$$h_n = H_n - H \tag{1-11}$$

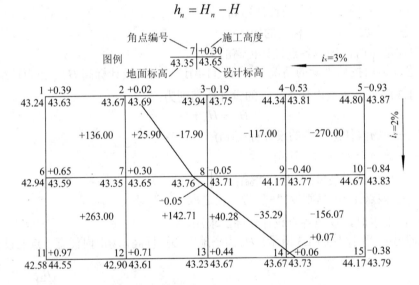

图 1.4 方格网计算土方工程量图

式中：h_n——各角点的挖填高度，即施工高度(m)，以"＋"为填，以"—"为挖；

H_n——角点的设计标高(m)，若无泄水坡时，即为场地的设计标高；

H——角点的自然地面标高(m)。

(2) 计算零点位置。

在一个方格网内同时有填方或挖方时，要先算出方格网边的零点位置，并标注于方格网上，连接零点就得零线，是填方区与挖方区的分界线。零点位置可采用图解法直接求出或用计算公式确定，如图1.5和图1.6所示。

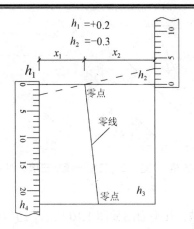 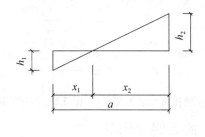

图 1.5　零点位置图解法　　　图 1.6　零点位置计算示意图

h_1、h_2—分别为填和挖角点施工高度；　x_1、x_2—分别为零点至填和挖角点水平距离

(3) 计算方格土方工程量。

四角点全为填方或挖方(如图 1.7 所示)方格土方量的计算公式：

$$V = \frac{a^2}{4}\sum h = \frac{a^2}{4}(h_1 + h_2 + h_3 + h_4) \tag{1-12}$$

式中：a——方格网的边长(m)；

　　　h_1、h_2、h_3、h_4——方格网四角点的施工高度(m)，用绝对值代入；

　　　$\sum h$——填方或挖方施工高度的总和(m)，用绝对值代入；

　　　V——挖方或填方体积(m^3)。

两个角点填方，另外两个角点挖方(如图 1.8 所示)方格土方量的计算公式：

$$V_{填} = \frac{a^2}{4}\left(\frac{(\sum h_{填})^2}{h_1 + h_2 + h_3 + h_4}\right) \tag{1-13}$$

$$V_{挖} = \frac{a^2}{4}\left(\frac{(\sum h_{挖})^2}{h_1 + h_2 + h_3 + h_4}\right) \tag{1-14}$$

式中：a——方格网的边长(m)；

　　　h_1、h_2、h_3、h_4——方格网四角点的施工高度(m)，用绝对值代入；

　　　$V_{填}$——填方体积(m^3)；

　　　$V_{挖}$——挖方体积(m^3)。

一个角点填(挖)三个角点挖(填)方，如图 1.9 所示。

$$V_4 = \frac{a^2}{6}\frac{h_4^3}{(h_1 + h_4)(h_3 + h_4)} \tag{1-15}$$

$$V_{1,2,3} = \frac{a^2}{6}(2h_1 + h_2 + 2h_3 - h_4) + V_4 \tag{1-16}$$

式中：a——方格网的边长(m)；

　　　h_1、h_2、h_3、h_4——方格网四角点的施工高度(m)，用绝对值代入；

　　　V_4——挖方或填方体积(m^3)。

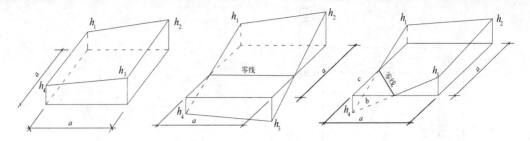

图1.7 全挖或全填方格　　图1.8 两挖和两填方格　　图1.9 三挖一填或三填一挖方格

2) 边坡的土方量的计算

场地挖方区和填方区的边沿,都需要做成边坡,其平面图如图1.10所示。边坡的土方工程量可以划分成两种近似的几何形体,即三角棱锥体(如场地边坡平面图1.10中体积①~③,⑤~⑪即为三角棱锥体)和三角棱柱体(如场地边坡平面图中体积④即为三角棱柱体)。

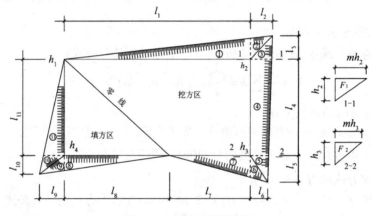

图1.10 场地边坡平面图

(1) 三角棱锥体边坡体积计算公式:

$$V_1 = \frac{1}{3}F_1 \cdot l_1 \tag{1-17}$$

式中：l_1——边坡①的长度(m);

　　　F_1——边坡①的端断面积(m^2),即：$F_1 = \frac{h_2(m \cdot h_2)}{2} = \frac{m \cdot h_2^2}{2}$;

　　　h_2——角点的挖土高度(m);

　　　m——边坡的坡度系数;

　　　V_1——编号为①的三角棱锥体体积(m^3)。

(2) 三角棱柱体边坡体积近似计算公式:

$$V_4 = \frac{F_1 + F_2}{2}l_4 \tag{1-18}$$

较精确计算公式(当两端横断面面积相差很大的情况下采用)：

$$V_4 = \frac{l_4}{6}(F_1 + 4F_0 + F_2) \tag{1-19}$$

式中：l_4——边坡④的长度(m)；

F_1、F_2、F_0——边坡④两端及中部的横断面面积(m^2)；

V_4——编号为④的三角棱柱体体积(m^3)。

3. 计算土方总量

将挖方区或填方区所有方格计算的土方量和边坡土方量汇总，即得该场地挖方和填方的总土方量。

1.2.2 基坑、基槽土方量计算

基坑、基槽土方量计算可按立体几何中的拟柱体(由两个平行的平面做底的一种多面体)体积公式计算。

1. 基坑土方量

所谓基坑是指长宽比小于等于3的矩形土体。如图1.11所示，基坑土方量近似计算公式：

$$V = \frac{(A_1 + 4A_0 + A_2)}{6}H \tag{1-20}$$

式中：V——基坑土方量(m^3)；

A_1、A_2——基坑的上、下底面积(m^2)；

A_0——基坑中截面的面积(m^2)；

H——基坑深度(m)。

2. 基槽、路堤土方量

基槽与路堤通常根据其形状(曲线、折线、变截面等)划分成若干计算段，分段计算土方量，然后再累加求得总的土方工程量。基槽第 i 段如图1.12所示。其土方量计算公式：

$$V_i = \frac{(A_{i1} + 4A_{i0} + A_{i2})}{6}L_i \tag{1-21}$$

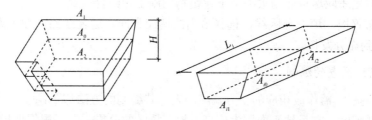

图1.11 基坑土方量计算　　图1.12 基槽土方量计算

将各段土方量相加即得总土方量：

$$V = V_1 + V_2 + L + V_n \tag{1-22}$$

式中：V——基槽总土方量(m^3)；

V_i——第 i 段基槽土方量(m^3)；

A_{i1}、A_{i2}——基槽的上、下底面积(m^2);

A_{i0}——基槽中截面的面积(m^2);

L_i——基槽长度(m)。

1.2.3 土方调配量的计算

土方调配,就是对挖土的利用、堆弃和填土的取得三者之间的关系进行综合协调的处理。好的土方调配方案,应该是使土方运输量或费用达到最小,而且又能方便施工。

如图 1.13 所示是土方调配的两个例子。图上注明了挖填调配区、调配方向、土方数量以及每对挖、填区之间的平均运距。如图 1.13(a)所示共有 4 个挖方区,3 个填方区,总挖方和总填方相等。土方的调配,仅考虑场地内的挖填平衡即可解决(这种条件下的土方调配可采用线性规划的方法计算确定)。如图 1.13(b)所示也有 4 个挖方区,3 个填方区,挖、填工程量虽然相等,但由于地形窄长,故采取就近弃土和就近借土的办法解决土方的平衡调配。

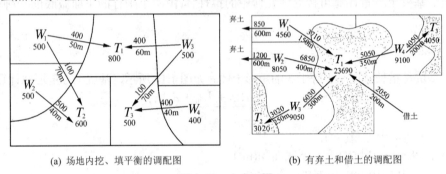

(a) 场地内挖、填平衡的调配图　　(b) 有弃土和借土的调配图

图 1.13　土方调配

注:箭头上面的数字表示土方量(m^3),箭头下面的数字表示运距(m);W、T—分别表示挖土区和填土区。

1. 土方调配原则

(1) 应力求达到挖、填平衡和运距最短的原则。

(2) 土方调配应考虑近期施工与后期利用相结合的原则。

(3) 土方调配应采取分区与全场相结合来考虑的原则。

(4) 土方调配还应尽可能与大型地下建筑物的施工相结合。

(5) 合理布置挖、填方分区线,选择恰当的调配方向、运输线路,使土方机械和运输车辆的性能得到充分发挥。

2. 土方调配图表的编制

场地土方调配,需作成相应的土方调配图表,其编制的方法如下:

(1) 划分调配区。在场地平面图上先划出挖、填区的分界零线;根据地形及地理条件,把挖方区和填方区再适当地划分为若干调配区,其大小应满足土方机械的操作要求,例如调配区的大小应大于或等于机械的铲土长度。

(2) 计算土方量。计算各调配区土方量,并标明在图上。

(3) 求出每对调配区之间的平均运距。

取场地或方格网中的纵横两边为坐标轴,分别求出各区土方的重心位置,即

$$\bar{x} = \frac{\sum V \cdot x}{\sum V} \qquad (1\text{-}23)$$

$$\bar{y} = \frac{\sum V \cdot y}{\sum V} \qquad (1\text{-}24)$$

式中：$\bar{x}$、$\bar{y}$——挖或填方调配区的重心坐标；

V——每个方格的土方量(m^3)；

x、y——每个方格的重心坐标。

有时因地形复杂，重心的计算颇为繁琐，所以也有用作图法近似地求出形心位置以代替重心位置的，此法用得较多。

当挖方区土方重心和填方区土方重心分别求出后，标于相应的调配区图上，然后用比例尺量出每对调配区之间的平均运距。

当填、挖方调配区之间的平均运距较远，采用汽车、自行式铲运机或其他运土工具沿工地道路或规定线路运土时，其运距应按实计算。

3. 土方最优调配方案

好的调配方案就是要在最大限度地保护自然地貌的情况下，使土方总的运输量最小。

根据挖填平衡的原则，该问题可列出如下数学模型：

目标方程：

$$\min Z = \sum_{i=1}^{m}\sum_{j=1}^{n} c_{ij} \cdot x_{ij} \qquad (1\text{-}25)$$

约束条件：

$$\sum_{j=1}^{n} x_{ij} = a_i \quad i=1,2,L,m \qquad (1\text{-}26)$$

$$\sum_{i=1}^{m} x_{ij} = b_j \quad j=1,2,L,n \qquad (1\text{-}27)$$

$$\sum_{i=1}^{m} a_i = \sum_{j=1}^{n} b_j \qquad (1\text{-}28)$$

$$x_{ij} \geqslant 0 \qquad (1\text{-}29)$$

式中：x_{ij}——从第i挖方区运土至第j填方区的土方量(m^3)；

c_{ij}——从第i挖方区运土至第j填方区的平均运距或单价价格(km)；

a_i——第i挖方区的挖方量(m^3)；

b_j——第j填方区的填方量(m^3)。

满足约束条件的解有无穷多个，同时满足目标方程的解也可能有多个解。大型的土方工程，可利用电算求解该线性规划问题。如果是中小工程，挖填方数目不多，可采用如下的"表上作业法"求解土方调配问题。

1) 作初始调配方案

在调配过程中对运距最小者优先满足土方调配要求。按照运距由小到大的顺序，从表1-4中可知道W_2至T_2运距最短，为40，首先满足它的要求。由题意我们知道W_2的挖方量为 500，而 T_2 所需填方量为 600，所以，最多 W_2 只能给 T_2 运送 500。我们把 500 记入表中。W_2 的挖方量已全部用完，可将这一行没有土方调配的方格中画上×。将 W_4 给 T_3 运送 400、W_1 给 T_1 运送 500、W_3 给 T_1 运送 300、W_3 给 T_3 运送 100、W_3 给 T_2 运送 100，依次将这些数据记入表中，没有土方调配的方格都画上×。至此，调配初始方案完成。其结果见表 1-4。

表 1-4　土方平衡运距表

挖方区	填方区						挖方量/m³
	T_1		T_2		T_3		
W_1	500	50	×	70	×	100	500
W_2	×	70	500	40	×	90	500
W_3	300	60	100	110	100	70	500
W_4	×	80	×	100	400	40	400
填方量/m³	800		600		500		1900

注：表中 W、T 分别表示挖土和填土，下标数字表示相应的挖土和填土区的代码，以下同。

2) 判断是否最优方案

编制的初始方案考虑了就近调配的原则，所求的总运输量是较小的。但这并不能保证其总运输量最小，因此还需要进行判别是否为最优方案。在"表上作业法"中，判别是否是最优方案的方法有许多。采用"假想价格系数法"求检验数较清晰直观。该方法是设法求得无调配土方的方格(如本例中的 W_1—T_2，W_1—T_3，W_4—T_2 等方格)的检验数 λ_{ij}，只有当全部检验数 $\lambda_{ij} \geq 0$，则该方案为最优调配方案，否则不是最优方案，尚需调整。

首先求出表中各个方格的假想价格系数 c'_{ij}，有调配土方的假想价格系数 $c'_{ij} = c_{ij}$，无调配土方方格的假想系数用下式计算：

$$c'_{ef} + c'_{pq} = c'_{eq} + c'_{pf} \tag{1-30}$$

式(1-30)的意义是构成任一矩形的 4 个方格内对角线上两方格的假想价格系数之和相等。利用已知的假想价格系数，组合适当的方格构成一个矩形，逐个求解未知的 c'_{ij}。求得的 c'_{ij} 可写在如表 1-4 所示相应的方格中右下角。由 $c'_{21} + c'_{32} = c'_{22} + c'_{31}$。可得 $c'_{21} = -10$。同理可求 $c'_{11} = 50$，$c'_{22} = 40$，$c'_{31} = 60$，$c'_{32} = 110$，$c'_{33} = 70$，$c'_{43} = 40$，见表 1-5。

假想价格系数求出后，按下式求出表中无调配土方方格的检验数：

$$\lambda_{ij} = c_{ij} - c'_{ij} \tag{1-31}$$

把表中无调配土方的方格右边小格的运距和下方假想价格的数字相减即可。如 $\lambda_{21} = 70 - (-10) = +80$，$\lambda_{12} = 70 - 100 = -30$。将计算结果填入表 1-6。在表 1-6 方格中左下角只写出各检验数的正负号，我们只对检验数的符号感兴趣，而检验数的值对求解结果无关，可不填入具体值。

表 1-5 计算假想价格系数

挖方区	填方区						挖方量/m³
	T_1		T_2		T_3		
W_1	500	50	×	70	×	100	500
		50		100		60	
W_2	×	70	500	40	×	90	500
		−10		40		0	
W_3	300	60	100	110	100	70	500
		60		110		70	
W_4	×	80	×	100	400	40	400
		30		80		40	
填方量/m³	800		600		500		1900

表 1-6 中出现了负检验数，说明初始方案不是最优方案，需进一步调整。

3) 方案的调整

首先，在所有负检验数中选最小一个，本例中就是 λ_{12}，把它所对应的变量 x_{12} 作为调整对象。然后，找出 x_{12} 的闭回路。其作法是：从 x_{12} 方格出发，沿水平与竖直方向前进，遇到适当的有数字的方格作 90°转弯(也不一定转弯)，然后继续前进，如果路线恰当，有限步后便能回到出发点。形成一条以有数字的方格为转角点的、用水平和竖直线连起来的闭回路，见表 1-7。

其次，从空格 x_{12} 出发，沿着闭回路(方向任意)一直前进，在各奇数次转角点(以 x_{12} 出发点为 0)的数字中，挑出一个最小的"100"，将它由 x_{32} 调到 x_{12} 空方格中。

最后，将"100"填入 x_{12} 方格中，被调出的 x_{32} 为 0，该格变为空格；同时将闭回路上其他的奇数次转角上的数字都减去"100"，偶数次转角上数字都增加"100"，使得填挖方区的土方量仍然保持平衡，这样调整后，便可得到新的调配方案见表 1-8。

表 1-6 计算检验数

挖方区	填方区						挖方量/m³
	T_1		T_2		T_3		
W_1	500	50	×	70	×	100	500
		50	−	100		60	
W_2	×	70	500	40	×	90	500
	+	−10		40	+	0	
W_3	300	60	100	110	100	70	500
		60		110		70	
W_4	×	80	×	100	400	40	400
	+	30	+	80		40	
填方量/m³	800		600		500		1900

表 1-7 求解闭回路

挖方区	填方区 T₁		填方区 T₂		填方区 T₃		挖方量/m³
W_1	500 ↓	50 50	← ×	70 100	× +	100 60	500
W_2	× +	70 −10	500	40 40	× +	90 0	500
W_3	300 →	60 60	100 ↑	110 110	100	70 70	500
W_4	× +	80 30	× +	100 80	400	40 40	400
填方量/m³	800		600		500		1900

表 1-8 第一次调整后的调配方案

挖方区	填方区 T₁		填方区 T₂		填方区 T₃		挖方量/m³
W_1	400	50 50	100 −	70 100	× +	100 60	500
W_2	× +	70 −10	500	40 40	× +	90 0	500
W_3	400	60 60	+	110 110	100	70 70	500
W_4	× +	80 30	× +	100 80	400	40 40	400
填方量/m³	800		600		500		1900

至此，便得到一个"调整方案"。该调整方案是否为最优方案，仍需用"检验数"来判断，如果检验中仍有负数出现，那就仍按上述步骤继续调整，直到全部检验数 $\lambda_{ij} \geqslant 0$，找出最优方案为止。

1.3 土方边坡与支护

土方在开挖方过程中或填方后，边坡的稳定主要是靠土体的内摩阻力和黏结力来保持平衡的。一旦土体失去平衡，基坑(槽)边坡土方局部或大面积塌落或滑塌。边坡塌方会引起人身事故，同时会妨碍基坑开挖或基础施工，有时还会危及附近的建筑物。

造成土壁塌方的原因：

一是基坑(槽)开挖较深，边坡过陡，使土体本身的稳定性不够，而引起塌方现象。尤其是土质差、开挖深、大的坑槽中，常会遇到这种情况。

二是在有地表水、地下水作用的土层开挖基坑(槽)时,未采取有效的降、排水措施,使土层湿化,黏聚力降低,在重力作用下失去稳定而引起塌方。

三是边坡顶部堆载过大,或受车辆、施工机械等外力振动影响,使边坡土体中所产生的剪应力超过土体的抗剪强度而导致塌方。

为了防止塌方,保证施工安全,在基坑(槽)开挖深度超过一定限度时,土壁应做成有斜率的边坡,或者对土壁进行支护以保持边坡土壁的稳定。

1.3.1 土方边坡放坡

当无地下水时,在天然湿度的土中开挖基坑,可做成直立壁而不放坡,但开挖深度不宜超过下列数值:

(1) 密实、中密的砂土和碎石类土(充填物为砂土):1.0 m。
(2) 硬塑、可塑的轻亚黏土及亚黏土:1.25m。
(3) 硬塑、可塑的黏土和碎石类土(充填物为黏性土):1.5m。
(4) 坚硬的黏土:2.0m。

当挖方深度大于以上数值,则应放坡。在地质条件良好、土质均匀且地下水位低于基坑(槽)或管沟底面标高时,挖方深度在5m以内不加支撑的边坡的坡度应符合表1-9的规定。黏性土的边坡可陡些,砂性土的边坡则应平缓些。井点降水时边坡可陡些(1:0.33～1:0.7),明沟排水则应平缓些。如果开挖深度大、施工时间长、坑边有停放机械等情况,边坡应平缓些。

表1-9 深度在5m内的基坑(槽)、管沟边坡的最陡坡度

土的类别	边坡坡度(高:宽)		
	坡顶无荷载	坡顶有静载	坡顶有动载
中密的砂土	1:1.00	1:1.25	1:1.50
中密的碎石类土(充填物为砂土)	1:0.75	1:1.00	1:1.25
硬塑的轻亚黏土	1:0.67	1:0.75	1:1.00
中密的碎石类土(充填物为黏性土)	1:0.50	1:0.67	1:0.75
硬塑的亚黏土、黏土	1:0.33	1:0.50	1:0.67
老黄土	1:0.10	1:0.25	1:0.33
软土(经井点降水后)	1:1.00		

1.3.2 土壁支护

在基坑或沟槽开挖时,常因受场地的限制而不能放坡,或放坡所增加的土方量很大,或有防止地下水渗入基坑要求时,可采用设置土壁支撑或支护,以保证施工的顺利和安全,并减少对相邻已有建筑物等的不利影响。支护结构的种类甚多,按结构形式可分为排桩、地下连续墙、水泥土墙、逆作拱墙、土钉墙或采用上述型式的组合。

1. 横撑式支撑

横撑式支撑分为水平式支撑和垂直式支撑,如图1.14所示。

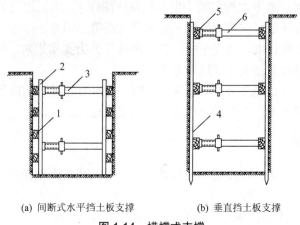

(a) 间断式水平挡土板支撑　　　　(b) 垂直挡土板支撑

图 1.14　横撑式支撑

1—水平挡土板；2—立柱；3、6—工具式横撑；4—垂直挡土板；5—横楞木

水平式支撑：间断或连续的挡土板水平放置。间断式水平挡土板支撑，适于能保持直立壁的干土或天然湿度的黏土，深度在 3m 以内。连续式水平挡土板支撑，适于较潮湿的或散粒的土，深度在 5m 以内。

垂直式支撑：间断或连续的挡土板垂直放置。适于土质较松散或湿度很高的土，地下水较少，深度不限。

2. 锚桩支撑

锚桩式支撑的水平挡土板支在柱桩的内侧，柱桩一端打入土中，另一端用拉杆与锚桩拉紧，锚桩必须设在土的破坏范围以外，在挡土板内侧回填土。适用于开挖面积较大、深度不大的基坑或使用机械挖土，如图 1.15 所示。当基坑受尺寸限制，下部地段放坡不足时，可采用短柱横隔支撑，打入短木桩，部分打入土中，部分露出地面，钉上水平挡土板，在背面填土，如图 1.16 所示。

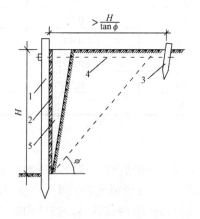

图 1.15　锚桩式支撑　　　　　　图 1.16　短柱横隔支撑

1—柱桩；2—挡土板；3—锚桩；4—拉杆；　　　1—短桩；2—横隔板
5—回填图；ϕ—土的内摩擦角

3. 板桩支撑

板桩为一种支护结构,既可挡土又防水。当开挖的基坑较深,地下水位较高且有出现流砂的危险时,如未采用降低地下水位的方法,则可用板桩打入土中,使地下水在土中渗流的路线延长,降低水力坡度,从而防止流砂现象。靠近原有建筑物开挖基坑时,为了防止和减少原建筑物下沉,也可打钢板桩支护。

板桩有钢板桩、木板桩与钢筋混凝土板桩数种。钢板桩除用钢量多之外,其他性能比别的板桩都优越,钢板桩在临时工程中可多次重复使用。

1) 钢板桩分类

钢板桩的种类很多,常见的有U形板桩与Z形板桩、H形板桩,如图1.17所示。

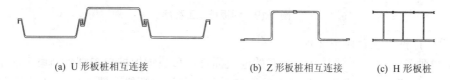

(a) U形板桩相互连接   (b) Z形板桩相互连接   (c) H形板桩

图1.17 常见板桩

钢板桩根据有无锚桩结构,分为无锚板桩(也称悬臂式板桩)和有锚板桩两类。无锚板桩(也称悬臂式板桩),用于较浅的基坑,依靠入土部分的土压力来维持板桩的稳定。有锚板桩,是在板桩墙后设柔性系杆(如钢索、土锚杆等)或在板桩墙前设刚性支撑杆(如大型钢、钢管)加以固定,可用于开挖较深的基坑,该种板桩用得较多。板式支护结构如图1.18所示。

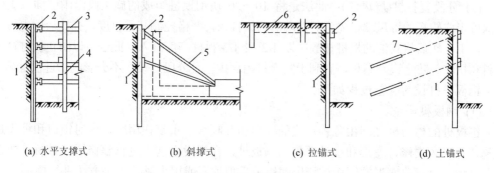

(a) 水平支撑式   (b) 斜撑式   (c) 拉锚式   (d) 土锚式

图1.18 板式支护结构

1—板桩墙;2—围檩;3—钢支撑;4—竖撑;5—斜撑;6—拉锚;7—土锚杆

2) 钢板桩施工

钢板桩施工要正确选择打桩方式、打桩机械和流水段划分,以便使打设后的板桩墙,有足够的刚度和防水作用,且板桩墙面平直,以满足墙壁内支撑安装精度的要求,对封闭式板桩墙还要求封闭合拢。

钢板桩的打设虽然在基坑开挖前已完成,但整个板桩支护结构需等地下结构施工后,在许可的条件下将板桩拔除才算结束。一般多层支撑钢板桩的施工程序如图1.19所示。

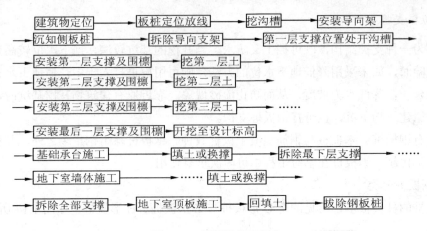

图 1.19 钢板桩施工程序

钢板桩打桩方法有以下几种。

(1) 单独打入法：此法是从一角开始逐块插打，每块钢板桩自起打到结束中途不停顿。这种打法施工简便，速度快，但由于单块打入，易向一边倾斜，造成累计误差不易纠正，壁面平直度也难以控制。一般在桩长小于10m，且工程要求不高时采用。

(2) 双层围檩插桩法：此法是在地面上，离板桩墙轴线一定距离先筑起双层围檩支架，然后将钢板桩依次在双层围檩中全部插好，成为一个高大的钢板桩墙。待四角实现封闭合拢后，再按阶梯形逐渐将板桩一块块打入设计标高。这种打法可保证平面尺寸准确和钢板桩垂直度，但施工速度慢。

(3) 分段复打桩(屏风法)：此法是将10～20块钢板桩组成的施工段沿围檩插入土中一定深度形成较短的屏风墙，先将其两端的两块打入，严格控制其垂直度，打好后用电焊固定在围檩上，然后将其他的板桩按顺序以1/2或1/3板桩高度打入。此法可以防止板桩过大的倾斜和扭转，防止误差累积，有利于实现封闭合拢，且分段打设，不会影响邻近板桩施工。

钢板桩打设的工艺过程如下。

(1) 钢板桩矫正。

钢板桩的桩与桩之间由各种形式的锁口相互咬合，重复作用时，应对锁口和桩尖进行修整。对年久失修、变形和锈蚀严重的钢板桩，在打设之前需进行整修矫正。矫正要在平台上进行，对弯曲变形的钢板桩可用油压千斤顶顶压或用火烘校正等方法进行矫正。

(2) 安装围檩支架。

① 围檩支架的作用：保证钢板桩垂直打入和打入后的钢板桩墙面平直。

② 围檩支架组成：由围檩桩和围檩组成。

③ 围檩支架分类：其形式在平面上有单面围檩和双面围檩之分，高度上有单层、双层和多层之分。

安装围檩支架要求：第一层围檩的安装高度约在地面以上500mm处，双面围檩之间的净距以比两块板桩组合宽度大8～15mm为宜。围檩支架多为钢制，必须牢固，尺寸要准确，围檩支架每次安装长度视具体情况而定，最好能周转使用，以节约钢材，围檩支架如图1.20所示。

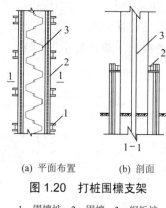

(a) 平面布置　　(b) 剖面

图 1.20　打桩围檩支架

1—围檩桩；2—围檩；3—钢板桩

(3) 钢板桩打设。

先用吊车将钢板桩吊至插桩处进行插桩，插桩时锁口要对准，每插入一块即套上桩帽轻轻加以锤击。在打桩过程中，为保证钢板桩的垂直度，要用两台经纬仪在两个方向加以控制。为防止锁口中心线平面位移，可在打桩进行方向的钢板桩锁口处设卡板，阻止板桩位移，同时在围檩上预期先标出每块板桩的位置，以便随时检查校正。

打桩时，开始打设的第一、二块钢板桩的打入位置和方向要确保精度，它可以起样板导向作用，一般每打 1m 应测量一次。

在板桩墙转角处为实现封闭合拢，往往要有特殊型式的转角桩或进行轴线修正。轴线修正具体做法如下。

① 沿长边方向打至离转角桩约有 8 块钢板桩时暂时停止，量出至转角桩的总长度和增加的长度。在短边方向也照上述办法进行。

② 根据长、短两边水平方向增加的长度和转角桩的尺寸，将短边方向的围檩与围檩桩分开用千斤顶向外顶出，进行轴线外移，经核对无误后再将围檩和围檩桩重新焊接固定。在长边方向的围檩内插桩，继续打设，插打到转角桩后，再转过来接着沿短边方向插打两块钢板桩。

③ 根据修正后的轴线沿短边方向继续向前插打，最后一块封闭合拢的钢板桩，设在短边方向从端部算起的第三块板桩的位置处。

(4) 钢板桩拔除。

基坑回填后，一般要拔除钢板桩，以便重复使用。拔除钢板桩前，要仔细研究拔桩方法、顺序和拔桩时间及土孔处理。否则，由于拔桩的振动影响，以及拔桩带土过多引起地面沉降和位移，会给施工的地下结构带来危害，并影响邻近建筑或地下管线的安全。

常见的拔桩方法有两种：一是用振动锤拔桩；二是用重型起重机与振动锤共同拔桩。

钢板桩土孔处理：对拔桩后留下的桩孔，必须及时回填。回填的处理方法有：挤密法和填入法。所用材料一般为砂子。

4. 土钉墙

1) 土钉墙支护原理及其特点

土钉墙加固技术是在土体内放置一定长度和分布密度的土钉体，起主动嵌固作用与土体共同作用，用以弥补土体自身强度的不足。它不仅提高了土体整体刚度，而且弥补了土体的抗拉和抗剪强度低的弱点，通过相互作用，土体自身结构强度的潜力得到充分发挥，还改变了边坡变形和破坏性状，显著提高了整体稳定性，是一种原位加固土的技术，如图1.21所示。

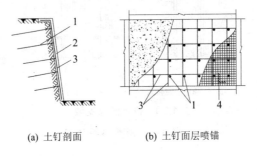

(a) 土钉剖面　　(b) 土钉面层喷锚

图1.21　土钉墙示意图

1—长度为坑深0.8~1.2倍的土钉锚固体；2—喷射混凝土面层厚100；3—加强钢筋；4—钢筋网

土钉墙适用于地下水低于土坡开挖段或经过降水措施后使地下水位低于开挖层的情况。为了保证土钉墙的施工，土层在分阶段开挖时，应能保持自立稳定。为此，土钉适用于有一定黏结性的杂填土、黏性土、粉性土、黄土类土及含有30%以上黏土颗粒的砂土边坡。此外，当采用喷射混凝土面层或坡面浅层注浆等稳定坡面措施，能够保证每一边坡台阶的自立稳定时，也可采用土钉支护体系作为稳定砂土边坡的方法。

土钉墙施工时一般要先开挖土层1~2m深，在喷射混凝土和安装土钉前需要在无支护情况下稳定至少几个小时，因此土体必须要有一定的"黏聚力"，否则需先行灌浆处理，使造价增加和施工复杂。另外，土钉墙施工时要求坡面无水渗出。若地下水从坡面渗出，则开挖后坡面会出现局部坍滑，这样就不可能形成一层喷射混凝土面。

2) 土钉墙支护结构施工工艺

(1) 施工准备

了解工程质量、施工监测内容与要求，如基坑支护尺寸的允许偏差，支护坡顶的允许最大变形，对邻近建筑物、道路、管线等环境安全影响的允许程度；土钉支护宜在排除地下水的条件下进行施工。应采取恰当的降排水措施排除地表水、地下水，以避免土体处于饱和状态，有效减小或消除作用于面层上的静水压力；确定基坑开挖线、轴线定位点、水准基点、变形观测点等，并妥善保护；制定基坑支护施工组织设计，周密安排好支护施工与基坑土方开挖、出土等工序的关系，使支护与开挖密切配合，力争达到连续快速施工。选用材料：主要包括土钉钢筋、水泥、砂、外加剂等。水泥应优先选用普通硅酸盐水泥，砂选用中粗砂，干净的圆砾，粒径2~4mm；施工机具准备：钻孔机具、空气压缩机、混凝土喷射机、灌浆泵、混凝土搅拌机等。

(2) 土钉墙支护结构施工工艺

① 开挖工作面。墙开挖应分段分层进行，分层开挖深度主要取决于与暴露坡面的"直立"能力。基坑开挖和土钉墙施工应按设计要求自上而下分段分层进行。考虑到土钉施工设备，分层开挖至少要6m宽。开挖长度取决于交叉施工期间能保持坡面稳定的坡面面积。当要求变形小时，开挖可按两段长度分先后施工，纵向长度一般为10m。

在机械开挖后,应辅以人工修整坡面,坡面平整度允许偏差为±20mm,喷射混凝土支护之前,坡面虚土应予以清除。

② 喷射混凝土。为了防止土体松弛和崩解,必须尽快做第一层喷射混凝土,厚度不宜小于 40~50mm。所用的混凝土水泥最少含量为 400kg/m³。当不允许产生裂缝时,加强养护特别重要。

③ 设置土钉。土钉施工包括定位、成孔、设置钢筋、注浆等工序。钻孔工艺和方法与土层条件、施工单位的设备和经验有关。

④ 铺设钢筋网。钢筋网应在喷射第一层混凝土后铺设,钢筋与第一层喷射混凝土的间隙不小于 20mm。采用双层钢筋网时,第二层钢筋网应在第一层钢筋网被覆盖后铺设,另外钢筋网与土钉应连接牢固。

⑤ 设置排水系统。施工时应提前沿坡顶挖设排水沟排除地表水,并在第一段开挖喷射混凝土期间可用混凝土做排水沟覆面。一般对支挡土体有以下三种主要排水方式:

浅部排水。施工时采用直径一般为 100mm,长 300~400mm 管子,可将坡后的水迅速排除,其间距可按地下水条件和冻胀破坏的可能性而确定。在基坑底部应设置排水沟和集水井,并宜离开面层一定距离。

深部排水。在永久性支护中,可采用直径 50mm 向外倾斜 5°~10°,长度超过土钉的带孔塑料的排水管,内填虑料。其间距取决于土体和地下水条件,一般坡面每大于 3m² 布置一个。

坡面排水。在喷射混凝土坡面前,可贴着坡面按一定的水平间距布置土工合成材料包扎竖向排水通道或设置带孔的竖向排水管,其间距取决于地下水条件和冻胀力的作用,一般为 1~5m。这些排水通道在每步开挖施工喷射混凝土面层以前铺设,到支护底部后横向连通,并将水引走。坡面排水也可代替前述浅部排水。

3) 质量检测

对土钉应采用抗拉试验检测承载力,为土钉墙设计提供依据或用以证明设计中所使用的黏结力是否合适。土钉的抗拉试验可采用循环加荷的方式。第一级荷载取土钉钢筋屈服强度的 10%为基本荷载,其后以土钉钢筋屈服强度的 15%为增量来增加荷载,同时用退荷循环来测量残余变形,每一级荷载必须持续到变形稳定为止。土钉的破坏标准为:在同级荷载下的变形不可能趋于稳定,即认为土钉已达到极限荷载。

在土钉钢筋上贴电阻应变片,可用以量测土钉应力分布及其变化规律。

在同一条件下,试验数量应为土钉总数的 1%,且不少于 3 根。土钉检验的合格标准为:土钉抗拔力平均值应大于设计极限抗拔力;抗拔力最小值应大于设计极限抗拔力的 0.9 倍。

土钉墙面喷射混凝土厚度可采用钻孔检测,钻孔数宜每 100m² 墙面积一组,每组不应少于 3 点。

5. 土层锚杆

土层锚杆简称土锚杆,是在地面或深开挖的地下室墙面或基坑立壁未开挖的土层钻孔,达到设计深度后,或在扩大孔端部,形成球状或其他形状,在孔内放入钢筋或其他抗拉材料,灌入水泥浆与土层结合成为抗拉力强的锚杆。为了均匀分配传到连续墙或柱列式灌注桩上的土压力,减少墙、柱的水平位移和配筋,一端采用锚杆与墙、柱连接,另一端锚固在土层中，用以维持坑壁的稳定。如图1.22所示为土层锚杆构造示意图。它由三部分组成：头部连接、拉杆、锚固体。

土锚杆施工机械有：冲击式钻机、旋转式钻机及旋转式冲击钻机等。冲击式钻机适用于砂石层地层，旋转式钻机可用于各种地层。它靠钻具旋转切削钻进成孔，也可加套管成孔。

锚杆承受拉力，一般采用螺纹钢、钢绞线等强度高、延伸率大、疲劳强度高的材料。永久性锚杆尚须进行防腐处理。

土锚杆的施工程序为：钻孔→安放拉杆→灌浆→养护→安装锚头→张拉锚固和挖土。

施工过程中，首先要掌握打孔质量，包括位置、斜度及深度。当锚杆达到预定位置后，开始加压灌浆。

土层锚杆用的拉杆，常用的有钢管(钻杆用作拉杆)、粗钢筋、钢丝束和钢绞线。主要根据土层锚杆的承载能力和现有材料的情况来选择。承载能力较小时，多用粗钢筋；承载能力较大时，我国多用钢绞线。

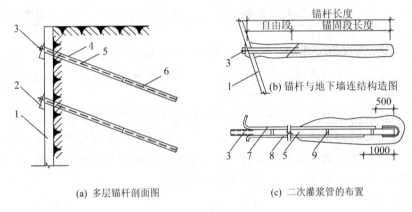

(a) 多层锚杆剖面图　　(c) 二次灌浆管的布置

图1.22　土层锚杆构造

1—墙结构；2—锚头垫座；3—锚头；4—钻孔；5—锚拉杆；6—锚固体；7——次灌浆管；8—二次灌浆管；9—定位器

拉杆使用前要除锈。钢绞线如涂有油脂，在其锚固段要仔细加以清除，以免影响与锚固体的黏结。成孔后即可将制作好的通长、中间无节点的拉杆插入管尖的锥形孔内。为将拉杆安置于钻孔的中心，防止非锚固段产生过大的挠度和插入孔时不搅动孔壁，保证拉杆有足够厚度的水泥浆保护层，通常在拉杆表面上设置定位器。定位器的间距，在锚固段为2m左右，在非锚固段多为4～5m。为保证非锚固段拉杆可以自由伸长，可采取在锚固段与非锚固段之间设置堵浆器，或在锚杆的非锚固段处不灌注水泥浆，而填以干砂，碎石或贫混凝土，或在每根拉杆的自由部分套一根空心塑料管，或在锚杆的全长上都灌注水泥浆，但在非锚固段的拉杆上涂以润滑油脂等以保证在该段自由变形，以上各种作法可根据施工具体条件采用。在灌浆前将钻管口封闭，接上压浆管，即可进行灌浆，浇注锚固体。通常采用水泥浆和水泥砂浆，水泥与砂浆比为1∶1～1∶0.5。

灌浆方法有一次灌浆法和二次灌浆法两种。一次灌浆法只用一根灌浆管，利用泥浆泵进行灌浆，灌浆管端距孔底20cm左右，待浆液流出孔口时，用水泥袋纸等捣塞入孔口，并用湿黏土封堵孔口，严密捣实，再以2～4MPa的压力进行补灌，要稳压数分钟灌浆才告结束。

二次灌浆法要用两根灌浆管(直径 3/4 英寸镀锌铁管)，第一次灌浆用灌浆管的管端距离锚杆末端 500mm 左右(如图 1.22(c)所示)，管底出口处用黑胶布等封住，以防沉放时土进入管口。第二次灌浆用灌浆管的管端距离锚杆末端 1000mm 左右，管底出口处亦用黑胶布封位，且从管端 500mm 处开始向上每隔 2m 左右做出 1m 长的花管，花管的孔眼为 $\phi 8mm$，花管做几段视锚固段长度而定。

第一次灌浆是灌注水泥砂浆，其压力为 0.3～0.5MPa，流量为 100L/min。水泥砂浆在上述压力作用下冲出封口的黑胶布流向钻孔。钻孔后用清水洗孔，孔内可能残留有部分水和泥浆，但由于灌入的水泥砂浆相对密度较大，能够将残留在孔内的泥浆等置换出来。第一次灌浆量根据孔径和锚固段的长度而定。第一次灌浆后把灌浆管拔出，可以重复使用。待第一次灌注的浆液初凝后，进行第二次灌浆，控制压力为 2MPa 左右，要稳压 2min，浆液冲破第一次灌浆体，向锚固体与土的接触面之间扩散，使锚固体直径扩大，增加径向压应力。由于挤压作用，使锚固体周围的土受到压缩，孔隙比减小，含水量减少，也提高了土的内摩擦角。因此，二次灌浆法可以显著提高土层锚杆的承载能力。

国外对土层锚杆进行二次灌浆多采用堵浆器。我国是采用上述方法进行二次灌浆，由于第一次灌入的水泥砂浆已初凝，在钻孔内形成"塞子"，借助这个"塞子"的堵浆作用，就可以提高第二次灌浆的压力。

对于二次灌浆，国内外都试用过化学浆液(如聚胺酯浆液等)代替水泥浆，这些化学浆液渗透能力强，且遇水后产生化学反应，体积可膨胀数倍，这样既可提高土的抗剪能力，又形成如树根那样的脉状渗透。

在淤泥质软黏土中，锚杆砂浆稳固能力很差，一般不采用锚杆来解决边坡稳定问题，而用内撑支挡。锚杆与支撑两者的作用相同。锚杆便于施工开挖，但造价较高；支撑便于监测，易于控制，施工开挖较困难。决定的因素还是开挖深度、土质强弱、周围有无建筑物或管道等。

1.4 土方工程施工排水与降水

对于大型基坑，由于土方量大，有时会遇上雨季，或遇有地下水，特别是流砂，施工较复杂，因此事先应拟定施工方案，着重解决基坑排水与降水等问题，同时要注意防止边坡塌方。

1.4.1 基坑排水

开挖底面低于地下水位的基坑时，地下水会不断渗入坑内。雨季施工时，地面水也会流入坑内。如果流入坑内的水不及时排走，不但使施工条件恶化，而且更严重的是土被水泡软后，会造成边坡塌方和坑底土的承载能力下降。因此，在基坑开挖前和开挖时，做好排水工作，保持土体干燥是十分重要的。

基坑排水方法，可分为明排水法和人工降低地下水位法两类。

1. 明排水法

明排水法是在基坑开挖过程中,在坑底设置集水井,并沿坑底的周围或中央开挖排水沟,使水流入集水井中,然后用水泵抽走(如图1.23所示)。抽出的水应予引开,以防倒流。雨季施工时应在基坑四周或水的上游,开挖截水沟或修筑土堤,以防地面水流入坑内。

集水井应设置在基础范围以外、地下水走向的上游。根据地下水量大小、基坑平面形状及水泵能力,集水井每隔20~40m设置一个。

集水井的直径或宽度,一般为0.6~0.8m。集水井井底深度随着挖土的加深而加深,要经常低于挖土面0.7~1.0m。井壁可用竹、木等简易加固。当基坑挖至设计标高后,井底铺设碎石滤水层,以免在抽水时间较长时将泥砂抽出,并防止井底的土被搅动。

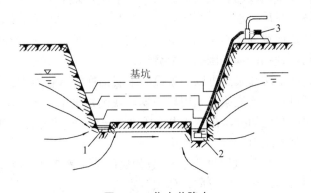

图1.23 集水井降水

1—排水沟;2—集水井;3—水泵

明排水法由于设备简单和排水方便,采用较为普遍。宜用于粗粒土层(因为水流虽大但土粒不致被带走),也用于渗水量小的黏性土。但当土为细砂和粉砂时,地下水渗出会带走细粒,发生流砂现象,边坡坍塌、附近建筑物沉降、坑底凸起、难以施工,具有较大的危害。

2. 流沙及其防治

1) 流砂现象

基坑挖土至地下水位以下,土质为细砂土或粉砂土的情况下,采用集水坑降低地下水时,坑下的土有时会形成流动状态,并随着地下水流入基坑,这种现象称为流砂现象。出现流砂现象时,土完全丧失承载力,土体边挖边冒流砂,使施工条件恶化,基坑难以挖到设计深度,严重时会引起基坑边坡塌方,临近建筑因地基被掏空而出现开裂、下沉、倾斜甚至倒塌。

2) 产生流砂现象的原因

产生流砂现象的原因有其内因和外因。内因取决于土壤的性质。当土的孔隙度大、含水量大、黏粒含量少、粉粒多、渗透系数小、排水性能差等均容易产生流砂现象。因此,流砂现象经常发生在细砂、粉砂和亚砂土中;但会不会发生流砂现象,还应具备一定的外因条件,即地下水及其产生动水压力的大小。流动中的地下水对土颗粒产生的压力称为动水压力,其性质可通过如图1.24所示的试验说明。

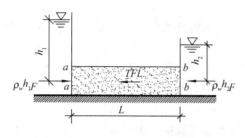 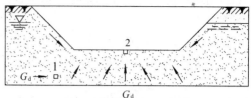

(a) 水在土中渗流的力学现象　　　　(b) 动水压力对地基土的影响

图 1.24　动水压力原理试验

1、2—土颗粒

图 1.24(a)中水由左端高水位 h_1，经过长度为 L，断面为 F 的土体流向右端低水位 h_2，水在土中渗流时受到土颗粒的阻力 T，同时水对土颗粒作用一个动水压 G_d，二者大小相等，方向相反。作用在土体左端 $a-a$ 截面处的静水压力 $\rho_w \cdot h_1 \cdot F$（ρ_w 为水的密度），其方向与水流方向一致；作用在土体右端 $b-b$ 截面处的静水压力 $\rho_w \cdot h_2 \cdot F$，其方向与水流方向相反；水渗流时受到土颗粒阻力为 $T \cdot F \cdot L$（T 为单位土体的阻力）。根据静力平衡条件得：

$$\rho_w \cdot h_1 \cdot F - \rho_w \cdot h_2 \cdot F - T \cdot F \cdot L = 0 \tag{1-32}$$

$$T = \frac{h_1 - h_2}{L} \rho_w = i \cdot \rho_w \tag{1-33}$$

$$i = \frac{h_1 - h_2}{L} \tag{1-34}$$

式中：i ——水力坡度。

由于单位土体阻力与水在土中渗流时对单位土体的压力大小相等，方向相反，所以动水压力为：

$$G_d = \frac{h_1 - h_2}{L} \rho_w \tag{1-35}$$

由式(1-34)和式(1-35)可知，动水压 G_d 与水力坡度 i 成正比，水位差越大，动水压力越大，而渗透路程越长，动水压力越小。

产生流砂现象主要是由于地下水的水力坡度大，即动水压力大，而且动水压力的方向与土的重力方向相反，土不仅受水的浮力，而且受动水压力的作用，有向上举的趋势，如图 1.24(b)所示。当动水压力等于或大于土的浸水密度时，土颗粒处于悬浮状态，并随地下水一起流入基坑，即发生流砂现象。

流砂现象一般发生在细砂、粉砂及亚砂土中。在粗大砂砾中，因孔隙大，水在其间流过时阻力小，动水压力也小，不易出现流砂。而在黏性土中，由于土粒间内聚力较大，不会发生流砂现象，但有时在承压水作用下会出现整体隆起现象。

3) 流砂防治方法

由于在细颗粒、松散、饱和的非黏性土中发生流砂现象的主要条件是动水压力的大小和方向。当动水压力方向向上且足够大时，土转化为流砂，而动水压力方向向下时，又可将流砂转化成稳定土。因此，在基坑开挖中，防治流砂的原则是"治流砂必先治水"。

防治流砂的主要途径有：减少或平衡动水压力；设法使动水压力方向向下；截断地下

水流。其具体措施有:

(1) 枯水期施工法。枯水期地下水位较低,基坑内外水位差小,动水压力小,就不易产生流砂。

(2) 抢挖并抛大石块法。分段抢挖土方,使挖土速度超过冒砂速度,在挖至标高后立即铺竹、芦席,并抛大石块,以平衡动水压力,将流砂压住。此法适用于治理局部的或轻微的流砂。

(3) 设止水帷幕法。将连续的止水支护结构(如连续板桩、深层搅拌桩、密排灌注桩等)打入基坑底面以下一定深度,形成封闭的止水帷幕,从而使地下水只能从支护结构下端向基坑渗流,增加地下水从坑外流入基坑内的渗流路径,减小水力坡度,从而减小动水压力,防止流砂产生。

(4) 人工降低地下水位法。即采用井点降水法(如轻型井点、管井井点、喷射井点等),使地下水位降低至基坑底面以下,地下水的渗流向下,则动水压力的方向也向下,从而水不能渗流入基坑内,可有效地防止流砂的发生。因此,此法应用广泛且较可靠。

此外,采用地下连续墙、压密注浆法、土壤冻结法等阻止地下水流入基坑,以防止流砂发生。

1.4.2 降低地下水位

人工降低地下水位,就是在基坑开挖前,预先在基坑四周埋设一定数量的滤水管(井),利用抽水设备从中抽水,使地下水位降落到坑底以下,同时在基坑开挖过程中仍不断抽水。这样,可使所挖的土始终保持干燥状态,从根本上防止流砂发生,改善了工作条件,同时土内水分排除后,边坡可改陡,以减小挖土量。

人工降低地下水位方法有:轻型井点、喷射井点、管井井点、深井泵以及电渗井点等,可根据土的渗透系数、降低水位的深度、工程特点及设备条件等,可参照表1-10进行选择。其中以轻型井点采用较广,下面重点阐述轻型井点降水方法。

表1-10 各种井点的适用范围

项 次	井点类别	土的渗透系数/(m/d)	降低水位深度/m
1	单级轻型井点	0.1~50	3~6
2	多级轻型井点	0.1~50	视井点级数定
3	电渗井点	<0.1	根据选用的井点确定
4	管井井点	20~200	3~5
5	喷射井点	0.1~2	8~20
6	深井井点	10~250	>15

轻型井点法就是沿基坑的四周将许多直径较细的井点管埋入地下蓄水层内,井点管的上端通过弯联管与总管相连接,利用抽水设备将地下水从井点管内不断抽出,这样便可将原有地下水位降至坑底以下,其全貌如图1.25所示。

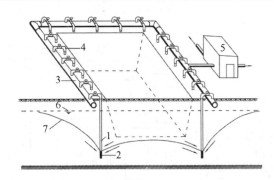

图 1.25 轻型井点法降低地下水位全貌图

1—井点管；2—滤管；3—总管；4—弯联管；5—水泵房；6—原有地下水位线；7—降低后地下水位线

1. 轻型井点设备

轻型井点设备由管路系统和抽水设备组成。

管路系统包括：滤管、井点管、弯联管及总管等。

滤管是井点设备的一个重要部分，其构造是否合理，对抽水效果影响较大。滤管的直径宜为38mm 或 51mm，长度为 1.0～1.5m，管壁上钻有直径为 13～19mm 的小圆孔，外包以两层滤网(如图 1.26 所示)。网孔过小，则阻力大，容易堵塞，网孔过大，则易进入泥砂。因此，内层细滤网宜采用 30～40 眼/cm² 的铜丝布或尼龙丝布，外层粗滤网宜采用 5～10 眼/cm² 的塑料纱布。为使水流畅通，避免滤孔淤塞时影响水流进入滤管，在管壁与滤网间用小塑料管(或铁丝)绕成螺旋形隔开。滤网的外面用带孔的薄铁管，或粗铁丝网保护。滤管的上端与井点管连接。

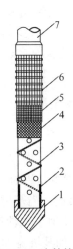

图 1.26 滤管构造

1—铸铁头；2—钢管；3—缠绕的塑料管；4—细虑网；5—粗虑网；6—粗铁丝保护网；7—井点管

井点管宜采用直径为 38mm 或 51mm 的钢管，其长度为 5～7m，可整根或分节组成。井点管的上端用弯联管与总管相连。弯联管宜装有阀门，以便检修井点。近来，弯联管也有采用透明塑料管的，能随时看到井点管的工作情况。

总管宜采用直径为 100～127mm 的钢管，总管每节长度为 4m，其上每隔 0.8m 或 1.2m 设有一个与井点管连接的短接头。

抽水设备由真空泵、离心泵和水气分离器等组成。其工作原理如图 1.27 所示。抽水时先开动真空泵 19，使土中的水分和空气受真空吸力产生水气化(水气混合液)经管路系统向上跳流到水气分离器 10 中，然后开动离心泵 24。在水气分离器内水和空气向两个方向流去，水经离心泵由出水管排出，空气则集中在水气分离器上部由真空泵排出。如水多，来不及排出时，水气分离器内浮筒 11 浮上，由阀门 12 将通向真空泵的通路关住，保护真空泵，不使水进入缸体。副水气分离器 16 的作用是滤清从空气中带来的少量水分使其落入该器下部放水口 18 放出，以保证水不致吸入真空泵内。过滤室 7 用以防止由水流带来的部分细砂磨损机械。

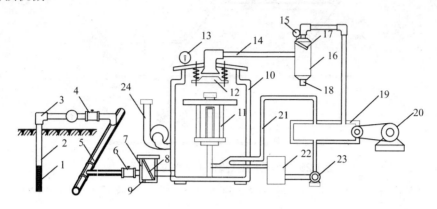

图 1.27 轻型井点抽水设备工作原理图

1—滤管；2—井管；3—弯联管；4—阀门；5—集水总管；6—闸门；7—过滤室；8—滤网；
9—淘砂孔；10—水气分离器；11—浮筒；12—阀门；13—真空计；14—进水管；15—离心泵；16—副水气分离器；
17—挡水板；18—放水口；19—真空泵；20—电动机；21—冷却水管；22—冷却水箱；23—循环水泵；24—离心泵

水气分离器与总管连接的管口，应高于其底部 0.3～0.5m，使水气分离器内保持一定水位，不致被水泵抽空，并使真空泵停止工作时，水气分离器内的水不致倒流回基坑。

2．轻型井点布置

轻型井点布置，根据基坑大小与深度、土质、地下水位高低与流向、降水深度要求等而定。井点布置得是否恰当，对井点施工进度、使用效果影响较大。

(1) 平面布置：当基坑或沟槽宽度小于 6m，且降水深度不超过 5m 时，一般可采用单排井点，布置在地下水流的上游一侧，其两端的延伸长度一般以不小于坑(槽)宽为宜(如图 1.28 所示)。如基坑宽度大于 6m 或土质不良，则宜采用双排井点。当基坑面积较大时，宜采用环形井点(如图 1.29 所示)；有时为了施工需要，也可留出一段(地下水流下游方向)不封闭。井点管距离基坑壁一般不宜小于 0.7～1.0m，以防局部发生漏气。井点管间距应根据土质、降水深度、工程性质等确定，可采用 0.8m 或 1.6m。

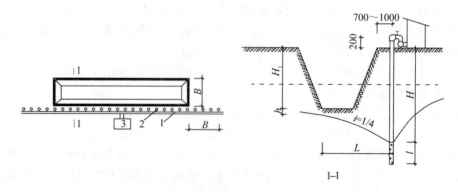

图 1.28 单排井点布置

1—总管；2—井点管；3—抽水设备

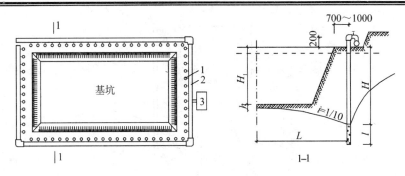

图 1.29 环形井点布置

1—井点管；2—总管；3—抽水设备

一套抽水设备能带动的总管长度，一般为 100～120m。采用多套抽水设备时，井点系统要分段，各段长度应大致相等，其分段地点宜选择在基坑拐弯处，以减少总管弯头数量，提高水泵抽吸能力。泵宜设置在各段总管的中部，使泵两边水流平衡。采用环形井点时，应在泵对面(即环圈一半处)的总管上装设阀门。多套抽水设备的环形井点，宜分段装设阀门，以免管内水流紊乱，影响抽水效果。如环形井点分段位于拐弯处，也可将总管断开。

(2) 高程布置：轻型井点的降水深度，从理论上说，利用真空泵抽吸地下水可达 10.3m，但由于井点管与水泵在实际制造过程中和使用时都会产生水头损失，因此，在实际布置井点管时，管壁处降水深度以不超过 6m 为宜。

井点管的埋置深度 H(不包括滤管)，可按下式计算：

$$H \geqslant H_L + h + i \cdot l \tag{1-36}$$

式中：H_L——井点管埋置面至基坑底面的距离(m)；

h——基坑底面至降低后的地下水位线的距离，一般取 0.5～1.0m；

i——水力坡度，环形井点取 1/10，单排井点取 1/4；

l——井点管至基坑中心(环状井点)或基坑对边(单排井点)的水平距离(m)。

根据式(1-36)算出的 H 值，如大于降水深度 6m，则应降低井点管的埋置面，以适应降水深度要求。此外在确定井点管埋置深度时，还要考虑井点管一般是标准长度，井点管露出地面为 0.2～0.3m。在任何情况下，滤管必须埋在透水层内。

为了充分利用抽吸能力，总管的布置标高宜接近原有地下水位线(要事先挖槽)，水泵轴心标高宜与总管齐平或略低于总管。总管应具有 0.25%～0.5%坡度，坡向泵房。在降水深度不大，真空泵抽吸能力富裕时，总管与抽水设备也可放在天然地面上。

当一级轻型井点达不到降水深度要求时，可视土质情况，先用其他方法排水(如明排水)，然后将总管安装在原有地下水位线以下，以增加降水深度，或采用二级轻型井点(如图 1.30 所示)，即先挖去第一级井点所疏干的土，然后再在其底部装设第二级井点。

3. 轻型井点计算

轻型井点的计算内容包括：涌水量计算，井点管数量与井距的确定，以及抽水设备选用等。井点计算由于受水文地质和井点设备等许多因素影响，算出的数值只是近似值。有些单位，常参照过去实践中积累的资料，并不计算。但对非标准设备的井点、渗透系数大的土中的井点、近河岸的井点及多级井点等，计算工作就更为重要。

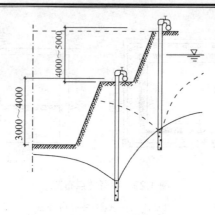

图 1.30 二级轻型井点

水井根据地下水有无压力，分为无压井和承压井。凡抽汲的地下水是无压潜水(即地下水面为自由水面)，则该井称为无压井(如图 1.31 所示)，凡抽汲的地下水是承压层间水(即地下水面承受不透水性土层的压力)，则该井称为承压井。水井根据井底是否达到不透水层，又分为完整井与不完整井。凡井底达到不透水层时，称为完整井，否则称为不完整井。各类井的涌水量计算方法都不同，其中以完整井的理论较为完善。环形井点涌水量计算简图如图 1.32 所示。

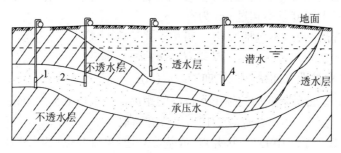

图 1.31 无压井

1—承压完整井；2—承压非完整井；3—无压完整井；4—无压非完整井

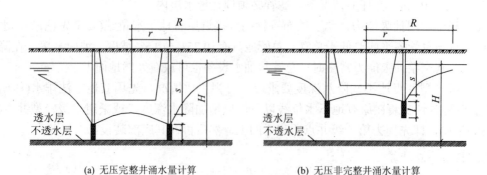

(a) 无压完整井涌水量计算　　　　(b) 无压非完整井涌水量计算

图 1.32 环形井点涌水量计算简图

1) 无压完整井涌水量计算

目前都是以法国水力学家裘布依(Dupuit)的水井理论来计算的。无压完整井抽水时水位的变化如图 1.33 所示。水井开始抽水后,井中水位逐步下降,周围含水层中的水即流向该水位降低处。经过一定时间的抽水结果,井周围原有水位就由水平面变成向井倾斜的弯曲面。最后弯曲面渐趋稳定,形成水位降落漏斗。自井轴线至漏斗外缘(该处原有水位不变)的水平距称为抽水影响半径。

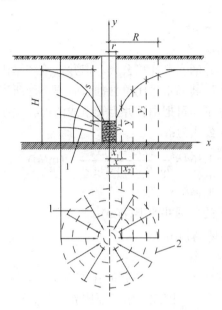

图 1.33 无压完整单井涌水量计算简图

1—流向线;2—水位降落漏斗截面

根据渗透定律,无压完整井的涌水量 Q 为:

$$Q = w \cdot K \cdot i \tag{1-37}$$

式中:w——地下水流的过水断面面积,可近似地看成是铅直线绕井轴旋转的旋转面(圆柱体侧面积),距井轴 x 处的过水断面面积为:

$$w = 2\pi x \cdot y \tag{1-38}$$

i——水力坡度,距井轴 x 处为 $i = \dfrac{dy}{dx}$;

K——渗透系数(m/d)。

所以

$$Q = 2\pi K \cdot x \cdot y \dfrac{dy}{dx}$$

分离变量:

$$2y \cdot dy = \dfrac{Q}{\pi K} \dfrac{dx}{x}$$

两边积分:

$$\int_h^H 2y\,dy = \int_r^R \dfrac{Q}{\pi K} \dfrac{dx}{x}$$

即得:

$$H^2 - h^2 = \dfrac{Q}{\pi K} \ln \dfrac{R}{r}$$

移项,并用常用对数代替自然对数,则得:

$$Q = 1.366K \frac{H^2 - h^2}{\lg \frac{R}{r}} \quad (\text{m}^3/\text{d}) \tag{1-39}$$

式中：H——含水层厚度(m)；
h——井内水深(m)；
R——抽水影响半径(m)；
r——抽水井半径(m)。

此式即为无压完整井单井涌水量计算公式。但井点系统是由许多井点同时抽水，各个单井水位降落漏斗彼此干扰，其涌水量比单独抽水时要小，所以总涌水量不等于各单井涌水量之和。井点系统总涌水量，可把由各井点管组成的群井系统，视为一口大的单井，设该井为圆形的，涌水量计算公式为：

$$Q = 1.364K \frac{(2H - S)S}{\lg(R + x_0) - \lg x_0} \quad (\text{m}^3/\text{d}) \tag{1-40}$$

式中：R——群井降水影响半径(m)；
x_0——由井点管围成的大圆井的半径(m)；
S——井点管处水位降落值(m)。

2) 无压非完整井涌水量计算

在实际工程中往往会遇到无压非完整井的井点系统，如图 1.32(b)所示，这时地下水不仅从井面流入，还从井底渗入。因此涌水量要比完整井大。为了简化计算，仍可采用公式(1-40)。此时式中 H 换成有效含水深度 H_0，即

$$Q = 1.364K \frac{(2H_0 - S)S}{\lg(R + x_0) - \lg x_0} \tag{1-41}$$

有效深度 H_0 值可见表 1-11，当算得的 H_0 大于实际含水层的厚度 H 时，取 $H_0 = H$。

表 1-11 有效深度 H_0 值

$S/(S+l)$	0.2	0.3	0.5	0.8
H_0	$1.3(S+l)$	$1.5(S+l)$	$1.7(S+l)$	$1.84(S+l)$

注：$S/(S+l)$ 的中间值可采用插入法求 H_0。

表 1-11 中，S 为井点管内水位降落值(m)；l 为滤管长度(m)。有效含水深度 H_0 的意义是，抽水是在 H_0 范围内受到抽水影响，而假定在 H_0 以下的水不受抽水影响，因而也可将 H_0 视为抽水影响深度。

应用上述公式时，先要确定 x_0、R、K。

由于基坑大多不是圆形，因而不能直接得到 x_0。当矩形基坑长宽比不大于 5 时，环形布置的井点可近似作为圆形井来处理，并用面积相等原则确定，此时将近似圆的半径作为矩形水井的假想半径：

$$x_0 = \sqrt{\frac{F}{\pi}} \tag{1-42}$$

式中：x_0——环形井点系统的假想半径(m)；
F——环形井点所包围的面积(m^2)。

抽水影响半径,与土的渗透系数、含水层厚度、水位降低值及抽水时间等因素有关。在抽水 2~5d 后,水位降落漏斗基本稳定,此时抽水影响半径可近似地按下式计算:

$$R = 1.95S\sqrt{H \cdot K} \quad \text{(m)} \tag{1-43}$$

式中,S,H 的单位为 m;K 的单位为 m/d。

渗透系数 K 值对计算结果影响较大。K 值的确定可用现场抽水试验或实验室测定。对重大工程,宜采用现场抽水试验以获得较准确的值。

3) 井点管数量计算

井点管最少数量由下式确定:

$$n' = \frac{Q}{q} \quad \text{(根)} \tag{1-44}$$

式中,q 为单根井管的最大出水量,由下式确定:

$$q = 65\pi \cdot d \cdot l \cdot \sqrt[3]{K} \quad \text{(m}^3\text{/d)} \tag{1-45}$$

式中:d——滤管直径(m);

其他符号同前。

井点管最大间距便可求得:

$$D' = \frac{L}{n'} \quad \text{(m)} \tag{1-46}$$

式中:L——总管长度(m);

n'——井点管最少根数。

实际采用的井点管间距 D 应当与总管上接头尺寸相适应。即尽可能采用 0.8,1.2,1.6 或 2.0m 且 $D < D'$,这样实际采用的井点数 $n > n'$,一般 n 应当超过 $1.1n'$,以防井点管堵塞等影响抽水效果。

4. 轻型井点施工

轻型井点系统的施工,主要包括施工准备、井点系统安装与使用及井点拆除。

准备工作包括井点设备、动力、水源及必要材料的准备,开挖排水沟,观测附近建筑物标高以及实施防止附近建筑物沉降的措施等。

埋设井点的程序是:排放总管→埋设井点管→接通井点与总管→安装抽水设备。

井点管埋设:一般用水冲法,分为冲孔与埋管两个过程,如图 1.34 所示。

冲孔时,先用起重设备将冲管吊起并插在井点的位置上,然后,开动高压水泵,将土冲松,边冲边沉。冲孔直径一般为 300mm,以保证井管四周有一定厚度的砂滤层,冲孔深度宜比滤管底深 0.5m 左右,以防冲管拔出时,部分土颗粒沉于底部而触及滤管底部。

井孔冲成后,立即拔出冲管,插入井点管,并在井点管与孔壁之间迅速填灌砂滤层,以防孔壁塌土。砂滤层的填灌质量是保证轻型井点顺利抽水的关键,一般宜选用干净粗砂,填灌均匀,并填至滤管顶上 1~1.5m,以保证水流畅通。

井点填砂后,在地面以下 0.5~1.0m 范围内须用黏土封口,以防漏气。

井点管埋设完毕,应接通总管与抽水设备进行试抽水,检查有无漏水、漏气,出水是否正常、有无淤塞等现象。如有异常情况,应检修好后方可使用。

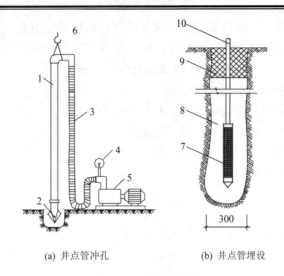

(a) 井点管冲孔　　　(b) 井点管埋设

图 1.34　井点管埋设

1—冲管；2—冲嘴；3—胶皮管；4—压力表；5—水压泵；6—起重吊钩；
7—滤管；8—填砂；9—封口黏土；10—井点管

井点管使用：井点管使用时，应保证连续不断地抽水，并准备双电源，按照正常出水规律操作。抽水时需要经常观测真空度以判断井点系统工作是否正常。真空度一般应不低于 55.3~66.7kPa，并检查观测井中水位下降情况。如果有较多井点管发生堵塞，影响降水效果时，应逐根用高压水反向冲洗或拔出重埋。

轻型井点使用时，一般应连续抽水，特别是开始阶段。时抽时停，滤网易堵塞，也容易抽出土粒，使出水混浊，并会引起附近建筑物由于土粒流失而沉降开裂；同时由于中途停抽，地下水回升，也会引起土方边坡坍塌等事故。

轻型井点的正常出水规律是"先大后小，先混后清"，否则应立即检查纠正。必须经常观测真空度，如发现不足，则应立即检查井点系统有无漏气并采取相应的措施。

在抽水过程中，应调节离心泵的出水阀以控制出水量，使抽吸排水保持均匀，达到细水长流。在抽水过程中，还应检查有无"死井"，即井点管淤塞。如死井太多，严重影响降水效果时，应逐个用高压水反向冲洗或拔出重埋。

井点降水工作结束后所留的井孔，必须用砂砾或黏土填实。

5．降水对周围建筑物影响及防止措施

在软土中进行井点降水时，由于地下水位下降，使土层中黏性土含水量减少产生固结、压缩，土层中夹入的含水砂层浮托力减少而产生压密，致使地面产生不均匀沉降，这种不均匀沉降会使附近建筑物产生下沉或开裂。为了减少井点降水对周围建筑物的影响，减少地下水的流失，一般通过在降水区和原有建筑物之间的土层中设置一道抗渗屏幕。除设置固体抗渗屏幕外，还可采用补充地下水的方法来保持建筑物下的地下水位的目的，即在降水井点系统与需要保护的建筑物之间埋置一道回灌井点，如图 1.35 所示。在降水井点和原有建筑物之间打一排井点，向土层灌入足够数量的水，以形成一道隔水帷幕，使原有建筑物下的地下水位保持不变或降低较少，从而阻止了建筑物下地下水的流失。这样，也就不会因降水而使地面沉降，或减少沉降值。

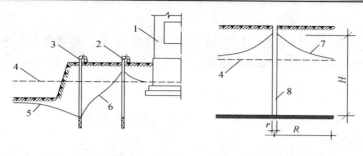

(a) 回灌井点布置示意图　　　　(b) 回灌井点水位图

图 1.35　回灌井点

1—原有建筑物；2、3—井点管；4—原有水位线；5—降低后的水位线；6—回灌井点；7—回灌后水位线

回灌井点是防止井点降水损害周围建筑物的一种经济、简便、有效的办法，它能将井点降水对周围建筑物的影响减少到最小程度。为确保基坑施工的安全和回灌的效果，回灌井点与降水井点之间保持一定的距离，一般不宜小于 6m。为了观测降水及回灌后四周建筑物、管线的沉降情况及地下水位的变化情况，必须设置沉降观测点及水位观测井，并定时测量记录，以便及时调节灌、抽量，使灌、抽基本达到平衡，确保周围建筑物或管线等的安全。

1.5　土方机械化施工

土方工程施工过程包括场地平整、开挖、运输、填筑与压实等，应尽量采用机械化施工，以减轻繁重的体力劳动和加快施工进度。

1.5.1　场地平整施工

1. 场地平整施工准备工作

场地平整施工准备工作主要有：

(1) 场地清理。在施工区域内，对已有房屋、道路、河渠、通信和电力设备、上下水道以及其他建筑物，均需事先进行拆迁或改建。拆迁或改建时，应对一些重要的结构部分，如柱、梁、屋盖等进行仔细的检查，若发现腐朽或损坏时，需采取安全措施。在预定挖方的场地上，应将树墩清除。若用机械施工，是否需要事先清除树墩，则根据所用机械的性能确定。此外，对于原地面含有大量有机物的草皮、耕植土以及淤泥等都应进行清理。

(2) 地面水排除。场地内的积水必须排除，同时需注意雨水的排除，使场地保持干燥，以利土方施工。

应尽量利用自然地形来设置排水沟，以便将水直接排至场外，或流至低洼处再用水泵抽走。主排水沟最好设置在施工区域的边缘或道路的两旁，其横断面和纵向坡度应根据最大流量确定。一般排水沟的横断面不小于 0.5m×0.5m，纵向坡度不小于 2‰。

山区的场地平整施工中，应在较高一面的山坡上开挖截水沟。截水沟至挖方边坡上缘的距离为 5～6m。如在较低一面的山坡处设弃土堆时，应在弃土堆的靠挖方一面的边坡下设置小截水沟。低洼地区施工时，除开挖排水沟外，有时还应在场地四周或需要的地段修筑挡水土堤，以阻挡雨水的流入。

(3) 修筑好临时道路以供机械进场和土方运输用。此外，还需作好供电供水、机具进场、临时停机棚与修理间搭设等准备工作。

2. 场地平整施工方法

大面积场地平整，宜采用推土机、铲运机等大型机械施工。

1) 推土机施工

运距在 100m 以内的平土或移挖作填，宜采用推土机，尤其是当运距在 30～60m 之间时，最为有效。推土机的特点是：操纵灵活，运转方便，所需工作面较小，行驶速度较快，易于转移。它既能单独使用，即担任铲土和短距离运土，以及清除石块或树木等障碍物，又能牵引其他无动力的土方机械，如拖式铲运机、松土机、羊足碾等。

为了提高推土机生产率，可采取以下几种施工方法：

(1) 下坡铲土。即借助于机械本身的重力作用以增加推土能力和缩短推土时间。下坡铲土的最大坡度，以控制在15°以内为宜。

(2) 分批集中，一次推送。在较硬的土中，因推土机的切土深度较小，应采取多次铲土，分批集中，一次推送，以便有效地利用推土机的功率，缩短运土时间。

(3) 并列推土。平整较大面积的场地时，可采用两台或三台推土机并列推土，以减少土的散失，提高生产效率。

(4) 利用土埂推土。即利用前次已推过土的原槽再次推土，这样可以大大减少土的散失。另一方面，当土槽推至一定深度(一般为 0.4～0.5m)后，则转而推土埂(其宽度约为铲刀宽度的一半)的土，这时，可以很方便地将土埂的土推走。此法又称跨铲法推土。

(5) 铲刀上附加侧板。在铲刀两边装上侧板，以增加铲刀前的土方体积。

2) 铲运机施工

地形起伏不大、坡度在 20°以内的大面积场地平整，土的含水量不超过 27%，平均运距在 800m 以内时，采用铲运机施工较为合宜。

铲运机是一种能综合完成挖土、运土、卸土的土方机械，对行驶道路要求较低。其斗容量一般为 3～12m^3。对不同的土，其铲土厚度为 30～150mm，卸土厚度为 200mm 左右。

(1) 铲运机的开行路线。由于挖填区的分布不同，如何根据具体条件，选择合理的开行路线，对于提高铲运机的生产率影响很大。铲运机的开行路线有以下几种：

① 环形路线。这是一种简单而常用的开行路线。根据铲土与卸土的相对位置不同，可分为图 1.36(a) 与图 1.36(b) 所示的两种情况。每一循环只完成一次铲土与卸土。当挖填交替而挖填之间的距离又较短时，则可采用大环形路线，如图 1.36(c) 所示。其优点是一个循环能完成多次铲土和卸土，从而减少铲运机的转弯次数，提高工作效率。采用环形路线，为了防止机件单侧磨损，应避免仅向一侧转弯。

② 8 字形路线。这种开行路线的铲土与卸土，轮流在两个工作面上进行，如图 1.36(d) 所示，机械上坡是斜向开行，受地形坡度限制小。每一循环能完成两次作业，即每次铲土只需转弯一次，比环形路线缩短运行时间，提高了生产效率。同时，一个循环中两次转弯方向不同，机械磨损也较均匀。这种开行路线主要适用于取土坑较长的路基填筑，以及坡度较大的场地平整中。

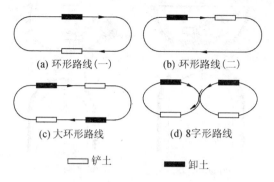

图 1.36　铲运机的开行路线

(2) 铲运机施工方法。为了提高铲运机的生产率，除了规划合理的开行路线外，还可根据不同的施工条件，采用下列方法。

① 下坡铲土。铲运机铲土应尽量利用有利地形进行下坡铲土。这样，可以利用铲运机的重力来增大牵引力，使铲斗切土加深，缩短装土时间，从而提高生产率。一般地面坡度以 5°～7°为宜。如果自然条件不允许，可在施工中逐步创造一个下坡铲土的地形。

② 跨铲法。就是预留土埂，间隔铲土方法。这样，可使铲运机在挖两边土槽时减少向外撒土量，挖土埂时增加了两个自由面，阻力减小，铲土容易。土埂高度应不大于 300mm，宽度以不大于拖拉机两履带间净距为宜。

③ 助铲法。在地势平坦、土质较坚硬时，可采用推土机助铲，以缩短铲土时间。此法的关键是双机要紧密配合，否则会达不到预期效果。一般每 3～4 台铲运机配一台推土机助铲。推土机在助铲的空隙时间，可作松土或其他零星的平整工作，为铲运机施工创造条件。

铲运机在开挖坚土时，宜在施工前用松土机预先疏松，以减少机械磨损，提高生产效率。拖式松土机的松土深度可达 0.3～0.5m。

当铲运机铲土接近设计标高时，为了正确控制标高，宜沿平整场地区域每隔 10m 左右，配合水平仪抄平，先铲出一条标准槽，然后以此为标准，使整个区域平整到设计要求为止。

1.5.2　基坑开挖

采用机械挖土时，由于不能准确地挖至设计标高，往往会使基土遭受破坏，因此，要预留 200～300mm 土层在下一道施工工艺前由人工铲除。

按工作装置的不同，挖土机可分为正铲、反铲、拉铲和抓铲等。按其操纵机构不同，可分为机械式和液压式两类。

1. 正铲挖土机施工

正铲挖土机的挖土特点是："前进向上，强制切土"。其挖掘力大，生产率高，能开挖停机面以上的一至四类土，宜用于开挖高度大于 2m 的干燥基坑，但需设置上下坡道。

(1) 开挖方式。根据挖土机的开挖路线与运输工具的相对位置不同，可分为正向挖土侧向卸土和正向挖土后方卸土两种，如图 1.37 所示。

正向挖土侧向卸土，就是挖土机沿前进方向挖土，运输工具停在侧面装土。此法挖土机卸土时，动臂回转角度小，运输工具行驶方便，生产率高，采用较广。

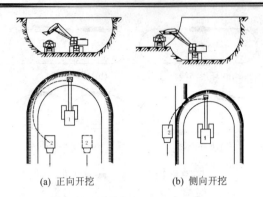

(a) 正向开挖   (b) 侧向开挖

图 1.37 液压式正铲挖土机开挖方式

1—正铲挖土机；2—自卸汽车

正向挖土后方卸土，就是挖土机沿前进方向挖土，运输工具停在挖土机后面装土。此法所挖的工作面较大，但回转角度大，生产率低，运输工具倒车开入，一般只用来开挖施工区域的进口处，以及工作面狭小且较深的基坑。

(2) 挖土方法和提高生产率措施：

① 分层挖土。将开挖面按机械的合理挖掘高度分为分层开挖(如图 1.38(a)所示)，当开挖面高度不能成为一次挖掘深度的整数倍时，则可在挖方的边缘或中部先开一条浅槽作为第一次挖土运输路线(如图 1.38(b)所示)，然后再逐次开挖直至基坑底部。这种方法多用于开挖大型基坑或沟渠。

② 多层挖土。将开挖面按机械的合理开挖高度，分为多层同时开挖(如图 1.38(c)所示)，以加快开挖速度，土方可以分层运出，亦可分层递送，至最上层用汽车运出。这种方法适用于开挖边坡或大型基坑。

③ 中心开挖法。先正铲在挖土区的中心开挖，然后转向两侧开挖，运输汽车按"8"字形停放装土，如图 1.38(d)所示。挖土区宜在 40m 以上，以便汽车靠近正铲装车。这种方法适用于开挖较宽的山坡和基坑。

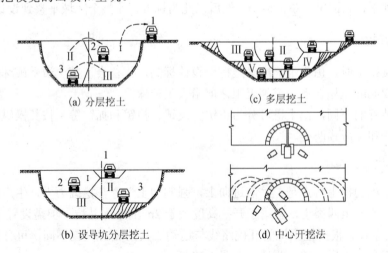

(a) 分层挖土   (c) 多层挖土

(b) 设导坑分层挖土   (d) 中心开挖法

图 1.38 挖土方法

Ⅰ、Ⅱ、Ⅲ、Ⅳ、Ⅴ、Ⅵ——挖掘机挖掘位置及分层；1、2、3——相应汽车装土位置

④ 顺铲法。即铲斗从一侧向另一侧一斗一斗地顺序开挖，使挖土多一个自由面，以减小阻力，易于挖掘，装满铲斗，适用于开挖坚硬的土。

⑤ 间隔挖土。即在开挖面上第一铲与第二铲之间保留一定距离，使铲斗接触土的摩擦面减少，两侧受力均匀，铲土速度加快，容易装满铲斗，效率提高。

2. 反铲挖土机施工

反铲挖土机主要用于开挖停机面以下深度不大的基坑(槽)或管沟及含水量大的土，最大挖土深度为4~6m，经济合理的挖土深度为1.5~3.0m。挖出的土方卸在基坑(槽)、管沟的两边堆放或用推土机推到远处堆放，或配备自卸汽车运走。

反铲挖土机的挖土特点是："后退向下，强制切土"。其挖掘力比正铲小，能开挖停机面以下的一至二类土，宜用于开挖深度不大于4m的基坑，对地下水位较高处也适用。

反铲挖土机的开挖方式，可分为沟端开挖、沟侧开挖与沟角开挖法，如图1.39所示。

(1) 沟端开挖法。反铲停于沟端，后退挖土，往沟一侧弃土或用汽车运走，挖掘宽度不受机械最大挖掘半径限制，同时可挖到最大深度。

(2) 沟侧开挖法。反铲停于沟侧，沿沟边开挖，汽车停在机旁装土，或往沟一侧卸土。本法铲臂回转角度小，能将土弃于距沟边较远的地方，但边坡不好控制，一般用于横挖土层和需将土方卸到离沟边较远的距离时使用。

(3) 沟角开挖法。反铲位于沟前端的边角上，随着沟槽的掘进。机身沿着沟边往后作"之"字形移动，臂杆回转角度平均在45°左右，适用于开挖土质较硬，宽度较小的沟槽。

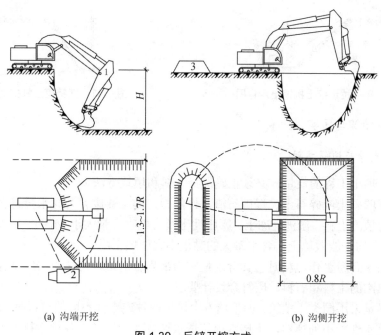

(a) 沟端开挖　　　　　　　　　　(b) 沟侧开挖

图1.39　反铲开挖方式

1—反铲挖土机；2—自卸汽车；3—弃土堆

3. 拉铲挖土机施工

如图1.40所示，拉铲挖土机适用于在一至三类的土，开挖较深较大的基坑(槽)、沟渠，挖取水中泥土以及填筑路基、修筑堤坝等。拉铲挖土机大多将土直接卸在基坑(槽)附近堆放，或配备自卸汽车装土运走，但工效较低。

拉铲挖土时，吊杆倾斜角度应在45°以上。先挖两侧然后中间，分层进行，保持边坡整齐，距边坡的安全距离应不小于2m。开挖方式有以下两种：

(1) 沟端开挖。拉铲停在沟端，倒退着沿沟纵向开挖，一次开挖宽度可以达到机械挖土半径的两倍，能两面出土，汽车停放在一侧或两侧，装车角度小，坡度较易控制，并能开挖较陡的坡，适用于就地取土填筑路基及修筑堤坝等。

(2) 沟侧开挖。拉铲停在沟侧沿沟横向开挖，沿沟边与沟平行移动，开挖宽度和深度均较小，一次开挖宽度约等于挖土半径。如沟槽较宽，可在沟槽的两侧开挖。本法开挖边坡不易控制，适于挖就地堆放以及填筑路堤等工程。

4. 抓铲挖土机施工

如图1.41所示，抓铲挖土机适用于开挖土质比较松软，施工面狭窄而深的基坑、深槽、沉井挖土，清理河泥等工程。或用于装卸碎石、矿渣等松散材料。

对小型基坑，抓铲立于一侧抓土，对较宽的基坑，则在两侧或四侧抓土，抓铲应离基坑边一定距离。土方可装自卸汽车运走或堆弃在基坑旁或用推土机推到远处堆放。挖淤泥时，抓斗易被淤泥吸住，应避免用力过猛，以防翻车。抓铲施工，一般均需加配重。

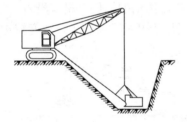

图1.40 拉铲挖土机挖土示意图

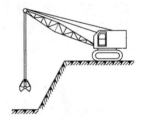

图1.41 抓铲挖土机挖土示意图

1.5.3 土方的填筑与压实

1. 填土选择与填筑方法

为了保证填土工程的质量，必须正确选择土料和填筑方法。

级配良好的砂土或碎石土、爆破石渣、性能稳定的工业废料及含水量符合压实要求的黏性土可作为填方土料。淤泥、冻土、膨胀性土及有机物含量大于5%的土，以及硫酸盐含量大于5%的土均不能做填土。含水量大的黏土不宜做填土用。

以粉质黏土、粉土作填料时，其含水量宜为最优含水量，可采用击实试验确定；挖高填低或开山填沟的土料和石料，应符合设计要求。

填方应尽量采用同类土填筑。如果填方中采用两种透水性不同的填料时，应分层填筑，上层宜填筑透水性较小的填料，下层宜填筑透水性较大的填料。各种土料不得混杂使用，以免填方内形成水囊。

填方施工应接近水平地分层填土、分层压实，每层的厚度根据土的种类及选用的压实机械而定。应分层检查填土压实质量，符合设计要求后，才能填筑土层。当填方位于倾斜的地面时，应先将斜坡挖成阶梯状，然后分层填筑，以防填土横向滑移。

压实填土的施工缝各层应错开搭接,在施工缝的搭接处,应适当增加压实遍数。

2. 填土压实方法

填土压实方法有:碾压法、夯实法及振动压实法。

1) 碾压法

碾压法是利用机械滚轮的压力压实土壤,使之达到所需的密实度。碾压机械有平碾及羊足碾等。平碾(光碾压路机)是一种以内燃机为动力的自行式压路机,重量为 6～15t。羊足碾单位面积的压力比较大,土壤压实的效果好。羊足碾一般用于碾压黏性土,不适于砂性土,因在砂土中碾压时,土的颗粒受到羊足较大的单位压力后会向四面移动而使土的结构破坏。

松土碾压宜先用轻碾压实,再用重碾压实。碾压机械压实填方时,行驶速度不宜过快,一般平碾不应超过 2km/h;羊足碾不应超过 3km/h。

2) 夯实法

夯实法是利用夯锤自由下落的冲击力来夯实土壤,土体孔隙被压缩,土粒排列得更加紧密。人工夯实所用的工具有木夯、石夯等;机械夯实常用的有内燃夯土机和蛙式打夯机和夯锤等。夯锤是借助起重机悬挂一重锤,提升到一定高度,自由下落,重复夯击基土表面。夯锤锤重 1.5～3t,落距 2.5～4m。还有一种强夯法是在重锤夯实法的基础上发展起来的,其锤重 8～30t,落距 6～25m,其强大的冲击能可使地基深层得到加固。强夯法适用于黏性土、湿陷性黄土、碎石类填土地基的深层加固。

3) 振动压实法

振动压实法是将振动压实机放在土层表面,在压实机振动作用下,土颗粒发生相对位移而达到紧密状态。振动碾是一种震动和碾压同时作用的高效能压实机械,比一般平碾提高功效 1～2 倍,可节省动力 30%。用这种方法振实填料为爆破石渣、碎石类土、杂填土和轻亚黏土等非黏性土效果较好。

3. 影响填土压实的因素

填土压实质量与许多因素有关,其中主要影响因素为:压实功、土的含水量以及每层铺土厚度。

1) 压实功的影响

填土压实后的干密度与压实机械在其上施加的功有一定的关系。在开始压实时,土的干密度急剧增加,待到接近土的最大干密度时,压实功虽然增加许多,而土的干密度几乎没有变化。因此,在实际施工中,不要盲目过多地增加压实遍数。压实遍数参考数据见表 1-12。

表 1-12 填方每层铺土厚度和压实遍数

压实机具	层铺土厚度/mm	压实遍数
平碾	200～300	6～8
羊足碾	200～350	8～16
蛙式打夯机	200～250	3～4
人工夯实	≤200	3～4

2) 含水量的影响

在同一压实功条件下，填土的含水量对压实质量有直接影响。较为干燥的土，由于土颗粒之间的摩阻力较大，因而不易压实。当土具有适当含水量时，水起了润滑作用，土颗粒之间的摩阻力减小，从而易压实。各种土壤都有其最佳含水量。土在这种含水量的条件下，使用同样的压实功进行压实，可得到最大干密度。各种土的最佳含水量和所能获得的最大干密度，可由击实试验取得。

3) 铺土厚度的影响

土在压实功的作用下，压应力随深度增加而逐渐减小，其影响深度与压实机械、土的性质和含水量等有关。铺土厚度应小于压实机械压土时的作用深度，但其中还有最优土层厚度问题，铺得过厚，要压很多遍才能达到规定的密实度。铺得过薄，则也要增加机械的总压实遍数。恰当的铺土厚度(见表1-12)能使土方压实而机械的功耗费最少。

各种因素对土的压实影响程度如图1.42所示。

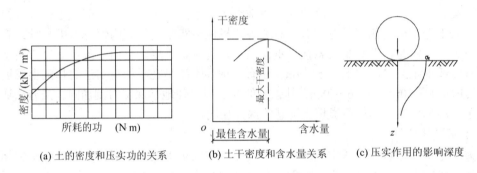

图 1.42　影响填土压实的因素

4. 填土压实的质量检验

填土压实的质量检查标准要求土的实际干密度要大于等于设计规定的控制干密度，即 $\gamma_0 \geq \gamma_d$。土的控制干密度可用土的压实系数与土的最大干密度之积来表示，即 $\gamma_d = \gamma_c \cdot \gamma_{d\max}$。压实系数一般由设计根据工程结构性质、使用要求以及土的性质确定。

例如砌块承重结构和框架结构，在地基主要持力层范围内压实系数 λ_c 应大于 0.97，见表 1-13。一般场地平整压实系数 λ_c 应为 0.9 左右。对公路及城市道路的土质路基一般在 0.93 以上(详见公路相关的检验评定标准)。

表 1-13　填土压实的质量控制

结构类型	填土部位	压实系数 λ_c	控制含水量/%
砌体承重结构和框架结构	在地基主要受力层范围内	≥0.97	$w_{op} \pm 2$
	在地基主要受力层范围以下	≥0.95	
排架结构	在地基主要受力层范围内	≥0.96	
	在地基主要受力层范围以下	≥0.94	

注：w_{op} 为最优含水量，地坪垫层以下及基础底面标高以上的压实填土，压实系数不应小于 0.94。

压实填土的最大干密度和最优含水量，宜采用击实试验确定，当无试验资料时，最大干密度可按下式计算：

$$\gamma_{d\max} = \frac{\eta \cdot \rho_w \cdot d_s}{1 + 0.01 w_{op} d_s} \tag{1-47}$$

式中：$\gamma_{d\max}$——分层压实填土的最大干密度，当填料为碎石或卵石时，其最大干密度可取 2.0～2.2t/m³。

η——经验系数，粉质黏土取 0.96，粉土取 0.97；

ρ_w——水的密度；

d_s——土粒相对密度(比重)；

w_{op}——填料的最优含水量。

如果土的实际干密度 $\gamma_0 \geq \gamma_d$，则压实合格；若 $\gamma_0 < \gamma_d$，则压实不够，应采取相应措施，提高压实质量。

1.6 思考题与习题

【思考题】

(1) 施工中土分成哪八类？如何区分？
(2) 什么是土的可松性？对土方施工有何影响？
(3) 工程中场地设计标高一般要满足哪些要求？
(4) 试述按挖填平衡确定场地设计标高的步骤。
(5) 施工高度的含义是什么？如何确定？
(6) 土壁失稳的主要原因是什么？
(7) 基坑支护结构的选型应满足哪些要求？
(8) 什么是土钉墙？简述其工艺过程。
(9) 简述钢板桩施工工艺。
(10) 流砂是怎么形成的？流砂可采取哪些防治措施？
(11) 井点降水的原理是怎样的？轻型井点降水如何设计？
(12) 轻型井点降水如何施工？对周围环境的不利影响及防治措施有哪些？
(13) 正铲挖土机基本作业的单层通道和多层通道应如何确定？
(14) 土方工程施工机械的种类有哪些？并试述其作业特点和适用范围？
(15) 试述基坑土方开挖过程应注意的问题。
(16) 填方土料应符合哪些要求？影响填土压实的因素有哪些？

【习题】

(1) 某建筑外墙采用毛石基础，其断面尺寸如图 1.43 所示，地基为黏土，已知土的可松性系数 $K_s = 1.3$，$K'_s = 1.05$。试计算每 100m 长基槽的挖方量；若留下回填土后，余土要求全部运走，计算预留填土量及弃土量。

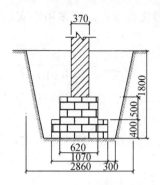

图 1.43 基槽断面图

(2) 某场地方格网及角点原始标高(边长 $a = 20.0\text{m}$)如图 1.44 所示。土壤为二类土,场地地面泄水坡度 $i_x = 0.2\%$,$i_y = 0.3\%$。试确定场地设计标高(不考虑土的可松性影响),计算各方格挖、填土方工程量。

(3) 已知某场地的挖防区为 W_1、W_2、W_3、W_4,填方区为 T_1、T_2、T_3,其挖填土方量及每一对调配区运距见表 1-14。

① 用"表上作业法"求最优调配方案;
② 绘出土方调配图。

表 1-14 土方平衡运距表

挖 方 区	填 方 区			挖方量/m³
	T_1	T_2	T_3	
W_1	50	70	100	500
W_2	70	40	90	500
W_3	60	110	70	500
W_4	80	100	40	600
填方量/m³	800	600	700	2100

(4) 某工程基础外围尺寸 35m×20m,埋深 4.5m,基础地面尺寸外每侧留 0.6m 宽工作面,基坑长边按 1∶0.5 放坡,短边按 1∶0.33 放坡。地下表土为 0.8~0.9m 的杂填土,其下为含黏土的粗砂土层,渗透系数为 $K = 30\text{m/d}$,地表下 −12.000m 以下为不透水层,地下水位为地表下 −1.05m,如图 1.45 所示。设该基坑采用轻型井点降水方案,井点管长 6m,直径 50mm,滤管长 1.2m,直径 50mm。

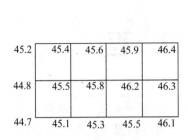 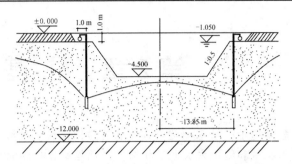

图 1.44 某场地方格网图　　　　图 1.45 井点高程布置图

回答：① 直接将总管埋在地表面能否满足降水深度要求？
　　　② 按图 1.45 所示试计算基坑涌水量；
　　　③ 试确定井点管数量和间距。

第 2 章 桩 基 工 程

教学提示：桩基础是一种承载能力很强的基础形式，桩基种类较多，不同的桩基所用的施工机械和施工方法也不相同，准确控制各种影响施工质量的因素是本章教学的重点。

教学要求：了解桩基施工工艺，掌握各种桩基施工质量控制方法。

一般工程结构中，常采用在地表浅层地基土建造的浅基础。但当地基土为较厚的软土层，建筑物荷载大或对变形和稳定性要求高时，宜采用深基础。桩基础是一种常用的深基础形式，通常由桩顶承台(梁)将若干根桩联成一体，将上部结构传来的荷载传递给桩周土(摩擦桩)或传递给桩尖基岩(端承桩)。

按桩的施工方法，桩可分为预制桩和灌注桩两类。预制桩是在工厂或施工现场制成的各种材料和形式的桩(如木桩、钢筋混凝土方(管)桩、钢管桩或型钢桩等)，用沉桩设备将桩打入、压入、振入土中，或有时兼用高压水冲沉入土中而成桩。灌注桩是在施工现场的桩位上用机械或人工成孔(成孔方法可方分为挖孔、钻孔、冲孔、沉管成孔和爆扩成孔等)，然后在孔内灌注混凝土或钢筋混凝土而成桩。

桩按成桩时挤土状况可分为非挤土桩、部分挤土桩和挤土桩。沉管法、爆扩法施工的灌注桩、打入(或静压)的实心混凝土预制桩、闭口钢管桩或混凝土管桩等属于挤土桩。冲击成孔法施工的灌注桩、预钻孔打入式预制桩、H 型钢桩、敞口钢管桩或混凝土管桩等属于部分挤土桩；干作业法、泥浆护壁法、套管护壁法施工的灌注桩等属于非挤土桩。

桩型与工艺选择应根据建筑结构类型、荷载性质、桩的使用功能、穿越土层、桩端持力层土类、地下水位、施工设备、施工环境、施工经验、制桩材料、供应条件等，选择经济合理、安全适用的桩型和成桩工艺。本章将分别介绍预制桩、灌注桩中的一些常用桩型的施工工艺及检测。

2.1 预制桩施工

预制桩主要有钢筋混凝土方桩、钢筋混凝土管桩、钢管或型钢钢桩等，预制桩能承受较大的荷载、坚固耐久、施工速度快，是广泛应用的桩型之一。

2.1.1 钢筋混凝土预制桩制作、运输和堆放

钢筋混凝土预制桩可以制作成各种需要的断面及长度，桩的制作及沉桩工艺简单，不受地下水位高低变化的影响，常用的为钢筋混凝土实心方桩和空心管桩。

方桩边长一般为 200～500mm，桩长最大长度取决于打桩架的高度。如在工厂制作，为便于运输，长度不宜超过 12m。如在现场制作，一般不超过 30m。当打设 30m 以上的桩时，在打桩过程中需要逐节接桩。

混凝土强度等级不宜低于 C30(静压法沉桩时不宜低于 C20)。为防止桩顶被击碎，浇筑

预制桩的混凝土时，宜从桩顶向桩尖浇筑，桩顶一定范围内的箍筋应加密及加设钢筋网片。接桩的接头处要平整，使上下桩能相互贴合对准。浇筑完毕应覆盖、洒水，养护不少于 7d；如用蒸汽养护，在蒸养后，尚应适当自然养护 30d 后方可使用。

现场预制桩时，场地必须平整夯实，不应产生浸水湿陷和不均匀沉降。为节约场地，可采用重叠法间隔制作。叠浇预制桩的层数一般不宜超过 4 层，上下层之间、邻桩之间、桩与模板之间应做好隔离层。上层桩或邻桩的浇筑，应在下层桩或邻桩混凝土达到设计强度等级的 30%以后方可进行。

混凝土管桩是用离心法在工厂生产的，常施加预应力，制成预应力高强度混凝土管桩。管桩直径多为 400~500mm，每节长度 8~12m，管桩按桩身混凝土强度等级分为预应力混凝土管桩(代号 PC 桩)和预应力高强混凝土管桩(代号 PHC 桩)，前者强度等级不低于 C60；后者不低于 C80。PC 桩一般采用常压蒸汽养护，脱模后移入水池再泡水养护，一般要经 28d 才能使用。PHC 桩，一般在成型脱模后，送入高压釜经 10 个大气压、180℃左右高温高压蒸汽养护，从成型到使用的最短时间为 3~4d。

混凝土管桩的接头过去多采用法兰盘螺栓连接，刚度较差。现都采用在桩端头埋设端头钢板焊接法连接，下节桩底端可设桩尖，亦可以是开口的。由于用离心脱水密实成型工艺，混凝土密实度高，抵抗地下水和其他类腐蚀的性能好，预应力管桩具有单桩承载力高，穿透力强，抗裂性好，其单位承载力价格仅为钢桩的 1/3~2/3，造价低廉的特点。

钢筋混凝土预制桩应在混凝土达到设计强度标准值的 75%方可起吊，达到 100%方能运输和打桩。如需提前起吊，必须作强度和抗裂度验算，并采取必要的防护措施。起吊时，吊点位置应符合设计规定，如设计未作规定时，应符合起吊弯矩最小的原则，其合理吊点位置如图 2.1 所示。起吊时应平稳提升，吊点同时离地，保证桩不受损坏。

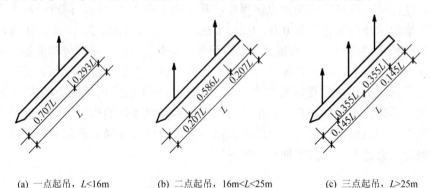

(a) 一点起吊，L<16m　　　(b) 二点起吊，16m<L<25m　　　(c) 三点起吊，L>25m

图 2.1 桩的合理吊点位置

桩的运输应根据打桩进度和打桩顺序确定，一般情况采用随打随运的方法以减少二次搬运。长桩运输可采用平板拖车、平台挂车等，短桩运输亦可采用载重汽车，现场运距较近亦可采用轻轨平板车运输。

桩堆放时场地应平整，坚实，排水良好，桩应按规格、桩号分层叠置，桩尖应朝向一端，支撑点应设在吊点或近旁处，上下垫木应在同一直线上，并支撑平稳；堆放层数不宜超过 4 层。

2.1.2 锤击沉桩施工

锤击沉桩也称打入桩,是靠打桩机的桩锤下落到桩顶产生的冲击能而将桩沉入土中的一种沉桩方法,该法施工速度快,机械化程度高,适用范围广,是预制钢筋混凝土桩最常用的沉桩方法。但施工时有噪音和振动,对施工场所、施工时间有所限制。

1. 打桩机具

打桩用的机具主要包括桩锤、桩架及动力装置三部分。

1) 桩锤

桩锤是打桩的主要机具,其作用是对桩施加冲击力,将桩打入土中。主要有落锤、单动汽锤和双动汽锤、柴油锤、液压锤。

落锤一般由生铁铸成,重 0.5～1.5t,构造简单,使用方便,提升高度可随意调整,一般用卷扬机拉升施打。但打桩速度慢(6～20 次/min),效率低,适于在黏土和含砾石较多的土中打桩。

汽锤是利用蒸汽或压缩空气的压力将桩锤上举,然后下落冲击桩顶沉桩,根据其工作情况又可分为单动式汽锤与双动式汽锤。单动式汽锤的冲击体在上升时耗用动力,下降靠自重,打桩速度较落锤快(60～80 次/min),锤重 1.5～15t,适于各类桩在各类土层中施工。双动式汽锤的冲击体升降均耗用动力,冲击力更大、频率更快(100～120 次/min),锤重 0.6～6t,还可用于打钢板桩、水下桩、斜桩和拔桩。

柴油锤,如图 2.2 所示,是利用燃油爆炸产生的力,推动活塞上下往复运动进行沉桩的。其冲击部分是沿导杆或缸体上下活动的活塞,当活塞下落时,汽缸中的空气被压缩,温度剧增,使得喷入汽缸中的柴油点燃爆炸,其作用力将活塞上抛,同时以反作用力将桩击入土中。柴油锤冲击部分重为 0.1t、0.2t、0.6t、1t、1.2t、1.8t、2.5t、4t、6t 等,每分钟锤击 40～80 次。柴油锤本身附有桩架、动力设备,易搬运转移,不需外部能源,应用较为广泛。但施工中有噪声、污染和振动等影响,在城市施工受到一定的限制。另外当土很松软时,桩的下沉阻力小,致使活塞向上顶起的距离(与桩下沉中所受阻力的大小成正比)很小,当再次下落时,不能保证将气缸中的气体压缩到点燃爆炸的程度,则会造成柴油锤熄火而中断施工;而当土很坚硬时,桩的下沉阻力大,致使活塞向上顶起的距离很大,再次下落时,则冲击力过大,易损坏桩头、桩锤。

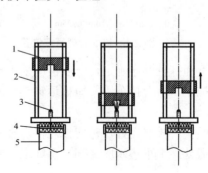

图 2.2 柴油锤工作示意图

1—活塞;2—导杆;3—喷嘴;4—桩帽;5—桩

液压锤是一种新型打桩设备。它的冲击缸体通过液压油提升与降落。冲击缸体下部充满氮气,当冲击缸下落时,首先是冲击头对桩施加压力,接着是通过可压缩的氮气对桩施加压力,使冲击缸体对桩施加压力的过程延长,因此,每一击能获得更大的贯入度。液压锤不排出任何废气,无噪音,冲击频率高,并适合水下打桩,是理想的冲击式打桩设备,但构造复杂,造价高。

2) 桩架

桩架是吊桩就位,悬吊桩锤,打桩时引导桩身方向并保证桩锤能沿着所要求方向冲击的打桩设备。要求其具有较好的稳定性、机动性和灵活性,保证锤击落点准确,并可调整垂直度。常用桩架基本有两种形式,一种是沿轨道行走移动的多功能桩架,另一种是装在履带式底盘上自由行走的桩架。

多功能桩架如图 2.3 所示由立柱、斜撑、回转工作台、底盘及传动机构等组成。它的机动性和适应性较大,在水平方向可作 360°回转,立柱可伸缩和前后倾斜。底盘下装有铁轮,可在轨道上行走。这种桩架可用于各种预制桩和灌注桩施工。缺点是机构较庞大,现场组装、拆卸和转运较困难。

履带式桩架如图 2.4 所示以履带式起重机为底盘,增加了立柱、斜撑、导杆,用于打桩。其行走、回转、起升的机动性好,使用方便,适用范围广。可适应各种预制桩和灌注桩施工。

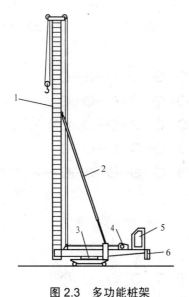

图 2.3 多功能桩架

1—立柱;2—斜撑;3—回转平台;
4—卷扬机;5—司机室;6—平衡重

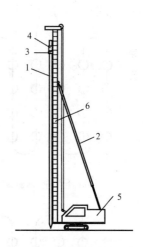

图 2.4 履带式桩架

1—桩;2—斜撑;3—桩帽;4—桩锤;
5—履带式起重机;6—立柱

3) 动力装置

打桩机构的动力装置及辅助设备主要根据选定的桩锤种类而定。落锤以电源为动力,需配置电动卷扬机等设备;蒸汽锤以高压饱和蒸汽为驱动力,配置蒸汽锅炉等设备;气锤以压缩空气为动力源,需配置空气压缩机等设备;柴油锤以柴油为能源,桩锤本身有燃烧室,不需外部动力设备。

2. 打桩施工

打桩前应做好下列准备工作：处理架空高压线和地下障碍物，场地应平整，排水应畅通，并满足打桩所需的地面承载力；设置供电、供水系统；安装打桩机等。

施工前还应做好定位放线。桩基轴线的定位点及水准点，应设置在不受打桩影响的区域，水准点设置不少于两个，在施工过程中可据此检查桩位的偏差以及桩的入土深度。

1) 打桩顺序

由于锤击沉桩是挤土法成孔，桩入土后对周围土体产生挤压作用。一方面先打入的桩会受到后打入的桩的推挤而发生水平位移或上拔；另一方面由于土被挤紧使后打入的桩不易达到设计深度或造成土体隆起。特别是在群桩打入施工时，这些现象更为突出。为了保证打桩工程质量，防止周围建筑物受土体挤压的影响，打桩前应根据场地的土质、桩的密集程度、桩的规格、长短和桩架的移动方便等因素来正确选择打桩顺序。

当桩较密集时(桩中心距小于或等于 4 倍桩边长或桩径)，应由中间向两侧对称施打或由中间向四周施打，如图 2.5(a)、图 2.5(b)所示。这样，打桩时土体由中间向两侧或四周均匀挤压，易于保证施工质量。当桩数较多时，也可采用分区段施打。

当桩较稀疏时(桩中心距大于 4 倍桩边长或桩径)，可采用上述两种打桩顺序，也可采用由一侧向另一侧单一方向施打的方式(即逐排施打)，或由两侧同时向中间施打，如图 2.5(c)、图 2.5(d)所示。采用逐排施打时，桩架单方向移动，施工方便，打桩效率较高。当场地一侧有建筑物、构筑物或地下管线等，应由邻近建筑物、构筑物或地下管线一侧向另一方向施打，以防止受土体挤压破坏。

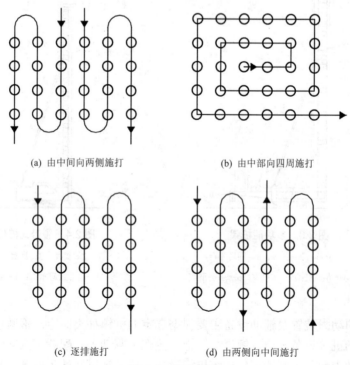

(a) 由中间向两侧施打　　　(b) 由中部向四周施打

(c) 逐排施打　　　(d) 由两侧向中间施打

图 2.5　打桩顺序

当桩规格、埋深、长度不同时,宜按"先大后小,先深后浅,先长后短"的原则进行施打,以免打桩时因土的挤压而使邻桩移位或上拔。

在实际施工过程中,不仅要考虑打桩顺序,还要考虑桩架的移动是否方便。在打完桩后,当桩顶高于桩架底面高度时,桩架不能向前移动到下一个桩位继续打桩,只能后退打桩;当桩顶标高低于桩架底面高度,则桩架可以向前移动来打桩。

2) 打桩程序

在做好打桩前的施工准备工作后,就可按确定好的施工顺序在每一个桩位上打桩。打桩程序包括:吊桩、插桩、打桩、接桩、送桩、截桩头。

(1) 吊桩:按既定的打桩顺序,先将桩架移动至设计所定的桩位处并用缆风绳等稳定,然后将桩运至桩架下,一般利用桩架附设的起重钩借桩机上的卷扬机吊桩就位,或配一台履带式起重机送桩就位,并用桩架上夹具或落下桩锤借桩帽固定位置。桩提升为直立状态后,对准桩位中心,缓缓放下插入土中,桩插入时垂直度偏差不得超过 0.5%。

(2) 插桩:桩就位后,在桩顶安上桩帽,然后放下桩锤轻轻压住桩帽。桩锤、桩帽和桩身中心线应在同一垂直线上。在桩的自重和锤重的压力下,桩便会沉入一定深度,等桩下沉达到稳定状态后,再一次复查其平面位置和垂直度,若有偏差应及时纠正,必要时要拔出重打,校核桩的垂直度可采用垂直角,即用两个方向(互成 90°)的经纬仪使导架保持垂直。校正符合要求后,即可进行打桩。为了防止击碎桩顶,应在混凝土桩的桩顶和桩帽之间、桩锤与桩帽之间放上硬木、麻袋等弹性衬垫作缓冲层。

(3) 打桩:桩锤连续施打,使桩均匀下沉。宜用"重锤低击":重锤低击获得的动量大,桩锤对桩顶的冲击小,其回弹也小,桩头不易损坏,大部分能量都用以克服桩周边土壤的摩阻力而使桩下沉。正因为桩锤落距小,频率高,对于较密实的土层,如砂土或黏土也能容易穿过,一般在工程中采用重锤低击。而轻锤高击所获得的动量小,冲击力大,其回弹也大,桩头易损坏,大部分能量被桩身吸收,桩不易打入,且轻锤高击所产生的应力,还会促使距桩顶 1/3 桩长度范围内的薄弱处产生水平裂缝,甚至使桩身断裂。在实际工程中一般不采用轻锤高击。

(4) 接桩:当设计的桩较长,但由于打桩机高度有限或预制、运输等因素,只能采用分段预制、分段打入的方法,需在桩打入过程中将桩接长。接长预制钢筋混凝土桩的方法有焊接法和浆锚法,目前以焊接法应用最多。

焊接法接头有角钢绑焊接头和钢板对焊接头,如图 2.6(a)、图 2.6(b)所示。其连接强度能保证,接头承载力大,能适用于各种土层,但焊接时间长,沉桩效率低。接桩时,必须在上下节桩对准并垂直无误后,用点焊将拼接角钢连接固定,再次检查位置正确后,才进行焊接。预埋铁件表面应保持清洁,上下节桩之间的间隙应用铁片填实焊牢;采用对角对称施焊,以防止节点不均匀焊接变形引起桩身歪斜,焊缝要连续饱满。接桩时,一般在距离地面 1m 左右进行,上、下节桩的中心线偏差不得大于 10mm,节点弯曲矢高不得大于 0.1%的两节桩长。在焊接后应使焊缝在自然条件下冷却 10min 后方可继续沉桩。

浆锚法接头是将上节桩锚筋插入下节桩锚筋孔内,再用硫磺胶泥锚固,如图 2.6(c)所示。上节桩下端伸出 4 根锚筋,长度为锚筋直径的 15 倍,布置在桩的四角,锚筋直径在锤击沉桩时为 22~25mm,静力压桩时为 16~18mm;下节桩顶部预留锚筋孔,锚筋孔呈螺纹状,孔径为锚筋直径的 2.5 倍,一般内径为 50mm,孔深应比锚筋长 50mm,锚筋和锚筋孔的间隙应填满硫磺胶泥。接桩时，首先对下节桩的锚筋孔进行清洗，除去孔内杂物、油污和积水；吊运上节桩对准下节桩，使4根锚筋插入锚筋孔，下落上节桩身，使其结合紧密；然后将桩上提约200mm(以四根锚筋不脱离锚筋孔为度)，安设施工夹箍(由四块木板，内侧用人造革包裹40mm厚的树脂海绵块而成)，将熔化的硫磺胶泥(温度控制在145℃左右)注满锚筋孔和接头平面上(灌注时间不得超过2min)，然后将上节桩下落。当硫磺胶泥冷却并拆除施工夹箍后(硫磺胶泥灌注后停歇时间不得小于7min)，即可继续沉桩施工。浆锚法接桩，可节约钢材，操作简便，接桩时间比焊接法大为缩短，但不宜用于坚硬土层中。

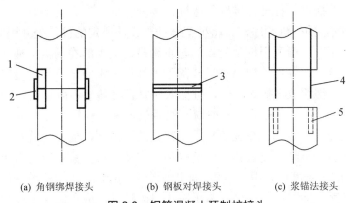

(a) 角钢绑焊接头　　(b) 钢板对焊接头　　(c) 浆锚法接头

图2.6　钢筋混凝土预制桩接头

1—角钢；2—连接钢板；3—钢板；4—锚筋；5—锚筋孔

硫磺胶泥是一种热塑冷硬性胶结材料，它是由胶结料、细骨料、填充料和增韧剂熔融搅拌混合配制而成。其质量配合比为：

硫磺：水泥：砂：聚硫橡胶=44：11：44：1

硫磺胶泥中掺入增韧剂(聚硫780胶或聚硫甲胶)，可以改善胶泥的韧性，并显著提高其抗拉强度。硫磺胶泥的力学性能，见表2-1。

表2-1　硫磺胶泥力学性能(MPa)

抗拉强度	抗压强度	抗折强度	黏结强度	
			与螺纹钢筋	与螺纹混凝土孔壁
4	40	10	11	4

(5) 送桩：如桩顶标高低于自然土面，则需用送桩管将桩送入土中。桩与送桩管的纵轴线应在同一直线上，拔出送桩管后，桩孔应及时回填或加盖。

(6) 截桩头：如桩底到达了设计深度，而配桩长度大于桩顶设计标高时需要截去桩头。截桩头宜用锯桩器截割，或用手锤人工凿除混凝土，钢筋用气割割齐。严禁用大锤横向敲击或强行扳拉截桩。

3) 打桩控制

打桩时主要控制两个方面的要求：一是能否满足贯入度及桩尖标高或入土深度要求，二是桩的位置偏差是否在允许范围之内。

在打桩过程中，必须做好打桩记录，以作为工程验收的重要依据。应详细记录每打入1m的锤击数和时间、桩位置的偏斜、贯入度(每10击的平均入土深度)和最后贯入度(最后三阵,每阵十击的平均入土深度)、总锤击数等。

打桩的控制原则是:当(端承型桩)桩尖位于坚硬、硬塑的黏土、碎石土、中密以上的砂土或风化岩等土层时,以贯入度控制为主,桩尖进入持力层深度或桩尖标高可作参考;当贯入度已达到,而桩尖标高未达到时,其贯入度不应大于规定的数值;当(摩擦型桩)桩尖位于其他软土层时,以桩尖设计标高控制为主,贯入度可作参考。

打桩时,如控制指标已符合要求,而其他的指标与要求相差较大时,应会同监理、设计单位研究处理。当遇到贯入度剧变,桩身突然发生倾斜、移位或有严重回弹,桩顶或桩身出现严重裂缝、破碎等情况时,应暂停打桩,并分析原因,采取相应措施。

4) 打桩常见质量问题及处理

钢筋混凝土桩在打桩中常遇见的问题、原因及处理方法见表2-2。

表2-2 打桩常见问题、原因及处理方法

常见质量问题	产生原因	防止措施及处理方法
桩头击碎	桩头混凝土强度低	提高混凝土强度
	桩顶凹凸不平	调整桩垫,楔平桩头
	锤与桩不垂直	纠正偏心,调整垂直度
	落锤过高,锤击过久	选择重锤低击
桩身破裂	桩有弯曲	检查成桩外观质量
	挤土影响	确定打桩顺序
桩不下沉	有坚硬土夹层	钻孔机钻透后再打入
	打桩间歇时间过长,摩阻力增大	连续击打
	桩锤过小	合理选择锤重
接桩松脱	焊接不牢	检查焊缝质量,重新焊接
	硫磺胶泥配合比不当	严格按配合比配制

5) 打桩公害影响及预防措施

在打桩施工中,还会造成噪音、震动、土体挤压和空气污染等公害影响,虽然不是沉桩本身的质量问题,但会影响到周围环境,需要采取一些预防措施。

(1) 噪音影响:打桩过程中桩锤本身和锤击桩时会发出强烈刺耳的声音,应尽量避开夜间施工和在居民密集区施工,在桩顶、桩帽上加垫缓冲材料减小噪音。

(2) 震动影响:锤击沉桩时会产生震动波,会对邻近桩区的建筑物、地下结构和管线带来危害。地基浅层土质越硬、桩锤击能量越大,震动影响也会越严重。可采用开挖防震沟(沟宽0.5~0.8m,沟深按土质情况以边坡能自立为准);打设钢板桩;采用"重锤轻击"打桩等措施。

(3) 土体挤压影响:由于锤击沉桩的冲击力使桩周围的地面隆起并产生水平位移,使土中孔隙水压力上升,形成超孔隙水压力,加剧了土体的隆起、位移。可采用预钻孔沉桩法(孔径约比桩径小50~100mm,孔深宜为桩深的1/3~1/2);设置袋装砂井或塑料排水板,以消除部分超孔隙水压力,减少挤土现象;限制打桩速率,也可以使土中的超孔隙水压力消散,减少挤土现象。

(4) 空气污染影响：柴油锤施工、硫磺胶泥接桩等会产生废气，在城市施工受到一定限制。

2.1.3 静力压桩施工

静力压桩是利用无震动、无噪音的静压力将预制桩压入土中的沉桩方法。静力压桩的方法较多，有锚杆静压、液压千斤顶加压、绳索系统加压等，凡非冲击力沉桩均按静力压桩考虑。

静力压桩适用于软土、淤泥质土、沉桩截面小于400mm×400mm，桩长30～35m左右的钢筋混凝土实心桩或空心桩。与普通打桩相比，可以减少挤土、振动对地基和邻近建筑物的影响，桩顶不易损坏，不易产生偏心沉桩，节约制桩材料和降低工程成本，且能在沉桩施工中测定沉桩阻力，为设计、施工提供参数，并预估和验证桩的承载能力。

静力压桩施工中，一般是采用分段预制、分段压入、逐段接长(可用焊接、硫化胶泥接桩)的方法。

2.2 灌注桩施工

灌注桩是直接在桩位上就地成孔，然后在孔内安放钢筋笼灌注混凝土而成。与预制桩相比，灌注桩能适应各种地层，无需接桩，桩长、直径可变化自如，减少了桩制作、吊运。但其成孔工艺复杂，现场施工操作好坏直接影响成桩质量，施工后需较长的养护期方可承受荷载。

灌注桩施工可分为钻孔灌注桩、人工挖孔灌注桩、套管成孔灌注桩和爆扩成孔灌注桩等。

2.2.1 钻孔灌注桩

钻孔灌注桩可分为干作业成孔灌注桩、湿作业成孔灌注桩。

1. 干作业成孔灌注桩

干作业成孔灌注桩适用于地下水位以上的黏性土、粉土、填土、中等密实以上的砂土、风化岩层。此类土质勿需护壁可直接取土成孔，常用螺旋钻机干作业成孔。其施工程序包括：钻孔取土，清孔，吊放钢筋笼，浇筑混凝土。

(1) 钻孔取土：在施工准备工作完成后，按确定的成孔顺序，桩机就位。螺旋钻机通过动力旋转钻杆，使钻头的螺旋叶片旋转削土，土块沿螺旋叶片提升排出孔外，然后装卸到小型机动翻斗车(或手推车)中运离现场。当一节钻杆钻入地面后，可接第二节钻杆继续钻入，直至达到设计深度。操作时要求钻杆垂直，钻孔过程中如发现钻杆摇晃或难钻进时，可能是遇到石块等异物，应立即停机检查。全叶片螺旋钻机成孔直径一般为300～800mm，钻孔深度为8～25m。在钻进过程中，应随时清理孔口积土并及时检查桩位以及垂直度，遇到塌孔、缩孔等异常情况，应及时研究解决。

(2) 清孔：当钻孔到预定钻深后，必须将孔底虚土清理干净。钻机在原深处进行空转清土，然后停止转动，提起钻杆卸土。应注意在空转清土时不得加深钻进；提钻时不得回转钻杆。清孔后可用重锤或沉渣仪测定孔底虚土厚度，检查清孔质量。

(3) 吊放钢筋笼：清孔后吊放钢筋笼，吊放时要缓慢并保持竖直，防止放偏或刮土下落，放到预定深度时将钢筋笼上端妥善固定。在钢筋笼安放好后，应再次测定孔底虚土厚度，端承桩≤50mm，摩擦桩≤150mm。

(4) 浇筑混凝土：浇筑混凝土宜用机动小车或混凝土泵车，应防止压坏桩孔。混凝土坍落度一般为80～100mm，强度等级不小于C15，浇筑混凝土时应随浇随振，每次浇筑高度应小于1.5m，可用接长软轴的插入式振捣器配合钢钎捣实。

2. 湿作业成孔灌注桩

湿作业成孔灌注桩即泥浆护壁成孔灌注桩。泥浆护壁成孔灌注桩适用于地下水位以下的黏性土、粉土、砂土、填土、碎(砾)石土及风化岩层；以及地质情况复杂，夹层多、风化不均、软硬变化较大的岩层。在钻孔过程中采用泥浆保护孔壁及排渣，常用回旋钻机成孔。其施工程序包括：钻孔，造浆，排渣，清孔，吊放钢筋笼，浇筑混凝土。

(1) 钻孔：回旋钻机是由动力装置带动钻机的回旋装置转动，并带动带有钻头的钻杆转动，由钻头切削土壤。在钻孔时，应在桩位处设护筒，以起定位、保护孔口、维持水头等作用。护筒可用钢板制作，内径应比钻头直径大100mm，埋入土中深度通常不宜小于1.0～1.5m。护筒埋设应准确、稳定，护筒中心与桩位中心的偏差不得大于50mm。在护筒顶部应开设1～2个溢浆口。在钻孔期间，应保持护筒内的泥浆面高出地下水位1.0m以上，与地下水压平衡而保护孔壁稳定。

(2) 造浆：在黏土中钻孔时，可利用钻削下来的土与注入的清水混合成适合护壁的泥浆，称为自造泥浆；在砂土中钻孔时，应注入高黏性土(膨润土)和水拌和成的泥浆，称为制备泥浆。泥浆护壁效果的好坏直接影响成孔质量，在钻孔中，应经常测定泥浆性能。为保证泥浆达到一定的性能，还可加入加重剂、分散剂、增黏剂及堵漏剂等掺合剂。

(3) 排渣：钻孔时，在桩外设置沉淀池，通过循环泥浆携带土渣流入沉淀池而起到排渣作用。根据泥浆循环方式的不同，分为正循环和反循环两种工艺。

正循环回旋钻机成孔的工艺如图2.7所示。泥浆或高压水由钻杆内部注入，并从钻杆底部喷出，携带钻下的土渣沿孔壁向上流动，携带土渣的泥浆流入沉淀池，经沉淀的泥浆再注入钻杆，由此进行正循环。正循环工艺施工费用较低，但泥浆上升速度慢，大粒径土渣易沉底，一般用于孔浅、孔径不大的桩。

反循环回旋钻机成孔的工艺如图2.8所示。泥浆由钻杆与孔壁间的环状间隙流入钻孔，然后，由砂石泵或真空泵在钻杆内形成真空，使泥浆携带土渣由钻杆内腔吸出至地面而流入沉淀池，经沉淀的泥浆再流入钻孔，由此进行反循环。反循环工艺的泥浆上升的速度快，排放土渣的能力大，可用于孔深、孔径大的桩。

(4) 清孔：钻孔达到设计深度后，应进行清孔。以原土造浆的钻孔，清孔可用射水法，此时钻具只转不进，待孔底残余泥渣已磨成浆，排出泥浆比重降到1.1左右即认为清孔合格；注入制备泥浆的钻孔，可采用换浆法清孔，至换出泥浆的比重小于1.15时方为合格。清孔时采用泥浆循环方式仍可用正循环或反循环工艺，通常与成孔时泥浆循环方式相同。

(5) 吊放钢筋笼：施工要求同干作业成孔灌注桩一致。钢筋笼长度较大时可分段制作，两段之间用焊接连接。

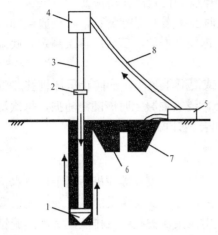

图 2.7　正循环工艺
1—钻头；2—回转装置；3—钻杆；4—旋转接头；
5—泥浆泵；6—沉淀池；7—泥浆池；8—送浆管

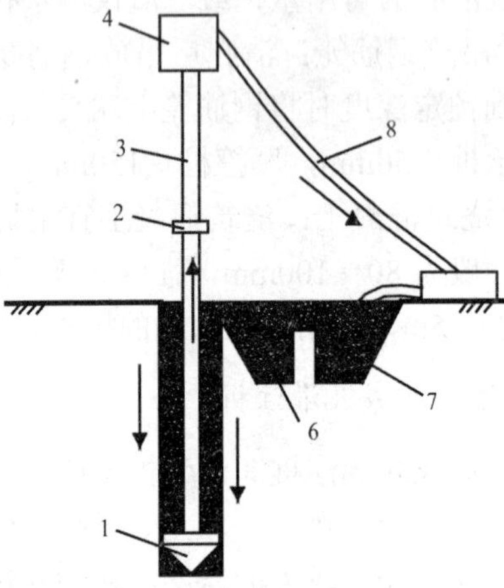

图 2.8　反循环工艺
1—钻头；2—回转装置；3—钻杆；4—旋转接头；
5—砂石泵；6—泥浆池；7—沉淀池；8—送浆管

（6）浇筑混凝土：泥浆护壁成孔灌注桩常采用导管法水下浇筑混凝土。导管法是将密封连接的钢管作为水下混凝土的灌注通道，同时隔离泥浆，使其不与混凝土接触。在浇筑过程中，导管始终埋在灌入的混凝土拌和物内，导管内的混凝土在一定的落差压力作用下，压挤下部管口的混凝土在已浇的混凝土层内部流动、扩散，以完成混凝土的浇筑工作，形成连续密实的混凝土桩身。浇筑完的桩身混凝土应超过桩顶设计标高 0.5m，保证在凿除表面浮浆层后，桩顶标高和桩顶的混凝土质量能满足设计要求。

泥浆护壁成孔灌注桩还可采用潜水钻机钻孔。潜水钻机是一种旋转式钻孔机械，其动力、变速机构和钻头连在一起，加以密封，因而可以下放至孔中地下水位以下进行切削土壤成孔。用正循环工艺排渣，其施工过程与回旋钻机成孔相似。

2.2.2　人工挖孔灌注桩

人工挖孔灌注桩是指在桩位采用人工挖掘方法成孔，然后安放钢筋笼，灌注混凝土而成为桩基。人工挖孔灌注桩为干作业成孔，成孔方法简便，成孔直径大，单桩承载力高，施工时无振动、无噪音，施工设备简单，可同时开挖多根桩以节省工期，可直接观察土层变化情况，便于清孔和检查孔底及孔壁，可较清楚地确定持力层的承载力，施工质量可靠。但其劳动条件差，劳动力消耗大。

为确保人工挖孔桩施工过程的安全，必须考虑土壁支护措施。可采用现浇混凝土护壁、喷射混凝土护壁、钢套管护壁等。同时作好井下通风、照明工作。施工中做好排水并应防止流砂等现象产生。

人工挖孔灌注桩的桩身直径除了能满足设计承载力的要求外，还应考虑施工操作的要求，故桩径不宜小于 800mm，一般为 800～2000mm，桩端可采用扩底或不扩底两种方法。

当采用现浇混凝土护壁时，人工挖孔灌注桩的构造如图 2.9 所示。其施工工艺过程为：测量放线、确定桩位→分段挖土(每段 1m)→分段构筑护壁(绑扎钢筋、支模、浇筑混凝土、养护、拆模板)→重复分段挖土、构筑护壁至设计深度→孔底扩大头→清底验收→吊放钢筋笼→浇筑混凝土成桩。

2.2.3 套管成孔灌注桩

套管成孔灌注桩可分为锤击沉管灌注桩、振动沉管灌注桩，是利用锤击打桩法或振动沉桩法，将带有活瓣式桩尖或带有钢筋混凝土桩靴的钢套管沉入土中，然后边拔管边灌注混凝土而成。套管成孔灌注桩利用套管保护孔壁，能沉能拔，施工速度快。适用于黏性土、粉土、淤泥质土、砂土及填土；在厚度较大、灵敏度较高的淤泥和流塑状态的黏性土等软弱土层中采用时，应制定可靠的质量保证措施。沉管灌注桩采用了锤击打管、振动沉管，在施工中要考虑挤土、噪音、振动等影响。套管成孔灌注桩施工过程如图 2.10 所示。

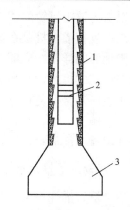

图 2.9　人工挖孔灌注桩构造示意图

1—护壁；2—钢筋笼；3—桩端扩底

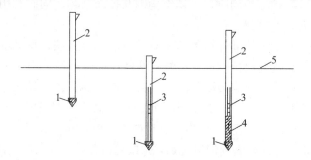

(a) 钢管打入土中　(b) 放入钢筋骨架　(c) 随浇混凝土随拔出钢管

图 2.10　沉管灌注桩施工

1—桩靴；2—钢管；3—钢筋笼；4—混凝土；5—地面

1. 锤击沉管灌注桩

锤击沉管灌注桩施工程序包括：沉管、清孔、吊放钢筋笼、浇筑混凝土(拔管)。

(1) 沉管：在打入套管时，和打入预制桩的要求是一致的。当桩距小于 4 倍桩径时，应采取保证相邻桩桩身质量的技术措施，防止因挤土而使已浇筑的桩发生桩身断裂。如采用跳打方法，中间空出的桩须待邻桩混凝土达到设计强度的 50%以后方可施打。沉管前，要检查套管与桩锤是否在同一垂直线上，套管偏斜不大于 0.5%，锤沉套管时先用低锤轻击，观察无偏移进，才可正常施打，直至符合设计要求的贯入度或沉入标高，并做好打桩记录。

(2) 清孔：沉管施工时，套管与桩靴连接处要垫以麻、草绳，以防止地下水渗入管内。沉管结束后，要检查桩靴有无破坏、管内有无泥砂或水进入，保证清孔质量。

(3) 吊放钢筋笼、浇筑混凝土(拔管)：清孔后即可吊放钢筋笼、浇筑混凝土。套管内混凝土应尽量灌满，然后开始拔管。拔管要均匀，对一般土层以 1m/min 为宜，在软弱土层和软硬土层交界处，宜控制在 0.8m/min 以内。不宜拔管过高，要保证管内有不少于 2 m 高度的混凝土，第一次拔管高度应控制在能容纳第二次所需要灌入的混凝土量为限，拔管时应保持连续密锤低击不停，使混凝土得到振实。

以上为锤击沉管灌注桩的单打法施工过程，为了提高桩的质量和承载能力，还可采用复打法：复打灌注桩是在第一次灌注桩施工完毕，拔出套管后，清除管外壁上的污泥和桩孔周围地面的浮土，立即在原桩位再埋设预制桩靴第二次复打套管，使未凝固的混凝土向四周挤压扩大桩径，然后第二次灌注混凝土。拔管方法与初打时相同。施工时前后两次沉管的轴线应复合，复打施工必须在第一次灌注的混凝土初凝之前进行，也有采用内夯管进行夯扩的施工方法。复打法第一次灌注混凝土前不能放置钢筋笼，如配有钢筋，应在第二次灌注混凝土前放置。

2. 振动沉管灌注桩

振动沉管灌注桩采用振动锤或振动——冲击锤沉管。与锤击沉管灌注桩相比，振动沉管灌注桩更适合于在稍密及中密的碎石土地基上施工。

施工前，先安装桩机，将桩管下端活瓣合拢或套入桩靴，对准桩位，徐徐放下套管，压入土中，勿使偏斜，即可开动激振器沉管。桩管受振后与土体之间摩阻力减小，当强迫振动频率与土体的自振频率相同时，土体结构因共振而破坏，同时利用振动锤自重在套管上加压，套管即能沉入土中。

振动、振动——冲击沉管灌注桩的施工有单打法、复打法、反插法等。单打法适用于含水量较小的土层，并宜采用预制桩尖；复打法及反插法适用于饱和土层。

单打法施工时，桩管内灌满混凝土后，先振动5~10s，再开始拔管，应边振边拔，每拔0.5~1m后，停拔并振动5~10s，如此反复，直至桩管全部拔出。在一般土层内，拔管速度宜为1.2~1.5m/min，在软弱土层中，宜控制在0.8m/min以内。

反插法施工时，在套管内灌满混凝土后，先振动再开始拔管，每次拔管高度0.5~1m，向下反插深度0.3~0.5m。如此反复进行并始终保持振动，直至套管全部拔出地面。反插法能使桩的截面增大，从而提高桩的承载力。

振动、振动——冲击沉管复打法的要求与锤击沉管桩的复打法相同。

3. 套管成孔灌注桩常遇问题和处理方法

套管成孔灌注桩施工时常发生断桩、缩颈、吊脚桩、桩尖进水进泥砂等问题，施工中应及时检查并处理。

(1) 断桩：是指桩身裂缝呈水平状或略有倾斜且贯通全截面，常见于地面以下1~3m不同软硬土层交接处。产生断桩的主要原因是桩距过小，桩身混凝固不久，强度低，此时邻桩沉管使土体隆起和挤压，产生横向水平力和竖向拉力使混凝土桩身断裂。避免断桩的措施是：布桩不宜过密，桩间距以不小于3.5倍桩距为宜；当桩身混凝土强度较低时，可采用跳打法施工；合理制定打桩顺序和桩架行走路线以减少振动的影响。断桩一经发现，应将断桩段拔去，将孔清理干净后，略增大面积或加上钢箍连接，再重新灌注混凝土。

(2) 缩颈：是指桩身局部直径小于设计直径，缩颈常出现在饱和淤泥质土中。产生缩颈的主要原因是在含水量高的黏性土中沉管时，土体受到强烈扰动挤压，产生很高的孔隙水压力，桩管拔出后，这种超孔隙水压力便作用在所浇筑的混凝土桩身上，使桩身局部直径缩小；当桩间距过小，邻近桩沉管施工时挤压土体也会使所浇混凝土桩身缩颈；或施工时拔管速度过快，管内形成真空吸力，且管内混凝土量少、和易性差，使混凝土扩散性差，导致缩颈。在施工过程中应经常观测管内混凝土的下落情况，严格控制拔管速度，采取"慢拔密振"或"慢拔密击"的方法,在可能产生缩颈的土层施工时,采用反插法可避免缩颈。当出现缩颈时可用复打法进行处理。

(3) 吊脚桩：是指桩底部的混凝土隔空,或混入泥砂在桩底部形成松软层。产生吊脚桩的主要原因是预制桩靴强度不足,在沉管时破损,被挤入桩管内,拔管时振动冲击未能及时将桩靴压出而形成吊脚桩；振动沉管时,桩管入土较深并进入低压缩性土层,灌完混凝土开始拔管时,活瓣桩尖被周围土包围不能及时张开而形成吊脚桩。避免出现吊脚桩的措施是：严格检查预制桩靴的强度和规格,沉管时可用吊砣检查桩靴是否进入桩管或活瓣是否张开,如发现吊脚现象,应将桩管拔出,桩孔回填砂后重新沉入桩管。

(4) 桩尖进水进泥砂：是指在含水量大的淤泥、粉砂土层中沉入桩管时,往往有水或泥砂进入桩管内,这是由于活瓣桩尖合拢不严,或预制桩靴与桩管接触不严密,或桩靴打坏所致。预防措施是：对活瓣桩尖应及时修复或更换；预制桩靴的尺寸和配筋均应符合设计要求,在桩尖与桩管接触处缠绕麻绳或垫衬,使二者接触处封严。当发现桩尖进水或泥砂时,可将桩管拔出,修复桩尖缝隙,用砂回填桩孔后再重新沉管。当地下水量大时,桩管沉至接近地下水位时,可灌注 0.5m 高水泥砂浆封底,将桩管底部的缝隙封住,再灌 1m 高的混凝土后,继续沉管。

2.2.4 爆扩成孔灌注桩

爆扩成孔灌注桩简称爆扩桩,是用钻机成孔,在孔底安放适量的炸药和灌入适量的混凝土,利用爆炸能量在孔底形成扩大头,再放置钢筋骨架,最后灌注混凝土而成,如图 2.11 所示。爆扩桩由桩柱身和扩大头两部分组成,扩大头增加了地基对桩端的支撑面,可同时抵抗压、拔、推等荷载,故桩的受力性能好。适用于地下水位以上的黏性土、黄土、碎石土及风化岩,在砂土及软土中不易成孔。

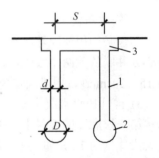

图 2.11 爆扩桩

1—桩身；2—扩大头；3—桩承台

爆扩桩的埋置深度一般为 3~6m,最大可达 12m,桩身直径 $d \leqslant 350$mm,爆扩桩扩大头直径 $D \leqslant 1000$mm。爆扩桩的最小间距 S：在硬塑和可塑状态黏土中,不小于 $1.5D$；在软塑性黏土或人工回填土中,不小于 $1.8D$。爆扩桩的施工程序包括：成孔,爆扩大头,灌注桩身混凝土。

1. 成孔

爆扩桩的成孔可采用洛阳铲、手摇钻等人工成孔或螺旋钻、沉管等机械成孔。

2. 爆扩大头

爆扩大头的工艺流程为：确定用药量→安放药包→灌注压爆混凝土→引爆。

1) 确定用药量

爆扩桩施工中使用的炸药宜用硝铵炸药和电雷管。用药量与扩大头尺寸及土质有关,施工前应在现场做爆扩成型试验确定,或参考下式估算：

$$D = K \cdot \sqrt[3]{Q} \tag{2-1}$$

式中： D——扩大头直径(mm)；
K——土质影响系数，见表2-3；
Q——炸药用量(kg)，见表2-4。

表2-3　土质影响系数 K 值

土的类别	K 值	土的类别	K 值
坡积黏土	0.7～0.9	沉积可塑亚黏土	1.02～1.21
亚黏土	1.0～1.1	卵石层	1.07～1.18
冲积黏土	1.25～1.30	松散角砾	0.94～0.99

表2-4　爆扩大头炸药用量参考

扩大头直径/m	0.6	0.7	0.8	0.9	1.0	1.1	1.2
炸药用量/kg	0.30～0.45	0.45～0.60	0.60～0.75	0.75～0.90	0.90～1.10	1.10～1.30	1.30～1.50

注：① 表内数值适用于深度 3.5～9.0m 的黏性土，土质松软时取小值，坚硬时取大值。
② 在地面以下 2.0～3.0m 深度的土层中爆扩时，用药量应较表内数值减少 20%～30%。
③ 在砂类土中爆扩时用药量应较表内数值增加 10%。

2) 安放药包

药包必须用薄膜等防水材料紧密包扎，以免药包受潮。药包宜包扎成扁球状，在药包中心处并联放置两个雷管，以保证顺利引爆。药包用绳索吊进桩孔内，放在孔底中央，上盖15～20cm 砂，用以固定药包和免受压爆混凝土冲击。

3) 灌注压爆混凝土

第一次灌注的混凝土又称为压爆混凝土，在引爆后落入扩大头空腔底部。灌入量约为扩大头体积的 1/2，如过少，混凝土将在引爆时飞扬起来；过多，混凝土将会拒落。压爆混凝土的坍落度宜为：黏性土——9.0～12cm；砂类土——12～15cm；黄土——17～20cm。

4) 引爆

从压爆混凝土灌入桩孔至引爆的时间间隔，不宜超过 30min，否则，引爆时容易产生混凝土拒落。为了保证爆扩桩的施工质量，应根据不同的桩距、扩大头标高和布置情况，严格遵守引爆顺序：当相邻桩的扩大头在同一标高，若桩距大于爆扩影响间距时，可采用单爆方式，反之宜用联爆方式；当相邻桩的扩大头不在同一标高，引爆顺序必须是先浅后深，否则会造成相邻深桩的变形或断裂；当在同一根桩柱上有两个扩大头(串联爆扩桩)时，先爆扩深的扩大头，插入下段钢筋骨架、灌注下段混凝土到浅扩大头标高，再爆扩第二个扩大头，然后插入上段钢筋骨架，灌注上段混凝土至设计标高。

3. 浇注桩身混凝土

扩大头引爆后，第一次灌注的混凝土即落入空腔底部。此时应检查扩大头的尺寸并将扩大头底部混凝土捣实，随即放置钢筋骨架，并分层浇灌，分层捣实桩身混凝土，混凝土应连续灌注完毕，不留施工缝，保证扩大头与桩身形成整体灌注的混凝土。混凝土灌注完毕后，应做好养护工作。

2.3 桩基检测与验收

2.3.1 预制桩质量要求及验收

(1) 预制桩施工结束后,由于施工偏差、打桩时挤土对桩位移的影响等,应对桩位进行验收,其桩位允许偏差见表2-5。

表2-5 预制桩(钢桩)桩位的允许偏差(mm)

序 号	项 目	允许偏差
1	盖有基础梁的桩: (1) 垂直基础梁的中心线 (2) 沿基础梁的中心线	$100+0.01H$ $150+0.01H$
2	桩数为1~3根桩基中的桩	100
3	桩数为4~16根桩基中的桩	1/2桩径或边长
4	桩数大于16根桩基中的桩: (1) 最外边的桩 (2) 中间桩	1/3桩径或边长 1/2桩径或边长

注:H为施工现场地面标高与桩顶设计标高的距离。

(2) 钢筋混凝土预制桩在现场预制时,应对原材料、钢筋骨架、混凝土强度进行验收。采用工厂生产的成品桩时,要有产品合格证书,桩进场后应进行外观及尺寸检查。

(3) 施工中应对桩体垂直度、沉桩情况、桩顶完整状况、接桩质量等进行检查,对电焊接桩,重要工程应做10%的焊缝探伤检查。

(4) 施工结束后,应按建筑基桩检测技术规范(JGJ 106—2003)要求,对桩的承载力及桩体质量进行检验。

(5) 预制桩的静载荷试验根数应不少于总桩数的1%,且不少于3根;当总桩数少于50根时,试验数应不少于2根;当施工区域地质条件单一,又有足够的实际经验时,可根据实际情况由设计人员酌情而定。

(6) 预制桩的桩体质量检验数量不应少于总桩数的10%,且不得少于10根。每个柱子承台下不得少于1根。

(7) 对长桩或总锤击数超过500击的锤击桩,应符合桩体强度及28d龄期的两项条件才能锤击。

2.3.2 灌注桩质量要求及验收

(1) 灌注桩桩顶标高至少要比设计标高高出0.5m。

(2) 灌注桩的沉渣厚度:当以摩擦桩为主时,不得大于150mm;当以端承力为主时,不得大于50mm;套管成孔的灌注桩不得有沉渣。

(3) 灌注桩每灌注$50m^3$应有一组试块,小于$50m^3$的桩应每根桩有一组试块。

(4) 在灌注桩施工中,应对成孔、清孔、放置钢筋笼、灌注混凝土等进行全过程检查,人工挖孔桩尚应复验孔底持力层土(岩)性。嵌岩桩必须有桩端持力层的岩性报告。

(5) 灌注桩应对原材料、钢筋骨架、混凝土强度进行验收。

(6) 施工结束后,应按建筑基桩检测技术规范(JGJ 106—2003)要求,对桩的承载力及桩体质量进行检验。

(7) 对于地基基础设计等级为甲级或地质条件复杂,成桩质量可靠性低的灌注桩,应采用静载荷试验的方法进行检验,检验桩数不应少于总数的1%,且不应少于3根,当总桩数不少于50根时,检验桩数不应少于2根。

(8) 对于地基基础设计等级为甲级或地质条件复杂,成桩质量可靠性低的灌注桩,桩身质量检验抽检数量不应少于总数的30%,且不应少于20根;其他桩基工程的抽检数量不应少于总数的20%,且不应少于10根;对地下水位以上且终孔后经过核验的灌注桩,检验数量不应少于总桩数的10%,且不得少于10根,每个柱子承台下不得少于1根。

2.3.3 桩基静载法检测

静载试验法检测的目的,是采用接近于桩的实际工作条件,通过静载加压,确定单桩的极限承载力,作为设计依据(试验桩),或对工程桩的承载力进行抽样检验和评价。

桩的静载试验有多种,如单桩竖向抗压静载试验、单桩竖向抗拔静载试验和单桩水平静载试验。单桩竖向抗压静载试验通过在桩顶加压静载,得出(竖向荷载-沉降)Q-S 曲线、(沉降-时间对数)S-$\lg t$ 等一系列关系曲线,综合评定其容许承载力。

单桩竖向抗压静载试验一般采用油压千斤顶加载,千斤顶的加载反力装置可根据现场实际条件采取锚桩反力法、压重平台反力法。

1. 锚桩反力法

锚桩反力装置由4根锚桩、主梁、次梁、油压千斤顶等组成,如图2.12所示。锚桩反力装置能提供的反力应不小于预估最大试验荷载的1.2~1.5倍。

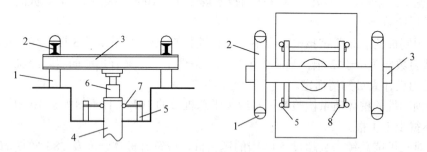

图 2.12 锚桩反力装置

1—锚桩(4根);2—次梁;3—主梁;4—实验桩;5—基准桩;6—千斤顶;7—百分表;8—基准梁

2. 压重平台反力法

压重平台反力装置由支墩(或垫木)、钢横梁、钢锭(砂袋)、油压千斤顶等组成,如图2.13所示。压重量不得少于预估试桩破坏荷载的1.2倍,压重应在试验开始前一次加上,并均匀稳固地放置于平台上。

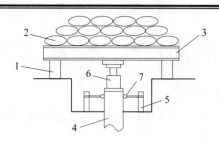

图 2.13 压重平台反力装置

1—支墩；2—钢锭(砂袋)；3—钢横梁；4—实验桩；5—基准桩；6—千斤顶；7—百分表

2.3.4 桩基动载法检测

静载试验可直观地反映桩的承载力和混凝土的浇筑质量，数据可靠。但试验装置复杂笨重，装、卸、操作费工费时，成本高，测试数量有限，并且易破坏桩基。

动测法试验仪器轻便灵活，检测快速，不破坏桩基，相对也较准确，费用低，可节省静载试验锚桩、堆载、设备运输、吊装焊接等大量人力、物力。在桩基础检测时，可进行低应变动测法普查，再根据低应变动测法检测结果，采用高应变动测法或静载试验，对有缺陷的桩重点抽测。

1. 低应变动测法

低应变动测法是采用手锤瞬时冲击桩头，激起振动，产生弹性应力波沿桩长向下传播，如果桩身某截面出现缩颈、断裂或夹层时，会产生回波反射，应力波到达桩尖后，又向上反射回桩顶，通过接收锤击初始信号及桩身、桩底反射信号，并经微机对波形进行分析，可以判定桩身混凝土强度及浇筑质量，包括缺陷性质、程度与位置，对桩身结构完整性进行检验。

根据低应变动测法测试，可将桩身完整性分为 4 个类别。

(1) Ⅰ 类桩：桩身完整。

(2) Ⅱ 类桩：桩身有轻微缺陷，不会影响桩身结构承载力的正常发挥。

(3) Ⅲ 类桩：桩身有明显缺陷，对桩身结构承载力有影响。

(4) Ⅳ 类桩：桩身存在严重缺陷。

一般情况下，Ⅰ、Ⅱ 类桩可以满足要求；Ⅳ 类桩无法使用，必须进行工程处理；Ⅲ 类桩能否满足要求，由设计单位根据工程具体情况作出决定。

2. 高应变动测法

高应变动测法是用重锤，通过不同的落距对桩顶施加瞬时锤击力，用动态应变仪测出桩顶锤击力，用百分表测出相应的桩顶贯入度，根据实测的锤击力和相应贯入度的关系曲线与同一桩的静荷载试验曲线之间的相似性，通过相关分析，求出桩的极限承载力。

进行高应变承载力检测时，锤的重量应大于预估单桩极限承载力的 1.0%～1.5%，混凝土桩的桩径大于 600mm 或桩长大于 30m 时取高值。高应变检测用重锤应材质均匀、形状对称、锤底平整。高径(宽)比不得小于 1，并采用铸铁或铸钢制作。

2.4 思 考 题

(1) 预制桩的起吊点如何设置？
(2) 桩锤有哪几种类型？桩锤的工作原理和适用范围是什么？
(3) 如何确定桩架的高度？
(4) 为什么要确定打桩顺序？打桩顺序和哪些因素有关？
(5) 接桩的方法有哪些？各适用于什么情况？
(6) 沉桩的方法有几种？各有什么特点？分别适用于何种情况？
(7) 如何控制打桩的质量？
(8) 预制桩和灌注桩的特点和各自的适用范围是什么？
(9) 灌注桩的成孔方法有哪几种？各种方法的特点及适用范围如何？
(10) 湿作业成孔灌注桩中，泥浆有何作用？如何制备？
(11) 简述人工挖孔灌注桩的施工工艺及主要注意事项。
(12) 试述沉管灌注桩的施工工艺。其常见的质量问题有哪些？如何预防？
(13) 什么叫单打法？什么叫复打法？什么叫反插法？
(14) 爆扩桩有何优点？简述其施工工艺。
(15) 如何进行单桩竖向抗压静载试验？
(16) 什么是低应变、高应变测试？

第3章 砌筑工程

教学提示：砌体结构是由砂浆和各块材构成，砌体结构的承载能力取决于材料的强度和砌体的组砌方式以及施工质量。

教学要求：了解砌筑工程施工机械和脚手架的使用要求，掌握砌筑工程施工工艺和质量控制方法。

砌筑工程包括脚手架工程和垂直运输工程，砌筑材料，砖、石砌体砌筑，砌块砌体砌筑。其中，砖、石砌体砌筑是我国的传统建筑施工方法，有着悠久的历史。它取材方便、施工工艺简单、造价低廉，至今仍在各类建筑和构筑物工程中广泛采用。

但是砖石砌筑工程生产效率低、劳动强度高、烧砖占用农田，难以适应现代建筑工业化的需要，所以必须研究改善砌筑工程的施工工艺，合理组织砌筑施工，推广使用砌块等新型材料。

3.1 脚手架和垂直运输机械

3.1.1 脚手架的作用和种类

在砌筑施工中，为满足工人施工作业和堆放材料的需要而临时搭设的架子称为脚手架。当砌筑到一定高度后，不搭设脚手架砌筑工程将难以进行。考虑到砌墙工作效率和施工组织等因素，每次搭设脚手架的高度在 1.2m 左右，称为"步架高度"，又叫墙体的可砌高度。

脚手架是满足施工要求的一种临时设施，应满足适用、方便、安全和经济的基本要求，具体有以下几个方面：有适当的宽度、步架高度，能满足工人操作、材料堆放和运输需要；有足够的强度、刚度和稳定性，保证施工期间在各种荷载作用下的安全性；搭拆和搬运方便，能多次周转使用，节省施工费用；因地制宜，就地取材，尽量节约用料。

脚手架有以下几种分类方式：

(1) 按用途分类：有结构用脚手架、装修用脚手架、防护用脚手架、支撑用脚手架。

(2) 按组合方式分类：有多立杆式脚手架、框架组合式脚手架、格构件组合式脚手架、台架。

(3) 按设置形式分类：有单排脚手架、双排脚手架、多排脚手架、满堂脚手架、满高脚手架、交圈脚手架。

(4) 按支固方式分类：有落地式脚手架、悬挑式脚手架、悬吊式脚手架、附着式升降脚手架。

(5) 按材料分类：木脚手架、竹脚手架、钢管脚手架。

脚手架分类方式有很多，工程中常用的钢管脚手架又可分为扣件式钢管脚手架、碗扣式钢管脚手架。

3.1.2 扣件式钢管脚手架

扣件式钢管脚手架由钢管杆件用扣件连接而成，具有工作可靠、装拆方便和适应性强等特点，是目前我国使用最为普遍的一种多立杆式脚手架。

扣件式钢管脚手架由钢管、扣件和底座组成。

钢管杆件包括立杆、大横杆、小横杆、栏杆、剪刀撑、斜撑和抛撑(在脚手架立面之外设置的斜撑)，贴地面设置的横杆亦称"扫地杆"。钢管材料应采用外径 48mm、壁厚 3.5mm 的焊接钢管。

扣件为钢管之间的扣接连接件，其基本形式有三种。(1)直角扣件：用于连接扣紧两根互相垂直交叉的钢管；(2)回转扣件：用于连接扣紧两根平行或呈任意角度相交的钢管；(3)对接扣件：用于竖向钢管的对接接长。如图 3.1 所示。

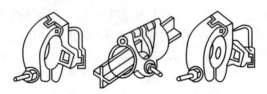

(a) 直角扣件　　(b) 对接扣件　　(c) 回转扣件

图 3.1　扣件

底座是设于立杆底部的垫座，用于承受脚手架立柱传递下来的荷载。可用厚 8mm、边长 150mm 的钢板作底板，与外径 60 mm、壁厚 3.5 mm、长度 150mm 的钢管套筒焊接而成。如图 3.2 所示。

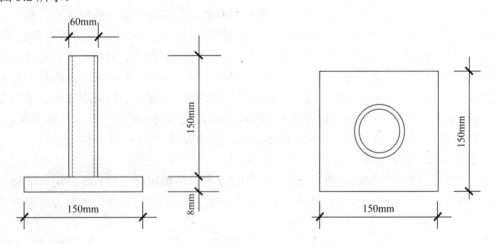

图 3.2　底座

扣件式钢管外脚手架有单排脚手架、双排脚手架两种。

单排脚手架仅在脚手架外侧设一排立杆，其小横杆一端与大横杆连接，另一端搁置在墙上。单排脚手架节约材料，但稳定性较差，且在墙上留有脚手眼，搭设高度不宜超过 20m，不宜用于厚度小于 180 mm 的墙体、空斗砖墙、加气块墙等轻质墙体。

双排脚手架在脚手架的里外侧均设有立杆，稳定性好，搭设高度一般不超过 50m。搭设的有关构造如图 3.3 所示。立杆横向间距为 0.9～1.5m，纵向间距为 1.4～2.0m；大横杆步距为 1.5～1.8m，相邻步架的大横杆应错开布置在立杆的里侧和外侧，以减少立杆偏心受力；剪刀撑每隔 12～15m 设一道，斜杆与地面夹角为 45°～60°；在铺脚手板的操作层上设 2 道护栏，上栏杆高度大于 1.1m，下栏杆距脚手板面 0.2～0.3m；连墙杆应设置在框架梁或楼板附近等具有较好抗水平力作用的结构部位，其垂直、水平间距不大于 6m。

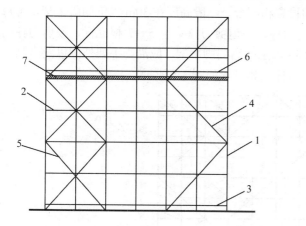
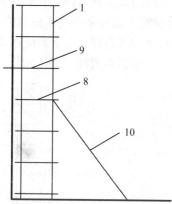

图 3.3　扣件式钢管外脚手架

1—立杆；2—大横杆；3—扫地杆；4—斜撑；5—剪刀撑；6—栏杆；7—脚手板；8—小横杆；9—连墙杆；10—抛撑

3.1.3　碗扣式钢管脚手架

碗扣式钢管脚手架是一种杆件轴心相交(接)的承插锁固式钢管脚手架，采用带连接件的定型杆件，组装简便，具有比扣件式钢管脚手架更强的稳定性和承载能力。

碗扣接头是该脚手架系统的核心部件，它由上、下碗扣等组成，如图 3.4 所示。一个碗扣接头可同时连接 4 根横杆，可以相互垂直或偏转一定角度。

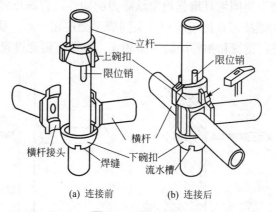

图 3.4　碗扣接头

安装横杆时，先将上碗扣的缺口对准限位销，即可将上碗扣沿立杆向上移动，再把横杆接头插入下碗扣圆槽内，随后将上碗扣沿限位销滑下并顺时针旋转以扣紧横杆接头(可使用锤子敲击几下即可达到扣紧要求)。碗扣式接头的拼接完全避免了螺栓作业，大大提高了施工工效。

碗扣式钢管双排外脚手架搭设高度可达 90m，立杆横向间距 1.2m，纵向间距 1.2～2.4m，上下立杆通过内销管或外套管连接。在立杆上每隔 0.6m 安装了一套碗扣接头，步架高 1.8m，根据荷载情况，高度在 30m 以下的脚手架，设置斜杆的面积为整架立面面积的 1/2～1/5；高度超过 30m 的高层脚手架，设置斜杆的面积要不小于整架面积的 1/2。在拐角边缘及端部必须设置斜杆，中间则应均匀间隔布置。

剪刀撑的设置应与碗扣式斜杆的设置相配合，一般高度在 30m 以下的脚手架，可每隔 4～6 跨设置一组沿全高连续搭设的剪刀撑，每道剪刀撑跨越 5～7 根立杆，设剪刀撑的跨内不再设碗扣式斜杆；对于高度在 30m 以上的高层脚手架，应沿脚手架外侧以及全高方向连续设置，两组剪刀撑之间用碗扣式斜杆。其设置如图 3.5 所示。

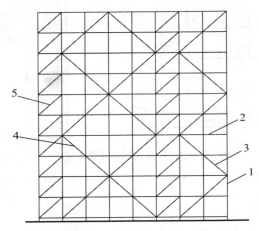

图 3.5 斜杆、剪刀撑设置

1—立杆；2—大横杆；3—斜撑；4—剪刀撑；5—斜杆

连墙撑是使脚手架与建筑物的墙体结构等牢固连接，加强脚手架抵御风荷载及其他水平荷载的能力，防止脚手架倒塌且增强稳定承载力的构件。有碗扣式连墙撑和扣件式连墙撑两种形式。碗扣式连墙撑可直接用碗扣接头同脚手架连在一起，受力性能好，如图 3.6 所示；扣件式连墙撑是用钢管和扣件同脚手架相连，位置可随意设置，使用方便。

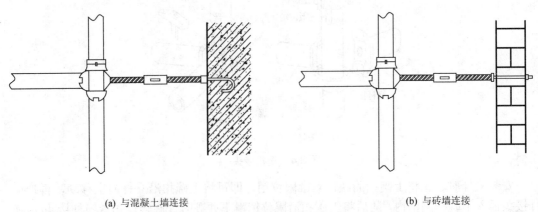

(a) 与混凝土墙连接　　　　　　　　　　　(b) 与砖墙连接

图 3.6 碗扣式连墙撑

3.1.4 垂直运输机械种类

垂直运输机械是在建筑施工中担负垂直运(输)送材料、设备和人员上下的机械设备，是建筑施工中不可缺少的重要设备。常用的垂直运输机械有塔式起重机、物料提升架、施工电梯等。

(1) 塔式起重机。

塔式起重机具有提升、回转、水平输送等功能，能同时满足施工中垂直运输、水平运输的要求。多用于大型、高层建筑，结构安装工程。

(2) 物料提升架。

物料提升架主要包括井式提升架(井架)、龙门式提升架(龙门架)。均采用卷扬机进行提升，与塔式起重机相比，具有安装方便、费用低廉的特点，广泛用于一般建筑工程施工。当用于 10 层以下时，多采用缆风绳固定；用于超过 10 层的高层建筑施工时，必须采取附墙方式固定。

井式提升架除用型钢或钢管加工的定型井架之外，还可采用扣件式钢管搭设而成，如图 3.7 所示。在井架内设置吊盘，井架上可视需要设置拔杆，其起重量一般为 0.5～1.0t，回转半径可达 10m，如图 3.8 所示。

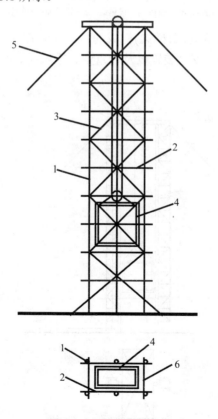

图 3.7 扣件式钢管井架

1—立杆；2—大横杆；3—剪刀撑；4—吊盘；5—缆风绳；6—小横杆

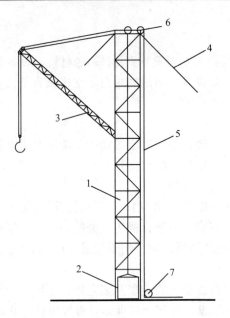

图 3.8 型钢井架

1—立柱;2—吊盘;3—拔杆;4—缆风绳;5—钢丝绳;6—天轮;7—地轮

龙门架是由两根立柱及天轮梁(横梁)构成的门式架。在龙门架上装设滑轮(天轮及地轮)、导轨、吊盘(上料平台)、安全装置以及起重索、缆风绳等即构成一个完整的垂直运输体系,构造形式如图 3.9 所示。

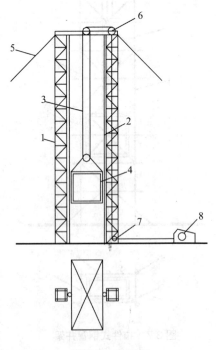

图 3.9 龙门架

1—立柱;2—导轨;3—钢丝绳;4—吊盘;5—缆风绳;6—天轮;7—地轮;8—卷扬机

井架和龙门架的吊盘应有可靠的安全装置，以防止吊盘在运行中和停车装、卸料时发生坠落等严重事故。主要有吊盘停车安全装置、钢丝绳断后的安全装置、高度限位装置等。

(3) 施工电梯。

施工电梯是高层建筑施工中主要的垂直运输设备。建筑高度超过15层或40m时，应设施工电梯以解决施工人员的上下问题，它附着在外墙或其他结构部位上，随建筑物升高，架设高度可达200m以上。

人货两用施工电梯还可承担施工材料的垂直运输任务。但大宗的、集中使用性强的材料，如钢筋、模板、混凝土等，特别是混凝土的用量大、使用率集中，能否保证及时地输送上去，直接影响到工程的进度和质量要求。因此，必须解决好和其他垂直运输设施的合理配套设置问题。

3.2 砌筑材料

3.2.1 砌块材料

砌块材料主要包括砖、砌块、石材等。

1. 砖

砖有烧结普通砖、烧结多孔砖、烧结空心砖、蒸压灰砂空心砖、蒸压粉煤灰砖等。

(1) 烧结普通砖。

烧结普通砖为实心砖，是以黏土、页岩、煤矸石或粉煤灰为主要原料，经压制、焙烧而成。按原料不同，可分为烧结黏土砖、烧结页岩砖、烧结煤矸石砖和烧结粉煤灰砖。

烧结普通砖的外形为直角六面体，其公称尺寸为：长240mm、宽115mm、高53mm。根据抗压强度分为MU30、MU25、MU20、MU15、MU10五个强度等级。

(2) 烧结多孔砖。

烧结多孔砖使用的原料与生产工艺与烧结普通砖基本相同，其孔洞率不小于25%。砖的外形为直角六面体，其长度、宽度及高度尺寸(mm)应符合290、240、190、180和175、140、115、90的要求。

根据抗压强度分为MU30、MU25、MU20、MU15、MU10五个强度等级。

(3) 烧结空心砖。

烧结空心砖的烧制、外形、尺寸要求与烧结多孔砖一致，在与砂浆的接合面上应设有增加结合力的深度1mm以上的凹线槽。

根据抗压强度分为MU5、MU3、MU2三个强度等级。

(4) 蒸压灰砂空心砖。

蒸压灰砂空心砖以石英砂和石灰为主要原料，压制成型，经压力釜蒸汽养护而制成的孔洞率大于15%的空心砖。

其外形规格与烧结普通砖一致，根据抗压强度分为MU25、MU20、MU15、MU10、MU7.5五个强度等级。

(5) 蒸压粉煤灰砖。

蒸压粉煤灰砖以粉煤灰为主要原料，掺配适量的石灰、石膏或其他碱性激发剂，再加入一定数量的炉渣作为骨料蒸压制成的砖。

其外形规格与烧结普通砖一致，根据抗压强度、抗折强度分为MU20、MU15、MU10、MU7.5四个强度等级。

2. 砌块

砌块的种类较多，按形状分为实心砌块和空心砌块。按规格可分为小型砌块，高度为180~350mm；中型砌块，高度为360~900mm。常用的有普通混凝土小型空心砌块、轻集料混凝土小型空心砌块、蒸压加气混凝土砌块、粉煤灰砌块。

(1) 普通混凝土小型空心砌块。

普通混凝土小型空心砌块以水泥、砂、碎石或卵石加水预制而成。其主规格尺寸为390mm×190mm×190mm，有两个方形孔，空心率不小于25%。

根据抗压强度分为MU20、MU15、MU10、MU7.5、MU5、MU3.5六个强度等级。

(2) 轻集料混凝土小型空心砌块。

轻集料混凝土小型空心砌块以水泥、砂、轻集料加水预制而成。其主规格尺寸为390mm×190mm×190mm。按其孔的排数分为：单排孔、双排孔、三排孔和四排孔等四类。

根据抗压强度分为MU10、MU7.5、MU5、MU3.5、MU2.5、MU1.5六个强度等级。

(3) 蒸压加气混凝土砌块。

蒸压加气混凝土砌块以水泥、矿渣、砂、石灰等为主要原料，加入发气剂，经搅拌成型、蒸压养护而成的实心砌块。其主规格尺寸为600mm×250mm×250mm。

根据抗压强度分为 A10、A7.5、A5、A3.5、A2.5、A2、A1 七个强度等级。

(4) 粉煤灰砌块。

粉煤灰砌块以粉煤灰、石灰、石膏和轻集料为原料，加水搅拌，振动成型，蒸汽养护而成的密实砌块。其主规格尺寸为 880mm×380mm×240mm，880mm×430mm×240mm。砌块端面应加灌浆槽，坐浆面宜设抗剪槽。

根据抗压强度分为 MU13、MU10 两个强度等级。

3. 石材

砌筑用石有毛石和料石两类。所选石材应质地坚实，无风化剥落和裂纹。用于清水墙、柱表面的石材，尚应色泽均匀。

毛石分为乱毛石和平毛石。乱毛石是指形状不规则的石块；平毛石是指形状不规则，但有两个平面大致平行的石块。毛石应呈块状，其中部厚度不宜小于150mm。

料石按其加工面的平整程度分为细料石、粗料石和毛料石三种。料石的宽度、厚度均不宜小于200mm，长度不宜大于厚度的4倍。

根据抗压强度分为MU100、MU80、MU60、MU50、MU40、MU30、MU20、MU15、MU10九个强度等级。

3.2.2 砌筑砂浆

砌筑砂浆按材料组成不同分为水泥砂浆(水泥、砂、水)、混合砂浆(水泥、砂、石灰膏、水)、石灰砂浆(石灰膏、砂、水)、石灰黏土砂浆(石灰膏、黏土、砂、水)、黏土砂浆(黏土、水)。

石灰砂浆、石灰黏土砂浆、黏土砂浆强度较低，只用于临时设施的砌筑。建筑工程常用砌筑砂浆为水泥砂浆、混合砂浆。其强度等级宜用 M20、M15、M10、M7.5、M5、M2.5。水泥砂浆可用于潮湿环境中的砌体，混合砂浆宜用于干燥环境中的砌体。为便于操作，砌筑砂浆应有较好的和易性，即良好的流动性(稠度)和保水性。和易性好的砂浆能保证砌体灰缝饱满、均匀、密实，并能提高砌体强度。砌筑砂浆的稠度见表 3-1。

表 3-1 砌筑砂浆的稠度

砌体种类	砂浆稠度/mm	砌体种类	砂浆稠度/mm
烧结普通砖砌体	70~90	普通混凝土小型空心砌块砌体	50~70
轻集料混凝土小型空心砌块砌体	60~90	加气混凝土小型空心砌块砌体	50~70
烧结多孔砖、空心砖砌体	60~80	石砌体	30~50

1. 原材料要求

水泥的强度等级应根据设计要求进行选择。水泥砂浆采用的水泥，其强度等级不宜大于 32.5 级；混合砂浆采用的水泥，其强度等级不宜大于 42.5 级。

水泥进场使用前，应分批对其强度、安定性进行复验。检验批次应以同一生产厂家、同一编号为一批次。当在使用中对水泥质量有怀疑或水泥出厂超过三个月(快硬硅酸盐水泥超过一个月)时，应复查试验，并按其结果使用。不同品种的水泥，不得混合使用。

砂宜用中砂，并应过筛，其中毛石砌体宜用粗砂。砂的含泥量：对水泥砂浆和强度等级不小于 M5 的混合砂浆不应超过 5%；强度等级小于 M5 的混合砂浆，不应超过 10%。

生石灰熟化成石灰膏时，应用孔径不大于 3mm×3mm 的网过滤，熟化时间不得少于 7d；磨细生石灰粉的熟化时间不得小于 2d。沉淀池中储存的石灰膏，应采取防止干燥、冻结和污染的措施。

凡在砂浆中掺入有机塑化剂、早强剂、缓凝剂、防冻剂等，应经检验和试配符合要求后，方可使用。有机塑化剂应有砌体强度的形式检验报告。

2. 制备与使用

砌筑砂浆应通过试配确定配合比，各组分材料应采用重量计量。

砌筑砂浆应采用砂浆搅拌机进行拌制。自投料完算起，搅拌时间应符合下列规定：水泥砂浆和混合砂浆不得小于 2min；掺用外加剂的砂浆不得少于 3min；掺用有机塑化剂的砂浆，应为 3~5min。

掺用外加剂时，应先将外加剂按规定浓度溶于水中，在拌和水时投入外加剂溶液，外加剂不得直接投入拌制的砂浆中。

施工中当采用水泥砂浆代替水泥混合砂浆时，应重新确定砂浆强度等级。

砂浆应随拌随用，水泥砂浆和水泥混合砂浆应分别在 3h 和 4h 内使用完毕；当施工期间最高气温超过 30℃ 时，应分别在拌成后 2h 和 3h 内使用完毕。对掺用缓凝剂的砂浆，其使用时间可根据具体情况延长。

3.3 砖石砌体施工

3.3.1 砖砌体施工的基本要求

砌体工程所用的材料应有产品的合格证书、产品性能检测报告。块材、水泥、钢筋、外加剂等尚应有材料的主要性能的进场复验报告。严禁使用国家明令淘汰的材料。

砖的品种、强度等级必须符合设计要求,并应规格一致。用于清水墙、柱表面的砖,应边角整齐,色泽均匀。

常温下砌砖,对普通砖、空心砖含水率宜在10%～15%,一般应提前1天浇水润湿,避免砖吸收砂浆中过多的水分而影响黏结力,并可除去砖面上的粉末。但浇水过多会产生砌体走样或滑动。灰砂砖、粉煤灰砖适量浇水,其含水率控制在5%～8%为宜。

宜采用"三一"砌筑法,即一铲灰、一块砖、一揉压的砌筑方法。当采用铺浆法砌筑时,铺浆长度不得超过750mm,施工期间气温超过30℃时,铺浆长度不得超过500mm。

砌体施工质量控制等级分为三级,见表3-2。

表3-2 砌体施工质量控制等级

项 目	施工质量控制等级		
	A	B	C
现场质量管理	制度健全,并严格执行;非施工方质量监督人员经常到现场,或现场设有常驻代表;施工方有在岗专业技术管理人员,人员齐全,并持证上岗	制度基本健全,并能执行;非施工方质量监督人员间断地到现场进行质量控制;施工方有在岗专业技术管理人员,并持证上岗	有制度;非施工方质量监督人员很少作现场质量控制;施工方有在岗专业技术管理人员
砂浆、混凝土强度	试块按规定制作,强度满足验收规定,离散性小	试块按规定制作,强度满足验收规定,离散性较小	试块强度满足验收规定,离散性大
砂浆拌和方式	机械拌和;配合比计量控制严格	机械拌和;配合比计量控制一般	机械或人工拌和;配合比计量控制较差
砌筑工人	中级工以上,其中高级工不少于20%	高、中级工不少于70%	初级工以上

在墙上留置临时施工洞口、其侧边离交接处墙面不应小于500mm,洞口净宽度不应超过1m。临时施工洞口应做好补砌。

不得在下列墙体或部位设置脚手眼:半砖厚墙;过梁上与过梁成60°角的三角形范围及过梁净跨度1/2的高度范围内;宽度小于1m的窗间墙;墙体门窗洞口两侧200mm和转角处450mm范围内;梁或梁垫下及其左右500mm范围内。施工脚手眼补砌时,灰缝应填满砂浆,不得用干砖填塞。

设计要求的洞口、管道、沟槽应于砌筑时正确留出或预埋,未经设计同意,不得打凿墙体和在墙体上开凿水平沟槽。宽度超过300mm的洞口上部,应设置过梁。

砖墙每日砌筑高度不得超过1.8m。砖墙分段砌筑时，分段位置宜设在变形缝、构造柱或门窗洞口处；相邻工作段的砌筑高度不得超过一个楼层高度，也不宜大于4m。尚未施工楼板或屋面的墙或柱，当可能遇到大风时，其允许自由高度不得超过表3-3的规定。如超过表3-3中的限值时，必须采用临时支撑等有效措施。

表3-3 墙和柱的允许自由高度(m)

墙(柱)厚/mm	砌体密度>1600kg/m³			砌体密度1300~1600kg/m³		
	风载/(kN/m²)			风载/(kN/m²)		
	0.3(约7级风)	0.4(约8级风)	0.5(约9级风)	0.3(约7级风)	0.4(约8级风)	0.5(约9级风)
190				1.4	1.1	0.7
240	2.8	2.1	1.4	2.2	1.7	1.1
370	5.2	3.9	2.6	4.2	3.2	2.1
490	8.6	6.5	4.3	7.0	5.2	3.5
620	14.0	10.5	7.0	11.4	8.6	5.7

注：① 本表适用于施工处相对标高(H)在10m范围内的情况。如10m<H≤15m，15m<H≤20m时，表中的允许自由高度应分别乘以0.9、0.8的系数；如H>20m时，应通过抗倾覆验算确定其允许自由高度。

② 当所砌筑的墙有横墙或其他结构与其连接，而且间距小于表列限值的2倍时，砌筑高度可不受本表的限制。

3.3.2 砖砌体施工程序

砌砖施工程序通常包括抄平、放线，摆砖样，立皮数杆，盘角、挂线，砌砖，勾缝，安装(浇筑)楼板。

1) 抄平、放线

(1) 底层抄平、放线：当基础砌筑到±0.000时，依据施工现场±0.000标准水准点在基础面上用水泥砂浆或C10细石混凝土找平，并在建筑物四角外墙面上引测±0.000标高，画上符号并注明，作为楼层标高引测点；依据施工现场龙门板上的轴线钉拉通线，并沿通线挂线锤，将墙轴线引测到基础面上，再以轴线为标准弹出墙边线，定出门窗洞口的平面位置。轴线放出并经复查无误后，将轴线引测到外墙面上，画上特定的符号，作为楼层轴线引测点。

(2) 轴线、标高引测：当墙体砌筑到各楼层时，可根据设在底层的轴线引测点，利用经纬仪或铅垂球，把控制轴线引测到各楼层外墙上；可根据设在底层的标高引测点，利用钢尺向上直接丈量，把控制标高引测到各楼层外墙上。

(3) 楼层抄平、放线：轴线和标高引测到各楼层后，就可进行各楼层的抄平、放线。为了保证各楼层墙身轴线的重合，并与基础定位轴线一致，引测后，一定要用钢尺丈量各轴线间距，经校核无误后，再弹出各分间的轴线和墙边线，并按设计要求定出门窗洞口的平面位置。

砖砌体的位置及垂直度允许偏差见表3-4。

表3-4 砖砌体的位置及垂直度允许偏差

项次	项目		允许偏差/mm	检验方法
1	轴线位置偏移		10	用经纬仪和尺检查或用其他测量仪器检查
2	垂直度	每层	5	用2m托线板检查
		全高 ≤10m	10	用经纬仪、吊线和尺检查,或用其他测量仪器检查

2) 摆砖样

摆砖样是指在墙基面上,按墙身长度和组砌方式先用砖块试摆,核对所弹的门洞位置线及窗口、附墙垛的墨线是否符合所选用砖型的模数,对灰缝进行调整,以使每层砖的砖块排列和灰缝均匀,并尽可能减少砍砖,在砌清水墙时尤其重要。

3) 立皮数杆

皮数杆是一种方木标志杆。立皮数杆的目的是用于控制每皮砖砌筑时的竖向尺寸,并使铺灰、砌砖的厚度均匀,保证砖缝水平。皮数杆上除划有每皮砖和灰缝的厚度外,还画出了门窗洞、过梁、楼板等的位置和标高,用于控制墙体各部位构件的标高。

皮数杆长度应有一层楼高(不小于2m),一般立于墙的转角处,内外墙交接处,立皮数杆时,应使皮数杆上的±0.000线与房屋的标高起点线相吻合。

4) 盘角、挂线

砌墙前应先盘角,即对照皮数杆的砖层和标高,先砌墙角。每次盘角砌筑的砖墙高度不超过五皮,并应及时进行吊靠,如发现偏差及时修整。根据盘角将准线挂在墙侧,作为墙身砌筑的依据。每砌一皮,准线向上移动一次。砌筑一砖厚及以下者,可采用单面挂线;砌筑一砖半厚及以上者,必须双面挂线。每皮砖都要拉线看平,使水平缝均匀一致,平直通顺。

5) 砌砖

240mm厚承重墙的最上一皮砖,应用丁砌层砌筑。梁及梁垫的下面,砖砌体的阶台水平面上以及砖砌体的挑檐,腰线的下面,应用丁砌层砌筑。

设置钢筋混凝土构造柱的砌体,构造柱与墙体的连接处应砌成马牙槎,从每层柱脚开始,先退后进,每一马牙槎沿高度方向的尺寸不宜超过300mm。沿墙高每500mm设2ϕ6拉结钢筋。每边伸入墙内不宜小于1m。预留伸出的拉结钢筋,不得在施工中任意弯折,如有歪斜、弯曲,在浇灌混凝土之前,应校正到正确位置并绑扎牢固。

填充墙、隔增应分别采取措施与周边构件可靠连接。必须把预埋在柱中的拉结钢筋砌入墙内,拉结钢筋的规格、数量、间距、长度应符合设计要求。填充墙砌至接近梁、板底时,应留一定空隙,待填充墙砌筑完并应至少间隔7d后,再采用侧砖、或立砖斜砌挤紧,其倾斜度宜为60°左右。

6) 勾缝

清水墙砌筑应随砌随勾缝,一般深度以6~8mm为宜,缝深浅应一致,清扫干净。砌混水墙应随砌随将溢出砖墙面的灰浆刮除。

7) 安装(浇筑)楼板

搁置预制梁、板的砌体顶面应找平,安装时采用 1∶2.5 的水泥砂浆座浆。

3.3.3 砖砌体质量要求

砖砌体砌筑质量的基本要求是:横平竖直、厚薄均匀,砂浆饱满,上下错缝、内外搭砌,接槎牢固。

1) 横平竖直、厚薄均匀

砖砌的灰缝应横平竖直,厚薄均匀。这既可保证砌体表面美观,也能保证砌体均匀受力。水平灰缝厚度宜为 10mm,但不应小于 8mm,也不应大于 12mm。过厚的水平灰缝容易使砖块浮滑,且降低砌体抗压强度,过薄的水平灰缝会影响砌体之间的黏结力。竖向灰缝应垂直对齐,如不齐称为游丁走缝,影响砌体外观质量。

2) 砂浆饱满

砌体水平灰缝的砂浆饱满度不得小于 80%,砌体的受力主要通过砌体之间的水平灰缝传递到下面,水平灰缝不饱满影响砌体的抗压强度。竖向灰缝不得出现透明缝、瞎缝和假缝,竖向灰缝的饱满程度,影响砌体抗透风、抗渗和砌体的抗剪强度。

3) 上下错缝、内外搭砌

上下错缝是指砖砌体上下两皮砖的竖缝应当错开,以避免上下通缝。当上下二皮砖搭接长度小于 25mm 时,即为通缝。在垂直荷载作用下,砌体会由于"通缝"而丧失整体性,影响砌体强度。内外搭砌是指同皮的里外砌体通过相邻上下皮的砖块搭砌而组砌得牢固。

为提高墙体的整体性、稳定性和强度,满足上下错缝、内外搭砌的要求,可采用一顺一丁、三顺一丁、梅花丁的砌筑形式,如图 3.10 所示。

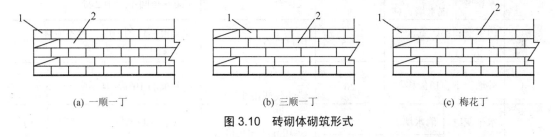

图 3.10 砖砌体砌筑形式

1—丁砖;2—顺砖

4) 接槎牢固

"接槎"是指相邻砌体不能同时砌筑而设置的临时间断,为便于先砌砌体与后砌砌体之间的接合而设置。为使接槎牢固,后面墙体施工前,必须将留设的接槎处表面清理干净,浇水湿润,并填实砂浆,保持灰缝平直。

砖砌体的转角处和交接处应同时砌筑,严禁无可靠措施的内外墙分砌施工。对不能同时砌筑而又必须留置的临时间断处应砌成斜槎,斜槎水平投影长度不应小于高度的 2/3。

非抗震设防及抗震设防烈度为 6 度、7 度地区的临时间断处,当不能留斜槎时,除转角处外,可留直槎,但直槎必须做成凸槎。留直槎处应加设拉结钢筋,拉结钢筋的数量为每 120mm 墙厚放置 1ϕ6 拉结钢筋(120mm 厚墙放置 2ϕ6 拉结钢筋),间距沿墙高不应超过 500mm;埋入长度从留槎处算起每边均不应小于 500mm,对抗震设防烈度 6 度、7 度的地区,不应小于 1000mm;末端应有 90°弯钩,如图 3.11 所示。砖砌体的一般尺寸允许偏差见表 3-5 的规定。

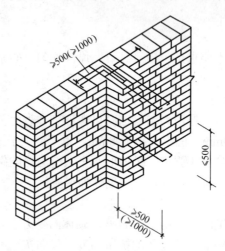

图 3.11 直槎

表 3-5 砖砌体一般尺寸允许偏差

项次	项目		允许偏差/mm	检验方法	抽检数量
1	基础顶面和楼面标高		±15	用水平仪和尺检查	不应少于 5 处
2	表面平整度	清水墙、柱	5	用 2m 靠尺和楔形塞尺检查	有代表性自然间 10%,但不应少于 3 间,每间不少于 2 处
		混水墙、柱	8		
3	门窗洞口高、宽(后塞口)		±5	用尺检查	检验批洞口的 10%,且不应少于 5 处
4	外墙上下窗口偏移		20	以底层窗口为准,用经纬仪或吊线检查	检验批的 10%,且不应少于 5 处
5	水平灰缝平直度	清水墙	7	拉 10m 线和尺检查	有代表性自然间 10%,但不应少于 3 间,每间不少于 2 处
		混水墙	10		
6	清水墙游丁走缝		20	吊线和尺检查,以每层第一皮砖为准	有代表性自然间 10%,但不应少于 3 间,每间不少于 2 处

3.3.4 石砌体质量要求

石砌体包括毛石砌体和料石砌体两种。

1) 毛石砌体

毛石砌体宜分皮卧砌,并应上下错缝、内外搭砌、不能采用外面侧立石块中间填心的砌筑方法。毛石基础的第一皮石块应座浆,并将大面向下。毛石砌体的第一皮及转角处、交接处和洞口处,应用较大的平毛石砌筑。每个楼层(包括基础)砌体的最上一皮、宜选用较大的毛石砌筑。

毛石墙必须设置拉结石，拉结石应均匀分布，相互错开，一般每 $0.7m^2$ 墙面至少应设置一块，且同皮内的中距不应大于 2m。

毛石砌体每日的砌筑高度不应超过 1.2m，毛石墙和砖墙相接的转角处和交接处应同时砌筑。

砌筑毛石挡土墙应符合下列规定：每砌 3~4 皮为一个分层高度，每个分层高度应找平一次；外露面的灰缝厚度不得大于 40mm，两个分层高度间分层处的错缝不得小于 80mm；泄水孔应均匀设置，在每米高度上间隔 2m 左右设置一个泄水孔；泄水孔与土体间铺设长宽各为 300mm、厚 200mm 的卵石或碎石作疏水层。

2) 料石砌体

料石砌体砌筑时，应放置平稳。砂浆饱满度不应小于 80%。

料石基础砌体的第一皮应用丁砌层座浆砌筑，料石砌体亦应上下错缝搭砌，砌体厚度大于或等于两块料石宽度时，如同皮内全部采用顺砌，每砌两皮后，应砌一皮丁砌层；如同皮内采用丁顺组砌，丁砌石应交错设置，丁砌石中距不应大于 2m。

用料石和毛石或砖的组合墙中，料石砌体和毛石砌体或砖砌体应同时砌筑，并每隔 2~3 皮料石层用丁砌层与毛石砌体或砖砌体拉结砌合。丁砌料石的长度宜与组合墙厚度相同。

料石挡土墙，当中间部分用毛石砌时，丁砌料石伸入毛石部分的长度不应小于 200mm。

毛料石和粗料石砌体灰缝厚度不宜大于 20mm；细料石砌体灰缝厚度不宜大于 5mm。

石砌体的轴线位置及垂直度允许偏差见表 3-6。

表 3-6 石砌体的轴线位置及垂直度允许偏差

项次	项 目		允许偏差/mm						检验方法
			毛石砌体		料石砌体				
			基础	墙	毛料石		粗料石		细料石	
					基础	墙	基础	墙	墙、柱	
1	轴线位置		20	15	20	15	15	10	10	用经纬仪和尺检查，或用其他测量仪器检查
2	墙面垂直度	每层		20		20		10	7	用经纬仪、吊线和尺检查或用其他测量仪器检查
		全高		30		30		25	20	

石砌体的一般尺寸允许偏差见表 3-7。

表 3-7 石砌体的一般尺寸允许偏差

项次	项 目	允许偏差/mm							检验方法
		毛石砌体		料石砌体					
				毛料石		粗料石		细料石	
		基础	墙	基础	墙	基础	墙	墙、柱	
1	基础和墙砌体顶面标高	±25	±15	±25	±15	±25	±15	±10	用水准仪和尺检查
2	砌体厚度	±30	+20 −10	+30	+20 −10	+15	+10 −5	+10 −5	用尺检查

续表

项次	项目		允许偏差/mm						检验方法
			毛石砌体		料石砌体				
					毛料石		粗料石	细料石	
			基础	墙	基础	墙	基础	墙	墙、柱	
3	表面平整度	清水墙、柱		20		20		10	5	细料石用2m靠尺和楔形塞尺检查，其他用两直尺垂直于灰缝拉2m线和尺检查
		混水墙、柱		20		20		15		
4	清水墙水平灰缝平直度							10	5	拉10m线和尺检查

3.4 砌块砌体施工

3.4.1 混凝土小砌块砌体施工

混凝土小砌块包括普通混凝土小型空心砌块和轻骨料混凝土小型空心砌块。

施工时所用的小砌块的产品龄期不应小于28d。普通混凝土小砌块饱和吸水率低、吸水速度迟缓，一般可不浇水，天气炎热时，可适当洒水湿润。轻骨料混凝土小砌块的吸水率较大，宜提前浇水湿润。

底层室内地面以下或防潮层以下的砌体，应采用强度等级不低于C20的混凝土灌实小砌块的孔洞。

小砌块墙体应对孔错缝搭砌，搭接长度不应小于90mm。墙体的个别部位不能满足上述要求时，应在灰缝中设置拉结钢筋或钢筋网片，但竖向通缝仍不得超过两皮小砌块。

浇灌芯柱的混凝土，宜选用专用的小砌块灌孔混凝土，当采用普通混凝土时，其坍落度不应小于90mm。砌筑砂浆强度大于1MPa时，方可浇灌芯柱混凝土。浇灌时清除孔洞内的砂浆等杂物，并用水冲洗；先注入适量与芯柱混凝土相同的去石水泥砂浆，再浇灌混凝土。

小砌块墙体转角处和纵横交接处应同时砌筑。临时间断处应砌成斜槎，斜槎水平投影长度不应小于高度的2/3。

小砌块砌体的灰缝应横平竖直，水平灰缝厚度和竖向灰缝宽度宜为10mm，但不应大于12mm，也不应小于8mm。砌体水平灰缝的砂浆饱满度，应按净面积计算不得低于90%；竖向灰缝饱满度不得小于80%，竖缝凹槽部位应用砌筑砂浆填实；不得出现瞎缝、透明缝。

3.4.2 蒸压加气混凝土砌块砌体施工

加气混凝土砌块可砌成单层墙或双层墙体。单层墙是将加气混凝土砌块立砌，墙厚为砌块的宽度。双层墙是将加气混凝土砌块立砌两层，中间夹以空气层，两层砌块间，每隔500mm墙高在水平灰缝中放置$\phi 4 \sim \phi 6$的钢筋扒钉，扒钉间距为600mm，空气层厚度约70~80mm。

承重加气混凝土砌块墙的外墙转角处、墙体交接处，均应沿墙高 1m 左右，在水平灰缝中放置拉结钢筋，拉结钢筋为 3ϕ6，钢筋伸入墙内不少于 1000mm。

加气混凝土砌块砌筑前，应根据建筑物的平面、立面图绘制砌块排列图。在墙体转角处设置皮数杆，皮数杆上画出砌块皮数及砌块高度，并拉准线砌筑。

加气混凝土砌块墙的上下皮砌块的竖向灰缝应相互错开，相互错开长度宜为 300mm，并且不小于 150mm。

加气混凝土砌块墙的灰缝应横平竖直，砂浆饱满，水平灰缝砂浆饱满度不应小于 90%；竖向灰缝砂浆饱满度不应小于 80%。水平灰缝厚度宜为 15mm；竖向灰缝宽度宜为 20mm。

加气混凝土砌块墙的转角处，应使纵横墙的砌块相互搭砌，隔皮砌块露端面。加气混凝土砌块墙的 T 形交接处，应使横墙砌块隔皮露端面，并坐中于纵墙砌块，砌块的搭砌如图 3.12 所示。

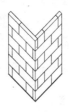 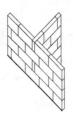

(a) 转角处　　　　　　　　　　　(b) T 字交接处

图 3.12　加气混凝土砌块搭砌

3.4.3　粉煤灰砌块砌体施工

粉煤灰砌块墙砌筑前，应按设计图绘制砌块排列图，并在墙体转角处设置皮数杆。粉煤灰砌块的砌筑面应适量浇水。

粉煤灰砌块的砌筑方法可采用"铺灰灌浆法"。先在墙顶上摊铺砂浆，然后将砌块按砌筑位置摆放到砂浆层上，并与前一块砌块靠拢，留出不大于 20mm 的空隙。待砌完一皮砌块后，在空隙两旁装上夹板或塞上泡沫塑料条，在砌块的灌浆槽内灌砂浆，直至灌满。等到砂浆开始硬化不流淌时，即可卸掉夹板或取出泡沫塑料条。粉煤灰砌块砌筑如图 3.13 所示。

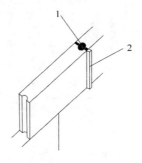

图 3.13　粉煤灰砌块砌筑

1—灌浆；2—泡沫塑料条

粉煤灰砌块上下皮的垂直灰缝应相互错开，错开长度应不小于砌块长度的1/3。其灰缝厚度、砂浆饱满度及转角、交接处的要求同加气混凝土砌块。

粉煤灰砌块墙砌到接近上层楼板底时，因最上一皮不能灌浆，可改用烧结普通砖斜砌挤紧。

砌筑粉煤灰砌块外墙时，不得留脚手眼。每一楼层内的砌块墙应连续砌完，尽量不留接槎。如必须留槎时应留成料槎，或在门窗洞口侧边间断。

3.5 思 考 题

(1) 脚手架应满足哪些要求？
(2) 什么是"步架高度"？
(3) 扣件式钢管脚手架有哪些扣件？
(4) 碗扣式钢管脚手架接头构造是怎样的？
(5) 砌筑砂浆有哪些种类？
(6) 砖砌体的施工过程包括哪些内容？
(7) 砖墙的组砌形式有哪些？
(8) 砌筑时为什么要做到横平竖直，砂浆饱满？
(9) 墙体接槎应如何处理？
(10) 什么是"三一"砌法？
(11) 石、砌块砌体施工有哪些要求？

第 4 章　混凝土结构工程

教学提示：混凝土工程包括模板、钢筋和混凝土三大分项工程，有现浇和预制两大施工方法，是土木工程结构施工的重要内容，材料质量和施工工艺质量控制是关键。

教学要求：掌握钢筋和混凝土的施工计算方法和施工工艺，掌握混凝土工程施工质量控制方法，了解模板设计和混凝土工程施工机械选用方法，了解新型混凝土工程施工技术。

混凝土结构工程是土木建筑工程施工中占主导地位的施工内容，无论在人力、物力消耗，还是对工期的影响上都有非常重要的作用。混凝土结构工程包括现浇混凝土结构施工和预制装配式混凝土构件的工厂化施工两个方面。现浇混凝土结构的整体性好，抗震能力强，钢材消耗少，特别是近些年来一些新型工具式模板和施工机械的出现，使混凝土结构工程现浇施工得到迅速发展。尤其是目前我国的高层建筑大多数为现浇混凝土结构，高层建筑的发展亦促进了钢筋混凝土施工技术的提高。根据现有技术条件，现浇施工和预制装配这两个方面各有所长，皆有其发展前途。

混凝土结构主要是由钢筋和混凝土组成，因此，混凝土结构工程施工包括钢筋、模板和混凝土等主要分项工程，其施工的一般程序如图 4.1 所示。由于施工过程多，因而要加强施工管理，统筹安排，合理组织，以保证施工质量、加快施工进度和降低造价。

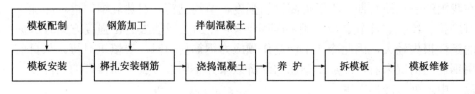

图 4.1　混凝土结构工程一般施工程序

混凝土结构工程施工技术近年来发展很快，为建设高质量的土木工程创造了先决条件。

钢筋工程方面，不但生产和应用了能够满足土木工程结构不同需要的各种高性能钢筋，而且在钢筋加工工艺方面，亦提高了机械化、自动化的水平，采用了数字程序控制调直剪切机、光电控制点焊机、钢筋冷拉联动线等，在钢筋电焊、气压焊、冷压套筒和锥螺纹连接等技术方面不断成熟和快速推广。

模板工程方面，采用了工具式支模方法与钢框木模板，还推广了大模板、液压滑升模板、爬模、提模、台模、隧道模等机械化程度较高的模板和预应力混凝土薄板、压延型钢板等永久模板以及模板早拆体系等新技术。

混凝土工程方面，已实现了混凝土搅拌站后台上料机械化、称量自动化和混凝土搅拌自动化或半自动化，扩大了商品混凝土的应用范围，还推广了混凝土强制搅拌、高频振动、混凝土搅拌运输车和混凝土泵送等新工艺。特别是近年来流态混凝土、高性能混凝土等新型混凝土的出现，将会引起混凝土工艺很大的变化。新型外加剂的使用，也是混凝土施工技术发展的重点。大尺寸、大体积混凝土的防裂技术也已逐渐成熟，为保证相应混凝土结构的使用功能和使用寿命提供了技术保障。

装配式钢筋混凝土构件的生产工艺方面，推广了拉模、挤压工艺、立窑和折线窑养护、热拌热模、远红外线和太阳能养护等新工艺。在预应力钢筋混凝土工艺中，也出现了折线张拉、曲线张拉、无黏着后张等新技术。整体预应力混凝土结构的出现，对混凝土的施工工艺和施工技术要求也越来越高。

4.1 钢筋工程

钢筋工程是混凝土结构施工的重要分项工程之一，是混凝土结构施工的关键工程。

混凝土结构所用钢筋的种类较多。根据用途不同，混凝土结构用钢筋分为普通钢筋和预应力钢筋。根据钢筋的直径大小分有钢筋、钢丝和钢绞线三类。根据钢筋的生产工艺不同，钢筋分为热轧钢筋、热处理钢筋、冷加工钢筋等。根据钢筋的化学成分不同，可以分为低碳钢钢筋和普通低合金钢钢筋(在碳素钢成分中加入锰、钛、钒等合金元素以改善其性能)。

根据钢筋的强度不同，可以分为Ⅰ～Ⅴ级，其中Ⅰ～Ⅳ级为热轧钢筋，Ⅴ级为热处理钢筋，钢筋的强度和硬度逐级升高，但塑性则逐级降低。按轧制钢筋外形分为光圆钢筋和变形钢筋(人字纹、月牙形纹或螺纹)，新《混凝土结构规范》淘汰了人字纹和螺旋纹钢筋。为了便于运输，直径为6～9mm的钢筋常卷成圆盘，直径大于12mm的钢筋则轧成6～12m长一根。

常用的钢丝有消除应力钢丝和冷拔低碳钢丝(冷加工钢丝)两类，而冷拔低碳钢丝又分为甲级和乙级，一般皆卷成圆盘。

钢绞线一般由3根或7根圆钢丝捻成，钢丝为高强钢丝。

在我国经济短缺时期，为了提高钢筋强度、节约钢筋，对热轧钢筋进行冷加工处理，相应有冷拉、冷拔、冷轧、冷扭钢筋(或钢丝)。冷加工钢筋虽然在强度方面有所提高，但钢筋的延性损失较大，因此冷加工钢筋作预应力钢筋使用时，要慎重对待。从目前工程实际使用钢筋的情况来看，冷加工钢筋的经济效果并不明显，我国新修订的《混凝土结构设计规范》中未列入冷加工钢筋。

我国新编《混凝土结构设计规范》GB 50010—2002建议用钢筋见表4-1。

表4-1 钢筋种类及规格

钢筋类型	钢筋品种		符号	直径/mm
普通钢筋	HPB235	Ⅰ	ϕ	8～20
	HRB335	Ⅱ	ϕ	6～50
	HRB400	Ⅲ	ϕ	6～50
	RRB400		ϕ^R	8～40
预应力钢筋	钢绞线	三股	ϕ^S	8.6、10.8、12.9
		七股		9.5、11.1、12.7、15.2
	消除应力钢丝	光面	ϕ^P	4、5、6、7、8、9
		螺旋肋	ϕ^H	4、5、6、7、8、9
		刻痕	ϕ^I	5、7
	热处理钢筋	Ⅴ	ϕ^{HT}	6、8.2、10

钢筋进场前要进行验收，出厂钢筋应有出厂质量证明书或试验报告单。每捆(盘)钢筋均应有标牌。运至工地后应分别堆存，并按规定抽取试样对钢筋进行力学性能检验。对热轧钢筋的级别有怀疑时，除作力学性能试验外，尚需进行钢筋的化学成分分析。在钢筋加工中如发生脆断、焊接性能不良和机械性能异常时，也应进行化学成分检验或其他专项检验。对国外进口的钢筋，应按建设部的有关规定办理，亦应注意力学性能和化学成分的检验。

钢筋一般在钢筋车间加工(或在施工现场加工棚加工)，然后运至施工现场安装或绑扎。钢筋加工过程取决于结构设计要求和钢筋加工的成品种类。一般的加工施工过程有调直、除锈、剪切、镦头、弯曲、焊接、绑扎、安装等。如设计需要，钢筋在使用前还可能进行冷加工(主要是冷拉、冷拔)。在钢筋下料剪切前，要经过配料计算，有时还有钢筋代换工作。钢筋绑扎安装要求与模板施工相互配合协调。钢筋绑扎安装完毕，必须经过检查验收合格后，才能进行混凝土浇筑施工。本节着重介绍钢筋的钢筋连接、钢筋的配料计算和代换。

4.1.1 钢筋连接

钢筋连接有三种常用的连接方法：绑扎连接、焊接连接和机械连接(挤压连接和锥螺纹套管连接)。除个别情况(如在不准出现明火的位置施工)应尽量采用焊接连接，以保证钢筋的连接质量、提高连接效率和节约钢材。钢筋焊接分为压焊和熔焊两种形式。压焊包括闪光对焊、电阻点焊和气压焊；熔焊包括电弧焊和电渣压力焊。此外，钢筋与预埋件间T形接头的焊接应采用埋弧压力焊，也可用电弧焊或穿孔塞焊，但焊接电流不宜过大，以防烧伤钢筋。

1. 钢筋焊接

根据规范规定轴心受拉和小偏心受拉杆件中的钢筋接头，均应焊接。普通混凝土中直径大于22mm的钢筋和轻骨料混凝土中直径大于20mm的Ⅰ级钢筋及直径大于25mm的Ⅱ、Ⅲ级钢筋的接头，均宜采用焊接。

钢筋的焊接质量与钢材的可焊性、焊接工艺有关。可焊性与钢筋所含碳、合金元素等的数量有关，含碳、硫、硅、锰数量增加，则可焊性差；而含适量的钛可改善可焊性。焊接工艺(焊接参数与操作水平)亦影响焊接质量，即使可焊性差的钢材，若焊接工艺合宜，亦可获得良好的焊接质量。当环境温度低于−5℃，即为钢筋低温焊接，此时应调整焊接工艺参数，使焊缝和热影响区缓慢冷却。在现场进行钢筋焊接，当采用闪光对焊或电弧而风速大于7.9m/s时，或者采用气压焊而风速大于5.4m/s时，均应采取挡风措施。环境温度低于−20℃时不宜在露天进行焊接。所有刚焊接后的热接头不得与冰、雪、水相遇。

1) 闪光对焊

闪光对焊是利用电热效应产生的高温熔化钢筋端头，使两根钢筋端部融合为一体的连接方法。闪光对焊广泛用于钢筋接长及预应力钢筋与螺丝端杆锚具的连接。从接头的质量控制要求和便于钢筋安装，热轧钢筋的焊接宜优先使用闪光对焊，其次选用电弧焊。

钢筋闪光对焊的原理是利用对焊机使两段钢筋接触，如图4.2所示，通过低电压的强电流，待钢筋被加热到一定温度变软熔化后，进行轴向加压顶锻，形成对焊接头。

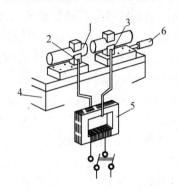

图 4.2 钢筋闪光对焊原理

1—焊接的钢筋；2—固定电极；3—可动电极；4—机座；5—变压器；6—手动顶压机构

钢筋闪光对焊工艺常用的有连续闪光焊、预热闪光焊和闪光—预热—闪光焊。对Ⅳ级钢筋有时在焊接后还进行通电热处理。

(1) 连续闪光焊。

这种焊接的工艺过程是待钢筋夹紧在电极钳口上后，闭合电源，使两钢筋端面轻微接触。由于钢筋端部不平，开始只有一点或数点接触，接触面小而电流密度和接触电阻很大，接触点很快熔化并产生金属蒸汽飞溅，形成闪光现象。闪光一开始就徐徐移动钢筋，使形成连续闪光过程，同时接头也被加热。待接头烧平、闪去杂质和氧化膜、白热熔化时，随即施加轴向压力迅速进行顶锻，使两根钢筋焊牢。

连续闪光焊宜于焊接直径 25mm 以内的 Ⅰ～Ⅲ 级钢筋。焊接直径较小的钢筋最适宜。

连续闪光焊的工艺参数为调伸长度、烧化留量、顶锻留量及变压器级数等。

(2) 预热闪光焊。

钢筋直径较大，端面比较平整时宜用预热闪光焊。与连续闪光焊不同之处在于前面增加一个预热时间，先使大直径钢筋预热后再连续闪光烧化进行加压顶锻。

(3) 闪光—预热—闪光焊。

端面不平整的大直径钢筋连接采用半自动或自动的 150 型对焊机，焊接大直径钢筋宜采用闪光预热闪光焊。这种焊接的工艺过程是进行连续闪光，使钢筋端部烧化平整；再使接头处作周期性闭合和断开，形成断续闪光使钢筋加热；接着再是连续闪光，最后进行加压顶锻。

闪光—预热—闪光焊的工艺参数为调伸长度、一次烧化留量、预热留量和预热时间、二次烧化留量、顶锻留量及变压器级数等。

对于Ⅳ级钢筋，因碳、锰、硅含量较高和钛、钒的存在，对氧化、淬火、过热比较敏感，易产生氧化缺陷和脆性组织。为此，应掌握焊接温度，并使热量扩散区加长，以防接头局部过热造成脆断。Ⅳ级钢筋中可焊性差的高强钢筋，宜用强电流进行焊接，焊后再进行通电热处理。通电热处理的目的，是对焊接接头进行一次退火或高温回火处理，以消除热影响区产生的脆性组织，改善接头的塑性。

通电热处理的方法，是焊毕稍冷却后松开电极，将电极钳口调至最大距离，重新夹住钢筋，待接头冷至暗黑色(焊后约 20～30s)，进行脉冲式通电热处理(频率约 2 次/s，通电 5～7s)。待钢筋表面呈橘红色并有微小氧化斑点出现时即可。

调伸长度是指焊接前钢筋从电极钳口伸出的长度。其数值取决于对焊工艺、钢筋的品种和直径,应能使接头加热均匀,且顶锻时钢筋不致弯曲。III、IV级钢筋对焊应采用较大的调伸长度。连续闪光对焊的调伸长度及留量如图4.3所示。

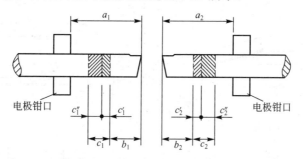

图4.3 连续闪光对焊调伸长度及留量

a_1, a_2—左、右钢筋的调伸长度;$b_1 + b_2$—烧化留量;$c_1 + c_2$—顶锻留量;$c_1' + c_2'$—有电顶锻留量;$c_1'' + c_2''$—无电顶锻留量

烧化留量和预热留量是指在闪光和预热过程中烧化的钢筋长度。连续闪光焊烧化留量长度等于两段钢筋切断时刀口严重压伤部分之和另加8mm;预热闪光焊的预热留量为4~7mm,烧化留量为8~10mm;闪光—预热—闪光焊的一次烧化留量等于两段钢筋切断时刀口严重压伤部分之和,预热留量为2~7mm,二次烧化留量为8~10mm。

顶锻留量是指接头顶压挤出而消耗的钢筋长度。顶锻时,先在有电流作用下顶锻,使接头加热均匀、紧密结合,然后在断电情况下继续顶锻。所以顶锻留量分有电顶锻留量与无电顶锻留量两部分。顶锻留量随着钢筋直径的增大和钢筋级别的提高而增大,一般为4~6.5mm。其中,有电顶锻留量约占1/3,无电顶锻留量占2/3。顶锻应在一定压力下快速完成,使焊口闭合良好并产生适当的镦粗变形。过大的焊口会产生裂纹,过小则溶渣和氧化物有可能残留在焊口内。

变压器级数是用来调节焊接电流的大小,根据钢筋直径确定。

焊接不同直径的钢筋时,其截面比不宜超过1.5。焊接参数按大直径钢筋选择并减少大直径钢筋的调伸长度。焊接时先对大直径钢筋预热,以使两者加热均匀。

负温下焊接,冷却快,易产生淬硬现象,内应力也大。为此,负温下焊接应减小温度梯度和冷却速度。为使加热均匀,增大焊件受热区,可增大调伸长度10%~20%,变压器级数可降低一级或二级,应使加热缓慢而均匀,降低烧化速度,焊后见红区应比常温时长。

钢筋闪光对焊后,除对接头进行外观检查外,还应按《钢筋焊接及验收规程》JGJ 18—84的规定进行抗拉试验和冷弯试验。外观要求接头无裂纹和烧伤、接头弯折不大于4°、接头轴线偏移不大于$0.1d$(d为钢筋直径),也不大于2mm。

2) 电弧焊

电弧焊是利用电弧焊机通电后在焊条与焊件之间产生高温电弧,使焊条和电弧燃烧范围内的焊件熔化,待其凝固便形成焊缝或接头,电弧焊广泛用于钢筋连接、钢筋骨架焊接、装配式结构接头的焊接、钢筋与钢板的焊接及各种钢结构焊接制作。

钢筋电弧焊的接头形式(如图4.4所示)有:搭接焊接头(单面焊缝或双面焊缝)、帮条焊接头(单面焊缝或双面焊缝)、剖口焊接头(平焊或立焊)和熔槽帮条焊接头(用于安装焊接

$d \geqslant 25mm$ 的钢筋)。电弧焊机有直流与交流之分，常用的为交流电弧焊机。帮条焊和搭接焊的接头长度见表 4-2。

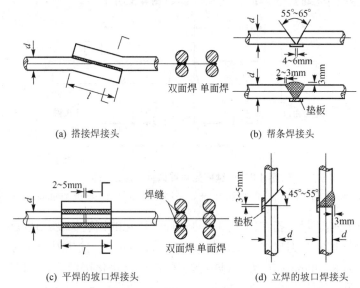

图 4.4 钢筋电弧焊的接头形式

l——接头长度

表 4-2 帮条焊和搭接焊的接头长度

钢筋级别	焊缝型式	接头长度 l
Ⅰ级	单面焊	$\geqslant 8d$
	双面焊	$\geqslant 4d$
Ⅱ、Ⅲ级	单面焊	$\geqslant 10d$
	双面焊	$\geqslant 5d$

注：d 为钢筋直径。

焊条的种类很多，如"结42×"、"结50×"等，钢筋焊接根据钢材等级和焊接接头形式选择焊条。焊条表面涂有药皮，它可保证电弧稳定、使焊缝免致氧化、并产生溶渣覆盖焊缝以减缓冷却速度。尾符号×表示没有规定药皮类型，酸性或碱性焊条均可。但对重要结构的钢筋接头，宜用低氢型碱性焊条进行焊接。钢筋电弧焊焊条型号选用见表 4-3。

表 4-3 钢筋电弧焊焊条型号选用

钢筋级别	电焊接头形式			
	帮条焊搭接焊	坡口焊熔槽帮条焊预埋件穿孔塞焊	窄间隙焊	钢筋与钢板搭接焊预埋件T型角焊
Ⅰ	E4303	E4303	E4316 E4315	E4303
Ⅱ	E4303	E5003	E5016 E5015	E4303
Ⅲ	E5003	E5503	E6016 E6015	

焊接电流和焊条直径根据钢筋级别、直径、接头形式和焊接位置进行选择。

搭接接头的长度、帮条的长度、焊缝的长度和高度等，《钢筋焊接及验收规程》JGJ 18—1996 中都有具体的规定。搭接焊、帮条焊和坡口焊的焊接接头，除外观质量检查外，亦需抽样作拉伸试验。如对焊接质量有怀疑或发现异常情况，还可进行非破损检验(如 X 射线、γ 射线、超声波探伤等)。

3) 电渣压力焊

电渣压力焊在建筑施工中多用于现浇钢筋混凝土结构构件内竖向或斜向(倾斜度在 4∶1 的范围内)钢筋的焊接接长。有自动与手工电渣压力焊两种。与电弧焊比较，它工效高、成本低，我国在一些高层建筑施工中应用电渣压力焊已取得很好的效果，应用较普遍。

进行电渣压力焊宜用 BX2—1000 型焊接变压器，焊接大直径钢筋时，可将小容量的同型号焊接变压器并联。夹具(如图 4.5 所示)需灵巧、上下钳口同心，否则不能保证《钢筋焊接及验收规程》JGJ 18—1996 中规定的上下钢筋的轴线应尽量重合，其最大偏移不得超过 $0.1d$，同时也不得大于 2mm 的要求。

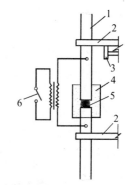

图 4.5　电渣压力焊原理图

1—钢筋；2—夹钳；3—凸轮；4—焊剂盒；
5—铁丝团球或导电焊剂；6—电源开关

焊接时，先将钢筋端部约 120mm 范围内的铁锈除尽，将夹具夹牢在下部钢筋上，并将上部钢筋扶直夹牢于活动电极中，自动电渣压力焊还在上下钢筋间放引弧用的钢丝圈等。再装上药盒(直径 90～100mm)和装满焊药，接通电路，用手柄使电弧引燃(引弧)。然后稳定一定时间，使之形成渣池并使钢筋溶化(稳弧)，随着钢筋的熔化，用手柄使上部钢筋缓缓下送。当稳弧达到规定时间后，在断电的同时用手柄进行加压顶锻(顶锻)，以排除夹渣和气泡，形成接头。待冷却一定时间后，即拆除药盒、回收焊药、拆除夹具和清除焊渣。引弧、稳弧、顶锻三个过程应连续进行。

电渣压力焊的工艺参数为焊接电流、渣池电压和通电时间，根据钢筋直径选择。焊接不同直径的钢筋时，应根据较小直径的钢筋选择参数。电渣压力焊的接头，亦应按《钢筋焊接及验收规程》JGJ 18—1996 规定的方法检查外观质量和取样进行拉伸试验。

4) 电阻点焊

电阻点焊主要用于钢筋的交叉连接，如用来焊接钢筋网片、钢筋骨架等，代替钢筋绑扎。它生产效率高、节约材料，应用广泛。

电阻点焊的工作原理是，当钢筋交叉点焊时，接触点只有一点，且接触电阻较大，在接触的瞬间，电流产生的全部热量都集中在一点上，因而使钢筋接触点处受热而熔化，同时在电极加压下使焊点金属得到焊合，其工作原理如图 4.6 所示。

常用的点焊机有单点点焊机、多头点焊机(一次可焊数点，用于焊接宽大的钢筋网)、悬挂式点焊机(可焊钢筋骨架或钢筋网)、手提式点焊机(用于施工现场)。

电阻点焊的主要工艺参数为：变压器级数、通电时间和电极压力。在焊接过程中应保持一定的预压和锻压时间。

通电时间根据钢筋直径和变压器级数而定。电极压力则根据钢筋级别和直径选择。

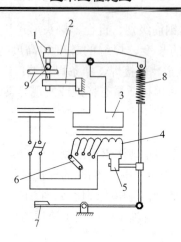

图 4.6 点焊机工作原理图

1—电极；2—电极臂；3—变压器的次级线圈；4—变压器的初级线圈；
5—断路器；6—变压器的调节级数开关；7—踏板；8—压紧机构；9—钢筋

焊点应有一定的压入深度。点焊热轧钢筋时，压入深度为较小钢筋直径的30%～45%；点焊冷拔低碳钢丝时，压入深度为较小钢丝直径的30%～35%。

电阻点焊不同直径钢筋时，如较小钢筋的直径小于10mm，大小钢筋直径之比不宜大于3；如较小钢筋的直径为12mm或14mm时，大小钢筋直径之比则不宜大于2。应根据较小直径的钢筋选择焊接工艺参数。

焊点应进行外观检查和强度试验。热轧钢筋的焊点应进行抗剪试验。冷加工钢筋的焊点除进行抗剪试验外，还应进行拉伸试验。焊接质量应符合《钢筋焊接及验收规程》JGJ 18—1984中的有关规定。

5) 气压焊

气压焊接钢筋是利用乙炔-氧混合气体燃烧的高温火焰对已有初始压力的两根钢筋端面接合处加热，使钢筋端部产生塑性变形，并促使钢筋端面的金属原子互相扩散，当钢筋加热到约1250～1350℃(相当于钢材熔点的0.80～0.90倍，此时钢筋加热部位呈橘黄色，有白亮闪光出现)时进行加压顶锻，使钢筋内的原子得以再结晶而焊接在一起。

钢筋气压焊接属于热压焊。在焊接加热过程中，加热温度只为钢材熔点的0.8～0.9倍，钢材未呈熔化液态，且加热时间较短，钢筋的热输入量较少，所以不会出现钢筋材质劣化倾向。另外，它设备轻巧、使用灵活、效率高、节省电能、焊接成本低，可进行全方位(竖向、水平和斜向)焊接，所以钢筋气压焊在我国逐步得到推广。

气压焊接设备主要包括加热系统与加压系统两部分。

加热系统中的加热能源是氧和乙炔。氧的纯度宜为99.5%，工作压力为0.6～0.7MPa；乙炔的纯度宜为98.0%，工作压力为0.06MPa。流量计用来控制氧和乙炔的输入量，焊接不同直径的钢筋要求不同的流量。加热器用来将氧和乙炔混合后，从喷火嘴喷出火焰加热钢筋，要求火焰能均匀加热钢筋，有足够的温度和功率并安全可靠。

加压系统中的压力源为电动油泵(亦有手动油泵)，使加压顶锻时压力平稳。压接器是气压焊的主要设备之一，要求它能准确、方便地将两根钢筋固定在同一轴线上，并将油泵产生的压力均匀地传递给钢筋达到焊接的目的。施工时压接器需反复装拆，要求它重量轻、构造简单和装拆方便。

气压焊接的钢筋要用砂轮切割机断料,不能用钢筋切断机切断,要求端面与钢筋轴线垂直。焊接前应打磨钢筋端面,清除氧化层和污物,使之现出金属光泽,并即喷涂一薄层焊接活化剂保护端面不再氧化。

钢筋加热前先对钢筋施加 30~40MPa 的初始压力,使钢筋端面贴合。当加热到缝隙密合后,上下摆动加热器适当增大钢筋加热范围,促使钢筋端面金属原子互相渗透也便于加压顶锻。加压顶锻时的压应力约 34~40MPa,使焊接部位产生塑性变形。直径小于 22mm 的钢筋可以一次顶锻成型,大直径钢筋可以进行二次顶锻。

2. 钢筋机械连接

钢筋机械连接包括挤压连接和锥螺纹套管连接。是近年来大直径钢筋现场连接的主要方法。

1) 钢筋挤压连接

钢筋挤压连接亦称钢筋套筒冷压连接。它是将需连接的变形钢筋插入特制钢套筒内,利用液压驱动的挤压机进行径向或轴向挤压,使钢套筒产生塑性变形,使它紧紧咬住变形钢筋实现连接,如图 4.7 所示。它适用于竖向、横向及其他方向的较大直径变形钢筋的连接。与焊接相比,它具有节省电能、不受钢筋可焊性好坏影响、不受气候影响、无明火、施工简便和接头可靠度高等特点。

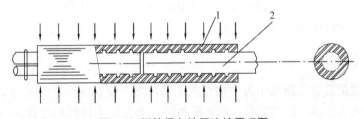

图 4.7 钢筋径向挤压连接原理图

1—钢套筒;2—被连接的钢筋

钢筋挤压连接的工艺参数,主要是压接顺序、压接力和压接道数。压接顺序应从中间逐道向两端压接。压接力要能保证套筒与钢筋紧密咬合,压接力和压接道数取决于钢筋直径、套筒型号和挤压机型号。

2) 钢筋锥螺纹套管连接

用于这种连接的钢套管内壁,用专用机床加工有锥螺纹,钢筋的对接端头亦在套丝机上加工成与套管匹配的锥螺纹杆。连接时,经对螺纹检查无油污和损伤后,先用手旋入钢筋,然后用扭矩扳手紧固至规定的扭矩即完成连接,如图 4.8 所示。它施工速度快、不受气候影响、质量稳定、对中性好,我国在一些大型工程中多有应用。

在施工现场,应按我国现行标准《钢筋锥螺纹接头技术规程》JGJ 109—1996 和《钢筋焊接及验收规程》JGJ 18—1996 的规定抽取钢筋接头作力学性能检验。

此外,绑扎法目前仍为钢筋连接的主要手段之一。钢筋绑扎时,钢筋交接点应采用 18~22 号的铁丝扎牢;板和墙的钢筋网,除外围两行钢筋的相交点全部扎牢外,中间部分交叉点可相隔交错扎牢,保证受力钢筋位置不产生偏移且钢筋网不变形;梁和柱的箍筋应与受力钢筋垂直设置,弯钩叠合处应在不同的受力钢筋上交错设置。钢筋搭接处,应在中部和两端用铁丝扎牢。

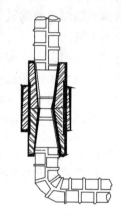

(a) 两根直钢筋连接　　(b) 一根直钢筋与一根弯钢筋连接

图 4.8　钢筋锥螺纹套管连接示意图

任何形式的钢筋接头宜设置在受力较小处。同一根纵向受力钢筋不宜设置两个或两个以上接头。接头末端与钢筋弯曲处的距离,不得小于钢筋直径的 10 倍,且接头不宜在构件最大弯矩处。受拉钢筋和受压钢筋接头的搭接长度及接头位置要符合《混凝土结构工程施工及验收规范》GB 50204—2002 的规定。

4.1.2　钢筋的配料

钢筋配料就是将设计图纸中各个构件的配筋图表,编制成便于实际加工、具有准确下料长度和数量的表格(钢筋配料表)。钢筋配料时,为保证工作顺利进行,不漏配和多配,最好按结构顺序进行,且将各种构件的每一根钢筋进行编号,以便于后面工作的开展。

在配料表中需标出每根钢筋的下料长度。下料长度指的是下料时钢筋需要的实际长度,这与图纸上标注的长度并不完全一致。

钢筋下料长度的计算是以钢筋弯折后其中心线长度不变这个假设条件为前提进行的。也就是说,钢筋弯折后中心线长度不变,而外边缘变长内边缘缩短。因此,钢筋的下料长度就是指相应钢筋的中心线长。实际工程计算中,影响下料长度计算的因素很多,如混凝土保护层厚度;钢筋弯折后发生的变形;图纸上钢筋尺寸标注方法的多样化;弯折钢筋的直径、级别、形状、弯心半径的大小以及端部弯钩的形状等,我们在进行下料长度计算时,对这些因素都应该考虑。

1. 保护层厚度

钢筋的保护层是指从混凝土外表面至钢筋外表面的距离,主要起保护钢筋免受大气锈蚀的作用,不同部位的钢筋,保护层厚度也不同。受力钢筋的混凝土保护层厚度,应符合设计要求;当设计无具体要求时,不应小于受力钢筋直径,并应符合表 4-4 的规定。

表 4-4 钢筋的混凝土保护层厚度

环境与条件	构件名称	混凝土强度等级		
		低于 C20	C25～C50	高于 C50
室内正常环境	板、墙、壳	20	15	15
	梁	30	25	25
	柱	30	30	30
露天或室内高湿度环境	板、墙、壳		20	20
	梁		30	30
	柱		30	30
有垫层	基础	40		
无垫层		70		

注：① 轻骨料混凝土的钢筋保护层厚度应符合国家现行标准《轻骨料混凝土结构设计规程》的规定。
② 处于室内正常环境下由工厂生产的预制构件，当混凝土强度等级不低于 C20 且施工质量有可靠保证时，其保护层厚度可按表中规定减少 5mm，但预制构件中的预应力钢筋(包括冷拔低碳钢丝)的保护层厚度不应小于 15mm；处于露天或室内高湿度环境的预制构件，当表面另作水泥砂浆抹面层且有质量保证措施时，保护层厚度可按表中室内正常环境中构件的数值采用。
③ 钢筋混凝土受弯构件，钢筋端头的保护层厚度一般为 10mm；预制的肋形板，其主肋的保护层厚度可按梁考虑。
④ 板、墙、壳中分布钢筋的保护层厚度不应小于 10mm；梁柱中箍筋和构造钢筋的保护层厚度不应小于 15mm。
⑤ 此表摘自《混凝土结构设计规范》GB 50010—2002。

2. 钢筋弯曲量度差和端部弯钩

前面已经提过，钢筋弯折后，其中心线长度并没有变化，而图纸上标注的大多是钢筋弯曲成形的外包尺寸，而外包尺寸明显大于钢筋的中心线长度，如果按照外包尺寸下料、弯折，就会造成钢筋的浪费，而且也给施工带来不便(由于尺寸偏大，致使保护层厚度不够，甚至不能放进模板)。因而应该根据弯折后钢筋成品的中心线总长度下料才是正确的加工方法，而在外包尺寸和中心线长度之间存在一个差值，这一差值就被称为"量度差值"，我们需要找出这一差值，用图纸中钢筋的外包尺寸减去量度差值即为钢筋的中心线长度。量度差的大小与钢筋直径、弯曲角度、弯心直径等因素有关。弯起钢筋中间部位弯折处的弯曲直径 D，不应小于钢筋直径的 5 倍，如图 4.9(a)所示。

为满足钢筋在混凝土中的锚固需要，钢筋末端一般需加工成弯钩形式。I 级钢筋末端需要作 180°弯钩，其圆弧段弯曲直径 D 不应小于钢筋直径 d 的 2.5 倍，平直部分长度不宜小于钢筋直径 d 的 3 倍，当用于轻骨料混凝土结构时，其弯曲直径 D 不应小于钢筋直径 d 的 3.5 倍，如图 4.9(b)所示；II、III 级钢筋(变形钢筋)一般可以不作弯钩，如设计需要时末端只作 90°或 135°弯折，II 级钢筋的弯曲直径不宜小于钢筋直径 d 的 4 倍，III 级钢筋不宜小于钢筋直径 d 的 5 倍，平直部分长度应按设计要求确定，如图 4.9(c)所示。

箍筋的末端需作弯钩，弯钩形式应符合设计要求，当设计无具体要求时，用 I 级钢筋或冷拔低碳钢丝制作的箍筋，其弯钩的弯曲直径应大于受力钢筋直径，且不小于箍筋直径的 2.5 倍；弯钩平直部分的长度，对一般结构，不宜小于箍筋直径的 5 倍，对有抗震要求的结构，不应小于箍筋的 10 倍。弯钩形式有三种，如图 4.10 所示，对于有抗震要求和受扭的结构，可按图 4.10(c)所示加工。

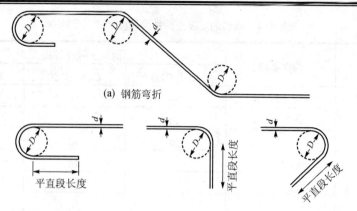

图 4.9　钢筋弯曲及端部弯钩

1) 弯曲量度差

以 90°弯折为例，如图 4.11 所示，$D=5d$。中心线 ab 弧长 $=\dfrac{\pi}{2}\left(\dfrac{D}{2}+\dfrac{d}{2}\right)$。

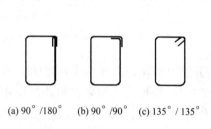

图 4.10　箍筋弯折示意图

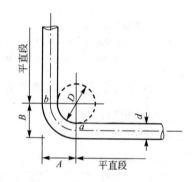

图 4.11　钢筋 90°弯折示意图

A、B 为弧形段外包尺寸；$D=2.5d$

量度差=外包尺寸-轴线尺寸

$$=\left(\dfrac{D}{2}+d\right)\times 2-\dfrac{\pi}{2}\left(\dfrac{D}{2}+\dfrac{d}{2}\right)=2.29d$$

一般近似取值为 $2d$。其他角度的弯曲量度差计算同上，工程中弯曲量度差的取值一般按表 4-5 取值。

表 4-5　钢筋弯曲量度差取值

钢筋弯曲角度	30°	45°	60°	90°	135°
钢筋弯曲量度差	0.35d	0.5d	0.85d	2d	2.5d

注：d 为钢筋直径。

2) 端部弯钩增加值

如图 4.12 所示，以 Ⅰ 级钢筋端部 180°弯钩为例来进行计算，其平直段长度取为 $3d$，弯心直径取为 $D=2.5d$，则端部弯钩增加值=平直段+圆弧段$-(\dfrac{D}{2}+d)=3d+\dfrac{\pi}{2}(D+d)-(\dfrac{D}{2}+d)=6.25d$

其余端部弯钩增加值的计算同上，可得90°弯钩为3.5d，135°弯钩为4.9d。

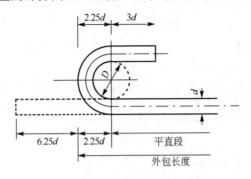

图 4.12 Ⅰ级筋端部180°弯钩

$D=2.5d$

3) 箍筋调整值

箍筋的下料长度还可以采取用外包尺寸(或内包尺寸)加调整值进行计算。箍筋调整值，即为弯钩增加长度和弯曲调整值两项之差，一般结构用的箍筋可直接在表 4-6 中查用，箍筋尺寸量度方法如图 4.13 所示。

表 4-6 箍筋调整值 W

箍筋量度方法	箍筋直径/mm			
	4～5	6	8	10～12
量外包尺寸	40	50	60	70
量内皮尺寸	80	100	120	150～170

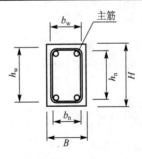

图 4.13 箍筋尺寸量度方法

B、H—截面宽、高；b_w、h_w—外包宽、高；b_n、h_n—内皮宽、高

4) 下料长度计算公式

直钢筋下料长度=外包长度+弯钩增加长度

弯起钢筋下料长度=外包长度-弯曲量度差+弯钩增加长度

箍筋下料长度：

(1) 量外包尺寸：箍筋下料长度=2(b_w+h_w)+调整值 W

(2) 量内皮尺寸：箍筋下料长度=2(b_n+h_n)+调整值 W

弯钩增加长度,要视设计需要和钢筋的类别而定。为了便于施工,钢筋下料长度一般取整厘米数即可。

【例 4.1】 某楼盖梁 L_1 用 C25 混凝土现浇,其配筋如图 4.14 所示,计算 L_1 的每根钢筋下料长度。

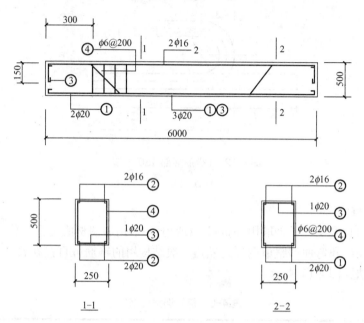

图 4.14 L_1 配筋图

解 ① 号筋($\phi 20$)下料长度为:

$6000-2\times10+2\times6.25\times20=6230(mm)$

② 号筋($\phi 16$)下料长度为:

$6000-2\times10+2\times100-2\times2\times16+2\times6.25\times16=6316(mm)$ 取 6320mm

③ 号筋($\phi 20$)下料长度为:

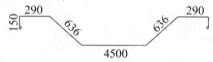

$2\times(150+290+636)+4500-4\times0.5\times20-2\times2\times20+2\times6.25\times20 = 6783 (mm)$

取 6780mm

④ 号筋($\phi 6$)下料长度为:

$[(500-2\times25)+(250-2\times25)]\times2+100=1400(mm)$

箍筋根数:$6000\div200+1=31$

4.1.3 钢筋的代换

1. 代换原则

钢筋的级别、种类和直径应按设计要求采用。若在施工过程中，由于材料供应的困难不能完全满足设计对钢筋级别或规格的要求，为保证工期，可对钢筋进行代换，但应遵循下列原则。

(1) 不同种类钢筋的代换，应按钢筋受拉承载力设计值相等的原则进行。

(2) 当构件受抗裂、裂缝宽度或挠度控制时，钢筋代换后应进行相应的抗裂、裂缝宽度或挠度验算。

(3) 除满足强度要求外，还应满足混凝土结构设计规范中所规定的最小配筋率、钢筋间距、锚固长度、最小钢筋直径、根数等构造要求。

(4) 对重要受力构件，不宜用Ⅰ级光面钢筋代换变形钢筋。

(5) 梁的纵向受力钢筋和弯起钢筋应分别进行代换。

(6) 对有抗震要求的框架，不宜以强度等级较高的钢筋代替原设计的钢筋；当必须代换时，其代换钢筋的抗拉强度实测值与屈服强度实测值的比值不应小于1.25，且钢筋的屈服强度实测值与钢筋的强度标准值的比值，当按一级抗震设计时，不应大于1.25，当按二级抗震设计时，不应大于1.4。

(7) 预制构件的吊环，必须采用未经冷拉的Ⅰ级热轧钢筋制作，严禁以其他钢筋代换。

2. 代换方法

钢筋代换方法有等强代换和等面积代换两种。

1) 等强代换

当构件受强度控制时，可按强度相等原则进行代换，称为"等强代换"，即

$$f_{y1}A_{s1} \leqslant f_{y2}A_{s2} \tag{4-1}$$

式中：f_{y1}——原设计钢筋抗拉强度设计值；

f_{y2}——代换钢筋抗拉强度设计值；

A_{s1}——原设计钢筋总截面面积；

A_{s2}——代换钢筋总截面面积。

2) 等面积代换

当构件按最小配筋率配筋或相同级别的钢筋之间代换时，钢筋可按面积相等原则进行代换，称为"等面积代换"，即

$$A_{s1} \leqslant A_{s2} \tag{4-2}$$

式中符号意义同前。

4.2 模板工程

模板是新浇混凝土成形用的模型工具。模板系统包括模板、支撑和紧固件。模板工程施工工艺一般包括模板的选材、选型、设计、制作、安装、拆除和修整。

模板及支撑系统必须符合以下规定：要能保证结构和构件的形状、尺寸以及相互位置的准确；具有足够的承载能力、刚度和稳定性；构造力求简单，装拆方便，能多次周转使用；接缝要严密不漏浆；模板选材要经济适用，尽可能降低模板的施工费用。

模板工程是混凝土结构工程施工的重要组成部分，特别是在现浇结构施工中占有突出的地位，它将直接影响到施工方法和机械的选用，对施工工期和工程造价也有一定的影响。

模板种类较多，构造也各有一定的差异。就模板的用途而言，模板可以分为整体现浇模板和预制模板。就模板施工特点不同，可以分为一次模板(永久模板)和周转性模板。按模板使用部位不同，可以分为基础模板、柱子模板、梁模板、楼板模板、楼梯模板、桥墩模板、桥梁模板等。按模板构造不同，可以分为普通模板、定型模板、大模板、台模、隧道模、爬模、液压滑升模等。就模板所用材料不同，可以分为木模板、钢模板、胶合板模板、塑料模板、预应力混凝土薄板模板等。本节主要介绍现浇结构用木模板和钢模板的施工和设计原理。

4.2.1 木模板

木模板的特点是加工方便，对结构的尺寸和形状的适应性强，但木材消耗大，从保护森林资源的角度来看，木模板应尽量控制使用。目前应用较多的是组合钢模板和钢框木模板，但一些地区和工程还在使用木模板和胶合板模板。为节约木材，一般木模板和支撑是由加工厂或木工棚加工成基本元件(拼板)，然后在现场进行拼装。

拼板由一些板条用拼条钉拼而成(胶合板模板则用整块胶合板)，板条厚度一般为 25~50mm，板条宽度不宜超过 200mm(工具式模板不超过 150mm)，以保证干缩时缝隙均匀，浇水后易于密缝。但梁底板的板条宽度不限制，以免漏浆。拼板的拼条一般平放，但梁侧板的拼条则立放。拼条的间距取决于新浇混凝土的侧压力和板条的厚度，多为 400~500mm。

1. 基础木模板

如土质良好，阶梯形基础的最下一级可不用模板而原槽浇筑。安装时，要保证上、下模板不发生相对位移(如图 4.15 所示)。如有杯口，还要在其中放入杯口模板(又称杯芯模)。

2. 柱子木模板

矩形柱有四块侧向模板，组装时是由两块相对的内拼板夹在两块外拼板之间拼成。亦可用短横板(门子板)代替外拼板钉在内拼板上。有些短横板可先不钉上，作为浇筑混凝土的浇筑孔，待浇至其下口时再钉上。

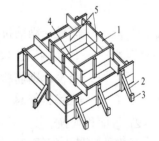

图 4.15 基础木模板

1—拼板；2—斜撑；3—木桩；
4—铁丝；5—模板中心线

柱模板底部开有清理孔，沿高度每隔约 2m 开有浇筑孔。柱底一般有一钉在底部混凝土上的木框，用以固定柱模板的位置。为承受混凝土侧压力，拼板外要设柱箍，其间距与混凝土侧压力、拼板厚度有关，柱模板下部柱箍较密。柱模板顶部根据需要可开有与梁模板连接的缺口(如图 4.16 所示)。

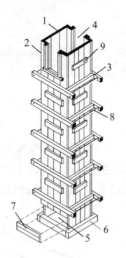

图 4.16 柱子木模板

1—内拼板；2—外拼板；3—柱箍；4—梁缺口；5—清理孔；6—底部木框；7—盖板；8—拉紧螺栓；9—拼条

3. 梁、楼板模板

梁模板由底模板和侧模板组成。底模板承受垂直荷载，一般较厚，下面有支撑(或桁架)承托。支撑多为伸缩式，可调整高度，底部应支承在坚实地面或楼面上，下垫木楔。如地面松软，则必须压实，然后垫以木板，支撑的弹性挠度或压缩变形不得超过结构跨度的1/1000。在多层建筑施工中，应使上、下层的支撑在同一条竖向直线上，否则，要采取措施保证上层支撑的荷载能传到下层支撑上。支撑间应用水平和斜向拉杆拉牢，以增强整体稳定性。当层间高度大于 5m 时，宜用桁架支模或多层支架支模。

梁跨度在 4m 或 4m 以上时，底模板应起拱，起拱高度如设计无具体规定时，一般为结构跨度的 1/1000～3/1000，木模板可取 1.5/1000～3/1000，钢模板可取 1/1000～2/1000。

梁侧模板承受混凝土侧压力，底部用钉在支撑顶部的夹条夹住，顶部可由支承楼板模板的搁栅顶住，或用斜撑顶住。

楼板模板多用定型模板或胶合板，它支承在搁栅(又称龙骨)上，搁栅支承在梁侧模板外的横挡上(如图 4.17 所示)，搁栅有主次之分，当板跨度较大时，主搁栅下还应加支撑。

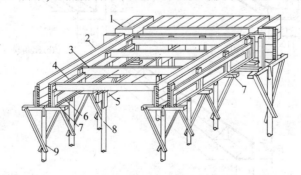

图 4.17 梁及楼板模板

1—楼板模板；2—梁侧模板；3—次搁栅；4—横档；5—主搁栅；6—夹条；7—短撑木；8、9—支撑

4.2.2 组合钢模板

组合钢模板是一种工具式模板,由两部分组成,即模板和支承件。模板有平面模板、转角模板(包括阴角模、阳角模和连接角模)及各种卡具;支承件包括用于模板固定、支撑模板的支架、斜撑、柱箍、桁架等。

1. 模板

钢模板又由边框、面板和纵横肋组成。边框和面板常用2.5~2.8mm厚的钢板轧制而成,纵横肋则采用3mm厚扁钢与面板及边框焊接而成。钢模板的厚度均为55mm。为了便于模板之间拼装连接,边框上都开有连接孔,且无论长短边上的孔距都为150mm,如图4.18和图4.19所示。

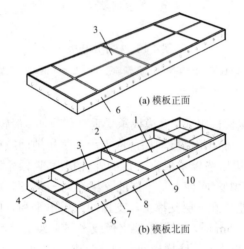

图4.18 钢平面模板

1—中纵肋;2—中横肋;3—面板;4—横肋;5—插销孔;6—纵肋;7—凸棱;8—凸鼓;9—U型卡孔;10—钉子孔

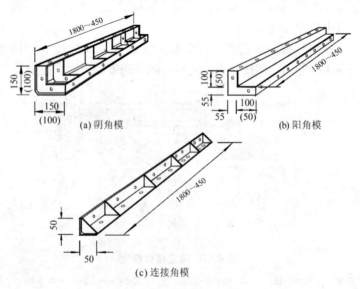

图4.19 转角面钢模板

模板的模数尺寸关系到模板的适应性，是设计制作模板的基本问题之一。在我国钢模板的尺寸：长度以150mm为模数；宽度以50mm为模数。平模板的长度尺寸有450～1800mm共7个；宽度尺寸有100～600mm共11个。平模板尺寸系列化共有70余种规格。进行配模设计时，如出现不足整块模板处，则用木板镶拼，用铁钉或螺栓将木板与钢模板间进行连接。

平面钢模、阴角模、阳角模及连接角模分别用字母P、E、Y、J表示，在代号后面用4位数表示模板规格，前两位是宽度的厘米数，后两位是长度的整分米数。如P3015就表示宽300mm、长1500mm的平模板。又如Y0507就表示肢宽位50mm×50mm、长度为750mm的阳角模。钢模板规格见表4-7。

表4-7 钢模板规格(mm)

名　称	代　号	宽　度	长　度	肋　高
平面模板	P	600、550、500、450、400、350、300、250、200、150、100	1800、1500、1200、900、750、600、450	55
阴角模板	E	150×150、100×100		
阳角模板	Y	100×100、50×50		
连接角模	J	50×50		

注：本表摘自《组合钢模板技术规程》GB 50214—2001。

钢模板的连接件有U形卡、L形插销、钩头螺栓、对拉螺栓、3形扣件、蝶形扣件等。钢模板间横向连接用U形卡，U形卡操作简单，卡固可靠，其安装间距一般不大于300mm。纵向连接用L形插销为主，以增强模板组装后的纵向刚度，如图4.20所示。大片模板组装时，采用钢管钢楞，这时就必须用钩头螺栓配合3形扣件或蝶形扣件固定，如图4.21所示。对于截面尺寸较大的柱、截面较高的梁和混凝土墙体，一般需要在两侧模板之间加设对拉螺栓，以增强模板抵抗混凝土挤压的能力。

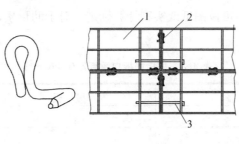

(a) U形卡　　　　　(b) 连接件使用

图4.20　U形卡和L形插销

1—钢模板；2—U形卡；3—L形插销

钢模板组拼原则：从施工的实际条件出发，以满足结构施工要求的形状、尺寸为前提，以大规格的模板为主，较小规格的模板为辅，减少模板块数，方便模板拼装，不足模板尺寸的部位，用木板镶补，为了提高模板的整体刚度，可以采取错缝组拼，但同一模板拼装单元，模板的方向要统一。

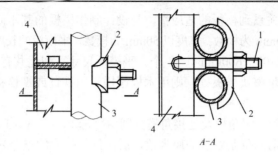

图 4.21 扣件固定

1—钩头螺栓；2—3 形扣件；3—钢楞；4—钢模板

2. 支承部件

组合钢模板的支承部件的作用是将已拼装完毕的模板固定并支承在相应的设计位置上，承受模板传来的一切荷载。由于在施工中，一些较小零件容易丢失损坏，目前在工程中仍比较广泛地使用钢制脚手架作模板支承部件，包括扣件钢管脚手架、门型脚手架等。

4.2.3 模板设计

定型模板和常用的模板拼板，在其适用范围内一般不需要进行设计或验算。而对于重要结构的模板、特殊形式结构的模板、或超出适用范围的一般模板，应该进行设计或验算以确保安全，保证质量，防止浪费。

模板和支架的设计，包括选型、选材、荷载计算、结构计算、绘制模板图、拟定制作安装和拆除方案。

1. 荷载

模板、支架按下列荷载设计或验算。

1) 模板及支架自重

模板及支架的自重，可按图纸或实物计算确定。对于肋形楼盖及无梁楼板模板的自重标准值见表 4-8。

表 4-8 楼板模板自重标准值(kN/m^2)

模板构件	木 模 板	定型组合钢模板
平板模板及小楞自重	0.3	0.5
楼板模板自重(包括梁模板)	0.5	0.75
楼板模板及其支架自重(楼层高度 4m 以下)	0.75	1.1

2) 新浇筑混凝土的自重标准值

普通混凝土用 24kN/m^3，其他混凝土根据实际重力密度确定。

3) 钢筋自重标准值

根据设计图纸确定。一般梁板结构每 m^3 钢筋混凝土结构的钢筋自重标准值：楼板 1.1kN；梁 1.5kN。

4) 施工人员及设备荷载标准值

计算模板及直接支承模板的小楞时：均布活荷载 $2.5N/m^2$，另应以集中荷载 $2.5kN$ 进行验算，取两者中较大的弯矩值。

计算支承小楞的构件时：均布活荷载 $1.5kN/m^2$。

计算支架立柱及其他支承结构构件时：均布活荷载 $1.0kN/m^2$。

对大型浇筑设备(上料平台等)、混凝土泵等按实际情况计算。木模板板条宽度小于 150mm 时，集中荷载可以考虑由相邻两块板共同承受。如混凝土堆集料的高度超过 100mm 时，则按实际情况计算。

5) 振捣混凝土时产生的荷载标准值

水平面模板 $2.0kN/m^2$；垂直面模板 $4.0kN/m^2$(作用范围在新浇混凝土侧压力的有效压头高度范围之内)。

6) 新浇筑混凝土对模板侧面的压力标准值

影响混凝土侧压力的因素很多，如混凝土的骨料种类、水泥用量、外加剂、浇筑速度、结构的截面尺寸、坍落度等。但更重要的还是混凝土的重力密度、浇筑速度、混凝土的温度、外加剂种类、振捣方式、构件厚度等。

混凝土的浇筑速度是一个重要影响因素，最大侧压力一般与其成正比。但当其达到一定速度后，再提高浇筑速度，则对最大侧压力的影响就不明显。混凝土的温度影响混凝土的凝结速度，温度低、凝结慢，混凝土侧压力的有效压头就高，最大侧压力就大。反之，最大侧压力就小。模板情况和构件厚度影响拱作用的发挥，因之对侧压力也有影响。

由于影响混凝土侧压力的因素很多，想用一个计算公式全面加以反映是有一定困难的。

国内外研究混凝土侧压力，都是抓住几个主要影响因素，通过典型试验或现场实测取得数据，再用数学方法分析归纳后提出计算公式。

当采用内部振动器时，新浇筑的混凝土作用于模板的最大侧压力，按下列两式计算，并取两式中的较小值作为侧压力的最大值,混凝土侧压力分布如图4.22所示。

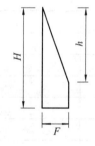

图 4.22 混凝土侧压力分布图

F—新浇筑混凝土的最大侧压力(kN/m^2)；
h—混凝土有效压头高度(m)，$h = F/\gamma_c$

$$F = 0.22\gamma_c t_0 \beta_1 \beta_2 V^{\frac{1}{2}} \tag{4-3}$$

$$F = \gamma_c H \tag{4-4}$$

式中：F——新浇筑混凝土对模板的最大侧压力(kN/m^2)。

γ_c——混凝土的重力密度(kN/m^3)。

t_0——新浇筑混凝土的初凝时间(h)，可按实测确定。当缺乏试验资料时，可采用 $t_0 = 200/(T+15)$ 计算(T 为混凝土的温度℃)。

V——混凝土的浇筑速度(m/h)。

H——混凝土侧压力计算位置处至新浇筑混凝土顶面的总高度(m)。

β_1——外加剂影响修正系数，不掺外加剂时取 1.0，掺具有缓凝作用的外加剂时取 1.2；

β_2——混凝土坍落度影响修正系数,当坍落度小于 30mm 时,取 0.85;当坍落度为 50～90mm 时,取 1.0;当坍落度为 110～150mm 时,取 1.15。

7) 倾倒混凝土时产生的荷载标准值

倾倒混凝土时对垂直面模板产生的水平荷载标准值,按表 4-9 采用。

表 4-9 向模板中倾倒混凝土时产生的水平荷载标准值(kN/m^2)

项 次	向模板中供料方法	水平荷载标准值
1	用溜槽、串筒或由导管输送	2.0
2	用容量<$0.2m^3$ 的运输器具倾倒	2.0
3	用容量 $0.2\sim0.8m^3$ 的运输器具倾倒	4.0
4	用容量>$0.8m^3$ 的运输器具倾倒	6.0

注:作用范围在有效压头高度以内。

计算滑升模板、水平移动式模板等特种模板时,荷载应按专门的规定计算。对于利用模板张拉和锚固预应力筋等产生的荷载亦应另行计算。

计算模板及其支架时的荷载设计值,应采用荷载标准值乘以相应的荷载分项系数求得,荷载分项系数见表 4-10。

表 4-10 荷载分项系数

项 次	荷载类别	γ_c
1	模板及支架自重	1.2
2	新浇筑混凝土自重	
3	钢筋自重	
4	施工人员及施工设备荷载	1.4
5	振捣混凝土时产生的荷载	
6	新浇筑混凝土对模板侧面的压力	1.2
7	倾倒混凝土时产生的荷载	1.4

对模板进行相应计算时,参与模板及其支架荷载效应组合的各项荷载,应符合表 4-11 的规定。

表 4-11 参与模板及其支架荷载效应组合的各项荷载

模板类型	参与组合的荷载项	
	计算承载能力	验算刚度
平板和薄壳的模板及支架	1,2,3,4	1,2,3
梁和拱模板的底板及支架	1,2,3,5	1,2,3
梁、拱、柱(边长≤300m)、墙(厚≤100mm)的侧面模板	5,6	6
大体积结构、柱(边长>300mm)、墙(厚>100mm)的侧面模板	6,7	6

2. 计算规定

计算钢模板、木模板及支架时都要遵守相应结构的设计规范。钢模板及钢支承件应符合我国现行的《钢结构设计规范》或《冷弯薄壁型钢结构技术规范》的有关规定。木模板及木支架的设计,应符合现行的《木结构设计规范》的规定。当木材的含水率小于25%时,其荷载设计值可乘以 0.90 系数折减。

验算模板及其支架的刚度时,其最大变形值不得超过下列允许值:

(1) 对结构表面外露的模板,为模板构件计算跨度的 1/400。
(2) 对结构表面隐蔽的模板,为模板构件计算跨度的 1/250。
(3) 支架的压缩变形值或弹性挠度,为相应的结构计算跨度的 1/1000。

支架的立柱或桁架应保持稳定,并用撑拉杆件固定。验算模板及其支架在自重和风荷载作用下的抗倾倒稳定性时,应符合有关的专门规定。

4.2.4 模板拆除

为了加快模板周转的速度快,减少模板的总用量,降低工程造价,模板应尽早拆除,提高模板的使用效率。但模板拆除时不得损伤混凝土结构构件,确保结构安全要求的强度。在进行模板设计时,要考虑模板的拆除顺序和拆除时间。

现浇结构的模板及其支架拆除时的混凝土强度,应符合设计要求。当设计无具体要求时,侧模可在混凝土强度能保证其表面及棱角不因拆除模板而受损坏为前提;底模拆除时所需的混凝土强度应满足表 4-12 的要求。

表 4-12 现浇结构拆模时所需混凝土强度

结构类型	结构跨度/m	按设计的混凝土强度标准值百分率计/%
板	≤2	50
	>2, ≤8	75
	>8	100
梁、拱、壳	≤8	75
	>8	100
悬臂构件	≤2	75
	>2	100

注:设计的混凝土强度标准值系指与设计混凝土强度等级相应的混凝土立方体抗压强度标准值。

已拆除模板及支架的混凝土结构,在其强度完全达到设计的强度等级后,才可以承受全部的使用荷载;当施工荷载所产生的效应比使用荷载的效应更不利时,必须经过相应验算,视情况考虑是否需要加设临时支撑。

处于高空已拆除连接件和支撑的模板必须拆除彻底,防止坠落伤人。

4.3 混凝土工程

混凝土工程包括混凝土制备、运输、浇筑捣实和养护等施工过程,各个施工过程相互联系和影响,任一施工过程处理不当都会影响混凝土工程的最终质量。因此,要使混凝土工程施工能保证结构的设计形状和尺寸,确保混凝土的强度、刚度、密实性、整体性、耐久性以及满足其他设计和施工的特殊要求,就必须严格控制混凝土的各种原材料质量和每道工序的施工质量。近年来混凝土外加剂发展很快,它们的应用影响了混凝土的性能和施工工艺。此外,自动化、机械化的发展和新的施工机械和施工工艺的应用,也大大改变了混凝土工程的施工面貌。

随着建筑技术的发展,混凝土的性能不断改善,混凝土的品种也由过去的普通混凝土发展到今天的高强度混凝土、高性能混凝土等。各种环境下的混凝土结构及复杂特殊形式的混凝土结构,都对今天的混凝土施工提出了越来越高的要求,混凝土工程施工工艺和技术还需进一步改进提高。

4.3.1 混凝土的制备

1. 混凝土原材料的选用

结构工程中所用的混凝土是以水泥为胶凝材料,外加粗细骨料、水,按照一定配合比拌和而成的混合材料。另外,还根据需要,向混凝土中掺加外加剂和外掺和料以改善混凝土的某些性能。因此,混凝土的原材料除了水泥、砂、石、水外,还有外加剂、外掺和料(常用的有粉煤灰、硅粉、磨细矿渣等)。

水泥是混凝土的重要组成材料,水泥在进场时必须具有出厂合格证明和试验报告,并对其品种、标号、出厂日期等内容进行检查验收。根据结构的设计和施工要求,准确选定水泥品种和标号。水泥进场后,应按品种、标号、出厂日期不同分别堆放,并做好标记,做到先进先用完,不得将不同品种、标号或不同出厂日期的水泥混用。水泥要防止受潮,仓库地面、墙面要干燥。存放袋装水泥时,水泥要离地、离墙 30cm 以上,且堆放高度不超过 10 包。水泥存放时间不宜过长,水泥存放期自出厂之日算起不得超过 3 个月(快凝水泥为 1 个月),否则,水泥使用前必须重新取样检查试验其实际性能。

砂、石子是混凝土的骨架材料,因此,又称粗细骨料。骨料有天然骨料、人造骨料。在工程中常用天然骨料。根据砂的来源不同,砂分为河砂、海砂、山砂。海砂中氯离子对钢筋有腐蚀作用,因此,海砂一般不宜作为混凝土的骨料。粗骨料有碎石、卵石两种。碎石是用天然岩石经破碎过筛而得的粒径大于 5mm 的颗粒。由自然条件作用在河流、海滩、山谷而形成的粒径大于 5mm 的颗粒,称为卵石。混凝土骨料要质地坚固、颗粒级配良好、含泥量要小(见表 4-13),有害杂质含量要满足国家有关标准要求。尤其是可能引起混凝土碱-骨料反应的活性硅、云石等含量,必须严格控制。

表 4-13 混凝土骨料中含泥量的限值

骨料种类	混凝土强度等级≥C30	混凝土强度等级<C30
砂子	3%	5%
石子	1%	2%

混凝土拌和用水一般可以直接使用饮用水,当使用其他来源水时,水质必须符合国家有关标准的规定。含有油类、酸类(pH 值小于 4 的水)、硫酸盐和氯盐的水不得用作混凝土拌和水。海水含有氯盐,严禁用作钢筋混凝土或预应力混凝土的拌和水。

混凝土工程中已广泛使用外加剂,以改善混凝土的相关性能。外加剂的种类很多,根据其用途和用法不同,总体可分为早强剂、减水剂、缓凝剂、抗冻剂、加气剂、防锈剂、防水剂等。外加剂使用前,必须详细了解其性能,准确掌握其使用方法,要取样实际试验检查其性能,任何外加剂不得盲目使用。

在混凝土加适量的掺和料,既可以节约水泥,降低混凝土的水泥水化总热量,也可以改善混凝土的性能。尤其是高性能混凝土中,掺入一定的外加剂和掺和料,是实现其有关性能指标的主要途径。掺和料有水硬性和非水硬性两种。水硬性掺和料在水中具有水化反应能力,如粉煤灰、磨细矿渣等。而非水硬性掺和料在常温常压下基本上不与水发生水化反应,主要起填充作用,如硅粉、石灰石粉等。掺和料的使用要服从设计要求,掺量要经过试验确定,一般为水泥用量的5%～40%。

2. 混凝土施工配制强度确定

混凝土的施工配合比,应保证结构设计对混凝土强度等级及施工对混凝土和易性的要求,并应符合合理使用材料,节约水泥的原则。必要时,还应符合抗冻性、抗渗性等要求。施工配合比是以实验室配合比为基础而确定的,普通混凝土的实验室配合比设计是在确定了相应混凝土的施工配制强度后,按照《普通混凝土配合比设计规程》JGJ 55—2000的方法和要求进行设计确定,包括水灰比、塌落度的选定,且每 m^3 普通混凝土的水泥用量不宜超过550kg。对于有特殊要求的混凝土,其配合比设计尚应符合有关标准的专门规定。

混凝土制备之前按下式确定混凝土的施工配制强度,以达到95%的保证率:

$$f_{cu,0} = f_{cu,k} + 1.645\sigma \tag{4-5}$$

式中:$f_{cu,0}$——混凝土的施工配制强度(MPa);

$f_{cu,k}$——设计的混凝土强度标准值(MPa);

σ——施工单位的混凝土强度标准差(MPa)。

当施工单位具有近期的同一品种混凝土强度的统计资料时,σ 可按下式计算:

$$\sigma = \sqrt{\frac{\sum_{i=1}^{N} f_{cu,i}^2 - N\mu_{fcu}^2}{N-1}} \tag{4-6}$$

式中:$f_{cu,i}$——统计周期内同一品种混凝土第 i 组试件强度(MPa);

μ_{fcu}——统计周期内同一品种混凝土 N 组强度的平均值(MPa);

N——统计周期内相同混凝土强度等级的试件组数,$N \geq 25$。

当混凝土强度等级为C20或C25时,如计算得到的 $\sigma<2.5$ MPa,取 $\sigma=2.5$ MPa;当混凝土强度等级高于C25时,如计算得到的 $\sigma>3.0$ MPa 时,取 $\sigma=3.0$ MPa。

对预拌混凝土厂和预制混凝土的构件厂,其统计周期可取为一个月;对现场拌制混凝土的施工单位,其统计周期可根据实际情况确定,但不宜超过三个月。

施工单位如无近期同一品种混凝土强度统计资料时,σ 可按表4-14取值。

表4-14 混凝土强度标准差 σ

混凝土强度等级	低于C20	C25～C35	高于C35
σ /MPa	4.0	5.0	6.0

注:表中 σ 值,反映我国施工单位的混凝土施工技术和管理的平均水平,采用时可根据本单位情况作适当调整。

3. 混凝土施工配合比及施工配料

实验室配合比所确定的各种材料的用量比例,是以砂、石等材料处于干燥状态下。而在施工现场,砂石材料露天存放,不可避免地含有一定的水,且其含水量随着场地条件和气候而变化,因此,在实际配制混凝土时,就必须考虑砂石的含水量对混凝土的影响,将实验室配合比换算成考虑了砂石含水量的施工配合比,作为混凝土配料的依据。

设实验室配合比为:水泥:砂:石子=1:x:y,水灰比为 w/c,实测得砂石的含水量分别为 w_x、w_y,则施工配合比为:

$$水泥:砂:石子=1:x(1+w_x):y(1+w_y)$$

按实验室配合比 1m³ 混凝土的水泥用量为 C'(kg),计算施工配合比时保持混凝土的水灰比不变(水灰比改变,混凝土的性能会发生变化),则每 1m³ 混凝土的各种材料的用量为:

水泥:C'(kg);

砂:$G_x = C'x(1+w_x)$

石子:$G_y = C'y(1+w_y)$;

水:$W' = C'(\dfrac{w}{c} - xw_x - yw_y)$

施工现场的混凝土配料要求计算出每一盘(拌)的各种材料下料量,为了便于施工计量,对于用袋装水泥时,计算出的每盘水泥用量应取半袋的倍数。混凝土下料一般要用称量工具称取,并要保证必要的精度。混凝土各种原材料每盘称量的允许误差:水泥、掺和料为±2%;粗、细骨料为±3%;水、外加剂为±2%。

【例4.2】 某强度等级的混凝土实验室配合比(每 m³ 混凝土用量)为 280:820:1100:197,施工现场实测得砂石的含水量分别为 3.5%、1.2%,所用搅拌机的出料容量为 400L,采用袋装水泥,求混凝土的施工配合比和每一盘的下料量。

解 已知混凝土的实验室配合比为 280:820:1100:197,折算比例为 1:2.93:3.93:0.69。考虑原材料的含水量计算出施工配合比为 1:3.03:3.98:0.54 每一盘(0.4m³)的下料量为:

水泥:280×0.4=112kg,实际用 100kg(2 袋)

砂:100×3.03=303kg

石子:100×3.98=398kg

水:100×0.54=54kg

4. 混凝土搅拌机选择

混凝土制备是指将各种组成材料拌制成质地均匀、颜色一致、具备一定流动性的混凝土拌和物。由于混凝土配合比是按照细骨料恰好填满粗骨料的间隙,而水泥浆又均匀地分布在粗细骨料表面的原理设计的。如混凝土制备得不均匀就不能获得密实的混凝土,影响混凝土的质量,所以制备是混凝土施工工艺过程中很重要的一道工序。

混凝土制备的方法,除工程量很小且分散用人工拌制外,皆应采用机械搅拌。混凝土搅拌机按其搅拌原理分为自落式和强制式两类,如图 4.23 所示。自落式搅拌机的搅拌筒内壁焊有弧形叶片,当搅拌筒绕水平轴旋转时,弧形叶片不断将物料提高一定高度,然后自由落下而互相混合。因此,自落式搅拌机主要是以重力机理设计的。在这种搅拌机中,物料的运动轨迹是这样的:未处于叶片带动范围内的物料,在重力作用下沿拌和料的倾斜表面自动滚下;处于叶片带动范围内的物料,在被提升到一定高度后,先自由落下再沿倾斜表面下滚。由于下落时间、落点和滚动距离不同,使物料颗粒相互穿插、翻拌、混合而达到均匀。

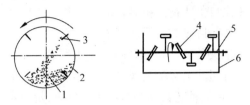

(a) 自落式搅拌　　　　(b) 强制式搅拌

图 4.23　混凝土搅拌机工作原理图

1—混凝土拌和物;2、6—搅拌筒;3、4—叶片;5—转轴

自落式搅拌机宜于搅拌塑性混凝土。根据构造的不同自落式搅拌机又分为若干种。鼓筒式搅拌机已被国家列为淘汰产品,自1987年底起停止生产和销售,但过去已生产者目前仍有少量在施工中使用。

双锥反转出料式搅拌机(如图 4.24 所示)是自落式搅拌机中较好的一种,宜于搅拌塑性混凝土。它在生产率、能耗、噪音和搅拌质量等方面都比鼓筒式搅拌机好。双锥反转出料式搅拌机的搅拌筒由两个截头圆锥组成,搅拌筒每转一周,物料在筒中的循环次数比鼓筒式搅拌机多,效率较高而且叶片布置较好,物料一方面被提升后靠自落进行拌和,另一方面又迫使物料沿轴向左右窜动,搅拌作用强烈。它正转搅拌,反转出料,构造简单,制造容易。

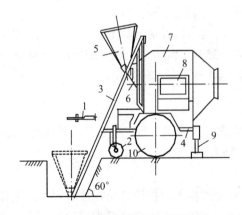

图 4.24　双锥反转出料式搅拌机

1—牵引架;2—前支轮;3—上料架;4—底盘;5—料斗;6—中间料斗;7—锥形搅拌筒;8—电器箱;9—支腿;10—行走轮

双锥倾翻出料式搅拌机结构简单,适合于大容量、大骨料、大坍落度混凝土搅拌,在我国多用于水电工程。

强制式搅拌机主要是根据剪切机理设计的。在这种搅拌机中有转动的叶片,这些不同角度和位置的叶片转动时通过物料,克服了物料的惯性、摩擦力和黏滞力,强制其产生环向、径向、竖向运动,而叶片通过后的空间,又由翻越叶片的物料、两侧倒坍的物料和相邻叶片推过来的物料所充满。这种由叶片强制物料产生剪切位移而达到均匀混合的机理,称为剪切搅拌机理。

强制式搅拌机的搅拌作用比自落式搅拌机强烈，宜于搅拌干硬性混凝土和轻骨料混凝土。因为在自落式搅拌机中，轻骨料落下时所产生的冲击能量小，不能产生很好的拌和作用。但强制式搅拌机的转速比自落式搅拌机高，动力消耗大，叶片、衬板等磨损也大。

强制式搅拌机分为立轴式与卧轴式，卧轴式有单轴、双轴之分，而立轴式又分为涡浆式和行星式。涡浆式是在盘中央装有一根回转轴，轴上装若干组叶片。行星式则有两根回转轴，分别带动几个叶片。行星式又分为定盘式和盘转式两种，在定盘式中叶片除绕自己的轴转动(自转)外，两根装叶片的轴还共同绕盘的中心线转动(公转)。在盘转式中，两根装叶片的轴不进行公转运动，而是整个盘做相反方向转动。

涡浆式强制搅拌机构造简单、但转轴受力较大，且盘中央的一部分容积不能利用，因为叶片在那里的线速度太低。行星式强制搅拌机构造复杂，但搅拌作用强烈。其中盘转式消耗能量较多，已逐渐为定盘式所代替。

立轴式搅拌机是通过盘底部的卸料口卸料，卸料迅速。但如卸料口密封不好，水泥浆易漏掉，所以立轴式搅拌机不宜于搅拌流动性大的混凝土。

卧轴式搅拌机具有适用范围广、搅拌时间短、搅拌质量好等优点，是目前国内外在大力发展的机型。这种搅拌机的水平搅拌轴上装有搅拌叶片，搅拌筒内的拌和物在搅拌叶片的带动下，作相互切翻运转和按螺旋形轨迹交替运动，得到强烈的搅拌。搅拌叶片的形状、数量和布置方式影响着搅拌质量和搅拌机的技术性能。

在选择搅拌机时，要根据工程量大小、混凝土的坍落度、骨料尺寸等而定。既要满足技术上的要求，亦要考虑经济效益和节约能源。除了要选定搅拌机的种类，还要根据工程施工工期和混凝土的需求强度选定型号和台数。

我国规定混凝土搅拌机以其出料容量升数(L)为标定规格，故我国混凝土搅拌机的系列型号为：50L、150L、250L、350L、500L、750L、1000L、1500L 和 3000L。在建筑工程中 250L、350L、500L、750L 这 4 种型号比较常用。

5. 搅拌制度确定

为了获得质量优良的混凝土拌和物，除正确选择搅拌机外，还必须正确确定搅拌制度，即搅拌时间、投料顺序和进料容量等。

1) 混凝土搅拌时间

搅拌时间是指从原材料全部投入搅拌筒开始搅拌时起，到开始卸料时为止所经历的时间。它与混凝土搅拌质量密切有关。它随搅拌机类型和混凝土的和易性的不同而变化。在一定范围内随搅拌时间的延长而强度有所提高，但过长时间的搅拌既不经济也不合理。因为搅拌时间过长，不坚硬的粗骨料在大容量搅拌机中会因脱角、破碎等而影响混凝土的质量。加气混凝土也会因搅拌时间过长而使含气量下降。为了保证混凝土的质量，混凝土搅拌的最短时间见表 4-15。该最短时间是按一般常用搅拌机的回转速度确定的，不允许用超过混凝土搅拌机说明书规定的回转速度进行搅拌以缩短搅拌延续时间。原因是当自落式搅拌机搅拌筒的转速达到某一极限时，筒内物料所受的离心力等于其重力，物料就贴在筒壁上不会落下，不能产生搅拌作用。该极限转速称为搅拌筒的"临界转速"。

表 4-15 混凝土搅拌的最短时间(s)

混凝土坍落度/mm	搅拌机机型	搅拌机出料量/L		
		<250	250～500	>500
≤30	强制式	60	90	120
	自落式	90	120	150
>30	强制式	60	60	90
	自落式	90	90	120

注：① 当掺有外加剂时，搅拌时间应适当延长。
② 全轻混凝土、砂轻混凝土搅拌时间应延长 60～90s。

在立轴强制式搅拌机中，如叶片的速度太高，在离心力作用下，拌和料会产生离析现象，同时能耗、磨损都大大增加。所以叶片线速度亦有"临界速度"的限值。临界速度根据作用在料粒上的离心力等于惯性重力求得。

在现有搅拌机中，叶片的线速度多为临界线速度的 2/3。涡浆式搅拌机叶片的线速度即为叶片的绝对速度；行星式则为叶片相对于搅拌盘的相对速度。

2) 投料顺序

投料顺序应从提高搅拌质量、减少叶片和衬板的磨损、减少拌和物与搅拌筒的黏结、减少水泥飞扬改善工作环境等方面综合考虑确定。常用的有一次投料法和二次投料法。

一次投料法是在上料斗中先装石子、再加水泥和砂，然后一次投入搅拌机。对自落式搅拌机要在搅拌筒内先加部分水，投料时砂压住水泥，水泥不致飞扬，且水泥和砂先进入搅拌筒形成水泥砂浆，可缩短包裹石子的时间。对立轴强制式搅拌机，因出料口在下部，不能先加水，应在投入原料的同时，缓慢均匀分散地加水。

二次投料法经过我国的研究和实践形成了"裹砂石法混凝土搅拌工艺"，它是在日本研究的造壳混凝土(简称 SEC 混凝土)的基础上结合我国的国情研究成功的，它分两次加水，两次搅拌。用这种工艺搅拌时，先将全部的石子、砂和 70%的拌和水倒入搅拌机，拌 15s 使骨料湿润，再倒入全部水泥进行造壳搅拌 30s 左右，然后加入 30%的拌和水再进行糊化搅拌 60s 左右即完成。与普通搅拌工艺相比，用裹砂石法搅拌工艺可使混凝土强度提高 10%～20%，或节约水泥 5%～10%。在我国推广这种新工艺，有巨大的经济效益。此外，我国还对净浆法、净浆裹石法、裹砂法、先拌砂浆法等各种二次投料法进行了试验和研究。

3) 进料容量

进料容量是将搅拌前各种材料的体积累积起来的数量，又称干料容量。进料容量，与搅拌机搅拌筒的几何容量。有一定的比例关系，一般情况下为 0.22～0.40。超载(进料容量超过 10%以上)，就会使材料在搅拌筒内无充分的空间进行掺合，影响混凝土拌和物的均匀性。反之，如装料过少，则又不能充分发挥搅拌机的效能。

对拌制好的混凝土，应经常检查其均匀性与和易性，如有异常情况，应检查其配合比和搅拌情况，及时加以纠正。

6. 混凝土搅拌站

混凝土搅拌站是生产混凝土的场所，混凝土搅拌站分施工现场临时搅拌站和大型预拌混凝土搅拌站。临时搅拌站所用设备简单，安装方便，但工人劳动强度大，产量有限，噪音污染严重,一般适用于混凝土需求较少的工程中。在城市内建设的工程或大型工程中,一般都采用大型预拌混凝土搅拌站供应混凝土。混凝土拌和物在搅拌站集中制备成预拌(商品)混凝土能提高混凝土质量和取得较好的经济效益。

搅拌站根据其组成部分按竖向布置方式的不同分为单阶式和双阶式(如图4.25所示)。在单阶式混凝土搅拌站中,原材料一次提升后经过贮料斗,然后靠自重下落进入称量和搅拌工序。这种工艺流程,原材料从一道工序到下一道工序的时间短,效率高,自动化程度高,搅拌站占地面积小,适用于产量大的固定式大型混凝土搅拌站(厂)。在双阶式混凝土搅拌站中,原材料经第一次提升进入贮料斗,下落经称量配料后,再经第二次提升进入搅拌机。这种工艺流程的搅拌站的建筑物高度小,运输设备简单,投资少,建设快,但效率和自动化程度相对较低。建筑工地上设置的临时性混凝土搅拌站多属此类。

双阶式工艺流程的特点是物料两次提升,可以有不同的工艺流程方案和不同的生产设备。骨料的用量很大,解决好骨料的储存和输送是关键。目前我国骨料多露天堆存,用拉铲、皮带运输机、抓斗等进行一次提升,经杠杆秤、电子秤等称量后,再用提升斗进行二次提升进入搅拌机进行拌和。

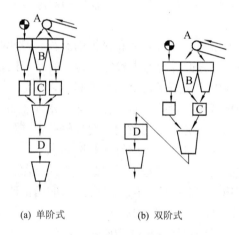

(a) 单阶式　　　　(b) 双阶式

图4.25　混凝土搅拌站工艺流程

A—输送设备;B—料斗设备;C—称量设备;D—搅拌设备

散装水泥用金属筒仓储存最合理。散装水泥输送车上多装有水泥输送泵,通过管道即可将水泥送入筒仓。水泥的称量亦用杠杆秤或电子秤。水泥的二次提升多用气力输送或大倾角竖斜式螺旋输送机。

预拌(商品)混凝土是今后的发展方向,在国内一些大中城市中发展很快,不少城市已有相当的规模,有的城市在一定范围内已规定必须采用商品混凝土,不得现场拌制。

4.3.2　混凝土的运输

混凝土的运输是指将混凝土从搅拌站送到浇筑点的过程。为了保证混凝土的施工质量,对混凝土拌和物运输的基本要求是:不产生离析现象、不漏浆、保证浇筑时规定的坍落度和在混凝土初凝之前能有充分时间进行浇筑和捣实。

匀质的混凝土拌和物,为介于固体和液体之间的弹塑性体,其中的骨料,由于作用于其上的内摩阻力、黏聚力和重力处于平衡状态,而能在混凝土拌和物内均匀分布和处于固定位置。在运输过程中,由于运输工具的颠簸振动等动力的作用,黏聚力和内摩阻力将明显削弱。由此骨料失去平衡状态,在自重作用下向下沉落,质量越大,向下沉落的趋势越强,由于粗、细骨料和水泥浆的质量各异,因而各自聚集在一定深度,形成分层离析现象。这对混凝土质量是有害的,为此,运输道路要平坦,运输工具要选择恰当,运输距离要限制以防止分层离析。如已产生离析,在浇筑前要进行二次搅拌。

此外,运输混凝土的工具要不吸水、不漏浆,且运输时间有一定限制。普通混凝土从搅拌机中卸出后到浇筑完毕的延续时间不宜超过表 4-16 的规定。如需进行长距离运输可选用混凝土搅拌运输车运输,可将配好的混凝土干料装入混凝土筒内,在接近现场的途中再加水拌制,这样就可以避免由于长途运输而引起的混凝土坍落度损失。

表 4-16　混凝土从搅拌机中卸出到浇筑完毕的延续时间(min)

混凝土强度等级	气温/℃	
	不高于 25	高于 25
不高于 C30	120	90
高于 C30	90	60

混凝土运输分为地面运输、垂直运输和楼面运输三种情况。

混凝土地面运输,如采用预拌(商品)混凝土运输距离较远时,我国多用混凝土搅拌运输车。混凝土如来自工地搅拌站,则多用载重约 1t 的小型机动翻斗车或双轮手推车,有时还用皮带运输机和窄轨翻斗车。

混凝土垂直运输,我国多用塔式起重机、混凝土泵、快速提升斗和井架。用塔式起重机时,混凝土要配吊斗运输,这样可直接进行浇筑。混凝土浇筑量大、浇筑速度快的工程,可以采用混凝土泵输送。

混凝土楼面运输,我国以双轮手推车为主,亦用机动灵活的小型机动翻斗车。如用混凝土泵则用布料机布料。

混凝土搅拌运输车(如图 4.26 所示)为长距离运输混凝土的有效工具,它有一搅拌筒斜放在汽车底盘上,在商品混凝土搅拌站装入混凝土后,由于搅拌筒内有两条螺旋状叶片,在运输过程中搅拌筒可进行慢速转动进行拌和,以防止混凝土离析,运至浇筑地点,搅拌筒反转即可迅速卸出混凝土。搅拌筒的容量有 $2\sim 10m^3$,搅拌筒的结构形状和其轴线与水平的夹角、螺旋叶片的形状和它与铅垂线的夹角,都直接影响混凝土搅拌运输质量和卸料速度。搅拌筒可用单独发动机驱动,亦可用汽车的发动机驱动,以液压传动者为佳。

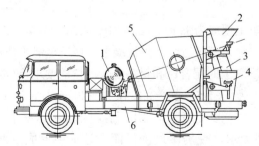

图 4.26　混凝土搅拌运输车

1—水箱;2—进料斗;3—卸料斗;4—活动卸料溜槽;5—搅拌筒;6—汽车底盘

混凝土泵是一种有效的混凝土运输和浇筑工具,它以泵为动力,沿管道输送混凝土,可以一次完成水平及垂直运输,将混凝土直接输送到浇筑地点,是发展较快的一种混凝土运输方法。大体积混凝土、工业与民用建筑施工皆可应用,在我国一些大城市正逐渐推广,上海的商品混凝土 90%以上是泵送的,已取得较好的效果。根据驱动方式,混凝土泵目前主要有两类,即挤压泵和活塞泵,但在我国主要利用活塞泵,工作原理如图 4.27 所示。

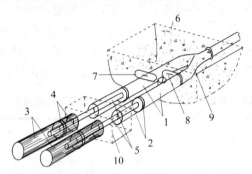

图 4.27 液压活塞式混凝土泵工作原理图

1—混凝土缸;2—推压混凝土活塞;3—液压缸;4—液压活塞;5—活塞杆;6—料斗;
7—控制吸入的水平分配阀;8—控制排出的竖向分配阀;9—Y 形输送管;10—水箱

活塞泵目前多用液压驱动,它主要由料斗、液压缸和活塞、混凝土缸、分配阀、Y 形输送管、冲洗设备、液压系统和动力系统等组成。活塞泵工作时,搅拌机卸出的或由混凝土搅拌运输车卸出的混凝土倒入料斗 6,分配阀 7 开启、分配阀 8 关闭,液压活塞 4 在液压作用下通过活塞杆 5 带动活塞 2 后移,料斗内的混凝土在重力和吸力作用下进入混凝土缸 1。然后,液压系统中压力油的进出反向,活塞 2 向前推压,同时分配阀 7 关闭,而分配阀 8 开启,混凝土缸中的混凝土拌和物就通过 Y 形输送管压入输送管送至浇筑地点。由于有两个缸体交替进料和出料,因而能连续稳定地排料。不同型号的混凝土泵,其排量不同,水平运距和垂直运距亦不同,常用者,混凝土排量 30~90m³/h,水平运距 200~900m,垂直运距 50~300m。目前我国已能一次垂直泵送 382m。更高的高度可用接力泵送。

常用的混凝土输送管为钢管、橡胶和塑料软管。直径为 75~200mm、每段长约 3m,还配有 45°、90°等弯管和锥形管,弯管、锥形管和软管的流动阻力大,计算输送距离时要换算成水平换算长度。垂直输送时,在立管的底部要增设逆流阀,以防止停泵时立管中的混凝土反压回流。

将混凝土泵装在汽车上便成为混凝土泵车(如图 4.28 所示),在车上还装有可以伸缩或屈折的"布料杆",其末端是一软管,可将混凝土直接送至浇筑地点,使用十分方便。

泵送混凝土工艺对混凝土的配合比和材料有较严格的要求:碎石最大粒径与输送管内径之比宜为 1∶3,卵石可为 1∶2.5,泵送高度在 50~100m 时宜为 1∶3~1∶4,泵送高度在 100m 以上时宜为 1∶4~1∶5,以免堵塞,如用轻骨料则以吸水率小者为宜,并宜用水预湿,以免在压力作用下强烈吸水,使坍落度降低而在管道中形成阻塞。砂宜用中砂,通过 0.315mm 筛孔的砂应不少于 15%。砂率宜控制在 38%~45%,如粗骨料为轻骨料还可适当提高。水泥用量不宜过少,否则泵送阻力增大,每 m³ 混凝土中最小水泥用量为 300kg。水灰比宜为 0.4～0.6。泵送混凝土的坍落度按《混凝土结构工程施工及验收规范》的规定选用。对不同泵送高度，入泵时混凝土的坍落度可参考表 4-17 选用。

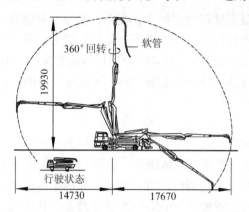

图 4.28　带布料杆的混凝土泵车

表 4-17　不同泵送高度入泵时混凝土坍落度选用值

泵送高度/m	30 以下	30～60	60～100	100 以上
坍落度/mm	100～140	140～160	160～180	180～200

混凝土泵宜与混凝土搅拌运输车配套使用，且应使混凝土搅拌站的供应能力和混凝土搅拌运输车的运输能力大于混凝土泵的泵送能力，以保证混凝土泵能连续工作，防止停机堵管。进行输送管线布置时，应尽可能直，转弯要缓，管段接头要严，少用锥形管，以减少压力损失。如输送管向下倾斜，要防止因自重流动使管内混凝土中断、混入空气而引起混凝土离析，产生阻塞。为减小泵送阻力，用前先泵送适量的水泥浆或水泥砂浆以润滑输送管内壁，然后进行正常的泵送。在泵送过程中，泵的受料斗内应充满混凝土，防止吸入空气形成阻塞。混凝土泵排量大，在进行浇筑大面积建筑物时，最好用布料机进行布料。

泵送结束要及时清洗泵体和管道，用水清洗时将管道与 Y 形管拆开，放入海绵球及清洗活塞，再通过法兰，使高压水软管与管道连接，高压水推动活塞和海绵球，将残存的混凝土压出并清洗管道。

用混凝土泵浇筑的结构物，要加强养护，防止因水泥用量较大而引起开裂。如混凝土浇筑速度快，对模板的侧压力大，模板和支撑应保证稳定和有足够的强度。

选择混凝土运输方案时，技术上可行的方案可能不止一个，这就要通过综合的技术经济比较来选择最优方案。

4.3.3　混凝土的浇筑和捣实

混凝土浇筑要保证混凝土的均匀性和密实性，要保证结构的整体性、尺寸准确和钢筋、预埋件的位置正确，拆模后混凝土表面要平整、密实。

混凝土浇筑前应检查模板、支架、钢筋和预埋件的正确性，验收合格后才能浇筑混凝土。由于混凝土工程属于隐蔽工程，因而对混凝土量大的工程、重要工程或重点部位的浇筑，以及其他施工中的重大问题，均应随时填写施工记录。

1. 混凝土浇筑应注意的问题

1) 防止离析

浇筑混凝土时，混凝土拌和物由料斗、漏斗、混凝土输送管、运输车内卸出时，如自由倾落高度过大，由于粗骨料在重力作用下，克服黏聚力后的下落动能大，下落速度较砂浆快，因而可能形成混凝土离析。为此，混凝土自高处倾落的自由高度不应超过2m，在钢筋混凝土柱和墙中自由倾落高度不宜超过3m，否则应设串筒、溜槽、溜管或振动溜管等下料。

2) 正确留置施工缝

混凝土施工缝是指因设计或施工技术、施工组织的原因，而出现先后两次浇筑混凝土的分界线(面)。混凝土结构多要求整体浇筑，如因技术或组织上的原因不能连续浇筑，且停顿时间有可能超过混凝土的初凝时间时，则应事先确定在适当位置留置施工缝。由于混凝土的抗拉强度约为其抗压强度的1/10，因而施工缝是结构中的薄弱环节，宜留在结构剪力较小、施工方便的部位。柱子施工缝宜留在基础顶面、梁或吊车梁牛腿的下面、吊车梁的顶面、无梁楼盖柱帽的下面(如图4.29所示)。和板连成整体的大断面梁(梁截面高≥1m)，梁板分别浇筑时，施工缝应留在板底面以下20～30mm处，当板下有梁托时，施工缝留置在梁托下部。单向板施工缝应留在平行于板短边的任何位置。有主次梁的楼盖宜顺着次梁方向浇筑，施工缝应留在次梁跨度的中间1/3跨度范围内(如图4.30所示)。楼梯施工缝应留在楼梯长度中间1/3长度范围内。墙施工缝可留在门洞口过梁跨中1/3范围内，也可留在纵横墙的交接处。双向受力的楼板、大体积混凝土结构、拱、薄壳、多层框架等及其他结构复杂的结构，应按设计要求留置施工缝。

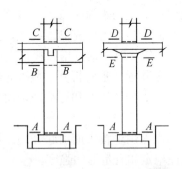

图4.29 柱子的施工缝位置

(a) 梁板式结构　(b) 无梁楼盖结构

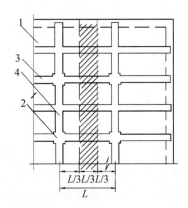

图4.30 有主次梁楼盖的施工缝位置

1—楼板；2—柱；3—次梁；4—主梁

在施工缝处继续浇筑混凝土前应保证先浇筑的混凝土的强度不低于1.2MPa，还要求先凿掉已凝固的混凝土表面的松弱层，并凿毛，用水湿润并冲洗干净，先铺抹10～15mm的厚水泥浆或与混凝土砂浆成分相同的砂浆一层，再开始浇筑混凝土。

2. 混凝土浇筑方法

混凝土浇筑前应做好必要的准备工作，除对模板、钢筋和预埋管线进行检查和清理，以及隐蔽工程的验收外;还应搭设浇筑用脚手架、栈道(马道),准备材料、落实水电供应计划;准备施工用具等。

1) 多层、高层钢筋混凝土框架结构的浇筑

浇筑这种结构首先要在竖向上划分施工层,平面尺寸较大时还要在横向上划分施工段。施工层一般按结构层划分(即一个结构层为一个施工层),也可将每层的竖向结构和横向结构分别浇筑(即每个结构层为两个施工层)。而每一施工层如何划分施工段,则要考虑工序数量、技术要求、结构特点等,尽可能组织分层分段流水施工。

施工层与施工段确定后,就可求出每班(或每小时)应完成的工程量,据此选择施工机具和设备并计算其数量。

浇筑柱子时,一个施工段内的每排柱子应由外向内对称地逐根浇筑,不要从一端向另一端推进,以防柱子模板逐渐受推倾斜而造成误差积累难以纠正。断面在 400mm×400mm 以内,或有交叉箍筋的柱子,应在柱子模板侧面开孔以斜溜槽分段浇筑,每段高度不超过 2m,断面在 400mm×400mm 以上、无交叉箍筋的柱子,如柱高不超过 4.0m,可从柱顶浇筑;如用轻骨料混凝土从柱顶浇筑,则柱高不得超过 3.5m。柱子开始浇筑时,底部应先浇筑一层厚 50~100mm 与所浇筑混凝土内砂浆成分相同的水泥砂浆或水泥浆。浇筑完毕,如柱顶处有较大厚度的砂浆层,则应加以处理。当梁柱连续浇筑时,在柱子浇筑完毕后,应间隔 1~1.5h,待混凝土拌和物初步沉实,再筑浇上面的梁板结构。

梁和板一般同时浇筑,从一端开始向前推进。只有当梁≥1m 时才允许将梁单独浇筑,此时的施工缝留在楼板板面下 20~30mm 处。梁底与梁侧面注意振实,振动器不要直接触及钢筋和预埋件。楼板混凝土的虚铺厚度应略大于板厚,用表面振动器或内部振动器振实,用铁插尺检查混凝土厚度,振捣完后用长的木抹子抹平。

为保证捣实质量,混凝土应分层浇筑,每层的厚度见表 4-18。

表 4-18 混凝土浇筑层的厚度

项 次	捣实混凝土的方法		浇筑层厚度/mm
1	插入式振动		振动器作用部分长度的 1.25 倍
2	表面振动		200
3	人工捣固:	(1) 在基础或无筋混凝土和配筋较少的结构中	250
		(2) 在梁、墙、柱中	200
		(3) 在配筋密集的结构中	150
4	轻骨料混凝土振捣:	(1) 用插入式振动器	300
		(2) 用表面振动(振动时需加荷)器	200

浇筑叠合式受弯构件时,应按设计要求确定是否设置支撑,且叠合面应有深度不小于 6mm 的齿槽。

2) 大体积混凝土结构浇筑

大体积混凝土结构在工业建筑中多为设备基础,在高层建筑中多为厚大的桩基承台或基础底板等,其上有巨大的荷载,整体性要求较高,往往不允许留施工缝,要求一次连续

浇筑完毕。另外，大体积混凝土结构浇筑后水泥的水化热量大，由于体积大，水化热聚集在内部不易散发，混凝土内部温度显著升高，而表面散热较快，这样形成较大的内外温差，内部产生压应力，而表面产生拉应力，如温差过大则易在混凝土表面产生裂纹。在混凝土内部逐渐散热冷却(混凝土内部降温)产生收缩时，由于受到基底或已浇筑的混凝土的约束，混凝土内部将产生很大的拉应力，当拉应力超过混凝土的极限抗拉强度时，混凝土会产生裂缝，这些裂缝会贯穿整个混凝土结构，由此带来严重的危害。大体积混凝土结构的浇筑，都应设法避免上述两种裂缝(尤其是后一种裂缝)。

为了防止大体积混凝土浇筑后产生温度裂缝，就必须采取措施降低混凝土的温度应力，减少浇筑后混凝土的内外温差(不宜超过 25℃)。为此，应优先选用水化热低的水泥，降低水泥用量，掺入适量的掺和料，降低浇筑速度和减小浇筑层厚度，或采取人工降温措施。必要时，在经过计算和取得设计单位同意后可留施工缝而分段分层浇筑。具体措施如下：

(1) 应优先选用水化热较低的水泥，如矿渣水泥、火山灰质水泥或粉煤灰水泥。

(2) 在保证混凝土基本性能要求的前提下，尽量减少水泥用量，在混凝土中掺入适量的矿物掺和料，采用 60d 或 90d 的强度代替 28d 的强度控制混凝土配合比。

(3) 尽量降低混凝土的用水量。

(4) 在结构内部埋设管道或预留孔道(如混凝土大坝内)，混凝土养护期间采取灌水(水冷)或通风(风冷)排出内部热量。

(5) 尽量降低混凝土的入模温度，一般要求混凝土的入模温度不宜超过 28℃，可以用冰水冲洗骨料，在气温较低时浇筑混凝土。

(6) 在大体积混凝土浇筑时，适当掺加一定的毛石块。

(7) 在冬期施工时，混凝土表面要采取保温措施，减缓混凝土表面热量的散失，减小混凝土内外温差。

(8) 在混凝土中掺加缓凝剂，适当控制混凝土的浇筑速度和每个浇筑层的厚度，以便在混凝土浇筑过程中释放部分水化热。

(9) 尽量减小混凝土所受的外部约束力，如模板、地基面要平整，或在地基面设置可以滑动的附加层。

如要保证混凝土的整体性，则要保证每一浇筑层在前一层混凝土初凝前覆盖并捣实成整体。为此要求混凝土按不小于下述的浇灌量进行浇筑：

$$Q = \frac{FH}{T} \quad (m^3/h) \tag{4-7}$$

式中：Q——混凝土最小浇筑量(m^3/h)；

F——混凝土浇筑区的面积(m^2)；

H——浇筑层厚度(m)，取决于混凝土捣实方法；

T——下层混凝土从开始浇筑到初凝为止所允许的时间间隔(h)。

大体积混凝土结构的浇筑方案，一般分为全面分层、斜面分层和分段分层三种，如图 4.31(a)、(b)、(c)所示。全面分层法要求的混凝土浇筑强度较大。根据结构物的具体尺寸、捣实方法和混凝土供应能力，通过计算选择浇筑方案，目前应用较多的是斜面分层法。如用矿渣硅酸盐水泥或其他泌水性较大的水泥拌制的混凝土，浇筑完毕后，必要时应排除泌水，进行二次振捣。浇筑宜在室外气温较低时进行。混凝土最高浇筑温度不宜超过 28℃。

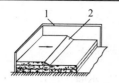 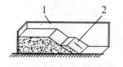 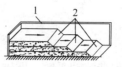

(a) 全面分层 (b) 斜面分层 (c) 分段分层

图 4.31 大体积混凝土浇筑方案

1—模板；2—新浇筑的混凝土

3) 水下浇筑混凝土

深基础、沉井、沉箱和钻孔灌注桩的封底，以及地下连续墙施工等，常需要进行水下浇筑混凝土，地下连续墙是在泥浆中浇筑混凝土。水下或泥浆中浇筑混凝土，目前多用导管法(如图 4.32 所示)。

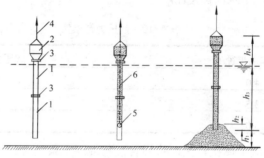

(a) 浇筑前导管组成 (b) 注满混凝土导管 (c) 浇筑过程中

图 4.32 导管法水下浇筑混凝土

1—钢导管；2—漏斗；3—密封接头；4—吊索；5—球塞；6—铁丝或钢丝

导管直径约 250～300mm(至少为最大骨料粒径的 8 倍)，每节长 3m，用法兰盘连接，顶部有漏斗。导管必须用起重设备吊起，保证导管能够升降。

浇筑前，导管下口先用球塞(混凝土预制)堵塞，球塞用铁丝或钢丝吊住。在导管内灌注一定数量的混凝土，将导管插入水下使其下口距地基面的距离 h 约 300mm，再切断吊住球塞的铁丝或钢丝，混凝土推出球塞沿导管连续向下流出进行浇筑。导管下口距离基底间距太小易堵管，太大则要求管内混凝土量较多，因为开管前管内的混凝土量要使混凝土冲出后足以埋住导管下口并保证有一定埋深。此后一面均衡地浇筑混凝土，一面慢慢提起导管，导管下口必须始终保持在混凝土内有一定埋深，一般不得小于 0.8m，在泥浆下浇筑混凝土时，不得小于 1.0m。但也不可太深，下口埋得越深，则混凝土顶面越平，导管内混凝土下流速度越慢，也越难浇筑。

在整个浇筑过程中，一般应避免在水平方向移动导管，直到混凝土顶面达到或高于设计标高时，才可将导管提起，换插到另一浇筑点。一旦发生堵管，如半小时内不能排除，应立即换插备用导管。浇筑完毕，在混凝土凝固后，再清除顶面与水接触的厚约 200mm 的一层松软部分。

如水下结构物面积大，可用几根导管同时浇筑。导管的有效作用半径 R 取决于最大扩散半径 $R_{最大}$，而最大扩散半径可用下述经验公式计算：

$$R_{最大} = \frac{KQ}{i}$$
$$R = 0.85R_{最大} \tag{4-8}$$

式中：K——保持流动系数，即维持坍落度为 150mm 时的最小时间(h)；

Q——混凝土浇筑强度(m^3/h)；

i——混凝土面的平均坡度，当导管插入深度为 1~1.5m 时，取 1/7。

导管的作用半径亦与导管的出水高度有关，出水高度应满足下式：

$$P = 0.05h_4 + 0.015h_3 \tag{4-9}$$

式中：P——导管下口处混凝土的超压力(MPa)，不得小于表 4-19 中的数值；

h_4——导管出水高度(m)；

h_3——导管下口至水面高度(m)。

表 4-19 超压力最小值

导管作用半径/m	超压力值/MPa
4.0	0.25
3.5	0.15
3.0	0.10

如水下浇筑的混凝土体积较大，将导管法与混凝土泵结合使用可以取得较好的效果。

3. 混凝土振捣

混凝土拌和物浇筑之后，需经振捣密实成型才能赋予混凝土制品或结构一定的外形和内部结构。强度、抗冻性、抗渗性、耐久性等皆与密实成型的好坏有关。

当前，混凝土拌和物密实成型的途径有三：一是藉助于机械外力(如机械振动)来克服拌和物的剪应力而使之液化；二是在拌和物中适当多加水以提高其流动性，使之便于成型，成型后用离心法、真空作业法等将多余的水分和空气排出；三是在拌和物中掺入高效能减水剂，使其坍落度大大增加，可自流浇筑成型。此处仅讨论前两种方法。

1) 混凝振动密实成型

(1) 混凝土振动密实原理。

混凝土振动密实的原理，在于产生振动的机械将一定频率、振幅和激振力的振动能量通过某种方式传递给混凝土拌和物时，受振混凝土拌和物中所有的骨料颗粒都受到强迫振动，它们之间原来赖以保持平衡并使混凝土拌和物保持一定塑性状态的黏聚力和内摩擦力随之大大降低，使受振混凝土拌和物呈现出流动状态，混凝土拌和物中的骨料、水泥浆在其自重作用下向新的稳定位置沉落，排除存在于混凝土拌和物中的气体，充填模板的每个空间位置，填实空隙，以达到设计需要的混凝土结构形状和密实度等要求。

(2) 振动机械的选择。

振动机械按其工作方式分为：内部振动器、表面振动器、外部振动器和振动台(如图 4.33 所示)。

第 4 章 混凝土结构工程

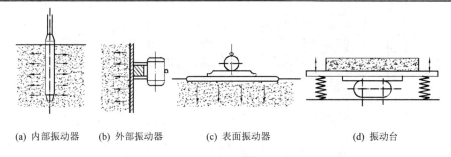

(a) 内部振动器　　(b) 外部振动器　　(c) 表面振动器　　(d) 振动台

图 4.33　振动机械示意图

内部振动器又称插入式振动器，其工作部分是一棒状空心圆柱体，内部装有偏心振子，在电动机带动下高速转动而产生高频微幅的振动。多用于振实梁、柱、墙、厚板和大体积混凝土结构等。

根据振动棒激振的原理，内部振动器有偏心轴式和行星滚锥式(简称行星式)两种，其激振结构的工作原理如图 4.34 所示。

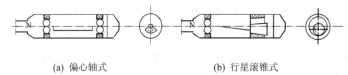

(a) 偏心轴式　　　　　　(b) 行星滚锥式

图 4.34　振动棒的激振原理示意图

偏心轴式内部振动器是利用振动棒中心具有偏心质量的转轴，在高速旋转时产生的离心力，通过轴承传给振动棒壳体，使振动棒产生圆振动。

现在对内部振动器的振动频率都要求在 10000 次/min 以上，这就要求设置齿轮升速机构以提高电动机的转速。这不但机构复杂，重量增加，而且软轴也难以适应如此高的转速。所以偏心轴式逐渐被行星滚锥式取代。

行星滚锥式内部振动器是利用振动棒中一端空悬的转轴，它旋转时，其下垂端圆锥部分沿棒壳内圆锥面滚动，形成滚动体的行星运动而驱动棒体产生圆振动。如图 4.35 所示即电动软轴行星式内部振动器。

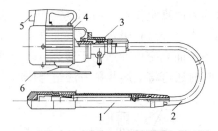

图 4.35　电动软轴行星式内部振动器

1—振动棒；2—软轴；3—防逆装置；4—电动机；5—电器开关；6—底座

用内部振动器振捣混凝土时，应垂直插入，并插入下层尚未初凝的混凝土中 50～100mm，以促使上下层结合。插点的分布有行列式和交错式两种(如图 4.36 所示)。对普通混凝土插点间距不大于 $1.5R$ (R 为振动器作用半径)，对轻骨料混凝土，则不大于 $1.0R$。

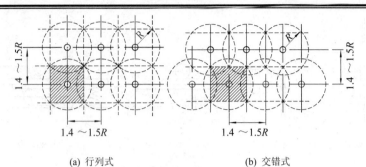

(a) 行列式　　　　　　　　(b) 交错式

图 4.36　插点的分布

表面振动器又称平板振动器，它由带偏心块的电动机和平板(木板或钢板)等组成。在混凝土表面进行振捣，适用于楼板、地面等薄型构件。它的有效作用深度为：

$$h = \frac{P_c}{\gamma F} \tag{4-10}$$

式中：P_c——被振实的混凝土拌和物的重量：

$$P_c = (P_0 e / A_1) - Q \tag{4-11}$$

$P_0 e$——振动器的偏心动力矩，P_0 为偏心块重量(kN)，e 为偏心距(mm)；

A_1——振动器与拌和物一起振动时的振幅(mm)；

Q——振动器的重量(kN)；

γ——混凝土拌和物的重力密度(kN/m³)；

F——振动器的振动板面积(m²)。

外部振动器又称附着式振动器，它通过螺栓或夹钳等固定在模板外部，是通过模板将振动力传给混凝土拌和物，因而模板应有足够的刚度。它宜于振捣断面小且钢筋密的构件。其有效作用范围可通过实测确定。

振动台是混凝土预制厂中的固定生产设备，用于振实预制构件。

2) 混凝土真空作业法

混凝土真空作业法是借助于真空负压，将水从刚浇筑成型的混凝土拌和物中吸出，同时使混凝土密实的一种成型方法，如图 4.37 所示。

按真空作业的方式，分为表面真空作业与内部真空作业。表面真空作业是在混凝土构件的上、下表面或侧表面布置真空腔进行吸水。上表面真空作业适用于楼板、预制混凝土平板、道路、机场跑道等；下表面真空作业适用于薄壳、隧道顶板等；墙壁、水池、桥墩等则宜用侧表面真空作业。有时还可将上述几种方法结合使用。

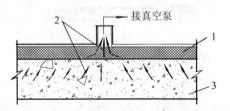

图 4.37　混凝土真空作业法原理图

1—真空腔；2—吸出的水；3—新浇筑混凝土

内部真空作业利用插入混凝土内部的真空腔进行，比较复杂，实际工程中应用较少。

进行真空作业的主要设备有：真空吸水机组、真空腔和吸水软管。真空吸水机组由真空泵、电动机、真空室、集水室、排水管及滤网等组成。真空腔有刚性吸盘和柔性吸垫两种。

近年来流态混凝土得到发展，它是伴随着商品混凝土、混凝土搅拌运输车和混凝土泵等新工艺而出现的一种新型混凝土。它就是将运至现场的混凝土，在浇筑前加入一定数量的流化剂(高效能减水剂)，经二次搅拌制成高流动性的混凝土。流化剂以非加气型不缓凝的高效能减水剂较好，主要有萘系高缩合物和三聚氰酰胺系两类，我国试用萘系的FDN效果较好。掺量约为水泥重量的0.4%～0.6%。对流态混凝土要防止流化后由于砂浆成分不足而引起离析。

流态混凝土虽然坍落度大、流动性好，但浇筑时短时间的振捣还是必要的。

4.3.4 混凝土养护

混凝土养护是为混凝土的水泥水化、凝固提供必要的条件，包括时间、温度、湿度三个方面，保证混凝土在规定的时间内，获取预期的性能指标。混凝土浇捣后，之所以能逐渐凝结硬化，是因为水泥水化作用的结果，而水化作用则需要适当的温度和湿度条件。混凝土养护的方法有自然养护和人工养护两大类。自然养护简单，费用低，是混凝土施工的首选方法。人工养护方法常用于混凝土冬期施工或大型混凝土预制厂，这类养护方法需要一定的设备条件，相对而言，其施工费用较高。此处只介绍混凝土的自然养护。

所谓混凝土的自然养护，即在平均气温高+5℃的条件下，在一定的时间内使混凝土保持湿润状态。

混凝土浇筑后，如气候炎热、空气干燥，不及时进行养护，混凝土表面水分会蒸发过快，出现脱水现象，使已形成凝胶体的水泥颗粒不能充分水化，不能转化为稳定的结晶，缺乏足够的黏结力，从而会使混凝土产生塑性收缩，表面出现龟裂，形成片状或粉状剥落，影响混凝土的强度。另外，在混凝土养护期间，如果内部水分过早过多地蒸发，不仅会影响水泥水化程度，而且还会使混凝土产生较大的干燥收缩，出现干缩裂纹，影响混凝土的强度和耐久性。因此，混凝土浇筑后初期阶段的养护非常重要。混凝土浇筑完毕要及时覆盖，在12h以内就应开始养护，干硬性混凝土应于浇筑完毕后立即开始养护。

自然养护又分洒水养护、蓄水养护和喷涂薄膜养生液养护三种。

洒水养护即用草帘、砂、土等将刚浇筑的混凝土进行覆盖，通过洒水使其保持湿润。洒水养护时间长短取决于水泥品种和结构的功能要求，普通硅酸盐水泥和矿渣硅酸盐水泥拌制的混凝土，不少于7d；掺有缓凝型外加剂或有抗渗要求的混凝土不少于14d。洒水次数以能保证混凝土湿润状态为准。蓄水养护与洒水养护原理相同，只是以蓄水代替洒水过程，这种方法适用于平面形结构(如道路、机场、楼板等)，但结构的周边必须用黏土做成围堰。

喷涂薄膜养生液养护适用于缺水地区的混凝土结构或不易洒水养护的高耸构筑物和大面积混凝土结构。它是将过氯乙烯树酯塑料溶液用喷枪喷涂在新浇筑的混凝土表面上，溶剂挥发后在混凝土表面形成一层塑料薄膜，将混凝土与空气隔绝，阻止混凝土中水分的蒸发，以保证水化作用的继续进行。薄膜在养护完成一定时间后要能自行老化脱落，否则，不宜于喷洒在以后要做粉刷的混凝土表面上。在夏季，薄膜成型后要防晒，否则易产生裂纹。

混凝土必须养护至其强度达到1.2MPa以上，方可上人进行其他施工。

拆模后要对混凝土外观形状、尺寸和混凝土表面状况进行检查，如发现有缺陷，应及时处理。混凝土常见的外观缺陷有麻面、露筋、蜂窝、孔洞、裂缝等。对于数量不多的小蜂窝或露石的结构，可先用钢丝刷或压力水清洗，然后用1:2～1:2.5的水泥砂浆抹平。对于蜂窝和露筋，应凿去全部深度内的薄弱混凝土层，用钢丝刷和压力水清洗后，用比原强度等级高一级的细骨料混凝土填塞，要仔细捣实，加强养护。对影响结构承重性能的缺陷(如孔洞、裂缝)，要慎重处理，一般要会同有关单位查找原因，分析对结构的危害性，提出安全合理的处理方案，保证结构的使用性能。对于严重影响结构性能的缺陷，一般要采取加固处理或减少结构的使用荷载。

4.3.5 混凝土质量的检查

混凝土质量检查包括拌制和浇筑过程中的质量检查和养护后的质量检查。只有对每个施工环节认真施工、加强监督，才可能保证混凝土的整体质量。在拌制和浇筑过程中，对组成材料的称量抽查，每班不少于一次；拌制和浇筑地点坍落度的检查每一工作班至少两次；在每一工作班内，如混凝土配合比由于外界影响而有变动时，应及时检查；对混凝土搅拌时间应随时检查。养护后检查主要是对混凝土的强度、抗冻性、抗渗性、耐久性和混凝土结构外观形状尺寸等进行检查。

对于预拌(商品)混凝土，厂家除应提供混凝土配合比、强度等资料外，还应在商定的交货地点进行坍落度检查，混凝土的实际坍落度与指定坍落度之间的允许偏差应符合表4-20的规定。

表4-20 混凝土实际坍落度与指定坍落度之间的允许偏差

混凝土指定坍落度/mm	允许偏差/mm
<50	±10
50～90	±20
>90	±30

混凝土强度检查主要检查抗压强度，如设计上有特殊要求时，还需对其抗冻性、抗渗性等进行检查。混凝土强度检查方法，是通过留取试块经过一定时间养护后作抗压试验来判定的。根据检查的目的不同，强度检查分混凝土标准强度检查和施工强度检查。混凝土的标准强度是根据150mm边长的标准立方体试块在标准条件下(20±3℃的温度和相对湿度90%以上)养护28d来判定标准强度。

判定标准强度的试块，应在浇筑点随机抽样制成，不得挑选。试块留取应符合下列要求：① 每拌制100盘且不超过100m³的相同配合比的混凝土，取样不得少于1次；② 每工作班拌制的相同配合比的混凝土不足100盘时，取样不得少于1次；③ 现浇楼层，每层取样不得少于1次；④ 同一单位工程每一验收项目中同配合比的混凝土，取样不得少于一次。

施工强度检查，是为了检查结构或构件的拆模、出池、出厂、吊装、张拉、放张及施工期间临时负荷的需要等所需强度，试块要与结构或构件同条件养护，试块组数按实际需要确定。

每组 3 个试块应在同盘混凝土中取样制作。其强度代表值取 3 个试块试验结果的平均值，作为该组试件强度代表值；当 3 个试块中的最大或最小的强度值，与中间值相比超过中间值 15%时，取中间值代表该组的混凝土试件强度；当 3 个试块中的最大和最小的强度值，与中间值相比均超过中间值 15%时，则其试验结果不应作为评判的依据。

混凝土强度应分批验收。同一验收批的混凝土应由强度等级相同、龄期相同以及生产工艺和配合比基本相同的混凝土组成。按单位工程的验收项目划分验收批，每个验收项目应按现行《建筑安装工程质量检验评定标准》确定。同一验收批的混凝土强度，应以同批内全部标准试件的强度代表值评定。

(1) 当混凝土的生产条件在较长时间内能保持一致，且同一品种混凝土的强度变异性能保持稳定时，由连续三组试件代表一个验收批，其强度应同时满足下列要求：

$$m_{fcu} \geq f_{cu,k} + 0.7\sigma_0 \tag{4-12}$$

$$f_{cu,min} \geq f_{cu,k} - 0.7\sigma_0 \tag{4-13}$$

当混凝土强度等级不高于 C20 时，强度的最小值尚应满足下式要求：

$$f_{cu,min} \geq 0.85 f_{cu,k} \tag{4-14}$$

当混凝土强度等级高于 C20 时，强度的最小值则应满足下式要求：

$$f_{cu,min} \geq 0.90 f_{cu,k} \tag{4-15}$$

式中：m_{fcu}——同一验收批混凝土强度的平均值(MPa)；

$f_{cu,k}$——设计的混凝土强度标准值(MPa)；

σ_0——验收批混凝土强度的标准差(MPa)；

$f_{cu,min}$——同一验收批混凝土强度的最小值(MPa)。

验收批混凝土强度的标准差，应根据前一个检验期内同一品种混凝土试件的强度数据，按下式计算：

$$\sigma_0 = \frac{0.59}{m}\sum \Delta f_{cu,i} \tag{4-16}$$

式中：$\Delta f_{cu,i}$——前一检验期内第 i 验收批混凝土试件强度中最大值与最小值之差；

m——前一检验期内验收批总批数。

每个检验期不应超过 3 个月，且在该期间内验收批总批数不得少于 15 组。

(2) 当混凝土的生产条件不满足上述规定时，或在前一个检验期内的同一品种混凝土没有足够的数据来确定验收批混凝土强度标准差时，应由不少于 10 组的试件代表一个验收批，其强度应同时满足下列要求：

$$m_{fcu} - \lambda_1 S_{fcu} \geq 0.9 f_{cu,k} \tag{4-17}$$

$$f_{cu,min} \geq \lambda_2 f_{cu,k} \tag{4-18}$$

式中：S_{fcu}——验收批混凝土强度的标准差(MPa)；按下式计算：

$$S_{fcu} = \sqrt{\frac{\sum_{i=1}^{n} f_{cu,i}^2 - n m_{fcu}^2}{n-1}} \tag{4-19}$$

当 S_{fcu} 的计算值小于 $0.06 f_{cu,k}$ 时，取 $S_{fcu} = 0.06 f_{cu,k}$；

$f_{cu,i}$——验收批内第 i 组混凝土试件的强度值(MPa)；

n——验收批内混凝土试件的总组数；

λ_1, λ_2——合格判定系数，按表 4-21 取值。

表 4-21 合格判定系数

试件组数	10~14	15~24	≥25
λ_1	1.70	1.65	1.60
λ_2	0.90	0.85	

(3) 对零星生产的预制构件混凝土或现场搅拌的批量不大的混凝土，可不采用上述统计法评定，而采用非统计法评定。此时，验收批混凝土的强度必须同时满足下述要求：

$$m_{fcu} \geq 1.15 f_{cu,k} \tag{4-20}$$

$$f_{cu,min} \geq 0.95 f_{cu,k} \tag{4-21}$$

式中符号意义同前。

非统计法的检验效率较差，存在将合格产品误判为不合格产品，或将不合格产品误判为合格产品的可能性。

如由于施工质量不良、管理不善、试件与结构中混凝土质量不一致，或对试件检验结果有怀疑时，可采用从结构或构件中钻取芯样的方法，或采用非破损检验方法(如回弹仪法、超声波法等)，按有关规定对结构或构件混凝土的强度进行推定，作为处理混凝土质量问题的一个重要依据。

4.4 思考题与习题

【思考题】

(1) 为什么在新修订的《混凝土结构设计规范》GB 50010-2002 中不再使用冷加工钢筋？

(2) 钢筋作为混凝土结构的主要构成材料，为什么在使用前除了要检查其强度外，还要检查其延性乃至化学成分？

(3) 钢筋的连接方法有哪些？各自适用的范围有哪些规定？

(4) 闪光对焊接头质量有什么要求？

(5) 钢筋采用绑扎接头时，应遵循哪些基本规定？

(6) 模板有哪些作用？一般由哪几部分组成？对模板及支架有哪些要求？

(7) 基础、柱、梁、楼板结构用木模板时，其构造及安装有哪些要求？

(8) 简述钢模板组合拼装的基本原则。

(9) 混凝土的施工包括哪些施工过程？离析现象对混凝土质量有什么影响？在哪些环节上要注意控制？

(10) 混凝土的搅拌制度的含义是什么？什么是一次投料和二次投料？各有什么特点？在相同的配比下，为什么二次投料能够提高混凝土的强度？

(11) 混凝土运输有哪些要求？有哪些运输机具？工程中常用哪几种运输方案？

(12) 混凝土浇筑前，要对模板和钢筋进行哪些项目检查？对木模板提前浇水有什么作用？

(13) 什么是混凝土的施工缝？对施工缝留置位置有什么要求？对施工缝的处理有什么要求？

(14) 什么是混凝土的自然养护法？有哪些具体方法和要求？如何控制混凝土模板拆除时的强度？

(15) 混凝土施工质量检查包括哪些内容？

(16) 混凝土的强度检查有哪些方法？正常检查用哪种方法？

(17) 用于检查承重模板拆除时的强度所用试块为什么要与结构构件同条件养护？

(18) 混凝土结构外观缺陷有哪些？出现缺陷的可能原因各有哪些？各自该如何处理？

【习题】

(1) 某梁配筋如图 4.38 所示，编制该梁钢筋的配料单(用 C20 混凝土)。

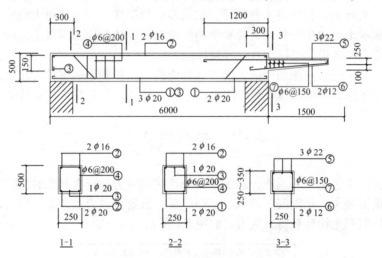

图 4.38 习题(1)图

(2) 某梁截面宽 250mm，设计主筋为 4 根 20mm 的 II 级钢筋(f_y=300N/mm²)，今现场无此型号的钢筋，只有 18mm、22mm、25mm 的 I 级钢筋(f_y=210N/mm²)和 18mm 的 II 级钢筋，请提出最优代换方案。

(3) 某强度等级的混凝土的实验室配合比为 1∶2.56∶3.35，w/c=0.6，每 m³ 混凝土用水泥 285kg，实测现场的砂石含水量分别为 3%、1.5%。

试完成：① 该混凝土的施工配合比；

② 当现场用 350 型的自落式搅拌机搅拌时，每盘的下料量(袋装水泥)是多少？每盘实际能拌制多少混凝土？

第 5 章 预应力混凝土工程

教学提示： 预应力混凝土技术是一门发展潜力很大、应用范围较广的工程技术，与普通混凝土相比，有很多独特的工程性能优势，但设计理论和施工工艺也较复杂。

教学要求： 了解混凝土的预应力建立过程，了解各种预应力混凝土施工机械性能，掌握预应力混凝土的有关施工计算方法，掌握预应力混凝土施工工艺和质量控制方法。

预应力混凝土是近几十年发展起来的一门新技术，目前在世界各地都得到广泛的应用。近年来，随着预应力混凝土设计理论和施工工艺与设备地不断完善和发展，高强材料性能地不断改进，预应力混凝土得到进一步的推广应用。预应力混凝土与普通混凝土相比，具有抗裂性好、刚度大、材料省、自重轻、结构寿命长等优点，为建造大跨度结构创造了条件。预应力混凝土已由单个预应力混凝土构件发展到整体预应力混凝土结构，广泛用于土建、桥梁、管道、水塔、电杆和轨枕等领域。

预应力混凝土施工，施加预应力的方式分为机械张拉和电热张拉；按施加预应力的时间先后分为先张法、后张法。在后张法中，预应力筋又分为有黏结和无黏结两种。

5.1 先张法施工

先张法施工工艺是先将预应力筋张拉到设计控制应力，用夹具临时固定在台座或钢模上，然后浇筑混凝土；待混凝土达到一定强度后，放松预应力筋，靠预应力筋与混凝土之间的黏结力使混凝土构件获得预应力。如图 5.1 所示。

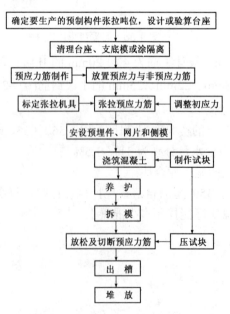

图 5.1 先张法施工工艺流程

5.1.1 张拉设备与夹具

1. 台座

台座是先张法生产的主要设备之一，它承受预应力筋的全部张拉力，因此，台座应有足够的强度、刚度和稳定性，以免台座变形、倾覆、滑移而引起预应力值的损失。台座按构造形式不同分为墩式台座和槽式台座两类，选用时应根据构件的种类、张拉吨位和施工条件而定。

1）墩式台座

墩式台座由台墩、台面和横梁等组成，如图 5.2 所示。

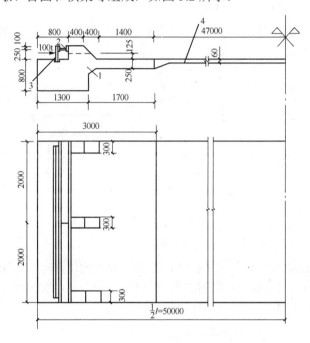

图 5.2 墩式台座构造示意图

1—台座；2—钢横梁；3—承力钢板；4—台面

墩式台座一般用于平卧生产的中小型构件，如屋架、空心板、平板等。台座尺寸由场地大小、构件类型和产量等因素确定。一般长度为 100～150m，这样可利用预应力钢丝长的特点，张拉一次可生产多根构件，减少张拉及临时固定工作，又可减少因钢丝滑动或台座横梁变形引起的应力损失，故又称长线台座。台座宽度约 2m，主要取决于构件的布筋宽度及张拉和浇筑是否方便。

在台座的端部应留出张拉操作用地和通道，两侧要有构件运输和堆放的场地。

(1) 台墩。

台墩一般由现浇钢筋混凝土做成。台墩应有合适的外伸部分，以增大力臂而减少台墩自重；台墩依靠自重和土压力平衡张拉力产生的倾覆力矩，依靠土的反力和摩阻力平衡张拉力产生的滑移；采用台墩与台面共同工作的做法，可以减小台墩的自重和埋深，减少投资、缩短台墩建造工期。台墩稳定性验算一般包括抗倾覆验算与抗滑移验算。

台墩的抗倾覆验算,可按式(5-1)进行(如图5.3所示):

$$K = \frac{M_1}{M} = \frac{GL + E_p e_2}{N e_1} \geqslant 1.50 \tag{5-1}$$

式中：K——抗倾覆安全系数,一般不小于1.50;

M——倾覆力矩,由预应力筋的张拉力产生($N \cdot m$);

N——预应力筋的张拉力(N);

e_1——张拉力合力作用点至倾覆点的力臂(m);

M_1——抗倾覆力矩,由台座自重力和土压力等产生($N \cdot m$);

G——台座的自重力(N);

L——台墩重心至倾覆点的力臂(m);

E_p——台墩后面的被动土压力合力,当台墩埋置深度较浅时,可忽略不计(N);

e_2——被动土压力合力至倾覆点的力臂(m)。

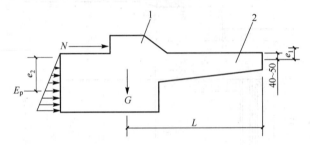

图5.3 墩式台座稳定性验算简图

1—牛腿；2—台面

按理论计算,台墩与台面共同工作时,台墩倾覆点的位置应在混凝土台面的表面处,但考虑到台墩的倾覆趋势使得台面端部顶点出现局部应力集中和混凝土面抹面层的施工质量,倾覆点的位置宜取在混凝土台面往下4~5cm处。

台墩的抗滑移验算,可按下式进行:

$$K_c = \frac{N_1}{N} \geqslant 1.30 \tag{5-2}$$

式中：K_c——抗滑移安全系数,一般不小于1.30;

N_1——抗滑移力,对独立的台墩,由侧壁土压力和底部摩阻力产生。对与台面共同工作的台墩,以往在抗滑移验算中考虑台面的水平力、侧壁土压力和底部摩阻力共同工作。通过分析认为混凝土的弹性模量(C20混凝土$E_c = 2.6 \times 10^4 N/mm^2$)和土的压缩模量(低压缩土$E_s = 20 N/mm^2$)相差极大,两者不可能共同工作;而底部摩阻力也较小(约占5%),可略去不计;实际上台墩的水平推力几乎全部传给台面,不存在滑移问题。因此,台墩与台面共同工作时,可不作抗滑移计算,而应验算台面的承载力。

台墩的牛腿和延伸部分,分别按钢筋混凝土的牛腿和偏心受压构件计算。

台墩横梁的挠度不应大于2mm,并不得产生翘曲。预应力筋的定位板必须安装准确,其挠度不大于1mm。

(2) 台面。

台面一般是在夯实的碎石垫层上浇筑一层厚度为 6~10cm 的混凝土而成,是预应力混凝土构件成型的胎模。当其与台墩共同工作时其水平承载力 P 可按下式计算:

$$P = \frac{\phi \cdot Af_c}{K_1 K_2} \tag{5-3}$$

式中:ϕ——轴心受压纵向弯曲系数,取 $\phi = 1$;

A——台面截面面积;

f_c——混凝土轴心抗压强度设计值;

K_1——超载系数,取 1.25;

K_2——考虑台面截面不均匀和其他影响因素的附加安全系数,$K_2 = 1.5$。

台面伸缩缝可根据当地温差和经验设置,一般约为 10m 设置一条,也可采用预应力混凝土滑动台面,不留施工缝。

2) 槽式台座

槽式台座由端柱、传力柱、横梁和台面等组成,既可承受张拉力,又可作蒸汽养护槽,适用于张拉吨位较大的大型构件,如吊车梁、屋架等。

(1) 槽式台座的构造:台座的长度一般为 45~76m,宽度随构件外形及制作方式而定,一般不小于 1m(如图 5.4 所示)。槽式台座一般与地面相平,以便运送混凝土和蒸汽养护,砖墙挡水和防水。端柱、传力柱的端面必须平整,对接接头必须紧密。

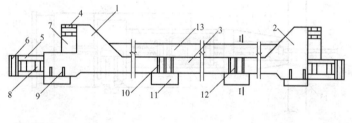

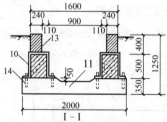

图 5.4 槽式台座构造示意图

1—张拉端柱;2—锚固端柱;3—中间传力柱;4—上横梁;5—下横梁;6—横梁;7、8—垫块;
9—连接板;10—卡环;11—基础板;12—砂浆嵌缝;13—砖墙;14—螺栓

(2) 槽式台座计算要点:槽式台座亦需进行强度和稳定性计算。端柱和传力柱的强度按钢筋混凝土结构偏心受压构件计算;端柱的牛腿按钢筋混凝土的牛腿计算;槽式台座端柱抗倾覆力矩由端柱、横梁自重力及部分张拉力组成。

2. 张拉机械

在先张法施工中，常用的张拉机械有：YC-20 型穿心式千斤顶(如图 5.5 所示)、电动螺杆张拉机(如图 5.6 所示)、油压千斤顶(如图 5.7 所示)、电动卷扬张拉机(如图 5.8 所示)等。

张拉机械应装有测力仪表，以准确建立张拉力。张拉设备应由专人使用和保管，并定期维护与标定。

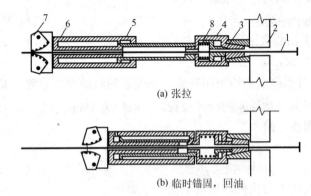

图 5.5　YC-20 型穿心式千斤顶

1—钢筋；2—台座；3—穿心式夹具；4—弹性顶压头；5、6—油嘴；7—偏心式夹具；8—弹簧

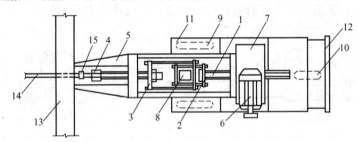

图 5.6　电动螺杆张拉机构造图

1—螺杆；2、3—拉力架；4—张拉夹具；5—顶杆；6—电动机；7—减速箱；8—测力计；
9、10—胶轮；11—底盘；12—手柄；13—横梁；15—锚固夹具

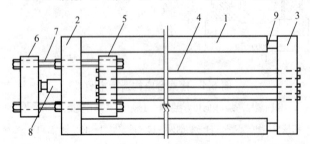

图 5.7　油压千斤顶

1—台座；2、3—横梁；4—预应力筋；5—拉力架横梁；7—螺杆；8—油压千斤顶；9—放张装置

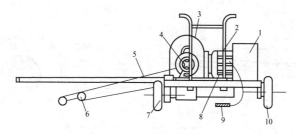

图 5.8 电动卷扬张拉机

1—电气箱；2—电动机；3—减速箱；4—卷筒；5—撑杆；6—夹钳；7—前轮；8—测力计；9—开关；10—后轮

3. 夹具

在先张法施工中，夹具分张拉夹具、锚固夹具，常用的张拉夹具有：偏心式夹具(如图 5.9 所示)、压销式夹具(如图 5.10 所示)；常用的锚固夹具有：圆锥齿板式夹具(如图 5.11 所示)、圆锥三槽式夹具(如图 5.12 所示)、圆套筒三片式夹具(如图 5.13 所示)、镦头锚具(如图 5.14 所示)等。

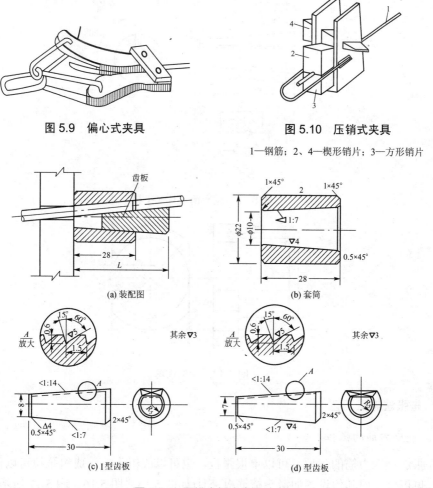

图 5.9 偏心式夹具　　图 5.10 压销式夹具

1—钢筋；2、4—楔形销片；3—方形销片

图 5.11 圆锥齿板式夹具

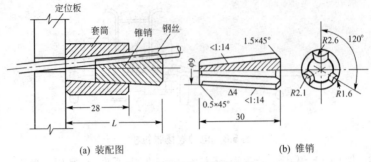

图 5.12 圆锥三槽式夹具

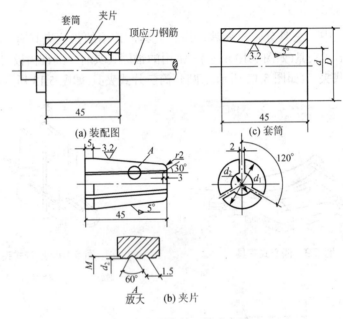

图 5.13 圆套筒三片式夹具

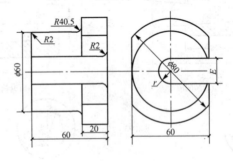

图 5.14 镦头锚具

5.1.2 先张法施工工艺

1. 预应力筋的张拉

先张法预应力筋的张拉,可以单根张拉,也可以成组张拉。成组张拉可以使用油压千斤顶,也可以使用其他设备如镦头梳筋板夹具(如图 5.15、图 5.16、图 5.17 所示)。

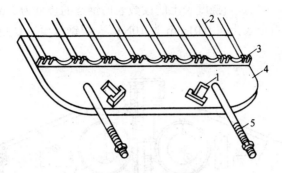

图 5.15 镦头梳筋板夹具

1—张拉钩槽口；2—钢丝；3—钢丝镦头；4—活动梳筋板；5—锚固螺杆

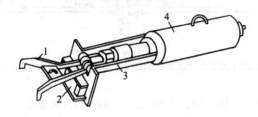

图 5.16 张拉钩

1—张拉钩；2—承力架；3—连接套筒；4—拉杆式千斤顶

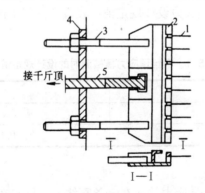

图 5.17 刻痕钢丝用的镦头梳筋板夹具

1—带镦头的钢丝；2—梳筋板；3—固定螺杆

2. 张拉程序

为了减少应力松弛损失，预应力钢筋宜采用超张拉程序：$0 \rightarrow 1.05\sigma_c \xrightarrow{\text{持荷2min}} \sigma_{\text{con}}$。

3. 预应力值校核

预应力钢筋的张拉力，一般用伸长值校核。张拉时预应力筋的理论伸长值与实际伸长值的误差应在规范允许范围内。预应力钢丝张拉时，伸长值不作校核。钢丝张拉锚固后，应采用钢丝内力测定仪(如图 5.18 所示)检查钢丝的预应力值。

使用 2CN-1 型双控钢丝内力测定仪仪器时，将测钩勾住钢丝，扭转旋钮，待测头与钢丝接触，指示灯亮，此时即为挠度的起点(记下挠度表上读数)；继续扭转旋钮，在钢丝跨中施加横向力,将钢丝压弯,当挠度表上的读数表明钢丝的挠度为2mm时,内力表上的读数即为钢丝的内力值(百分表上每0.01mm为10N)。一根钢丝要反复测定4次,取后3次的平均值为钢丝内力。

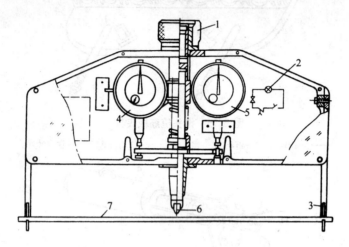

图5.18 2CN-1型双控钢丝内力测定仪

1—旋钮;2—指示灯;3—测钩;4—内力表;5—挠度表;6—测头;7—钢丝

预应力钢丝内力的检测,一般在张拉锚固后1h进行。此时,锚固损失已完成,钢筋松弛损失也部分产生。检测时预应力设计规定值应在设计图纸上注明,当设计无规定时,可按表5-1取用。

表5-1 钢丝预应力值检测时的设计规定值

张拉方法	检测值
长线张拉	$0.94\sigma_{con}$
短线张拉	$(0.91\sim0.93)\sigma_{con}$

4. 张拉注意事项

(1) 张拉时,张拉机具与预应力筋应在一条直线上,同时在台面上每隔一定距离放一根圆钢筋头或相当于保护层厚度的其他垫块,以防止预应力筋因自重而下垂,破坏隔离剂、玷污预应力筋。

(2) 顶紧锚塞时,用力不要过猛,以防钢丝折断;在拧紧螺母时,应注意压力表读数始终保持所需的张拉力。

(3) 预应力筋张拉完毕后,对设计位置的偏差不得大于5mm,也不得大于构件截面积最短边长的4%。

(4) 在张拉过程中发生断丝或滑脱钢丝时,应予以更换。

(5) 台座两端应有防护设施。张拉时沿台座长度方向每隔4~5m放一个防护架,两端严禁站人,也不准许进入台座。

5. 预应力筋放张

预应力筋放张时,混凝土的强度应符合设计要求;如设计无规定,不应低于强度等级的 75%。

1) 放张顺序

预应力筋的放张顺序，如设计无规定时，可按下列要求进行。

(1) 轴心受预压的构件(如拉杆、桩等)，所有预应力筋应同时放张。

(2) 偏心受预压的构件(如梁等)，应先同时放张预压力较小区域的预应力筋，再同时放张预压力较大区域的预应力筋。

(3) 如不能满足"(1)、(2)"两项要求时，应分阶段、对称、交错地放张，以防止在放张过程中构件产生弯曲、裂纹和预应力筋断裂。

2) 放张

放张前，应拆除侧模，使放张时构件能自由压缩，否则将损坏模板或使构件开裂。预应力筋的放张工作，应缓慢进行，防止冲击。

对预应力筋为钢丝或细钢筋的板类构件，放张时可直接用钢丝钳或氧炔焰切割，并宜从生产线中间处切断，以减少回弹量，且有利于脱模；对每一块板，应从外向内对称放张，以免构件扭转两端开裂，对预应力筋为数量较少的粗钢筋的构件，可采用氧炔焰在烘烤区轮换加热每根粗钢筋，使其同步升温，此时钢筋内力徐徐下降，外形慢慢伸长，待钢筋出现缩颈，即可切断。此法应采取隔热措施，防止烧伤构件端部混凝土。

对预应力筋配置较多的构件，不允许采用剪断或割断等方式突然放张，以避免最后放张的几根预应力筋产生过大的冲击而断裂，致使构件开裂。为此应采用千斤顶或在台座与横梁之间设置楔块(如图 5.19 所示)和砂箱(如图 5.20 所示)或在准备切割的一端预先浇筑一块混凝土块(作为切割时冲击力的缓冲体，使构件不受或少受冲击)进行缓慢放张。

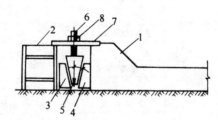

图 5.19 楔块放张

1—台座；2—横梁；3、4—钢块；5—钢楔块；6—螺杆；7—承力板；8—螺母

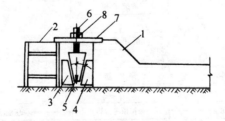

图 5.20 砂箱装置构造图

1—活塞；2—钢套箱；3—进砂口；4—钢套箱底板；5—出砂口；6—砂子

用千斤顶逐根放张，应拟定合理的放张顺序并控制每一循环的放张力，以免构件在放张过程中受力不均。防止先放张的预应力筋引起后放张的预应力筋内力增大，而造成最后几根拉不动或拉断。在四横梁长线台座上，也可用台座式千斤顶推动拉力架逐步放大螺杆

上的螺母,达到整体放张预应力筋的目的。

采用砂箱放张方法,在预应力筋张拉时,箱内砂被压实,承受横梁的反力,预应力筋放张时,将出砂口打开,砂慢慢流出,从而使整批预应力筋徐徐放张。此放张方法能控制放张速度,工作可靠、施工方便,可用于张拉力大于1000kN的情况。

采用楔块放张时,旋转螺母使螺杆向上运动,带动楔块向上移动,钢块间距变小,横梁向台座方向移动,从而同时放张预应力筋。楔块放张一般用于张拉力不大于300kN的情况。

为了检查构件放张时钢丝与混凝土的粘结是否可靠,切断钢丝时应测定钢丝往混凝土内的回缩情况。钢丝回缩值的简易测试方法是在板端贴玻璃片和在靠近板端的钢丝上贴胶带纸用游标卡尺读数,其精度可达0.1mm。钢丝回缩值:对冷拔低碳钢丝不应大于0.6mm,对碳素钢不应大于1.2mm。如果最多只有20%的测试数据超过上述规定值的20%,则检查结果是令人满意的。否则应加强构件端部区域分布钢筋、提高放张时混凝土强度等。

5.2 后张法施工

5.2.1 锚具及预应力筋制作

后张法是先制作构件(或块体),并在预应力筋的位置预留出相应的孔道,待混凝土强度达到设计规定的数值后,穿入预应力筋并施加预应力,最后进行孔道灌浆,张拉力由锚具传给混凝土构件而使之产生预压力,后张法工艺流程如图5.21所示。

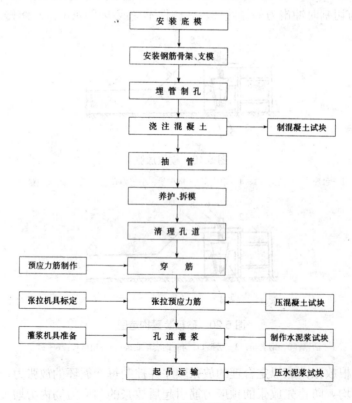

图 5.21 后张法工艺流程

后张法不需要台座设备,大型构件可分块制作,运到现场拼装,利用预应力筋连成整体。因此,后张法灵活性大;但工序较多,锚具耗钢量较大。

对于块体拼装构件,还应增加块体验收、拼装、立缝灌浆和连接板焊接等工序。

1. 锚具

锚具是后张法结构或构件中为保持预应力筋拉力并将其传递到混凝土上用的永久性锚固装置。

1) 单根钢筋锚具

(1) 螺丝端杆锚具。由螺丝端杆、螺母及垫板组成(如图 5.22 所示)。是单根预应力粗钢筋张拉端常用的锚具。此锚具也可作先张法夹具使用,电热张拉时也可采用。

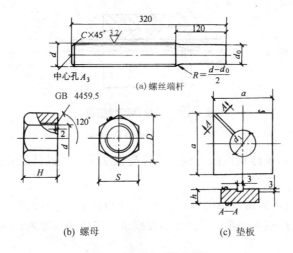

图 5.22 螺丝端杆锚具

螺丝端杆锚具的特点是将螺丝端杆与预应力筋对焊成一个整体,用张拉设备张拉螺丝杆,用螺母锚固预应力钢筋。螺丝端杆锚具的强度不得低于预应力钢筋的抗拉强度实测值。

螺丝端杆可采用与预应力钢筋同级冷拉钢筋制作,也可采用冷拉或热处理45号钢制作。端杆的长度一般用 320mm,当构件长度超过 30m 时,一般采用 370mm;其净截面积应大于或等于所对焊的预应力钢筋截面面积。对焊应在预应力钢筋冷拉前进行,以检验焊接质量。冷拉时螺母的位置应在螺丝端杆的端部,经冷拉后螺丝端杆不得发生塑性变形。

(2) 帮条锚具。由衬板和三根帮条焊接而成(如图 5.23 所示),是单根预应力粗钢筋非张拉端用锚具。帮条采用与预应力钢筋同级别的钢筋,衬板采用 3 号钢。

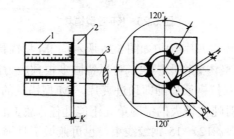

图 5.23 帮条锚具

1—帮条;2—衬板;3—预应力钢筋

帮条安装时，三根帮条应互成120°，其与衬板相接触的截面应在一个垂直平面上，以免受力时产生扭曲。帮条的焊接可在预应力钢筋冷拉前或冷拉后进行，施焊方向应由里向外，引弧及熄弧均应在帮条上，严禁在预应力钢筋上引弧，并严禁将地线搭在预应力钢筋上。

(3) 精轧螺纹钢筋锚具。由螺母和垫板组成，适用于锚固直径25mm和32mm的高强精轧螺纹钢筋。

(4) 单根钢绞线锚具。由锚环与夹片组成(如图5.24所示)。夹片形状为三片式，斜角为4°。夹片的齿形为"短牙三角螺纹"，这是一种齿顶较宽、齿高较矮的特殊螺纹，强度高、耐腐蚀性强。

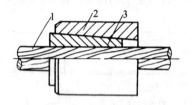

图 5.24 单根钢绞线锚具

1—钢绞线；2—锚环；3—夹片

适用于锚固ϕ^j12和ϕ^j15钢绞线，也可用作先张法夹具。锚具尺寸按钢绞线直径而定。

2) 钢筋束和钢绞线束锚具

(1) KT-Z型锚具(可锻铸铁锥型锚具)。由锚环与锚塞组成(如图5.25所示)。适用于锚固3～6根直径12mm的冷拉螺纹钢筋与钢绞线束。锚环和锚塞均用KT37-12或KT35-10可锻铸铁铸造成型。

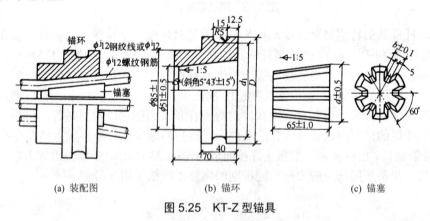

图 5.25 KT-Z型锚具

(2) JM型锚具。由锚环与夹片组成(如图5.26所示)。JM型锚具的夹片属于分体组合型，组合起来的夹片形成一个整体截锥形楔块，可以锚固多根预应力筋，因此锚环是单孔的。锚固时，用穿心式千斤顶张拉钢筋后随即顶进夹片。JM型锚具的特点是尺寸小、端部不需扩孔，锚下构造简单，但对吨位较大的锚固单元不能胜任，故JM型锚具主要用于锚固3～6根ϕ^j12钢筋束与4～6根ϕ^j12～15钢绞线束，也可兼做工具锚用，但以使用专用工具锚为好。

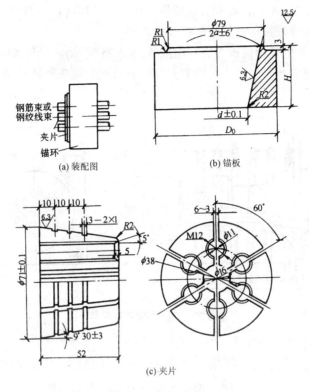

图 5.26 JM 型锚具

JM 型锚具根据所锚固的预应力筋的种类、强度及外形的不同，其尺寸、材料、齿形及硬度等有所差异，使用时应注意。

(3) XM 型锚具。由锚板和夹片组成，如图 5.27 所示。

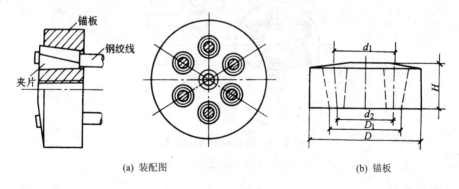

图 5.27 XM 型锚具

锚板尺寸由锚孔数确定，锚孔沿锚板圆周排列，中心线倾角 1∶20，与锚板顶面垂直。夹片为 120°，均分斜开缝三片式。开缝沿轴向的偏转角与钢绞线的扭角相反。

XM 型锚具适用于锚固 1～12 根 $\phi^j 15$ 钢绞线，也可用于锚固钢丝束。其特点是每根钢绞线都是分开锚固的，任何一根钢绞线的锚固失效(如钢绞线拉断、夹片碎裂等)，不会引起整束锚固失效。

XM 型锚具可作工具锚与工作锚使用。当用于工具锚时，可在夹片和锚板之间涂抹一层固体润滑剂(如石墨、石蜡等)，以利夹片松脱。用于工作锚时，具有连续反复张拉的功能，可用行程不大的千斤顶张拉任意长度的钢绞线。

(4) QM 型锚具。也是由锚板与夹片组成(如图 5.28 所示)。但与 XM 型锚具不同之点：锚孔是直的，锚板顶面是平的，夹片垂直开缝，备有配套喇叭形铸铁垫板与弹簧圈等。由于灌浆孔设在垫板上，锚板尺寸可稍小。

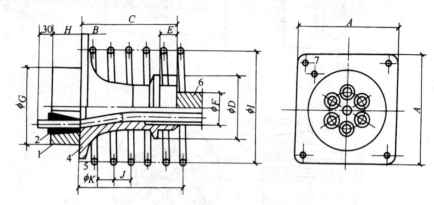

图 5.28　QM 型锚具及配件

1—锚板；2—夹片；3—钢绞线；4—喇叭形铸铁垫板；5—弹簧圈；6—预留孔道用的波纹管；7—灌浆孔

QM 型锚具适用于锚固 4～31 根 $\phi^j 12$ 和 3～19 根 $\phi^j 15$ 钢绞线束。QM 型锚具备有配套自动工具锚，张拉和退出十分方便。张拉时要使用 QM 型锚具的配套限位器。

(5) 固定端用镦头锚具。由锚固板和带镦头的预应力筋组成(如图 5.29 所示)。当预应力钢筋束一端张拉时，在固定端可用这种锚具代替 KT-Z 型锚具或 JM 型锚具，以降低成本。

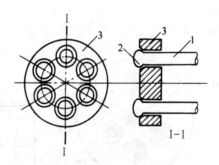

图 5.29　固定端用镦头锚具

1—预应力筋；2—镦粗头；3—锚固板

3) 钢丝束锚具

(1) 锥形螺杆锚具。由锥形螺杆、套筒、螺母、垫板组成(如图 5.30 所示)。适用于锚固 14～28 根 $\phi^s 15$ 钢丝束。使用时，先将钢丝束均匀整齐地紧贴在螺杆锥体部分，然后套上套筒，用拉杆式千斤顶使端杆锥通过钢丝挤压套筒，从而锚紧钢丝。由于锥形螺杆锚具不能自锚，必须事先加力顶压套筒才能锚固钢丝。锚具的预紧力取张拉力的 120%～130%。

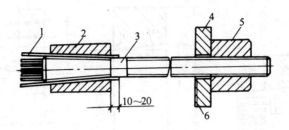

图 5.30 锥形螺杆锚具

1—钢丝；2—套筒；3—锥形螺杆；4—垫板；5—螺母；6—排气槽

(2) 钢丝束镦头锚具。适用于锚固任意根数 $\phi^s 5$ 钢丝束。镦头锚具的型式与规格，可根据需要自行设计。常用的镦头锚具为 A 型和 B 型(如图 5.31 所示)。A 型由锚环与螺母组成，用于张拉端；B 型为锚板，用于固定端；利用钢丝两端的镦头进行锚固。

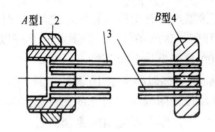

图 5.31 钢丝束镦头锚具

1—锚环；2—螺母；3—钢丝束；4—锚板

锚环与锚板采用 45 号钢制作，螺母采用 30 号钢或 45 号钢制作。锚环与锚板上的孔数由钢丝根数而定，孔洞间距应力求准确，尤其要保证锚环内螺纹一面的孔距准确。

钢丝镦头要在穿入锚环或锚板后进行，镦头采用钢丝镦头机冷镦成型。镦头的头型分为鼓型和蘑菇型两种(如图 5.32 所示)。鼓型受锚环或板的硬度影响较大，如硬度较软，镦头易陷入锚孔而断于镦头处。蘑菇型因有平台，受力性能较好。对镦头的技术要求为：镦粗头的直径为 7.0～7.5mm，高度为 4.8～5.3mm，头型应圆整，不偏歪，颈部母材不受损伤，钢丝的镦头强度不得低于钢丝标准抗拉强度的 98%。

预应力钢丝束张拉时，在锚环内口拧上工具式拉杆，通过拉杆式千斤顶进行张拉，然后拧紧螺母将锚环锚固。钢丝束镦头锚具构造简单、加工容易、锚夹可靠、施工方便，但对下料长度要求较严，

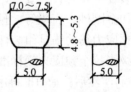

(a) 鼓型　(b) 蘑菇型

图 5.32 镦头头型

尤其当锚固的钢丝较多时，长度的准确性和一致性更须重视，这将直接影响预应力筋的受力状况。

(3) 钢质锥型锚具。又称弗氏锚具，由锚环和锚塞组成(如图 5.33 所示)。适用锚固 6 根、12 根、18 根与 24 根 $\phi^s 5$ 钢丝束。

锚环采用 45 号钢制作，锚塞采用 45 号钢或 T_7、T_8 碳素工具钢制作。锚环与锚塞的锥度应严格保证一致。锚环与锚塞配套时，锚环锚形孔与锚塞的大小头只允许同时出现正偏差或负偏差。钢质锥形锚具尺寸按钢丝数量确定。

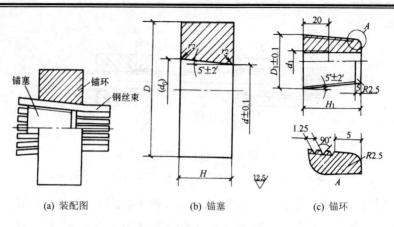

图 5.33　钢质锥型锚具

(a) 装配图　　(b) 锚塞　　(c) 锚环

4) 锚具质量检验

预应力筋锚具、夹具和连接器，应有出厂合格证，进场时应按下列规定进行验收。

(1) 验收批：在同种材料和同一生产条件下，锚具、夹具应以不超过 1000 套组为一个验收批；连接器应以不超过 500 套组为一个验收批。

(2) 外观检查：从每批中抽取 10%但不少于 10 套的锚具，检查其外观和尺寸。当有一套表面有裂纹或超过产品标准及设计图纸规定尺寸的允许偏差时，应另取双倍数量的锚具重做检查，如仍有一套不符合要求，则不得使用或逐套检查，合格者方可使用。

(3) 硬度检查：从每批中抽取 5%但不少于 5 套的锚具，对其中有硬度要求的零件做试验(多孔夹片式锚具的夹片，每套至少抽 5 片。)每个零件测试 3 点，其硬度应在设计要求范围内。如有一个零件不合格时，应另取双倍数量的零件重做试验，如仍有一个零件不合格，则不得使用或逐个检查，合格者方可使用。

(4) 静载锚固性试验：在外观与硬度检查合格后，应从同批中抽 6 套锚具(夹具或连接器)与预应力筋组成三个预应力筋锚具(夹具、连接器)组装件，进行静载锚固性能试验。组装件应符合设计要求，当设计无具体要求时，不得在锚固零件上添加影响锚固性能的物质，如金刚砂、石墨等。预应力筋应等长平行，使之受力均匀，其受力长度不得小于 3m(单根预应力筋的锚具组装件，预应力筋的受力长度不得小于 0.6m)。试验时，先用张拉设备分四级张拉至预应力筋标准抗压强度的 80%并进行锚固(对支承式锚具，也可直接用试验设备加荷)，然后持荷 1h 再用试验设备逐步加荷至破坏。当有一套试件不符合要求，应另取双倍数量的锚具(夹具或连接器)重做试验，如仍有一套不合格，则该批锚具(夹具或连接器)为不合格品。

对常用的定型锚具(夹具或连接器)进场验收时，如由质量可靠信誉好的专业锚具厂生产，其静载锚固性能，可由锚具生产厂提供试验报告。

对单位自制锚具，应加倍抽样。

2. 预应力筋制作

预应力筋制作，主要包括下料、调直、连接、编束、镦头、安装锚具等环节。具体环节因预应力筋不同而异。

1) 单根粗钢筋

单根预应力粗钢筋的下料长度应由计算确定。计算时应考虑结构的孔道长度、锚夹具厚度、千斤顶长度、焊接接头或镦头的预留量、冷拉伸长率、弹性回缩值、张拉伸长值等。

(1) 当预应力筋两端采用螺丝端杆锚具(如图 5.34(a)所示)时，其成品全长 L_1 (包括螺丝端杆在内冷拉后的全长)：

$$L_1 = l + 2l_2 \tag{5-4}$$

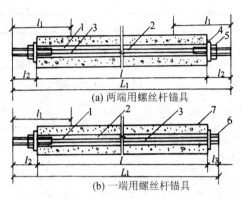

(a) 两端用螺丝杆锚具

(b) 一端用螺丝杆锚具

图 5.34 粗钢筋下料长度计算示意图

1—螺丝端杆；2—预应力钢筋；3—对焊接头；4—垫板；5—螺母；6—帮条锚具；7—混凝土构件

式中：l——构件孔道长度(mm)；

l_2——螺丝端杆伸出构件外的长度，按下式计算：张拉端：$l_2 = 2H + h + 5$(mm)；锚固端：$L_2 = H + h + 10$(mm)；其中 H 为螺母高度(mm)；h 为垫板厚度(mm)。

预应力筋钢筋部分的成品长度 L_0：

$$L_0 = L_1 - 2l_1 \tag{5-5}$$

式中：l_1——螺丝端杆长度。

预应力筋钢筋部分的下料长度：

$$L = \frac{L_0}{1+\gamma-\delta} + nl_0 \tag{5-6}$$

式中：γ——钢筋冷拉拉长率(由试验确定)；

δ——钢筋冷拉弹性回缩率(由试验确定)；

l_0——每个对焊接头的压缩长度，根据对焊时所需要的闪光留量和顶锻留量而定；

n——对焊接头的数量(包括钢筋与螺丝端杆的对焊接头)。

(2) 当预应力筋一端用螺丝端杆，另一端用帮条(或镦头)锚具(如图 5.34(b)所示)时：

$$L_1 = l + l_2 + l_3$$
$$L_0 = L_1 - l_1$$
$$L = \frac{L_0}{1+\gamma-\delta} + nl_0 \tag{5-7}$$

式中：l_3——镦头或帮条锚具长度(包括垫板厚度 h)(mm)。

为保证质量，冷拉宜采用控制应力的方法。若在一批钢筋中冷拉率分散性较大时，应尽可能把冷拉率相近的钢筋对焊在一起，以保证钢筋冷拉应力的均匀性。

2) 钢丝束

(1) 采用钢质锥形锚具,以锥锚式千斤顶张拉(如图5.35所示)时,钢丝的下料长度L为:

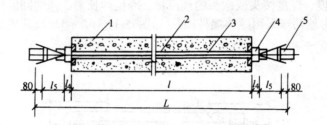

图5.35 采用钢质锥形锚具时钢丝下料长度计算简图

1—混凝土构件;2—孔道;3—钢丝束;4—钢质锥形锚具;5—锥锚式千斤顶

两端张拉: $L = l + 2(l_4 + l_5 + 80)$ (5-8)

一端张拉: $L = l + 2(l_4 + 80) + l_5$ (5-9)

式中:l_4——锚环厚度(mm);

l_5——千斤顶分丝头至卡盘外端距离(mm),对YZ850型千斤顶为470mm。

(2) 采用镦头锚具,以拉杆式或穿心式千斤顶在构件上张拉(如图5.36所示)时,钢丝的下料长度L为(假设锚固后螺母位于锚杯中央):

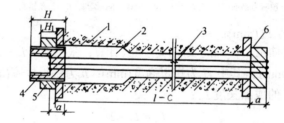

图5.36 采用镦头锚时钢丝下料长度计算简图

1—混凝土构件;2—孔道;3—钢丝束;4—锚杯;5—螺母;6—锚板

两端张拉: $L = l + 2a + 2b - (H - H_1) - \Delta L - c$ (5-10)

一端张拉: $L = l + 2h_1 + 2b - 0.5(H - H_1) - \Delta L - c$ (5-11)

式中:l——构件孔道原长(mm);

a——锚杯底部厚度或锚板厚度(mm);

b——钢丝镦头留量(mm),对$\phi^s 5$取10mm;

H——锚杯高度(mm);

H_1——螺母高度(mm);

ΔL——钢丝束张拉伸长值,$\Delta L = \dfrac{FL}{E_s A_p}$;

c——张拉时构件混凝土的弹性压缩值(mm),对直线筋 $c = \dfrac{Fl}{E_c A_c}$(曲线筋可实测);

F——钢丝全长的平均拉力(N);

E_s、E_c——钢丝束、张拉时构件混凝土的弹性模量(N/mm^2);

A_p、A_c——钢丝束、构件混凝土的截面面积(mm^2)。

因为 ΔL 是 L 的函数,所以可由方程(5-10)或(5-11)解得 L。当钢丝束两端采用镦头锚具时,同一束中各根钢丝长度的极差不应大于钢丝长度的 1/5000,且不应大于 5mm。当成组张拉长度不大于 10m 的钢丝时,同组钢丝长度的极差不得大于 2mm。因此 L 要求精确。为了达到这一要求,钢丝下料可用钢管限位法或在拉紧状态下进行。

(3) 采用锥形螺杆锚具,以拉杆式千斤顶在构件上张拉(图 5.37 所示)时,钢丝的下料长度 L 为:

$$L = l + 2l_2 - 2l_1 + (l_6 + a) \tag{5-12}$$

式中:l_6——锥形螺杆锚具的套筒长度(mm);

a——钢丝伸出套筒的长度(mm),取 $a = 20mm$。

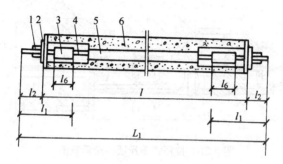

图 5.37 采用锥形螺杆锚具时钢丝下料长度计算简图

1—螺母;2—垫板;3—锥形螺杆锚具;4—钢丝束;5—孔道;6—混凝土构件

编束是理顺钢筋后,用 18~22 号铁丝每隔 1m 左右绑扎一道,形成帘子状,然后卷成束(可加,也可不加钢丝衬圈),以防穿筋时扭结。以下钢筋束或钢绞线束的编束相同。

3) 钢筋束或钢绞线束

当采用夹片式锚具,以穿心式千斤顶在构件上张拉(如图 5.38 所示)时,钢筋束钢绞线束的下料长度 L 为:

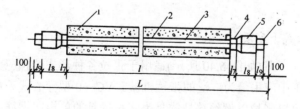

图 5.38 钢筋束下料长度计算简图

1—混凝土构件;2—孔道;3—钢筋束;4—夹片式工作锚;5—穿心式千斤顶;6—夹片式工具锚

两端张拉:$L = l + 2(l_7 + l_8 + l_9 + 100)$ (5-13)

一端张拉:$L = l + 2(l_7 + 100) + l_8 + l_9$ (5-14)

式中:l_7——夹片式工作锚厚度(mm);

l_8——穿心式千斤顶长度(mm);

l_9——夹片式工具锚厚度(mm)。

钢绞线下料前应在切割口两侧各 50mm 处用 20 号铁丝绑扎牢固，以免切割后松散。

钢丝、钢绞线、热处理钢筋及冷拉Ⅳ级钢筋，宜采用砂轮锯或切断机切断，不得采用电弧切割。用砂轮切割机下料具有操作方便，效率高、切口规则无毛头等优点，尤其适合现场使用。

5.2.2 张拉设备

1. 拉杆式千斤顶

拉杆式千斤顶(如图 5.39 所示)适用于张拉以螺丝端杆锚具为张拉锚具的粗钢筋，张拉以锥型螺杆锚具为张拉锚具的钢丝束，拉杆式千斤顶的构造及工作过程如图 5.39 所示。

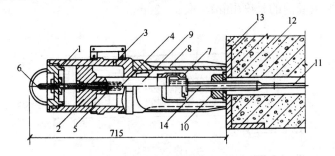

图 5.39 拉杆式千斤顶构造示意图

1—主缸；2—主缸活塞；3—主缸油嘴；4—副缸；5—副缸活塞；6—副缸油嘴；7—连接器；8—顶杆；
9—拉杆；10—螺帽；11—预应力筋；12—混凝土构件；13—预埋钢板；14—螺丝端杆

拉杆式千斤顶张拉预应力筋时，首先使连接器与预应力筋的螺丝端杆相连接，顶杆支撑在构件端部的预埋钢板上。高压油由 3 进入主缸时，则推动主缸活塞向左移动，并带动拉杆和连接器以及螺丝端杆同时向左移动，对预应力筋进行张拉。达到张拉力时，拧紧预应力筋的螺帽，将预应力筋锚固在构件的端部。高压油再由 6 进入副缸，推动副缸使主缸活塞和拉杆向右移动，使其恢复初始位置。此时主缸的高压油流回高压泵中去，完成一次张拉过程。

2. YC-60 型穿心式千斤顶

YC-60 型穿心式千斤顶(如图 5.40 所示)适用于张拉各种形式的预应力筋，是目前我国预应力混凝土构件施工中应用最为广泛的张拉机械。YC-60 型穿心式千斤顶加装撑脚、张拉杆和连接器后，就可以张拉以螺丝端杆锚具为张拉锚具的单根粗钢筋，张拉以锥型螺杆锚具和 DM5A 型墩头锚具为张拉锚具的钢丝束。YC-60 型穿心式千斤顶增设顶压分束器，就可以张拉以 KT-Z 型锚具为张拉锚具的钢筋束和钢绞线束。

张拉时，高压油由张拉缸油嘴 A 进入张拉工作油室Ⅰ，活塞 2 顶住构件后油缸 1 左移；同时油嘴 B 开启，油室Ⅲ回油。完成张拉，关 A，高压油由 B 经 C 进入油室Ⅱ，活塞 3 右移，顶压夹片或锚塞，锚固钢筋。完成张拉顶压后，开 A、B 继续进油，油缸 1 右移、恢复到初始位置；开 B，弹簧 4 使活塞 3 恢复到初始位置。

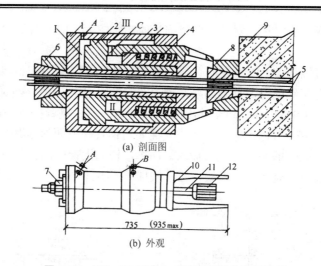

(a) 剖面图

(b) 外观

图 5.40 YC-60 型穿心式千斤顶的构造示意图

1—张拉油缸；2—顶压油缸(即张拉活塞)；3—顶压活塞；4—弹簧；5—预应力筋；6—工具式锚具；
7—螺帽；8—工作锚具；9—混凝土构件；10—顶杆；11—拉杆；12—连接器；Ⅰ—张拉工作油室；
Ⅱ—顶压工作油室；Ⅲ—张拉回程油室；A—张拉缸油嘴；B—顶压缸油嘴；C—油孔

3. 锥锚式双作用千斤顶

锥锚式双作用千斤顶(如图 5.41 所示)适用于张拉以 KT-Z 型锚具为张拉锚具的钢筋束和钢绞线束，张拉以钢质锥型锚具为张拉锚具的钢丝束。

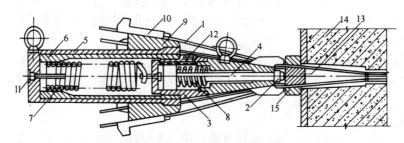

图 5.41 锥锚式双作用千斤顶构造示意图

1—预应力筋；2—顶压头；3—副缸；4—副缸活塞；5—主缸；6—主缸活塞；7—主缸拉力弹簧；
8—副缸压力弹簧；9—锥形卡环；10—楔块；11—主缸油嘴；12—副缸油嘴；13—锚塞；14—构件；15—锚环

张拉时，楔块 10 锚固钢筋 1，高压油由油嘴 11 进入主缸，主缸带动钢筋左移。完成张拉，关 11，高压油由 12 进入副缸，副缸活塞及顶压头 2 右移，顶压锚塞，锚固钢筋。完成张拉顶压后，主缸、副缸回油，弹簧 7、8 使主缸、副缸恢复到初始位置，放松楔块 10、拆下千斤顶。

5.2.3 后张法施工工艺

1. 预留孔道

预应力筋的孔道可采用钢管抽芯、胶管抽芯和预埋管等方法成型。对孔道成型的基本要求是：孔道的尺寸与位置应正确，孔道应平顺，接头不漏浆，端部预埋钢板应垂直于孔道中心线等。孔道成型的质量,对孔道摩阻损失的影响较大,应严格把关。

1) 钢管抽芯法

钢管抽芯用于直线孔道。钢管表面必须圆滑,预埋前应除锈、刷油,如用弯曲的钢管,转动时会沿孔道方向产生裂缝,甚至塌陷。钢管在构件中用钢筋井字架(如图 5.42 所示)固定位置,井字架每隔 1.0~1.5m 一个,与钢筋骨架扎牢。两根钢管接头处可用 0.5mm 厚铁皮做成的套管连接(如图 5.43 所示),套管内表面要与钢管外表面紧密贴合,以防漏浆堵塞孔道。钢管一端钻 16mm 的小孔,以备插入钢筋棒,转动钢管。抽管前每隔 10~15min 应转管一次。如发现表面混凝土产生裂纹,应用铁抹子压实抹平。

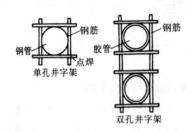

图 5.42 固定钢管或胶管位置用的井字架   图 5.43 铁皮套管

抽管时间与水泥的品种、气温和养护条件有关。抽管宜在混凝土初凝之后,终凝以前进行,以用手指按压混凝土表面不显指纹时为宜。抽管过早,会造成坍孔事故;太晚,混凝土与钢管黏结牢固,抽管困难,甚至抽不出来。常温下抽管时间约在混凝土灌筑后 3~5h。抽管顺序宜先上后下地进行。抽管方法可用人工或卷扬机。抽管时必须速度均匀、边抽边转,并与孔道保持在一直线上。抽管后,应及时检查孔道情况,并做好孔道清理工作,防止以后穿筋困难。

采用钢丝束镦头锚具时,张拉端的扩大孔也可用钢管抽芯成型,如图 5.44 所示。留孔时应注意,端部扩大孔应与中间孔道同心。抽管时先抽中间钢管,后抽扩孔钢管,以免碰坏扩孔部分并保持孔道清洁和尺寸准确。

2) 胶管抽芯法

留孔用胶管采用夹布胶管或钢丝网橡皮管,可用于直线、曲线或折线孔道。胶管或橡皮管在拉力作用下断面缩小,所以混凝土初凝后可以抽出。夹布胶管软,必须冲气或水。

把胶管一头密封,勿使漏水漏气。密封的方法是将胶管一端外表面削去 1~3 层胶皮及帆布,然后将外表面带有粗丝扣的钢管(钢管一端用铁板密封焊牢)插入胶管端头孔内,再用 20 号铁丝在胶管外表面密缠牢固,铁丝头用锡焊牢(如图 5.45 所示),胶管另一端接上阀门,其接法与密封基本相同(如图 5.46 所示)。

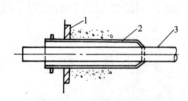

图 5.44 张拉端扩大孔用钢管抽芯成型

1—预埋钢板;2—端部扩大孔的钢管;3—中间孔的成型

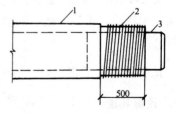

图 5.45 胶管封端

1—胶管;2—20 号铁丝密扎;3—钢管堵头

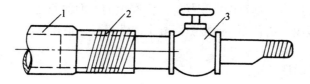

图 5.46 胶管与阀门连接

1—胶管；2—20 号铁丝密扎；3—阀门

短构件留孔，可用一根胶管对弯后穿入两个平行孔道。长构件留孔，必要时可将两根胶管用铁皮套管接长使用，套管长度以 400～500mm 为宜，内径应比胶管外径大 2～3mm。固定胶管位置用的钢筋井字架，一般每隔 600mm 放置一个，并与钢筋骨架扎牢。然后充水(或充气)加压到 0.5～0.8N/mm^2，此时胶皮管直径可增大约 3mm。浇捣混凝土时，振动棒不要碰胶管，并应经常检查水压表的压力是否正常，如有变化必须补压。

抽管前，先放水降压，待胶管断面缩小与混凝土自行脱离即可抽管。抽管时间比抽钢管略迟。抽管顺序一般为先上后下，先曲后直。

在没有充气或充水设备的单位或地区，也可在胶皮管内满塞细钢筋，能收到同样效果。

3) 预埋管法

预埋管法现一般采用金属波纹管。

金属波纹管具有重量轻、刚度好、弯折方便、连接容易、与混凝土黏结良好等优点，可做成各种形状的预应力筋孔道，是现代后张预应力筋孔道成型用的理想材料；镀锌铁皮管仅用于施工周期长的超高竖向孔道或有特殊要求的部位。

2. 预应力筋张拉

根据预应力混凝土结构特点、预应力筋形状与长度，以及施工方法的不同，预应力筋张拉方式有以下几种。

1) 张拉端的选择

长度小于 30m 的直线预应力筋与锚固损失影响长度 $L_f \geq L/2$ (L 为预应力筋长度)的曲线预应力筋，采用一端张拉，即张拉设备放置在预应力筋一端。

长度大于 30m 的直线预应力筋与锚固损失影响长度 $L_f < L/2$ 的曲线预应力筋，采用两端张拉，即张拉设备放置在预应力筋两端；当张拉设备不足或由于张拉顺序安排关系，也可先在一端张拉完成后，再移至另一端张拉，补足张拉力后锚固。

2) 分批张拉

对配有多束预应力筋的构件或结构可分批进行张拉。由于后批预应力筋张拉使先批张拉的预应力筋重心处混凝土弹性压缩或拉伸，先批筋与其重心处混凝土同步变形，从而先批张拉的预应力筋预应力减小或加大。所以，先批张拉的预应力筋应考虑这一影响，方能达到设计预应力水平。

由预加力(包括后批预应力筋实际应力，编者注)产生的混凝土法向应力：

$$\sigma_{pc} = \frac{N_p}{A_n} \pm \frac{N_p e_{pn}}{I_n} y_n \pm \frac{M_2}{I_n} y_n \tag{5-15}$$

式中：A_n——净截面积，即扣除孔道、凹槽等削弱部分以外的混凝土全部截面面积及纵向非预应力钢筋截面面积换算成混凝土的截面面积之和；对由不同混凝土强度等级组成的截面，应根据混凝土弹性模量比值换算成同一混凝土强度等级的截面面积；

I_n——净截面惯性矩；

N_p——后张法构件的预应力钢筋及非预应力钢筋的合力，按以下规定计算：

$$N_p = \sigma_{pe} A_p + \sigma'_{pe} A'_p - \sigma_{l5} A_s - \sigma'_{l5} A'_s \tag{5-16}$$

σ_{pe}、σ'_{pe}——受拉区、受压区预应力钢筋的有效预应力，预加力减相应阶段预应力损失；

A_p、A'_p——受拉区、受压区纵向预应力钢筋的截面面积；

σ_{l5}、σ'_{l5}——受拉区、受压区预应力钢筋在各自合力点处混凝土收缩和徐变引起的预应力损失值，计算方法详见混凝土结构设计规范；

A_s、A'_s——受拉区、受压区纵向非预应力钢筋的截面面积；

e_{pn}——净截面重心至预应力钢筋及非预应力钢筋合力点的距离，按以下规定计算：

$$e_{pn} = \frac{\sigma_{pe} A_p y_{pn} - \sigma'_{pe} A'_p y'_{pn} - \sigma_{l5} A_s y_{sn} + \sigma'_{l5} A'_s y'_{sn}}{\sigma_{pe} A_p + \sigma'_{pe} A'_p - \sigma_{l5} A_s - \sigma'_{l5} A'_s} \tag{5-17}$$

y_{pn}、y'_{pn}——受拉区、受压区预应力合力点至净截面重心的距离；

y_{sn}、y'_{sn}——受拉区、受压区非预应力钢筋重心至净截面重心的距离；

y_n——净截面重心至所计算纤维处(包括先批预应力筋重心，编者注)的距离；

M_2——由预加力 N_p 在后张法预应力混凝土超静定结构中产生的次弯矩，按规范的规定计算(对静定结构取 0，编者注)。

式(5-15)中，右边第二、第三项与第一项的应力方向相同时取加号，相反时取减号；公式适用于 σ_{pc} 为压应力的情况，当 σ_{pc} 为拉应力时，应以负值代入。

当前批张拉的预应力筋需增加应力(即前批筋应力因后批筋的张拉锚固而减小)时，可在张拉先批筋时超张拉，但超张拉后，其应力不得超过最大张拉值(最大张拉应力由国家现行标准《混凝土结构设计规范》GB 50010—2002 规定)；当应力超过标准时，应在后批预应力筋张拉后再对前批筋补张拉，使其达设计应力水平。

【例 5.1】 24m 屋架下弦有 4 根预应力粗筋，沿对角线分 2 批对称张拉，张拉程序为 0→$1.03\sigma_{con}$，预应力筋为 $\phi25$ 冷拉 III 级钢筋，$f_{pyk} = 500 \text{ N/mm}^2$，每根预应力筋截面面积为 491mm^2，$\sigma_{con} = 0.85 f_{pyk} = 425 \text{ N/mm}^2$，第二批筋张拉时第一批张拉的钢筋应力下降，经计算，由后批预应力筋实际应力在前批筋重心处混凝土中产生的法向应力 $\sigma_{pc} = 8.88 \text{ N/mm}^2$。试确定保证先批筋应力的方法。

解 当采用超张拉时，先批筋的应力为 $1.03(425 + \frac{E_s}{E_c} \times 8.88) = 1.03(425 + \frac{2.1 \times 10^5}{3 \times 10^4} \times 8.88)$
$= 502\text{N/mm}^2$，大于 $0.95 f_{pyk} = 475\text{N/mm}^2$。故第一批筋不可超张拉，应在后批预应力筋张拉后再对前批筋补张拉，使其达到设计应力水平。

如图 5.47 所示的吊车梁，其预应力筋分三批张拉，第一批拉 1、2 号筋，第二批拉 3 号筋，第三批拉 4、5 号筋，根据计算，分批张拉时的应力下降，可采用超张拉弥补。故 1、

2号筋张拉力各为377kN，3号筋拉力为365kN，4、5号筋拉力各为360 kN。

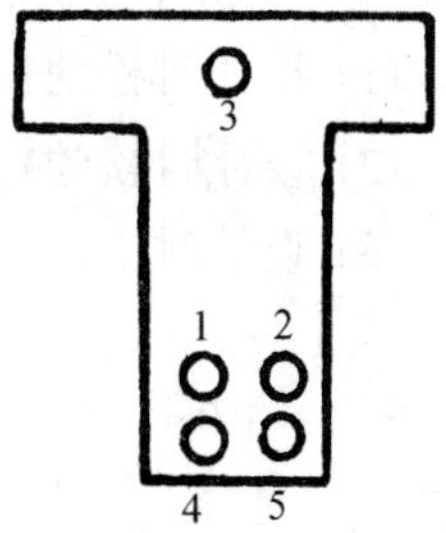

3) 分段张拉

在多跨连续梁板分段施工时，统长的预应力筋需要逐段进行张拉。对大跨度多跨连续梁，在第一段混凝土浇筑与预应力筋张拉锚固后，第二段预应力筋利用锚头连接器接长，以形成统长的预应力筋。

图5.47 吊车梁分三批张拉

4) 分阶段张拉

在后张传力梁等结构中，为了平衡各阶段的荷载，采取分阶段逐步施加预应力的方式。所加荷载不仅是外载(如楼层重量)，也包括由内部体积变化(如弹性压缩、收缩与徐变)产生的荷载。梁在跨中处下部与上部的应力应控制在容许范围内。这种张拉方式具有应力、挠度与反拱容易控制、材料省等优点。

5) 补偿张拉

在早期预应力损失基本完成后，再进行张拉的方式。采用这种补偿张拉，可克服弹性压缩损失，减少钢材应力松弛损失，混凝土收缩徐变损失等，以达到预期的预应力效果。此法在水利工程与岩土锚杆中应用较多。

6) 平卧重叠构件张拉

后张法预应力混凝土屋架等构件一般在施工现场平卧重叠制作，重叠层数为3～4层。其张拉顺序宜先上后下逐层进行。为了减少上下层之间因摩擦引起的预应力损失，可逐层加大张拉力。根据有关单位试验研究与大量工程实践，得出不同预应力筋与不同隔离层的平卧重叠构件逐层增加的张拉力百分数，见表5-2。

表5-2 平卧重叠浇筑构件逐层增加的张拉力百分数

预应力筋类别	隔离剂类别	逐层增加的张拉力百分数			
		顶层	第二层	第三层	底层
高强钢丝束	Ⅰ	0	1.0	2.0	3.0
	Ⅱ		1.5	3.0	4.0
	Ⅲ	0	2.0	3.5	5.0
Ⅱ级冷拉钢筋	Ⅰ	0	2.0	4.0	6.0
	Ⅱ	1.0	3.0	6.0	9.0
	Ⅲ	2.0	4.0	7.0	10.0

注：第一类隔离剂：塑料薄膜、油纸；

第二类隔离剂：废机油滑石粉、纸筋灰、石灰水、废机油、柴油石蜡；

第三类隔离剂：废机油、石灰水、滑石粉。

高强钢丝束与Ⅱ级冷拉钢筋由于张拉控制应力不同，在相同隔离层的条件下，所需的超张拉力不同。Ⅱ级冷拉钢筋的张拉控制应力较低，其所需的超张拉力百分数比高强钢丝束大。

7) 张拉程序

预应力筋的张拉操作程序，主要根据构件类型、张拉锚固体系，松弛损失取值等因素确定。分为以下三种情况。

(1) 设计时松弛损失按一次张拉程序取值：$0 \rightarrow \sigma_{con}$ 锚固。

(2) 设计时松弛损失按超张拉程序取值：$0 \rightarrow 1.05\sigma_{con} \xrightarrow{持荷2min} \sigma_{con}$ 锚固。

(3) 设计时松弛损失按超张拉程序，但采用锥销锚具或夹片锚具：$0 \rightarrow 1.03\sigma_{con}$ 锚固。

以上各种张拉程序，均可分级加载。对曲线束，一般以 $0.2\sigma_{con}$ 为起点，分二级加载($0.6\sigma_{con}$、$1.0\sigma_{con}$)或四级加载($0.4\sigma_{con}$、$0.6\sigma_{con}$、$0.8\sigma_{con}$ 和 $1.0\sigma_{con}$)，每级加载均应量测伸长值。

8) 张拉伸长值校核

预应力筋张拉时，通过伸长值的校核，可以反映孔道摩阻损失是否偏大，以及预应力筋是否局部张拉等，从而校核张拉力是否足够，以免油压表失灵造成预应力不足或过大而破断。因此，对张拉伸长值的校核，要引起重视。

预应力筋张拉伸长值的量测，应在建立初应力之后进行。其实际伸长值 ΔL 应等于：

$$\Delta L = \Delta L_1 + \Delta L_2 - A - B - C \tag{5-18}$$

式中：ΔL_1——从初应力至最大张拉力之间的实测伸长值(mm)；

ΔL_2——初应力以下的推算伸长值(mm)；

A——张拉过程中锚具楔紧引起的预应力筋内缩值(mm)；

B——千斤顶体内预应力筋的张拉伸长值(mm)；

C——施加应力时，后张法混凝土构件的弹性压缩值(其值微小时可略去不计)(mm)。

关于初应力以下的推算伸长值 ΔL_2，可根据弹性范围内张拉力与伸长值成正比的关系，用计算法或图解法确定。

采用图解法时，预应力筋实际伸长值如图 5.48 所示，以伸长值为横坐标，张拉力为纵坐标，将各级张拉力的实测伸长值标在图上，绘成张拉力与伸长值关系线 CAB，然后延长此线与横坐标交于 O' 点，则 OO' 段即为推算伸长值。此法以实测值为依据，比计算法准确。

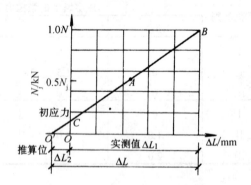

图 5.48 预应力筋实际伸长值图解

计算伸长值：
$$\Delta L' = \frac{FL}{E_s A_p} \tag{5-19}$$

式中：F——预应力筋全长的平均拉力(N)；

E_s——预应力筋的弹性模量(N/mm^2)；

A_p——预应力筋的截面面积(mm^2)；

L——预应力筋的计算长度,与 ΔL 的计算长度一致(mm)。

根据规范的规定:实际伸长值与设计计算理论伸长值的相对允许偏差为±6%。如实际伸长值比计算伸长值超出限值,应暂停张拉,在采取措施予以调整后,方可继续张拉。

此外,在锚固时应检查张拉端预应力筋的内缩值,以免由于锚固引起的预应力损失超过设计值。如实测的预应力筋内缩量大于规定值,则应改善操作工艺,更换锚具或采取超张拉办法弥补。

9) 张拉注意事项

(1) 张拉时应认真做到孔道、锚环与千斤顶三对中,以便张拉工作顺利进行,并不致增加孔道摩擦损失。

(2) 采用锥锚式千斤顶张拉钢丝束时,先使千斤顶张拉缸进油,至压力表略有启动时暂停,检查每根钢丝的松紧并进行调整,然后再打紧楔块。

(3) 工具锚的夹片,应注意保持清洁和良好的润滑状态。新的工具锚夹片第一次使用前,应在夹片背面涂上润滑脂,以后每使用 5~10 次,应将工具锚上的挡板连同夹片一同卸下,向锚板的锥形孔中重新涂上一层润滑剂,以防夹片在退楔时卡住。润滑剂可采用石墨、二硫化钼、石蜡或专用退锚灵等。

(4) 多根钢绞线束夹片锚固体系如遇到个别钢绞线滑移,可更换夹片,用小型千斤顶单根张拉。

(5) 每根构件张拉完毕后,应检查端部和其他部位是否有裂缝,并填写张拉记录表。

(6) 预应力筋锚固后的外露长度不宜小于 30mm。长期外露的锚具,可涂刷防锈油漆,或用混凝土封裹,以防腐蚀。

3. 孔道灌浆

预应力筋张拉后,孔道应及时灌浆。其目的是防止预应力筋锈蚀,增加结构的耐久性;同时亦使预应力筋与混凝土构件黏结成整体,提高结构的抗裂性和承载能力。此外,试验研究证明,在预应力筋张拉后立即灌浆,可减少预应力松弛损失 20%~30%。因此,对孔道灌浆的质量,必须重视。

1) 灌浆材料

灌浆所用的水泥浆,既应有足够强度和黏结力,也应有较大的流动性和较小的干缩性及泌水性。故配制灌浆用水泥浆应采用标号不低于 425 号普通硅酸盐水泥;水灰比宜为 0.4 左右;流动度为 120~170mm;搅拌后 3h 泌水率宜控制在 2%,最大不得超过 3%;当需要增加孔道灌浆的密实性时,水泥浆中可掺入对预应力筋无腐蚀作用的外加剂(如掺入占水泥重量 0.25%的木质素磺酸钙、0.25%的 FDN、0.5%的 NNO,一般可减水 10%~15%,泌水小、收缩微、早期强度高;而掺入 0.05‰的铝粉,可使水泥浆获得 2%~3%膨胀率,提高孔道灌浆饱度同时也能满足强度要求);对空隙大的孔道,可采用砂浆灌浆。水泥及砂浆强度,均不应小于 $20N/mm^2$。当采用矿渣硅酸盐水泥时,应按上述要求试验合格方可使用。

2) 灌浆施工

灌浆顺序应先下后上,以免上层孔道漏浆把下层孔道堵塞;直线孔道灌浆,应从构件的一端到另一端;在曲线孔道中灌浆,应从孔道最低处开始向两端进行。用连接器连接的多跨连续预应力筋的孔道灌浆,应张拉完一跨随即灌注一跨,不得在各跨全部张拉完毕后,一次连续灌浆。

搅拌好的水泥浆必须通过过渡器，置于贮浆桶内，并不断搅拌，以防泌水沉淀。

灌浆工作应缓慢均匀地进行，不得中断，并应排气通顺；在孔道两端冒出浓浆并封闭排气孔后，宜再继续加压至 0.5～0.6N/mm²，稍后再封闭灌浆孔。

不掺外加剂的水泥浆，可采用二次灌浆法。二次灌浆时间要掌握恰当，一般在水泥浆泌水基本完成、初凝尚未开始时进行(夏季约 30～45min，冬季约 1～2h)。

预应力混凝土的孔道灌浆，应在常温下进行。在低温灌浆前，宜通入 50℃的温水，洗净孔道并提高孔道周边的温度(应在 5℃以上)；灌浆时水泥的温度宜为 10～25℃；水泥浆的温度在灌浆后至少有 5d 保持在 5℃以上；且应养护到强度不小于 15N/mm²。此外，在水泥浆中加适量的加气剂、减水剂、甲基酒精以及采取二次灌浆工艺，都有助于免除冻害。

5.3 习　　题

(1) 某先张法空心板，用刻痕丝 $\phi^l 5$ 作预应力筋，强度标准值 $f_{ptk} = 1570\text{N/mm}^2$，控制应力 $\sigma_{con} = 0.7 f_{ptk}$。采用单根张拉，张拉程序为：$0 \rightarrow 1.03\sigma_{con}$，试求张拉力。

(2) 某先张法预应力吊车梁，采用 10mm 直径的热处理钢筋作预应力筋，其强度标准值 $f_{ptk} = 1470 \text{N/mm}^2$，$\sigma_{con} = 0.7 f_{ptk}$，用 YC-60 千斤顶张拉(活塞面积为 20000 mm²)。求张拉力和油泵油表读数(不计千斤顶的摩阻力)为多少？若采用 $0 \rightarrow 1.05\sigma_{con}$ 程序，求相应阶段油泵油表读数。

(3) 某预应力屋架下弦配 4 根 $1 \times 3\phi^s 8.6$ 预应力筋，$f_{ptk} = 1570 \text{N/mm}^2$，$\sigma_{con} = 0.60 f_{ptk}$，采用 $0 \rightarrow 1.03\sigma_{con}$ 张拉程序。超张限值 $0.65 f_{ptk}$。今现场仅一台张拉设备，采用分批对称张拉，后批张拉时，在前批张拉的钢筋重心处混凝土中产生压应力 1.2N/mm²，问这时前批张拉的钢筋应力降低多少？宜采用什么方法使先批张拉的钢筋达到规定的应力(是补张拉，还是加大拉力，为什么)？设混凝土的弹性模量 $E_c = 2.8 \times 10^4 \text{N/mm}^2$，预应力钢筋的弹性模量 $E_s = 1.95 \times 10^5 \text{N/mm}^2$。

第 6 章 结构安装工程

教学提示： 装配式结构施工主要包括构件制作和构件吊装两大施工环节，吊装机械是结构施工的重要设备，施工过程的组织规划是结构吊装的保障，构件吊装工艺过程是施工的关键。

教学要求： 了解结构安装工程施工机械性能，掌握一般工程结构吊装方法，通过实例加强对结构吊装工程施工方法的理解和认识。

在工业与民用建筑中，构件可以由预制构件厂或现场预制成型，然后在施工现场由起重机械把它们吊装到设计的位置上去。结构安装工程是按照设计要求把预制构件吊装到位并加以固定。

结构安装工程的特点是：

(1) 受预制构件类型和质量的影响较大。预制构件的外形尺寸、预埋件位置是否准确、构件强度是否达到设计要求、预制构件类型的变化多少等，都直接影响施工进度和质量。

(2) 正确选用起重机械是完成结构安装工程施工的主导因素。选择起重机械的依据是：构件的尺寸、重量、安装高度以及位置。而吊装的方法及吊装进度又取决于起重机械的选择。

(3) 构件在施工现场的布置(摆放)随起重机械的变化而不同。

(4) 构件在吊装过程中的受力情况复杂。必要时还要对构件进行吊装强度、稳定性的验算。

(5) 高空作业多，应注意采取安全技术措施。

6.1 起重机械与索具

建筑结构安装施工常用的起重机械有：桅杆式起重机、自行杆式起重机、塔式起重机等几大类。

6.1.1 桅杆式起重机

桅杆式起重机是用木材或金属材料制作的起重设备，它具有制作简单、装拆方便、起重量大(可达 200t 以上)、受地形限制小等特点，宜在大型起重设备不能进入时使用。但是它的起重半径小、移动较困难，需要设置较多的缆风绳。它一般适用于安装工程量集中、结构重量大、安装高度大以及施工现场狭窄的多层装配式或单层工业厂房构件的安装。

桅杆式起重机可分为独脚拔杆、人字拔杆、悬臂拔杆和牵缆式桅杆起重机等。

1. 独脚拔杆

独脚拔杆有木独脚拔杆和钢管独脚拔杆以及格构式独脚拔杆三种，如图 6.1 所示。

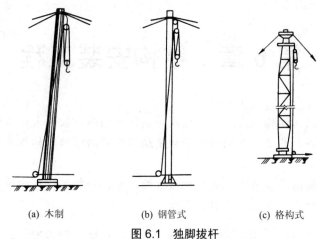

(a) 木制　　(b) 钢管式　　(c) 格构式

图 6.1　独脚拔杆

独脚拔杆由把杆、起重滑轮组、卷扬机、缆风绳和锚碇等组成。

木独脚拔杆由圆木做成，圆木直径 200~300mm，最好用整根木料。起重高度在 15m 以内，起重量在 10t 以下。如拔杆需要接长可采用对接和搭接；钢管独脚拔杆起重高度在 20m 以内，起重量在 30t 以下；格构式独脚拔杆一般制作成若干节，以便于运输，吊装中根据安装高度及构件重量组成需要长度。其起重高度可达 70m，起重量可达 100t。

独脚拔杆在使用时，保持不大于 10°的倾角，以便吊装构件时不至碰撞把杆，底部要设拖子以便移动，拔杆主要依靠缆风绳来保持稳定，其根数应根据起重量、起重高度、以及绳索强度而定，一般为 6~12 根，但不少于 4 根。缆风绳与地面的夹角 α 一般取 30°~45°，角度过大则对把杆产生较大的压力。

2. 人字拔杆

人字拔杆是由两根圆木或钢管、缆风绳、滑轮组、导向轮等组成。在人字拔杆的顶部交叉处，悬挂滑轮组。拔杆下端两脚的距离约为高度的 1/2~1/3。缆风绳一般不少于 5 根，如图 6.2 所示。人字拔杆顶部相交成 20°~30°夹角，以钢丝绳绑扎成铁件铰接。人字拔杆其特点是，侧向稳定性好、缆风绳用量少。但起吊构件活动范围小，一般仅用于安装重型柱，也可作辅助起重设备用于安装厂房屋盖上的轻型构件。

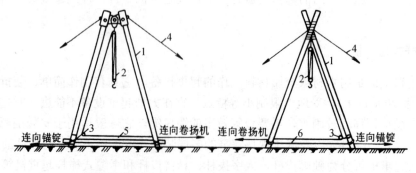

(a) 顶端用铁件铰接　　　　　(b) 顶端用绳索捆扎

图 6.2　人字拔杆

1—拔杆；2—起重滑轮组；3—导向滑轮；4—缆风绳；5—拉杆；6—拉绳

3. 悬臂拔杆

在独脚拔杆中部或 2/3 高度处装上一根起重臂成悬臂拔杆，如图 6.3 所示。

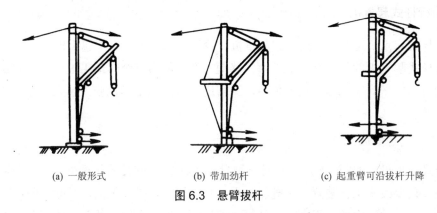

(a) 一般形式　　　　(b) 带加劲杆　　　　(c) 起重臂可沿拔杆升降

图 6.3　悬臂拔杆

悬臂拔杆的特点是有较大的起重高度和起重半径，起重臂还能左右摆动 120°～270°，这为吊装工作带来较大的方便。但其起重量较小，多用于起重高度较高的轻型构件的吊装。

4. 牵缆式桅杆起重机

牵缆式桅杆起重机是在独脚拔杆的下端装上一根可以回转和起伏的吊杆而成，如图 6.4 所示。这种起重机不仅起重臂可以起伏，而且整个机身可作 360°回转，因此，能把构件吊送到有效起重半径内的任何空间位置。具有较大的起重量和起重半径，灵活性好。

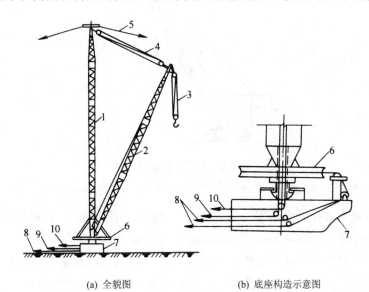

(a) 全貌图　　　　(b) 底座构造示意图

图 6.4　牵缆式桅杆起重机

1—拔杆；2—起重臂；3—起重滑轮组；4—变幅滑轮组；5—缆风绳；
6—回转盘；7—底座；8—回转索；9—起重索；10—变幅索

起重量在 5t 以下的桅杆式起重机，大多用圆木做成，用于吊装小构件；起重量在 10t 左右的桅杆式起重机，起重高度可达 25m，多用于一般工业厂房的结构安装；用格构式截面的拔杆和起重臂,起重量可达60t,起重高度可达80m,常用于重型厂房的吊装,缺点是使用缆风绳较多。

6.1.2 自行杆式起重机

自行杆式起重机可分为:履带式起重机、轮胎式起重机、汽车起重机三种。

自行杆式起重机的优点是灵活性大,移动方便,能为整个建筑工地服务。起重机是一个独立的整体,一到现场即可投入使用,无需进行拼接等工作,施工起来更方便,只是稳定性稍差。

1. 履带式起重机

履带式起重机,如图 6.5 所示,是一种自行式、360°回转的起重机。它是一种通用式工程机械,只要改变工作装置,它既能起重,又能挖土。操作灵活,行驶方便,可在一般道路上行走,对地耐力要求不高。臂杆可以接长或更换,有较大的起重能力及工作速度,在平整坚实的道路上还可负载行驶。但其行走速度较慢,因其稳定性差,不宜超负荷吊装。履带对路面破坏性较大。在一般单层工业厂房安装中常用履带式起重机。

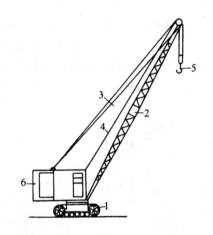

图 6.5 履带式起重机

1—履带;2—起重臂;3—起落起重臂钢丝绳;4—起落吊钩钢丝绳;5—吊钩;6—机身

履带式起重机主要由动力装置、传动机构、行走机构(履带)、工作机构(起重杆、起重滑轮组、变幅滑轮组、卷扬机等)、机身及平衡重等组成。

履带式起重机主要技术性能包括 3 个主要参数:起重量 Q、起重半径 R 和起重高度 H。起重量一般不包括吊钩、滑轮组的重量,起重半径 R 是指起重机回转中心至吊钩的水平距离,起重高度 H 是指起重吊钩中心至停机面的距离。

常用履带式起重机的起重性能及外形尺寸及技术参数见表 6-1;此外还可用性能曲线来表示起重机的性能,如图 6.6 所示。

表 6-1 国内生产的几种履带起重机主要技术性能

型号		W₁-100	QU20	QU25	QU32A	QU40	QUY50	W200A	KH180-3
最大起重量/t	主钩	15	20	25	36	40	50	50	50
	副钩	—	2.3	3	3	3		5	
最大提升高度/m	主钩	19	11~27.6	28	29	31.5	9~50	12~36	9~50
	副钩	—		32.3	33	36.2		40	
臂长/m	主钩	23	13~30	13~30	10~31	10~34	13~52	15;30;40	13~62
	副钩	—	5		4	6.2		6	6.1~15.3
提升速度/(m/min)			23.4;46.8	50.8	7.95~23.8	6~23.9	35;70	2.94~30	35;70
行走速度/(km/h)		1.5	1.5	1.1	1.26	1.26	1.1	0.36;1.5	1.5
最大爬坡度/%		20	36	30	30	40	31	40	
接地比压/MPa		0.089	0.082	0.091	0.086	0.068	0.123	0.061	
发动机	型号	6135	6135K-1	6135AK-1	6135AK-1	6135AK-1	6135K-15	12V135D	PD604
	功率(kW)	88	88.24	110	110	110	128	176	110
外形尺寸/mm	长	5303	5348	6105	6073	6073	7000	7000	7000
	宽	3120	3488	2555	3875	4000	3300~4300	4000	3300~4300
	高	4170	4170	5327	3920	3554	3300	6300	3100
整机自重/t		40.74	44.5	41.3	511.5	58	50	75; 77; 79	46.9
生产厂		抚顺挖掘机厂	抚顺挖掘机厂	长江挖掘机厂	江西采矿机械厂	江西采矿机械厂	抚顺挖掘机厂	杭州重型机械厂	抚顺-日立合作生产

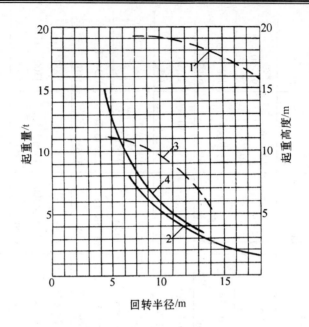

图 6.6 W1-100 型起重机性能曲线

1—起重臂长 23m 时起重高度曲线；2—起重臂长 23m 时起重量曲线；
3—起重臂长 13m 时起重高度曲线；4—起重臂长 13m 时起重量曲线

从起重机性能表和性能曲线可以看出，起重量、回转半径、起重高度三个工作参数之间存在着互相制约的关系。即起重量、回转半径和起重高度的数值，取决于起重臂长度及其仰角。当起重臂长度一定时，随着起重臂仰角的增大，则起重量和起重高度增大，而回转半径则减小。当起重臂仰角不变时随着起重臂的长度的增加，则回转半径和起重高度都增加，而起重量变小。

为了安全，履带式起重机在进行安装工作时，起重机吊钩中心与臂架顶部定滑轮中心之间应有一定的最小安全距离，其值视起重机大小而定，一般为 2.5~3.5m。起重机进行工作时对现场的道路应采用枕木或钢板焊成路基箱垫好道路，以保证起重机工作的安全。起重机工作时的地面允许最大坡角不应超过 3°。起重臂最大仰角不得超过 78°。起吊最大额定重物时，起重机必须置于坚硬而水平的地面上，如地面松软不平时，应采取措施整平。起吊时的一切动作要以缓慢速度进行。履带式起重机一般不宜同时做起重和旋转的操作，也不宜边起重边改变臂架的幅度。如起重机必须负载行驶，则载荷不应超过允许重量的 70%。起重机吊起满载荷重物时，应先吊离地面 20~50cm，检查起重机的稳定性、制动器的可靠性和绑扎的牢固性等，确认可靠后才能继续起吊。两台起重机双机抬吊时，构件重量不得超过两台起重机所允许起重量总和的 75%。

2. 汽车式起重机

汽车式起重机是装在普通汽车底盘上或特制汽车底盘上的一种起重机，也是一种自行式全回转起重机。其行驶的驾驶室与起重操作室是分开的，它具有行驶速度高、机动性能好的特点。但吊重时需要打支腿，因此不能负载行驶，也不适合在泥泞或松软的地面上工作。

常用的汽车式起重机(如图 6.7 所示)有 Q1 型(机械传动和操纵)、Q2 型(全液压式传动和伸缩式起重臂)、Q3 型(多电动机驱动各工作机构)以及 YD 型随车起重机和 QY 系列等。

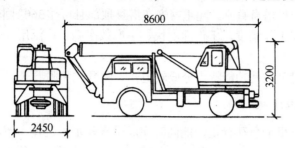

图 6.7　汽车式起重机

重型汽车式起重机 Q2-32 型起重臂长 30m,最大起重量 32t,可用于一般厂房的构件安装和混合结构的预制板安装工作。目前引进的大型汽车式起重机最大起重量达 120t,最大起重高度可达 75.6m,能满足吊装重型构件的需要。

在使用汽车式起重机时不准负载行驶或不放下支腿就起重,在起重工作之前要平整场地,以保证机身基本水平(一般不超过 3°),支腿下要垫硬木块。支腿伸出应在吊臂起升之前完成,支腿的收入应在吊臂放下搁稳之后进行。

3. 轮胎式起重机

轮胎式起重机(如图 6.8 所示)是把起重机构安装在加重型轮胎和轮轴组成的特制底盘上的一种自行式全回转起重机。随着起重量的大小不同,底盘下装有若干根轮轴,配备有 4～10 个或更多个轮胎。吊装时一般用四个支腿支撑以保证机身的稳定性;构件重力在不用支腿允许荷载范围内也可不放支腿直吊。轮胎式起重机与汽车式起重机的优缺点基本相似,其行驶均采用轮胎,故可以在城市的路面上行走不会损伤路面。轮胎式起重机可用于装卸和一般工业厂房的安装和低层混合结构预制板的安装工作。

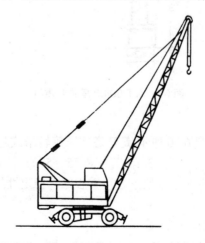

图 6.8　轮胎式起重机

6.1.3 塔式起重机

塔式起重机是一种塔身直立，起重臂安在塔身顶部且可作360°回转的起重机，一般具有较大的起重高度和工作幅度，工作速度快、生产效率高，广泛用于多层和高层装配式及现浇式结构的施工。

塔式起重机一般可按其功能特点分成轨道式、爬升式和附着式三类。

1. 轨道式塔式起重机

轨道式塔式起重机能负荷行走，能同时完成垂直和水平运输，使用安全，能在直线和曲线的轨道上行走，生产效率高。但是需要铺设轨道，装拆、转移费工费时，因而台班费用较高。

轨道式塔式起重机常用的型号有 QT1-2 型、QT-16 型、QT-40 型、QT1-6 型、QT-60/80 型、QTZ-800 型、QTZ-315 型、QTZ-125 型等。

1) QT-60/80 塔式起重机

QT-60/80 塔式起重机(如图 6.9 所示)是轨道式上旋转塔式起重机，额定起重力矩为 $600\sim800$ kN·m，它可动臂、变幅，起重量 10t、起重高度可达 68m。

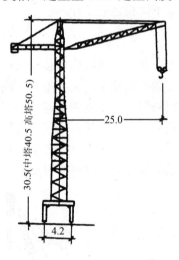

图 6.9　QT-60/80 塔式起重机

2) QT-20 型塔式起重机

QT-20 型塔式起重机(如图 6.10 所示)是轨道式下旋转塔式起重机，幅度为 $9\sim30$m、主钩最大起重量为 20t、最大起重高度 53m，塔身高 $35\sim57.8$m，适用于多层工业民用建筑的施工。因为是下回转式，配重在起重架下方，重心低，稳定性好，起重量又大，尤其适用多层装配结构的吊装。

轨道式塔式起重机在使用时应注意：

(1) 塔式起重机应有专责司机操作，司机必须受过专业训练。

(2) 塔式起重机的轨道位置，其边线应与建筑物有适当距离，以防发生碰撞事故(如上层有悬挑部分更应注意)和使建筑物基础产生沉陷。

(3) 起重机一般准许工作的气温为+40℃～-20℃,风速小于6级。

(4) 起重机工作时必须严格按照额定起重量起吊,不得超载,也不准吊运人员、斜拉重物、拔除地下埋物。

(5) 司机必须得到指挥信号后,方可进行操作,操作前司机必须按电铃、发信号。吊物上升时,吊钩距起重臂端不得小于1m,工作休息或下班时,不得将重物悬在空中。

(6) 施工完毕,起重机应开到轨道中部位置停放,并用夹轨钳夹紧在轨道上。吊钩上升到起重臂端2～3m处。起重臂应转至平行于轨道的方向。所有控制器必须扳到停止点,拉开电源总开关。

(7) 塔式起重机新到或安装旧塔式重机之后,必须经过试运转。

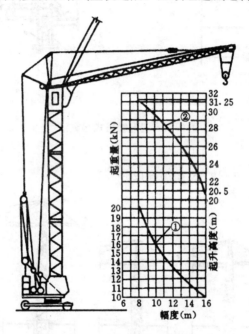

图 6.10　QT-20型塔式起重机

①—幅度—起升高度曲线;②—幅度—起重量曲线

2. 爬升式塔式起重机

高层结构施工,若采用一般轨道式塔式起重机,其起重高度已不能满足构件的吊装要求,需采用自升式塔式起重机。

爬升式塔式起重机(如图6.11所示)是自升式塔式起重机的一种,它安装在建筑物内部的框架梁上或电梯井上,一般每两层爬升一次,依靠套架托架和爬升系统自己爬升。爬升式起重机由底座套架、塔身、塔顶、行车式起重臂、平衡臂等部分组成。其特点是机身体积小,重量轻,安装简单、不需要铺设轨道,不占用施工场地;但塔基作用于楼层,建筑结构需进行相对加固,拆卸时需在屋面架设辅助起重设备。该机适用于施工现场狭窄的高层框架结构的施工。

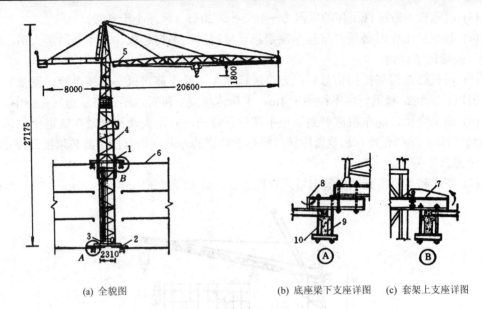

(a) 全貌图　　　　　　(b) 底座梁下支座详图　(c) 套架上支座详图

图 6.11　爬升式塔式起重机

1—套架；2—底座梁；3—提升滑轮组；4—塔身；5—吊杆；6—建筑框架；7—上支座；8—下支座；9—框架梁；10—V 型箍

起重机一次爬升操作过程如下(如图 6.12 所示)。

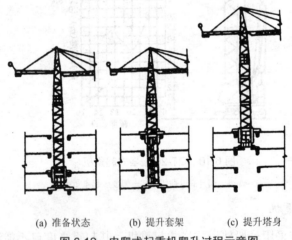

(a) 准备状态　　(b) 提升套架　　(c) 提升塔身

图 6.12　内爬式起重机爬升过程示意图

(1) 遥控起重小车收回到最小幅度处。

(2) 下降吊钩，使起重钢丝绳绕过回转支承上支座的导向滑轮，穿过走台的方洞，用吊钩将套架提环吊住。

(3) 放松固定套架的地脚螺栓，将活动支脚收进框架梁内。

(4) 用遥控器启动起升机构，提升套架，并同时用爬升开关开动爬升机构，放松爬升系统钢丝绳，不使其张紧。

(5) 当套架上升至两层楼高度时停止提升，摇出套架四角的活动支腿，用地脚螺栓固定。

(6) 松开吊钩，将吊钩提升到适当高度，遥控起重小车到最大幅度处。

(7) 松开底座地脚螺栓，收回底座活动支腿，使底座没有约束。

(8) 开动爬升机构将起重机提升至相应两层楼高度处，停止爬升。

(9) 摇出底座四角的活动支腿，并用预埋的地脚螺栓固定。

3. 附着式塔式起重机

附着式塔式起重机直接固定在建筑物近旁的混凝土基础上，依靠爬升系统，随着建筑施工进度而自行向上接高。每隔20m左右将塔身与建筑物的框架用锚固装置联结起来。它是一种能适应多种工作情况的起重机，它还可装在建筑物内部做爬升式塔式起重机使用或作轨道式塔式起重机使用，如图6.13所示。

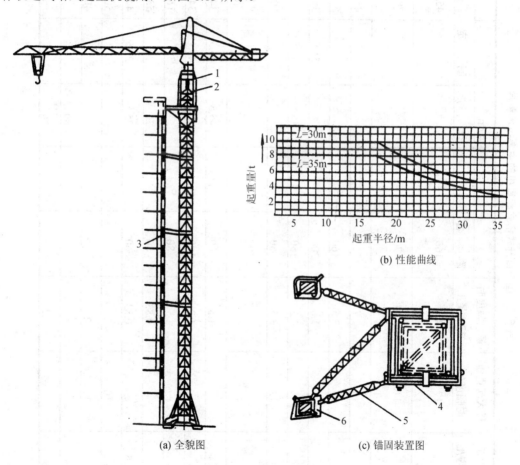

图 6.13 附着式塔式起重机

1—液压千斤顶；2—顶升套架；3—锚固装置；4—塔身套箍；5—撑杆；6—柱套箍

国产自升式塔式起重机的主要技术参数见表6-2。

表 6-2 国产自升式塔式起重机的主要技术参数

型号	幅度/m	最大起重量/t	最大起重量时幅度/m	最大幅度时起重量/t	起升高度/m 附着	起升高度/m 内爬	起升高度/m 行走	起升高度/m 固定	速度/(m/min) 起升	速度/(m/min) 变幅	速度/(m/min) 行走
QT4-10		10	17	4	160				45,22.5	18	
		20	12	3.5							
QT80(A)		7	11.1	2.67	70				70,50,29.5	45,25	
		6	11.6	1.5							
Z80		8	10	2.7	123				45,22.5	30	
ZT-120		8	15	3.5	160				50.3	30.5	
QTZ1600	55,60,65	10		1.6	200			51.8	35,73,110	60,30,9.5	
QTZ800	40,45,50	8		1.3	150	150	45.5	45.5	34,54,100	35	22
QTZ200	2.4~60	20	12	3.5	60				80,40,8.2	22.38	
QTZ100					162.5			50	6档 100.8~16.8	80,60,7.6	
QTZ60A	35,40,45	6		1.5	100	110	45.5	45.5	34,54,100	35	22
QTZ60	35,40,45	6		1.2	100			40.1	34,50,100	20,40.5	
QTZ40	30,35,40	4		1	80			32	18,34,70	20,40.5	
QTZ315	38	3		0.83	80		30	30	53.7,26.8,5.95	22,33	23
QTZ25	30	2.5		0.83	60		25.5	25.5	44,29,6.9	22	23
QTP60	30	6	10	2					50,25	28.6,10	
QT5-4/20	20	4	11	2					40,5	20	
C7050	70	20		5			80				
C7022	70	16		2.2			56				

6.1.4 索具设备

结构工程施工中,尤其是结构吊装工程施工中除了使用起重机外,还要使用许多辅助工具及设备,如卷扬机、起重滑轮组和钢丝绳等索具设备。

1. 卷扬机

在垂直运输设备(如井字架、龙门架等)中,多使用额定牵引力在15kN以下的轻型卷扬机,而桅杆式起重机中多使用额定牵引力为50kN左右甚至更大的卷扬机。

电动卷扬机按速度可分为快速(JJK)、慢速(JJM)和调速(JJT)三种,其中快速和调速卷扬机拉力为5~50kN,钢丝绳额定速度为30m/min,配合井字架、龙门架、滑轮组等可作垂直和水平运输等用。慢速卷扬机,其额定拉力为30~200kN,钢丝绳额定速度为7~21m/min,配以拔杆、人字架滑轮组等辅助设备,也可用作大型构件、设备安装和冷拉钢筋等用。卷扬机的技术参数见表6-3。

表6-3 单筒快速卷扬机技术参数

项 目		型 号				
		JK0.5 (JJK—0.5)	JK3 (JJK—3)	JK5 (JJK—5)	JK8 (JJK—8)	JD1 (JD—1)
额定静拉力/kN		5	30	50	80	10
卷筒	直径/mm	150	330	320	520	220
	宽度/mm	465	560	800	800	310
	容绳量/m	130	200	250	250	400
钢丝绳直径/mm		7.7	17	20	28	12.5
绳速/(m/min)		35	31	40	37	44
电动机	型号	Y112M—4	Y225S—8	JZR2-62—10	JR92—8	JBJ—11.4
	功率/kW	4	18.5	45	55	11.4
	转速/(r/min)	1440	750	580	720	1460
外形尺寸	长/mm	1000	1250	1710	3190	1100
	宽/mm	500	1350	1620	2105	765
	高/mm	400	800	1000	1505	730
整机自重/t		0.37	1.25	2.2	5.6	0.55

卷扬机在使用中必须做可靠的固定,以防止工作时产生滑移或倾覆,通常采用地锚固定,根据其受力大小,固定方法有螺栓锚固法、水平锚固法、立桩锚固法和压重锚固法四种。如图6.14所示。

2. 钢丝绳

结构施工中常用的钢丝绳是先由若干根高强钢丝捻成股,再由若干股(一般为六股)围绕绳芯(一般为麻芯)捻成绳。具有强度高、弹性大、韧性好、耐磨、能承受冲击载荷等优点,且磨损后外部产生许多毛刺,容易检查,便于预防事故。

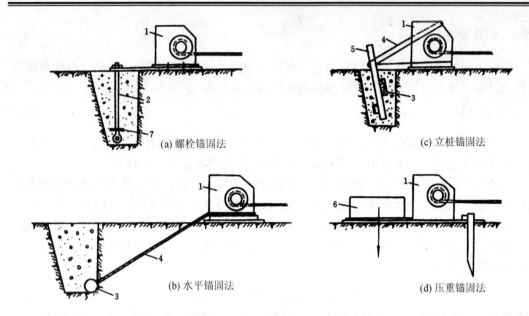

图 6.14 卷扬机固定方法

1—卷扬机；2—地脚螺栓；3—横木；4—拉索；5—木桩；6—压重；7—压板

钢丝绳的规格有 6×19 和 6×37 两种，前者钢丝粗、较硬、不易弯曲多用作缆风绳；后者钢丝细，比较柔软，常用作起重吊索。6×37 主要数据见表 6-4。

表 6-4 6×37 钢丝绳的主要数据

直径/mm		钢丝总断面积/mm²	参考重量/(kg/100m)	钢丝绳公称抗拉强度/(N/mm²)				
钢丝绳	钢丝			1400	1550	1700	1850	2000
				钢丝破断拉力总和不小于/kN				
8.7	0.4	27.88	26.21	39.0	43.2	47.3	51.5	55.7
11.0	0.5	43.57	40.96	60.9	67.5	74.0	80.6	87.1
13.0	0.6	62.74	58.98	87.8	97.2	106.5	116.0	125.0
15.0	0.7	85.39	80.57	119.5	132.0	145.0	157.5	170.5
17.5	0.8	111.53	104.8	156.0	172.5	189.5	206.0	223.0
19.5	0.9	141.16	132.7	197.5	213.5	239.5	261.0	282.0
21.5	1.0	174.27	163.3	243.5	270.0	296.0	322.0	348.5
24.0	1.1	210.87	198.2	295.0	326.5	358.0	390.0	421.5
26.0	1.2	250.95	235.9	351.0	388.5	426.5	464.0	501.5
28.0	1.3	294.52	276.8	412.0	456.5	500.5	544.5	589.0
30.0	1.4	341.57	321.1	478.0	529.0	580.5	631.5	683.0
32.5	1.5	392.11	368.6	548.5	607.5	666.5	725.0	784.0
34.5	1.6	446.13	419.4	624.5	691.5	758.0	825.0	892.0
36.5	1.7	503.64	473.4	705.0	780.5	856.0	931.5	1005.0

续表

直径/mm		钢丝总断面积/mm²	参考重量/(kg/100m)	钢丝绳公称抗拉强度/(N/mm²)				
钢丝绳	钢丝			1400	1550	1700	1850	2000
				钢丝破断拉力总和不小于/kN				
39.0	1.8	564.63	530.8	790.0	875.0	959.5	1040.0	1125.0
43.0	2.0	697.08	655.3	975.5	1080.0	1185.0	1285.0	1390.0
47.5	2.2	843.47	792.9	1180.0	1305.0	1430.0	1560.0	
52.0	2.4	1003.80	943.6	1405.0	1555.0	1705.0	1855.0	
56.0	2.6	1178.07	1107.4	1645.0	1825.0	2000.0	2175.0	
60.5	2.8	1366.28	1234.3	1910.0	2115.0	2320.0	2525.0	
65.0	3.0	1568.43	1474.3	2195.0	2430.0	2665.0	2900.0	

钢丝绳的允许拉力按下式计算：

$$[F_g] = \frac{\alpha F_g}{K} \tag{6-1}$$

式中：$[F_g]$——钢丝绳的允许拉力(kN)；

α——换算系数(表 6-5)；

F_g——钢丝绳的钢丝破断拉力总和(kN)；

K——钢丝绳的安全系数(表 6-6)。

在施工过程中，钢丝绳使用一段时间后，就会有产生断丝、腐蚀和磨损的现象出现，其承载力降低，应及时检查，超过要求应报废。钢丝绳穿过滑轮时，滑轮应比绳的直径大1mm～2.5mm，滑轮槽过大钢丝绳容易压扁；过小则容易磨损。应定期对钢丝绳加润滑油，在使用中如绳股间有大量的油挤出，表明钢丝绳的荷载已相当大，此时必须勤加检查，以免发生事故。

表 6-5　钢丝绳破断拉力换算系数

钢丝绳结构	换算系数
6×19	0.85
6×37	0.82
6×61	0.80

表 6-6　钢丝绳的安全系数

用途	安全系数	用途	安全系数
做缆风	3.5	做吊索无弯曲时	6～7
用于手动起重设备	4.5	做捆绑吊索	8～10
用于机动起重设备	5～6	用于载人的升降机	14

3. 吊具

吊具包括吊钩、钢丝夹头、卡环(卸甲)、吊索(千斤绳)，横吊梁等，是吊装时重要的工具，如图 6.15 所示。卡环(卸甲)用于吊索之间或吊索与构件吊环之间的连接。吊索(千斤绳)

根据形式不同,可分为环形吊索(万能索)和开口索。横吊梁(铁扁担)承受吊索对构件的轴向压力,减少起吊高度。

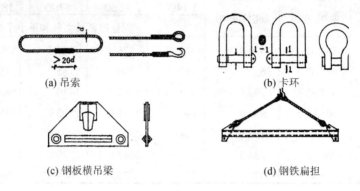

图 6.15 吊具

6.2 钢筋混凝土单层工业厂房结构吊装

单层工业厂房由于构件类型少,数量多,除基础在施工现场就地浇筑外,其他构件均为预制构件。其主要构件有柱、吊车梁、屋架、薄腹梁、天窗架、屋面板、连系梁、地基梁、各种支撑等。尺寸大、重量重的大型构件(柱、屋架等)一般在施工现场就地制作;中小型构件则集中在构件厂制作,运到施工现场安装。

6.2.1 构件吊装工艺

1. 构件吊装前的准备工作

由于工业厂房吊装的构件种类、数量较多,为了进行合理而有序的安装工程,构件吊装前要做好各项准备工作,其内容有:基础的准备;清理及平整场地;修建临时道路;各种构件运输、就位和堆放;构件的强度、型号、数量和外观等质量检查;构件的拼装与加固;构件的弹线、编号以及吊具准备等。

1) 基础的准备

基础准备是指在柱构件吊装前,对基础底的标高进行抄平、在基础杯口顶面弹出定位线(如图 6.16 所示)。柱基施工时,杯底标高一般比设计标高低 50mm。通过对各柱基础的测量检查,计算出杯底标高调整值,并标注在杯口内,然后用 1:2 水泥砂浆或细石砼将杯底偏差找平,其目的是为了确保柱牛腿顶面的设计标高准确。基础杯口顶面定位线与柱身定位线比对,可确认柱子是否到达设计位置。

2) 构件的弹线、编号

柱子应在柱身的 3 个面上弹出安装中心线,并与基础杯口顶面弹的定位线相适应。对矩形截面的柱子,可按几何中线弹出;对工字形截面的柱子为便于观测和避免视差,则应靠柱边弹出控制准线。此外,在柱顶和牛腿面还要弹出屋架及吊车梁的安装中心线,如图 6.17 所示。

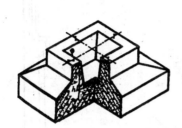
图 6.16 基础杯口顶面弹定位线

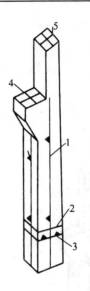
图 6.17 柱子弹线

1—柱身对位线；2—地坪标高线；3—基础顶面线；
4—吊车梁对位线；5—柱顶中心线

屋架在上弦顶面弹出几何中心线，并从跨中向两端分别标出天窗架、屋面板的吊装对位线，端头标出中心线。

吊车梁在两端及顶面标出中心线。在对构件弹线的同时，还应根据设计图纸对构件进行编号，注明构件左、右。

2. 柱的吊装

1) 柱的绑扎

柱子的绑扎位置和绑扎点数，应根据柱的形状、断面、长度、配筋部位和起重机性能等情况确定。因柱的吊升过程中所承受的荷载与使用阶段荷载不同，因此绑扎点应高于柱的重心，这样柱吊起后才不致摇晃倾翻。吊装时应对柱的受力进行验算，其最合理的绑扎点应在柱产生的正负弯矩绝对值相等的位置。自重 13t 以下的中、小型柱，大多绑扎一点；重型或配筋小而细长的柱则需要绑扎两点、甚至三点。有牛腿的柱，一点绑扎的位置，常选在牛腿以下，如上部柱较长，也可绑扎在牛腿以上。工字型断面柱的绑扎点应选在矩形断面处，否则应在绑扎位置用方木加固翼缘。双肢柱的绑扎点应选在平腹杆处。在吊索与构件之间还应垫上麻袋、木板等，以免吊索与构件之间摩擦造成损伤。

按柱起吊后柱身是否垂直分为斜吊绑扎法(如图 6.18 所示)和直吊绑扎法(如图 6.19、图 6.20 所示)。

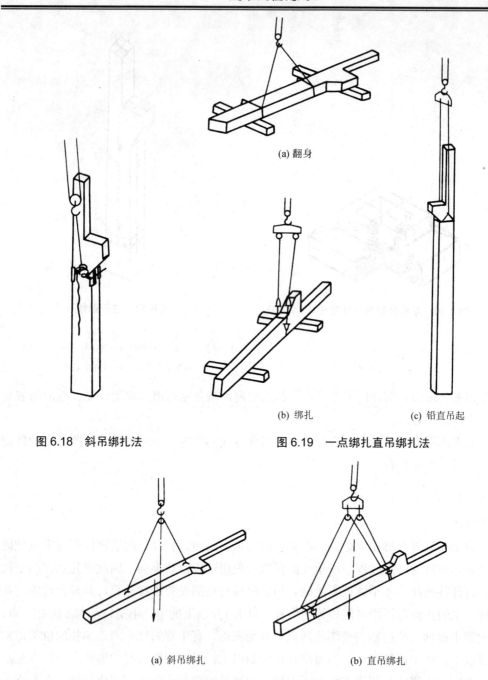

图 6.18 斜吊绑扎法　　　图 6.19 一点绑扎直吊绑扎法

图 6.20 柱的两点绑扎

当柱平卧起吊抗弯能力满足要求时，可采用斜吊法。当柱平卧起吊抗弯能力不足时，吊装前需对柱先翻身后再绑扎起吊。吊索从柱的两侧引出，上端通过卡环或滑轮组挂在横吊梁上，这种方法称为直吊法。

2) 柱的吊升

工业厂房中的预制柱子安装就位时，常用旋转法和滑行法两种形式吊升到位。

(1) 旋转法：布置柱子时使柱脚靠近柱基础，柱的绑扎点、柱脚和基础中心位于以起重半径为半径的圆弧上，称为三点共弧旋转法。起重机边升钩边回转，柱子绕柱脚旋转立直，吊离地面后继续转臂，插入基础杯口内，如图6.21所示。

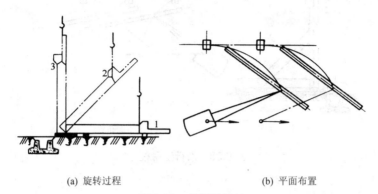

(a) 旋转过程　　　　　　(b) 平面布置

图 6.21　旋转法吊柱

1—柱平放时；2—起吊中途；3—直立

除了三点共弧旋转法，还有两点共弧旋转法可以选用，即柱的绑扎点与柱脚或柱脚与基础中心位于以起重半径为半径的圆弧上。柱脚与基础中心点两点共弧旋转法吊柱时(如图6.22所示)，起重机边升钩边回转边变臂长，柱子绕柱脚旋转立直，以后过程同三点共弧旋转法。绑扎点与柱脚两点共弧旋转法吊柱时，起重机边升钩边回转边，柱子绕柱脚旋转立直，吊离地面以后起重机边回转边变臂长，把柱子吊入杯口。以上两种两点共弧旋转法的特点是：柱在吊装过程中振动较小，柱子布置相对三点共弧旋转法更灵活，但起重机动作相对三点共弧旋转法更复杂。

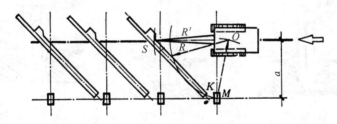

图 6.22　柱脚与基础中心两点共弧旋转法吊柱

(2) 滑行法：柱子的绑扎点靠近基础杯口布置，且绑扎点与基础杯口中心位于以起重半径为半径的圆弧上；起重机升钩使柱脚沿地面缓缓滑向绑扎点下方、立直；吊离地面后，起重机转臂使柱子对准基础杯口就位，如图6.23所示。

旋转法相对滑行法的特点是：柱在吊装立直过程中振动较小，生产率较高；但对起重机的机动性要求高，现场布置柱的要求较高。

两台起重机进行"抬吊"重型柱时，也可采用两点抬吊旋转法和一点抬吊滑行法。

3) 柱的对位与临时固定

柱脚插入杯口后，应悬离杯底适当距离进行对位，对位时从柱子四周放入8只楔块，并用撬棍拨动柱脚，使柱的吊装准线对准杯口上的吊装准线，并使柱基本保持垂直。

柱子对位后，应先将楔块略为打紧，经检查符合要求后，方可将楔块打紧，这就是临时固定。重型柱或细长柱除做上述临时固定措施外，必要时可加缆风绳。

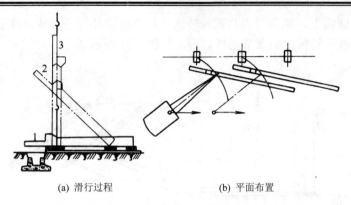

(a) 滑行过程　　　　　(b) 平面布置

图 6.23　滑行法吊柱

1—柱平放时；2—起吊中途；3—直立

4) 柱的校正与最后固定

柱的校正，包括平面位置和垂直度的校正。

平面位置在临时固定时多已校正好，而垂直度的校正要用两台经纬仪从柱的相邻两面来测定柱的安装中心线是否垂直。

垂直度的校正直接影响吊车梁、屋架等吊装的准确性，必须认真对待。要求垂直度偏差的允许值为：柱高≤5m 时为 5mm；柱高>5m 时为 10mm；柱高≥10m 时为 1/1000 柱高，但不得大于 20mm。

校正方法：有敲打楔块法、千斤顶校正法、钢管撑杆斜顶法及缆风绳校正法等，如图 6.24 所示。

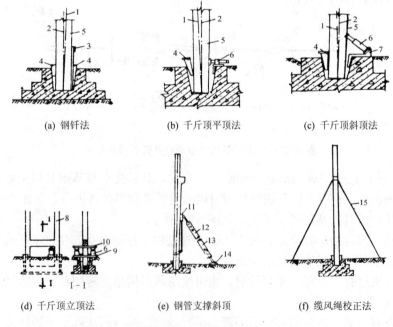

(a) 钢钎法　　　(b) 千斤顶平顶法　　　(c) 千斤顶斜顶法

(d) 千斤顶立顶法　　(e) 钢管支撑斜顶　　(f) 缆风绳校正法

图 6.24　柱子校正方法

1—铅垂线；2—柱中线；3—钢钎；4—楔子；5—柱子；6—千斤顶；7—铁簸箕；8—双肢柱；
9—垫木；10—钢梁；11—头部摩擦板；12—钢管支撑；13—手柄；14—底板；15—缆风绳

柱子校正后应立即进行最后固定。方法是在柱脚与杯口的空隙中浇筑比柱砼强度等级高一级的细石砼，浇筑分两次进行：第一次浇筑至原固定柱的楔块底面，待砼强度达到25%时拔去楔块，再将砼灌满杯口。待第二次浇筑的砼强度达到70%后，方可安装其上部构件。

3. 吊车梁的吊装

吊车梁的类型，通常有T型、鱼腹型和组合型等。

吊车梁吊装时，应两点绑扎，对称起吊。起吊后应基本保持水平，对位时不宜用橇棍在纵轴方向撬动吊车梁，以防使柱身受挤动产生偏差。

吊车梁吊装后需校正其标高、平面位置和垂直度。吊车梁的标高主要取决于柱牛腿标高，一般只要牛腿标高准确时，其误差就不大。如仍有微差，可待安装轨道时再调整。在检查及校正吊车梁中心线的同时，可用垂球检查吊车梁的垂直度，如有偏差时，可在支座处加斜垫铁纠正。

一般较轻的吊车梁或跨度较小些的吊车梁，可在屋盖吊装前或吊装后进行校正；而对于较重的吊车梁或跨度较大些的吊车梁，宜在屋盖吊装前进行校正，但注意不可有正偏差(以免屋盖吊装时正偏差迭加超限)。

吊车梁平面位置的校正，常用通线法与平移轴线法，如图6.25、图6.26所示。通线法是根据柱子轴线用经纬仪和钢尺，准确地校核厂房两端的四根吊车梁位置，对吊车梁的纵轴线和轨距校正好之后，再依据校正好的端部吊车梁，沿其轴线拉上钢丝通线，逐根拨正。平移轴线法是根据柱子和吊车梁的定位轴线间的距离(一般为750mm)，逐根拨正吊车梁的安装中心线。

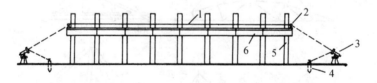

图6.25 通线法校正吊车梁的平面位置

1—钢丝；2—支架；3—经纬仪；4—木桩；5—柱；6—吊车梁

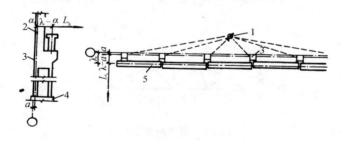

图6.26 平移轴线法校正吊车梁的平面位置

1—经纬仪；2—标志；3—柱；4—柱基础；5—吊车梁

吊车梁校正后，应立即焊接固定，并在吊车梁与柱的空隙处浇筑细石砼。

4. 屋架的吊装

屋盖系统包括有：屋架、屋面板、天窗架、支撑、天窗侧板及天沟板等构件。屋盖系统一般采用按节间进行综合安装：即每安装好一榀屋架，就随即将这一节间的全部构件安装上去。这样做可以提高起重机的利用率，加快安装进度，有利于提高质量和保证安全。在安装起始的两个节间时，要及时安好支撑，以保证屋盖安装中的稳定。

1) 屋架的绑扎

屋架的绑扎点应选在上弦节点处左右对称，并高于屋架重心，以免屋架起吊后晃动和倾翻。翻身或直立屋架时，吊索与水平线的夹角不宜小于60°，吊装时不宜小于45°，以免屋架承受过大的横向压力。必要时，为了减小绑扎高度及所受横向压力可采用横吊梁。吊点的数目及位置与屋架的形式和跨度有关，一般应经吊装验算确定。

当跨度小于等于 18m 时，用两根吊索 A、C、E 三点绑扎。这种屋架翻身时，如翻身时也在 A、C、E 点绑扎，则因 C 点处受力太大，可能会在 C 点上产生裂纹，则应绑于 A、B、D、E 四点。当跨度为 18～24m 时，用两根吊索 A、B、C、D 四点绑扎。当跨度为 30～36m 时，采用 9m 长的横吊梁，以降低吊装高度和减小吊索对屋架上弦的轴向压力。组合屋架吊装采用四点绑扎，下弦绑木杆加固。如图 6.27 所示。

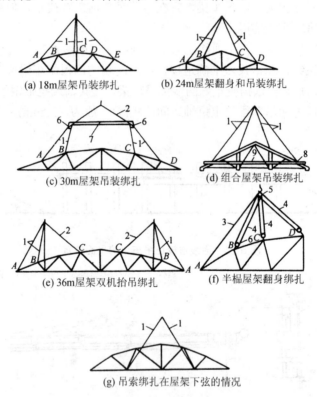

图 6.27 屋架的绑扎方法

1—长吊索对折使用；2—单根吊索；3—平衡吊索；4—长吊索穿滑轮组；
5—双门滑车；6—单门滑车；7—横吊梁；8—铅丝；9—加固木杆

2) 屋架的扶直与就位

钢筋砼屋架一般在施工现场平卧浇筑，吊装前应将屋架扶直就位。屋架是平面受力构件，侧向刚度差。扶直时由于自重会改变杆件的受力性质，容易造成屋架损伤，所以必须采取有效措施或合理的扶直方法。

按照起重机与屋架相对位置的不同,屋架扶直分为正向扶直和反向扶直两种方法。

(1) 正向扶直:起重机位于屋架下弦一侧,吊钩对准屋架中心。屋架绑扎起吊过程中,应使屋架以下弦为轴心,缓慢旋转为直立状态。

(2) 反向扶直:起重机位于屋架上弦一侧,吊钩对准屋架中心。屋架绑扎起吊过程中,使屋架以下弦为轴心,缓慢旋转为直立状态。

正向扶直和反向扶直的最大不同点是:起重机在起吊过程中,对于正向扶直时要升钩并升臂;而在反向扶直时要升钩并降臂。一般将构件在操作中升臂比降臂较安全,故应尽量采用正向扶直。

屋架扶直后,应立即进行就位。就位指移放在吊装前最近的便于操作的位置。屋架就位位置应在事先加以考虑,它与屋架的安装方法,起重机械的性能有关,还应考虑到屋架的安装顺序,两端朝向,尽量少占场地,便利吊装。就位位置一般靠柱边斜放或以 3~5 榀为一组平行于柱边。屋架就位后,应用 8 号铁丝、支撑等与已安装的柱或其他固定体相互拉结,以保持稳定。

3) 屋架的吊升、对位与临时固定

在屋架吊离地面约 300mm 时,将屋架引至吊装位置下方,然后再将屋架吊升超过柱顶一些,进行屋架与柱顶的对位。

屋架对位应以建筑物的定位轴线为准,对位成功后,立即进行临时固定。第一榀屋架的临时固定,可利用屋架与抗风柱连接,也可用缆风绳固定;以后榀屋架可用工具式支撑(如图 6.28 所示)与前一榀屋架连接。如图 6.29 所示。

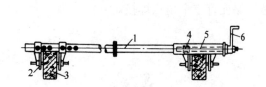
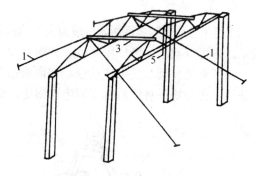

图 6.28 工具式支撑　　　　　　　　图 6.29 屋架的临时固定

1—钢管;2—撑脚;3—屋架上弦;4—螺母;5—螺杆;6—摇把　　　1—缆风绳;3—工具式支撑;5—线坠

4) 屋架的校正与最后固定

屋架的垂直度应用垂球或经纬仪检查校正,如图 6.30 所示,有偏差时采用工具式支撑纠正,并在柱顶加垫铁片稳定。屋架校正完毕后,应立即按设计规定用螺母或电焊固定,待屋架固定后,起重机方可松卸吊钩。

中、小型屋架,一般均用单机吊装,当屋架跨度大于 24m 或重量较大时,应采用双机抬吊。

5. 天窗架的吊装

一般情况下,天窗架是单独进行吊装的。吊装时应等天窗架两侧的屋面板吊装后再进行,并用工具式夹具或绑扎木杆临时加固。待对天窗架的垂直度和位置校正后,即可进行焊接固定。

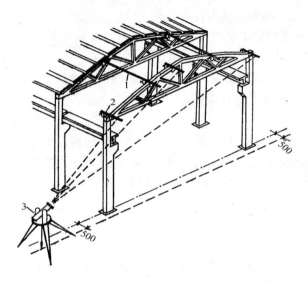

图 6.30 用经纬仪检查校正屋架的垂直度

也可在地面上先将天窗架与屋架拼装成整体后同时吊装。这种吊装对起重机的起重量和起重高度要求较高,须慎重对待。

6. 屋面板的吊装

单层工业厂房的屋面板,一般为大型的槽形板,板四角吊环就是为起吊时用的,如图 6.31 所示。也可一次起吊多块屋面板,如图 6.32 所示。

为了避免屋架承受半边荷载,屋面板吊装的顺序应自两边檐口开始,对称地向屋架中点铺放;在每块板对位后应立即电焊固定,必须保证有三个角点焊接。

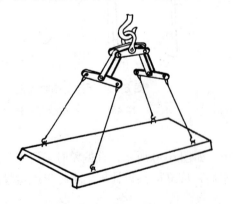 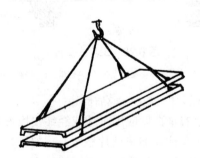

图 6.31 屋面板的吊装　　　图 6.32 一次起吊多块屋面板

6.2.2 结构吊装方案

结构吊装方案重点包括起重机的选择、结构安装方法、起重机的开行路线及停机位置、构件的平面布置与运输堆放等问题。

1. 起重机的选择

起重机是结构安装工程的主导设备,它的选择直接影响结构安装的方法,起重机的开行路线以及构件的平面布置。

起重机的选择,应根据厂房外形尺寸,构件尺寸和重量,以及安装位置和施工现场条件等因素综合考虑。对于一般中小型工业厂房,由于外形平面尺寸较大,构件的重量与安装高度却不大,因此选用履带式起重机最为适宜。对于大跨度的重型工业厂房,则应选用大型的履带式起重机,牵缆式拔杆或重型塔吊等进行吊装。

起重机类型确定后,还要进一步选择起重机的型号,了解起重臂的长度以及起重量、起重高度、起重半径等,使这些参数值均能满足结构吊装的要求。

1) 起重量

起重机的起重量必须大于所安装最重构件的重量与索具重量之和。

$$Q \geqslant Q_1 + Q_2 \tag{6-1}$$

式中:Q——起重机的起重量;

Q_1——所吊最重构件的重量;

Q_2——索具的重量。

2) 起重高度

起重机的起重高度必须满足所吊装构件的高度要求,如图 6.33 所示。

$$H \geqslant h_1 + h_2 + h_3 + h_4 \tag{6-2}$$

式中:H——起重机的起重高度(m);

h_1——安装点的支座表面高度,从停机地面算起(m);

h_2——安装对位时的空隙高度,不小于 0.3m;

h_3——绑扎点至构件吊起时底面的距离(m);

h_4——绑扎点至吊钩中心的索具高度(m)。

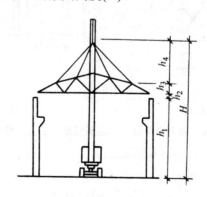

图 6.33 起重高度计算图

3) 起重半径

起重半径的确定,可以按三种情况考虑。

(1) 当起重机可以开到构件附近去吊装时,对起重半径没有什么要求,只要计算出起重量和起重高度后,便可以查阅起重机资料来选择起重机的型号及起重臂长度,并可查得在一定起重量 Q 及起重高度 H 下的起重半径 R;还可为确定起重机的开行路线以及停机位置作参考。

(2) 当起重机不能够开到构件附近去吊装时,应根据实际所要求的起重半径 R、起重量 Q 和起重高度 H 这三个参数,查阅起重机起重性能表或曲线来选择起重机的型号及起重臂的长度。

(3) 当起重臂需跨过已安装好的构件(屋架或天窗架)进行吊装时,应计算起重臂与已安装好的构件不相碰的最小伸臂长度。计算方法有数解法和图解法如图 6.34 所示。

数解法。应求满足吊装要求的最小起重臂长,可按下式计算:

$$L \geqslant L_1 + L_2 = h/\sin\alpha + (a+g)/\cos\alpha \tag{6-3}$$

式中:L——起重臂最小长度(m);

h——起重臂下铰点至屋面板吊装支座的垂直高度(m),$h = h_1 - E$;

h_1——停机地面至屋面板吊装支座的高度(m);

a——起重吊钩需跨过已安装好结构的水平距离(m);

g——起重臂轴线与已安装好结构之间在已安构件顶面标高的水平距离,至少取 1m。

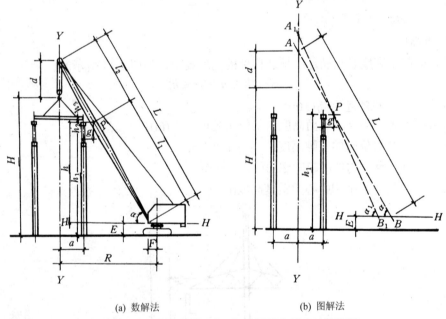

(a) 数解法   (b) 图解法

图 6.34 安装屋面板时,起重臂最小长度计算简图

为了使起重臂长度最小,可把上式进行一次微分,并令 $dL/d\alpha = 0$。

在 α 的可能区间 $(0, \pi/2)$ 仅有

$$\alpha = \arctan\sqrt[3]{\frac{h}{a+g}} \tag{6-4}$$

定理:函数 $f(x)$ 在点 x_0 有二阶导数且 $f'(x_0) = 0$,$f''(x_0) \neq 0$,则当 $f''(x_0) > 0$ 时,函数 $f(x)$ 在点 x_0 取得极小值。定理:连续函数 $f(x)$(曲线连续)在某区间(开、闭、无穷均可)只有一个可能的极值点,且函数在该点有极大值或极小值,则该值为所给区间上的最大值或最小值。

又由 $d^2L/d\alpha^2 > 0$ 知,L 有最小值。

把 α 值代入式(6-4)，即可求出最小起重臂的长度。当计算起重半径时：
$$R = F + L\cos\alpha$$
式中：F——起重臂下铰点至回转轴中心的水平距离(m)。

根据 R 和 L 可查用起重机性能表或性能曲线，复核起重量 Q 及起重高度 H，如能满足构件吊装要求，即可根据 R 值确定起重机吊装屋面板的停机位置。

图解法。作图的方法步骤如下：

(1) 按比例绘出构件的安装标高，柱距中心线和停机地面线。

(2) 在柱距中心线上定出臂杆顶端位置 A(d 为吊钩中心到臂杆顶端定滑轮中心的最小距离，是保证滑轮组和、正常工作的空间)。

(3) 根据 $g=1$m 定出 P 点位置。

(4) 根据起重起机的 E 值，绘出平行于停机面的直线 H-H。

(5) 连接 A、P 并延长使之与 H-H 相交于一点 B(此点为起重臂下端的铰点中心)。

(6) 高于 A 得到 A_1，连接 A_1、P，得 B_1 等。

(7) 量出 AB、A_1B_1 等线段中的最小长度，即为所求的起重臂最小长度近似值。

2. 结构安装方法(或称结构吊装顺序)

单层工业厂房的结构吊装，通常有两种方法：分件吊装法和综合吊装法。

1) 分件吊装法

分件吊装法就是起重机每开行一次只安装一类或一、二种构件。通常分三次开行即可吊完全部构件。这种吊装法的一般顺序是：起重机第一次开行，安装柱子；第二次开行，吊装吊车梁、连系梁及柱向支撑；第三次开行，吊装屋架、天窗架、屋面板及屋面支撑等。

分件吊装法的主要优点是：

(1) 构件便于校正。

(2) 构件可以分批进场，供应亦较单一，吊装现场不会过分拥挤。

(3) 对起重机来说，一次开行只吊装一种或两种构件，使吊具变换次数少，而且操作容易熟练，有利于提高安装效率。

(4) 可以根据不同构件类型，选用不同性能的起重机(大机械可吊大件，小机械可吊小件)有利于发挥机械效率，减少施工费用。

分件吊装法的缺点是：不能为后续工程及早地提供工作面；起重机开行路线长。

2) 综合吊装法(又称节间吊装法)

这种方法是：一台起重机每移动一次，就吊装完一个节间内的全部构件。其顺序是：先吊装完这一节间柱子，柱子固定后立即吊装这个节间的吊车梁、屋架和屋面板等构件；完成这一节间吊装后，起重机移至下一个节间进行吊装，直至厂房结构构件吊装完毕。

综合吊装法的主要优点是：

(1) 由于是以节间为单位进行吊装，因此其他后续工种可以进入已吊装完的节间内进行工作，有利于加速整个工程的进度。

(2) 起重机开行路线短。

综合吊装法的缺点是：由于同时吊装多种类型构件，机械不能发挥最大效率；构件供应现场拥挤，校正困难。故目前较少采用此法。

3. 起重机的开行路线及停机位置

起重机的开行路线及停机位置,与起重机的性能、构件的尺寸、重量、构件的平面位置、构件的供应方式以及吊装方法等问题有关。

当吊装屋架、屋面板等屋面构件时,起重机大多是沿着跨中开行的。

当吊装柱子时,根据厂房跨度大小、柱子尺寸和重量,以及起重机性能,可以沿着跨中开行,也可以沿着跨边开行。

如果用 L 表示厂房跨度,用 b 表示柱的开间距离,用 a 表示起重机开行路线到跨边的距离,那么,起重机除了满足起重量、起重高度要求以外,起重半径 R 还应满足一定条件,如:

当 $R \geq L/2$ 时,起重机可沿着跨中开行,每个停机位置可吊装两根柱子。

当 $R < L/2$ 时,起重机则需沿着跨边开行,每个停机位置只能吊装一根柱子。

当柱子的就位布置在跨外时,起重机沿着跨外开行,停机位置与跨边开行相似。

例如一个单跨单层工业厂房,如果采用分件吊装法进行吊装,起重机的开行路线及停机位置如图6.35所示。

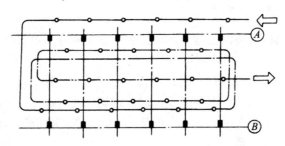

图6.35 起重机的开行路线及停机位置举例

4. 构件的平面布置与运输堆放

单层工业厂房构件的平面布置,是吊装工程中一件很重要的工作,如果构件布置得合理,可以免除构件在场内的二次搬运,充分发挥机械效益,提高劳动生产率。

关于构件的平面布置,它与吊装方法、起重机性能、构件制作方法等有关。所以应该在确定了吊装方法和起重机后,根据施工现场的实际情况,进行制定平面布置堆放构件。

构件的平面布置,分为预制阶段的平面布置和吊装阶段的平面布置两种。

1) 预制阶段的平面布置

需要在施工现场预制的构件,通常有:柱子、屋架、吊车梁等,其他构件一般由构件工厂或现场以外制作,运来进行吊装。

(1) 柱子的布置:柱子的布置有斜向布置和纵向布置两种,是配合柱起吊方法而排列的。柱的起吊方法有旋转法和滑行法两种。

① 三点共弧旋转法吊升的布置,如图6.36所示。

布置步骤如下:

确定起重机开行路线到柱基中心距离 a。其值与基坑大小,起重机的性能,构件的尺寸和重量有关。a 的最大值不能超过起重机吊装该柱时的最大起重半径 R; a 值也不宜取得太小,以免起重机与基坑距离太近而失稳。另外应注意当起重机回转时,其尾部不得与其他物体相碰。综合这些因素后,可决定 a 的大小,即可画出起重机的开行路线。

确定起重机停机位置。按旋转法要求:吊点、柱脚与柱基中心三者均在以起重半径 R 为圆弧的线上,柱脚靠近基础。所以,先以杯形基础中心 M 为圆心,以 R 为半径画弧与开行路线相交于 O 点,O 点即为停机点。

确定柱子预制时的场地位置。以 O 点为圆心,以 R 为半径画弧,在弧线上靠近柱基的弧上选一点 K 为柱脚位置;又以 K 为圆心,以柱脚到吊点距离为半径画弧,两弧相交于 S 点,以 KS 为中心线画出柱的模板图,即为柱子预制时的场地位置。最后标出柱顶、柱脚与柱到纵轴线的距离(A、B、C、D),即为支模时的依据。

布置柱子时,还应注意牛腿的朝向问题,要使吊装以后,其牛腿朝向符合设计要求。因此,当柱子在跨内预制或就位时,牛腿应朝向起重机;若柱子在跨外布置,牛腿应背向起重机。

柱子布置时,有时由于场地限制或柱子太长,很难做到三点共弧,那么可以安排两点共弧。

② 柱脚与柱基中心两点共弧旋转法吊升的布置。

两点共弧有两种办法:一种是将柱脚与柱基中心安排在起重半径 R 的圆弧上,另一种是将吊点与柱脚安排在起重半径 R 的同一弧上。其布置方法与三点共弧旋转法吊升的布置方法原理相同。

③ 滑行法吊升的布置。

吊点与柱基中心安排在起重半径 R 的同一弧上,如图 6.37 所示。其布置方法与三点共弧旋转法吊升的布置方法原理相同。

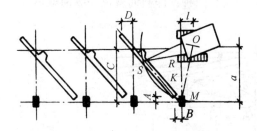
图 6.36 柱子按三点共弧旋转法吊升的布置

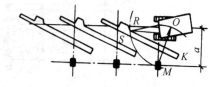
图 6.37 柱子按滑行法吊升的布置

为了节约模板及场地,对于矩形柱可以采用叠浇;可以排成两行进行预制。

(2) 屋架的布置:屋架一般在跨内平卧叠浇进行预制,每 3～4 榀叠放一处。布置方式有三种:斜向布置、正反斜向布置和正反纵向布置,如图 6.38 所示。

上述三种布置中,"$l/2+3m$" 考虑钢管抽芯法预留孔的两端抽管空间,"1m" 考虑支模空间。应优先考虑采用斜向布置,因为它便于屋架的扶直和就位;只有当场地受限制时,才用后两种布置形式。另外还应注意其他要求:如屋架两端的朝向、预埋件的位置等。

(3) 吊车梁、天窗架的布置:吊车梁、天窗架可靠近柱基础顺纵轴方向或略为倾斜布置,也可以布置在两柱基空档处。如有运输条件,一般在工厂制作。

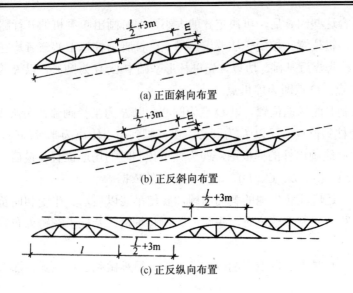

图 6.38 屋架预制时的布置方式

2) 吊装阶段的平面布置

由于柱子在预制时,即已按吊装阶段的堆放要求进行了布置,所以柱子在两个阶段的布置是一致的。一般先吊柱子,以便腾出场地堆放其他构件。所以吊装阶段构件的堆放,主要是指屋架、吊车梁、屋面板等构件。

(1) 屋架的吊装阶段布置:为了适应吊装阶段吊装屋架的工艺要求,首先用起重机把屋架由平卧转为直立,这叫屋架的扶直或翻身起扳。屋架扶直以后,用起重机把屋架吊起并移到吊装前的堆放位置,叫就位。堆放方式一般有两种:即斜向就位和纵向就位。

① 斜向就位如图 6.39 所示。

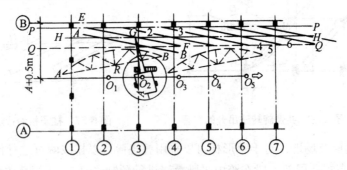

图 6.39 屋架靠柱边斜向就位

(虚线表示屋架预制时的位置)

确定起重机吊装屋架时的开行路线及停机位置:吊装屋架时,起重机一般沿跨中开行。需要在跨中标出开行路线(在图上画出开行路线)。

停机位置的确定,是以要吊装屋架的设计位置轴线中心为圆心,以所选择的起重半径 R 为半径画弧线交于开行路线于 O 点,该点即为吊装该屋架时的停机点。

确定屋架的就位范围:屋架宜靠柱边就位,即可利用柱子作为屋架就位后的临时支撑。所以要求屋架离开柱边不小于 0.2m。

外边线：场地受限制时，屋架端头可以伸出跨外一些。这样，我们首先可以定出屋架就位的外边线 $P-P$；

内边线：起重机在吊装时要回转，若起重机尾部至回转中心距离为 A，那么在距离起重机开行路线 $A+0.5m$ 范围内不宜有构件堆放。所以，由此可定出内边线 $Q-Q$；在 $P-P$ 和 $Q-Q$ 两线间，即为屋架的就位范围。

确定屋架的就位位置：屋架就位范围确定之后，画出 $P-P$ 与 $Q-Q$ 的中心线 $H-H$，那么就位后屋架的中心点均应在 $H-H$ 线上。

屋架斜向就位位置确定方法是：以停机点 O_2 为圆心，起重半径 R 为半径，画弧线交于 $H-H$ 线上于 G 点，G 点即为②轴线就位后屋架的中点。再以 G 点为圆心，以屋架跨度的 1/2 为半径，画线交于 $P-P$、$Q-Q$ 两线于 E 和 F 点，连接 EF，即为②轴线屋架就位的位置。其他屋架就位位置均应平行此屋架。

只有①轴线的屋架，当已安装好抗风柱时，需要退到②轴线屋架附近就位。

② 纵向就位如图 6.40 所示。

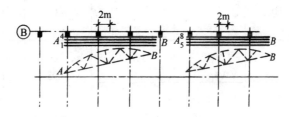

图 6.40 屋架成组纵向就位

屋架纵向就位，一般以 4～5 榀为一组靠近边柱顺轴线纵向排列。屋架与柱之间，屋架与屋架之间的净距不小于 0.2m，相互之间用铅丝绑扎牢靠。每组之间应留出 3m 左右的间距，作为横向通道。

每组屋架就位中心线，应安排在该组屋架倒数第二榀安装轴线之后 2m 外。这样可以避免在已安装好的屋架下绑扎和起吊屋架；起吊以后也不会和已安装好的屋架相碰。

(2) 吊车梁、连系梁、天窗架和屋面板的运输堆放：

单层工业厂房的吊车梁、连系梁、天窗架和屋面板等，一般在预制厂集中生产，然后运至工地安装。

构件运至现场后，应按施工组织设计规定位置，按编号及吊装顺序进行堆放。

吊车梁、连系梁、天窗架的就位位置，一般在吊装位置的柱列附近，不论跨内跨外均可，条件允许时也可随运输随吊装。

屋面板则由起重机吊装时的起重半径确定。当在跨内布置时，约后退 3～4 个节间沿柱边堆放；在跨外布置时，应后退 1～2 个节间靠柱边堆放，以在屋架吊装停机点附近、起重半径内旋转路程短为标准。每 6～8 块为一叠堆放。

6.2.3 工程实例

某厂金工车间，宽 18m，长 54m，柱距 6m，共 9 个节间，建筑面积 1002.36m²。主要承重结构采用装配式钢筋混凝土工字型柱，预应力折线形屋架 1.5m×6m 大型屋面板，T 形吊车梁(见表 6-7)。车间为东西走向，北面紧靠围墙，有 6m 间隙，南面有旧建筑物，相距 12m，东面为预留扩建地，西面为厂区道路，可通汽车，如图 6.41、图 6.42 所示。采用履带式起重机吊装单层工业厂房。

表 6-7　某厂金工车间主要承重结构一览表

项次	跨度	轴线	构件名称及编号	构件数量	构件重量/t	构件长度/m	安装高度/m
1	A－B	A、B	基础梁 YJL		1.43	5.97	
2		A、B	连系梁				
		2～9	YLL_1	42	0.79	5.97	+3.90
		1～2	YLL_2		0.73	5.97	+7.80
		9～10	YLL_2	YLL_2 共 12	0.73	5.97	+10.78
3		A、B	柱				
		2～9	Z_1	16	6.0	12.25	−1.25
		1、10	Z_2	4	6.0	12.25	−1.25
		1/A、2/A	Z_3	2	5.4	14.14	−1.25
4			屋架 YWJ_{18-1}		4.95	17.70	+11.00
5		A、B	吊车梁				
		2～9	DCL_6-4Z	14	3.6	5.97	+7.80
		1～2	DCL_6-4B	DCL_6-4B 共 4	3.6	5.97	+7.80
		9～10	DCL_6-4B		3.6	5.97	+7.80
6			屋面板 YWB_1		1.30	5.97	+13.90
7		A、B	天沟 TGB_{58-1}	18	1.07	5.97	+11.60

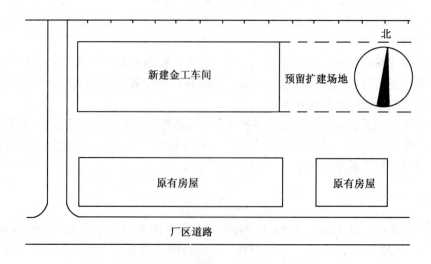

图 6.41　某厂金工车间总平面图

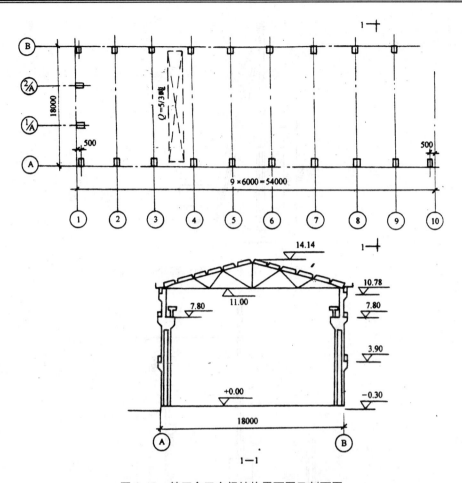

图 6.42　某厂金工车间结构平面图及剖面图

1. 起重机选择及工作参数计算

根据现有起重设备选择履带式起重机 W-100 进行结构吊装,对一些有代表性的构件计算如下。

(1) 柱:

采用斜吊绑扎法吊装。选择 Z_1 及 Z_3 两种柱分别进行计算。

Z_1 柱　起重量：$Q = Q_1 + Q_2 = 6.0 + 0.2 = 6.2 (t)$

起重高度(如图 6.43 所示)：$H = h_1 + h_2 + h_3 + h_4 = 0 + 0.3 + 8.55 + 2.00 = 10.85 (m)$

Z_3 柱　起重量：$Q = Q_1 + Q_2 = 5.4 + 0.2 = 5.6 (t)$

起重高度：$H = h_1 + h_2 + h_3 + h_4 = 0 + 0.3 + 11.0 + 2.0 = 13.3 (m)$

(2) 屋架如图 6.44 所示。

起重量：$Q = Q_1 + Q_2 = 4.95 + 0.2 = 5.15 (t)$

起重高度：$H = h_1 + h_2 + h_3 + h_4 = 11.3 + 0.3 + 1.14 + 6.0 = 18.74 (m)$

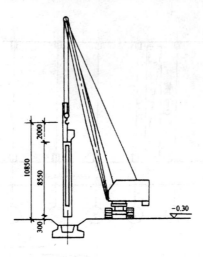

图 6.43 Z_1 起重高度计算简图

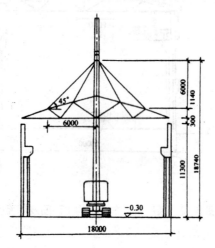

图 6.44 屋架起重高度计算简图

(3) 屋面板如图 6.45 所示：

首先考虑吊装跨中屋面板。

起重量：$Q = Q_1 + Q_2 = 1.3 + 0.2 = 1.5 \,(\text{t})$

起重高度：$H = h_1 + h_2 + h_3 + h_4 = (11.3 + 2.64) + 0.3 + 0.24 + 2.50 = 16.98 \,(\text{m})$

$$\alpha = \arctan \sqrt[3]{\frac{h}{a+g}} = \arctan \sqrt[3]{\frac{11.30 + 2.64 - 1.70}{3+1}} = 55°25'$$

$L = h/\sin\alpha + (a+g)/\cos\alpha = 12.24/\sin 55°25' + 4.00/\cos 55°25' = 21.95 \,(\text{m})$

结合 W-100 起重机的情况采用 23 米长的起重臂，并取起重仰角 55°，得起重半径：

$R = F + L\cos\alpha = 1.3 + 23\cos 55° = 14.49 \,(\text{m})$

根据 $L = 21.95\text{m}$、$R = 14.49\text{m}$ 查起重机起重性能曲线如图 6.6 所示，得起重量：$Q = 2.3\text{t} > 1.5\text{t}$、起重高度：$H = 17.3\text{m} > 16.94\text{m}$，满足。

再以所选起重臂长用作图法复核能否满足吊装最边缘屋面板。

如图 6.45 所示，以最边缘屋面板中心 K 为圆心、14.49m 为半径画弧，交开行路线于

O_1 点,O_1 点即为吊装最边缘屋面板的停机点。量得 $KQ=3.8m$。过 O_1、K 作 2—2 剖面,可以看出:$L=23m$、$\alpha=55°$,满足吊装要求。

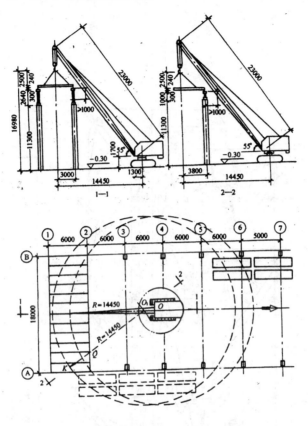

图 6.45 屋面板吊装工作参数计算简图

(虚线表示屋面板在跨外布置时的位置)

根据以上各种构件吊装工作参数的计算,确定选用 23m 臂长的 W-100 起重机,对应工作参数见表 6-8。

表 6-8 某厂金工车间吊装工作参数表

构件名称	Z_1 柱			Z_3 柱			屋 架			屋面板		
吊装工作参数	Q/t	H/m	R/m	Q/t	H/m	R/m	Q/t	H/m	R/m	Q/t	H/m	R/m
计算参数	6.2	10.85		5.6	13.3		5.15	18.74		1.5	16.94	
实选参数	6.2	19.0	7.8	5.6	19.0	8.5	5.15	19.0	9.0	2.3	17.30	14.49

2. 现场预制构件的平面布置与起重机开行路线

构件采用分件法吊装。柱与屋架在现场预制,在场地平整及杯形基础灌筑后即可进行。

由于吊装柱时的最大起重半径 $R=7.8m$,小于 $L/2=9m$,故吊装柱时需在跨边开行,吊装屋面结构时,则在跨中开行。根据现场情况,车间南面距原有房屋有 12m 的空地,故 A 列柱可在此空地上预制,B 列柱至围墙之间只有 6m 的距离,因此 B 列柱安排在跨内预制。屋架则安排在跨内靠 A 轴线一边预制。关于各构件的预制位置及起重机开行路线、停点位置如图 6.46 所示。

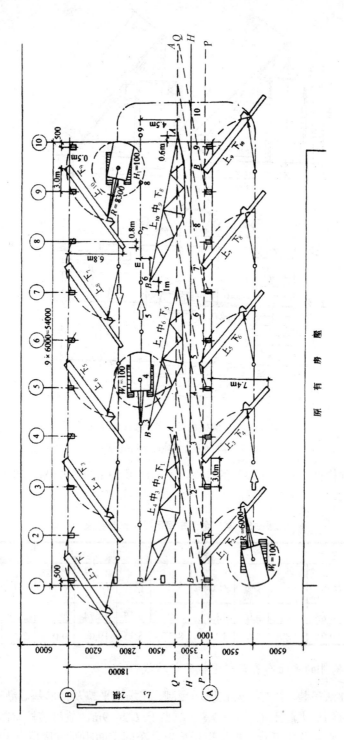

图 6.46 某厂金工车间预制构件平面布置图

(1) A 列柱的预制位置：

A 列柱安排在跨外预制。为节约模板，采用两根迭浇制作。柱采用旋转法吊装，每一停机位置吊装两根柱，因此起重机应停在两柱之间，距两柱有相同的起重半径 R，且要求只大于最小起重半径 6.5m，小于最大起重半径 7.8m。这便要求起重机开行路线距基础中线的距离应小于 $\sqrt{7.8^2 - 3.0^2} = 7.2$ m，大于 $\sqrt{6.5^2 - 3.0^2} = 5.78$ m，可取 5.9m。这样便可定出起重机开行路线到 A 轴线的距离为 5.90−0.4=5.5(m)(式中 0.4m 是柱基础中线至 A 轴线的距离)。开行路线到原有建筑物还有 12−5.5=6.5(m)，大于起重机回转中心至尾部的距离 3.3m，故起重机旋转时不会与原有房屋相碰。起重机开行路线及停机位置确定之后，便可按旋转法起吊 3 点共弧的原则，定出各柱的预制位置，如图 6.46 所示。

(2) B 列柱的预制位置：

B 列柱在跨内预制。与 A 列柱一样，两根迭浇制作，用旋转法吊装，并取起重机开行路线至 B 列柱基础中心为最小值 5.8m(≈5.78m)，至 B 轴线则为 5.8+0.4=6.2m。由此可定出起重机吊 B 列柱的停点位置及 B 列柱的预制位置如图 6.46 所示。但吊装 B 列柱时起重机开行路线到跨中只有 9−6.2=2.8m，小于起重机回转中心到尾部的距离 3.3m。为使起重机回转时尾部不致与在跨中预制的屋架相碰，屋架预制的位置应自跨中线后退 3.3−2.8=0.5m 以上。此例定为退后 1m。

(3) Z_3 抗风柱的预制位置：

Z_3 柱较长，且只有两根，为避免妨碍交通，故放在跨外预制。吊装前需先就位再行吊装。

(4) 屋架的预制位置：

屋架以 3~4 榀为一叠安排在跨内预制，共分三叠制作。在确定预制位置之前，应先定出各屋架吊装就位的位置，据此来安排屋架预制的场地。预制场地不要侵占屋架就位排放的位置，屋架两端应留有足够的预应力抽管及穿筋所需场地。屋架两端的朝向、编号、上下次序，预埋件位置等不要弄错。

按照上述预制构件的布置方案，起重机的开行路线及构件的安装次序如下：

起重机自 A 轴线跨外进场，接 23m 长起重臂，自①至⑩先吊装 A 列柱，然后转去沿 B 轴线自⑩至①吊装 B 列柱，再吊装两根抗风柱。然后自①至⑩吊装 A 列吊车梁、连系梁、柱间支撑等。然后自⑩到①扶直屋架、屋架就位，吊装 B 列吊车梁、连系梁、柱间支撑。最后起重机自①至⑩吊装屋架、屋面支撑、天沟和屋面板；然后退场。

6.3 轻型钢结构吊装

轻型钢结构是指采用圆钢筋、小角钢(小于∟45×4 的等肢角钢或小于∟56×36×4 的不等肢角钢)和薄钢板(其厚度一般不大于 4mm)等材料组成的轻型钢结构。轻型钢结构的优点是：取材方便、结构轻巧、制作和安装可用较简单的设备。其应用范围一般是：轻型屋盖的屋架、檩条、支柱和施工用的托架等。

6.3.1 轻型钢结构构造

轻型钢屋架，适用于陡坡轻型屋面的有芬克式屋架和三铰拱式屋架，适用于平坡屋面的有棱形屋架，如图 6.47 所示。

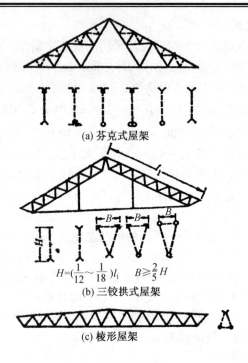

图 6.47 轻型钢屋架

轻型檩条和托架、杆件截面形式，对压杆尽可能用角钢，拉杆或压力很小的杆件用圆钢筋，这样经济效果较好，如图 6.48 所示。

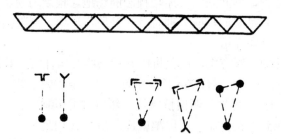

图 6.48 轻型檩条和托架

6.3.2 轻型钢结构连接

轻型钢结构的桁架，应使杆件重心线在节点处会交于一点，否则计算时应考虑偏心影响。轻型钢结构的杆件比较柔细，节点构造偏心对结构承载力影响较大，制作时应注意。

常用的节点构造，可参考如图 6.49～图 6.51 所示。图 6.49(b)是一种节点有偏心的连接方法，可用作受压构件的缀条连接节点。在桁架式结构中应避免或尽量减小其偏心距。

圆钢与圆钢、圆钢与钢板(或型钢)之间的贴角焊缝厚度，不应小于 0.12 倍圆钢直径(当焊接的两圆钢直径不同时，取平均直径或 3mm)，并且不大于 1.2 倍钢板厚度，计算长度不应小于 20mm。

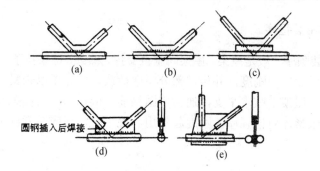

图 6.49　圆钢与圆钢的连接构造

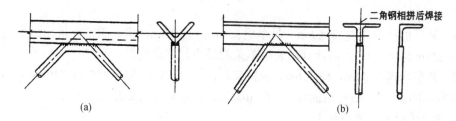

图 6.50　圆钢与角钢的连接构造

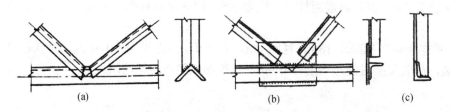

图 6.51　单肢角钢的连接构造

钢板厚度不宜小于 4mm，圆钢直径不宜小于下列数值：屋架构件为 12mm；檩条构件和檩条间拉条为 8mm；支撑构件为 16mm。

备料时应调直材料弯曲、翘曲。结构放样，要求具有较高的精度，减少节点偏心。杆件切割，宜用机械切割；特殊形式的节点板和单角钢端头非平面切割通常用气割，气割端头要求打磨清洁。圆钢筋弯曲，宜用热弯加工，圆钢筋的弯曲部分应在炉中加热至 900～1000℃，从炉中取出锻打成型；也可用烘枪(氧炔焰)烘烤至上述温度后锻打成型。弯曲的钢筋腹杆(蛇形钢筋)通常以两节以上为一个加工单件，但也不宜太长，太长弯成的构件不易平整，太短会增加节点焊缝，小直径圆钢有时也用冷弯加工；较大直径的圆钢若用冷弯加工，曲率半径不能过小，否则会影响结构精度，并增加结构偏心。

结构装配，宜用胎模以保证结构精度，杆件截面有 3 根杆件的空间结构(如棱形桁架)，可先装配成单片平面结构，然后用装配点焊进行组合。

结构焊接，宜用小直径焊条(2.5～3.5mm)和较小电流进行。为防止发生未焊透和咬肉等缺陷，对用相同电流强度焊接的焊缝可同时焊完，然后调整电流强度焊另一种焊缝。对焊缝不多的节点，应一次施焊完毕，中途停熄后再焊易发生缺陷。焊接次序宜由中央向两侧对称施焊。对于檩条等小构件可用固定夹具以保证结构的几何尺寸。

6.3.3 轻型钢结构吊装程序

屋盖系统的安装顺序一般是屋架、屋架间垂直支撑、檩条、檩条拉条、屋架间水平支撑。檩条的拉条可增加屋面刚度，并传递部分屋面荷载，应先予以张紧，但不能张拉过紧而使檩条侧向变形。屋架上弦水平支撑通常用圆钢筋，应在屋架与檩条安装完毕后拉紧。这类柔性支撑只有张紧才对增强屋盖刚度起作用。施工时，还应注意施工荷载不要超过设计规定。

6.4 习 题

(1) 某厂房柱的牛腿标高 8m，吊车梁长 6m，高 0.8m，当起重机停机面标高为 0.3m，锁具高 2.0m(自梁底计)。试计算吊装吊车梁的最小起重高度？

(2) 某车间跨度 24m，柱距 6m，天窗架顶面标高 18m，屋面板厚度 240mm，试选择履带式起重机的最小臂长(停机面标高 −0.2m，起重臂枢轴中心距地面高度 2.1m，吊装屋面板时起重臂轴线距天窗架边缘 1m)。

(3) 某车间跨度 21m，柱距 6m，吊柱时，起重机分别沿纵轴线的跨内和跨外一侧开行。当起重半径为 7m，开行路线距柱纵轴线为 5.5m 时，试对柱作"3 点共弧"布置，并确定停机点。

(4) 单层工业厂房跨度 18m，柱距 6m，9 个节间，选用 W1-100 型履带式起重机进行结构吊装，吊装屋架时的起重半径为 9m，试绘制屋架斜向就位图。

第 7 章 空间结构安装工程

教学提示：空间结构是一种三维受力结构，其施工除了遵循一般施工规律外，还必须满足三维空间受力的需要，其施工方法和技术措施不同于一般结构要求。

教学要求：了解常见的空间结构的构成及各组成部分的施工方法。

空间结构是指建筑结构的形体成三维空间状并具有三维受力的特性，同时其结构是呈立体工作的。空间结构不仅用于屋盖，有时屋盖和墙、柱设计成一个整体。本章仅介绍空间结构屋盖的施工问题。

空间结构屋盖具有外形活泼新颖，屋盖自重轻，节省建筑材料等优点。但施工工艺较平面结构屋盖复杂，技术要求高。

空间结构可分为：刚性结构、柔性结构、组合结构三大类。

7.1 网格结构施工

7.1.1 网格结构的制作

网格结构的制作过程包括放样及节点、杆件制作。

网架的放样工作内容包括：起拱的计算，杆件的下料长度计算以及节点的放样等。

1. 网架起拱的计算

(1) 网架起拱的作用。网架结构的起拱有两个作用：一是为了消除网架在使用阶段的挠度影响，称为施工起拱，网架的最大挠度在中央区，因此施工起拱值应大于或等于网架在使用阶段的中央挠度值；二是为了解决屋面排水问题，网架屋面的排水坡度约为 2%～5%。当网架屋面排水找坡不用小立柱方案，而是由网架起拱来实现时，中央起拱值就应由此两项相加。

(2) 网架起拱方法。网架的起拱方法按线型分有折线型起拱与弧线型起拱，如图 7.1 所示。按方向分有单向起拱与双向起拱。平面形状狭长的网架可单向起拱、平面图形接近方形的网架应双向起拱。

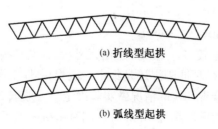

(a) 折线型起拱

(b) 弧线型起拱

图 7.1 网架起拱方法

(3) 弧线型起拱的计算。不论是双向或单向起拱均可用圆弧曲线公式进行计算。

2. 节点的放样及制作

焊接球节点和螺栓球节点由专门工厂生产，一般只需按规定要求进行验收，而焊接钢板节点，一般都根据各工程单独制造。焊接钢板节点放样时，先按图纸用硬纸剪成足尺样板，并在样板上标出杆件及螺栓中心线，钢板即按此样板下料。

制作时，钢板相互间先根据设计图纸用电焊点上，然后以角尺及样板为标准，用锤轻击逐渐校正，使钢板间的夹角符合设计要求，检查合格后再进行全面焊接。为了防止焊接变形，带有盖板的节点，在点焊定位后，可用夹紧器夹紧，再全面施焊，如图 7.2 所示。节点板的焊接顺序如图 7.3 所示，同时施焊时应严格控制电流并分皮焊接，例如用 $\phi 4$ 的焊条，电流控制在 210A 以下，当焊缝高度为 6mm 时，分成两皮焊接。为了使焊缝左右均匀，应用船形焊接法，如图 7.4 所示。

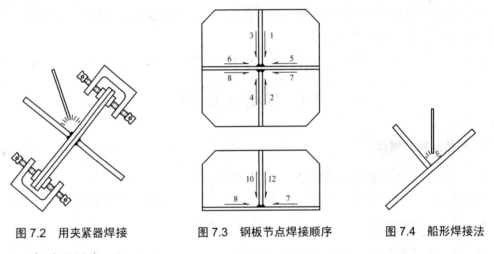

图 7.2 用夹紧器焊接　　图 7.3 钢板节点焊接顺序　　图 7.4 船形焊接法

3. 杆件的制作

当网架用钢管杆件及焊接球节点的方案时，球节点通常由工厂定点制作，而钢管杆件往往在现场加工，加工前首先根据下式计算出钢管杆件的下料长度 l。

$$l = l_1 - 2\sqrt{R^2 - r^2} + l_2 - l_3 \tag{7-1}$$

式中：l_1——根据起拱要求转计算出的杆中心长(m)；

R——钢管外圆半径(mm)；

r——钢管内圆半径(mm)；

l_2——预留焊接收缩量(2～3.5mm)；

l_3——对接焊缝根部宽(3～4mm)。

影响焊接收缩量的因素较多，例如焊缝的尺寸(长、宽、高)；外界气温的高低；焊接电流强度；焊接方法(多次循环间隔焊还是集中一次焊)；焊工操作技术等。收缩量不易留准确，在经验不足时应结合现场实际情况做实验确定，一般取 2～3.5mm。

钢管应用机床下料，当壁厚超过 4mm 时，同时由机床加工成坡口。当用角钢杆件时，同样应预留焊接收缩量，下料时可用剪床或割刀。

7.1.2 单元拼装

1. 施工方法

网架结构的节点和杆件，在工厂内制作完成并检验合格后运至现场，拼装成整体。我国经过大量的工程实践创造了许多因地制宜的施工方法。这些方法可归纳为下列6种：

高空散装法。将网架的杆件和节点直接在高空设计位置拼装成整体，或者把杆件和节点先在地面组装成小拼单元，然后用起重机吊装到设计位置总拼成整体。

分条(块)吊装法。将网架平面分割成若干条状单元或块状单元，每个条(块)状单元在地面拼装后，再由起重机吊装到设计位置总拼成整体。

高空滑移法。将网架条状单元在建筑物上空水平滑移后就位总拼成整体。

整体吊装法、整体提升法及整体顶升法是将网架在地面总拼成整体后，用起重设备将其整体吊装(或提升、顶升)至设计标高。

以上6种施工方案中，都牵涉到将网架分割成小拼单元、中拼单元(条状、块状单元)及总拼，其中要考虑如下两个主要技术问题。

1) 小拼单元的划分

根据网架结构的施工原则，小拼及中拼单元均应在工厂内制作。

小拼单元的拼装是在专用的模架上进行的。拼装模架有两种：平台型如图7.5所示及转动型如图7.6所示。

小拼单元划分的原则是：

(1) 尽量增大工厂焊接的工作量的比例。如图7.7(a)所示，斜放四角锥小拼单元的工厂焊接工作量约占总工作量的70%左右，而如图7.7(b)所示的划分方案仅有30%左右。

(2) 应将所有节点都焊在小拼单元上，网架总拼时仅连接杆件。

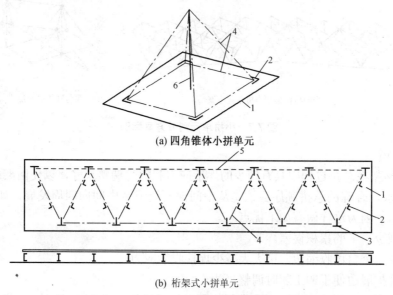

(a) 四角锥体小拼单元

(b) 桁架式小拼单元

图 7.5 平台型拼装台

1—拼装平台；2—用角钢做的靠山；3—搁置节点槽口；4—网架杆件中心线；5—临时上弦；6—标杆

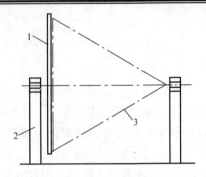

图 7.6 转动型模架示意图

1—模架；2—支架；3—锥体网架杆件

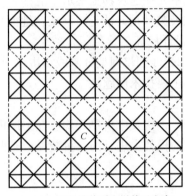

(a) 四角锥体型小拼单元方案

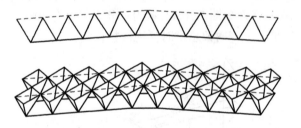

(b) 平面析桁架型小拼单元方案

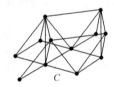

(c) 四角锥体单元形式

图 7.7 小拼单元划分方案举例

2) 总拼顺序

为保证网架在总拼过程中具有较少的焊接应力和随时调整尺寸，以使网架最终总尺寸达到规定要求。合理的总拼顺序应该是从中间向两边或从中间向四周发展，如图 7.8(a)、图 7.8(b)所示。因为这样做有如下优点：

(1) 可减少一半的累积误差。

(2) 保持一个自由收缩边，可大大减少焊接收缩应力。

(3) 向外扩展边便于铆工随时调整尺寸。

总拼时应避免形成封闭圈，因为在封闭圈中施焊杆件如图 7.8(c)所示时，将会产生很大的焊接收缩应力，这是不允许的。

网架焊接时一般先焊下弦，使下弦收缩而略上拱，然后焊接腹杆及上弦。如果先焊上弦，则会造成人为挠度而且不易消除。

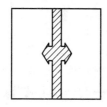 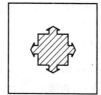 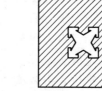

(a) 由中间向两边发展　　(b) 由中间向四周发展　(c) 由四周向中间发展(形成封闭圈)

图 7.8　总拼顺序示意图

2. 网架结构的安装

1) 高空散装法

(1) 工艺特点：

高空散装法分全支架法(即搭设满堂脚手架)和悬挑法两种。全支架法可以一根杆件、一个节点的散件在支架上总拼或以一个网格为小拼单元在设计标高进行总拼，为了节省支架，总拼时可以部分网架悬挑，例如图 7.9 所示为首都体育馆的拼装方法，预先用角钢焊成 3 种小拼单元，如图 7.9(a)所示，然后在支架上悬挑拼装，如图 7.9(b)所示，高空拼装采用高强螺栓连接。

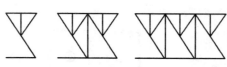

(a) 三种小拼单元

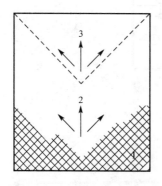 

(b) 总拼顺序(其中 1—3 为分区及拼装顺序编号)　(c) 拼装支架平面布置(虚线部分为支架范围，粗黑线为塔式起重机轨道)

图 7.9　首都体育馆网架屋盖高空散装法施工

高空散装法的特点是网架在设计标高一次拼装完成。其优点是可以采用简易的运输设备，甚至不用任何设备。可适应起重能力薄弱或运输困难的山区等地区。其缺点为现场及高空作业量大，同时需要大量的支架材料。

高空散装法适用于非焊接连接(螺栓球节点或高强螺栓连接)的网架。因为焊接连接网架采用高空散装法施工时，不易控制标高及轴线，并应采取防火措施。

(2) 拼装支架：

拼装支架必须牢固，设计时应对单肢稳定、整体稳定进行验算，并估算沉降量。其中单肢稳定验算可按一般钢结构设计方法进行。

(3) 螺栓球节点网架的拼装：

螺栓球节点网架的特点为网架几何尺寸的精度由工厂保证，现场拼装时不需调整，螺栓球节点网架采用高空散装法较多。拼装较简单，高空拼装时一般从一端开始，以一个网格为一排，逐排向前推进。拼装顺序为：下弦节点→下弦杆→腹杆及上弦节点→上弦杆→校正→全部拧紧螺杆。校正前的各工序螺杆均不拧紧。

2) 分条(分块)吊装法

所谓条状单元，是指沿网架长跨方向分割为若干区段，每个区段的宽度是 1~3 个网格。而其长度即为网架的短跨或二分之一短跨。所谓块状单元，是指将网架沿纵横方向分割成矩形或正方形的单元。每个单元的重量以现有起重机能力能胜任为准。由于条(块)状单元是在地面进行拼装，因而高空作业量较高空散装法大为减少，同时拼装支架也大减，又能充分利用现有起重设备，比较经济。这种安装方法适宜于分割后刚度和受力状况改变较小的各类中小型网架。

如图 7.10 所示为一平面尺寸为 45m×36m 的斜放四角锥网架分块吊装实例。网架分成 4 个块状单元，而每块间留出一节间，在高空总拼时连接成整体，每个单元的尺寸为 15.75m×20.25m，重约 12t。用一台悬臂式桅杆起重机在跨外吊装，就位时，在网架中央搭设一个井字式支架以支承网架的块状单元。

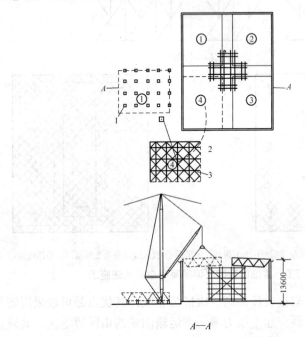

图 7.10 网架分块吊装工程实例

1—中拼用砖墩；2—临时封闭杆件；3—吊点

如图 7.11 所示为两向正交正放网架分条吊装的实例。该平面尺寸为 45m×45m，网格尺寸为 2.5m，将网架共分成 3 个条状单元，每条重量分别为 15t、17t、15t，由两台 NK-40

型汽车式起重机进行吊装，条状单元之间空一节间在总拼时进行高空连接。由于施工场地十分狭小，以致条状单元只能在建筑物内制作，吊装时用倾斜起吊法就位，总拼时仍然需要搭设少量支架，在拼接处用钢管支顶调整后再行总拼焊接。

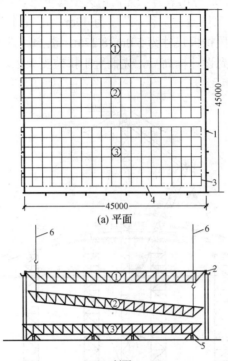

图 7.11 网架分条吊装工程实例

1—柱；2—天沟梁；3—网架；4—拆去的杆件；5—拼装支架；6—起重机吊钩

7.2 薄壳结构施工

本节所述薄壳结构仅指用钢筋混凝土或钢丝网水泥为材料构成的结构。薄壳结构分现浇整体式和预制装配式两大类，而钢丝网水泥薄壳均为装配式。本节仅介绍预制装配式薄壳的施工方法。

薄壳结构的厚度远比其他方向为小，其力学特性为在壳体中央部分以压力为主，其剪力和拉力逐渐向边缘增大，在边缘构件附近由于受到边界效应的作用而产生弯矩。不同的壳体其内力特性变化也大，因此在施工时对各个工程的内力特性必须预先有所了解，以免在施工中产生错误。

薄壳结构的优点：可覆盖大跨度空间而中间不设支柱；承重和维护结构合而为一，传力简捷合理，大部分以薄膜应力为主，弯矩和扭矩较小，因而节约材料；自重轻、刚度大、整体性好，有良好的抗震性能；造型美观、活泼新颖。

其缺点为：现浇时耗费模板；施工较平面结构复杂。

薄壳结构高空拼装法有：有支架高空拼装法和无支架高空拼装法两种。

1. 薄壳结构有支架高空拼装法

有支架高空拼装法的特点是首先在地面上将拼装支架搭至设计标高,然后将预制壳板吊到拼装支架上进行拼装。这种吊装方法无需用大型起重设备,但需一定数量的拼装支架。

如图 7.12 所示为某双曲拱屋盖工程,跨度为 40m,由 11 个拱圈(每个宽度为 5m)组成。每一拱圈又分为 5 段,每段拱板尺寸为 5.0m×8.27m,重 6t。拱推力由两根 18 号槽钢组成的拉杆承担。每块拱板吊到设计标高后,先搁置于拼装支架上,待一圈拱板及拉杆吊装完毕并焊接后,拼装支架就可移去。

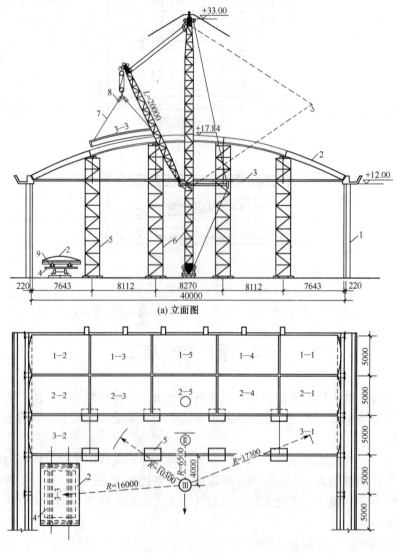

图 7.12 双曲拱屋盖有支架拼装法示意图

1—柱;2—拱板;3—槽钢拉杆;4—平板车;5—拼装架;6—悬臂桅杆;7—吊索;8—滑轮;9—平板车上的槽钢架子

图中Ⅰ、Ⅱ、Ⅲ—悬臂桅杆停点位置;1—1、2—2、3—3……拱板拼装顺序

由于拱板较宽，每块板需有 4 个支点，因此共需 8 个移动式拼装支架，如图 7.12(b)所示。各支架间用支撑加固，以保持稳定。

拱板在现场预制，用平板车运到工地，随运随吊。拱板吊装前，先搭设拼装架下段(搭设到下弦拉杆标高为止)，将下弦拉杆吊放在拼装架上，经校正电焊，并与混凝土边梁连接好后，再搭设上段拼装架，拱板用 4 点吊装，拱板起吊的倾斜度必须与设计符合，因此要求 4 根吊索长短可调并受力均匀。拱板依次由下而上对称吊装就位，搁置于铁楔上，轴线和标高经校正，待一圈拱板全部完成后，即从拱脚到拱顶，对称地放松铁楔，使拱肋相压紧(上、下口不合缝处用楔形钢板塞紧)，然后在拱板四角电焊，板内伸出的钢筋也用电焊连接。拱板的端头缝在拼装架移走后，用 M20 水泥砂浆嵌填；拱板侧缝用 C20 细石混凝土填筑成弧形，拱板构造及其连接方法如图 7.13(d)所示。拼装架移动时由于拱拉杆有妨碍，支架上面部分应先拆除后再移动。

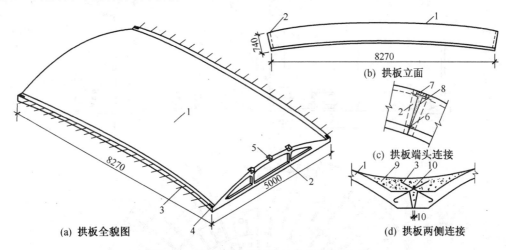

图 7.13　拱板的构造及其连接方法示意图

1—拱板；2—横隔板；3—伸出的钢筋；4—预埋钢板；5—留凹槽；6—钢板焊接；7—钢筋焊接；
8—灌水泥砂浆；9—灌筑细石混凝土；10—钢筋焊接

2. 薄壳结构无支架高空拼装法

无支架高空拼装法的特点是利用已吊装好的结构本身来支持新吊装的部分，无须拼装架。球壳放射形分圈分块时，可用此法拼装。

如图 7.14 所示为某球壳顶盖结构采用无支架拼装法的情况。壳体的直径为 40m，由 7 圈钢筋混凝土带肋壳板及中心一块现浇板组成。每块重为 1.5～2t。壳板是一圈圈地进行拼装。第一圈的壳板下端搁置在环梁上，壳板的上端则由立在环梁上的 A 字架拉住。待一圈壳板吊装完毕，焊接并灌浆，当砂浆强度达到设计的强度等级的 70%后，壳体即可向前延伸一圈。球壳在成圈的拼装过程中，是一个开孔壳体，它承受着自重和施工荷载。

A 字架的每根拉索上装有花篮螺栓，以调整壳板倾斜度。A 字架由 8 号槽钢焊成，重约 50kg，拉索用 ϕ12 钢筋或钢丝绳，其构造及工作情况如图 7.15 所示。

球壳在吊装阶段，开口的每圈壳板只能承受较小的对称荷载。因此，每圈壳板必须分区对称进行。例如，第 1～4 圈壳板分为 16 个区如图 7.14(b)所示，每区连续吊装 3 块壳板，吊装顺序按图 7.14(b)进行，但吊装第 9～16 区时，每区都有一块壳板是插入的。这样，第

1~4圈中每圈都有8块板是插入的,因此壳板的制作与校正工作的精度要求较高,否则这8块壳板难以插入。

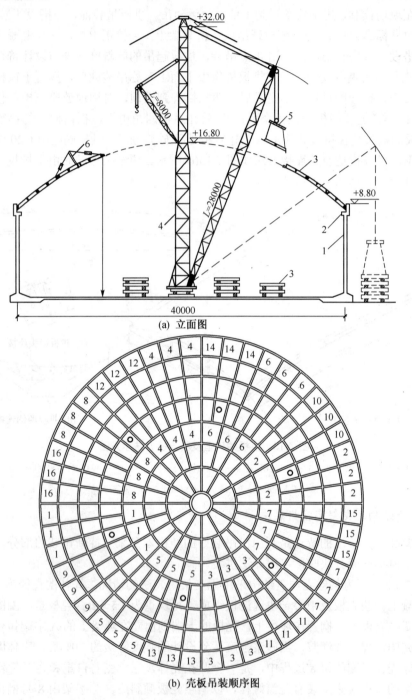

图 7.14　球形薄壳屋盖无支架拼装法吊装示意图

1—库壁；2—环梁；3—壳板；4—牵缆式桅杆起重机；5—铁扁担；6—A字架

图(b)中1、2、3…16为每圈壳板吊装顺序

壳板吊装前要在建筑物内地坪上弹出壳板的水平投影线,并将第一圈壳板的中心线用经纬仪引到环梁上划好,作为壳板校正的依据。壳板吊装用如图 7.14(a)所示的专用铁扁担。在这种铁扁担上每隔一定距离开有孔洞,借以改变吊钩与吊索之间的距离,调整壳板起吊后的倾斜度,使之与设计符合,一般壳板起吊后上端宜偏高 50～100mm,以便安装。壳板就位时下口间隙控制在 20～30mm,以保证嵌缝质量,上端标高应略高于设计标高,以留出拆去 A 字架后稍微下挠时的余量。一圈的壳板在吊装就位、校正及点焊后,即将壳板下端底部铁件与前一圈壳板的预埋角钢焊牢,再焊壳板下端上部的伸出钢筋和壳板上端底部的预埋角钢,使之环向连接牢固。为了承受拼装阶段的局部弯矩,在环向板缝中还酌加嵌缝钢筋。嵌缝混凝土应具有微膨胀性,并应加强养护。

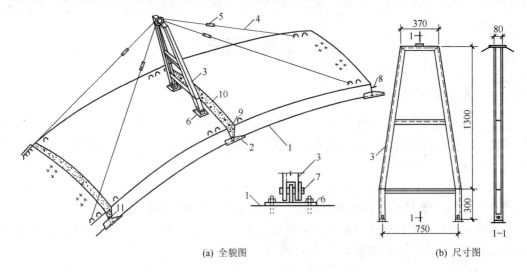

图 7.15 A 字架的构造与使用情况

1—壳板;2—支承角钢;3—A 字架;4—拉索;5—花篮螺栓;6—支承钢板;7—销子;
8—壳板伸出钢筋;9—钢筋焊接;10—灌注细石混凝土;11—环向嵌缝钢筋

7.3 思 考 题

(1) 空间网架结构的分类是什么?
(2) 简述高空散装法\高空滑移法。
(3) 网架焊接时应注意哪些问题?
(4) 薄壳结构的特点有哪些?
(5) 在什么情况下采用分条吊装法?

第8章 路桥工程

教学提示：路桥工程施工是土木工程专业建筑工程方向学生学习的第二专业方向的施工内容，重点介绍道路与桥梁工程的一般施工方法和施工机械。

教学要求：了解道路与桥梁的分类及一般构造，了解道路与桥梁工程施工机械选用方法，掌握道路工程材料质量和施工质量控制方法，掌握预应力混凝土桥梁顶推法施工工艺。

8.1 道路工程施工

8.1.1 路面基层(底基层)施工

在路面结构中，将直接位于路面面层之下、用高质量材料铺筑的主要承重层称为基层；用质量较次材料铺筑在基层下的次要承重层称为底基层。基层、底基层可以是一层或两层以上，可以是一种或两种材料。

基层和底基层一般统称为基层。根据材料组成及使用性能的不同，可将基层分为有结合料稳定类(包括有机结合料类和无机结合料类)和无结合料的粒料类。

本节主要介绍无机结合料稳定类基层和无结合料的粒料类基层施工，有机结合料稳定类基层的施工将在沥青路面施工中一并介绍。

1. 半刚性基层

1) 半刚性基层分类

半刚性基层是用由无机结合料与集料或土组成的混合料铺筑的、具有一定厚度的路面结构层。按结合料种类和强度形成机理的不同，半刚性基层分为石灰稳定土、水泥稳定土及石灰工业废渣稳定土 3 种。

(1) 石灰稳定土：石灰稳定土基层是在粉碎的或原来松散的集料或土中掺入适量的石灰和水，经拌和、压实及养生，当其抗压强度符合规定时得到的路面结构层。

(2) 水泥稳定土：在粉碎的或原来松散的土中掺入适量的水泥和水，经拌和后得到的混合料在压实和养生后，当其抗压强度符合规定的要求时所得到的结构层。

(3) 石灰工业废渣稳定土：用一定数量的石灰与粉煤灰或石灰与煤渣等混合料与其他集料或土配合，加入适量的水，经拌和、压实及养生后得到的混合料，当其抗压强度符合规定时即得到工业废渣稳定类基层。

2) 材料质量要求

(1) 集料和土：对集料和土的一般要求是能被经济地粉碎，满足一定级配要求，便于碾压成型。

(2) 无机结合料：常用的无机结合料为石灰、水泥、粉煤灰及煤渣等。

① 水泥。普通硅酸盐水泥、矿渣硅酸盐水泥和火山灰质硅酸盐水泥均可用于稳定集

料和土。为了有充实的时间组织施工,不应使用快硬水泥、早强水泥或受潮变质的水泥,应选用终凝时间较长(6h 以上)的水泥。如 325 号水泥或 425 号水泥。

② 石灰。石灰质量应符合三级以上消石灰或生石灰的质量要求。准备使用的石灰应尽量缩短存放时间,以免有效成分损失过多,若存放时间过长则应采取措施妥善保管。

③ 粉煤灰。粉煤灰的主要成分是 SiO_2、Al_2O_3、Fe_2O_3,三者总含量应超过 70%,烧失量不应超过 20%;若烧失量过大,则混合料强度将明显降低,甚至难以成型。

④ 煤渣。煤渣是煤燃烧后的残留物,主要成分是 SiO_2 和 Al_2O_3,其总含量一般要求超过 70%,最大粒径不应大于 30mm,颗粒组成以有一定级配为佳。

⑤ 水。一般人、畜饮用水均可使用。

3) 混合料组成设计

设计步骤:首先通过有关试验,检验拟采用的结合料、集料和土的各项技术指标,初步确定适宜的半刚性基层的原材料。其次是确定混合料中各种原材料所占比例,制成混合料后通过击实试验测定最大干密度和最佳含水量,并在此基础上进行承载比试验和抗压强度试验,根据表 8-1 所列强度指标为龄期 7d(常温(非冰冻地区 25℃,冰冻地区 20℃)湿养 6d,浸水 1d)的无侧限抗压强度。

表 8-1 无机结合料稳定类材料抗压强度标准(MPa)

公路等级		高速公路及一级公路		二级及二级以下公路	
	层 位	基 层	底基层	基 层	底基层
材料类型	水泥稳定类	3.0~4.0	≥1.5	2.0~3.0	≥1.5
	石灰稳定类		≥0.8	≥0.8	0.5~0.7
	工业废渣稳定类	≥0.8	≥0.5	≥0.6	≥0.5

设计得到的参数和试验结果是检查和控制施工质量的重要依据。

4) 半刚性基层施工

(1) 厂拌法施工。厂拌法施工是在中心拌和厂(场)用拌和设备将原材料拌和成混合料,然后运至施工现场进行摊铺、碾压、养生等工序作业的施工方法。半刚性基层厂拌法施工的工艺流程如图 8.1 所示,其中与施工质量有关的重要工序是混合料拌和、摊铺及碾压。

① 下承层准备。半刚性基层施工前应对下承层(底基层或土基)按施工质量验收标准进行检查验收,验收合格后方可进行基层施工。下承层应平整、密实、无松散、"弹簧"等不良现象,并符合设计标高、横断面宽度等几何尺寸。注意采取措施搞好基层施工的临时排水工作。

② 施工放样。施工放样主要是恢复路中线,在直线段每隔 20m、曲线段每隔 10~15m 设一中桩,并在两侧路肩边缘设置指示桩,在指示桩上明显标记出基层的边缘设计标高及松铺厚度的位置。

③ 备料。半刚性基层的原材料应符合质量要求。料场中的各种原材料应分别堆放,不得混杂。

④ 拌和。拌和时应按混合料配合比要求准确配料,使集料级配、结合料剂量等符合设计,并根据原材料实际含水量及时调整向拌和机内的加水量。

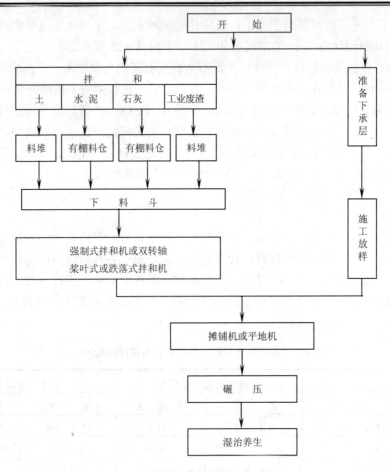

图8.1 半刚性基层厂拌法施工流程

⑤ 摊铺。高速公路及一级公路的半刚性基层应用沥青混合料摊铺机、水泥混凝土摊铺机或专用稳定土摊铺机摊铺,这样可保证基层的强度及平整度、路拱横坡、标高等几何外形等质量指标符合设计和施工规范要求。摊铺过程中应严格控制基层的厚度和高程,禁止用薄层贴补的办法找平,确保基层的整体承载能力。

⑥ 碾压。摊铺整平的混合料应立即用12t以上的振动压路机、三轮压路机或轮胎压路机碾压。混合料压实厚度与压路机吨位的关系宜符合表8-2的要求。碾压时应遵循先轻后重的次序安排各型压路机,以先慢后快的方法逐步碾压密实。在直线段由两侧向路中心碾压,在平曲线范围内由弯道内侧逐步向外侧碾压。碾压过程中若局部出现"弹簧"、松散、起皮等不良现象时,应将这些部位的混合料翻松,重新拌和均匀再碾压密实。半刚性基层的压实质量应符合表8-3规定的压实度要求。

表8-2 半刚性基层压实厚度与压路机吨位的关系

压路机类型与吨位/t	适宜的压实厚度/cm	最小分层厚度/cm
三轮压路机 12~15	15	
三轮压路机 18~20	20	10
质量更大的振动压路机、三轮压路机	根据试验确定	

表 8-3 半刚性基层压实度要求(%)

公路等级			高级公路和一级公路		二级及二级以下公路	
层位			基层	底基层	基层	底基层
材料类型	水泥稳定	细粒土		95	95	93
		中、粗粒土	98	96	97	95
	石灰稳定	细粒土		95	95	93
		中、粗粒土		96	97	97
	工业废渣稳定	细粒土		95	97	93
		中、粗粒土	98	96	97	95

水泥稳定类混合料从加水拌和开始到碾压完毕的时间称为延迟时间。混合料从开始拌和到碾压完毕的所有作业必须在延迟时间内完成,以免混合料的强度达不到设计要求。厂拌法施工的延迟时间为 2~3h。

⑦ 养生与交通管制。半刚基层碾压完毕,应进行保湿养生,养生期不少于 7d。水泥稳定类混合料在碾压完成后立即开始养生,石灰或工业废渣稳定类混合料可在碾压完成后 3d 内开始养生;养生期内应使基层表面保持湿润或潮湿,一般可洒水或用湿砂、湿麻布、湿草帘、低黏质土覆盖,基层表面还可采用沥青乳液做下封层进行养生。水泥稳定类混合料需分层铺筑时,下层碾压完毕,待养生 1d 后即可铺筑上层;石灰或工业废渣稳定类混合料需分层铺筑时,下层碾压完即可进行铺筑,下层无须经过 7d 养生。养生期间应尽量封闭交通,若必须开放交通时,应限制重型车辆通行并控制行车速度,以减少行车对基层的扰动。

(2) 路拌法施工:路拌法施工是将集料或土、结合料按一定顺序均匀平铺在施工作业面上,用路拌机械拌和均匀并使混合料含水量接近最佳含水量,随后进行碾压等工序的作业。路拌法施工的流程为:下承层准备→施工测量→备料→摊铺→拌和→整形→碾压→养生。其中,下承准备、施工测量、碾压及养生的施工方法和要求与厂拌法施工相同。

2. 粒料类基层

1) 粒料类基层分类

粒料类基层是由有一定级配的矿质集料经拌和、摊铺、碾压,当强度符合规定时得到的基层。本节主要介绍级配碎石、级配砾石和填隙碎石基层的施工技术。

(1) 级配碎石基层:

级配碎石基层由粗、细碎石和石屑各占一定比例、级配符合要求的碎石的混合料铺筑而成。级配碎石基层适用于各级公路的基层和底基层,还可用作较薄沥青面层与半刚性基层之间的中间层。碎石的最大粒径及颗粒组成等见表 8-4,级配曲线应连续圆滑。

(2) 级配砾石基层:

级配砾石基层是用粗、细砾石和砂按一定比例配制的混合料铺筑的、具有规定强度的路面结构层,适用于二级及二级以下公路的基层及各级公路的底基层。级配砾石基层的颗粒组成应符合表 8-5 规定的级配要求。

表 8-4 级配碎石混合料颗粒级配范围

项目		编号	1	2
通过质量百分率/%				
筛孔尺寸/mm	37.5		100	
	31.5		90~100	100
	19.0		73~88	85~100
	9.5		49~69	52~74
	4.75		29~54	29~54
	2.36		17~37	17~37
	0.6		8~20	8~20
	0.075		0~7②	0~7②
液限/%			<28	<28
塑性指数			<6(或9①)	<6(或9①)

注：① 潮湿多雨地区塑性指数宜小于6，其他地区塑性指数宜小于9。

② 对于无塑性的混合料，小于 0.075mm 的颗粒含量应接近高限。

表 8-5 级配砾石基层的颗粒组成范围

项目		编号	1	2	3
通过质量百分率/%					
筛孔尺寸/mm	53		100		
	37.5		90~100	100	
	31.5		81~94	90~100	100
	19.0		63~81	73~88	85~100
	9.5		45~66	49~69	52~74
	4.75		27~51	29~54	29~54
	2.36		16~35	17~37	17~37
	0.6		8~20	8~20	8~20
	0.075		0①~7②	0①~7②	0①~7②
液限/%			<28	<28	<28
塑性指数			<6(或9①)	<6(或9①)	<6(或9①)

注：① 潮湿多雨地区塑性指数宜小于6，其他地区塑性指数宜小于9。

② 对于无塑性的混合料，小于 0.075mm 的颗粒含量应接近高限。

(3) 填隙碎石基层：

用单一粒径的粗碎石作主骨料，用石屑作填隙料铺筑而成的结构层。填隙碎石适用于各级公路的底基层和二级以下公路的基层，颗粒组成等技术指标应符合表 8-6 和表 8-7 的要求。填隙碎石基层以粗碎石作嵌锁骨架，石屑填充粗碎石间的空隙，使密实度增加，从而提高强度和稳定性。

表 8-6 填隙碎石集料的颗粒组成

通过质量百分率/% \ 项目	编号	筛孔尺寸/mm							
		63	53	37.5	31.5	26.5	19	16	9.5
1		30~60	100	25~60		0~15		0~5	
2		25~50		100		25~50	0~15		0~5
3		20~40			100	35~70		0~15	0~5

表 8-7 填隙料的颗粒组成

筛孔尺寸/mm	0.95	4.75	2.36	0.6	0.075	塑性指数
通过质量百分率/%	100	85~100	50~70	30~50	0~10	<6

2) 粒料类基层施工

(1) 级配碎(砾)石基层(底基层)施工:

级配碎(砾)石基层大都采用路拌法施工,其施工工序为:

① 准备下承层:下承载层的平整度和压实度弯沉值应符合规范的规定,不论是路堑或路堤,必须用 12~15t 三轮压路机或等效的碾压机械进行碾压检验(压 3~4 遍),若发现问题,应及时采取相应措施进行处理。

② 施工放样:在下承层上恢复中线,直线段上每 10~20m 设一桩,曲线上每 10~15m 设一桩,并在两侧路肩边缘外 0.3~0.5m 设指示桩。进行水平测量,在两侧指示桩上用明显标记标出基层或底基层边缘的设计高程。

③ 计算材料用量:根据各路段基层或底基层的宽度、厚度及预定的干压实密度并按确定的配合比分别计算。

④ 运输和摊铺集料:集料装车时,应控制每车料的数量基本相等,卸料距离应严格掌握,避免料不足或过多;人工摊铺时,松铺系数约为1.40~1.50,平地机摊铺时,松铺系数约为 1.25~1.35。

⑤ 拌和及整形:当采用稳定土拌和机拌和进行拌和时,应拌和两遍以上,拌和深度应直到级配碎石层底,在进行最后一遍拌和前,必要时先用多铧犁紧贴底面翻拌一遍;当采用平地机拌和时,用平地机将铺好的集料翻拌均匀,平地机拌和的作业长度,每段宜为 300~500m,并拌和 5~6 遍。

⑥ 碾压:混合料整形完毕,含水量等于或略大于最佳含水量时,用12t 以上三轮压路机或振动压路机碾压。在直线段,由路肩开始向路中心碾压;在平曲线段,由弯道内侧向外侧碾压,碾压轮重叠1/2 轮宽,后轮超过施工段接缝。后轮压完面全宽即为一遍,一般应碾压 6~8 遍,直到符合规定的密实度,表面无轮迹为止。压路机碾压头两遍的速度为 1.5~1.7km/h,然后为 2.0~2.5km/h。路面外侧应多压 2~3 遍。

(2) 填隙碎石基层(底基层)施工:

填隙碎石基层施工的工序为:准备下承层→施工放样→运输和摊铺粗骨料→稳压→撒布石屑→振动压实→第二次撒布石屑→振动压实→局部补撒石屑并扫匀→振动压实,填满空隙→洒水饱和(湿法)或洒少量水(干法)→碾压→干燥。

3. 基层施工质量控制与检查验收

1) 施工质量控制

施工过程中各工序完成后应进行相应指标的检查验收,上一道工序完成且质量符合要求方可进入下一道工序的施工。施工质量控制的内容包括原材料与混合料技术指标的检验、试验路铺筑及施工过程中的质量控制与外形管理三大部分。

(1) 原材料与混合料质量技术指标试验:基层施工前及施工过程中原材料出现变化时,应对所采用的原材料进行规定项目的质量技术指标试验,以试验结果作为判定材料是否适用于基层的主要依据。

(2) 试验铺筑路:为了有一个标准的施工方法作指导,在正式施工前应铺筑一定长度的试验路,以便考查混合料的配合比是否适宜,确定混合料的松铺系数、标准施工方法及作业段的长度等,并根据试验铺筑路的实际过程优化基层的施工组织设计。

(3) 质量控制与外形管理:基层施工质量控制是在施工过程中对混合料的含水量、集料级配、结合料剂量、混合料抗压强度、拌和均匀性、压实度、表面回弹弯沉值等项目进行检查。外形管理包括基层的宽度、厚度、路拱横坡、平整度等,施工时应按规定的频度和质量标准进行检查。

2) 检查验收

基层施工完毕应进行竣工检查验收,内容包括竣工基层的外形、施工质量和材料质量3个方面。判定路面结构层质量是否合格,是以1km长的路段为评定单位,当采用大流水作业时,也可以每天完成的段落为评定单位。检查验收过程中的试验、检验应做到原始记录齐全、数据真实可靠,为质量评定提供客观、准确的依据。

8.1.2 沥青路面施工

在各类基层上铺筑沥青混合料面层后得到的路面结构称为沥青路面。沥青路面以其表面平整、坚实、无节缝、行车平稳、舒适、噪声小、施工期短等优点,在国内外得到广泛应用。

1. 沥青混合料的分类

沥青混合料是由适当比例的粗集料、细集料及填料组成的矿质混合料与黏结材料沥青经拌和而成的混合材料。

沥青混合料按强度形成机理可分为:

(1) 嵌挤型:嵌挤型沥青混合料的矿料颗粒较粗、尺寸较均匀,沥青混合料形成骨架空隙结构,强度主要由矿料间的嵌挤力和内摩阻力组成,沥青与矿料的黏附力及沥青自身的黏聚力次之。这种沥青混合料的剩余空隙率较大,但高温稳定性较好,矿料为半开级配或开级配的沥青碎石即属于此类沥青混合料。

(2) 密实型:若沥青混合料的矿料具有连续级配、沥青用量较大,则形成密实骨架结构,强度主要由沥青与矿料的黏附力及沥青自身的黏聚力组成,矿料间的摩阻力次之。这种沥青混合料的剩余空隙率较小,防渗性能较好,但强度受温度影响也随之增大,沥青混凝土即属于此类混合料。

2. 材料质量要求

1) 沥青

路用沥青材料包括道路石油沥青、煤沥青、乳化石油沥青、液体石油沥青等。

高速公路、一级公路的沥青路面，应选用符合"重交通道路石油沥青技术要求"的沥青以及改性沥青；二级及二级以下公路的沥青路面可采用符合"中、轻交通道路石油沥青技术要求"的沥青或改性沥青；乳化沥青应符合"道路乳化石油沥青技术要求"的规定；煤沥青不宜用于沥青面层，一般仅作为透层沥青使用。

2) 矿料

沥青混合料的矿料包括粗集料、细集料及填料。粗、细集料形成沥青混合料的矿质骨架，填料与沥青组成的沥青胶浆填充于骨料间的空隙中并将矿料颗粒黏结在一起，使沥青混合料具有抵抗行车荷载和环境因素作用的能力。

(1) 粗集料。粗集料形成沥青混合料的主骨架，对沥青混合料的强度和高温稳定性影响很大。沥青混合料的粗集料有碎石、筛选砾石、破碎砾石、矿渣，粗集料不仅应洁净、干燥、无风化、无杂质，还应具有足够的强度和耐磨耗能力以及良好的颗粒形状。

(2) 细集料。细集料指粒径小于5mm的天然砂、机制砂、石屑。热拌沥青混合料的细集料宜采用天然砂或机制砂，在缺少天然砂的地区，也可使用石屑，但高速公路和一级公路的沥青混凝土面层及抗滑表层的石屑用量不宜超过天然砂及机制砂的用量，以确保沥青混凝土混合料的施工和易性和压实性。细集料应洁净、干燥、无风化、无杂质并有一定级配，与沥青有良好的黏附能力。

(3) 填料。沥青混合料的填料宜采用石灰岩或岩浆岩中的强基性岩石(憎水性石料)经磨细而得到的矿粉。经试验确认为碱性、与沥青黏结良好的粉煤灰可作为填料的一部分，但应具有与矿粉同样的质量。由于填料的粒径很小，比表面积很大，使混合料中的结构沥青增加，从而提高沥青混合料的黏结力，因此填料是构成沥青混合料强度的重要组成部分。矿粉应干燥、洁净，无团粒。

3. 热拌沥青混合料路面施工

沥青混凝土是一种优良的路用材料，主要用于高速公路和一级公路的面层。热拌沥青碎石适用于高速公路和一级公路路面的过渡层或整平层以及其他等级公路和面层。选择沥青混合料类型应在综合考虑公路所在地区的自然条件、公路等级、沥青层位、路面性能要求、施工条件及工程投资等因素的基础上，按表8-8确定沥青混合料的类型。对于双层式或三层式沥青混凝土路面，其中至少应有一层是Ⅰ型密级配沥青混凝土。多雨潮湿地区的高速公路和一级公路，上面层宜选用抗滑表层混合料；干燥地区的高速公路和一级公路，宜采用Ⅰ型密级配沥青混合料作上面层。高速公路的硬路肩也宜采用Ⅰ型密级配沥青混合料作表层。

热拌沥青混合料路面采用厂拌法施工，集料和沥青均在拌和机内进行加热与拌和，并在热的状态下摊铺碾压成型。施工按下列顺序进行：

1) 施工准备

(1) 原材料质量检查。沥青、矿料的质量应符合前述有关的技术要求。

表 8-8　沥青路面各层适用的沥青混合料类型

结构层次	高速公路和一级公路		其他等级公路	
	三层式沥青混凝土面层	双层式沥青混凝土面层	沥青混凝土面层	沥青碎石面层
上面层	AC-3 AC-16 AC-20	AC-13 AC-16	AC-13　AC-16	AM-13
中面层	AC-20 AC-25			
下面层	AC-25 AC-30	AC-20 AC-25 AC-30	AC-20 AC-25 AC-30 AM-25 AM-30	AM-15 AM-30

(2) 施工机械的选型和配套。根据工程量大小、工期要求、施工现场条件、工程质量要求按施工机械应互相匹配的原则,确定合理的机械类型、数量及组合方式,使沥青路面的施工连续、均衡,施工质量高,经济效益好。施工前应检修各种施工机械,以便在施工时能正常运行。

(3) 拌和厂选址与备料。由于拌和机工作时会产生较大的粉尘、噪声等污染,再加上拌和厂内的各种油料及沥青为可燃物,因此拌和厂的设置应符合国家有关环境保护、消防安全等规定,一般应设置在空旷、干燥、运输条件良好的地方。拌和厂应配备实验室及足够的试验仪器和设备,并有可靠的电力供应。拌和厂内的沥青应分品种、分标号密闭储存。各种矿料应分别堆放,不得混杂,矿粉等填料不得受潮。

(4) 试验路铺筑。高速公路和一级公路沥青路面在大面积施工前应铺筑试验路;其他等级公路在缺乏施工经验或初次使用重要设备时,也应铺筑试验路段。通过铺筑试验路段,主要研究合适的拌和时间与温度;摊铺温度与速度;压实机械的合理组合、压实温度和压实方法;松铺系数;合适的作业段长度等,为大面积路面施工提供标准方法和质量检查标准。试验路的长度根据试验目的确定,通常在100～200m。

2) 沥青混合料拌和

热拌沥青混合料必须在沥青拌和厂(场、站)采用专用拌和机拌和。

拌和机拌和沥青混合料时,先将矿料粗配、烘干、加热、筛分、精确计量,然后加入矿粉和热沥青,最后强制拌和成沥青混合料。

拌和时应严格控制各种材料的用量和拌和温度,确保沥青混合料的拌和质量。沥青与矿料的加热温度应调节到能使混合料出厂温度符合表8-9规定的要求,超过规定加热温度的沥青混合料已部分老化,应禁止使用。沥青混合料的拌和时间以混合料拌和均匀、所有矿料颗粒全部被均匀裹覆沥青为度,拌和机拌和的沥青混合料应色泽均匀一致、无花白料、无结团块或严重粗细料离析现象,不符合要求的混合料应废弃并对拌和工艺进行调整。

表 8-9　热拌沥青混合料的施工温度(℃)

沥青种类		石油沥青			煤沥青	
沥青标号		AH-50 AH-70 AH-90 A-60	AH-110 AH-130 AH-100 A-140	A-200	T-8 T-9	T-5 T-6 T-7
沥青加热温度		150～170	140～160	130～160		
矿料温度	间歇式拌和机	比沥青加热温度高10～20(填料不加热)			比沥青加热温度高10～20(填料不加热)	
	连续式拌和机	比沥青加热温度高5～10(填料不加热)			比沥青加热温度高10～20(填料不加热)	
混合料储存仓储存温度		储料过程中温度降低不超过10			储料过程中温度降低不超过10	

续表

沥青种类		石油沥青			煤 沥 青	
沥青混合料正常出厂温度		140～165	125～160	120～150	90～120	80～110
运输到现场温度		不低于120～150			不低于90	
摊铺温度	正常施工	不低于110～130，不超过165			不低于80，不超过120	
	低温施工	不低于120～140，不超过175			不低于100，不超过140	
碾压温度	正常施工	110～140，不低于110			80～110，不低于75	
	低温施工	120～150，不低于110			90～120，不低于85	
碾压终了温度	钢轮压路机	不低于70			不低于50	
	轮胎压路机	不低于80			不低于60	
	振动压路机	不低于65			不低于50	
开放交通温度		路面冷却			路面冷却	

3) 沥青混合料运输

热拌沥青混合料宜采用吨位较大的自卸汽车运输，汽车车厢应清扫干净并在内壁涂一薄层油水混合液。从拌和机向运料车上放料时应每放一料斗混合料挪动一下车位，以减小集料离析现象。运料车应用篷布覆盖以保温、防雨、防污染，夏季运输时间短于0.5h时可不覆盖。运到摊铺现场的沥青混合料应符合表8-9规定的摊铺温度要求，已结成团块、遭雨淋湿的混合料不得使用。

4) 沥青混合料摊铺

摊铺沥青混合料前应按要求在下承层上浇洒透层、黏层或铺筑下封层。基层表面应平整、密实，高程及路拱横坡符合要求且与沥青面层结合良好。下承层表面受到泥土污染时应清理干净。

摊铺时应尽量采用全路幅铺筑，以避免出现纵向施工缝。通常采用两台以上摊铺机成梯队进行联合作业，相邻两幅摊铺带重叠5～10cm，相邻两台摊铺机相距10～30m，以免前面已摊铺的混合料冷却而形成冷接缝。摊铺机在开始受料前应在料斗内涂刷防止黏结的柴油，避免沥青混合料冷却后黏附在料斗上。

沥青混合料的松铺系数由试铺试验路确定，也可结合以往实践经验选用。摊铺过程中应随时检查摊铺层厚度及路拱横坡，并及时进行调整。摊铺速度一般为2～6m/min，面层下层的摊铺速度可稍快，而面层上层的摊铺速度应稍慢。

在沥青混合料摊铺过程中，若出现横断面不符合设计要求、构造物接头部位缺料、摊铺带边缘局部缺料、表面明显不平整、局部混合料明显离析及摊铺机后有明显拖痕时可用人工局部找补或更换混合料，但不应由人工反复修整。

控制沥青混合料的摊铺温度是确保摊铺质量的关键之一，摊铺时应根据沥青品种、标号、稠度、气温、摊铺厚度等按表8-9选用。高速公路和一级公路的施工气温低于10℃、其他等级公路施工气温低于5℃时，不宜摊铺热拌沥青混合料，必须摊铺时，应提高沥青混合料拌和温度，并符合表8-9规定的低温摊铺要求。运料车必须覆盖以保温，尽可能采用高密度摊铺机摊铺并在熨平板加热摊铺后紧接着碾压，缩短碾压长度。

5) 压实

碾压是热拌沥青混合料路面施工的最后一道工序，沥青混合料的分层压实厚度不得大于10cm，温度应符合表8-9的要求。碾压程序包括初压、复压和终压3道工序：

初压的目的是整平和稳定混合料,同时为复压制造有利条件,常用轻型钢筒压路机或关闭振动装置的振动压路机碾压两遍,碾压时必须将驱动轮朝向摊铺机,以免使温度较高处摊铺层产生推移和裂缝。压路机应从路面两侧向中间碾压,相邻碾压轮迹重叠 1/3~1/2 轮宽,最后碾压中心部分,压完全幅为一遍。初压后检查平整度、路拱,必要时予以修整。

复压的目的是使混合料密实、稳定、成型,是使混合料的密实度达到要求的关键。初压后紧接着进行复压,一般采用重型压路机,碾压遍数经试压确定,应不少于 4~6 遍,达到要求的压实度为止。用于复压的轮胎式压路机的压实质量应不小于 15t,用于碾压较厚的沥青混合料时,总质量应不小于 22t,轮胎充气压力不小于 0.5MPa,相邻轮带重叠 1/3~1/2 的轮宽。当采用三轮钢筒压路机时,总质量不应低于 15t。当采用振动压路机时,应根据混合料种类、温度和厚度选择振动压路机的类型,振动频率取 35~50Hz,振幅取 0.3~0.8mm,碾压层较厚时选用较大的振幅和频率,碾压时相邻轮带重叠 20cm 宽。

终压的目的是消除碾压产生的轮迹,最后形成平整的路面。终压应紧接在复压后用 6~8t 的振动压路机(关闭振动装置)进行,碾压 2~4 遍,直至无轮迹为止。

6) 接缝处理

施工过程中应尽可能避免出现接缝,不可避免时作成垂直接缝,并通过碾压尽量消除接缝痕迹,提高接缝处沥青路面的传荷能力。对接缝进行处理时,压实的顺序为先压横缝,后压纵缝。横向接缝可用小型压路机横向碾压,碾压时使压路机轮宽的 10~20cm 置于新铺的沥青混合料上,然后边碾边移动直至整个碾压轮进入新铺混合料层上。对于热料与冷料相接的纵缝,压路机可置于热沥青混合料上振动压实,将热混合料挤压入相邻的冷结合边内,从而产生较高的密实度;也可以在碾压开始时,将碾压轮宽的 10~20cm 置于热料层上,压路机其余部分置于冷却层上进行碾压,效果也较好。对于热料层相邻的纵缝,应先压实距接缝约 20cm 以外的地方,最后压实中间剩下的一条窄混合料层,这样可获得良好的结合。

7) 开放交通

压实后的沥青路面在冷却前,任何机械不得在其上停放或行驶,并防止矿料、油料等杂物的污染。热拌沥青混合料路面应待摊铺层完全自然冷却,混合料表面温度不高于 50℃(石油沥青)或不高于 45℃(煤沥青)后开放交通。需提早开放交通时可洒水冷却降低混合料温度。

4. 乳化沥青碎石混合料路面施工

用乳化沥青与矿料在常温下拌和而成,压实后剩余空隙率在 10%以上的常温冷却混合料,称为乳化沥青碎石混合料。由这类沥青混合料铺筑而成的路面称为乳化沥青碎石混合料路面。

乳化沥青碎石混合料适用于三级及三级以下公路的路面、二级公路的罩面以及各级公路的整平层。乳化沥青的品种、规格、标号应根据混合料用途、气候条件、矿料类别等按规定选用,混合料配合比可按经验确定。

乳化沥青碎石混合料路面施工工序:

1) 混合料的制备

当采用阳离子乳化沥青时,矿料在拌和前需先用水湿润,使集料含水量达 5%左右,气温较高时可多加水,低温潮湿时少加水。矿料与乳液应充分拌和均匀,适宜的拌和时间应根据集料级配情况、乳液裂解速度、拌和机性能、气候条件等通过试拌确定。机械拌和时间不宜超过 30s,人工拌和时间不宜超过 60s。拌和的混合料应具有良好的施工和易性,以免在摊铺时出现离析。

2) 摊铺和碾压

拌和、运输和摊铺应在乳液破乳前结束,摊铺前已破乳的混合料不得使用。

机械摊铺的松铺系数为 1.15~1.20,人工摊铺时松铺系数为 1.20~1.45。混合料摊铺完毕,厚度、平整度、路拱横坡等符合设计和规范要求,即可进行碾压。通常先采用 6t 左右的轻型压路机匀速初压 1~2 遍,使混合料初步稳定,然后用轮胎压路机或轻型钢筒式压路机碾压 1~2 遍。当乳化沥青开始破乳(混合料由褐色转变为黑色)时,用 12~15t 轮胎压路机或 10~12t 钢筒式压路机复压 2~3 遍,立即停止,待晾晒一段时间,水分蒸发后,再补充复压至密实。

3) 养护及开放交通

压实成型后,待水分蒸发完即可加铺上封层,铺加压实成型后的路面应做好早期养护工作,封闭交通 2~6h 以上。开放交通初期控制车速不超过 20km/h,并不得刹车或调头。

5. 沥青表面处治路面施工

沥青表面处治路面是用拌和法或层铺法施工的路面薄层,主要用于改善行车条件,厚度不大于 3cm,适用于二级以下公路、高速公路和一级公路的施工便道的面层,也可作为旧沥青路面的罩面和防滑磨耗层。

沥青表面处治面层可采用道路石油沥青、煤沥青或乳化沥青作结合料。沥青用量根据气温、沥青标号、基层等情况确定。

沥青表面处治路面所用集料的最大粒径与处治层厚度相等,其规格和用量见表 8-10。

表 8-10 沥青表面处治材料规格和用量(方孔筛)

沥青种类	类型	厚度/mm	集料/(m³/1000m²)						沥青或乳液用量/(kg/m²)			
			第一层		第二层		第三层		第一次	第二次	第三次	合计用量
			粒径规格	用量	粒径规格	用量	粒径规格	用量				
石油沥青	单层	1.0	S12	7~9					1.0~1.2			1.0~1.2
		1.5	S10	12~14					1.4~1.6			1.4~1.6
	双层	1.5	S10	12~14	S12	7~8			1.4~1.6	1.0~1.2		2.4~2.8
		2.0	S9	16~18	S12	7~8			1.6~1.8	1.0~1.2		2.6~3.0
		2.5	S8	18~20	S12	7~8			1.8~2.0	1.0~1.2		2.8~3.2
	三层	2.5	S8	18~20	S10	12~14	S12	7~8	1.6~1.8	1.2~1.4	1.0~1.2	3.8~4.4
		3.0	S6	20~22	S10	12~14	S12	7~8	1.8~2.0	1.2~1.4	1.0~1.2	4.0~4.6
乳化沥青	单层	0.5	S14	7~9								0.9~1.0
	双层	1.0	S12	9~11	S14	4~6	S12	4~6	1.8~2.0	1.0~1.2		2.8~3.2
	三层	3.0	S6	20~22	S10	9~11	S14	3.5~4.5	2.0~2.2	1.8~2.0	1.0~1.2	4.8~5.4

注:① 煤沥青表面处治的沥青用量可较石油沥青用量增加 15%~20%。
② 表中乳化沥青的乳液用量适用于乳液中沥青用量约为 60%的情况。
③ 在高寒地区及干旱、风砂大的地区,可超出高限,再增加 5%~10%。

沥青表面处治路面施工工序：

1) 层铺法

层铺法施工时一般采用先油后料法，单层式沥青表面处治层的施工在清理基层后可按下列工序进行：

浇洒第一层沥青→撒布第一层集料→碾压。

双层式或三层式沥青表面处治层的施工方法即重复上述施工工序一遍或两遍。

2) 拌和法

拌和法是将沥青材料与集料按一定比例拌和摊铺、碾压的方法。

路拌法施工工序：清扫放样→沿路分堆备料→人工干拌(集料)→掺加沥青拌匀→摊铺成型→碾压→初期养护。

场拌法施工工序：熬油→定量配料→机械(人工)拌和→运料→清扫放样→卸料→摊铺整形→碾压→初期养护。

6. 沥青贯入式路面施工

沥青贯入式路面是在初步压实的碎石(砾石)层上，分层浇洒沥青、撒布嵌缝料后经压实而成的路面。

沥青贯入式路面可选用黏稠石油沥青、煤沥青或乳化沥青作结合料。

沥青贯入式路面集料应选用有棱角、嵌挤性好的坚硬石料，主层集料中粒径大于级配范围中值的颗粒含量不得少于50%。细粒料含量偏多时，嵌缝料宜用低限，反之用高限。主层集料最大粒径宜与沥青贯入层的厚度相同。当采用乳化沥青时，主层集料最大粒径可为厚度的0.8~0.85倍。

沥青贯入式路面应铺筑在已清扫干净并浇洒透层或黏层沥青的基层上，一般按以下工序进行：

撒布主层集料→碾压主层集料→浇洒第一层沥青→撒布第一层嵌缝料→碾压→浇洒第二层沥青→撒布第二层嵌缝料→碾压→再浇洒第三层沥青→撒布封层料→终压。

7. 透层、黏层与封层

1) 透层

透层是直接在基层上浇洒低黏(煤沥青、乳化沥青或液体石油沥青)度的液体沥青薄层，透入基层表面所形成的一薄层沥青层。其作用是增进基层与沥青面层的黏结力；封闭基层表面的空隙，减少水分下渗。根据基层类型，透层沥青的规格和用量可按表8-11确定。

表8-11 沥青路面透层及黏层材料的规格和用量

用　途		乳化沥青		液体石油沥青		煤沥青	
		规　格	用量/(L/m²)	规　格	用量/(L/m²)	规　格	用量/(L/m²)
透层	半刚性基层	PC-2 PA-2	1.1~1.6	AL(M)-1或2 AL(S)-1或2	0.9~1.2	T-1 T-2	1.0~1.3
	粒料基层	PC-2 PA-2	0.7~1.1	AL(M)-1或2 AL(S)-1或2	0.6~1.0	T-1 T-2	0.7~1.0

续表

用　途		乳化沥青		液体石油沥青		煤沥青	
		规　格	用量/(L/m²)	规　格	用量/(L/m²)	规　格	用量/(L/m²)
黏层	沥青层	PC-3 PA-3	0.3~0.6	AL(R)-1 或 2 AL(M)-1 或 2	0.3~0.5	T-3、T-4、T-5	0.3~0.6
	水泥混凝土	PA-3 PA-3	0.3~0.5	AL(R)-1 或 2 AL(M)-1 或 2	0.2~0.4	T-3、T-4、T-5	0.3~0.5

在基层上浇洒透层沥青后，宜立即以 2~3m³/1000m² 的用量将石屑或粗砂撒布在基层上，然后用 6~8t 钢筒压路机稳压一遍。当需要通行车辆时，应控制车速。透层沥青洒布后应尽早铺筑沥青面层；用乳化沥青做透层时，应待其充分渗透、水分蒸发后方可铺筑沥青面层，此段时间不宜小于24h。

2) 黏层

黏层是为加强沥青层之间、沥青层与水泥混凝土面板之间的黏结而洒布的薄沥青层。将热拌沥青混合料铺筑在被污染的沥青层表面、旧沥青路面及水泥混凝土路面上时应浇洒黏层，与新铺沥青路面接触的路缘石、雨水井、检查井等设施的侧面应浇洒黏层沥青。

3) 封层

封层是修筑在面层或基层上的沥青混合料薄层。铺筑在面层表面的称为上封层，铺筑在面层下面的称为下封层。其主要作用是封闭表面空隙、防止水分侵入面层或基层，延缓面层老化，改善路面外观。

层铺法铺筑沥青表面处治上封层的材料用量和要求可根据表 8-11 确定，沥青用量取表中规定范围的中低限。铺筑下封层的矿料规格可采用表 8-10 中的 S14、S12 等，通常矿料用量为 5~8m³/1000m²，沥青用量可采用表 8-11 中规定范围的中高限。

设置封层的结构层上，厚度为 3~6mm。稀浆封层一般作上封层使用，其材料按表 8-12 确定。

表 8-12　乳化沥青稀浆封层的矿料级配及沥青用量范围

项　目	筛孔/mm		级配类型		
	方孔筛	圆孔筛	ES-1	ES-2	ES-3
通过筛孔的质量百分率/%	9.5	10		100	100
	4.75	50	100	90~100	70~90
	2.36	2.5	90~100	65~90	45~70
	1.18	1.2	65~90	45~70	28~50
	0.6	0.6	40~65	30~50	19~34
	0.3	0.3	25~42	18~30	12~25
	0.15	0.15	15~30	10~21	7~18
	0.075	0.075	10~20	5~15	5~15
沥青用量(油石比)/%			10~16	7.5~13.5	6.5~12
适宜的稀浆封层平均厚度/mm			2~3	3~5	4~6
稀浆混合料用量/(kg/m²)			3~5.5	5.5~8	>8

8. 沥青路面施工质量控制与验收

沥青路面施工过程中应进行全面质量管理，建立健全行之有效的质量保证体系。实行严格的目标管理、工序管理及岗位质量责任制度，对各施工阶段的工程质量进行检查、控制、评定，从制度上确保沥青路面的施工质量。沥青路面施工质量控制的内容包括材料的质量检验、铺筑试验路、施工过程的质量控制及工序间的检查验收。

1) 材料质量检验

沥青路面施工前应按规定对原材料的质量进行检验。在施工过程中逐班抽样检查时，对于沥青材料可根据实际情况只做针入度、软化点、延度的试验；检测粗集料的抗压强度、磨耗率、磨光值、压碎值、级配等指标和细集料的级配组成、含水量、含土量等指标；对于矿粉，应检验其相对密度和含水量并进行筛析。材料的质量以同一料源、同一次购入并运至生产现场为一"批"进行检查。材料质量检查的内容和标准应符合前述有关的要求。

2) 铺筑试验路

高速公路和一级公路在施工前应铺筑试验段。通过试拌试铺为大面积施工提供标准方法和质量检查标准。

3) 施工过程中的质量管理与控制

在沥青路面施工过程中，施工单位应随时对施工质量进行抽检，工序间实行交接验收，前一工序质量符合要求方可进入下一工序的施工。施工过程中工程质量检查的内容、频度及质量标准应符合规定的要求。

8.1.3 水泥混凝土路面施工

1. 概述

水泥混凝土路面是指以素混凝土或钢筋混凝土板与基、垫层所组成的路面，水泥混凝土板作为主要承受交通荷载的结构层，而板下的基(垫)层和路基，起着支承的作用。水泥混凝土路面与其他类型的路面相比具有刚度大、强度高、稳定性好、使用寿命长等优点；同时也存在有接缝、开放交通迟、水泥用量大及损坏后修复困难等缺点。

1) 材料质量要求

组成水泥混凝土路面的原材料包括水泥、粗集料(碎石)、细集料(砂)、水、外加剂、接缝材料及局部使用的钢筋。

(1) 水泥。水泥是混凝土的胶结材料，混凝土的性能在很大程度上取决于水泥的质量。施工时应采用质量符合我国现行国家标准规定技术要求的水泥。通常应选用强度高、干缩性小、抗磨性能及耐久性能好的水泥。

(2) 粗集料。为了保证水泥混凝土具有足够的强度、良好的抗磨耗、抗滑及耐久性能，应按规定选用质地坚硬、洁净、具有良好级配的粗集料(>5mm)，水泥混凝土集料的最大粒径不应超过 40mm。

粗集料的颗粒组成可采用连续级配，也可采用间断级配。水泥混凝土粗集料的级配范围应符合表 8-13 的技术要求。

(3) 细集料。水泥混凝土中粒径 0.15～5mm 范围的集料为细集料。细集料应尽可能采用天然砂，无天然砂时也可用人工砂。要求颗粒坚硬耐磨，具有良好的级配，表面粗糙有棱角，清洁和有害杂质含量少，细度模数在 2.5 以上。

表 8-13 粗集料标准级配范围

级配类型	粒径/mm	筛孔尺寸/mm							
		40	30	25	20	15	10	5	2.5
		通过百分率(以质量计)/%							
连续	5~40	95~100	55~69	39~54	25~40	14~27	5~15	0~5	
	5~30		95~100	67~77	44~59	25~40	11~24	3~11	0~5
	5~20			95~100	55~69	25~40	5~15	0~5	
间断	5~40	95~100	55~69	39~54	25~40	14~27	14~27	0~5	
	5~30		95~100	67~77	44~59	25~40	25~40	3~11	0~5
	5~20			95~100	25~40	25~40	5~15	0~5	

(4) 水。用于清洗集料、拌和混凝土及养护用的水，不应含有影响混凝土质量的油、酸、碱、盐类及有机物等。

(5) 外加剂。为了改善水泥混凝土的技术性能，可在混凝土拌和过程中加入适宜的外加剂。常用的外加剂有流变剂(改善流变性能)、调凝剂(调节凝结时间)及引气剂(提高抗冻、抗渗、抗蚀性能)3 大类。

(6) 接缝材料。接缝材料用于填塞混凝土路面板的各类接缝，按使用性能的不同，分为接缝板和填缝料两类。

接缝板应能适应混凝土路面板的膨胀与收缩，施工时不变形，耐久性良好。

填缝料应与混凝土路面板缝壁黏附性强，回弹性好，能适应混凝土路面的胀缩，不溶于水，高温不挤出，低温不脆裂，耐久性好。

(7) 钢筋。素混凝土路面的各类接缝需要设置用钢筋制成的拉杆、传力杆，在板边、板端及角隅需要设置边缘钢筋和角隅钢筋，钢筋混凝土路面和连续配筋混凝土路面则要使用大量的钢筋。用于混凝土路面的钢筋应符合设计规定的品种和规格要求，钢筋应顺直，无裂缝、断伤、刻痕及表面锈蚀和油污等。

2) 配合比设计

混凝土配合比设计的主要工作是确定混凝土的水灰比、砂率及用水量等组成参数，这在《土木工程材料》课程中已详细介绍，不再赘述。

2. 施工准备工作

(1) 选择混凝土拌和场地。拌和场地的选择首先应考虑使用运送混合料的运距最短，同时拌和场地要接近水源和电源，此外，拌和场地应具有足够的面积，以供堆放砂石料和搭建水泥库房。

(2) 做好混凝土各组成材料的试验，进行混凝土各组成材料的配合比设计。

(3) 混凝土路面施工前，应对混凝土路面板下的基层进行强度、密实度及几何尺寸等方面的质量检验。基层质量检查项目及其标准应符合基层施工规范要求。基层宽度应比混凝土路面板宽 30~35cm 或与路基同宽。

(4) 施工放样是混凝土路面施工的重要准备工作。首先根据设计图纸恢复路中心线和混凝土路面边线，在中心线上每隔 20m 设一中桩，同时布设曲线主点桩及纵坡变坡点、路面板胀缝等施工控制点，并在路边设置相应的边桩，重要的中心桩要进行拴桩。每隔 100m

左右应设置一临时水准点,以便复核路面标高。由于混凝土路面一旦浇筑成功就很难拆除,因此测量放样必须经常复核,在浇捣过程中也要随时进行复核,做到勤测、勤核、勤纠偏,确保混凝土路面的平面位置和高程符合设计要求。

3. 机械摊铺法

1) 轨道式摊铺机施工

轨道式摊铺机施工是机械化施工中最普遍的一种方法。

(1) 轨道和模板的安装。

轨道式摊铺机的整套机械在轨模上前后移动,并以轨模为基准控制路面的高程。摊铺机的轨道与模板同时进行安装,轨道固定在模板上,然后统一调整定位,形成的轨模既是路面边模又是摊铺机的行走轨道,如图 8.2 所示。轨道模板必须安装牢固,并校对高程,在摊铺机行使过程中不得出现错位现象。

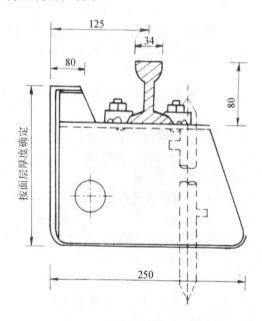

图 8.2 轨道模板(单位:cm)

(2) 摊铺及振捣。

轨模式摊铺机有刮板式、箱式或螺旋式 3 种类型,摊铺时将卸在基层上或摊铺箱内的混凝土拌和物按摊铺厚度均匀地充满轨模范围内。

摊铺过程中应严格控制混凝土拌和物的松铺厚度,确保混凝土路面的厚度和标高符合设计要求。

摊铺机摊铺时,振捣机跟在摊铺机后面对拌和物作进一步的整平和捣实。振捣机的构造如图 8.3 所示,在振捣梁前方设置一道长度与铺筑宽度相同的复平梁,用于纠正摊铺机初平的缺陷并使松铺的拌和物在全宽范围内达到正确的高度,复平梁的工作质量对振捣密实度和路面平整度影响很大。复平梁后面是一道弧面振动梁,以表面平板式振动将振动力传到全宽范围内。振捣机械的工作行走速度一般控制在 0.8m/min,但随拌和物坍落度的增减可适当变化,混凝土拌和物坍落度较小时可适当放慢速度。

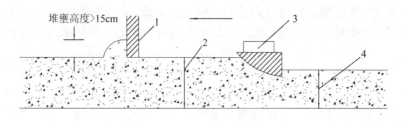

图 8.3 振捣机的构造

1—复平梁；2—松铺高度；3—弧面振捣梁；4—面层厚度

(3) 表面整修。

① 表面整平。振捣密实的混凝土表面用能纵向移动或斜向移动的表面整修机整平。纵向表面整修机工作时，整平梁在混凝土表面纵向往返移动，通过机身的移动将混凝土表面整平。斜向表面整修机通过一对与机械行走轴线成10°左右的整平梁作相对运动来完成整平作业，其中一根整平梁为振动梁。机械整平的速度决定于混凝土的易整修性和机械特性。机械行走的轨模顶面应保持平顺，以便整修机械能顺畅通行。整平时应使整平机械前保持高度为 10~15cm 的壅料，并使壅料向较高的一侧移动，以保证路面板的平整，防止出现麻面及空洞等缺陷。

② 精光及纹理制作。精光是对混凝土路面进行最后的精平，使混凝土表面更加致密、平整、美观，此工序是提高混凝土路面外观质量的关键工序之一。混凝土路面整修机配置有完善的精光机械，只要在施工过程中加强质量检查和校核，便可保证精光质量。

在混凝土表面制作纹理，是提高路面抗滑性能的有效措施之一。制作纹理时用纹理制作机在路面上拉毛、压槽或刻纹，纹理深度控制在 1~2mm 范围内；在不影响平整度的前提下提高混凝土路面的构造深度，可提高表面的抗滑性能。纹理应与行车方向垂直，相邻板的纹理应相互沟通以利排水。适宜的纹理制作时间以混凝土表面无波纹水迹开始，过早或过晚均会影响纹理制作质量。

(4) 养生。

混凝土表面整修完毕，应立即进行湿治养生，以防止混凝土板水分蒸发或风干过快而产生缩裂，保证混凝土水化过程的顺利进行。在养护初期，可用活动三角形罩棚遮盖混凝土，以减少水分蒸发，避免阳光照晒，防止风吹、雨淋等。混凝土泌水消失后，在表面均匀喷洒薄膜养护剂。喷洒时在纵横方向各喷一次，养护剂用量应足够，一般为 $0.33kg/m^3$ 左右。在高温、干燥、大风时，喷洒后应及时用草帘、麻袋、塑料薄膜、湿砂等遮盖混凝土表面并适时均匀洒水。养护时间由试验确定，以混凝土达到 28d 强度的 80%以上为准。

(5) 接缝施工。

混凝土面层是由一定厚度的混凝土板组成的，它具有热胀冷缩的特性，温度变化时，混凝土板会产生不同程度的膨胀和收缩，这些变形会受到板与基础之间的摩阻力和黏结力，以及板的自重和车轮荷载的约束，致使板内产生过大的应力，造成板的断裂或拱胀等破坏。为了避免这些缺陷，混凝土路面必须设置横向接缝和纵向接缝。横向接缝垂直于行车方向，共有 3 种：胀缝、缩缝和施工缝；纵向接缝平行于行车方向。

① 胀缝施工。胀缝应与混凝土路面中心线垂直，缝壁必须垂直于板面，缝隙宽度均匀

一致,缝中心不得有黏浆、坚硬杂物,相邻板的胀缝应设在同一横断面上。缝隙上部应灌填缝料,下部设置胀缝板。胀缝传力杆的准确定位是胀缝施工成败的关键,传力杆固定端可设在缝的一侧或交错布置。施工过程中固定传力杆位置的支架应准确、可靠地固定在基层上,使固定后的传力杆平行于板面和路中线,误差不大于5mm。

施工终了时设置胀缝的方法按如图8.4所示安装、固定传力杆和接缝板。先浇筑传力杆以下的混凝土拌和物,用插入式振捣器振捣密实,并注意校正传力杆的位置,然后再摊铺传力杆以上的混凝土拌和物。摊铺机摊铺胀缝另一侧的混凝土时,先拆除端头钢挡板及钢钎,然后按要求铺筑混凝土拌和物。填缝时必须将接缝板以上的临时插入物清除。

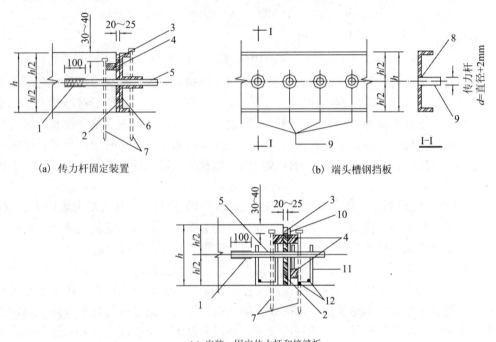

(a) 传力杆固定装置　　(b) 端头槽钢挡板

(c) 安装、固定传力杆和接缝板

图8.4　胀缝施工

1—套管;2—接缝板;3—临时插入物;4—方木;5—传力杆;6—端头槽钢挡板;7—钢钎;8—焊缝;
9—钢管;10—端头钢挡板;11—箍筋;12—架立筋

胀缝两侧相邻板的高差应符合如下要求:高速公路和一级公路应不大于3mm,其他等级公路不大于5mm。

② 横向缩缝施工。混凝土面板的横向缩缝一般采用锯缝的办法形成。当混凝土强度达到设计强度的25%~30%时,用切缝机切割,缝的深度一般为板厚的1/4~1/3。合适的锯缝时间应控制在混凝土已达到足够的强度,而收缩变形受到约束时产生的拉应力仍未将混凝土面板拉断的时间范围内。经验表明,锯缝时间以施工温度与施工后时间的乘积为200~300个温度小时(例:混凝土浇筑完后的养护温度为20℃时,则锯缝的控制时间为200/20~300/20=10~15h)或混凝土抗压强度为8~10MPa较为合适。也可按表8-14的规定或通过试锯确定适宜的锯缝时间。应注意的是锯缝时间不仅与施工温度有关,还与混凝土的组成和性质等因素有关。各地可根据实践经验确定。锯缝时应做到宁早不晚,宁深不浅。

表 8-14 混凝土路面锯缝时间

昼夜平均气温/℃	5	10	15	20	25	30 以上
抹平至开始锯缝的最短时间/h	45～50	30～35	22～26	18～21	15～18	13～15

③ 施工缝设置。施工中断形成的横向施工缝尽可能设置在胀缝或缩缝处，多车道路面的施工缝应避免设在同一横断面上。施工缝设在缩缝处应增设一半锚固、另一半涂刷沥青的传力杆，传力杆必须垂直于缝壁、平行于板面。

④ 纵向接缝。纵缝一般做成平缝，施工时在已浇筑混凝土板的缝壁上涂刷沥青，并注意避免涂在拉杆上。然后浇筑相邻的混凝土板。在板缝上部应压成或锯成规定深度(3～4cm)的缝槽，并用填缝料灌缝。

假缝型纵缝的施工应预先用门型支架将拉杆固定在基层上或用拉杆置放机在施工时置入。假缝顶面的缝槽采用锯缝机切割，深 6～7cm，使混凝土在收缩时能从切缝处规则开裂。

2) 滑模式摊铺机施工

滑模式摊铺机施工混凝土路面作业过程如图 8.5 所示。铺筑混凝土时，首先由螺旋式摊铺器 1 将堆积在基层上的混凝土拌和物横向铺开，刮平器 2 进行初步刮平，然后振捣器 3 进行捣实，随后刮平板 4 进行振捣后的整平，形成密实而平整的表面，再使用振动式振捣板 5 对拌和物进行振实和整平，最后用光面带 6 进行光面。其余工序作业与轨道式摊铺机施工基本相同，但轨道式摊铺机与之配套的施工机械较复杂，工序多，不仅费工，而且成本大。而滑模式摊铺机由于整机性能好，操纵采用电子液压系统控制，生产效率高。

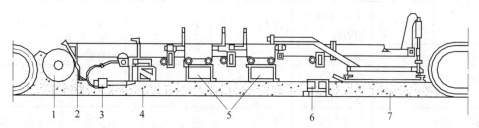

图 8.5 滑模式摊铺机摊铺工艺过程图

1—螺旋摊铺器；2—刮平器；3—振捣器；4—刮平板；5—振动振捣板；6—光面带；7—混凝土面层

4. 常规施工法

水泥混凝土路面采用机械化施工具有生产效率高，施工质量容易得到保证等优点，是我国水泥混凝土路面施工的发展方向。但从我国目前技术力量、施工机械现状来看，对于一般工程仍离不开人工加小型机具的常规施工方法。小型配套机具施工普通混凝土路面的一般工序为：施工准备→模板安装→传力杆安设→混凝土拌和物拌和和运输→拌和物摊铺与振捣→接缝施工→表面整修→养护与填缝。其中，施工准备、传力杆安设、混凝土拌和物与运输、接缝施工、表面整修、养护及填缝与机械摊铺法施工的方法基本相同。

5. 施工质量检查与竣工验收

1) 施工质量控制

(1) 原材料质量检验。

施工前应对各种原材料进行质量检验，按规定要求验收水泥、砂和碎石；测定砂、石的含水量,以调整用水量;测定坍落度,必要时调整配合比。

(2) 施工过程中的质量控制。

施工中应及时测定 7d 龄期的试件强度,检查是否达到 28d 强度的 70%,否则应及时查明原因,及时采取措施,使混凝土强度达到设计要求。

2) 竣工验收

竣工验收的主要项目:

(1) 路面外观应无露石、蜂窝、麻面、裂缝、啃边、掉角、翘起和轮迹等现象。

(2) 路缘石应直顺,曲线应圆滑。

高速公路和一级公路水泥混凝土路面的工程质量验收检查内容和允许偏差见表 8-15。

表 8-15 高速公路和一级公路水泥混凝土面层质量验收和允许偏差

检查项目		检查频率		质量标准或允许偏差	检查方法
		范 围	点 数		
抗折强度/MPa		每台班或每 200m^3	2 组	不小于标准	小梁抗折试验或钻芯取样实测
板厚度/mm		每车道每检查段	10 处	−5	用尺量,必要时钻芯取样实测
平整度/mm	平整度仪	抽一车道连续检测		1.8(2.5)	平整度仪,按每 100m 计 σ
	3m 直尺 h	半幅车道每检查段	10 处	3(5)	用 3m 直尺,每处连量 10 尺
相邻板高差		每条胀缝	2 点	2	用尺量
		每检查段纵、横各 10 条	20 点	(3)	每条、处测 2 点
纵缝顺直度/mm		每检查段	20 处	10	拉 20m 细线量取最大值
横缝顺直度/mm		每检查段	20 处	10	沿板宽拉线,量取最大值
板宽度/mm		每检查段	20 处	±10	用尺量
纵断高程/mm		每检查段	20(10)点	±10(±15)	用水准仪量
横坡度/%		每检查段	20(10)断面处	±0.15(±0.25)	用水准仪量
板面	拉毛深度/mm	每检查段	20 块	2~3	用尺量
纹理	构造深度/mm	每检查段	2 块	符合设计要求	用砂铺法,每板测 2 点

注:① 表中括号内数值为其他等级公路指标值。
② 表中 σ 为平整度仪测定的标准偏差,h 为 3m 直尺与板面的最大间隙。

8.2 桥梁工程施工

桥梁是跨越障碍的通道,是现代铁路、公路和城市道路等交通网络的重要组成部分。桥梁可分为各种不同形式,按结构体系分,有架桥、梁式桥、刚构桥、斜拉桥、悬索桥、组合体系桥等；按桥梁的建筑材料分，可分为钢筋混凝土桥、预应力钢筋混凝土桥、圬工桥、钢桥、木桥等；按桥梁的用途分，可分为公路桥、铁路桥、人行桥、管线桥、运河桥等；按桥梁所跨越的障碍不同，可分为跨河桥、跨线桥、高架桥等。

桥梁的施工工序主要可分为下部结构的施工、上部结构的施工、附属结构的施工等。本节主要介绍不同类型桥梁上部结构的施工方法。

8.2.1 预制梁的运输和安装

1. 预制梁的运输

装配式简支梁桥的主梁通常在施工现场的预制场内或在桥梁厂内预制。因此就要配合架梁的方法解决如何将预制梁运至桥头或桥孔下的问题。

从工地预制场至桥头的运输，称场内运输，通常需铺设钢轨便道，由预制场的龙门吊车或木扒杆将预制梁装上平车后用绞车牵引运抵桥头。对于小跨径梁或规模不大的工程，也可设置木板便道，利用钢管或硬圆木作滚子，使梁靠两端支承在几根滚子上用绞车拖曳，边前进边换滚子运至桥头。

当采用水上浮吊架梁而需要使预制梁上船时，运梁便道应延伸至河边能靠拢驳船的地方，为此就需要修筑一段装船用的临时栈桥(码头)。

当预制工厂距桥工地甚远时，通常可用大型平板拖车、火车或驳船将梁运至工地存放，或直接运至桥头或桥孔下进行架设。

在场内运梁时，为平稳前进以确保安全，通常用牵引绞车徐徐向前拖拉的同时，后面的制动索应跟着慢慢放松，以控制前进的速度。

梁在起吊和安放时，应按设计规定的位置布置吊点或支承点。

2. 预制梁的安装

预制梁的安装是装配式桥梁施工中的关键性工序。应结合施工现场条件、桥梁跨径大小，设备能力等具体情况，从节省造价、加快施工速度和充分保证施工安全等方面来合理选择架梁的方法。

简支式梁、板构件的架设，不外乎起吊、纵移、横移、落梁等工序。从架梁的工艺类别来分，有陆地架设、浮吊架设和利用安装导梁或塔架、缆索的高空架设等，每一类架设工艺中，按起重、吊装等机具的不同，又可分成各种独具特色的架设方法。必须强调指出，桥梁架设既是高空作业又需要使用重而大的机具设备，在操作中如何确保施工人员的安全和杜绝工程事故，这是工程技术人员的重要职责。因此，在施工前应研究制订周到而妥善的安装方案，详细分析和计算承力设备的受力情况，采取周密的安全措施。并应在施工中加强安全教育，严格执行操作规程和加强施工管理工作。

下面简要介绍各种常用架梁方法的工艺特点。

1) 自行式吊车架梁

在桥不高，场内又可设置行车便道的情况下，用自行式吊车(汽车吊车或履带吊车)架设中、小跨径的桥梁十分方便。此法视吊装重量不同，还可采用单吊(一台吊车)或双吊(两台吊车)两种。其特点是机动性好，不需要另外的动力设备，不需要准备作业，架梁速度快。一般吊装能力为150～1000kN，国外已出现4100kN的轮式吊车。

2) 跨墩门式吊车架梁

对于桥不太高，架桥孔数又多，沿桥墩两侧铺设轨道不困难的情况，可以采用一台或两台跨墩门式吊车来架梁。此时，除了吊车行走轨道外，在其内侧尚应铺设运梁轨道，或者设便道用拖车运梁。梁运到后，就用门式吊车起吊，横移，并安装在预定位置。当一孔架完后，吊车前移，再架设下一孔。

3) 摆动排架架梁

用木排架或钢排架作为承力的摆动支点，由牵引绞车和制动绞车控制摆动速度。当预制梁就位后，再用千斤顶落梁就位。此法适用于小跨径桥梁。

4) 移动支架架梁

对于高度不大的中、小跨径桥梁，当桥下地基良好能设置简易轨道时，可采用木制或钢制的移动支架来架梁。随着牵引索前拉，移动支架带梁沿轨道前进，到位后再用千斤顶落梁。

5) 浮吊船架梁

在海上和深水大河上修建桥梁时，用可回转的伸臂式浮吊架梁比较方便。这种架梁方法，高空作业较少，施工比较安全，吊装能力也大，工效也高，但需要大型浮吊。鉴于浮吊船来回运梁航行时间长，要增加费用，故一般采取用装梁船储梁后成批一起架设的方法。

6) 固定式悬臂浮吊架梁

在缺乏大型伸臂式浮吊时，也可用钢制万能杆件或贝雷钢架拼装固定式的悬臂浮吊进行架梁。架梁前，先从存梁场吊运预制梁至下河栈桥，再由固定式悬臂浮吊接运并安放稳妥，再用拖轮将重载的浮吊拖运至待架桥孔处，并使浮吊初步就位。将船上的定位钢丝绳与桥墩锚系，慢慢调整定位，在对准梁位后就落梁就位。在流速不大，桥墩不高的情况下，用此法架设 30m T 形梁或 T 形刚构的挂梁都很方便。不足之处是每架一片梁都要将浮吊拖至河边栈桥处去取梁，这样不但影响架梁的速度，而且也增加了来回拖运浮吊的耗费。

7) 联合架桥机架梁

此法适合于架设中、小跨径的多跨简支梁桥，其优点是不受水深和墩高的影响，并且在作业过程中不阻塞通航。

联合架桥机由一根两跨长的钢导梁、两套门式吊机和一个托架(又称蝴蝶架)3 部分组成。导梁顶面铺设运梁平车和托架行走的轨道。门式吊车顶横梁上设有吊梁用的行走小车，为了不影响架梁的净空位置，其立柱底部还可做成在横向内倾斜的小斜腿，这样的吊车俗称拐脚龙门架。

架梁操作工序如下：

(1) 在桥头拼装钢导梁，铺设钢轨，并用绞车纵向拖拉导梁就位。

(2) 拼装蝴蝶架和门式吊机，用蝴蝶架将两个门式吊机移运至架梁孔的桥墩(台)上。

(3) 由平车轨道运送预制梁至架梁孔位，将导梁两侧可以安装的预制梁用两个门式吊机起吊、横移并落梁就位。

(4) 将导梁所占位置的预制梁临时安放在已架设的梁上。

(5) 用绞车纵向拖拉导梁至下一孔后，将临时安放的梁架设完毕。

(6) 在已架设的梁上铺接钢轨后，用蝴蝶架顺次将两个门式吊车托起并运至前一孔的桥墩上。如此反复，直至将各孔梁全部架设好为止。

用此法架梁时作业比较复杂，需要熟练的操作工人，而且架梁前的准备工作和架梁后的拆除工作比较费时。因此，此法用于孔数多、桥较长的桥梁比较适宜。

8) 闸门式架桥机架梁

在桥高、水深的情况下，也可用闸门式架桥机(或称穿巷式吊机)来架设多孔中、小跨径的装配式梁桥。架桥机主要由两根分离布置的安装梁、两根起重横梁和可伸缩的钢支腿3部分组成。安装梁用4片钢桁架或贝雷桁架拼组而成，下设移梁平车，可沿铺在已架设梁顶面的轨道行走。两根型钢组成的起重横梁支承在能沿安装顶面轨道行走的平车上，横梁上设有带复式滑车的起重小车。其架梁步骤为：

(1) 将拼装好的安装梁用绞车纵向拖拉就位，使可伸缩支腿支承在架梁孔的前墩上(安装梁不够长时可在其尾部用前方起重横梁吊起预制梁作为平衡压重)。

(2) 前方起重横梁运梁前进，当预制梁尾端进入安装梁巷道时，用后方起重横梁将梁吊起，继续运梁前进至安装位置后，固定起重横梁。

(3) 借起重小车落梁安放在滑道垫板上，并借墩顶横移将梁(除一片中梁外)安装就位。

(4) 用以上步骤并直接用起重小车架设中梁，鳌孔梁架完后即铺设移运安装梁的轨道。重复上述工序，直至全桥架梁完毕。

用此法架梁，由于有两根安装梁承载，起吊能力较大，可以架设跨度较大较重的构件。我国已用这种类型的吊机架设了全长51m，重131t 的预应力混凝土 T 形梁桥。当梁较轻时用此法就可能不经济。

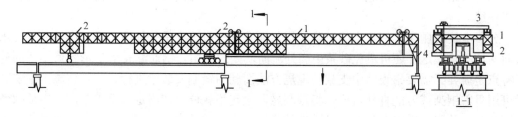

图 8.6　宽穿巷式架桥机架梁

1—安装梁；2—支承横梁；3—起重横梁；4—可伸缩支腿

9) 宽穿巷式架桥机架梁

如图 8.6 所示为宽穿巷式架桥机架梁的示意图。其结构特点是：在吊机支点处用强大的倒 U 形支承横梁来支承间距放大布置的两根安装梁，见图中的剖面 1—1。在此情况下，横截面内所有主梁都可由起重横梁上的起重小车横移就位，而不需要墩顶横移的费时工序。

10) 自行式吊车桥上架梁

在梁的跨径不大、重量较轻，且预制梁能运抵桥头引道上时，直接用自行式伸臂吊车(汽车吊或履带吊)来架梁甚为方便。显然，对于已架桥孔的主梁，当横向尚未连成整体时，必须核算吊车通行和架梁工作时的承载能力。此种架梁方法，几乎不需要任何辅助作业。

11) "钓鱼法"架梁

利用设在一岸的扒杆或塔柱用绞车牵引预制梁前端，扒杆上设复式滑车，梁的后端用制动绞车控制，就位后用千斤顶落梁。此法仅适用于架设小跨径梁，安装前应验算跨中的反向弯矩。

12) 木扒杆架梁

此法仅适用于小跨径较轻构件的架设,且其起吊高度和水平移动范围均不大。

8.2.2 悬臂体系和连续体系梁桥的施工特点

1. 钢筋混凝土悬臂体系和连续体系梁桥的施工特点

普通钢筋混凝土的悬臂梁桥和连续梁桥,由于主梁的长度和重量大,一般很难像简支梁那样将整根梁一次架设。如果采取分段预制,则不但架设困难,而且受力截面的主钢筋都被截断,接头工作复杂,强度也不易保证。因此目前在修建钢筋混凝土的此类桥梁时,主要还是采用搭设支架模板就地浇筑的施工方法。

鉴于悬臂梁和连续梁在中墩处是连续的,而桥墩的刚性远比临时支架的刚性大得多,因此在施工中必须设法消除由于支架沉降不均匀而导致梁体在支承处产生裂缝。为此,在浇筑悬臂梁和连续梁的混凝土时,由于不可能在初凝前一次浇完整根梁,一般就在墩台处留出工作缝。若施工支架中采用了跨径较大的梁式构件时,鉴于支架的挠度线将在梁的支承处有明显转折,因此在这些部位上也应设置工作缝。工作缝宽度应不小于 0.8~1.0m,由于工作缝处的端板上有钢筋通过,故制作安装都很困难,而且在浇筑混凝土前还要对已浇端面进行凿毛和清洗等工作。

有时为了避免设置工作缝的麻烦,也可以采取不设宽工作缝的分段浇筑方法;对于长跨径的桥跨结构,从适应施工条件和减少混凝土收缩应力出发,往往也需要设置适当数量的工作缝。

分段浇筑的顺序,应使支架沉降较均匀地发展。对于支承处加高的梁,通常应从支承处向两边浇筑,这样还可避免砂浆由高处流向低处的毛病。钢筋混凝土 T 形悬臂梁桥的施工特点是摒弃了需要搭设河中支架的现浇方法而利用钢制安装梁进行预制安装施工。安装梁可用贝雷钢架或万能杆件拼成。将预制悬臂梁起吊就位后,固定起重平车,焊接顶部负弯矩主筋,并浇筑接缝混凝土。对于 T 形悬臂不太长的情况,还可直接利用支承在桥墩上的悬出支架来浇筑悬臂梁的混凝土。

2. 预应力混凝土悬臂体系梁桥的施工特点

预应力混凝土新桥型的问世,跨度的增大,和桥梁架设方法的研究和发展有着密切的关系。自从 20 世纪 50 年代初欧洲开始兴起使桥梁施工方法起革命性变化的近代悬臂施工方法以来,进一步促进了预应力混凝土悬臂体系桥梁的迅速发展。

悬臂施工法建造预应力混凝土梁桥时,不需要在河中搭设支架,而直接从已建墩台顶部逐段向跨径方向延伸施工,每延伸一段就施加预应力使其与已成部分联结成整体。如果将悬伸的梁体与墩柱做成刚性固结,就构成了能最大限度发挥悬臂施工优越性的预应力混凝土 T 形刚架桥。鉴于悬臂施工时梁体的受力状态,与桥梁建成后使用荷载下的受力状态基本一致,即施工中所施加的预应力,也是使用荷载下所需预应力的一部分,这就既节省了施工中的额外耗费,又简化了工序,使得这类桥型在设计与施工上达到完满的协调和统一。

用悬臂施工法来建造悬臂梁桥,要比建造 T 形刚架桥复杂一些。因为在施工中需要采取临时措施使梁体与墩柱保持固结,而待梁体自身达到稳定状态时,又要恢复梁体与墩柱的铰接性质,对此尚需调整所施加的预应力以适应这种体系的转换。

鉴于悬臂施工法不受桥高、河深等影响,适应性强,目前不仅用于悬臂体系桥梁的施工,而且还广泛应用于大跨径预应力混凝土连续梁桥、混凝土斜拉桥以及钢筋混凝土拱桥的施工。按照梁体的制作方式,悬臂施工法又可分为悬臂浇筑和悬臂拼装两类。下面分别介绍这两种方法和施工中的临时固结措施。

1) 悬臂浇筑法

悬臂浇筑施工系利用悬吊式的活动脚手架(或称挂篮)在墩柱两侧对称平衡地浇筑梁段混凝土(每段长 2~5m),每浇筑完一对梁段,待达到规定强度后就张拉预应力筋并锚固,然后向前移动挂篮,进行下一梁段的施工,直到悬臂端为止。

挂篮由底模架、悬吊系统、承重结构、行走系统、平衡重及锚固系统、工作平台等部分组成。挂篮的承重结构可用万能杆件或贝雷钢架拼成,或采取专门设计的结构。它除了要能承受梁段自重和施工荷载外,还要求自重轻、刚度大、变形小,稳定性好、行走方便等。

用挂篮浇筑墩侧第一对梁段时,由于墩顶位置受限,往往需要将两侧挂篮的承重结构连在一起,如图 8.7(a)所示。待浇筑到一定长度后再将两侧承重结构分开。如果墩顶位置过小,开始用挂篮浇筑有困难时,可以设立局部支架来浇筑墩侧的头几对梁段,如图 8.7(b)所示,然后再安装挂篮。

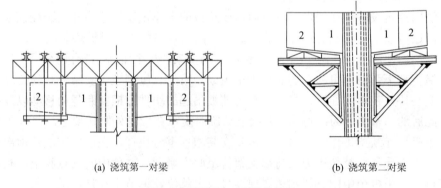

(a) 浇筑第一对梁　　　　　　　　　(b) 浇筑第二对梁

图 8.7　墩侧几对梁段的浇筑

1—第一对梁段;2—第二对梁段

每浇一个箱形梁段的工艺流程为:移挂篮——装底,侧模——装底,肋板钢筋和预留管道——装内模——装顶板钢筋和预留管道——浇筑混凝土——养生——穿预应力筋、张拉和锚固——管道压浆。

悬臂浇筑一般采用由快凝水泥配制的 400~600 号混凝土。在自然条件下,浇筑后 30~36h,混凝土强度就可达到 30000kPa 左右(接近标准强度的 70%),这样可以加快挂篮的移位。目前每段施工周期约为 7~10d,视工作量、设备,气温等条件而异。

悬臂浇筑法施工的主要优点是:不需要占用很大的预制场地;逐段浇筑,易于调整和控制梁段的位置,且整体性好;不需要大型机械设备;主要作业在设有顶棚、养生设备等的挂篮内进行,可以做到施工不受气候条件影响,各段施工属严密的重复作业,需要施工人员少,技术熟练快,工作效率高等。主要缺点是:梁体部分不能与墩柱平行施工,施工周期较长,而且悬臂浇筑的混凝土加载龄期短,混凝土收缩和徐变影响较大。

最常采用悬臂浇筑法施工的跨径为 50~120m。

2) 悬臂拼装法

悬臂拼装法施工是在工厂或桥位附近将梁体沿轴线划分成适当长度的块件进行预制,然后用船或平车从水上或从已建成部分的桥上运至架设地点,并用活动吊机等起吊后向墩柱两侧对称均衡地拼装就位,张拉预应力筋。重复这些工序直至拼装完悬臂梁全部块件为止。

预制块件的长度取决于运输、吊装设备的能力,实践中已采用的块件长度为1.4~6.0m,块件重量为14~170t。但从桥跨结构和安装设备统一来考虑,块件的最佳尺寸应使重量在35~60t范围内。

预制块件要求尺寸准确,特别是拼装接缝要密贴,预留孔道的对接要顺畅。为此,通常采用间隔浇筑法来预制块件,使得先完成块件的端面成为浇筑相邻块件时的端模。在浇筑相邻块件之前,应在先浇块件端面上涂刷肥皂水等隔离剂,以便分离出坑。在预制好的块件上应精确测量各块件相对标高,在接缝处作出对准标志,以便拼装时易于控制块件位置,保证接缝密贴,外形准确。

预制块件的悬臂拼装可根据现场布置和设备条件采用不同的方法来实现。当靠岸边的桥跨不高且可在陆地或便桥上施工时,可采用自行式吊车、门式吊车来拼装。对于河中桥孔,也可采用水上浮吊进行安装。如果桥墩很高、或水流湍急而不便在陆上、水上施工时,就可利用各种吊机进行高空悬拼施工。

在无法用浮运设备运送块件至桥下而需要从桥的一岸出发修建多孔大跨径预应力混凝土桥梁时,还可以采用特制的自行式的悬臂——闸门式吊机进行悬臂拼装施工。

吊机由钢桁架承重梁、两个(中间和尾部)移动支架、一个(前端)带有调节千斤顶的铰接支架以及沿桁架下弦轨道可移动的起重平车组成。桁架长度稍大于安装桥孔的跨度,移动支架可使安装块件在中间通过,起重平车可使被吊起的块件作横向和竖向移动以及在平面内转动。此后的基本工序为:将前端铰接支架临时支承在墩身外侧托架上,调节3个支点的受力使吊机按连续梁工作,起吊、移运和安装墩顶零号块件,在已安装块件顶部设置辅助木墩架,用千斤顶调整使压力从前端支架传至此木墩架,并使中间支点脱空,利用后支架和前支点移动吊机至中间支架到达墩顶零号块上就位,调节千斤顶使压力从木墩架传至中间支架,拆除木墩架;在零号块两侧对称地逐块拼装和张拉预应力筋,直至拼装完悬臂端块为止(注意:块件在吊运中应在平面内旋转90°才能通过支架);在两相邻悬臂间安设连接构件后,吊机继续前进准备下一结构的拼装循环。采用这种吊机的悬臂拼装,速度快,机械化程度高,操作方便;国外的施工实例表明,对于80m左右跨径的桥梁,平均进度为每天推进8m,最大速度甚至达一天拼装10个块件,即一天推进33m。

悬臂拼装时,预制块件间接缝的处理分湿接缝、干接缝和半干接缝等几种形式。悬臂拼装法施工的主要优点是:梁体块件的预制和下部结构的施工可同时进行,拼装成桥的速度较现浇的快,可显著缩短工期,块件在预制场内集中制作,质量较易保证,梁体塑性变形小,可减少预应力损失,施工不受气候影响等。缺点是:需要占地较大的预制场地,为了移运和安装需要大型的机械设备,如不用湿接缝,则块件安装的位置不易调整等。

3) 临时固结措施

用悬臂施工法从桥墩两侧逐段延伸来建造预应力混凝土悬臂梁桥时,为了承受施工过程中可能出现的不平衡力矩,就需要采取措施使墩顶的零号块件与桥墩临时固结起来。

如图8.8所示为我国天津狮子林桥(跨度为24m+45m+24m的三孔悬臂梁桥)在施工中采

用的临时固结措施构造。在浇筑零号块件之前，在墩顶靠两侧先浇注 500 号的混凝土楔型垫块，待零号块达到设计强度 70%以上时，在桥墩两侧各用 10 根 ϕ32mm 预应力粗钢筋从块件顶部张拉固定，如图 8.8 所示。这样就使拼装过程中出现的不平衡力矩完全由临时的混凝土垫块和预应力筋共同承受。张拉力的大小以悬拼时梁墩间不出现拉应力为度(每根钢筋的张拉力为 210kN)。待全部块件拼装完毕后，即可拆卸临时固结措施，使悬臂梁的永久支座发生作用，这样就使施工过程中的 T 形刚架受力模式转化为悬臂梁的受力模式。这种体系转换是施工中的重要环节，在拟定预应力筋张拉顺序时必须满足各阶段内力变化的需要，应该通过计算事先加以确定。

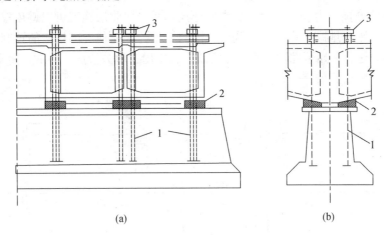

图 8.8 零号块件与桥墩的临时固结构造

1—预应力筋；2—混凝土楔形垫块；3—固定钢板

如图 8.9 所示为另外几种临时固结的做法。如图 8.9(a)所示是当桥不高，水又不深而易于搭设临时支架时的支架式固结措施，在此情况下，拼装中的不平衡力矩完全靠梁段的自重来保持稳定。图 8.9(b)所示是利用临时立柱和预应力筋来锚固上下部结构的构造。预应力筋的下端埋固在基础承台内，上端在箱梁底板上张拉并锚固，借以使立柱在施工过程中始终受压，以维持稳定。在桥高水深的情况下，也可采用围建在墩身上部的三角形撑架来敷设梁段的临时支承，并可使用砂筒作为悬臂拼装完毕后转换体系的卸架设备，如图 8.9(c)所示。

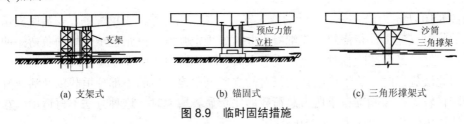

(a) 支架式　　(b) 锚固式　　(c) 三角形撑架式

图 8.9 临时固结措施

3. 预应力混凝土连续梁桥的施工特点

预应力混凝土连续梁桥由于跨越能力大，施工方法灵活，适应性强、结构刚度大、抗地震能力强，通车平顺性好以及造型美观等特点，目前在世界各国已得到广泛应用。

预应力混凝土连续梁桥的施工方法甚多，有整体现浇、装配——整体施工，悬臂法施工、顶推法施工和移动式模架逐孔施工等。整体现浇需要搭设满堂支架,既影响通航,又要耗费大量支架材料和劳动工日,故对于大跨径多孔连续桥梁目前很少采用。以下分别介绍几种常用的施工方法。必须注意的是:不同的施工方法会影响到连续梁桥的构造设计和内力计算。设计者应根据现场条件、河流性质、通航要求、施工设备以及技术力量等多种因素,经全面分析研究后选定安全可靠、经济合理的施工方法。

1) 装配——整体施工法

装配——整体施工法的基本构思是:将整根连续梁按起吊安装设备的能力先分段预制,然后用各种安装方法将预制构件安装至墩、台或轻型的临时支架上,再现浇接头混凝土,最后通过张拉部分预应力筋,使梁体集整成连续体系。用此法施工可以避免整体浇筑中的满堂支架,最大限度地减少在桥上现浇混凝土的数量,并能使上部结构的预制工作和下部结构的施工同时进行,显著缩短工期。在实践中曾采用3种分段施工方式:简支——连续,单悬臂——连续和双悬臂——连续。

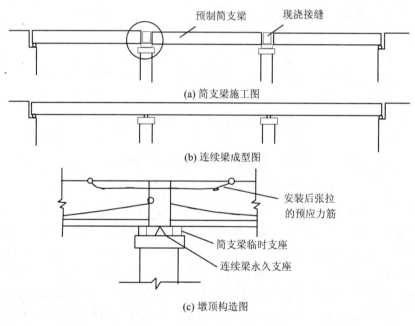

图 8.10 简支——连续施工法

如图 8.10 所示为简支——连续的施工方法。预制构件按简支梁配筋,安装时支承在墩顶两侧的临时支座上,待浇筑接头混凝土并达到规定强度后就张拉承受墩顶负弯矩的预应力筋并锚固好,最后卸除临时支座,安上永久支座使结构转换成连续体系。

采用此法施工时,鉴于连续作用只对简支预制梁连续后的小部分恒载以及活载有效,因此当跨径较大,预制梁自重所占总荷载的比重显著增大时,这种方法不再适用。在实践中,此法适用的最大跨径为 40~50m 左右。

如图 8.11 所示为一座跨径为 29.56m+40m+29.56m 的三跨连续梁桥的施工步骤。先将 99.12m 长的梁分成 5 段(2 个边段,2 个墩顶段和一个中央段)预制,最大分段长度为 20m,最大吊重为 40t。为了安装梁段和浇筑接缝混凝土,在河中搭设了临时支架。在施工过程中简支的预制梁段如图 8.11(a)和图 8.11(b)所示,先连成单悬臂体系如图 8.11(c)所示,待安装好中央段，浇筑接缝并张拉部分预应力筋、拆除临时支架后，结构就转换成最终的连续体系如图8.11(d)所示。用这种体系转换方式施工，由于最后从单悬臂梁转换成连续梁使施工与使用阶段受力方向接近一致，即在静载条件下利用中间支点较大的负弯矩减小了跨中正弯矩，从而能充分发挥连续梁的特点，有效地利用材料。

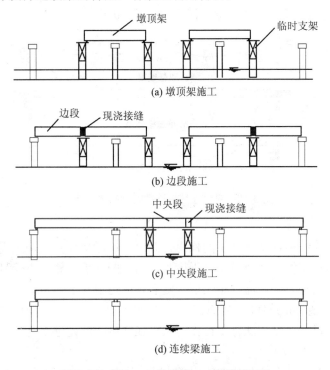

图 8.11　简支——单悬臂——连续施工法

上述连续梁如果在安装墩顶段后先安装中央段，然后再安装边段，则最后将从双悬臂梁转换成连续梁。在此情况下，最终的静载弯矩值略有不同，即边跨和中跨的跨中弯矩稍微减小，而中间支点的负弯矩略有增加。

对于跨径不太大的连续梁，如果起重能力足够，也可直接预制成单悬臂梁的安装构件进行架设，还可使悬臂端做成临时牛腿来支承中央段，这样就不需要设置临时支架。

2) 悬臂施工法

用悬臂施工法建造预应力混凝土连续梁桥，也分悬浇和悬拼两种，其施工程序和特点，与悬臂施工法建造预应力混凝土悬臂梁桥基本相同。在悬浇或悬拼过程中，也要采取使上、下部结构临时固结的措施，待悬臂施工结束、相邻悬臂端连结成整体并张拉了承受正弯矩的下缘预应力筋后，再卸除固结措施，使施工中的悬臂体系换成连续体系。

下面以三孔连续梁悬臂施工为例来说明其体系转换的过程，如图8.12所示。如图8.12(a)所示为从桥墩两侧用对称平衡的悬臂施工法建造双悬臂梁，此时结构体系如同T形刚架。图8.12(b)为在临时支架上浇筑(或拼装)不平衡的边孔边段，安装端支座，拆除临时固结措施，使墩上永久支座进入工作，此时结构属单悬臂体系。如图8.12(c)所示为继续浇筑(或拼装)中跨中央段，使体系转换成三跨连续梁，采用这种体系换转方式，只有小部分后加恒载(桥面铺装及人行道)以及活载才起连续梁的受力效果，因此梁体内的预应力筋大部分按悬臂梁弯矩图布置，体系连续后再在跨中区段张拉承受正弯矩的预应力筋。

目前国内外在应用悬臂施工法建造大跨径连续梁桥方面已取得丰富的经验。我国已用悬臂拼装法建成 5 跨(47m+3×70m+47m)一联的预应力混凝土连续梁桥——兰州黄河大桥。用悬臂浇筑法施工的湖北沙阳大桥，为 8 孔(62.4m+6×111m+62.4m)一联的连续梁，全长达 792m。国外用悬臂法施工的同类桥梁，跨度已突破 200m。

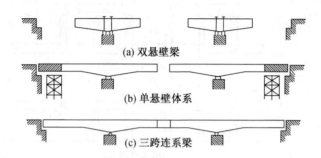

图 8.12　悬臂法建造连续梁桥的体系转换

3) 顶推法施工

预应力混凝土连续梁顶推法施工的构思，源出于钢桥架设中普遍采用的纵向拖拉法。但由于混凝土结构自重大，滑道设备过于庞大，而且配置承受施工中变号内力的预应力筋也比较复杂，因而这种方法未能很早实现。随着预应力混凝土技术的发展和高强低摩阻滑道材料(聚四氟乙烯塑料)的问世，至 20 世纪 60 年代初，西德首创用此法架设预应力混凝土桥梁获得成功。目前，推顶法施工已作为架设连续梁桥的先进工艺，在世界各国得到了广泛的应用。

顶推法施工工序为：在桥台后面的引道上或在刚性好的临时支架上设置制梁场，集中制作(现浇或预制装配)一般为等高度的箱形梁段(约 10～30m 一段)，待制成 2～3 段后，在上、下翼板内施加能承受施工中变号内力的预应力，然后用水平千斤顶等顶推设备将支承在氟塑料板与不锈钢板滑道上的箱梁向前推移，推出一段再接长一段，这样周期性地反复操作直至最终位置，进而调整预应力(通常是卸除支点区段底部和跨中区段顶部的部分预应力筋，并且增加和张拉一部分支点区段顶部和跨中区段底部的预应力筋)，使满足后加恒载和活载内力的需要，最后，将滑道支承移置成永久支座，至此施工完毕。连续梁顶推法施工示意图如图 8.13 所示。

由于氟板与不锈钢板间的摩擦系数约为 0.02～0.05，故即使梁重达到 10000t，也只须 500t 以下的力即可推出。

顶推法施工又可分单向顶推和双向顶推以及单点顶推等。单向单点顶推的顶推设备只设在一岸桥台处，在顶推中为了减少悬臂负弯矩，一般要在梁的前端安装一节长度约为顶推跨径 0.6～0.7 倍的钢导梁，导梁应自重轻而刚度大。单向顶推最宜于建造跨度为 40～60m 的多跨连续梁桥。当跨度更大时，就需在桥墩间设置临时支墩，国外已用顶推法修建了跨度达 168m 的桥梁。至于顶推速度，当水平千斤顶行程为 1m 时，一个顶推循环需 10～15min。国外最大速度已达到 16m/h。

对于特别长的多联多跨桥梁也可以应用多点顶推的方式使每联单独顶推就位。在此情况下，在墩顶上均可设置顶推装置，且梁的前后端都应安装导梁。

顶推施工中采用的主要设备是千斤顶和滑道。根据不同的传力方式，顶推工艺又有推头式或拉杆两种。

推头式顶推装置是设置在桥台上进行的，用竖向千斤顶将梁顶起后，就启动水平千斤顶推动竖顶(推头)，由于推头与梁底间橡胶垫板(或粗齿垫板)的摩擦力显著大于推头与桥台间滑板的摩擦力，这样就能将梁向前推动。一个行程推完后，降下竖顶使梁落在支承垫板上，水平千斤顶退回，然后又重复上一循环将梁推进。多点顶推时梁体压紧在推头上，水平顶拉动推头使其沿钢板滑移，这样就将梁推动前进。水平顶走完一个行程后，用竖顶将梁顶起，水平顶活塞杆带动推头退回原处，再落梁并重复将梁推进。推头式顶推工艺的主要特点是在顶推循环中必须有竖向千斤顶顶起和放落的工序。

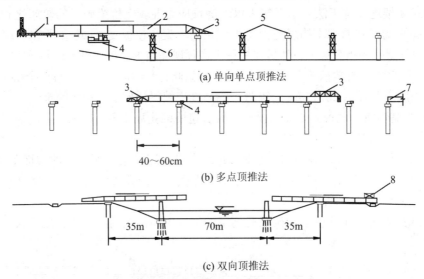

图 8.13　连续梁顶推法施工示意图

1—制梁场；2—梁段；3—导梁；4—千斤顶装置；5—滑道支承；6—临时墩；7—已架完的梁；8—平衡重

拉杆式顶推装置的布置的顶推工艺为：水平千斤顶通过传力架固定在桥墩(台)顶部靠近主梁的外侧，装配式的拉杆用连接器接长后与埋固在箱梁腹板上的锚固器相联结，驱动水平千斤顶后活塞杆拉动拉杆，使梁借助梁底滑板装置向前滑移，水平顶每走完一个行程后，就卸下一节拉杆，然后水平顶回油使活塞杆退回，再连接拉杆并进行下一顶推循环。也可以用穿心式水平千斤顶来拉梁前进，在此情况下，拉杆的一端固定在梁的锚固器上，另一端穿水平顶后用夹具锚固在活塞杆尾端，水平顶每走完一个行程，松去夹具，活塞杆退回，然后重新用夹具锚固拉杆并进行下一顶推循环。采用拉杆式顶推装置的主要优点是在顶推过程中不需要用竖顶作反复顶梁和落梁的工序，这就简化了操作并加快了推进速度。

采用顶推法施工，每一节段从制梁开始到顶推完毕，一个循环约需 6~8 天；全梁顶推完毕后，即可调整、张拉和锚固部分预应力筋，进行灌浆、封端、安装永久支座，主体工程即告完成。

综上所述，预应力混凝土连续梁顶推法施工具有如下特点：

(1) 梁段集中在桥台后机械化程度较高的小型预制场内制作，占用场地小，不受气候影响，施工质量易保证。

(2) 用现浇法制作梁段时，非预应力钢筋连续通过接缝，结构整体性好。

(3) 顶推设备简单，不需要大型起重机械就能无支架建造大跨径连续梁桥，桥愈长经济效益愈好。

(4) 施工平稳、安全、无噪声、需用劳动力少，劳动强度轻。

(5) 施工是周期性重复作业，操作技术易于熟练掌握，施工管理方便，工程进度易于控制。

采用顶推法施工的不足之处是：一般采用等高度连续梁，会增多结构耗用材料的数量，梁高较大会增加桥头引道土方量，且不利于美观。此外，顶推法施工的连续梁跨度也受到一定的限制。

4) 移动式模架逐孔施工法

移动式模架逐孔施工法，是近年来以现浇预应力混凝土桥梁施工的快速化和省力化为目的发展起来的，它的基本构思是：将机械化的支架和模板支承(或悬吊)在长度稍大于两跨、前端作导梁用的承载梁上，然后在桥跨内进行现浇施工，待混凝土达到一定强度后就脱模，并将整孔模架沿导梁前移至下一浇筑桥孔，如此有节奏地逐孔推进直至全桥施工完毕。

此法适用于跨径达 20~50m 的等跨和等高度连续梁桥施工，平均的推进速度约为每昼夜 3m。鉴于整套施工设备需要较大投资，故所建桥梁孔数愈多、桥愈长、模架周转次数愈多，则经济效益就愈佳。

采用此法施工时，通常将现浇梁段的起迄点设在连续梁弯矩最小的截面处(约为由支点向前 5~6m 处)，预应力筋锚固在浇筑缝处，当浇筑下一孔梁段前再用连接器将预应力筋接长。

图 8.14 所示为支承式移动模架逐孔施工的推进图和构造简图。整套施工设备由承

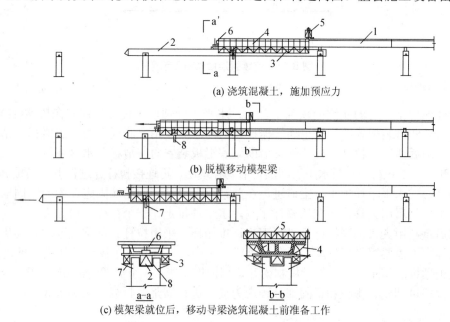

图 8.14 支撑式移动模架逐孔施工法

1—已完成的梁；2—导梁；3—模架梁；4—模架；5—后端横梁和悬吊平车；
6—前端横梁和支承平车；7—模架梁支承托架；8—墩台留槽

载梁(其前端为导梁)、模架梁、模架、前端横梁和支承平车、后端横梁和悬吊平车以及模架梁支承托架等组成。梁的外模架设置在承载梁和模架梁上。前端平车在导梁上行走，此时梁体新浇混凝土的重量传至承载梁和模架梁，后者通过前、后端的平车分别支承在承载梁和已连同模架前移至新的浇筑孔。模架梁到位后，用设置在模架梁上的托架将模架梁临时支承在桥墩两侧，用牵引绞车将导梁移至前孔并使承载梁就位，最后松去托架，使前端平车承重并固定位置后，就开始新的浇筑循环。

支承式移动模架特别适用于具有柱式墩的场合，在此情况下，移动模架时模架梁可利用足够的空间前移而不需增加拆、拼工序。

当采用支承式装置有困难时，也可以用悬吊式移动模架来施工。此时承载梁与导梁将设置在桥高以上，将模架梁和模架悬吊在承载梁上进行浇筑制梁。

尚需指出，移动模架逐孔施工法不仅用来建造连续梁桥，同样也往往用来修建多孔简支梁桥。

综合以上所述，可见此法具有以下特点：

(1) 完全不需设置地面支架，施工不受河流、道路、桥下净空和地基等条件的影响。
(2) 机械化程度高，劳动力少，质量好，施工速度快，而且安全可靠。
(3) 只要下部结构稍提前施工，之后上下部结构可同时平行施工，可缩短工期。而且施工从一端推进，梁一建成就可用作运输便道。
(4) 模板支架周转率高，工程规模愈大经济效益愈好。

显然，这种施工方法所用的整套装置，设备投资较大，准备工作较复杂，要求施工人员具有较熟练的操作技术。

自从1959年西德首创此法以来，目前已在欧洲各国得到推广，国外用此法建成桥梁已达几十座，我国也已开始对此进行试验并采用。

8.2.3 拱桥施工

拱桥的类型多样，构造各异，但最基本的组成仍为基础、桥墩台、拱圈及拱上建筑。其中主拱圈是拱桥的重要承力构件。

拱桥按使用的材料可分为圬工(砖、石、混凝土)拱桥、钢筋混凝土拱桥、木拱桥、钢管混凝土拱桥及钢拱桥；按拱上建筑的形式可分为实腹式拱桥、空腹式拱桥；按主拱圈的拱轴线形式可分为圆弧拱、抛物线拱和悬链线拱；按桥面与主拱圈的相对位置可分为上承式拱桥、中承式拱桥、下承式拱桥；按主拱圈的截面形式可分为实心板拱、空心板拱、肋拱、箱拱、双曲拱；按静力体系可分为无铰拱、两铰拱、三铰拱；按组合体系拱中的主拱圈与系梁刚度比可分为刚拱柔梁拱桥、刚梁柔拱拱桥、刚梁刚拱拱桥等等。

当桥梁结构上作用荷载时，荷载通过桥面系至拱上建筑或吊杆，再通过主拱圈将荷载传递到桥墩台和基础。

与梁式桥结构的受力性能不同的是，拱式结构的受力状况与矢跨比有关。无论是静定的三铰拱，还是超静定的两铰拱和无铰拱，在竖向荷载作用下。支承处不仅产生竖向反力，而且还产生水平推力。随着矢跨比的减小，拱的水平推力增加，反之则推力减小。拱的水平推力加大了主拱圈内的轴向压力，大大减少了跨中弯矩，使主拱截面的材料强度得到充分发挥，跨越能力增大。但同时要求拱桥有较大的墩、台和良好的地基。

另一方面，对超静定结构体系拱，如矢跨比小，则拱内由弹性压缩、混凝土收缩徐变和温度等产生的附加内力均较大，对主拱圈受力不利。

1. 拱桥的有支架就地浇筑、砌筑施工

1) 拱架的类型

拱架按结构分有支柱式、撑架式、扇形桁式拱架、组合式拱架等；按材料分有木拱架、钢拱架、竹拱架和土牛拱胎。其施工方法分为有支架与无支架两大类。

2) 拱架节点受力分析及预拱度设置

桥梁模板设计中拱架节点受力有其特殊性，预拱度也是桥梁模板常见的问题，以下着重对此进行分析。

(1) 拱架节点的受力分析

作用在拱架斜面上的拱块，其重力 G 可分解为对拱架的正压力 N 和切向力 T。由于 N 的作用，使拱石与模板间产生摩擦阻力 F_1，以抵抗使拱石下滑的切向力 T。在拱块作用下，上述各力为：

$$N = G\cos\varphi \tag{8-1}$$

$$T = G\sin\varphi \tag{8-2}$$

$$F_1 = \mu_1 N = \mu_1 G\cos\varphi \tag{8-3}$$

式中：μ_1——拱块与模板间的摩擦系数，一般可取 0.36；

φ——正压力与竖直方向的夹角。

为了计算拱架内力，将拱架划分为不同区段。在拱架不同的区段上，拱架受到的正压力和切向力是不同的。

拱架各构件的内力计算可用节点法进行逐点分析求得。

木拱架的节点构造不考虑受拉，斜梁、立柱和斜撑只能承受压力。

斜梁除承受轴力外，还应考虑由拱石正压力引起的弯矩，应按压弯杆件计算。

(2) 预拱度的设置

拱架可能出现的变形有以下几种：拱圈自重产生的拱顶弹性下沉；拱圈由于温度降低与混凝土收缩产生的拱顶弹性下沉；墩台水平位移产生的拱顶下沉；拱架在承重后的弹性及非弹性变形；拱架基础受载后的非弹性压缩；梁式及拱式拱架的跨中挠度。

拱架在拱顶处的总预拱度，可根据实际情况进行组合计算。在一般情况下，拱顶预拱度可在 1/800～1/400 范围内。预拱度的设置如图 8.15 所示，在拱顶外的其余各点可近似地按二次抛物线分配，即

$$\delta_x = \delta(1 - \frac{4x^2}{l^2}) \tag{8-4}$$

对无支架施工或早期脱架施工的悬链线拱，宜按拱顶新矢高为 $f + \delta$，用拱轴系数降低一级或半级的方式设置预拱度。

(3) 拱桥主拱圈的砌筑施工

在支架上砌筑或就地浇筑施工上承式拱桥一般分 3 个阶段进行。第一阶段施工拱圈或拱肋混凝土；第二阶段施工拱上建筑；第三阶段施工桥面系。

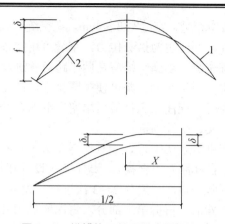

图 8.15 拱桥施工的预拱度设置方式

1—设计拱轴线；2—施工拱轴线

在拱架上砌筑的拱桥主要是石拱桥和混凝土预制块拱桥。

① 拱圈放样与备料。石拱桥按其材料规格分有粗拱桥的拱石要按照拱圈的设计尺寸进行加工。为了能合理划分拱石，保证结构尺寸准确，通常需要在样台上将拱圈按 1:1 的比例放出大样，然后用木板或镀锌铁皮在样台上按分块大小制成样板，进行编号，以利加工。

② 拱圈的砌筑。连续砌筑：跨径小于 16m，当采用满布式拱架施工时，可以从两拱脚同时向拱顶一次按顺序砌筑，在拱顶合龙，跨径小于 10m，当采用拱式拱架时，应在砌筑拱脚的同时，预压拱顶以及拱跨 1/4 部位。

预加压力砌筑是在砌筑前在拱架上预压一定重量，以防止或减少拱架弹性和非弹性下沉的砌筑方法。它可以有效地预防拱圈产生不正常的变形和开裂。预压物可采用拱石，随撤随砌，也可采用砂袋等其他材料。

砌筑拱圈时，常在拱顶预留一龙口，最后在拱顶合龙。为防止拱圈因温度变化而产生过大的附加应力，拱圈合龙应在设计要求的温度范围内进行。设计无规定时，宜选择气温在 10～15℃时进行。刹尖封顶应在拱圈砌缝砂浆强度达到设计规定强度后进行。

分段砌筑：对跨径在 16～25m 之间的拱桥采用满布式拱架施工，或跨径在 10～25m 之间的拱桥采用拱式拱架施工时，可采用半跨分成 3 段的分段对称砌筑方法如图 8.16 所示。

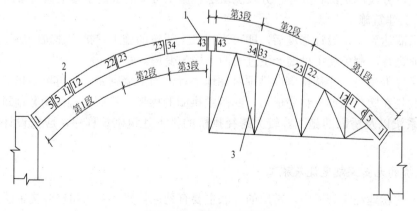

图 8.16 拱圈的分段砌筑

1—预留空缝；2—拱顶尖石；3—拱架

分段砌筑时,各段间可留空缝,空缝宽3~4cm。在空缝处砌石要规则,为保持砌筑过程中不改变空缝形状和尺寸,同时也为拱石传力,空缝可用铁条或水泥砂浆预制块作为垫块,待各段拱石砌完后填塞空缝。填塞空缝应在两半跨对称进行,各空缝同时填塞,或从拱脚依次向拱顶填塞。因用力夯填空缝砂浆可使拱圈拱起,故此法宜在小跨径拱使用。当采用填塞空缝砂浆使拱合龙时,应注意选择最后填塞空缝的合龙温度。为加快施工,并使拱架受力均匀,各段亦可交叉、平行砌筑。

砌筑大跨径拱圈时,在拱脚至 $L/4$ 段,当其倾斜角大于拱石与模板间的摩擦角时,拱段下端必须设置端模板并用撑(称为闭合楔)。闭合楔应设置在拱架挠度转折点处,宽约1.0m。砌筑闭合楔时,需拆除支撑,一般分2~3次进行,先拆一部分,随即用拱石填砌,一般先在桥宽的中部填砌。然后,再拆第二部分。每次所拆闭合楔支撑必须在前一部分填砌的圬工砌缝砂浆充分凝固后进行。

分环分段砌筑:较大跨径的拱桥,当拱圈较厚、由3层以上拱石组成时,可将拱圈分成几环砌筑,砌一环合龙一环。当下环砌筑完并养护数日后,砌缝砂浆达到一定强度时,再砌筑上环。

上下间拱石应犬牙交错,每环可分段砌筑。当跨径大于25m时,每段长度一般不超过8m,段间可设置空缝或闭合楔。在分段较多和分环砌筑的拱圈,为使拱架受力对称、均匀,可在拱跨的两个1/4处或在几处同时砌筑合龙。

多跨连拱的砌筑:多跨连拱的拱圈砌筑时,应考虑与邻孔施工的对称均匀,以免桥墩承受过大的单向推力。因此,当为拱式拱架时,应适当安排各孔的砌筑程序;当采用满布式支架时,应适当安排各孔拱架的卸落程序。

(4) 拱桥主拱圈的就地浇筑施工

在支架上就地浇筑拱桥的施工同拱桥的砌筑施工基本相同。即依次浇筑主拱圈或拱肋混凝土,浇筑拱上立柱、连系梁及横梁等,浇筑桥面系。在施工时还需注意的是,后一阶段混凝土浇筑应在前一阶段混凝土强度达到设计要求后进行。拱圈或拱肋的施工拱架,可在拱圈混凝土强度达到设计强度的70%以上时,在拱上建筑施工前拆除,但应对拆架后的拱圈进行稳定性验算。在浇筑主拱圈混凝土时,立柱的底座应与拱圈或拱肋同时浇筑,钢筋混凝土拱桥应预留与立柱的连系钢筋。主拱圈混凝土的浇筑方法同砌筑施工,如可分为连续浇筑法,分段浇筑法和分环、分段浇筑法。施工方案的选定主要根据桥梁跨径。

(5) 拱上建筑施工

当主拱圈达到一定设计强度后,即可进行拱上建筑的施工。拱上建筑的施工,应掌握对称均衡地进行,避免使主拱圈产生过大的不均匀变形。

实腹式拱上建筑,应从拱脚向拱顶对称地进行,当侧墙砌完后,再填筑拱腹填料。空腹式拱一般是在腹拱墩或立柱完成后,卸落主拱圈的拱架,然后,对称均衡地进行腹拱或横梁、连系梁以及桥面的施工。较大跨径拱桥的拱上建筑砌筑程序,应按设计文件规定进行。

2. 拱桥的无支架就地浇筑施工

在拱桥的就地浇筑施工中,常用的方法主要有劲性骨架施工法和悬臂施工法两种。

1) 劲性骨架施工法

劲性骨架施工法(也称米兰法或埋置式拱架法)是利用先安装的拱形劲性钢桁架(骨架)

作为拱圈的施工支架,并将劲性骨架各片竖、横桁架包以混凝土,形成拱圈整个截面构造的施工方法。劲性骨架不仅在施工中起到支架作用,同时,它又是主拱圈结构的组成部分。

(1) 劲性骨架的施工:

图 8.17 所示为重庆万县大桥的劲性骨架。劲性骨架分为若干节段,由桁片组成,劲性骨架桁段啮合加工顺序为:精确放样,绘制加工大样图;组焊桁片,检查验收。

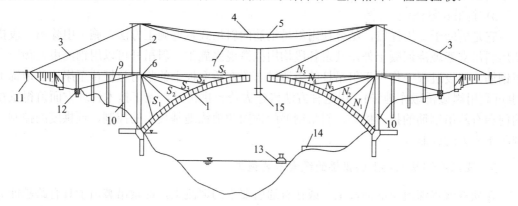

图 8.17 劲性骨架吊装与扣、锚体系

1—劲性骨架;2—缆索吊机;3—索塔后锚索;4—压塔索;5—工作索;6—墩顶锚梁;
7—承重索;8—扣索;9—锚索;10—桥墩;11—主缆地锚;12—锚锭与锚梁;13—骨架运输驳船;
14—骨架临时存放场;15—骨架起吊节段

劲性骨架安装的实质是用缆索吊机悬拼一座由一系列桁段组成的拱形斜拉桥。

劲性骨架的安装分为 3 个阶段:拱脚定位段、中间段和拱顶段。其中拱脚定位段和拱顶合龙段最关键,施工难度较大。安装程序为:①按工厂加工好的第一段劲性骨架的各弦管几何尺寸精确测量放样,在主拱座预留孔内埋设起始段定位钢管座;②起吊第 1 段骨架,将各弦管嵌入拱座定位钢管座,安装临时扣索;③起吊第 2 段骨架,与第 1 段骨架精确对中,钢销定位,法兰盘螺栓连接,安装临时扣索,初调高程;④第 3 段骨架吊装就位,安装第 1 组扣、锚索,拆除临时扣索,调整高程和轴线;⑤悬臂安装第 4 段骨架,第 5 段骨架就位后安装临时扣索;⑥吊装第 6 段骨架,安装第 2 组扣索,拆除临时扣索,调整高程和轴线,观测索力和骨架应力;⑦同法安装两岸第 7~8 段骨架及第 3~6 组扣索;⑧精确丈量拱顶合龙间隙,据以加工合龙段嵌填钢板,安装拱顶合龙"抱箍",实现劲性骨架合龙;⑨拆除扣、锚索,劲性骨架安装完成。

(2) 主拱圈混凝土施工:

主拱圈混凝土浇筑施工过程,对劲性骨架而言,实际上是在一钢管桁架拱桥上进行加载的过程。对于大跨度拱桥的就地浇筑施工方案,一般都遵循分环、分段、均衡对称加载的总原则进行纵向加载设计。

(3) 拱上立柱和 T 形梁施工:

拱上立柱与引桥桥墩施工方法基本相同,即在已成拱圈上拼装万能杆件井架,采用翻模法施工,利用缆索天线进行模板、材料的运输。拱上预应力 T 形梁在两岸桥头引道上预制,采用缆索吊机安装。

2) 塔架斜拉索法

这是国外采用最早、最多的大跨径钢筋混凝土拱桥无支架施工的方法。这种方法的要点是：在拱脚墩、台处安装临时的钢或钢筋混凝土塔架，用斜拉索(或斜拉粗钢筋)一端拉住拱圈节段，另一端绕向台后并锚固在岩盘上。这样逐节向河中悬臂架设，直至拱顶合龙。塔架斜拉索法，一般多采用悬浇施工，也可用悬拼法施工，但后者用得较少。

3) 斜吊式悬浇法

它是借助于专用挂篮，结合使用斜吊钢筋的斜吊式悬臂施工方法。施工中除第一段拱肋用斜吊支架现浇混凝土外，其余各段均用挂篮现浇施工。斜吊杆可以用钢丝束或预应力粗钢筋。架设过程中作用于斜吊杆的力通过布置在桥面板上的临时拉杆传至岸边的地锚上(也可利用岸边桥墩作地锚)。用这种方法修建大跨径拱桥时，施工技术管理方面值得重视的问题有斜吊钢筋的拉力控制、斜吊钢筋的锚固和地锚地基反力的控制、预拱度的控制、混凝土应力的控制等。

3. 装配式钢筋混凝土肋拱桥的缆索吊装施工

在峡谷或水深流急的河段上，或在有通航要求的河流上，缆索吊装由于具有跨越能力大、水平和垂直运输机动灵活、适应性广、施工较稳妥方便等优点，在拱桥施工中被广泛采用。

采用缆索吊装施工装配式钢筋混凝土肋拱桥的施工工序为：在预制场预制拱肋(箱)和拱上结构；将预制拱肋和拱上结构通过平车等运输设备移运至缆索吊装位置；将分段预制的拱肋吊运至安装位置，利用扣索对分段拱肋进行临时固定；吊运合龙段拱肋，对各段拱肋进行轴线调整，主拱圈合龙；拱上结构施工。下面着重讨论拱桥的安装与合龙。

1) 拱肋的安装

在合理安排拱肋的吊装顺序方面，需考虑按下列原则进行：

(1) 单孔桥跨常由拱肋合龙的横向稳定方案决定吊装拱肋顺序。

(2) 多孔桥跨，应尽可能在每孔内多合龙几片拱肋后再推进，一般不少于两片拱肋。但合龙的拱肋片数不能超过桥墩强度和稳定性所允许的单向推力。

(3) 对于高桥墩，还应以桥墩的墩顶位移值来控制单向推力，位移值应不大于$(1/600)L$~$(1/400)L$。

(4) 在设有制动墩的桥跨，可以制动墩为界分孔吊装，先合龙的拱肋可提前进行拱肋接头、横系梁等的安装工作。

(5) 采用缆索吊装时，为便于拱肋的起吊，对应拱肋起吊位置的桥孔，一般安排在最后吊装；必要时，该孔最后几根拱肋可在两肋之间用"穿孔"的方法起吊。用缆索吊装时，为减少主索的横向移动次数，可将每个主索位置下的拱肋全部吊装完毕后再移动主索。

(6) 为减少扣索往返拖拉次数，可按吊装推进方向，顺序地进行吊装。拱肋安装的一般顺序为：边段拱肋吊装及悬挂；次边段拱肋吊装及悬挂；中段拱肋吊装及拱肋合龙。在边段、次边段拱肋吊运就位后，需施加扣索进行临时固定。

扣索有"天扣"、"塔扣"、"通扣"及"墩扣"等类型，可根据具体情况选用，也可混合采用。

2) 拱肋的合龙

拱肋的合龙方式有单基合龙、悬挂多段边段或次边段拱肋后单肋合龙、双基肋合龙、留索单肋合龙等。当拱肋跨度大于 80m 或横向稳定安全系数小于 4 时,应采用双基肋合龙松索成拱的方式,即当第一根拱肋合龙并校正拱轴线,楔紧拱肋接头缝后,稍松扣索和起重索,压紧接头缝,但不卸掉扣索,待第二根拱肋合龙并将两根拱肋横向连接、固定和拉好风缆后。再同时松卸两根拱肋的扣索和起重索。

拱肋合龙后的松索过程必须注意下列事项:松索前应校正拱轴线及各接头高程,使之符合要求;每次松索均应采用仪器观测,控制各接头高程,防止拱肋各接头高程发生非对称变形而导致拱肋失稳或开裂;松索应按照拱脚段扣索、次段扣索、起重索的先后顺序进行,并按比例定长、对称、均匀松卸;每次松索量宜小,各接头高程变化不宜超过 1cm。松索至扣索和起重索基本不受力时,用钢板嵌塞接头缝隙,压紧接头缝,拧紧接头螺栓,同时,用风缆调整拱肋轴线。调整拱肋轴线时,除应观测各接头高程外,还应兼测拱顶及 1/8 跨点处的高程,使其在允许偏差之内;待接头处部件电焊后,方可松索成拱。

拱上结构安装时需遵循的原则与无支架拱桥施工的相同。

3) 稳定措施

在缆索吊装施工的拱桥中,为保证拱肋有足够的纵、横向稳定性,除要满足计算要求外,在构造、施工上都必须采取一些措施。

4. 桁架拱桥的施工

桁架拱桥结构包括上部结构的桁架拱片、横向连接系、桥面 3 部分和下部结构的墩台。

桁架拱桥的建造程序为:在已建成的墩台上安装预制的桁架拱片,与此同时随时安装桁架拱片之间的横向连贯系构件,使各片桁架拱片连成整体。然后,在合龙成拱的桁架拱片上铺装预制的桥面板,安装人行道悬臂梁和人行道板,铺设桥面钢盘网,浇筑桥面混凝土;最后,安装人行道栏杆和铺设桥面磨耗层。

在整个施工过程中,主要有如下两大部分工作:预制和吊装。需要预制的构件有桁架拱片、横向连接系构件、桥面板(微弯板或空心板)以及人行道、栏杆柱、扶手等。吊装工作的主要内容有桁架拱片的运输和安装,横向连接系构件的吊装以及桥面板的铺设。此外,尚有预制构件间的接头处理和现浇桥面混凝土等工作。

1) 桁架拱片的分段、预制及起吊

考虑到桁架拱桥的跨径、施工的拼装方法和吊装设备的起重能力,桁架拱片需分段预制。

以图 8.18 所示为例,当桁架拱片只需分成两段时,可沿跨中截面 $A—A$ 分段,即分成对称的两段。当需分成 3 段时,则沿桁架部分与实腹段交界处的截面 $B—B$ 分段。如需再在桁架部分分段,则可沿竖杆中线 $D—D$ 或节间内截面 $C—C$ 分段。如需进一步分段,则可按节间甚至按杆件分,以适应所选施工方法的需要。如因桁架部分高度过大,吊装不便,也可沿 $E—E$ 方向将腹杆切断,将桁架边段分成上、下两半。此外,还有拱肋式的分段方法,就是将桁架拱片分成下弦杆件、实腹段及一系列三角形构件。架设桥梁时,下弦杆件和实腹段将选行安装,形成"拱肋",再在其上安装三角形构件。如下弦构件和实腹段过重,大大超过三角形构件重量,以致难以利用统一的吊装机具设备时,则还可将下弦杆件和实腹段作进一步的分段。

桁架拱片的预制一般采用卧式预制。卧式预制能节省桁架侧模，便于绑扎钢筋和浇筑混凝土，桁架拱片的平面形状和尺寸也较易保证。由卧式预制而引起的问题是预制后需要将构件翻身竖起。因此，对平面尺寸较大的桁架预制段在平面状态时的吊点设置，以及从平面状态转变到竖直状态的"翻身"方法，须特别加以注意，以防止预制构件开裂和损伤。

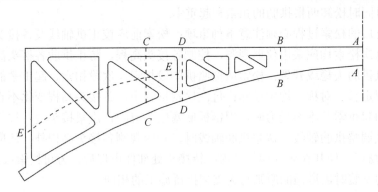

图 8.18 桁架拱片的分段

2) 桁架拱片的安装

桁架拱片的安装方法分为有支架安装和无支架安装两种。前者适用于桥梁跨径较小和具有较平坦河床、安装时桥下水浅等有利条件情况；后者适用于跨越深水和山谷或多跨、大跨的桥梁。

(1) 有支架安装：

有支架安装就是在桁架拱片分段预制的情况下，在桥孔下搭设支架临时支承预制段，待接头和横向连接系完成后进行卸架，使桁架拱片开始整体受力。

排架的位置根据桁架拱片的接头位置确定。每处的排架一般为双排架，以便分别支承两个相连接构件的相邻两端，并在其上进行接头混凝土浇筑或钢板焊接等。

第一片就位的预制段常采用斜撑加以临时固定，以后就位的平行各片构件则用横撑与前片暂时联系，直到安上横向连接系构件后拆除。斜撑系支承于墩台和排架上，如斜撑能兼作压杆和拉杆，则仅用单边斜撑即可。横撑可采用木夹板的形式。

当桁架拱片和横向连接系构件的接头均完成后，即可进行卸架。卸架设备有木楔、木马或砂筒等，卸架按一定顺序对称均匀地进行。如用木楔卸架，为保证均衡卸落，最好在每一支承处增设一套木楔，两套木楔轮流交替卸落。一般采用一次卸架，卸架后桁架拱片即完全受力。为保证卸架安全成功，在卸架过程中，要对桁架拱片进行仔细观测，发现问题及时停下处理。卸架的时间宜安排在气温较高时进行，这样较易卸落。

在施工单孔桥且跨径不大、桁架拱片分段数少的情况下，可用固定龙门架安装。这时，在桁架拱片预制段的每个支承端设一龙门架，河中的龙门架就设在排架上。龙门架的高度和跨度，应能满足桁架拱片运输和吊装的净空要求。

(2) 无支架安装：

无支架安装是指桁架拱片预制段在用吊机悬吊着的状态下进行接头和合龙的安装过程。常采用的方法有塔架斜缆安装、多机安装、缆索吊机安装和悬臂拼装等。

塔架斜缆安装,就是在墩台顶部设一塔架,桁架拱片边段吊起后用斜向缆索(亦称扣索)和风缆稳住,再安装中段。一般合龙后即松去斜缆,接着移动塔架,进行下一片的安装。

多机安装就是一片桁架拱片的各个预制段各用一台吊机吊装,一起就位合龙。待接头完成后,吊机再松索离去,进行下一片的安装。这种安装方法,工序少,进度快,当吊机设备较多时可以采用。

8.3 思 考 题

(1) 基层分哪几类?各类基层常采用哪些施工方法?
(2) 沥青路面分哪几种类型?各类沥青路面的施工工序是什么?
(3) 水泥混凝土路面常采用哪些施工方法?
(4) 简述各种常用架梁方法的工艺特点。
(5) 简述悬臂施工法的分类和各自的特点。
(6) 悬臂施工连续梁桥时,为什么要设临时固结和支承措施?
(7) 简述悬臂拼装施工连续梁桥的工序特点。
(8) 悬臂法施工中悬臂挠度如何控制?
(9) 什么是顶推施工法?有哪几种类型?
(10) 简述顶推施工法的工艺流程的要点。
(11) 举例说明拱桥常用的施工方法。
(12) 简述拱桥主拱圈砌筑施工要点。
(13) 什么是桁架拱桥的基本组成?
(14) 简述桁架拱桥的施工工序。

第9章 防水工程

> **教学提示**：建筑工程防水包括屋面、地下室和楼面防水，是建筑工程的关键工程之一，其施工质量直接影响工程的使用和寿命，影响防水工程施工质量的因素很多，材料品种、材料质量和工艺质量是最重要的因素。
>
> **教学要求**：围绕不同的防水构造特点、防水材料品种，介绍施工工艺过程及相关质量控制方法。

防水工程根据所用材料不同，可分为柔性防水和刚性防水两大类。柔性防水用的是柔性材料，包括各类卷材和沥青胶结材料；刚性防水采用的主要是砂浆和混凝土类刚性材料。

防水工程按工程部位和用途，又可分为屋面工程防水和地下工程防水两大类。

防水工程质量的优劣，不仅关系到建筑物或构筑物的使用寿命，而且直接关系到它们的使用功能。影响防水工程质量的因素有防水设计的合理性、防水材料的选择、施工工艺及施工质量、保养与维修管理等。其中，防水工程的施工质量是关键因素。

9.1 屋面防水工程

建筑物的屋面根据排水坡度分为平屋面和坡屋面两类。根据屋面防水材料的不同又可分为卷材防水屋面(柔性防水层屋面)、瓦屋面、构件自防水屋面、现浇钢筋混凝土防水屋面(刚性防水屋面)等。

根据建筑物的性质、重要程度、使用功能的要求以及防水层的耐用年限等，屋面防水可分为4个等级进行设防，见表9-1。

表9-1 屋面防水等级和设防要求

项 目	屋面防水等级			
	Ⅰ	Ⅱ	Ⅲ	Ⅳ
建筑物类别	特别重要的民用建筑和对防水有特殊要求的工业建筑	重要的工业与民用建筑、高层建筑	一般工业与民用建筑	非永久性建筑
防水层耐用年限	25年	15年	10年	5年
设防要求	三道或三道以上防水设防，其中应有一道合成高分子防水卷材，且只能有一道合成高分子防水涂膜(厚度≥2mm)	二道防水设防，其中应有一道卷材。也可采用压型钢板进行一道设防	一道防水设防，或两种防水材料复合使用	一道防水设防

9.1.1 卷材防水屋面

卷材防水屋面的防水层是用胶黏剂将卷材逐层粘贴在结构基层的表面而成的，属于柔性防水层面，适用于防水等级为Ⅰ～Ⅳ级的屋面防水。其特点是防水层的柔韧性较好，能适应一定程度的结构振动和胀缩变形，但卷材易老化、起鼓、耐久性差、施工工序多、工效低、产生渗漏水时找漏修补较困难。

卷材防水屋面分保温卷材屋面和不保温卷材屋面，一般由结构层、隔汽层、保温层、找平层、防水层和保护层等组成(其中是否设保温层、隔汽层，要根据气温条件和使用要求而定)，其构造层次如图9.1所示。

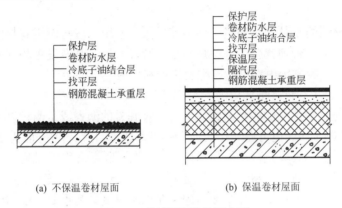

(a) 不保温卷材屋面　　(b) 保温卷材屋面

图9.1　卷材屋面构造层次图

1. 防水材料

1) 卷材

卷材防水屋面中使用的卷材主要有沥青防水卷材、高聚物改性沥青防水卷材和合成高分子防水卷材3大类，若干个品种。

(1) 沥青防水卷材

沥青防水卷材是指将原纸、织物纤维、纤维毡等胎体材料浸渍于沥青中，然后在其表面撒布云母片等材料制成的可卷曲的片状防水材料。常用的沥青防水卷材有石油沥青纸胎卷材、石油沥青玻纤胎卷材、石油沥青麻布胎卷材等。对抗裂性和耐久性要求较高的屋面防水层，可选用石油沥青麻布胎卷材。

沥青防水卷材根据胎体材料每m^2的重量(克)分350号和500号两种，卷材宽度有915mm和1000mm两种，每卷约20m^2。由于这类卷材低温时柔性较差，防水耐用年限短，适用于Ⅲ～Ⅳ级的屋面防水。

(2) 高聚物改性沥青防水卷材

高聚物改性沥青防水卷材是指以合成高分子聚合物改性沥青为涂盖层，用纤维织物或纤维毡为胎体，以粉状、片状为覆面材料制成的可卷曲的防水材料。常用的有SBS改性沥青防水卷材、APP改性沥青防水卷材、再生胶改性沥青防水卷材、PVC改性沥青防水卷材等。由于该类卷材具有较好的低温柔性和延伸率，抗拉强度好，可单层铺贴，适用于Ⅰ～Ⅱ级屋面防水。

(3) 合成高分子防水卷材

合成高分子防水卷材是指以合成橡胶、合成树脂或两者的混合体为基料,加入适量的化学助剂和填充料,经混炼、压延或挤出等工序加工而成的可卷曲片状防水材料。常用的有三元乙丙橡胶防水卷材、丁基橡胶防水卷材、聚氯乙烯防水卷材、氯化聚乙烯防水卷材等。此类卷材具有良好的低温柔性和适应基层变形的能力,耐久性好,使用年限较长,一般为单层铺贴,适用于防水等级为 I～II 级的屋面防水。

卷材品种繁多,性能差异较大,因此对不同品种、标号和等级的卷材,应分别堆放,不得混杂。卷材要储存在阴凉通风的室内,避免雨淋、曝晒和受潮,严禁接近火源;运输、堆放时应竖直搁置,高度不超过两层。先到先用,避免因长期储存而变质。

2) 胶黏剂

粘贴防水卷材用的胶黏剂品种多、性能差异大,选用时应与所用卷材的材性相容,才能很好地粘贴在一起,否则就会出现粘贴不牢,脱胶开口,甚至发生相互间的化学腐蚀,使防水层遭到破坏。胶黏剂由卷材厂家配套生产和供应。

(1) 粘贴沥青防水卷材,可选用沥青玛琋脂。

沥青玛琋脂是粘贴油毡的胶结材料。它是一种牌号的沥青或是两种以上牌号的沥青按适当的比例混合熬化而成;也可在熬化的沥青中掺入适当的滑石粉(一般为 20%～30%)或有棉粉(一般为 5%～15%)等填充材料拌和均匀,形成沥青胶,俗称玛琋脂。掺入填料可以改善沥青胶的耐热度、柔韧性、黏结力,延缓老化,节约沥青。在试配沥青胶时,必须对耐热度、柔韧性、黏结力 3 项指标作全面考虑,尤以耐热度最为重要。耐热度太高,冬季容易脆裂;太低,夏季容易流淌。熬制时,必须严格掌握配合比、熬制温度和时间,遵守有关操作规程。沥青胶的熬制温度和使用温度见表 9-2。

表 9-2 石油沥青胶的加热温度与使用温度

沥青类别	熬制温度/℃	使用温度/℃	熬制时间
普通石油沥青(高蜡沥青)或掺配建筑石油沥青	不高于 280	不宜低于 240	以 3～4h 为宜,熬制时间过长,容易使沥青老化变质,影响质量
建筑石油沥青	不高于 240	不宜低于 190	

注:沥青胶以当天熬制,当天用完为宜。如有剩余,第二天熬制时。每锅最多掺入锅容量的 10%的剩余沥青胶。

两种牌号沥青进行熬制时,其配合比可按下式计算:

$$B_g = \frac{t - t_2}{t_1 - t_2} \times 100\% \tag{9-1}$$

$$B_d = 100\% - B_g \tag{9-2}$$

式中:B_g——熔合物中高软化点石油沥青含量(%);

B_d——熔合物中低软化点石油沥青含量(%);

T——熔合后沥青胶结材料所需的软化点(℃);

t_1——高软化点石油沥青的软化点(℃);

t_2——低软化点石油沥青的软化点(℃)。

(2) 粘贴高聚物改性沥青防水卷材时,可选用橡胶或再生橡胶改性沥青的汽油溶液或水乳液作胶黏剂。

(3) 粘贴合成高分子防水卷材时,可选用以氯丁橡胶和丁酚醛树脂为主要成分的胶黏剂,或以氯丁橡胶乳液制成的胶黏剂。

3) 基层处理剂

在防水层施工之前预先涂刷在基层上的涂料称为基层处理剂。不同种类的卷材应选用与其材性相容的基层处理剂。

(1) 沥青防水卷材用的基层处理剂可选用冷底子油。

冷底子油的作用是使沥青胶与水泥砂浆找平层更好地黏结,一般分为慢挥发性冷底子油和快挥发性冷底子油。慢挥发性冷底子油材料配合比(质量比)一般为石油沥青(10 号或 30 号,加热熔化脱水)40%加煤油或轻柴油 60%,涂刷后 12~18h 可干;快挥发性冷底子油材料配合比(质量比)采用石油沥青 30%加汽油 70%,涂刷后 5~10 h 可干。冷底子油可涂可喷。一般要求找平层完全干燥后施工。冷底子油干燥后,必须立即做油毡防水层,冷底子油易粘灰尘,粘灰尘后,又得重刷。

(2) 高聚物改性沥青防水卷材用的基层处理剂可选用氯丁胶沥青乳液、橡胶改性沥青溶液和冷底子油等。

(3) 合成高分子防水卷材用的基层处理剂可选用聚氯酯二甲苯溶液、氯丁橡胶溶液和氯丁胶沥青乳液等。

2. 卷材防水层施工

卷材防水层的施工流程:基层表面清理、修整→喷、涂基层处理剂→节点附加层处理→定位、弹线、试铺→铺贴卷材→收头处理、节点密封→保护层施工。

1) 基层处理

基层处理的好坏,对保证屋面防水施工质量起很大的作用。要求基层有足够的强度和刚度,承受荷载时不致产生显著的变形。一般采用水泥砂浆(体积配合比为 1:3)或沥青砂浆(质量配合比为 1:8)找平层作为基层,厚为 15~20mm。找平层应留设分格缝,缝宽 20mm,其留设位置应在预制板支承端的拼缝处。其纵横向最大间距,当找平层为水泥砂浆时,不宜大于 6m;为沥青砂浆时,则不宜大于 4m。并于缝口上加铺 200~300mm 宽的油毡条,用沥青胶单边点贴,以防结构变形将防水层拉裂。在与突出屋面结构的连接处以及基层转角处,均应做成边长为 100mm 的钝角或半径为 100~150mm 的圆弧。找平层应平整坚实,无松动、翻砂和起壳现象,只有当找平层的强度达到 5MPa 以上,才允许在其上铺贴卷材。

2) 卷材的铺贴

(1) 沥青防水卷材的铺贴:

卷材铺贴前应先准备好黏结剂、熬制好沥青胶和清除卷材表面的撒料。沥青胶中的沥青成分应与卷材中的沥青成分相同。卷材铺贴层数一般为 2~3 层,沥青胶铺贴厚度一般在 1~1.5mm 之间,最厚不得超过 2mm。卷材的铺贴方向应根据屋面坡度或是否受振动荷载而定。当屋面坡度小于 3%时,宜平行于屋脊铺贴;当屋面坡度大于 15%或屋面受振动荷载时,应垂直于屋脊铺贴。在铺贴卷材时,上下层卷材不得相互垂直铺贴。

平行于屋脊铺贴时,由檐口开始。两幅卷材的长边搭接,应顺流水方向;短边搭接,应顺主导方向。

垂直于屋脊铺贴时，由屋脊开始向檐口进行。长边搭接应顺主导方向，短边接头应顺流水方向。同时在屋脊处不能留设搭接缝，必须使卷材相互越过屋脊交错搭接，以增强屋脊的防水和耐久性。

为防止卷材接缝处漏水，卷材间应具有一定的搭接宽度，如图 9.2 所示。长边不应小于 70mm；短边搭接不应小于 100mm(坡屋面 150mm)；当第一层卷材采用条铺、花铺或空铺时，长边搭接不应小于 100mm，短边不应小于 150mm，相邻两幅卷材短边搭接缝应错开且不小于 500mm；上下两层卷材应错开 1/3 或 1/2 幅卷材宽。搭接缝处必须用沥青胶仔细封严。

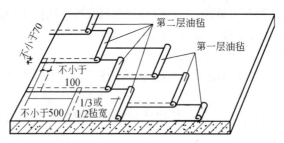

图 9.2　油毡搭接尺寸示意图(单位 mm)

当铺贴连续多跨或高低跨屋面卷材时，应按先高跨后低跨、先远后近的顺序进行。对同一坡面，则应先铺好落水口、天沟、女儿墙泛水和沉降缝等地方，然后按顺序铺贴大屋面防水层。卷材铺贴前，应先在干燥后的找平层上涂刷一遍冷底子油，待冷底子油挥发干燥后进行铺贴，其铺贴方法有浇油法、刷油法、刮油法和散油法这 4 种。浇油法(又称赶油法)是将沥青胶浇到基层上，然后推着卷材向前滚动来铺平压实卷材；刷油法是用毛刷将沥青胶在基层上刷开，刷油长度以 300～500mm 为宜，超出卷材边不应大于 50mm，然后快速铺压卷材；刮油法是将沥青胶浇在基层上后，用厚 5～10mm 的胶皮刮板刮开沥青胶铺贴；撒油法是在铺第一层卷材时，先在卷材周边满涂沥青，中间用蛇形花撒的方法撒油铺贴，其余各层则仍按浇油、刮油或刷油方法进行铺贴，此法多用于基层不太干燥需做排气屋面的情况。待各层卷材铺贴完后，再在上层表面浇一层 2～4mm 厚的沥青胶，趁热撒上一层粒径为 3～5mm 的绿豆砂，并加以压实，使大多数石子能嵌入沥青胶中形成保护层。

卷材防水屋面最容易产生的质量问题有：防水层起鼓、开裂；沥青流淌、老化；屋面漏水等。

为防止起鼓，要求基层干燥，其含水率在 6% 以内，避免在雨、雾、霜天气施工；隔气层良好；防止卷材受潮；保证基层平整，卷材铺贴均匀；封闭严密，各层卷材粘贴密实，以免水分蒸发、空气残留形成气囊而使防水层产生起鼓现象。为此，在铺贴过程中应专人检查，如发生气泡或空鼓时，应将其割开修补。在潮湿基层上铺贴卷材，宜做成排气屋面。所谓排气屋面，就是在铺第一层卷材时，采用条铺、花铺等方法使卷材与基层间留有纵横相互贯通的排气道，并在屋面或屋脊上设置一定量的排气孔，使潮湿基层中的水分及时排走，从而避免防水层起鼓。

为了防止沥青胶流淌，要求沥青胶有足够的耐热度，较高的软化点，涂刷均匀，其厚度不得超过 2mm，屋面坡度不宜过大。

防水层破裂的主要原因是：结构变形、找平层开裂；屋面刚度不够；建筑物不均匀沉降；沥青胶流淌，卷材接头错动；防水层温度收缩，沥青胶变硬、变脆而拉裂；防水层起鼓后内部气体受热膨胀等。

此外，沥青在热能、阳光、空气等长期作用下，内部成分逐渐老化，为了延长防水层的使用寿命，通常设置绿豆砂保护层，这是一项重要措施。

(2) 高聚物改性沥青防水卷材的铺贴方法可采用冷粘法、热熔法和自粘法。

① 冷粘法施工。冷粘法是指用冷胶黏剂将高聚物改性沥青防水卷材粘贴在涂刷有基层处理剂的屋面找平层上，而不需要加热施工的方法。冷粘法铺贴卷材时，胶黏剂涂刷应均匀、不漏底、不堆积，卷材铺贴应平直整齐、搭接尺寸准确，不得扭曲、皱折。接缝处应满涂胶黏剂，待溶剂部分挥发后用辊压排气粘贴牢固，对溢出的胶黏剂随即刮平封口，接缝口用密封材料封严。

② 热熔法施工。热熔法是采用火焰加热器熔化热熔型防水卷材底部的热熔胶进行粘贴的施工方法。施工时用火焰枪将热熔胶加热熔化后作为胶黏剂，立即将卷材滚铺在屋面找平层上。滚铺时应排除卷材下面的空气，使之平整顺直，不皱折，并应辊压粘贴牢固。搭接缝部位以溢出热熔的改性沥青为度，并应随即刮封接口。采用热熔法铺贴卷材，可节省胶黏剂，降低工程造价，特别是当气温较低时施工尤其适应。

③ 自黏法施工。自黏法是采用带有自黏结胶的防水材料，不用热施工，也不需要再涂胶结材料而进行粘贴的施工方法。采用自黏法铺贴的高聚物改性沥青防水卷材，是一种在卷材底面有一层自黏胶，在自黏胶表面敷一层隔离纸，可以直接将卷材粘贴于涂刷了基层处理剂的屋面找平层上。

9.1.2 涂膜防水屋面

涂膜防水屋面的构造如图 9.3 所示，是将以高分子合成材料为主体的涂料，涂抹在经嵌缝处理的屋面板或找平层上，形成具有防水效能的坚韧涂膜。涂膜防水屋面主要用于防水等级为 Ⅲ、Ⅳ 级的屋面防水，也可用于 Ⅰ 级、Ⅱ 级屋面防水设防中的一道防水层。

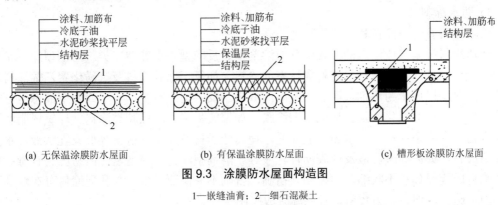

图 9.3　涂膜防水屋面构造图

1—嵌缝油膏；2—细石混凝土

1. 板缝嵌缝

1) 嵌缝油膏和胶泥

油膏有沥青油膏、橡胶沥青油膏、塑料油膏等，一般由工厂生产成品，现场冷嵌施工。胶泥是以煤焦油和聚氯乙烯树脂为主剂在现场配制，热灌施工。其配制方法是先将煤焦油脱水后降温至40~60℃备用，然后将各项原材料按表9-3配合比准确称量后，加入专用搅拌机中加热塑化，边加热边搅拌，使温度升至110~130℃，并在此温度下保持5~10min，即塑化完成。

表9-3 聚氯乙烯胶泥配合比表(质量比)

成　分	名　　称	单　位	数　　量
主剂	煤焦油	份	100
	聚氯乙烯树脂	份	10~15
增塑剂	苯二甲酸二辛醋或苯二甲酸二丁醋	份	8~15
稳定剂	三盐基硫酸铅或硬脂酸钙类，其他硬脂酸盐类	份	0.2~1
填充料	滑石粉、粉煤灰、石英粉	份	10~30

2) 板缝嵌缝施工

板缝上口宽度(30±10)mm，板缝下部灌细石混凝土，其表面距板面20~30mm，灌缝时应将板缝两侧的砂浆、浮灰清理干净，混凝土表面应抹平，防止呈月弯凹面。

在油膏嵌缝前，板缝必须干燥，清除两侧浮灰、杂物，随即满涂冷底子油一遍，待其干燥后，及时冷嵌或热灌胶泥。冷嵌油膏宜采用嵌缝枪，也可将油膏切成条，随切随嵌，用力压实嵌密，接槎应采用斜槎。热灌胶泥应自下而上进行，并尽量减少接头数量，一般是先灌垂直于屋脊的板缝，后灌平行于屋脊的板缝。在灌垂直于屋脊面的板缝的同时，应将平行于屋脊的板缝于交叉处两侧各灌150mm，并留成斜槎。油膏的覆盖宽度，应超出板缝且每边不少于20mm。

油膏或胶泥嵌缝后，应沿缝做好保护层，保护层的做法主要有沥青胶粘贴油毡条；用稀释油膏粘贴玻璃丝布，表面再涂刷稀释油膏；涂刷防水涂料；涂刷稀棒油膏或加铺绿豆砂、中砂等。

2. 防水涂料施工

1) 防水涂料

防水涂料有薄质涂料和厚质涂料之分。

薄质涂料按其形成液态的方式可分成溶剂型、反应型和水乳型三类。溶剂型涂料是以各种有机溶剂使高分子材料等溶解成液态的涂料，如氯丁橡胶涂料及氯磺化聚乙烯涂料，这两种涂料均以甲苯为溶剂，溶解挥发后而成膜。反应型涂料是以一个或两个液态组分构成的涂料，涂刷后经化学反应形成固态涂膜，如聚氨基甲酸脂橡胶类涂料、环氧树脂和聚硫化合物。水乳型涂料是以水为分散介质，使高分子材料及沥青材料等形成乳状液，水分蒸发后成膜，如丙烯酸乳液及橡胶沥青乳液等。溶剂型涂料成膜迅速，但易燃、有毒；反应型涂料成膜时体积不收缩，但配制须精确，否则不易保证质量；水乳型涂料可在较潮湿的基面上施工，但黏结力较差，且低温时成膜困难。

厚质涂料主要有石灰乳化沥青防水涂料、膨润土乳化沥青防水涂料、石棉沥青防水涂料等。

2) 防水涂膜施工

板面防水涂膜层施工应在嵌缝完毕后进行，一般采用手工抹压、涂刷或喷涂等方法。厚质涂膜涂刷前，应先刷一道冷底子油。涂刷时、上下层应交错涂刷，接槎宜留在板缝处，每层涂刷厚度应均匀一致，一道涂刷完毕，必须待其干燥结膜后，方可进行下道涂层施工；在涂刷最后一道涂层时可掺入2%的云母粉或铝粉，以防涂层老化。在涂层结膜硬化前，不得在其上行走或堆放物品，以免破坏涂膜。

为加强涂膜对基层开裂、房屋伸缩变形和结构沉陷的抵抗能力，在涂刷防水涂料时，可铺贴加筋材料如玻璃丝布等。雨天或在涂层干燥结膜前可能下雨刮风时，均不得施工。不宜在气温高于35℃及日均气温在5℃以下时施工。

9.1.3 刚性防水屋面

刚性防水屋面是指利用刚性防水材料做防水层的屋面，主要有普通细石混凝土屋面和补偿收缩混凝土屋面，适用于防水等级为Ⅲ级的屋面防水，也可作为Ⅰ、Ⅱ级屋面多道防水中的一道防水层；不适用于设有松散材料保温层的屋面和受到较大震动或冲击的建筑屋面。刚性防水屋面构造层次如图9.4所示。

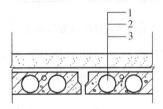

图9.4 刚性防水屋面的构造

1—防水层；2—隔离层；3—结构层

刚性防水屋面的结构层宜为整体现浇的钢筋混凝土层。当屋面结构层采用装配式钢筋混凝土板时，应用细石混凝土(>C20)灌缝，细石混凝土宜掺入微膨胀剂。

1. 普通细石混凝土屋面

1) 屋面构造

细石混凝土刚性防水屋面，一般是在屋面板上浇筑一层厚度不小于40mm，强度等级不低于C20的细石混凝土作为屋面防水层，如图9.4所示。为了使其受力均匀，有良好的抗裂和抗渗能力，在混凝土中配置直径为4mm、间距为100～200mm的双向钢筋网片，且钢筋网片在分格缝处应断开，其保护层厚度不小于10mm。

2) 施工工艺

(1) 分格缝设置

对于大面积的细石混凝土屋面防水层，为了避免受温度变化等影响而产生裂缝，防水层必须设置分格缝。分格缝的位置应按设计要求而定，一般应留在结构应力变化较大的部位。如设置在屋面板的支承端，屋面转折处，防水层与突出屋面的交接处，并应与板缝对齐，其纵横向间跨不宜大于6m。一般情况下，屋面板的支承端每个开间应留横向缝，屋脊应留纵向缝，分格的面积以20m²左右为宜。

(2) 细石混凝土防水层施工

在浇筑防水层混凝土之前,为减少结构变形对防水层的影响,宜在防水层与基层间设置隔离层。隔离层可采用纸筋灰或麻刀灰、低强砂浆、干铺卷材等。在隔离层做好后,便在其上定好分格缝位置,再用分格木条隔开作为分格缝,一个分格缝内的混凝土必须一次浇完,不得留施工缝。浇筑混凝土时应保证双向钢筋网片设置在防水层中部,防水层混凝土应采用机械振捣密实,表面泛浆后抹平,收水后再次压光。待混凝土初凝后,将分格木条取出,分格缝处必须有防水措施,通常采用油膏嵌缝,缝口上还做覆盖保护层,如图9.5所示。

细石混凝土防水层施工时,屋面泛水与屋面防水层应一次做成,泛水高度不应低于120mm,以防止雨水倒灌或爬水现象引起渗漏水。

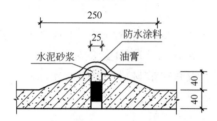

图 9.5 分格缝嵌缝做法

细石混凝土防水层,其伸缩弹性很小,故对地基不均匀沉降,结构位移和变形,对温差和混凝土收缩、徐变引起的应力变形等敏感性大,容易开裂。在施工时应抓好以下主要工作,才能确保工程质量。

① 防水层细石混凝土所用的水泥品种、水泥最小用量、水灰比以及粗细骨料规格和级配应符合规范要求。

② 混凝土防水层,施工气温宜为5~35℃,不得在负温和烈日暴晒下施工。

③ 防水层混凝土浇筑后,应及时养护,养护时间不得少于14d。

2. 补偿收缩混凝土屋面

补偿收缩混凝土屋面是在细石混凝土中掺入膨胀剂拌制而成。在配筋情况下由于钢筋限制其膨胀,从而使混凝土产生自应力,起到致密混凝土、提高混凝土抗裂性和抗渗性的作用,使其具有良好的防水效果。

采用补偿收缩混凝土做防水层时,除膨胀剂外,对混凝土原材料和配合比的要求与细石混凝土相同。由于膨胀剂的类型不同,混凝土防水层约束条件和配筋不同,膨胀剂的掺量也不一样,施工时应根据试验确定。用膨胀剂拌制补偿收缩混凝土时,膨胀剂应与水泥同时加入,以便混合均匀,搅拌时间应比普通混凝土的搅拌时间稍长,连续搅拌时间不少于3分钟。对混凝土的浇筑与养护要求,与普通混凝土基本相同。

9.2 地下防水工程

由于地下工程常年受到潮湿和地下水的有害影响,所以,对地下工程防水的处理比屋面工程要求更高更严,防水技术难度更大,故必须认真对待,确保良好防水效果,满足使用上的要求。

地下工程的防水等级标准按围护结构允许渗漏水量的多少划分为四级,见表9-4。各类地下工程的防水等级见表9-5。

表9-4 地下工程防水等级标准

防水等级	标　　准
一级	不允许渗水,围护结构无湿渍
二级	不允许漏水,围护结构有少量、偶见的湿渍
三级	有少量漏水点,不得有线流、漏泥沙,每昼夜漏水量<0.5L/m²
四级	有漏水点,不得有线漏、漏泥沙,每昼夜漏水量<2.0L/m²

表9-5 各类地下工程的防水等级

防水等级	工程名称
一级	医院、餐厅、旅馆、影剧院、商场、冷库、粮库、金库、档案库、通信工程、计算机房、电站控制室、配电间、防水要求较高的车间、指挥工程、武器弹药库、防水要求较高的人员掩蔽部、铁路旅客站台、行李房、地铁车站、城市人行地道
二级	一般生产车间、空调机房、发电机房、燃料室、一般人员掩蔽工程电气化铁道隧道、地铁运行区间隧道、城市公路隧道、水泵房
三级	电缆隧道、水下隧道、非电气化铁路隧道、一般公路隧道
四级	取水隧道、污水排放隧道、人防疏散干道、涵洞

目前,地下工程的防水方案有下列几种:

一是采用防水混凝土结构,它是利用提高混凝土结构本身的密实性来达到防水要求的。防水混凝土结构既能承重又能防水,应用较广泛。

二是排水方案,即利用盲沟、渗排水层等措施,把地下水排走,以达到防水要求,此法多用于重要的、面积较大的地下防水工程。

三是在地下结构表面设附加防水层,如在地下结构的表面抹水泥砂浆防水层、贴卷材防水层或刷涂料防水层等。

在进行地下工程防水设计时,应遵循"防排结合,刚柔并用,多道防水,综合治理"原则,并根据建筑物的使用功能及使用要求,结合地下工程的防水等级,选择合理的防水方案。

9.2.1 卷材防水层

地下防水的油毡除应满足强度、延伸性、不透水性外,更要有耐腐蚀性。因此,宜优先采用沥青矿棉纸油毡、沥青玻璃布油毡、再生橡胶沥青油毡等。

铺贴油毡用的沥青胶的技术标准与油毡屋面要求基本相同。由于用在地下,其耐热度要求不高。在侵蚀性环境中宜用加填充料的沥青胶,填充料应耐腐蚀。

地下油毡防水层的施工方法,有外防外贴法和外防内贴法。

1. 外防外贴法施工

外防外贴法(简称外贴法),如图 9.6 所示,待混凝土垫层及砂浆找平层施工完毕,在垫层四周砌保护墙的位置干铺油毡条一层,再砌半砖保护墙高约 300~500mm,并在内侧抹找平层。干燥后,刷冷底子油 1~2 道,再铺贴底面及砌好保护墙部分的油毡防水层,在四周留出油毡接头,置于保护墙上,并用两块木板或其他合适材料将油毡接头压于其间,从而防止接头断裂、损伤、弄脏。然后在油毡层上做保护层。再进行钢筋混凝土底板及砌外墙等结构施工,并在墙的外边抹找平层,刷冷底子油。干燥后,铺贴油毡防水层。先贴留出的接头,再分层接铺到要求的高度。完成后,立即刷涂 1.5~3mm 厚的热沥青或加入填充料的沥青胶,以保护油毡。随即继续砌保护墙至油毡防水层稍高的地方。保护墙与防水层之间的空隙用砂浆随砌随填。

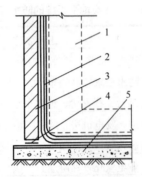

图 9.6 外贴法施工示意图

1—永久保护墙;2—基础外墙;3—临时保护墙;4—混凝土底板

2. 外防内贴法施工

外防内贴法(简称内贴法)如图 9.7 所示。先做好混凝土垫层及找平层,在垫层四周干铺油毡一层并在其上砌一砖厚的保护墙,内侧抹找平层,刷冷底子油 1~2 遍,然后铺贴油毡防水层。完成后,表面涂刷 2~4 mm 厚热沥青或加填充料的沥青胶,随即铺撒干净、预热过的绿豆砂,以保护油毡。接着进行钢筋混凝土底板及砌外墙等结构施工。

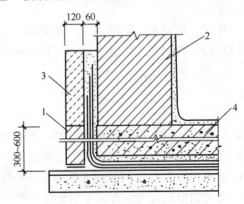

图 9.7 内贴法施工示意图

1—尚未施工的地下室墙;2—卷材防水层;3—永久保护墙;4—干铺油毡一层

3. 油毡铺贴要求及结构缝的施工

保护墙每隔 5~6m 及转角处必须留缝，在缝内用油毡条或沥青麻丝填塞，以免保护墙伸缩时拉裂防水层。地下防水层及结构施工时，地下水位要设法降至底部最低标高至少 300mm 以下，并防止地面水流入。油毡防水层施工时，气温不宜低于 5℃，最好在 10~25℃时进行。沥青胶的浇涂厚度一般为 1.5~2.5mm，最大不超过 3mm。油毡长、短边的接头宽度不小于 100mm；上下两幅油毡压边应错开 1/3 幅油毡宽；各层油毡接头应错开 300~500mm。两垂直面交角处的油毡要互相交叉搭接。

应特别注意阴阳角部位，穿墙管(如图 9.8 所示)以及变形缝(如图 9.9 所示)部位的油毡铺贴，这是防水薄弱的地方，铺贴比较困难，操作要仔细，并增贴附加油毡层及采取必要的加强构造措施。

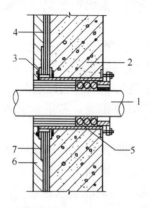

图 9.8 卷材防水层与管道埋设件接处做法

1—管道；2—套管；3—夹板；4—卷材防水层；5—填缝材料；6—保护墙；7—附加卷材衬层

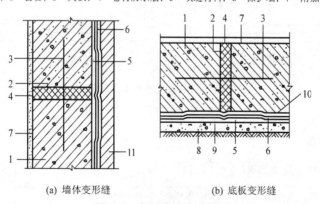

(a) 墙体变形缝　　　　(b) 底板变形缝

图 9.9 变形缝处防水做法

1—需防水结构；2—浸过沥青的木丝板；3—止水带；4—填缝油膏；5—卷材附加层；
6—卷材防水层；7—水泥砂浆面层；8—混凝土垫层；9—水泥砂浆找平层；10—水泥砂浆保护层；11—保护墙

9.2.2 水泥砂浆防水层

水泥砂浆防水层是用水泥砂浆、素灰(纯水泥浆)交替抹压涂刷四层或五层的多层抹面的水泥砂浆防水层。其防水原理是分层闭合，构成一个多层整体防水层，各层的残留毛孔道互相堵塞住，使水分不可能透过其毛细孔，从而具有较好的抗渗防水性能。

1. 材料要求

水泥砂浆防水层所用的水泥宜采用不低于325号普通硅酸盐水泥或膨胀水泥，也可以用矿渣硅酸盐水泥。砂浆用砂应控制其含泥量和杂质含量。

配合比按工程需要确定。水泥净浆的水灰比宜控制在0.37～0.40或0.55～0.60范围内。水泥砂浆灰砂比宜用1:2.5，其水灰比为0.6～0.65之间，稠度宜控制在7～8cm。如掺外加剂或采用膨胀水泥时，其配合比应执行专门的技术规定。

2. 水泥砂浆防水层施工

施工前，必须对基层表面进行严格而细致的处理，包括清理、浇水、凿槽和补平等工作，保证基层表面潮湿、清洁、坚实、大面积平整而表面粗糙，可增强防水层与结构层表面的黏结力。

防水层的第一层是在基面抹素灰，厚2mm，分两次抹成。第二层抹水泥砂浆，厚4～5mm，在第一层初凝时抹上，以增强两层黏结。第三层抹素灰，厚2mm，在第二层凝固并有一定强度，表面适当洒水湿润后进行。第四层抹水泥砂浆，厚4～5mm，同第二层操作。若采用四层防水时，则此层应表面抹平压光。若用五层防水时，第五层刷水泥浆一遍，随第四层抹平压光。

采用水泥砂浆防水层时，结构物阴阳角、转角均应做成圆角。防水层的施工缝需留斜坡阶梯形，层次要清楚，可留在地面或墙面上，离开阴阳角200mm左右，其接头方法如图9.10所示。接缝时，先在阶梯形处均匀涂刷水泥浆一层，然后依次层层搭接。

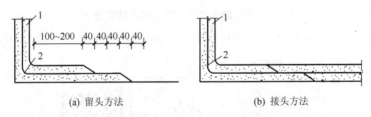

(a) 留头方法　　　　　　　　　(b) 接头方法

图9.10　刚性防水层施工缝的处理

1—砂浆层；2—素灰层

9.2.3　冷胶料防水层

JG-2防水冷胶料(即水乳型橡胶沥青冷胶料)是一种新型建筑防水材料，它是以沥青、橡胶和水为主要材料，掺入适量的增塑剂及防老化剂，采用乳化工艺制成。其黏结、柔韧、耐寒、耐热、防水、抗老化能力等均优于纯沥青和沥青胶，并且有质量轻、无毒、无味、不易燃烧、冷施工等特点，而且操作简便，不污染环境，经济效益好，与一般卷材防水层相比可节约造价30%左右，还可在比较潮湿的基层上施工。

JG-2冷胶料由水乳型A液和B液组成，A液为再生胶乳液，容积密度约$1.1g/cm^3$，外观呈漆黑色，细腻均匀，稠度大，黏性强。B液为乳化沥青，呈浅黑黄色，水分较多，黏性较差，容积密度约$1.04g/cm^3$。当两种溶液按不同配合比(质量比)混合时，其混合料的性能也就各不相同。若混合料中沥青成分居多时，其粘结性、涂刷性和浸透性良好，此时施工配合比可按 A 液：B 液=1：2；若混合料中的橡胶成分增多时，则具有较高的抗裂性和抗老化能力，此时施工配合比可按 A 液：B 液=1：1。因此，可根据防水层的要求不同，采用不同的施工配合比。

冷胶料可单独作为防水涂料，也可衬贴玻璃丝布，当地下水压不大时做防水层或地下水压较大时做加强层，可采用二布三油一砂做法；当在地下水位以下做防水层或防潮层，可采用一布二油一砂做法。铺贴顺序为先铺附加层及立面，再铺平面；先铺贴细部，再铺贴大面。施工冷胶料应随配随用，当天用完；两层涂料的施工间隔时间不宜少于 12h，最好 24h，以利结膜和加强各项性能。雨天、雾天、大风天，以及负温条件下不得施工。冷胶料施工的适宜温度以 10～30℃为宜。

冷胶料适用于屋面、墙体、地面、地下室等部位及设备管道防水防潮、嵌缝补漏、防渗防腐工程。

9.2.4 防水混凝土

防水混凝土是以调整混凝土配合比或掺外加剂等方法，来提高混凝土本身的密实性和抗渗性，使其具有一定防水能力的特殊混凝土。防水混凝土具有取材容易、施工简便、工期较短、耐久性好、工程造价低等优点，因此，在地下工程中得到了广泛的应用。目前常用的防水混凝土，主要有普通防水混凝土、外加剂防水混凝土等。

1. 防水混凝土的性能与配制

普通防水混凝土除满足设计强度要求外，还须根据设计抗渗等级来配制。在普通防水混凝土中，水泥砂浆除满足填充、黏结作用外，还要求在石子周围形成一定数量和质量良好的砂浆包裹层，减少混凝土内部毛细管、缝隙的形成，切断石子间相互连通的渗水通路，满足结构抗渗防水的要求。

普通防水混凝土宜采用普通硅酸盐水泥、火山灰硅酸盐水泥、粉煤灰硅酸盐水泥，水泥标号应不低于 425 号。如掺外加剂，亦可用矿渣硅酸盐水泥。石子粒径不宜大于 40mm，吸水率不大于 1.5%，含泥量不大于 1%。

普通防水混凝土的配合比应通过试验选定。选定配合比时，应按设计要求的抗渗等级提高 0.2MPa，其他各项技术指标应符合下列规定：每 m^3 混凝土的水泥用量不少于 320kg；含砂率以 35%～40%为宜；灰砂比应为 1：2～1：2.5；水灰比不大于 0.6；坍落度不大于 60mm，如掺用外加剂或用泵送混凝土时，不受此限制。

外加剂防水混凝土是在混凝土中加入一定量的外加剂，如减水剂、加气剂、防水剂及膨胀剂等，以改善混凝土性能和结构的组成，提高其密实性和抗渗性，达到防水要求。

2. 防水混凝土的施工

防水混凝土工程质量除精心设计、合理选材外，关键还要保证施工质量。对施工中的各主要环节，如混凝土的搅拌、运输、浇筑振捣、养护等，均应严格遵循施工及验收规范和操作规程的规定进行施工，以保证防水混凝土工程的质量。

1) 施工要点

防水混凝土工程的模板应平整且拼缝严密不漏浆，并有足够的强度和刚度，吸水率要小。一般不宜用螺栓或铁丝贯穿混凝土墙固定模板,当墙高需要用螺栓贯穿混凝土墙固定模板时,应采取止水措施。一般可在螺栓中间加焊一块 100mm×100mm 的止水钢板,阻止渗水通路。

为了阻止钢筋的引水作用,迎水面防水混凝土的钢筋保护层厚度不得小于 30mm,底板钢筋不能接触混凝土垫层。墙体的钢筋不能用铁钉或铁丝固定在模板上。严禁用钢筋充当保护层垫块,以防止水沿钢筋浸入。

防水混凝土应用机械搅拌、机械振捣,浇筑时应严格做到分层连续进行,每层厚度不宜超过 300~400mm。两层浇筑时间间隔不应超过 2h,夏季适当缩短。混凝土进入终凝(一般浇后 4~6h)即应覆盖,浇水湿润养护不少于 14d。

2) 施工缝

施工缝是防水薄弱部位之一,施工中应尽量不留或少留。底板的混凝土应连续浇筑,墙体不得留垂直施工缝。墙体水平施工缝不应留在剪力与弯矩最大处或底板与墙体交接处,最低水平施工缝距底板面不少于 200mm,距穿墙孔洞边缘不少于 300mm。施工缝的形式有平口缝、凸缝、高低缝、金属止水缝等,如图 9.11 所示。

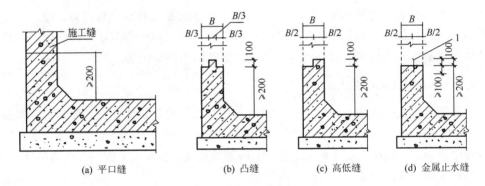

图 9.11 施工缝接缝形式

1—金属止水片

在施工缝上继续浇筑混凝土前,应将施工缝处松散的混凝土凿除,清除浮料和杂物,用水清洗干净,保持润湿,铺上 10~20 mm 厚水泥砂浆,再浇筑上层混凝土。

9.3 思 考 题

(1) 试述卷材屋面的组成及对材料的要求。
(2) 在沥青胶结材料中加入填充料的作用是什么?
(3) 什么叫冷底子油?作用有哪些?如何配制?
(4) 卷材防水屋面找平层为何要留分格缝?如何留设?
(5) 如何进行屋面卷材铺贴?有哪些铺贴方法?
(6) 屋面卷材防水层最容易产生的质量问题有哪些?如何防治?
(7) 试述涂膜防水屋面的组成。这种屋面的施工是怎样进行的?
(8) 细石混凝土防水层的施工有何特点?如何预防裂缝和渗漏?

(9) 试述地下卷材防水层的构造及铺贴方法。各有何特点?
(10) 水泥砂浆防水层的施工特点是什么?
(11) 试述 JG-2 冷胶料防水层的施工工艺。
(12) 试述防水混凝土的防水原理、配制方法及其适用范围。

第10章 装饰工程

教学提示：装饰不仅有美观的作用，还有保温和保护结构构件的作用，建筑物的装饰类型和装饰材料日新月异，不同装饰部位、类型及材料的质量要求也不尽相同，装饰材料质量和施工质量控制是重点。

教学要求：了解一般装饰工程的施工程序，掌握装饰工程施工质量的监控方法。

装饰工程是采用装饰材料或饰物，对建筑物的内外表面及空间进行的各种处理。装饰工程通常包括抹灰、门窗、吊顶、隔断、饰面、幕墙、油漆、涂料、刷浆、裱糊等工程，是建筑施工的最后一个施工过程。装饰工程能增加建筑物的美感，给人以美的享受；保护建筑物或构筑物的结构免受自然界的侵蚀、污染；增强耐久性、延长建筑物的使用寿命；调节温、湿、光、声，完善建筑物的使用功能；同时有隔热、隔音、防潮、防腐等作用。

装饰工程具有工程量大；工期长，一般占整个建筑物施工工期的 30%～40%，高级装饰达到50%以上；手工作业量大，一般多于结构用工；造价高，一般占建筑物总造价的40%，高的达到50%以上；项目繁多、工序复杂的特点。因此，提高预制化程度，实现机械化作业，不断提高装饰工程的工业化、专业化水平；协调结构、设备与装饰间的关系，实现结构与装饰合一；大力发展和采用新型装饰材料、新技术、新工艺；以干作业代替湿作业；对缩短装饰工程工期，降低工程成本，满足装饰功能，提高装饰效果，具有重要的意义。

10.1 抹 灰 工 程

抹灰工程是用灰浆涂抹在建筑物表面，起到找平、装饰、保护墙面的作用。一般主要在建筑物的内外墙面、地面、顶棚上进行的一种装饰工艺。

10.1.1 抹灰工程的分类和抹灰层的组成

1. 抹灰工程的分类

按所用材料和装饰效果的不同，抹灰工程可分为一般抹灰和装饰抹灰两大类。它们所包含的内容见表 10-1。

表 10-1 抹灰工程的分类

类 别	内 容
一般抹灰	石灰砂浆、水泥混合砂浆、水泥砂浆、聚合物水泥砂浆、膨胀珍珠岩水泥砂浆、麻刀灰、纸筋石灰、石膏灰等
装饰抹灰	水刷石、水磨石、斩假石、干粘石、假面砖、拉条灰、拉毛灰、洒毛灰、扒拉石、喷毛灰以及喷涂、滚涂、弹涂等

1) 一般抹灰

一般抹灰是指一般通用型的砂浆抹灰工程,见表 10-1。按质量要求和相应的主要工序,一般抹灰可分为普通抹灰和高级抹灰两种。它们的做法、主要工序和质量要求见表 10-2。

表 10-2 一般抹灰的分类

项 目	做 法	主要工序及质量要求
普通抹灰	一底层、一中层、一面层	分层赶平、修整、表面压光
高级抹灰	一底层、数中层、一面层	阴阳角找方,设置标筋,分层赶平、修整和表面压光

2) 装饰抹灰

装饰抹灰是利用普通材料模仿某种天然石花纹抹成的具有艺术效果的抹灰。其种类很多,其底层多为 1∶3 水泥浆打底,面层见表 10-1 所述。

按工程部位的不同,抹灰工程又可分为墙面(包括内、外墙)抹灰、顶棚抹灰和地面抹灰三种。

2. 抹灰层的组成

抹灰层一般分为底层、中层(或几遍中层)和面层,如图 10.1 所示。

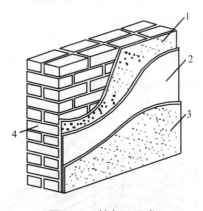

图 10.1 抹灰层组成
1—底层;2—中层;3—面层;4—基体

底层的作用是粘牢基体并初步找平;中层的作用是找平;面层使表面光滑细致,起装饰作用。之所以分层抹灰,是为了黏结牢固、控制平整度和保证质量。如一次涂抹太厚,由于内外收水快慢不同会产生裂缝、起鼓或脱落,造成材料浪费。

各抹灰层的厚度宜根据基体的材料、抹灰砂浆种类、墙体表面的平整度和抹灰质量要求以及各地气候情况而定。抹水泥砂浆每遍厚度宜为 5~7mm;抹石灰砂浆和水泥混合砂浆每遍厚度宜为 7~9mm;抹麻刀灰、纸筋灰、石膏灰等罩面时,经赶平压实后,其厚度一般不大于 3mm。因为罩面层厚度太大,容易收缩产生裂缝,影响质量与美观。抹灰层的总厚度,应视具体部位及基体材料而定,不同部位的抹灰层平均总厚度见表 10-3。

装配式混凝土大板和大模板建筑的内墙面和大楼板底面,如平整度较好,垂直偏差小,其表面可以不抹灰,用腻子分遍刮平,待各遍腻子黏结牢固后,进行表面刮浆即可,总厚度为 2~3mm。

表 10-3 不同部位抹灰层平均总厚度

部 位	平均总厚度(不大于)
顶棚	板条、空心砖、现浇混凝土为 15mm；预制混凝土板为 18mm；金属网为 20mm
内墙	普通抹灰为 18～20mm；高级抹灰为 25mm
外墙	砖墙面 20mm；勒脚及突出墙面部分为 25mm；石材墙面 35mm

10.1.2 抹灰基体的表面处理

为了使抹灰砂浆与基体表面黏结牢固，防止抹灰层产生空鼓现象，抹灰前应对基层进行必要的处理。

(1) 对凹凸不平的基层表面应剔平，或用 1∶3 水泥砂浆补平。对楼板洞、穿墙管道及墙面脚手架洞、门窗框与立墙交接缝处均应用 1∶3 水泥砂浆分层嵌缝密实。

(2) 对表面上的灰尘、污垢和油渍等事先均应清除干净，并提前 1～2d 洒水湿润(渗入 8～10mm)。

(3) 墙面太光的要凿毛，或用掺加 10%108 胶的 1∶1 水泥砂浆薄抹一层。不同材料(如砖墙与木隔墙)相接处，应先铺钉一层金属网或纤维丝绸布或用宽纸质胶带黏结，如图 10.2 所示，搭接宽度从缝边起两侧均不小于 100mm，以防抹灰层因基体温度变化胀缩不一致产生裂缝。在内墙面的阳角和门洞口侧壁的阳角、柱角等易于碰撞之处，宜用强度较高的 1∶2 水泥砂浆制作护角，其高度应不低于 2m，每侧宽度不小于 50mm，对砖砌体基体，应待砌体充分沉实后方可抹底层灰，以防砌体沉陷拉裂抹灰层。

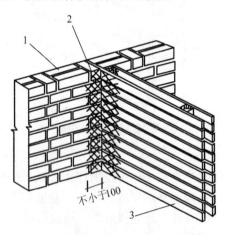

图 10.2 不同基体交接处接缝处理

1—砖墙(基体)；2—钢丝网；3—板条墙

10.1.3 一般抹灰工程施工工艺

1. 施工顺序

为了保护好成品，在施工之前应安排好抹灰的施工顺序。一般应遵循的施工顺序是先室外后室内、先上面后下面、先顶棚、墙面后地面。先室外后室内，是指先完成室外抹灰，拆除外脚手，堵上脚手眼再进行室内抹灰。先上面后下面，是指在屋面防水工程完成后室内外抹灰最好从上层往下层进行。高层建筑施工，当采用立体交叉流水作业时，也可以采取从下往上施工的方法，但必须采取相应的成品保护措施。先顶棚后墙地面，是指室内抹灰一般可采取先完成顶棚和墙面抹灰，再开始地面抹灰。外墙由屋檐开始自上而下，先抹阳角线、台口线，后抹窗和墙面，再抹勒脚、散水坡和明沟等。一般应在屋面防水工程完工后进行室内抹灰，以防止漏水造成抹灰层损坏及污染，一般应按先房间、后走廊、再楼梯和门厅等顺序施工。

2. 一般抹灰施工

一般抹灰的工艺流程：基层清理→浇水湿润→吊垂直、套方、找规矩、抹灰饼→抹水泥→踢脚或墙裙→做护角抹水泥窗台→墙面充筋→抹底灰→修补预留孔洞、配电箱、槽、盒等→抹罩面灰。

1) 墙面抹灰

为了控制抹灰层的厚度和墙面平直度，在抹灰前还必须先找好规矩，即四角规方，横线找平，竖线吊直，弹出准线和墙裙、踢脚板线，并在墙面用灰饼(宜用 1:3 水泥砂浆抹成 5cm 见方形状)和标筋做出标志，如图 10.3 所示。

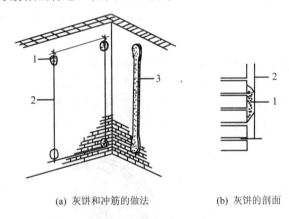

(a) 灰饼和冲筋的做法　　(b) 灰饼的剖面

图 10.3　灰饼和标筋示意图

1—灰饼；2—引线；3—标筋(冲筋)

(1) 底层抹灰。待标筋稍干后即可以其为平整度的基准进行底层抹灰，其厚度为 5～9mm。抹了底层后，应间隔一定时间，让其干燥，再抹中层或面层灰。如用水泥砂浆或混合砂浆，应待前一抹灰层凝结后再抹后一层。如用石灰砂浆，则应待前一层达到七八成干后，方可抹后一层。

(2) 中层抹灰。中层厚度为 5～12mm。在中层砂浆凝固前，可在层面上交叉划痕，以增强与面层的黏结。待中层干至五六成时，即可抹面层。

(3) 面层抹灰。面层又称罩面，厚度为 2～5mm，应细心操作，保证表面平整、光滑、无裂痕。

2) 顶棚抹灰

应先在墙顶四周弹出水平线，以控制抹灰层厚度，然后沿顶棚四周抹灰并找平。顶棚面要求表面平顺，无抹灰接搓，与墙面交角应成一直线。如有线脚，宜先用准线拉出线脚，再抹顶棚大面，罩面应两遍压光。

抹灰质量要求见表10-4所列。

表10-4 一般抹灰的允许偏差和检验方法

项次	项 目	允许偏差/mm		检验方法
		普通抹灰	高级抹灰	
1	立面垂直度	4	3	用2m垂直检测尺检查
2	表面平整度	4	3	用2m靠尺和塞尺检查
3	阴阳角方正	4	3	用直角检测尺检查
4	分格条(缝)直线度	4	3	拉5m线，不足5m拉通线，用钢直尺检查
5	墙裙、勒脚上口直线度	4	3	拉5m线，不足5m拉通线，用钢直尺检查

抹灰还可以使用机械喷涂，喷涂抹灰亦称喷毛灰，即把按照一定配合比配制、搅拌好的砂浆，经过振动筛后倾入输送泵，通过管道，再借助于空气压缩机的压力，将灰浆及压缩空气送入喷枪，在喷嘴前形成灰浆射流，把灰浆连续均匀地喷涂于墙面和顶棚上，再经过抹平搓实，完成底子灰抹灰。

喷涂抹灰的砂浆材料为石灰砂浆、混合砂浆或水泥砂浆；其适用部位为内墙、外墙和顶棚。

喷涂抹灰的特点：砂浆与基层黏结牢固，黏结强度一般比手工的大50%～100%；生产效率高，可达1000m²/台班；人工劳动强度大大降低；砂浆稠度大，如砂浆较稀，则易裂。

机械喷涂把砂浆搅拌、运输和喷涂有机衔接起来进行机械化施工，其工艺流程如图10.4所示，是抹灰施工的发展方向。

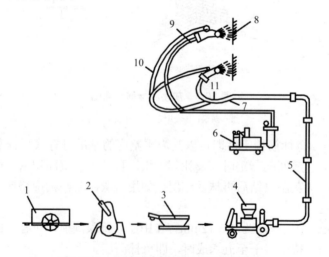

图10.4 机械喷涂抹灰施工工艺流程图

1—手推车；2—砂浆搅拌机；3—振动筛；4—灰浆输送泵；5—输浆钢管；
6—空气压缩机；7—输浆胶管；8—基层；9—喷枪头；10—输送压缩空气胶管；11—分叉管

墙面喷涂可根据设计要求分档进行，厚度在 8mm 以下者，可 1 遍喷成，8mm 以上者，应分 2 遍或多遍喷成。最后用刮杆刮平，再用木抹刀搓平。

喷枪的构造如图 10.5 所示，喷嘴直径有 10mm、12mm、14mm 三种。进行墙面喷涂时，喷嘴应距墙面 100~450mm，当喷涂干燥、吸水性强、冲筋较厚的墙面时，为 100~350mm 左右，并与墙面成 90°角，喷枪移动速度应稍慢，压缩空气量宜小些；对较潮湿、吸水性差、冲筋较薄的墙面，喷嘴离墙面为 150~450mm，并与墙面成 65°角，喷枪移动稍快，空气量宜大些，这样喷射面较大，灰层较薄，灰浆不易流淌。喷射压力可控制在 0.15~0.2MPa，压力过大，射出速度快，会使砂子弹回；压力过小，冲击力不足，会影响黏结力，造成砂浆流淌。一般应先喷基层吸收性较小的墙面，再喷吸收性较大的墙面。

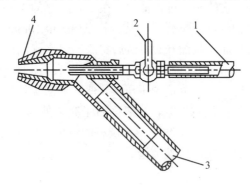

图 10.5 喷枪

1—压缩空气管；2—空气阀门；3—灰浆输送管；4—喷嘴

喷涂前，应先进行运转、疏通和清洗管路，先用清水后加少量石灰膏，用灰浆泵将其压入管道起润滑作用。每次喷涂完毕，也要加少量石灰膏，再压送清水冲洗管道中的剩余砂浆，以保持管道内壁光滑。

机械喷涂亦需设置灰饼和标筋。喷涂所用砂浆的稠度比手工抹灰为稀，故易干裂，为此应分层连续喷涂，以免干缩过大。喷涂目前只用于底层和中层，而找平、搓毛和罩面等仍需手工操作。但近年来"挤压式灰浆泵"问世后，已广泛用于喷涂面层，从而为实现抹灰工程的全面机械化创造了条件。

10.1.4 装饰抹灰工程施工工艺

装饰抹灰不但有一般抹灰工程同样的功能，而且在材料、工艺、外观上更具有特殊的装饰效果。其特殊之处在于可使建筑物表面光滑、平整、清洁、美观，在满足人们审美需要的同时，还能给予建筑物独特的装饰形式和色彩。其价格稍贵于一般抹灰，是目前一种物美价廉的装饰工程。

装饰抹灰的种类很多，但底层的做法基本相同(均为 1∶3 水泥砂浆打底)，仅面层的做法不同。现将常用装饰抹灰的做法简述如下。

1. 水磨石

水磨石多用于地面或墙裙。水磨石的制作过程如下：在 12mm 厚的 1∶3 水泥砂浆打底的砂浆终凝后，洒水湿润，刮水泥素浆一层(厚 1.5~2mm)作为黏结层，找平后按设计的图案镶嵌分格条(黄铜条、铝条、不锈钢条或玻璃条,宽约 8mm),其作用除可做成花纹图案外,还可防止面层面积过大而开裂。安设时两侧用素水泥浆黏结固定。然后再刮一层素水泥浆,随即将具有一定色彩的水泥石子浆(水泥:石子=1:(1~2.5))填入分格网中,抹平压实,厚度要比嵌条稍高 1~2mm,为使水泥石子浆罩面平整密实,可均匀补撒一些小石子。待收水后用滚筒滚压,再浇水养护,然后应根据气温、水泥品种,2~5d 后开磨,以石子不松动、不脱落,表面不过硬为宜。

水磨石要分三遍进行,采用磨石机洒水磨光。

2. 水刷石

水刷石多用于外墙面。它的施工过程如下:在 12mm 厚的 1:3 水泥砂浆打底的砂浆终凝后,在其上按设计分格弹线,根据弹线安装分格条(8mm×10mm 的梯形木条),用水泥浆在两侧黏结固定,以防大片面层收缩开裂。然后将底层浇水湿润后刮水泥浆(水灰比 0.37~0.4)一道,以增强与底层的黏结。随即抹上稠度为 5~7cm、厚 8~12mm 的水泥石子浆(水泥:石子=1:(1.25~1.5))面层,分遍拍平压实,使石子密实且分布均匀。待面层凝结前,即用棕刷蘸水自上而下刷掉面层水泥浆,使表面石子完全外露,注意勿将面层冲坏。为使表面洁净,可用喷雾器自上而下喷水冲洗。水刷石的质量要求是石粒清晰、分布均匀、色泽一致、平整密实,不得有掉粒和接茬痕迹。

3. 干粘石

干粘石多用于外墙面。在水泥砂浆上面直接干粘石子的做法,称为干粘石。其做法同样是先在已硬化的 12mm 厚的 1:3 底层水泥砂浆层上按设计要求弹线分格,根据弹线镶嵌分格木条,将底层浇水润湿后,抹上一层 6mm 厚 1:(2~2.5)的水泥砂浆层,同时将配有不同颜色或同色的粒径 4~6mm 的石子甩在水泥砂浆层上,并拍平压实。拍时不得把砂浆拍出来,以免影响美观,要使石子嵌入深度不小于石子粒径的一半,待达到一定强度后洒水养护。上述为手工甩石子,也可用喷枪将石子均匀有力地喷射于黏结层上,用铁抹子轻轻压一遍,使表面平整。干粘石的质量要求是石粒黏结牢固、分布均匀、不掉石粒、不露浆、不漏粘、颜色一致、阳角处不得有明显黑边。

4. 斩假石与仿斩假石

斩假石,又称剁假石、剁斧石,是在抹灰层上做出有规律的槽纹,做成像石砌成的墙面,要求面层斩纹或拉纹均匀,深浅一致,边缘留出宽窄一样,棱角不得有损坏,具有较好的装饰效果,但费工较多。它的底层、中层和面层的砂浆操作,都同水刷石一样,只是面层不要将石子刷洗外露出来。

先用 1:3 水泥砂浆打底(厚约 12mm)并嵌好分格条,洒水湿润后,薄刮素水泥浆一道(水灰比 0.3~0.4),随即抹厚为 10mm,1:1.25 的水泥石子浆罩面两遍,使与分格条齐平,并用刮尺赶平。待收水后,再用木抹子打磨压实,并从上往下竖向顺势溜直。抹完面层后须采取防晒措施,洒水养护 3~5d 后开始试剁,试剁后石子不脱落,即可用剁斧将面层剁毛。在墙角、柱子等边棱处,宜横向剁出边条或留出 15~20mm 的窄条不剁。待斩剁完毕后,拆除分格条、去边屑,即能显示出较强的琢石感。外观质量要求剁纹均匀顺直,深浅一致,不得有漏剁处,阳角处横剁和留出不剁的边条,应宽窄一致、棱角无损,最后洗刷掉面层上的石屑,不得蘸水刷浇。

剁、斩工作量很大,后来出现仿斩假石的新施工方法。其做法与斩假石基本相同,只面层厚度减为 8mm,不同处是表面纹路不是剁出,而是用钢篦子拉出。钢篦子用一段锯条夹以木柄制成。待面层收水后,钢篦子沿导向的长木引条轻轻划纹,随划随移动引条。待面层终凝后,仍按原纹路自上而下拉刮几次,即形成与斩假石相似效果的外表。仿斩假石做法如图 10.6 所示。

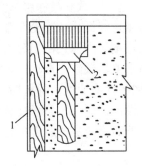

图 10.6 仿斩假石做法

1—长木引条;2—钢篦子

水刷石、干粘石、斩假石装饰抹灰的允许偏差和检查方法,见表 10-5。

表 10-5 水刷石、干粘石、斩假石的允许偏差和检查方法

项次	项 目	允许偏差/mm			检验方法
		水刷石	干粘石	斩假石	
1	立面垂直度	5	4	3	用 2m 垂直检测尺检查
2	表面平整度	3	4	2	用 2m 靠尺和塞尺检查
3	阴阳角方正	3	3		用直角检测尺检查
4	分隔条(缝)直线度	3	2	2	拉 5m 线,不足 5m 拉通线,用钢直尺检查
5	墙裙、勒脚上口直线度	3		2	拉 5m 线,不足 5m 拉通线,用钢直尺检查

5. 拉毛灰和洒毛灰

拉毛灰是将底层用水湿透,抹上 1:0.5:1 的水泥石灰砂浆,随即用硬棕刷或铁抹子进行拉毛。棕刷拉毛时,用刷蘸砂浆往墙上连续垂直拍拉,拉出毛头。铁抹子拉毛时,则不蘸砂浆,只用抹子黏结在墙面随即抽回,要拉得快慢一致,均匀整齐,色彩一样,不露底,在一个平面上要一次成活,避免中断留搓。

洒毛灰(又称甩毛灰、撒云片)是用竹丝刷蘸 1:2 水泥砂浆或 1:1 水泥砂浆或石灰砂浆,由上往下洒在湿润的墙面底层上,洒出的云朵须错乱多变、大小相称、纵横相间、空隙均匀。亦可在未干的底层上刷上颜色,然后不均匀地洒上罩面灰,并用抹子轻轻压平,使其部分地露出带色的底子灰,则洒出的云朵具有浮动感。

6. 喷涂、滚涂与弹涂

1) 喷涂饰面

用挤压式灰浆泵或喷斗将聚合物水泥砂浆经喷枪均匀喷涂在墙面基层上。根据涂料的稠度和喷射压力的大小，以质感区分，可喷成砂浆饱满、呈波纹状的波面喷涂和表面布满点状颗粒的粒状喷涂。基层为厚10~13mm的1:3水泥砂浆，喷涂前须喷或刷一道胶水溶液(108胶：水=1:3)，使基层吸水率趋于一致和喷涂层黏结牢固。喷涂层厚3~4mm，粒状喷涂应连续三遍完成，波状喷涂必须连续操作，喷至全部泛出水泥浆但又不致流淌为好。在大面积喷涂后，按分格位置用铁皮刮子沿靠尺刮出分格缝。喷涂层凝固后再喷罩面一层甲基硅酸钠疏水剂。质量要求表面平整，颜色一致，花纹均匀，不显接搓。

近年来还广泛采用塑料涂料(如水性或油性丙烯树脂、聚氨酯等)做喷涂的饰面材料。它具有防水、防潮、耐酸、耐碱的性能，面层色彩可任意选定，对气候的适应性强，施工方便，工期短等优点。实践证明，外墙喷塑是今后建筑装饰的发展方向。

2) 滚涂饰面

在基层上先抹一层厚3mm的聚合物砂浆，随后用带花纹的橡胶或塑料滚子滚出花纹，滚子表面花纹不同即可滚出多种图案，最后喷罩甲基硅酸钠疏水剂。

滚涂砂浆的配合比为水泥：骨料(沙子、石屑或珍珠岩)=1:(0.5~1)，再掺入占水泥20%量的108胶和0.25%的木钙减水剂。手工操作，滚涂分干滚和湿滚两种。干滚时滚子不蘸水、滚出的花纹较大，工效较高；湿滚时滚子反复蘸水，滚出花纹较小。滚涂工效比喷涂低，但便于小面积局部应用。滚涂是一次成活，多次滚涂易产生翻砂现象。

3) 弹涂饰面

在基层上喷刷或涂刷一遍掺有108胶的聚合物水泥色浆涂层，然后用弹涂器分几遍将不同色彩的聚合物水泥浆弹在已涂刷的涂层上，形成1~3mm大小的扁圆花点。通过不同的颜色组合和浆点所形成的质感，相互交错、互相衬托，有近似于干粘石的装饰效果；也有做成单色光面、细麻面、小拉毛拍平等多种花色。

弹涂的做法是：在1:3水泥砂浆打底的底层水泥砂浆上，洒水润湿，待干至六七成时进行弹涂。先喷刷底色浆一道，弹分格线，贴分格条，弹头道色点，待稍干后即弹第二道色点，最后进行个别修弹，再进行喷射或涂刷树脂罩面层。

弹涂器有手动和电动两种，后者工效高，适合大面积施工。

10.2 饰面工程

饰面工程就是将天然或人造石饰面板、饰面砖等安装或镶贴在基层上的一种装饰方法。饰面板(砖)的种类繁多，常用的饰面板有天然石饰面板(大理石、花岗岩)、人造石饰面板(人造大理石、花岗岩、预制水磨石)、金属饰面板(铝合金、不锈钢、镀锌钢板、彩色压型钢板、塑铝板)、塑料饰面板、有色有机玻璃饰面板、饰面混凝土墙板；饰面砖有釉面瓷砖、面砖、陶瓷锦砖等。随着建筑工业化的发展，墙板构件转向工厂生产、现场安装，一种将饰面与墙板制作相结合并一次成型的装饰墙板也日益得到广泛应用。此外，还有大块安装的玻璃幕墙等，进一步丰富和扩大了装饰工程的内容。

10.2.1 饰面材料的选用及质量要求

1. 天然石饰面板

大理石饰面板用于高级装饰，如门头、柱面、墙面等。要求表面不得有隐伤、风化等缺陷，光洁度高，石质细密，无腐蚀斑点，色泽美丽，棱角齐全，底面平整。要轻拿轻放，保护好四角，切勿单角码放和码高，要覆盖好存放。

花岗石饰面板宜用于台阶、地面、勒脚、柱面和外墙等。要求棱角方正，颜色一致，不得有裂纹、砂眼、石核等隐伤现象，当板面颜色略有差异时，应注意颜色的和谐过渡，并按过渡顺序将饰面板排列放置。

2. 人造石饰面板

人造石饰面板用于室内外墙面、柱面等。要求表面平整，几何尺寸准确，面层石粒均匀、洁净，颜色一致。

3. 金属饰面板

金属板饰面具有典雅庄重，质感丰富的特点，尤其是铝合金板墙面是一种高档次的建筑装饰，装饰效果别具一格，应用较广。究其原因，主要是价格便宜，易于加工成型，具有高强、轻质、经久耐用、便于运输和施工，表面光亮，可反射太阳光及防火、防潮、耐腐蚀的特点。同时，当表面经阳极氧化或喷漆处理后，便可获得所需要的各种不同色彩，更可达到"蓬荜增辉"的装饰效果。

4. 塑料饰面板

塑料板饰面，新颖美观，品种繁多，常用的有聚氯乙烯塑料板(PVC)、三聚氰氨塑料板、塑料贴面复合板、有机玻璃饰面板等。其特点是：板面光滑、色彩鲜艳，有多种花纹图案，质轻、耐磨、防水、耐腐蚀，硬度大，吸水性小，应用范围广。

5. 饰面墙板

随着建筑工业化的发展，结构与装饰合一是装饰工程的发展方向。饰面墙板就是将墙板制作与饰面相结合，一次成型，从而进一步扩大了装饰工程的内容，加快了施工进度。

6. 饰面砖

釉面瓷砖有白色、彩色、印花图案等多样品种，常用于卫生间、厨房、游泳池等饰面。面砖有毛面和釉面两种，颜色有米黄、深黄、乳白、淡蓝等多种。广泛用于外墙、柱、窗间墙和门窗套等饰面。要求饰面砖的表面光洁、色泽一致，不得有暗痕和裂纹。釉面砖的吸水率不得大于10%。

10.2.2 饰面板(砖)施工

饰面板(砖)可采用传统法和胶黏法施工，胶黏法施工是今后的发展方向，现分别简介如下。

1. 传统法施工

1) 小规格饰面板施工

小规格的饰面板(边长<400mm)一般采用镶贴法施工，即先用 1∶3 水泥砂浆打底划毛，待底子灰凝固后，找规矩，弹出分格线，按镶贴顺序，将已湿润的板材背面抹上厚度为 2～3mm 的素水泥浆进行粘贴，再用木锤轻敲，并注意随时用靠尺找平找直。

2) 大规格饰面板施工

大规格的饰面板(边长>400mm)或安装高度超过 1m 时，则多采用安装法施工。安装的工艺有湿法工艺、干法工艺和 G·P·C 工艺。

(1) 湿法工艺

① 安装前的准备工作。板材安装前，应先检查基层平整情况，如凹凸过大应先进行平整处理；墙面、柱面抄平后，分块弹出水平线和垂直线进行预排和编号，确保接缝均匀；在基层事先绑扎好钢筋网，与结构预埋件连接牢固；按设计要求在饰面板的四周侧面钻好绑扎钢丝或铁丝用的圆孔。

② 安装。用铜丝或不锈钢丝把板块与基层表面的钢筋骨架绑扎固定。如图 10.7、图 10.8 所示。

从中间开始往左右两边，或从一边依次拼贴，离墙面留 20～50mm 的空隙，上下口的四角用石膏临时固定，确保板面平整。然后用 1∶3 的水泥砂浆(稠度 80～120mm)分层灌缝，每层约为 100～200mm，待终凝后再继续灌浆，直到离板材水平接缝以下 50～100mm 为止；待安装好上一行板材后再继续灌缝处理，依次逐行往上操作。

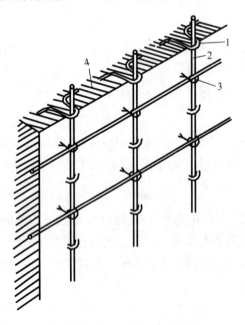

图 10.7 墙面、柱面绑扎钢筋

1—墙、柱预埋件；2—绑扎立筋；3—绑扎水平筋；4—墙体或柱体

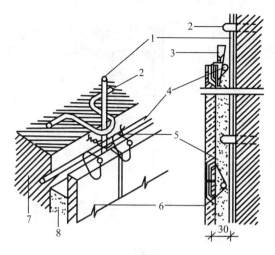

图 10.8 大理石板安装固定示意图

1—立筋；2—铁环；3—定位木楔；4—横筋；5—铜丝或不锈钢丝绑牢；6—大理石板；7—墙体；8—水泥砂浆

安装后的饰面板，其接缝处应用与饰面相同颜色的水泥浆或油腻子填抹，并将饰面板清理干净，如饰面层光泽度受到影响，可以重新打蜡出光。

湿法(水泥砂浆固定)安装的缺点是：易产生回潮、返碱、返花等现象，影响美观。

(2) 干法工艺

干法工艺直接在板上打孔，然后用不锈钢连接器与埋在混凝土墙体内的膨胀螺栓相连，板与墙体间形成 80～90mm 宽的空气层，如图 10.9 所示。该工艺一般多用于 30m 以下的钢筋混凝土结构，不适用砖墙或加气混凝土基层。由于这一方法可有效地防止板面回潮、返碱、返花等现象，因此是目前应用较多的方法。

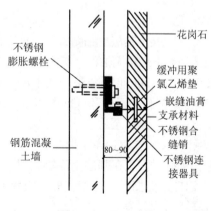

图 10.9 干法工艺

(3) G·P·C 工艺

G·P·C 工艺是干法工艺的发展，以钢筋混凝土作衬板，用不锈钢连接环与饰面板连接后浇筑成整体的复合板，再通过连接器悬挂到钢筋混凝土结构或钢结构上，如图 10.10 所示，衬板与结构连接的部位其厚度应加大。这种柔性节点可用于超高层建筑，以满足抗震要求。

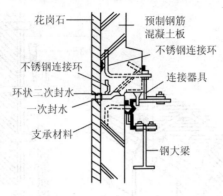

图 10.10 G·P·C 工艺

2. 胶黏法施工

饰面板(砖)的施工已逐步采用胶黏剂固结技术,即利用胶黏剂将饰面板(砖)直接粘贴于基层上。该方法具有工艺简单、操作方便、黏结力强、耐久性好、施工速度快等优点,是实现装饰工程干法施工、加快施工进度的有效措施。饰面板(砖)施工中常用的胶黏剂及施工要点简介如下。

(1) TAM 型通用瓷砖胶黏剂。

该胶黏剂系以水泥为基料、经聚合物改性的粉末,使用时只需加水搅拌,便可获得黏稠的胶浆。具有耐水、耐久性良好的特点。适用于在混凝土、砂浆墙面、地面和石膏板等表面粘贴瓷砖、陶瓷锦砖、天然大理石、人造大理石等饰面。施工时,基层表面应洁净、平整、坚实,无灰尘;胶浆按水:胶粉=1:3.5 配制,经搅拌均匀静置 10min 后,再一次充分拌和即可使用;使用时先用抹子将胶浆涂抹在基层上,随即铺贴饰面板,注意应在 30min 内粘贴完毕,24h 后便可勾缝。

(2) SG-8407 内墙瓷砖黏结剂。

SG-8407 适用于在水泥砂浆、混凝土基层上粘贴瓷砖、面砖和陶瓷锦砖。其施工方法是:

① 基层处理。基层必须洁净、干燥、无油污、灰尘。可用喷砂、钢丝刷或以 3:1(水:工业盐酸)的稀酸溶液进行酸洗处理,20min 后将酸冲洗干净,待基层干燥。

② 料浆制备。将通过 2.5mm 筛孔的干砂和 325 号及以上强度等级的普通硅酸盐水泥以(1~2):1 干拌均匀,加入 SG-8407 拌和至适宜施工的稠度,注意不得加水;当黏结层厚度小于 3mm 时,不加砂,仅用纯水泥与 SG-8407 调配。

③ 粘贴。铺贴瓷砖、陶瓷锦砖时,先在基层上涂刷浆料,随即将瓷砖、陶瓷锦砖敲打入浆料中,24h 后即可将陶瓷锦砖纸面撕下。注意瓷砖如吸水率大时,使用前应浸泡。

(3) TAS 型高强度耐水瓷砖胶黏剂。

TAS 系双组分的高强度耐水瓷砖胶,具有耐水、耐候、耐各种化学物质侵蚀等特点。适用于在混凝土、钢铁、玻璃、木材等基层表面粘贴瓷砖、墙面砖、地面砖;尤其适用于长期受水浸泡或其他化学物侵蚀的部位。胶料配制和粘贴方法同 TAM 型胶黏剂。

(4) AH-03 大理石胶黏剂。

该胶黏剂系由环氧树脂等多种高分子合成材料组成基材,增加适量的增稠剂、乳化剂、增黏剂、防腐剂、交联剂及填料配制成单组分膏状的胶黏剂,具有黏结强度高、耐水、耐气候变化等特点。适用于大理石、花岗石、陶瓷锦砖、面砖、瓷砖等与水泥基层的黏结。

施工时，要求基层坚实、平整，无浮灰及污物；大理石等饰面材料应干净，无灰尘、污垢。先用锯齿形的刮板或腻子刀将胶黏剂均匀涂刷于基层或饰面板上，厚度不宜大于 3mm；粘贴时用手轻轻推拉饰面板，使气泡排出，然后轻轻将饰面板的下沿与水平基准线对齐黏合，并用橡皮锤敲实；由下往上逐层粘贴，最后用湿布将饰面板表面的余胶擦净。

(5) YJ-II 型建筑胶黏剂。

YJ-II 系双组分水乳型高分子胶黏剂，具有黏结力强、耐水、耐湿热、耐腐蚀、低毒、低污染等特点，适用于混凝土、大理石、瓷砖、玻璃锦砖、木材、钙塑板等的黏结，配胶按甲组分 100，乙组分 130～160，填料为 650～800(质量比)，先将甲、乙组份混合均匀再加入填料搅拌均匀即可。墙面粘贴玻璃砖时，将胶黏剂均匀涂于砖板或基层上(厚 1～2mm)进行粘贴。注意施工及养护温度在 5℃以上，以 15～20℃为佳。施工完毕，自然养护 7d，便可交付使用。

(6) YJ-III 型建筑胶黏剂。

与 YJ-II 型建筑胶黏剂属于同一系列。配胶按甲组分 100，乙组分 240～300，填料为 800～1200 的比例配制。配制时先将甲、乙组分胶料称量混合均匀，然后加入填料拌匀即可。填料可用细度为 60～120 目的石英粉；为加速硬化，也可采用石英、石膏混合粉料，一般石膏粉的用量为填料总量的 1/5～1/2；如需用砂浆，则以石英粉、石英砂(粒径 0.5～2mm) 各一半为填料，填料比例也应适当增加，其施工要求为：

① 基层处理应平整、洁净、干燥，无浮灰、油污。

② 在墙面粘贴大理石、花岗石块材时，先在基层上涂刷胶黏剂，然后铺贴块材，揉挤定位，静置待干即可，勿需钻孔、挂钩。

③ 在石膏板上黏结瓷砖时，先用抹刀将胶料涂于石膏板上(厚 1～2mm)，再用梳形刀梳刮胶料，再粘贴瓷砖。

④ 在墙面粘贴玻璃锦砖时，先在基层薄涂一层胶黏剂，再进行粘贴(擦缝用素泥浆)。

这两种胶黏剂的主要性能区别见表 10-6。

表 10-6　YJ-II 型与 YJ-III 型建筑胶黏剂的主要性能区别

建筑胶黏剂		YJ-II 型	YJ-III 型
黏结强度/MPa	瓷砖	3～4	3～5
	玻璃砖	2～3	2～4
抗压强度/MPa		30～40	15～25
弹性模量/MPa		2.32×10^3	3.2×10^3
收缩率/%		0.20	1.02

10.2.3　饰面砖镶贴工艺

饰面砖的一般工艺流程为：基层处理→吊垂直、套方、找规矩→贴灰饼→抹底层砂浆→弹线分格→排砖→浸砖→镶贴饰面砖→面砖勾缝及擦缝。

1. 釉面砖

釉面砖，又称瓷砖、瓷片、釉面陶土砖，是上釉的薄片状精陶建筑材料，主要用于厨房、厕所、浴室等处内墙装修。釉面瓷砖有白色、彩色及带花纹图案等多种。形状有正方形和长方形两种，另有阳角、阴角、压顶条等。

底层约为 15mm 厚的 1:2 水泥砂浆，抹后找平划毛。镶贴前墙面找方，弹出底层水平线，定出纵横皮数。黏结层为厚约 5~7mm 水泥砂浆。施工时将砂浆涂于瓷砖背面粘贴于底层上，用小铲轻轻敲击，使之贴实粘牢。横竖缝宽必须控制在 1~1.5mm 范围内，贴后用同色水泥擦缝。最后用稀盐酸刷洗，并用清水冲洗。

室内瓷砖按铺贴地点分为墙砖和地砖，两者千万不要混用。严格地讲，墙瓷砖属于陶制品，地砖通常是瓷制品，两者物理特性不同，从选黏土配料到烧制工艺都有很大区别，墙面砖吸水率大概 10%左右，比吸水率只有 1%的地面砖要高出数倍。卫生间和厨房的地面应铺设吸水率低的地面砖，因为地面会经常用大量的清水洗刷，这样瓷砖才能不受水汽的影响、不吸纳污渍。墙面砖是釉面陶制的，含水率比较高，其背面一般比较粗糙，这也有利于黏合剂把墙砖贴上墙，墙砖铺贴前应充分浸泡。地砖不易在墙上贴牢固，墙砖用在地面会吸水太多而变得不易清洁。

2. 面砖

面砖分毛面、釉面两种，有多种颜色，规格亦有多种。面砖主要用于外墙饰面。

底层为厚 7mm 的 1:3 水泥砂浆，抹后找平划毛，养护 1~2 天后才镶贴。镶贴前按设计要求弹线分格，按分格排砖，尽量避免切砖。黏结层用 12~15mm 厚的 1:0.2:2(水:石灰膏:砂)的混合砂浆，将砂浆涂抹于面砖背面，将面砖贴于底层上并用小铲轻敲，使其位置正确并粘牢固。贴后用 1:1 原色水泥砂浆填缝，用稀盐酸洗去表面黏结的水泥浆，最后用清水清洗。

3. 陶瓷锦砖

陶瓷锦砖的外来语叫马赛克。由于成品按不同图案贴在纸上，故也称纸皮石。用它拼成的图案形似织锦，于是最终将它定名为陶瓷锦砖。

陶瓷锦砖镶贴前，应按照设计图案及图纸，核实墙面实际尺寸，根据排砖模数和分格要求，绘制出施工大样图，加工好分格条，并对陶瓷锦砖统一编号，便于镶贴时对号入座。

基层上用 12~15mm 厚 1:3 水泥砂浆打底，找平划毛，洒水养护。镶贴前弹出水平、垂直分格线，找好规矩。然后在湿润的底层上刷素水泥浆一道，再抹一层 2~3mm 厚 1:0.3 水泥纸筋灰或 3mm 厚 1:1 水泥砂浆(砂过窗纱筛，掺 2%乳胶)黏结层，用靠尺刮平，抹子抹平。同时将锦砖底面朝上铺在木垫板上，缝里洒灌 1:2 干水泥砂，并用软毛刷子刷净底面浮砂，涂上薄薄一层水泥纸筋灰浆(水泥:石灰膏=1:0.3)，然后逐张拿起，清理四边余灰，按平尺板上口沿线由下往上对齐接缝粘贴于墙上。粘贴时应仔细拍实，使其表面平整。待水泥砂浆初凝后，用软毛刷将护纸刷水湿润，约半小时后揭纸，并检查缝的平直大小，校正拨直。待全部铺贴完、黏结层终凝后，用白水泥稠浆将缝嵌平，并用力推擦，使缝隙饱满密实，随即拭净每层。待嵌缝材料硬化后，用稀盐酸溶液刷光，并随即用清水冲洗干净。

饰面砖粘贴的允许偏差和检验方法,见表 10-7。

表 10-7 饰面砖粘贴的允许偏差和检验方法

项次	项目	允许偏差/mm		检验方法
		外墙面砖	内墙面砖	
1	立面垂直度	3	2	用 2m 垂直检测尺检查
2	表面平整度	4	3	用 2m 靠尺和塞尺检查
3	阴阳角方正	3	3	用直角检测尺检查
4	接缝直线度	3	2	拉 5m 线,不足 5m 拉通线,用钢直尺检查
5	接缝高低差	1	0.5	用钢直尺和塞尺检查
6	接缝宽度	1	1	用钢直尺检查

10.3 幕墙工程

幕墙是由金属构件与玻璃、铝板、石材等面板材料组成的建筑外围护结构,幕墙工程实际上也是一种饰面工程。它大片连续,不承受主体结构的荷载,装饰效果好、自重小、安装速度快,是建筑外墙轻型化、装配化较为理想的形式,因此在现代建筑中得到广泛的应用。

幕墙结构的主要部分如图 10.11 所示,由面板构成的幕墙构件连接在横梁上,横梁连接在立柱上,立柱悬挂在主体结构上。为了使立柱在温度变化和主体结构侧移时有变形的余地,立柱上下由活动接头连接,使立柱各段可以上下相对移动。

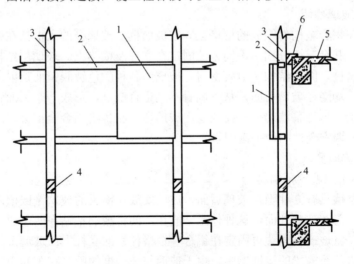

图 10.11 幕墙组成示意图

1—幕墙构件;2—横梁;3—立柱;4—立柱活动接头;5—主体结构;6—立柱悬挂点

幕墙按面板材料可分为玻璃幕墙、铝合金板幕墙、石材幕墙、钢板幕墙、预制彩色混凝土板幕墙、塑料幕墙、建筑陶瓷幕墙和铜质面板幕墙等。建筑中用得较多的是玻璃幕墙、铝合金板幕墙和石材幕墙。

10.3.1 玻璃幕墙

现代高层建筑的外墙面装饰，多采用玻璃幕墙。在我国玻璃幕墙的金属杆件以铝合金为主，彩色钢板和不锈钢板只占很小比重，故本节重点讨论铝合金玻璃幕墙。

1. 玻璃幕墙分类

玻璃幕墙按构造可分为明框、全隐框、半隐框(横隐竖不隐和竖隐横不隐)、挂架式玻璃幕墙和无金属骨架玻璃幕墙。

1) 明框玻璃幕墙

其玻璃板镶嵌在铝框内，形成四边都有铝框固定的幕墙构件。而幕墙构件又连接在横梁上，形成横梁、立柱均外露，铝框分隔明显的立面。明框玻璃幕墙是最传统的形式，工作性能可靠，相对于隐框玻璃幕墙更容易满足施工技术水平的要求，应用广泛。其骨架主要有两种类型。

(1) 型钢骨架。

型钢做玻璃幕墙的骨架，玻璃镶嵌在铝合金框内，然后再将铝合金框与骨架固定。型钢组合的框架，其网格尺寸可适当加大，但对主要受弯构件，截面不能太小，挠度最大处宜控制在 5mm 以内。否则将影响铝窗的玻璃安装，也影响幕墙的外观。

(2) 铝合金型材骨架。

用特殊断面的铝合金型材作为玻璃幕墙的骨架，玻璃镶嵌在骨架的凹槽内。玻璃幕墙的立柱与主体结构之间，用连接板固定。安装玻璃时，先在立柱的内侧上安铝合金压条，然后将玻璃放入凹槽内，再用密封材料密封。支承玻璃的横梁略有倾斜，目的是排除因密封不严而流入凹槽内的雨水。外侧用一条盖板封住。

2) 全隐框玻璃幕墙

其构造是在铝合金构件组成的框格上固定玻璃框，玻璃框的上框挂在铝合金整个框格体系的横梁上，其余三边分别用不同方法固定在立柱及横梁上。玻璃用结构胶预先粘贴在玻璃框上。玻璃框之间用结构密封胶密封。玻璃为各种颜色镀膜镜面反射玻璃，玻璃框及铝合金框格体系均隐在玻璃后面，从外侧看不到铝合金框，形成一个大面积的有颜色的镜面反射屏幕幕墙。这种幕墙的全部荷载均由玻璃通过胶传给铝合金框架，因此，结构胶是保证隐框玻璃幕墙安全性的最关键因素。

3) 半隐框玻璃幕墙

(1) 竖隐横不隐玻璃幕墙。

这种玻璃幕墙只有立柱隐在玻璃后面，玻璃安放在横梁的玻璃镶嵌槽内，镶嵌槽外加盖铝合金压板，盖在玻璃外面。这种体系一般在车间将玻璃粘贴在两竖边有安装沟槽的铝合金玻璃框上，将玻璃框竖边再固定在铝合金框格体系的立柱上；玻璃上、下两横边则固定在铝合金框格体系横梁的镶嵌槽中。由于玻璃与玻璃框的胶缝在车间内加工完成，材料粘贴表面洁净有保证，玻璃框是在结构胶完全固化后才运往施工现场安装的，故胶缝强度也能得到保证。

(2) 横隐竖不隐玻璃幕墙。

这种玻璃幕墙横向采用结构胶黏贴式结构性玻璃装配方法，在专门车间内制作，结构胶固化后运往施工现场；竖向采用玻璃嵌槽内固定。竖边用铝合金压板固定在立柱的玻璃镶嵌槽内,形成从上到下整片玻璃由立柱压板分隔成长条形的画面。

4) 挂架式玻璃幕墙

又名点式玻璃幕墙,采用四爪式不锈钢挂件与立柱相焊接,每块玻璃四角在厂家加工钻4个ϕ20孔,挂件的每个爪与1块玻璃1个孔相连接,即1个挂件同时与4块玻璃相连接,或1块玻璃固定于4个挂件上。

5) 无金属骨架玻璃幕墙

前面介绍的四种玻璃幕墙,均属于采用金属骨架支托着玻璃饰面。无金属骨架玻璃幕墙与前四种的不同点是:玻璃本身既是饰面材料,又是承受自重及风荷载的结构构件。

这种玻璃幕墙的骨架除主框架外,次骨架是用玻璃制成的玻璃肋做骨架,采用上下左右用胶固定,且下端采用支点,多用于建筑物首层,类似落地窗。由于采用大块玻璃饰面,使幕墙具有更大的透明性。

为了增强玻璃结构的刚度,保证在风荷载下安全稳定,除玻璃应有足够的厚度外,还应设置与面部玻璃呈垂直的玻璃肋,如图10.12所示。

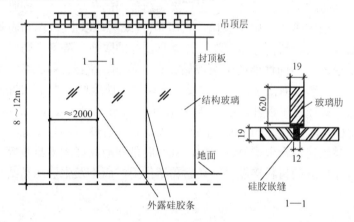

图10.12 无骨架玻璃幕墙玻璃肋的设置示意图

面部玻璃与肋玻璃相交部位的处理,其构造形式有三种:肋玻璃布置在面玻璃的两侧(如图10.13(a)所示);肋玻璃布置在面玻璃单侧(如图10.13(b)所示);肋玻璃穿过面玻璃,肋玻璃呈一整块而设在两侧(如图10.13(c)所示)。

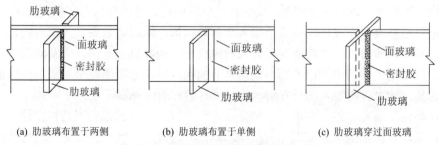

(a) 肋玻璃布置于两侧　　(b) 肋玻璃布置于单侧　　(c) 肋玻璃穿过面玻璃

图10.13 面玻璃与肋玻璃相交部位的处理

在玻璃幕墙高度和宽度已定的情况下,应通过计算确定玻璃的厚度,单块面积大小,肋玻璃的宽度及厚度,也可按有关表格选择肋玻璃厚度。

2. 玻璃幕墙常用材料

玻璃幕墙所使用的材料，概括起来，有骨架材料、面板材料(玻璃)、密封填缝材料、黏结材料和其他小材料这五大类型。幕墙材料应符合国家现行产业标准的规定，并应有出厂合格证。幕墙作为建筑物的外围护结构，经常受自然环境不利因素的影响，要求幕墙材料要有足够的耐候性和耐久性，具备防风雨、防日晒、防盗、防撞击、保温隔热等功能。这些性能，一方面靠设计来保证，另一方面则由施工来实现。因此，施工质量的优劣将直接影响玻璃幕墙的性能及安全。

幕墙无论在加工制作、安装施工中，还是交付使用后，防火都是十分重要的。因此，应尽量采用不燃材料或难燃材料。但目前国内外都有少量材料还是不防火的，如双面胶带、填充棒等。因此，在设计及安装施工中都要加倍注意，并采取防火措施。

玻璃幕墙是用金属构件做骨架、玻璃做面板的建筑幕墙。金属杆件有铝合金、彩色钢板、不锈钢板等。

玻璃是玻璃幕墙的主要材料之一，它直接制约幕墙的各项性能，同时也是幕墙艺术风格的主要体现者。玻璃多采用中空玻璃，它由两片(或两片以上)玻璃和间隔框构成，并带有密闭的干燥空气夹层。结构轻盈美观，并具有良好的隔热、隔音和防结露性能。目前我国已能按不同用途生产不同性能的中空玻璃、夹层玻璃、夹丝(网)玻璃、透明浮砣玻璃、彩色玻璃、防阳光玻璃、钢化玻璃、镜面反射玻璃等。玻璃厚度为 3～10mm，有无色、茶色、蓝色、灰色、灰绿色等数种。玻璃幕墙的厚度有 6mm、9mm 和 12mm 等几种规格。

隐框和半隐框幕墙所使用的结构硅酮密封胶，必须有性能和与接触材料相容性试验合格报告。接触材料包括铝合金型材、玻璃，双面胶带和耐候硅酮密封胶等。所谓相容性是指结构硅酮密封胶与这些材料接触时，只起黏结作用，而不发生影响黏结性能的任何化学变化。

3. 玻璃幕墙安装施工

玻璃幕墙一般用于高层建筑的整个立面或裙房的四周围护墙体。施工时，按设计尺寸预先排列幕墙的金属间隔框及组合固定件位置，提出中空玻璃的性能要求、外形尺寸和配件等数量。库房存放应按编号分堆存放，存放时要垂直放平以防翘曲变形导致玻璃破裂。

安装玻璃幕墙的部位应先进行水平测量和严格找平，安装第一块玻璃幕墙金属隔框时，要严格控制垂直度，以防前后倾斜。安装后先临时固定，经校正后方可正式固定。安装时，用吸盘把中空玻璃两面吸住，稳妥地镶入金属隔框内，随即将嵌条嵌入槽内固定玻璃，然后将胶黏剂挤入槽内，随即将密封带嵌入槽内压平，如胶黏剂外泄，应及时清理干净。安装完毕，当其他工种的工作已不影响玻璃幕墙的保护时，方可清理金属隔框的保护纸。安装时，因其尺寸大且需数人配合安装，故必须有适宜的内外脚手架。

玻璃幕墙现场安装施工有单元式和分件式两种方式。单元式施工是将立柱、横梁和玻璃板材在工厂先拼装成一个安装单元(一般为一层楼高度)，然后在现场整体吊装就位。分件式安装施工是最一般的方法，它将立柱、横梁、玻璃板材等材料分别运到工地，现场逐件进行安装，其主要工序如下：

(1) 放线定位。

即将骨架的位置弹到主体结构上，目的是确定幕墙安装的准确位置。放线工作应根据土建单位提供的中心线及标高控制点进行。对于由横梁、立柱组成的幕墙骨架，一般先弹出立柱的位置，然后再将立柱的锚固点确定。待立柱通长布置完毕，再将横梁弹到立柱上。如果是全玻璃安装，则应首先将玻璃的位置弹到地面上，再根据外缘尺寸确定锚固点。放线是玻璃幕墙施工中技术难度较大的一项工作，要求先吃透幕墙设计施工图纸，充分掌握设计意图，并需具备丰富的实践经验。

(2) 预埋件检查。

为了保证幕墙与主体结构连接可靠，幕墙与主体结构连接的预埋件应在主体结构施工时，按设计要求的数量、位置和方法进行埋设。施工安装前，应检查各连接位置预埋件是否齐全，位置是否符合设计要求。如预埋件遗漏、位置偏差过大、倾斜时，要会同设计单位采取补救措施。

(3) 骨架安装施工。

依据放线的位置，进行骨架安装。常采用连接件将骨架与主体结构相连。连接件与主体结构可以通过预埋件或后埋锚栓固定，但当采用后埋锚栓固定时，应通过试验确定其承载力。骨架安装一般先安装立柱(因为立柱与主体结构相连)，再安装横梁。横梁与立柱的连接依据其材料不同，可以采用焊接、螺栓连接、穿插件连接或用角铝连接等方法。

(4) 玻璃安装。

玻璃的安装，因玻璃幕墙的类型不同，故固定玻璃的方法也不相同。钢骨架，因型钢没有镶嵌玻璃的凹槽，多用窗框过渡，将玻璃安装在铝合金窗框上，再将窗框与骨架相连；铝合金型材的幕墙框架，在成型时，已经将固定玻璃的凹槽随同整个断面一次挤压成型，可以直接安装玻璃。玻璃与硬金属之间，应避免直接接触，要用封缝材料过渡。对隐框玻璃幕墙，在玻璃框安装前应对玻璃及四周的铝框进行清洁，保证嵌缝耐候胶能可靠黏结。安装前玻璃的镀膜面应粘贴保护膜加以保护，交工前再全部撕去。

(5) 密缝处理。

玻璃或玻璃组件安装完毕后，必须及时用耐候密缝胶嵌缝密封，以保证玻璃幕墙的气密性、水密性等性能。

(6) 清洁维护。

玻璃幕墙安装完成后，应从上到下用中性清洁剂对幕墙表面及外露构件进行清洁，清洁剂使用前应进行腐蚀性检验，证明对铝合金和玻璃无腐蚀作用后方可使用。

10.3.2 铝合金板玻璃幕墙

铝合金板(以下简称铝板)玻璃幕墙强度高、质量轻；易于加工成型、精度高、生产周期短；防火防腐性能好；装饰效果典雅庄重、质感丰富，是一种高档次的建筑外墙装饰。但铝板幕墙节点构造复杂、施工精度要求高，必须有完备的工具和经过培训有经验的工人才能操作完成。

铝板玻璃幕墙主要由铝合金板和骨架组成，骨架的立柱、横梁通过连接件与主体结构固定。铝合金板可选用已生产的各种定型产品，也可根据设计要求，与铝合金型材生产厂家协商定做。常见断面如图 10.14 所示。承重骨架由立柱和横梁拼成，多为铝合金型材或型钢制作。铝板与骨架用连接件连成整体，根据铝板的截面类型，连接件可以采用螺钉，也可采用特制的卡具。

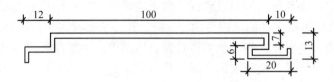

图 10.14 铝板断面示意图

铝板幕墙的主要施工工序为：放线定位→连接件安装→骨架安装→铝板安装→收口处理。

铝板幕墙安装要求控制好安装高度、铝板与墙面的距离、铝板表面垂直度。施工后的幕墙表面应做到表面平整、连接可靠、无翘起、卷边等现象。

10.3.3 石材幕墙

在20世纪50～70年代，建筑中主要采用玻璃幕墙，石材幕墙一般只在裙房部分作为基座采用。施工中也使用传统的钢钩加水泥砂浆的做法。20世纪80年代，建筑中开始大规模采用干挂石材工艺，用不锈钢的挂具直接固定石板，石板之间用密封胶嵌缝。这种施工方法可使石材更能适应温度和主体结构位移的影响，而且工艺简单，因此迅速获得推广使用。干挂石材的实墙面与玻璃的虚墙面混合使用，虚虚实实的效果充分体现了建筑的另一种美感。因此石材与玻璃、铝板成为20世纪80年代～90年代幕墙的三大主要面板材料。

干挂石的尺寸一般在$1m^2$以内，块材较小，厚度为20～30mm，常用25mm。干挂石材可以安放在钢型材或铝合金型材的横梁和立柱上，与玻璃幕墙的构成方式类似。另外，在实体结构墙上(如钢筋混凝土墙)，石材也可以直接通过金属件与结构墙体连接，每块石材单独受力，各自工作。

石材为天然材料，力学离散性大；石材本身会有很多微裂缝，随时间推移裂缝会有所发展；石材重量大，固定困难；另外，石材是脆性材料。基于以上原因，石材幕墙必须精心设计、精心施工，且要留有一定的安全储备，以保证其质量和安全。

10.4 涂饰工程

涂料涂敷于物体表面能与基体材料很好黏结并形成完整而坚韧的保护膜，它可保护被涂物免受外界侵蚀，又可起到建筑装饰的效果。

涂饰工程包括油漆涂饰和涂料涂饰。

10.4.1 油漆涂饰

油漆是一种胶结用的胶体溶液，主要由胶黏剂、溶剂(稀释剂)及颜料和其他填充料或辅助材料(如催干剂、增塑剂、固化剂)等组成。胶黏剂常用桐油、梓油和亚麻仁油及树脂等，是硬化后生成漆膜的主要成分。溶剂为稀释油漆涂料用，常用的有松香水、酒精及溶剂油(代松香水用)，溶剂掺量过多，会使油漆的光泽不耐久。如需加速油漆的干燥，可加入少量的催干剂，如燥漆，但掺量太多会使漆膜变黄、发软或破裂。颜料除使涂料具有色彩外，尚能起充填作用，能提高漆膜的密实度，减小收缩，改善漆膜的耐水性和稳定性。

为此，对于品种繁多的油漆涂料，应按其性能和用途予以认真选择，并结合相应的施工工艺，就可以取得良好效果。选择涂料应注意配套使用，即底漆和腻子、腻子与面漆、面漆与罩光漆彼此之间的附着力不致有影响和胶起等。

1. 建筑工程常用的油漆涂料

(1) 清油。多用于调配厚漆和红丹防锈漆，也可单独涂刷于金属、木料表面或打底子及调配腻子，但漆膜柔软、易发黏。

(2) 厚漆(又称铅油)。有红、白、淡黄、深绿、灰、黑等色，漆胶膜较软。使用时需加清油、松香水等稀释。漆膜柔软，与面漆黏结性好，但干燥慢、光亮度、坚硬性较差。可用于各种涂层打底或单独做表面涂层，亦可用来调配色油和腻子。

(3) 调和漆。分油性和瓷性两类。油性调和漆的漆膜附着力强，耐大气作用好，不易粉化、龟裂，但干燥时间长，漆膜较软，适用于室内外金属及木材、水泥表面层涂刷。瓷性调和漆则漆膜较硬，光亮平滑，耐水洗，但耐气候性差，易失光、龟裂和粉化，故仅适宜于室内面层涂刷。有大红、奶油、白、绿、灰黑等色。

(4) 红丹油性防锈漆和铁红油性防锈漆。用于各种金属表面防锈。

(5) 清漆。分油质清漆和挥发性清漆两类。油质清漆又称凡立水，常用的有酯胶清漆、酚醛清漆、醇酸清漆等。漆膜干燥快，光泽透明，适于木门窗、板壁及金属表面罩光。挥发性清漆又称泡立水，常用的有漆片，漆膜干燥快、坚硬光亮，但耐水、耐热、耐大气作用差，易失光，多用于室内木质面层打底和家具罩面。

(6) 聚醋酸乙烯乳胶漆。是一种性能良好的新型涂料和墙漆，以水做稀释剂，无毒安全，适用于高级建筑室内抹面、木材面和混凝土的面层涂刷，亦可用于室外抹灰面。其优点是漆膜坚硬平整，附着力强，干燥快，耐曝晒和水洗，墙面稍经干燥即可涂刷。

此外，尚有硝基外用、内用清漆、硝基纤维漆素(即腊克)、丙烯酸瓷漆及耐腐蚀油漆等。

2. 油漆涂饰施工

油漆施工包括基层准备、打底子、刮腻子和涂刷油漆等工序。

(1) 基层准备：

① 混凝土及水泥砂浆抹灰基层：应满刮腻子、砂纸打光，表面应平整光滑、线角顺直。

② 纸面石膏板基层：应按设计要求对板缝、钉眼进行处理后，满刮腻子、砂纸打光。

③ 清漆木质基层：表面应平整光滑、颜色协调一致、表面无污染、裂缝、残缺等缺陷。

④ 调和漆木质基层：表面应平整光滑、无严重污染。

⑤ 金属基层：应进行除锈和防锈处理。

基层如为混凝土和抹灰层，涂刷溶剂型涂料时，含水率不得大于8%；涂刷水性涂料时，含水率不得大于10%。基层为木质时，含水率不得大于12%。

(2) 打底子。

在处理好的基层表面上刷底子油一遍(可适当加色)，并使其厚度均匀一致。目的是使基层表面有均匀吸收色料的能力，以保证整个油漆面的色泽均匀一致。

(3) 抹腻子。腻子是由涂料、填料(石膏粉、大白粉)、水或松香水等拌制成的膏状物。抹腻子的目的是使表面平整。对于高级油漆需在基层上全面抹一层腻子，待其干后用砂纸打磨，然后再满抹腻子，再打磨，至表面平整光滑为止。有时还要和涂刷油漆交替进行。

腻子磨光后，待表面清理干净，再涂刷一道清漆，以便节约油漆。所用腻子，应按基层、底漆和面漆的性质配套选用。

(4) 涂刷油漆。

木料表面涂刷混色油漆，按操作工序和质量要求分为普通、中级、高级三级。金属面涂刷也分三级，但多采用普通或中级油漆；混凝土和抹灰表面涂刷只分为中级、高级二级。油漆涂刷方法有喷涂、滚涂、刷涂、擦涂及揩涂等。方法的选用与涂料有关，应根据涂料能适应的涂漆方式和现有设备来选定。

喷涂法是用喷雾器或喷浆机将油漆喷射在物体表面上。喷枪压力宜控制在 $0.4\sim0.8N/mm^2$ 范围内。喷涂时喷枪与墙面应保持垂直，距离宜在 500mm 左右，匀速平行移动。两行重叠宽度宜控制在喷涂宽度的 1/3 范围内。一次不能喷得过厚，要分几次喷涂。其优点是工效高，漆膜分散均匀，平整光滑，干燥快；缺点是油漆消耗量大，需要喷枪和空气压缩机等设备，施工时还要注意通风、防火、防爆。

滚涂法是将蘸取漆液的毛辊(用羊皮、橡皮或其他吸附材料制成)先按 W 字形方式运动将涂料大致涂在基层上，然后用不蘸取漆液的毛辊紧贴基层上下、左右来回滚动，使漆液均匀展开，最后用蘸取漆液的毛辊按一定方向满滚一遍。阴角及上下口宜采用排笔刷涂找齐。滚涂法适用于墙面滚花涂刷，可用较稀的油漆涂料，漆膜均匀。

刷除法是用鬃刷蘸油漆涂刷在表面上。宜按先左后右、先上后下、先难后易、先边后面的顺序施工。其设备简单、操作方便，用油省，且不受物件大小形状的影响。但工效低，不适于快干和扩散性不良的油漆施工。

擦涂法是用棉花团外包纱布蘸油漆在表面上擦涂，待漆膜稍干后再连续转圈揩擦多遍，直到擦亮均匀为止。此法漆膜光亮、质量好，但效率低。

揩涂法仅用于生漆涂刷施工，是用布或丝团浸油漆在物体表面上来回左右滚动，反复搓揩，达到漆膜均匀一致。

在油漆时，后一遍油漆必须待前一遍油漆干燥后进行。每遍油漆都应涂刷均匀，各层必须结合牢固，干燥得当，以达到均匀而密实。如果干燥不当，会造成涂层起皱、发黏、麻点、针孔、失光、泛白等。

一般油漆工程施工时的环境温度不宜低于10℃(适宜温度为 10～35℃)，相对湿度不宜大于60%，并应注意通风换气和防尘。当遇有大风、雨、雾天气时，不可施工。

10.4.2 涂料涂饰

涂料的品种繁多，可按以下方法分类。

按装饰部位不同有：内墙涂料、外墙涂料、顶棚涂料、地面涂料及屋面防水涂料等。

按成膜物质不同分为：油性涂料(也称油漆)、有机高分子涂料、无机高分子涂料、有机无机复合涂料。

按分散介质的不同分为：溶剂型涂料，传统的油漆就属于这种涂料；水溶性涂料，是以水分为分散介质，以水溶性高聚物作为成膜物质(如聚乙烯醇水玻璃涂料，即 106 涂料)，这种涂料耐水性差；水乳型涂料，它也是以水为介质，以各种不饱和单体烃浮液聚合得到的乳液为基础，配合各种颜色填料和助剂后就成为水乳型涂料。

按成膜质感可分为：薄质涂料(一般用刷涂法施工)、厚质涂料(一般用滚涂、喷涂、刷涂法施工)和复层建筑涂料(一般用分层喷塑法施工,包括封底涂料、主层涂料、罩面涂料)。

按涂料功能分类有:装饰涂料、防火涂料、防水涂料、防腐涂料、防霉涂料及防结露涂料等。

1. 新型外墙涂料

1) JDL-82A 着色砂丙烯酸系建筑涂料

该涂料由丙烯酸系乳液,人工着色石英砂及各种助剂混合而成。其特点是结膜快、耐污染、耐褪色性能良好,色彩鲜艳,质感丰富,黏结力强。适用于混凝土、水泥砂浆、石棉水泥板、纸面石膏板、砖墙等基层。

施工时,先处理好基层。喷涂前将涂料搅拌均匀,加水量不得超过涂料质量的 5%,喷涂厚度要均匀,待第一遍干燥后再喷第二遍。喷涂机具采用喷嘴孔径为 5~7mm 的喷斗,喷斗距离墙面 300~400mm,空气压缩机的压力为 0.5~0.7MPa。

2) 彩砂涂料

彩砂涂料是丙烯酸树脂类建筑涂料的一种,有优异的耐候性、耐水性、耐碱性和保色性等,它将逐步取代一些低劣的涂料产品,如 106 涂料等。从耐久性和装饰效果看,它是一种中、高档涂料。它是用着色骨料代替一般涂料中的颜料、填料,从根本上解决了褪色问题。同时,着色骨料由于是高温烧结、人工制造,可做到色彩鲜艳、质感丰富。彩砂涂料所用的合成树脂乳液涂料的耐水性、成膜温度、与基层的黏结力、耐候性等都有所改进,从而提高了涂料的质量。

基层要求平整、洁净、干燥,应用 107 或 108 胶水泥腻子(水泥:胶=100:20,加适量水)找平。在大面积墙面上喷涂彩砂涂料时,均应弹线做分格缝,以便于涂料施工接搓。

彩砂涂料的配合比为 BB-01(或 BB-02)乳液:骨料:增稠剂(2%水溶液):成膜助剂:防霉剂和水=100:(400~500):20:(4~6):适量。无论是单组分或双组分包装的彩砂涂料,都应按配合比充分搅拌均匀,不能随意加水稀释,以免影响涂层质量。

喷涂时,喷斗要把握平稳,出料口与墙面垂直,距离约 400~500mm,空气压缩机压力保持在 0.6~0.8MPa,喷嘴直径以 5mm 为宜。喷涂后用胶辊滚压两遍,把悬浮石粒压入涂料中,使饰面密实平整,观感好。然后隔 2h 左右再喷罩面胶两遍,使石粒黏结牢固,不致掉落。风雨天不宜施工,防止涂料被风吹跑或被雨水冲淋走。

3) 丙烯酸有光凹凸乳胶漆

该涂料是以有机高分子材料苯乙烯、丙烯酸酯乳液为主要胶黏剂,加上不同颜料、填料和集料而制成的厚质型和薄质型两部分涂料。厚质型涂料是丙烯酸凹凸乳胶底漆;薄质型涂料是各色丙烯酸有光乳胶漆。

丙烯酸凹凸乳胶漆具有良好的耐水性和耐碱性。涂饰的方法有两种:一种是在底层上喷一遍凹凸乳胶底漆,经过辊压后再喷 1~2 遍各色丙烯酸有光乳胶漆;另一种方法是在底层上喷一遍各色丙烯酸有光乳胶漆,等干后再喷涂丙烯酸凹凸乳胶底漆,然后经过辊压显出凹凸图案,等干后再罩一层苯-丙乳液。这样,便可在外墙面显示出各种各样的花纹图案和美丽的色彩,装饰质感甚佳。施工温度要求在 5℃以上,不宜在大风雨天施工。

4) JH80-1 无机高分子外墙涂料

该涂料为碱金属硅酸盐系无机涂料,以硅酸钾为胶黏剂,掺入固化剂、填充料、分散剂、着色剂等制成的水溶性涂料。可在常温和低温条件下成膜,耐水、耐酸碱、耐污染,附着力好,遮盖力强,适用于混凝土预制板、水泥砂浆、石棉板等基层,也可用于室内装饰。

要求基层含水率不大于10%,有足够的强度,表面洁净。涂料使用前应搅拌均匀,使用中不得随意加水,施工可用刷涂和喷涂。由于涂料干燥快,刷涂应勤蘸短刷,涂刷方向和长短要一致,接搓必须设在分格处,一般涂刷两遍成活,施工后24h内应避免雨淋。喷涂一般是一遍成活,喷嘴距墙面500mm,并应与墙面垂直,以防流坠和漏喷。

5) JH80-2 无机高分子外墙涂料

该涂料是以胶体二氧化硅为主要胶黏剂,掺入成膜助剂、填充剂、着色剂、表面活性剂等混合搅拌均匀,再经研磨而成的单组分水溶性涂料。具有耐酸碱、耐沸水、耐冻融、不产生静电和耐污染等性能。以水为分散介质,适宜刷涂,也可喷涂。

2. 新型内墙涂料

1) 双效纳米瓷漆

这是一种最新推出的新型装饰材料,可替代传统腻子粉及乳胶漆涂料。这种具有国内领先水平的双效纳米瓷漆可广泛用于室内各种墙体壁面的装饰装修。

双效纳米瓷漆属国家大力提倡推广的绿色建材产品。其施工工艺简单,只需加清水调配均匀成糊状,刮涂两遍(第二遍收光)打底做面一次完成,墙面干后涂刷一遍耐污剂就大功告成。双效纳米瓷漆耐水耐脏污性能好、硬度强、黏结度高、附着力强,墙面用指甲和牙签刮划不留痕迹。

利用纳米材料亲密无间的结构特点,采用荷叶双疏(疏水、疏油)滴水成珠机理研制出的双效纳米瓷漆,用于外墙刮底,可以解决开裂、脱漆的难题。

2) 乳胶漆

乳胶漆是以合成树脂乳液为主要成膜物质,加入颜料、填料以及保护胶体、增塑剂、耐湿剂、防冻剂、消泡剂、防霉剂等辅助材料,经过研磨或分散处理而制成的乳液型涂料。乳胶漆作为内外墙涂料可以洗刷,易于保持清洁,安全无毒,操作方便,涂膜透气性和耐碱性好,适于混凝土、水泥砂浆、石棉水泥板、纸面石膏板等各种基层,可采用喷涂和刷涂施工。

3) 喷塑涂料

喷塑涂料是以丙烯酸酯乳液和无机高分子材料为主要成膜物质的有骨料的建筑涂料(又称"浮雕涂料"或"华丽喷砖")。它是用喷枪将其喷涂在基层上,适用于内、外墙装饰。

喷塑涂层结构分为底油、骨架、面油三部分。底油是涂布乙烯-丙烯酸酯共聚乳液,既能抗碱、耐水,又能增强骨架与基层的黏结力;骨架是喷塑涂料特有的一层成型层,是主要构成部分,用特制的喷枪、喷嘴将涂料喷涂在底油上,再经过滚压形成主体花纹图案;面油是喷塑涂层的表面层,面油内加入各种耐晒彩色颜料,使喷塑涂层带有柔和的色彩。

喷塑涂料可用于水泥砂浆、混凝土、水泥石棉板、胶合板等面层上,按喷嘴大小分为小花、中花、大花,施工时应预先做出样板,经选定后方可进行。其施工工艺为:基层处理→贴分格条→喷刷底油→喷点料(骨架层)→压花→喷面油→分格缝上色。

4) JHN84-1 耐擦洗内墙涂料

该涂料是一种黏结度较高又耐擦洗的内墙无机涂料,它以改性硅酸钠为主要成膜物质，成膜物是无机高分子聚合物，掺入少量成膜助剂和颜料等。它以水为分散介质，操作方便、耐擦洗、耐老化、耐高温、耐酸碱，价格便宜，适用于住宅及公共建筑内墙装饰。可喷涂、刷涂和滚涂施工，施工时要防暴晒和雨淋。

5) 其他内墙涂料

如改进型 107 耐擦洗内墙涂料及 SJ-803 内墙涂料等，属聚乙烯醇类水溶性内墙涂料，是介于大白色浆与油漆和乳胶漆之间的品种，其特点是不掉粉、无毒、无味、施工方便，原材料资源丰富，是目前使用较多的一种内墙涂料。

10.5 刷浆工程

刷浆工程是将石灰浆、大白浆、可赛银浆、聚合物水泥浆等刷涂或喷涂在抹灰层或结构的表面上，以起到保护和美化装饰的效果。分为室内刷浆和室外刷浆，亦包括顶棚等涂料的涂刷。

10.5.1 常用刷浆材料及配制

1. 石灰浆

石灰浆是用块状生石灰或石灰膏加水搅拌过滤而成的，在其中加入石灰用量 5%的食盐或明矾可防止脱粉，加入耐碱性颜料可配成色浆。在浆中掺入 108 胶或聚醋酸乙烯类乳液，可增强灰浆与基层的黏结力。室外刷黄色石灰浆，宜掺黑矾。石灰浆耐久性、耐水性、耐污染性较差，属低档饰面材料，仅用于室内普通墙面及顶棚刷浆工程。

2. 白水泥石灰浆

白水泥石灰浆是在石灰中掺入白水泥、食盐和光油，加水调制而成。配制按白水泥：石灰：食盐：光油＝100：250：25：25。适用于外墙涂刷。

3. 聚合物水泥浆

聚合物水泥浆是在水泥中掺入有机聚合物(如 108 胶、白乳胶、二元乳胶)和水调制而成的。可提高水泥浆的弹性、塑性和黏结性，一般刷后再罩一遍有机硅防水剂，以增强浆面防水、防污染和防风化的效果，用于外墙刷浆。

4. 大白浆

大白浆是由滑石、矾石或青石等精研成粉，加水过淋而成的碳酸钙粉末。大白粉加水再加胶合料即调制成大白粉浆，掺入颜料则成各种色浆。大白粉本身没有强度和黏结性，在配制时必须掺入胶黏剂。常见大白浆的配合比为：龙须菜大白浆——大白粉：龙须菜：动物胶：清水＝100：(3～4)：(1～2)：(150～180)；火碱大白浆——大白粉：面粉：火碱：清水＝100：(2.5～3)：1：(150～180)；乳胶大白浆——大白粉：聚醋酸乙烯乳胶(白乳胶)：六偏磷酸钠：羧甲基纤维素＝100：(8～12)：(0.05～0.5)：(0.1～0.2)。大白粉浆应随配随用，适用于标准较高的室内墙面及顶棚刷浆。

5. 可赛银浆

可赛银浆粉由碳酸钙、滑石粉颜料研磨后加入胶而成。颜色有粉红、中青、杏黄、米黄、浅蓝、深绿、蛋青、天蓝、深黄等。配制时先掺可赛银重量70%的温水，拌成奶浆，待胶溶化后，再加入30%~40%的水拌成稀浆，过筛后再注入水调成适用浓度使用。可赛银浆膜的附着力、耐水性、耐磨性均比大白浆强。适用于室内墙面及顶棚刷浆。

6. 干墙粉

干墙粉是一种含有胶料的高级刷墙粉，常用的有三花牌干墙粉，具有各种颜色，色粉浆色彩鲜明，黏结性好，不脱皮褪色。配制时，按1∶1加温水拌成奶浆，待胶溶化后再加适量水调成适当浓度，过筛1~2次即可使用。适用于墙面及顶棚粉刷。

10.5.2 刷浆施工

刷浆前，基层表面必须干净、平整。表面缝隙、孔眼应用腻子填平，并用砂纸磨平磨光。且基层表面应当干燥，局部湿度过大部位，应烘干。浆液的稠度，刷涂时宜小些；喷涂时，宜大些。

小面积刷浆采用扁刷、圆刷或排笔刷涂；大面积刷浆宜用手压或电动喷浆机进行喷涂。采用机械喷浆时，所有门窗、玻璃等不刷浆的部位应遮严，以防玷污。刷浆次序先顶棚，后由上而下刷(喷)四面墙壁，每间房屋要一次做完，刷色浆应一次配足，以保证颜色一致。室外刷浆，如分段进行时，应以分格缝、墙面的阳角处或水落管处等为分界线。同一墙面应用相同的材料和配合比，涂料必须搅拌均匀，要做到颜色均匀、分色整齐、不漏刷、不透底，最后一遍刷浆或喷浆完毕后，应加以保护，不得损伤。

10.6 裱糊工程

10.6.1 常用材料

裱糊就是将壁纸、墙布用胶黏剂裱糊在基体表面上。壁纸是室内装饰中常用的一种装饰材料，广泛用于墙面、柱面及顶棚的裱糊装饰。裱糊工程常用的材料有塑料壁纸、墙布、金属壁纸、草席壁纸和胶黏剂等。

1. 塑料壁纸

塑料壁纸是目前应用较为广泛的壁纸。塑料壁纸主要以聚氯乙烯(PVC)为原料生产。在国际市场上，塑料壁纸大致可分为三类，即普通壁纸、发泡壁纸和特种壁纸。

普通壁纸以$80g/m^2$的木浆纸作为基材，表面再涂以约$100g/m^2$的高分子乳液，经印花、压花而成。这种壁纸花色品种多，适用面广，价格低廉，耐光、耐老化、耐水擦洗，便于维护、耐用，广泛用于一般住房和公共建筑的内墙、柱面、顶棚的装饰。

发泡壁纸，又称浮雕壁纸，是以$100g/m^2$的木浆纸做基材，涂刷$300~400g/m^2$掺有发泡剂的聚氯乙烯糊状料，印花后，再经加热发泡而成。壁纸表面呈凹凸花纹，立体感强，装饰效果好，并富有弹性。这类壁纸又有高发泡印花、低发泡印花、压花等品种。其中，高发泡纸发泡率较大，表面呈比较突出的、富有弹性的凹凸花纹，是一种装饰、吸声多功能壁纸，适用于影剧院、会议室、讲演厅、住宅天花板等装饰。低发泡纸是在发泡平面印有图案的品种，适用于室内墙裙、客厅和内廊的装饰。

所谓特种壁纸，是指具有特殊功能的塑料面层壁纸，如耐水壁纸、防火壁纸、抗腐蚀壁纸、抗静电壁纸、健康壁纸、吸声壁纸等。

2. 墙布

墙布没有底纸，为便于粘贴施工，要有一定的厚度，才能挺括上墙。墙布的基材有玻璃纤维织物、合成纤维无纺布等，表面以树脂乳液涂覆后再印刷。由于这类织物表面粗糙，印刷的图案也比较粗糙，装饰效果较差。

3. 金属壁纸

金属壁纸面层为铝箔，由胶黏剂与底层贴合。金属壁纸有金属光泽，金属感强，表面可以压花或印花。其特点是强度高、不易破损、不会老化、耐擦洗、耐沾污、是一种高档壁纸。

4. 草席壁纸

它以天然的草席编织物作为面料。草席料预先染成不同的颜色和色调，用不同的密度和排列编织，再与底纸贴合，可得到各种不同外观的草席面壁纸。这种壁纸形成的图案使人更贴近大自然，顺应了人们返朴归真的趋势，并有温暖感。缺点是较易受机械损伤，不能擦洗，保养要求高。

10.6.2 质量要求

对壁纸的质量要求如下：

壁纸应整洁、图案清晰。印花壁纸的套色偏差不大于1mm，且无漏印。压花壁纸的压花深浅一致，不允许出现光面。此外，其褪色性、耐磨性、湿强度、施工性均应符合现行材料标准的有关规定。材料进场后经检验合格方可使用。

运输和储存时，所有壁纸均不得日晒雨淋，压延壁纸应平放，发泡壁纸和复合壁纸则应竖放。

胶黏剂应根据壁纸的品种选用。

10.6.3 塑料壁纸的裱糊施工

1. 材料选择

塑料壁纸的选择包括选择壁纸的种类、色彩和图案花纹。选择时应综合考虑建筑物的用途、保养条件、有无特殊要求、造价等因素。

胶黏剂应有良好的黏结强度和抗老化性，以及防潮、防霉和耐碱性，干燥后也要有一定的柔性，以适应基层和壁纸的伸缩。

商品壁纸胶黏剂有液状和粉状两种。液状的大多为聚乙烯醇溶液或其部分缩醛产物的溶液及其他配合剂，粉状的多以淀粉为主。液状胶黏剂的使用方便，可直接使用，粉状的胶黏剂则需按说明配制。用户也可自行配制胶黏剂。

2. 基层处理

基层处理好坏对整个壁纸粘贴质量有很大的影响。各种墙面抹灰层只要具有一定强度，表面平整光洁，不疏松掉面都可直接粘贴塑料壁纸。

对基层总的要求是表面坚实、平滑、基本干燥，无毛刺、砂粒、凸起物、剥落、起鼓和大的裂缝，否则应做适当的基层处理。

批嵌视基层情况可局部批嵌，凸出物应铲平，并填平大的凹槽和裂缝；较差的基层则宜满批。干后用砂纸磨光磨平。批嵌用的腻子可自行配制。

为防止基层吸水过快，引起胶黏剂脱水而影响壁纸黏结，可在基层表面刷一道用水稀释的 108 胶作为底胶进行封闭处理。刷底胶时，应做到均匀、稀薄、不留刷痕。

3. 粘贴施工要点

(1) 弹垂直线。为使壁纸粘贴的花纹、图案、线条纵横连贯，在底胶干后，应根据房间大小、门窗位置、壁纸宽度和花纹图案进行弹线，从墙的阴角开始，以壁纸宽度弹垂直线，作为裱糊时的操作准线。

(2) 裁纸。裱糊壁纸时，纸幅必须垂直，才能保证壁纸之间花纹、图案纵横连贯一致。分幅拼花裁切时，要照顾主要墙面花纹的对称完整。对缝和搭缝应按实际弹线尺寸统筹规划，纸幅要编号，并按顺序粘贴。裁切的一边只能搭缝，不能对缝。裁边应平直整齐，不得有纸毛、飞刺等。

(3) 湿润。以纸为底层的壁纸遇水会受潮膨胀，约 5～10min 后胀足，干燥后又会收缩。因此，施工前，壁纸应浸水湿润，充分膨胀后粘贴上墙，可以使壁纸贴得平整。

(4) 刷胶。胶黏剂要求涂刷均匀、不漏刷。在基层表面涂刷胶黏剂应比壁纸刷宽 20～30mm，涂刷一段，裱糊一张。如用背面带胶的壁纸，则只需在基层表面涂刷胶黏剂。裱糊顶棚时，基层和壁纸背面均应涂刷胶黏剂。

(5) 裱糊。裱糊施工时，应先贴长墙面，后贴短墙面，每个墙面从显眼的墙角以整幅纸开始，将窄条纸的现场裁切边留在不显眼的阴角处。裱糊第一幅壁纸前，应弹垂直线，作为裱糊时的准线。第二幅开始，先上后下对缝裱糊。对缝必须严密，不显接搓，花纹图案的对缝必须端正吻合，拼缝对齐后，再用刮板由上向下赶平压实。挤出的多余胶黏剂用湿棉丝及时揩擦干净，不得有气泡和斑污，上下边多出的壁纸用刀切齐。每次裱糊 2～3 幅后，要吊线检查垂直度，以免造成累积误差。阳角转角处不得留拼缝，基层阴角若不垂直，一般不做对接缝，改为搭缝。裱糊过程中和干燥前，应防止穿堂风劲吹和温度的突然变化。冬期施工，应在采暖条件下进行。

(6) 清理修整。整个房间贴好后，应进行全面细致的检查，对未贴好的局部进行清理修整，要求修整后不留痕迹。

10.7 思 考 题

(1) 装饰工程的作用、特点及将来的发展趋势是什么？
(2) 装饰工程主要包括哪些内容？
(3) 一般抹灰的分类、抹灰层的组成以及各层的作用是什么？
(4) 抹灰前为什么要进行基层处理？怎样处理？
(5) 试述一般抹灰施工的分层做法及施工要点？
(6) 简述机械喷涂抹灰的优点、工艺流程、适用范围及施工要点。
(7) 常见的装饰抹灰有哪几类？如何施工？
(8) 饰面板(砖)的传统做法有哪些？胶黏法施工中主要的胶黏剂有哪些？
(9) 简述饰面砖的镶贴工艺。
(10) 简述幕墙的分类，各有何特点？玻璃幕墙主要的施工工序有哪些？
(11) 油漆涂饰的常用材料有哪些？油漆涂饰施工包括哪些工序？
(12) 常用的建筑涂料有哪些？怎样施工？
(13) 常用的刷浆涂料有哪些？怎样施工？
(14) 裱糊工程常用的材料有哪些？有什么质量要求？
(15) 塑料壁纸的裱糊施工需注意哪些问题？

第 11 章　冬期与雨季施工

教学提示：在冬期与雨季施工是工程建设中难以回避的工程问题，冬期、雨季的气候条件，不仅给施工带来很多困难，而且也会影响到工程质量。如果不采取必要的技术措施，会造成严重的工程安全事故。

教学要求：了解冬期与雨季施工的特点，掌握钢筋和混凝土受冻后对其工作性能的影响及防冻害措施，熟悉各种单体防冻剂的性能及选配复合防冻剂的原则，了解混凝土非加热养护蓄热法成套热工计算——吴震东公式的应用范围及适用条件，了解混凝土加热养护的各种方法，了解各分部分项工程雨季施工的技术措施。

我国疆域辽阔，地域广大，很多地区因受内陆和海上高低压及季风交替的影响，具有显著的季风特色，明显的大陆性气候等多样的气候类型。气候变化较大，冬冷夏热，冬干夏雨，这主要是由我国所处实际的海陆地理位置所决定的。在华北、东北、西北、青藏高原，每年都有较长的低温季节；沿海一带城市，受海洋暖湿气流影响，春夏之交雨水频繁，并伴有台风、暴雨和潮汛侵袭。冬期的低温和雨季的降水，使土木建筑工程常因受气候的影响而无法施工，这样就大大影响了工程的进展，若能从具体条件出发，选择合理的施工方法，制定具体的措施，进行冬期与雨季施工，使建设工程能全年连续施工，不但有利于施工组织，减少劳动力无谓的流动，提高机械的使用率，缩短工期，对确保工程质量，降低工程的费用，加快我国社会主义现代化建设具有重大意义。

11.1　冬期与雨季施工的特点

11.1.1　冬期施工的特点和准备工作

冬期施工技术方案的拟定必须遵循下列原则：确保工程质量；经济合理，使增加的措施、费用最少；工期能满足规定要求。

1. 冬期施工的特点

(1) 冬期施工期是工程质量事故多发期。在冬期施工中，长时间的持续低温、大的温差、强风、降雪和反复的冰冻，经常造成建筑施工的质量事故。据国内事故资料分析，有 2/3 以上的工程质量事故发生在冬期，尤其是混凝土工程质量事故居多。

(2) 冬期施工质量事故出现的滞后性。即工程是冬期施工的，冬期发生的质量事故往往不易觉察，到春天解冻时，一系列质量问题才暴露出来。轻者需进行修补，重者要返工重来，给国家、社会造成不应有的损失。

(3) 冬期施工的计划性和准备工作时间性强。冬期施工时，常由于时间紧迫，仓促施工，更易发生质量事故。

2. 冬期施工的准备工作

(1) 搜集当地有关气象资料，作为选择冬期施工技术措施的依据。

(2) 安排好冬期施工项目，编制冬期施工技术措施或方案。将不适宜冬期施工的分项工程安排在冬期前后完成。

(3) 根据冬期施工工程量提前准备好施工的临时设施、设备、机具、保温、防冻剂等材料及劳动防护用品。

(4) 冬期施工前，对配制防冻剂的人员、测温保温人员、锅炉工等，应专门组织冬期施工技术培训，学习冬期施工相关规范、冬期施工理论、操作技能、防火、防冻、防寒、防一氧化碳中毒、防滑、防止锅炉爆炸等知识和技能。

11.1.2 雨季施工的特点、要求和准备工作

雨季施工是指在降雨量超过年降雨量50%以上的降雨集中季节进行的施工。雨季主要集中在夏季，特点是降雨量增加，降雨日数增多，降雨强度增强，经常出现暴雨或雷击。降雨会引起工程停工、塌方、有害浸泡，雷击对安全施工的危害较大，这些特别要引起注意。

1. 雨季施工的特点

(1) 降雨的突然性。由于暴雨、山洪等恶劣气象往往不期而至，这就需要雨季施工的准备和防范措施应及早进行。

(2) 突发性。突发降雨对土木建筑结构和地基基础的冲刷和浸泡具有严重的破坏性，必须迅速及时地加以防护，才能避免给工程造成损失。

(3) 持续性。雨季时间很长，阻碍了工程(主要包括土方工程、屋面工程等)顺利进行，拖延工期。对此应事先有充分的准备并做好合理安排。

2. 雨季施工的要求

(1) 编制施工组织计划时，要根据雨季施工的特点，将不宜在雨季施工的分项工程提前或延后安排。对必须在雨季施工的工程应制定行之有效的技术措施。

(2) 合理进行施工安排，做到晴天抓紧室外工作，雨天安排室内工作，尽量缩小雨天室外作业时间和工作面。

(3) 密切注意气象预报，做好抗强台风、防汛等准备工作，必要时应及时加固在建的工程。

(4) 做好建筑材料的防雨防潮工作。

3. 雨季施工的准备工作

(1) 现场排水。施工现场的道路、设施必须做到排水畅通，尽量做到雨停水干。要防止地面水排入地下室、基础、地沟内。要做好对危石的处理，防止滑坡和塌方。

(2) 应做好原材料、成品、半成品的防雨工作。水泥应按"先进先用""后进后用"的原则，避免久存受潮而影响水泥的性能。木门窗等易受潮变形的半成品应在室内堆放，其他材料也应注意防雨及做好材料堆放场地的四周排水工作等。

(3) 在雨季前应做好施工现场房屋、设备的排水防雨措施。

(4) 备足排水需用的水泵及有关器材，准备适量的塑料布、油毡等防雨材料。

11.2 土方工程冬期施工

土在冬期遭受冻结后,比较坚硬,挖掘困难,开挖费用和劳动量要比平时高几倍。因此,土方工程宜尽量安排避开冬期施工,如必须进行冬期施工时,应进行全面的技术经济比较,因地制宜地制定经济和技术合理的施工方案。

11.2.1 土的冻结与防冻

温度低于0℃且含有水的各类土称为冻土。根据冻融时间的长短,可将冻土划分为两类。

季节性冻土:受季节性影响冬冻夏融、呈周期性冻结和融化的土。主要分布在东北和华北。

永冻土:冻结状态持续多年或永久不融的土。主要分布在大小兴安岭、青藏高原和西北高山地区。

冻结与融化深度是季节性冻土和永冻土地区的重要特征。在季节性冻土地区,一般将年复一年的冬期冻结、夏季融化的土层称为季节性冻结层。其土层的厚度叫冻结深度,一年中冻结的最大值称为最大冻深。在我国现行的《建筑地基基础设计规范》中,汇编了我国季节性冻土标准冻深线图。

土冻结后,体积比冻前增大的现象称为冻胀。通常用冻胀量、冻胀率表示冻胀的大小。其数学表达式如下:

$$\Delta V = V_i - V_0 \tag{11-1}$$

及

$$K_a = \frac{V_i - V_0}{V_0} \times 100\% \tag{11-2}$$

式中:V_0——冻前土的体积(cm^3);

V_i——冻后土的体积(cm^3);

ΔV——冻胀量(平均体积增量,cm^3)。

K_a——冻胀率(%)。

按季节性冻土地基冻胀量的大小及其对建筑物的危害程度,将地基土的冻胀性分为四类:

(1) I 类不冻胀。一般冻胀率 $K_a \leqslant 1\%$,对敏感的浅基础(如砖拱围墙)无任何危害。

(2) II 类弱冻胀。一般 $K_a = 1\% \sim 3.5\%$,对浅埋基础的建筑物无危害,在最不利条件下,可能产生细小的裂缝,但不影响建筑物的安全。

(3) III 类冻胀。一般 $K_a = 3.5\% \sim 6\%$,浅埋基础的建筑物将产生裂缝。

(4) IV 类强冻胀。一般 $K_a > 6\%$,浅埋基础的建筑物将产生严重破坏。

在永冻土地区,冬季冻结、夏季融化的土层叫季节性融化层。季节性融化层的厚度叫季节融化深度。

在土层未冻结之前,采取一定的措施使基础土层免遭冻结或少冻结。在土方冬期开挖中,土的保温防冻法是最经济的方法之一。其防冻方法一般有地面翻松耙平防冻、覆盖雪防冻、保温材料防冻等。

1. 翻松耙平防冻法

翻松耙平防冻法是入冬前在预先确定冬期挖土的地面上,将表土翻松耙平。翻耕的深度,根据土质和当地气候条件而定,一般不小于 0.3m。其宽度应不小于土冻后深度的两倍与基坑底宽之和。在翻松的土中,有许多充满空气的孔隙,这些孔隙可降低土层的导热性,如图 11.1 所示。

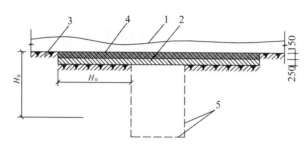

图 11.1 土壤翻松耙平图

1—雪层厚度;2—翻深厚度;3—地表面;4—耙平厚度 150mm;5—拟挖掘的地槽轮廓;H_0—土的最大冻结深度

经过 t 昼夜的冻结,土的冻结深度可按下式计算:

$$H = a(4P - P^2) \tag{11-3}$$

式中:H——翻松耙平或松土覆盖后土壤冻结深度(cm);

a——土壤的防冻计算系数,见表 11-1;

t——土壤的冻结时间(d);

$T_{m,a}$——土壤冻结时的外部平均气温(℃)。

P——冻结指数,$P = \dfrac{\sum t T_{m,a}}{1000}$

表 11-1 土壤的防冻计算系数 a

地面保温方法	P 值											
	0.1	0.2	0.3	0.4	0.5	0.6	0.7	0.8	0.9	1.0	1.5	2.0
耕松 25cm 并耙平覆盖	15	16	17	18	20	22	24	26	28	30	30	30
松土不少于 50cm	35	36	37	39	41	44	47	51	55	59	60	60

2. 覆雪防冻法

覆雪防冻法适用于降雪量较大的地区,利用雪的覆盖作保温层,防止土的冻结。大面积的土方工程,可在地面上设篱笆,其高度为 0.5~1.0m,横向设置,其间距为 10~15m,或按冬期主导风向垂直设置,如图 11.2(a)所示。面积较小的基槽(坑)土方工程,可在地面上挖积雪沟,深 300~500mm,如图 11.2(b)所示。在挖好的土沟内,应很快用雪填满,以防止未挖土层冻结。

覆雪层对冻结深度 H 的影响,可用下式估算:

$$H = A(\sqrt{P} + 0.018P) - \lambda h_{SH} \tag{11-4}$$

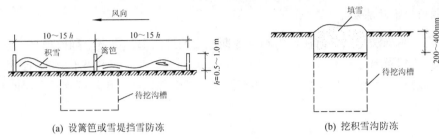

(a) 设篱笆或雪堤挡雪防冻　　　　　(b) 挖积雪沟防冻

图 11.2　覆雪保温防冻法

或按式(11-3)覆雪修正后的情况计算如下：

$$H = \frac{60(4P - P^2)}{\beta} - \lambda h_{SK} \tag{11-5}$$

式中：λ——雪的平均导热系数。对松填雪取 $\lambda = 3$；对堆雪或撒雪取 $\lambda = 2$，初融雪取 $\lambda = 1.5$。

h_{SK}——雪的覆盖平均厚度(cm)。

3. 保温材料覆盖防冻法

面积较小的基槽(坑)的防冻，可以直接用保温材料覆盖。保温材料可用炉渣、锯末、膨胀珍珠岩等。对已开挖的基槽(坑)，保温材料铺设在基槽(坑)底表面上，在靠近基槽(坑)壁处，保温材料需加厚，如图 11.3(a)所示。对未开挖的基坑，保温材料铺设宽度为土层冻结深度的两倍与基槽(坑)底宽度之和。如图 11.3(b)所示。

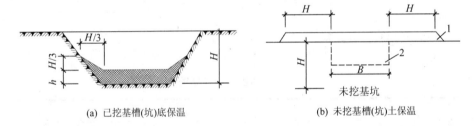

(a) 已挖基槽(坑)底保温　　　　　(b) 未挖基槽(坑)土保温

图 11.3　保温材料覆盖保温

1—保温材料；2—未开挖基坑；H—土的冻结深度；h—保温材料厚度；B—基槽(坑)底宽度

覆盖保温材料的厚度可按下式计算：

$$h = \frac{H}{\beta} \tag{11-6}$$

式中：h——土壤保温防冻所需的保温层厚度(cm)；

H——无保温层土的冻结深度(cm)；

β——各种材料对土壤冻结速度的影响系数，见表 11-2。

当使用不同种类的多层材料时：

$$H = \beta_1 h_1 + \beta_2 h_2 + \text{L} \ \beta_i h_i \tag{11-7}$$

式中：β_1、β_2、$\cdots \beta_i$ ——不同保温材料对土壤冻结的影响系数；
h_1、h_2、$\cdots h_i$ ——不同保温材料的铺设厚度(cm)。

表 11-2　各种材料对土壤冻结速度影响系数

土壤种类	保温材料											
	树叶	刨花	锯末	炉渣		茅草	膨胀珍珠岩	草帘	芦苇	泥炭灰土	松散土	密实土
				干	湿							
沙土	3.3	3.2	2.8	2.0	1.6	2.5	3.8	2.5	2.1	2.8	1.4	1.12
粉土	3.1	3.1	2.7	1.9	1.6	2.4	3.6	2.4	2.04	2.7	1.3	1.08
粉质黏土	2.7	2.6	2.3	1.6	1.3	2.0	3.5	2.0	1.7	2.31	1.2	1.06
黏土	2.2	2.1	1.9	1.3	1.1	1.6	3.5	1.6	1.4	1.9	1.2	1.00

注：① 表中数值适用于地下水位低于 1m 以下。
② 当地下水位较高时(饱和水的)其值可取 1。

11.2.2 冻土的融化

用外加的热能融化冻土，以利于挖掘。因此法施工费用较高，只有在面积不大的工程上采用。常用的方法有：烘烤法、蒸汽(或热水)循环针法和电热法等。

融化冻土的施工方法应根据工程量大小、冻结深度和现场条件，综合考虑选用。融化冻土应按开挖顺序分段进行，每段大小应相当于人工挖土和机械挖土一昼夜的工作量，冻土融化后，挖土工作应昼夜连续进行，以免因间歇而使地基重新冻结。

开挖基槽(坑)或管沟，必须防止基础下的基土遭受冻结。如基槽(坑)开挖完毕至地基与基础施工或埋设管道之间有间歇时间，应在基坑底标高以上预留适当厚度的松土或用其他保温材料覆盖，厚度可通过计算得到。冬期开挖土方时，如可能引起临近建筑物的地基或其他地下设施产生冻结破坏时，应采取防冻措施。

1. 烘烤法

烘烤法适用于面积较小、冻土不深，且燃料便宜的地区。常用锯末、谷壳和刨花等做燃料。在冻土上铺上杂草、木柴等引火材料，燃烧后撒上锯末，上面压数厘米的土，让它不起火苗地燃烧，250mm 厚的锯末，经一昼夜燃烧其热量可融化冻土 300mm 左右，如此分段分层施工，直至挖完为止。采用此法施工，易引起火灾，务使有火就有人在场管理，以防不测。

2. 循环针法

循环针法热能消耗大，仅适用于有热源的工程。循环针分蒸汽循环针和热水循环针两种，其施工方法都是一样的，如图 11.4 所示。蒸汽循环针是将管壁钻有孔眼的蒸汽管，插入事先钻好的冻土孔内。孔径 ϕ 50～100mm。插入深度视土的冻结深度确定，间距不大于 1m。然后通入低压蒸汽，借蒸汽的热量来融化冻土。由于蒸汽融化冻土会破坏土的结构和降低地基承载力，不宜用于开挖基槽(坑)。

热水循环针法,是用ϕ60~150mm的双层循环热水管按梅花形布置。间距不超过1.5m,管内用40~50℃的热水循环。

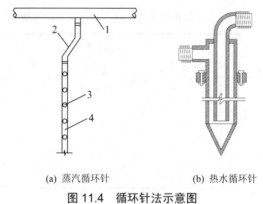

(a) 蒸汽循环针　　(b) 热水循环针

图11.4　循环针法示意图

1—主管；2—连接胶管；3—蒸汽管；4—支管

3．电热法

电热法效果最佳,但能源消耗最大,费用最高。仅在土方工程量不大和急需工程上才采用这种方法施工。

采用此法时,必须有周密的安全措施,应由电气专业的人员担任通电工作,工作地点应设置警戒区,通电时严禁人员靠近,防止触电。

11.2.3　土的开挖

土的强度在冻结时大大提高,冻土的抗压强度比抗拉强度大2~3倍,因此冻土的开挖宜采用剪切法。冬期土方施工可采取先破碎冻土,然后挖掘。开挖方法一般有人工法、机械法和爆破法三种。

1．人工法

人工开挖冻土适用于开挖面积较小和场地狭窄,不适宜用大型机械的地方。一般使用大铁锤和铁楔子劈冻土。

2．机械法

(1) 当冻土层厚度为0.2m以内时,可用推土机械或中等动力的普通挖掘机施工。

(2) 当冻土层厚度为0.3m以内时,可用专用松土机松碎冻土层。

(3) 当冻土层厚度为0.4m以内时,可用大马力的掘土机开掘冻土。

(4) 当冻土层厚度为0.4~1.0m时,可用打桩机破碎冻土。

最简单的施工方法是用风镐将冻土打碎,然后用人工和机械挖掘运输。

3．爆破法

爆破法适用于冻土层较厚,面积较大的土方工程,这种方法是将炸药放入直立爆破孔中或水平爆破孔中进行爆破,冻土破碎后用挖土机挖出,或借爆破的力量向四周崩出,做成需要的沟槽。

爆破冻土所用的炸药有黑色炸药、硝铵炸药及 TNT 等，其中黑色炸药由硝酸钾、硫磺与炭末制成，爆破力较小；TNT 是烈性炸药，一般用于大规模爆破作业。工地上通常使用的硝铵炸药呈淡黄色，燃点在 270℃ 以上，比较安全。冬期施工严禁使用任何甘油类炸药，因其在低温凝固时稍受振动即会爆炸，十分危险。

冻土深度在 2m 以内时，可以采用直立爆破孔。冻土深度超过 2m 时，可采用水平爆破孔，如图 11.5 所示。

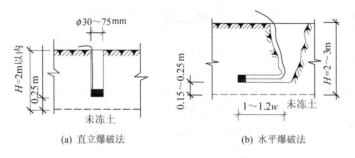

(a) 直立爆破法　　　　(b) 水平爆破法

图 11.5　爆破法和土层冻结深度的关系

H——冻土层厚度；w——最小抵抗线

爆破孔断面的形状一般是圆形，直径 $\phi 30 \sim 70$mm，排列成梅花桩式，爆破孔的深度约为冻土厚度的 0.6～0.8 倍。爆破孔的间距等于 1～2 倍最小抵抗线长度，排距等于 1.5 倍最小抵抗线的长度(药包中心至地面最短距离)。爆破孔可用电钻、风钻、钢钎钻打而成。

在未正式施工前应在安全地带，根据计算的炸药量，做爆炸试验，以鉴定炸药的数量并进行调整。

常用的起爆方法有火花起爆和电力起爆。火花起爆是将导火索引入雷管、起爆时点燃导火索，燃烧的火花先引爆雷管，使炸药爆炸。这种引爆方式好处是炮眼逐个爆炸，可凭炮声来确定有无哑炮，但导火索会燃烧，不够安全。电力起爆是利用电雷管中的电力引火装置，通电后使雷管中的起爆药起爆，引起炸药全部爆炸。在同一电引爆的网路中，必须用同厂、同批号、同牌号的电雷管。

冻土爆破必须在专业技术人员指导下进行，严格遵守雷管、炸药的管理规定和爆破操作规定。距爆破点 50m 以内应无建筑物，200m 以内应无高压线。当爆破现场附近有居民或精密仪表等设备怕振动时，应提前做好疏散及保护工作。

11.2.4　冬期回填土施工

由于土冻结后即成为坚硬的土块，在回填过程中不易压实，土解冻后就会造成大幅度的下沉。冬期土方回填时，每层铺土厚度应比常温施工时减少 20%～25%。预留沉陷量应比常温施工时增加。

对于大面积回填土和有路面的路基及其人行道范围内的平整场地填方，可采用含有冻土块的土回填，但冻土块的粒径不得大于 15cm，其含量(按体积计)不得超过 30%。铺填时冻土块应分散开，并应逐层夯实。

冬期填方施工应在填方前清除基底上的冰雪和保温材料；填方边坡的表层 1m 以内，不得采用含有冻土块的土填筑；整个填方上层部位应用未冻的或透水性好的土回填，其厚度应符合设计要求。

室外的基槽(坑)或管沟可用含有冻土块的土回填,但冻土块体积不得超过填土总体积的 15%,而且冻土块的粒径应小于 150mm;室内的基槽(坑)或管沟不得用含有冻土块的土回填;回填管沟时,管沟底以上 0.5m 范围内,不得用含有冻土块的土回填,上部回填土中冻土体积不超过该部分填土体积的 15%;回填工作应连续进行,防止基土或已填土层受冻。

11.3 混凝土工程冬期施工

11.3.1 混凝土冬期施工的界定

我国《混凝土结构工程施工及验收规范》(GB 50204—1992)关于混凝土冬期施工期限划分是"根据当地多年气温资料,室外日平均气温连续 5d 稳定低于 5℃时,混凝土结构工程应采取冬期施工措施;并应及时采取气温突然下降的防冻措施。"这一条文的具体理解如图 11.6 所示。

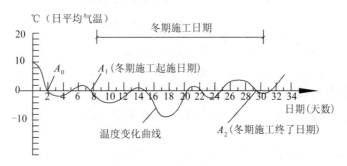

图 11.6 冬期施工示意图

从图 11.6 中看出,当气温随时间(d)而连续降温时,当降低到 A 日时,即日平均气温低于 5℃,但经过 3 天后,气温又回升,连续几天,气温又下降,当降低到 A_1 日时,气温又降到 5℃以下,经连续 5 天气温未高出 5℃,以后又可能回到 5℃以上,但随之又降低,这时我们取第一次出现的连续 5 天稳定低于 5℃的初日 A_1 作为冬期施工的起始日期。这样规定是根据我国气温变化规律确定的。同样,当气温回升时,要取第一个连续 5 天稳定高于 5℃的末日 A_2 作为冬期施工终了日期。A_1 和 A_2 之间的日期即为冬期施工工期。

11.3.2 钢筋工程冬期施工

1. 负温对钢筋力学性能的影响

温度对钢筋的性能影响较大,当温度降低到摄氏零下的温度时,钢筋呈现出明显的力学指标提高,塑性降低的情况。根据我国的自然气温情况,如取 20℃做基准温度,在春、夏、秋三季,最高气温取 40℃,最低气温取 0℃时,则与基准温度差 20℃,取 20℃的力学指标进行工程设计,则误差不太大。但进入冬期后,最低气温可达 −20∼−40℃,这时与基准温度的温差达 40∼60℃,这时的力学指标和 20℃时的力学指标相比较,有明显差异,热扎钢筋屈服点要相差 29.34∼58.86N/mm^2,冷拔丝要差 68.67N/mm^2,在工程设计中,或在钢筋加工时,对此应予以考虑调整。

2. 低温对钢筋的工艺性能影响

冬期加工的冷钢筋加工在常温下使用时，达不到相应的力学指标。而温度降低时对热加工钢筋的影响则主要反映在由于降温速度加快，可能使钢材的金相组织出现脆性成分(如马氏体、贝氏体等)，使钢筋的塑性性能显著降低，硬脆性能增大，从而导致使用中的不安全因素增加。

3. 钢筋的负温冷拉

目前我国的钢筋冷拉大多数在室外进行，因而在冬期施工时，钢筋要在负温下进行冷拉。与常温下冷拉一样可按控制应力和控制冷拉率参数进行控制。温度的降低，使钢筋各项性能发生变化，当温度降到 $-20℃$ 时，即显示出与常温冷拉参数有差异，实验研究表明：

(1) 采用同一冷拉率在不同温度下进行冷拉时，冷拉后钢筋的力学指标在同一温度条件下变化不大，冷拉后的伸长率在同一温度条件下亦波动不大。

(2) 冷拉后的钢筋性能和温度之间关系，亦遵循未冷拉钢筋的规律，即温度降低屈服点和抗拉强度都提高。

(3) 当采用某一固定的控制应力，在不同温度下进行冷拉，冷拉后的钢筋，在同一温度条件下进行实验发现，冷拉温度不同，力学指标发生变化。其屈服点相差 $20\sim50N/mm^2$。由此可见，采用常温冷拉应力的工艺参数，在负温下进行冷拉，然后再在常温下使用，不能满足钢筋的设计强度要求。因此，需修正在负温下控制应力的冷拉参数。

4. 钢筋负温冷拉的控制应力指标

钢筋在负温下进行冷拉，其温度不宜低于 $-20℃$，如采用控制应力方法时，冷拉控制应力应较常温提高 $30N/mm^2$。采用冷拉率方法时，冷拉率与常温相同，温度划线定到 $-20℃$，这是由于考虑到温度低于 $-20℃$ 时，虽然冷拉后钢筋质量能通过，但人工操作不便，易发生其他事故。

5. 钢筋的负温焊接

冬期焊接钢筋的主要特点：

(1) 焊件热区冷却速度快。冷却速度是影响焊接质量的一项重要因素。钢筋在热加工后，希望有一个适宜的冷却速度，使被加热部位的金相组织，能达到和母材相同的金相成分。但是，在负温条件下进行焊接时，由于温差较大，自然降温时可能会加快冷却速度，因而需研究是否会由于冷却速度加快而出现淬硬组织的成分，使焊接头性能恶化。

(2) 施焊环境多变。由于自然气候多变，使焊接操作在不利的环境下进行。特别是风、雪、低温的影响，加之这三种影响因素的多变性，使焊接参数及防御措施都要比常温焊接复杂得多，稍有不当都会影响工程质量。

(3) 施工操作困难，效率低。冬期施焊，工人穿防寒棉衣在负温条件下操作时不能像常温下那样运动自如，大都显得臃肿拙笨，因而影响工作效率且易出现不合格产品。

(4) 防止高温及过热。和常温焊接一样，在焊接过程中，工人操作掌握不当，易出现焊接温度过高和高温停留时间过长，这都易在热区出现晶粒粗大的魏氏组织，使接头性能变坏。

6. 温度对焊接的影响

在庞大的建筑工程工地上进行焊接，要求完全在室内进行，或者要求在冬期创造正温环境进行操作是不现实的。应当根据实际情况选择在不同的温度环境条件下，采取调整焊接参数，任其自然降温，测定接头的质量及各项力学性能。

(1) 负温下闪光对焊

接头质量评定以抗拉强度、冷弯、金相组织、显微硬度四项指标为准。

一般来说，Ⅱ、Ⅲ级钢筋负温闪光焊的适应性较强，因其含碳量一般在 0.2~0.3% 之间，所以淬硬倾向不太大。但是Ⅳ级钢筋由于含碳量较高，一般在 0.35% 以上，近于中碳范围，虽然由于加入了合金元素如锰、钒、钛等，能改善钢材性能，但淬硬倾向还是很高。所以在负温下进行闪光对焊时，建议采取焊后进行热处理，以消除可能出现的淬硬组织。

(2) 负温电弧焊

负温下进行电弧焊，淬硬倾向比常温更强。因此，Ⅳ级钢筋建议不用电弧焊，可采用多层控温工艺。Ⅱ、Ⅲ级钢筋采用负温电弧焊有一定的适应性，甚至在 −40℃ 条件下施焊，只要焊接工艺选择适当，在自然降温条件下，接头迄未发现马氏体组织。特别是采取多层控温焊接工艺时，贝氏体组织也显著减少。这是由于第一层焊道起到了第二层焊道的预热作用，反过来第二层焊道又起到了第一层焊道的热处理作用。因此，即使焊接出现了淬硬组织，在热处理中亦可消除许多，显微硬度的试验证明了这一点。多层控温施焊，系指第一层焊道焊完后，当冷却到 200~300℃ 时焊第二层，如温度过高时，易发生过热而出现魏氏组织；过低则易出现淬硬组织，从而使宏观力学性能皆不佳。

坡口焊加强焊缝，系指接头焊完后，再在表层轻跑一道焊层以消除淬硬组织。从上述试验结果可以看出，对于普通低合金钢筋来说，在负温条件下进行焊接，采用的焊接参数适当进行调整，不需要采用一套繁琐的预热等工艺，在自然降温冷却条件下，亦可达到满意的规定。

7. 规范焊接条文的规定

我国《混凝土结构工程施工及验收规范》(GB 50204—1992)规定"冬期钢筋的焊接，宜在室内进行，如必须在室外焊接时，其最低气温不宜低于−20℃"。规范首先提倡在室内进行，因为在室内正温条件下进行焊接，更易保证焊接质量。但是有的工程的焊接不能在室内进行时，亦可以在室外进行，但最低气温不宜低于−20℃。当气温低于−20℃时，由于气温太低，工人操作不便，难以保证焊接质量，且工作效率低。对于防雪挡风措施的要求，主要为确保接头质量。试验表明，冬期的风能招致较大热量损失，对接头不利，特别当碰有冰雪时更为不利。试验得出，焊后的接头当未遇到冰雪时，测定接头硬度值 HV=200，而碰到冰雪时 HV=400，显著恶化了焊接接头质量，因此，规范规定"焊后接头严禁立即碰到冰雪"。

11.3.3 混凝土冬期施工的基本理论和试验

1. 水泥混凝土在负温下的水化机理

混凝土强度的高低和增长速度决定于水泥水化反应的程度和速度。水泥的水化反应必须在有水和一定的温度条件下才能进行,其中温度决定着水化反应的速度,温度愈高反应愈快,混凝土强度增长愈速;反之,温度愈低,水泥水化反应速度愈慢,混凝土强度的增长将随着温度的降低而逐渐变缓。当温度降至 0℃时,由于混凝土中的水不是纯水,而是含有电解质的水溶液,冰点在 0℃以下,因此,水泥的水化反应仍能进行,但反应速度却大大降低,混凝土硬化速度及强度增长也将随之减慢。这时,混凝土 28 天的强度只有标准强度的 50%左右。不过尽管反应速度缓慢,试验表明,只要有液相水存在,即使在负温条件下,水泥的水化反应并没有停止。

混凝土中不同孔径孔隙内的水冰点是不同的。冻结是一个渐进过程,一方面因为热量是以一定的速率向混凝土内部传递的,另一方面因为尚未结冰的水中碱溶液浓度逐渐增高,同时还因为冰点随孔隙尺寸而异。毛细管中冰体的表面张力使毛细管处于压力之下,冰体愈小,压力愈大,因此,冻结在最大孔隙中开始,且逐渐扩展到较小的孔隙。一般大孔中的水冰点约为$-0.5\sim-2$℃,而凝胶孔内的胶凝水因胶孔尺寸较小,需在-78℃以下才能形成冰核,因此,实际上胶孔中不可能形成冰体。但是,随着温度下降,因凝胶水与冰的熵不同,所以胶凝水获得使之转移至含冰毛细管中的潜能。于是胶凝水扩散的发生引起冰体的生成与膨胀。试验表明,新浇筑的混凝土内,当温度为-1℃时,大约有 80%的水处于液相状态,-3℃时大约还有 10%的水处于液相,而当温度低于-10℃时,则液相水的数量就很少了,这时水泥的水化反应很微弱,可看成接近于停止。由于在负温下,随着温度的继续降低,大量的水转变为冰使体积增大,这是促使混凝土遭受冻害、混凝土结构受到破坏的根源。

2. 混凝土早期受冻对抗压强度的影响

混凝土浇筑后,如果早期遭受冻结,转入正温后虽然强度会继续增长,但与同龄期标准养护条件下的混凝土相比,其强度有不同程度的降低。强度损失的大小随其浇筑后遭受冻结的情况不同而异,冻结对混凝土各种性能都会产生一系列不利影响,从而影响结构的使用。

混凝土早期受冻对抗压强度影响较大,特别是浇筑后立即遭受冻结,强度损失更大,最高可达 50%。试验结果见表 11-3。

表 11-3 混凝土浇筑后立即受冻的强度损失

混凝土受冻前预养时间/h	冻结时间/h	冻后标养龄期/d	冻结温度/℃	各强度等及混凝土的强度损失/%		
				C20	C30	C40
0	24	28	-5	38.0	48.9	48.1
0	24	28	-10	32.5	41.8	43.3
0	24	28	-15	27.8	16.8	20.1
0	24	90	-5	35.9	44.1	47.8
0	24	90	-10	30.5	37.0	41.8
0	24	90	-15	19.4	22.5	20.8

注:强度损失为与同期混凝土标养试件强度相比。

从试验结果看出：

(1) 混凝土浇筑后立即受冻其强度损失较大，最高可达 48.9%，即使后期转入正温养护三个月，亦不能恢复到原来的设计强度等级水平。

(2) 在同样条件下，高强度等级的混凝土强度损失要大于低等级的混凝土。

(3) 早期受冻的混凝土和冻结温度有关，其强度损失规律是$-5℃>-10℃>-20℃$。

更深入的研究表明：

如果混凝土在浇筑后初凝前便立即受冻，这时由于没有液相水存在，水泥缺乏水化的必要条件，水泥的水化反应刚开始便停止，没有或仅有极微的水化热量，混凝土冻前的强度几乎等于零，这时混凝土中的水泥处于"休眠"状态。在混凝土解冻并转入正温养护后，仍能保持水泥的正常水化，混凝土强度可以重新逐渐发展并达到与未受冻的混凝土基本相同的强度，没有多少强度损失。但这种情况对组织混凝土的冬期施工没有实用的意义。

如果混凝土是在浇筑完初凝后遭受冻结，则从表 11-3 的试验资料来看，混凝土的强度损失很大，而且冻结温度越高，强度损失越大，产生这种现象的原因是由于在冻结过程中混凝土内水分产生迁移现象所引起混凝土结构的破坏。当混凝土初凝后遭受冻结，温度的降低首先从混凝土表面开始，由于骨料的热传导性大于水泥浆体，因而其比水泥浆体先冷却，这就在混凝土的外部与内部及骨料与水泥浆体之间产生了温度梯度，使大量的水分向低温区和骨料表面迁移，最终在混凝土内形成许多冰聚体，并在骨料周围冻结成冰薄膜。当转入正温后，冰聚体和冰薄膜消失，因而在混凝土内水泥与骨料之间留下了空隙，影响了混凝土的密实性和水泥与骨料之间的黏结强度，造成了混凝土强度的降低。由于混凝土中水分的迁移速度比较缓慢，所以迁移量的多少与降温速度有关。当温度迅速下降至很低温度时(如$-20℃$甚至更低)，由于冻结温度低，混凝土冻结过程很快，混凝土内的水分还来不及向冷却面大量迁移即已冻结成冰，所形成的冰晶纤细，且在混凝土中分布较均匀、集中在水泥与骨料之间的冰量较少，因而强度损失较小。当冻结温度较高时，混凝土缓慢受冻，这就为水分的迁移造成了良好的条件，使较多的水能不断地迁移和集聚，形成的冰晶粗大，骨料表面也形成较厚的冰膜，将来正温时遗留的空隙就较大，因而混凝土强度的损失也较大。这就是为什么混凝土的冻结温度高时要比冻结温度低时的强度损失大的原因。

如果混凝土是经过一定时间的正温预养后才遭受冻结，这时由于水泥水化已形成一定的凝聚——结晶结构，混凝土具有一定强度，混凝土结构遭受破坏的主要原因是由于大孔和毛细孔中的水在转变为冰的相变过程中体积增大，从而在孔中产生较大的静水压力，以及因冰水蒸气压的差别推动未冻水向冻结区的迁移造成的渗透压力，当这两种压力产生的内应力超过混凝土抗拉强度时混凝土即产生微裂纹。由静水压力和渗透压力引起的破坏作用造成混凝土强度损失的大小与混凝土预养达到的强度有关，预养强度愈高，强度损失愈小。这是由于当混凝土预养强度较低时，混凝土结构尚不足以抵抗由于水相变体积膨胀所产生的静水压力和渗透压力，混凝土内部会产生微裂缝而导致强度降低。当混凝土具有一定的预养强度后，其结构坚固到足以抵抗静水压力和渗透压力的破坏作用时，混凝土强度的损失就较小，甚至不损失。

3. 混凝土早期受冻对抗拉强度的影响

混凝土早期受冻对抗拉强度影响的试验结果见表 11-4。从表 11-3 的试验结果可看出，混凝土浇筑后立即受冻时,抗拉强度损失最大可达40%,一般冻结前至少要预养护72h以上,方能使抗拉强度不会受到较大的损失。

表11-4 混凝土早期受冻对抗拉强度的影响

混凝土受冻前预养护时间/h	10cm×10cm×40cm 抗拉强度	
	抗拉强度/MPa	占标准试件的百分比/%
0	1.7	60
6	2.16	76
12	2.45	86
24	2.45	86
72	2.75	96
标准试件	2.84	100

4. 混凝土早期受冻对钢筋黏接强度的损失

钢筋冷拉可在负温下进行,但温度不宜低于-20℃。如采用控制应力方法时,冷拉控制应力较常温下提高 $30N/mm^2$;采用冷拉率控制方法时,冷拉率与常温时相同。钢筋的焊接宜在室内进行。如必须在室外焊接,其最低气温不低于-20℃,且应有防雪和防风措施。刚焊接的接头严禁立即碰到冰雪,避免造成冷脆现象。

混凝土早期受冻对钢筋黏接强度影响的试验结果如图11.7所示。

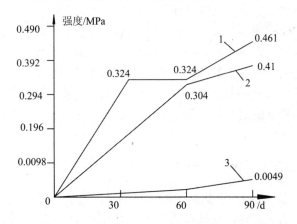

图 11.7 混凝土早期受冻对钢筋黏接强度的影响图

1—标准养护试件;2—受冻前预养护昼夜试件;3—浇筑后立即受冻的混凝土试件

从如图11.7所示中的试验结果看出,立即受冻的试件,钢筋黏结强度损失亦是很大的。90d 龄期后,也只能达到标养试件的10%左右。这对于预应力混凝土结构,以及有抗裂性要求的混凝土结构是不容忽视的。

5. 混凝土早期受冻对抗渗性和抗冻性的影响

根据黑龙江省低温建科所的试验资料,混凝土如浇筑后立即受冻,其后期抗渗系数显著降低,只有当受冻前预养强度达到 $f_{cu,28}$ 的50%以上时,其抗渗性能达到标养试件的抗渗性水平。

抗冻性试验的结果也同样表明早期受冻的危害。如果混凝土浇筑后立即受冻,再标养28d后进行冻融试验,经100～200次循环试验结果,其抗冻性系数在-20℃受冻时为0.68～0.84,而在-2℃受冻时,其抗冻性系数仅为0.37～0.38。可见冬期施工立即受冻的混凝土,其耐久性要降低许多,而冻结温度高时反而更不利,这和抗压强度的试验结果是一致的。

从上述一系列试验结果和理论分析表明,冬期浇筑的混凝土,早期受冻对各项性能影响是多方面的,因而在工程实践中要特别注意防止。

11.3.4 混凝土受冻临界强度

混凝土冬期施工中,要想使混凝土一点也不受冻是不现实的,也是不经济的。一方面会造成施工周期延长,另一方面要增加许多措施防止受冻,会产生不合理的浪费。因此,混凝土在冬期施工中,如果不可避免地会遭受冻结时,则必须采取措施防止其浇筑后过早受冻。应使其在冻结前能先经过一定时间的预养护,保证达到足以抵抗冻害的"临界强度"后才冻结,以避免冻害对混凝土的强度和耐久性所造成的不利影响。所谓"临界强度",是指浇筑的混凝土在遭受冻结时所必须达到的最低初始强度值,当混凝土达到该强度值时才遭受冻结,在恢复正温养护后,混凝土的强度能继续增长,经标准养护28d仍可达到设计的混凝土强度标准值的95%以上。

影响确定临界强度值的因素较多(如水灰比、冻融循环次数、水泥与外加剂品种和混凝土强度等级等),世界各国规范的规定值很不一致。我国强制性国家标准《混凝土结构工程施工及验收规范》和建设部行业标准《建筑工程冬期施工规程》(JGJ 104—1997)规定,冬期浇筑的混凝土,在受冻前,混凝土的抗压强度不得低于下列数值:硅酸盐水泥或普通硅酸盐水泥配制的混凝土,为设计的混凝土强度标准值的30%;矿渣硅酸盐水泥配制的混凝土,为设计的混凝土强度标准值的40%,不大于C10的混凝土,不得小于5MPa。上述规定是对水灰比不大于0.6,不掺加防冻剂的混凝土而言。对掺加防冻剂的混凝土,其临界强度值根据有关研究结果可确定为:当室外最低气温为-15℃以上时为4MPa;室外最低气温为-15～-30℃时为5MPa。

11.3.5 混凝土冬期施工抗早期冻害的措施

(1) 早期增强措施。主要是从提高混凝土早期强度来提高混凝土的抗冻害性能,如果混凝土早期强度高,当受冻时,抵抗水结冰时产生的冰晶压力增强了,因而可以防止混凝土的冻胀破坏。主要方法有掺早强剂或早强型减水剂;早期短时间加热能使混凝土尽快达到临界强度;采用早强水泥、超早强水泥;早期保温蓄热等方法。在实际施工中采取这些措施虽然会增加些施工费用,但对提高抗早期冻害性能及混凝土的耐久性都有好处。

(2) 改善混凝土的内部结构措施。其方法有两种:一种是增加混凝土密实度,排除多余水分以减少混凝土中可冻结的自由水量,混凝土真空吸水即为该措施之一。该方法在加拿大《混凝土冬季施工规范》中已推荐使用,经实践证明,效果颇佳。若真空吸水法与蓄热法结合使用,效果将会更好。另一种方法即掺用引气剂或引气型减水剂。采用引气剂,使混凝土在搅拌过程中能产生许多封闭形微气孔,由于微气孔的存在能减缓混凝土内部水结冰产生的静水压力,从而提高了混凝土的抗早期冻害性能。

采用引气剂或引气型减水剂,最初是从提高混凝土的抗冻耐久性出发提出的,后来经过大量的试验,证明了这一措施对提高混凝土的抗早期冻害性能也是有利的,其试验结果如图11.8所示。

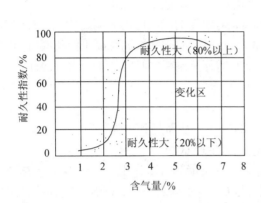 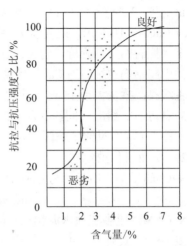

(a) 已硬化了的混凝土含气量与抗冻耐久性的关系(cordon) (b) 新拌混凝土含气量与抗早期冻害性能的关系(日本·洪恒郎)

图 11.8 引气剂对混凝土抗冻性能的影响图

从图 11.8 所示的两种混凝土试验结果看,试验曲线有其相似性,且得出的含气量的值也相近,都在 3~5% 之间。国内一些试验资料也证明了上述的试验结果。根据这些试验,我国《混凝土结构工程施工及验收规范》(GB 50204—1992)规定:"对抗冻性要求高的混凝土,宜使用引气剂或引气减水剂。"这是由于在混凝土中含气量每增加 1%,会使其强度损失 5%。如采用减水剂时,由于减水作用,能使混凝土强度增强 10%~20%,这样可以弥补由于引气导致的强度损失。

11.3.6 混凝土冬期施工的化学外加剂

化学外加剂在近代混凝土施工中,已成为一类重要的材料。它的特点主要是:施工简单、节约能源,不需要复杂的设备,但就目前来看价格偏高。

混凝土冬期施工中常用的化学外加剂为早强剂、减水剂、引气剂、阻锈剂、防冻剂等,现分述如下:

1. 早强剂

早强剂的定义:凡是掺入到水泥沙浆或混凝土中,能加速水泥沙浆或混凝土硬化,提高混凝土强度,特别是早期强度的外加剂称为早强剂。我国对早强剂按其发展分为单一及复合两大类。单一品种有 $CaCl_2$、$NaCl$、Na_2SO_4、$CaSO_4$、K_2CO_3、$NaOH$、$Ca(NO_2)_2$、$N(CH_2 \cdot CH_2 \cdot OH)_3$ 等。复合产品多为以上述单一品种为基体复合以减水剂、阻锈剂、防冻剂等制成的产品。从单一品种来看,目前的早强剂大多数为无机盐,有机盐类发现及应用较少。所有早强剂一般在水泥水化时都参与了水化作用产生新的复盐并加速水泥的水化反应,且掺量都有一定的限值,并在一定范围内起作用。

1) $CaCl_2$(氯化钙)

$CaCl_2$ 是一种很有效的外加剂,它具有加剧水泥早期的水化热,降低水的冰点和低温早强、促凝作用。这主要是 $CaCl_2$ 掺入后,能增加水泥矿物的溶解度加速水泥矿物水化,而且 $CaCl_2$ 与 $3CaO·Al_2O_3$(简写为 C_3A)作用生成水化氯锰酸钙($3C_3A·3CaCl_2·32H_2O$ 和 $3C_3A·CaCl_2·10H_2O$),此复盐不溶于水及 $CaCl_2$ 溶液,因而能从水泥——水系统中析晶,提高了水泥石的早期强度。但 $CaCl_2$ 的掺量不能过多,只能限量为水泥重量的 1~2%,过多则易引起钢筋锈蚀。当 $CaCl_2$ 掺量低于 1%时,对水泥的凝结时间无明显影响,有时也可能产生缓凝;掺量大于 1%时产生促凝。掺量为 2%时,硅酸盐水泥混凝土的初凝时间约提前 2/3~1 小时;终凝时间约提前 2/3~2 小时,对需要控制凝结时间的工程来说应注意水泥品种和掺入 $CaCl_2$ 量的影响因素。

2) $NaCl$(氯化钠)

$NaCl$ 的早强作用是:与 $Ca(OH)_2$ 作用生成 $CaCl_2$,从而起到早强作用:

$$NaCl+Ca(OH)_2 \rightarrow CaCl_2+NaOH$$

$NaCl$ 掺入过多能使水泥颗粒扩散层增加,因而又能起缓凝作用。所以 $NaCl$ 的掺量不能过多。$NaCl$ 具有与 $CaCl_2$ 相似的早强作用,与 $CaCl_2$ 不同之点是:掺 $NaCl$ 的后期强度会有某些降低,故单独作早强剂使用效果并不十分理想,只有使它的掺量为 0.5%并和 $N(CH_2·CH_2·OH)_3$ 复合使用时,效果最佳。

掺低浓度的 $NaCl$,在常用掺量下,降低水的冰点效应大于 $CaCl_2$,而且是目前降低水冰点最显著的一种早强剂。$NaCl$ 和 $CaCl_2$ 水溶液的冰点和最低共熔点见表 11-5。

表 11-5 $NaCl$、$CaCl_2$ 水溶液的冰点

氯盐	浓度/100 克水温度/℃					析出固相共熔体	
NaCl	100 克水中含氯盐的克数	0	2	4	6	8	42.7	−55.6
	冰点 ℃	0	−0.9	−1.9	−2.8	−3.9		
$CaCl_2$	100 克水中含氯盐的克数	0	2	4	6	8	30.1	−21.2
	冰点 ℃	0	−1.2	−2.4	−3.5	−4.8		

3) Na_2SO_4(硫酸钠)

Na_2SO_4 是我国使用较普遍的一种早强剂,其早强作用机理是:

$$Na_2SO_4+Ca(OH)_2+2H_2O \rightarrow CaSO_4·2H_2O+2NaOH$$

这一反应的进行能加速硅酸三钙 $3CaO·SiO_2$(简写为 C_3S)的水化,同时,$CaSO_4·2H_2O$ 又易与 $3CaO·Al_2O_3$(即 C_3A)生成各种复盐晶体 $3CaO·Al_2O_3·3CaSO_4·31$~$3H_2O$ 与 $3CaO·Al_2O_3、CaSO_4·12H_2O$ 等,能使水泥石致密,起早强作用。Na_2SO_4 的适宜掺量为水泥重量的 2%。

4) $Ca(NO_2)_2$(亚硝酸钙)

$Ca(NO_2)_2$ 的早强作用也是与 C_3A 作用生成亚硝酸铝酸盐复盐($C_3A·Ca(NO_2)_2·8$~$12H_2O$),起到早强作用。

5) $N(CH_2·CH_2·OH)_3$(三乙醇胺)

$N(CH_2·CH_2·OH)_3$ 的早强机理,目前还未完全弄清楚。它具有掺量少,副作用小,早强效果明显的特点。一般认为,$N(CH_2·CH_2·OH)_3$ 掺入水泥后,并不参与水泥的水化

反应，它的作用是一方面能加速铝酸三钙 3CaO·Al$_2$O$_3$·(C$_3$A) 和铁铝酸四钙 4CaO·Al$_2$O$_3$·Fe$_2$O$_3$(C$_4$AF) 的水化反应；另外又可以使 C$_3$A 与·CaSO$_4$ 的反应加快，从而使水泥的早期强度增长较快。所以说，N(CH$_2$.CH$_2$·OH) 的早强效应主要是催化作用。但试验又表明，适量的 N(CH$_2$·CH$_2$·OH)$_3$ 可以加速 C$_3$A 的水化，但另一方面它对硅酸三钙 3CaO·SiO$_2$(CAS) 和硅酸二钙 3·2CaO·SiO$_2$(3C$_2$S) 的水化有一定抑制作用，当掺量超过 0.05% 时，早强效果不佳，反而有一定的缓凝作用。所以三乙醇胺作为早强剂最大掺量不宜超过 0.05%，最佳掺量为 0.03% 左右。

2. 减水剂

减水剂的定义：凡能增加水泥浆的流动性，在水灰比保持不变的情况下，可使混凝土用水量降低，提高混凝土强度的外加剂称为减水剂。一般减水剂大多属于阴离子表面活性剂。由于这类活性剂加入混凝土拌和物中，能很好地起湿润、吸附分散等作用。湿润作用能使水泥颗粒易于湿润并加速水化，吸附分散作用可以使水泥水化产物形成絮凝状结构分散开，使包裹的游离水释放出来，这样就可以减少水的用量。另外，由于水泥质点颗粒的表面溶剂化膜增厚，又可以起滑润作用，从而达到了混凝土用水量减少，而其和易性不降低，有利于施工操作。

在混凝土冬期施工中使用减水剂，主要是利用其减水作用，使混凝土中的自由水量减少，从而可增强混凝土的抗冻害性能。

减水剂按其化学材料成分可分下述两类。

1) 普通减水剂

(1) 木质素磺酸盐类。

(2) 高级多元醇的磺酸盐类。

(3) 含氧有机酸盐及其衍生物。

(4) 聚氧化乙烯烷基醚。

(5) 多元醇复合体：如糖钙、淀粉。

(6) 磺化三聚氰胺甲醛缩合物类。

(7) 水溶性树脂磺酸盐类：如磺化古玛隆树脂，磺化三聚氰胺树脂。

2) 高效减水剂

(1) 芳香族多环缩合物。

(2) 三聚氰胺树脂磺酸盐。

(3) 改性本质素磺酸盐。

3) 其他

腐植酸、拷胶渣。

上述这几大类减水剂在国内都有相应产品。一般普通型减水剂(减水效果在 5%～20%) 适宜掺量为 0.15%～0.35%，常用掺量为 0.25%，随着气温的高低变化，掺量可适当增减。高效减水剂适宜掺量为 0.3%～1.5%，常用掺量为 0.5%～0.75%。

3. 引气剂

引气剂的定义：在混凝土中经搅拌作用能引入大量分布均匀的微小气泡，以改善混凝土拌和物的和易性，同时在硬化过程中及硬化后，仍能保持微细气泡以改善和提高混凝土的抗冻害性能和耐久性的外加剂称为引气剂。

引气剂是一种憎水性表面活性剂。引气剂的加入降低了水的表面张力及表面能(注：由于物体表面积改变而引起的内能改变，单位面积的表面能的数值和表面张力相同，但两者物理意义不同)，使混凝土在拌和过程中形成大量微小气泡，由于表面活性剂定向吸附于气泡表面，使气泡相互排斥而且均匀分布，在钙盐溶液中气泡更稳定，这些气泡直径在 0.025～0.25mm 之间，一般引入混凝土中含气量为 3%～6%。这些微小气泡可以阻止固体颗粒的沉降和水分上升，因此可以泌水，一般可减少用水量 37%～44%。这些气泡在混凝土硬化后仍保留在混凝土中，可起到缓和自由水受冻结引起的膨胀应力，从而提高混凝土抗冻融耐久性。

引气剂按其化学材料成分可分为下述两类。

1) 引气剂

(1) 松香树脂类。

(2) 烷基苯磺酸盐类，如合成洗涤剂。

(3) 脂肪醇类。

(4) 非离子表面活性剂。

2) 引气减水剂

(1) 木质素磺酸盐类，如木钙。

(2) 石油磺酸盐类。

(3) 多环芳香族磺酸盐类。

引气剂能显著改善混凝土拌和物的和易性。含气量增加 l%，水灰比约减少 2%～4%。越是贫配合比的混凝土，和易性改善越显著。但增加含气量将损失强度，当掺引气剂的混凝土水灰比小于 0.5 时，含气量增加 1%，强度约损失 5%；当水灰比大于 0.5 时，每增加 1%含气量，强度约降低 7%。强度较低的贫混凝土(20MPa 以下)，加入引气剂后，由于和易性改善，强度略有增加；20～30MPa 的普通混凝土，加入引气剂后，强度降低 5%～10%；30MPa 以上的混凝土，加入引气剂后，强度可降低 20%以上。因此，适当增加混凝土含气量能显著提高混凝土的抗冻融耐久性，混凝土含气量以 3.5%～6%较合适。过量增加含气量对混凝土耐久性提高不显著，且使强度下降。在掺引气剂的混凝土中，气泡粒径、分布状态对混凝土耐久性亦有显著的影响。气泡间隔系数愈小，耐久性愈好。气泡间距大于 300u 时，耐久性系数急剧下降。

在冬期施工应用时，引气剂常用掺量为 0.015%～0.05%，而木质磺酸盐为 0.2%～0.3%，多环芳香族磺酸盐类为 0.5%～0.7%。这些掺量的限值主要是控制引气量不宜过大(一般为 3%～5%)，否则会招致过大的强度损失。还需指出的是，适宜含气量的控制是在一定掺量的条件下，和搅拌参数有很大关系，而且影响较大，如温度、搅拌时间、骨料状态、拌和物运输距离、装卸次数、振捣时间等，具体参数皆需通过试验确定。

4. 阻锈剂

阻锈剂的定义：凡可以减少或阻止混凝土中金属预埋件锈蚀作用的外加剂统称为阻锈剂。阻锈剂掺入混凝土中，能在金属表面形成一层钝化膜，从而使钢筋处于钝态，抑制了金属的电化学腐蚀反应，阻止了钢筋锈蚀。

目前，较好的阻锈剂有 $NaNO_2$、$Ca(NO_2)_2$、$K_2Cr_2O_7$ 等，另外磷酸盐、锰酸盐等氧化剂亦能起一定的阻锈作用。各种阻锈剂的效果根据使用条件不同，掺量也不一样，都需要根据试验确定。例如 $NaNO_2$：作为氯盐的阻锈剂，可显著抑制钢筋的锈蚀，甚至于在有氯盐存在时，效果也很显著。其原因可能是 $NaNO_2$ 氧化后在钢筋表面形成 Fe_2O_3 膜的缘故。但也有人认为 $NaNO_2$ 中的 NO_2^- 离子在钢筋表面上有一定的吸附性，此时 $NaNO_2$ 占据了晶格中最活泼的位置，从而减少钢筋表面的电化学腐蚀。有的研究者认为，为使 $NaNO_2$ 起到阻锈作用，当氯盐掺量占水泥重量的 0.5%～1.5%时，$NaNO_2$ 与氯盐重量之比应大于 1；当氯盐掺量占水泥重量的 1.5%～3%时，$NaNO_2$ 与氯盐重量之比应大于 1∶3。若比例再增大，其阻锈效果并不一定随掺量增加而递增，需要通过试验确定。

5. 防冻剂

防冻剂的定义：在规定的负温条件下，能显著降低混凝土中液相冰点，使混凝土中自由水不冻结或部分冻结，并能使水与水泥进行水化反应，在一定时间内获得预期强度的外加剂，称为防冻剂。

防冻剂一般分为两类。

第一类防冻剂主要起降低冰点作用，它们的最低共熔点在 -19～-25℃之间。如：$NaCl$、$NaNO_2$、$(NH_2)_2CO$(尿素)等。这类防冻剂有利于混凝土在初期养护阶段不遭受冻害。

第二类防冻剂有很低的共熔温度，可直接与水泥水化反应，加速混凝土凝结硬化，有利于混凝土强度的增长。这类防冻剂有 K_2CO_3、$CaCl_2$、$Ca(NO_2)_2$ 等。

两类防冻剂共同使用效果较好，目前各生产厂家出品的防冻剂普遍由减水剂、早强剂、引气剂和防冻剂四种外加剂复合，相互取长补短以发挥更好的效果。减水剂的作用是使混凝土拌和物减少用水量，从而减少混凝土中的含冰量，并能使冰晶粒度小且分散，减少对混凝土的破坏应力。早强剂则是在混凝土有液相存在的条件下加速水泥水化，提高早期强度，使混凝土尽快获得抗冻害临界强度。引气剂则可增加混凝土的耐久性，在负温条件下对冻胀应力有缓冲作用。防冻剂是保证混凝土的液相在规定的负温条件下不冻结或减少冻结，使混凝土中有较多的液相水存在，为负温下水泥水化创造条件。

防冻剂按其化学材料成分可分为以下两种：

(1) 氯盐防冻剂。即单用氯盐($CaCl_2$、$NaCl$)，或以氯盐为主与阻锈剂、早强剂、减水剂等复合使用的外加剂。

(2) 无氯盐防冻剂。用硝酸盐、亚硝酸盐、碳酸盐、尿素等，或以这些化合物为主与无氯早强剂、引气剂、减水剂复合使用的外加剂。

氯盐防冻剂适用于素混凝土工程，但氯盐掺量不得大于水泥重量的 3%。若应用于混凝土结构工程则应遵守国家标准 GB 50204—1992 第 7.3.2 条的下述规定：

在钢筋混凝土中掺用氯盐防冻剂时，氯盐掺量按无水状态计算，不得超过水泥重量的 1%，掺用氯盐的混凝土必须振捣密实，且不宜采用蒸汽养护。

在下列钢筋混凝土结构中不得掺用氯盐：

① 在高湿度空气环境中使用的结构。

② 处于水位升降部位的结构。

③ 露天结构或经常受水淋的结构。

④ 与镀锌钢材或与铝铁相接触部位的结构，以及有外露钢筋预埋件而无防护措施的结构。

⑤ 与含酸、碱或硫酸盐等侵蚀性介质相接触的结构。

⑥ 使用过程中经常处于环境温度为60℃以上的结构。

⑦ 使用冷拉钢筋或冷拔低碳钢丝的结构。

⑧ 薄壁结构、中级或重级工作制吊车梁、屋架、落锤或锻锤基础等结构。

⑨ 电解车间和直接靠近直流电源的结构。

⑩ 直接靠近高压电源(发电站、变电所)的结构。

⑪ 预应力混凝土结构。

此外，对于使用高强钢丝的预应力混凝土亦不宜使用硝酸盐，这是因为硝酸盐会加剧高强钢丝的腐蚀。

到目前为止，国内已使用的防冻剂有 $NaCl$、$CaCl_2$、$NaNO_2$、$NaNO_3$、K_2CO_3、$Ca(NO_2)_2$、氨水、尿素等。另外，还有一些醇类和酮类有机化合物有更明显的降低冰点的性能，如乙醇(C_2H_5OH)、丙醇(C_3H_7OH)：$t_n = -127℃$，甲醇(CH_3OH)：$t_n = -97.1℃$，丁醇(C_4H_9OH)：$t_n = -89.6℃$，丙酮(CH_3COCH_3)：$t_n = -94.3℃$。

综上所述，我们可以归纳出以下几点：

一是从已发现并研究应用于工程实践上的防冻剂中以无机盐为多，在无机领域再进一步寻找适于工程上应用的品种较困难，而有机领域尚待进一步开发。

二是在无机盐中，具有电解质性质的盐类为多数，因而在使用中要注意遵守国家标准中的相应规定。

三是无机电解质类外加剂，有的在水泥水化时参与了水化反应，除前面已介绍的氯盐外，如 $NaNO_2$ 参与水化反应可生成 $3CaO \cdot Al_2O_3 \cdot 11H_2O$。这些复盐在水泥中的性质和作用都各不一样，当生成量控制在一定范围内时，还未发现其对水泥石结构的副作用。

四是有些防冻剂具有二重性或三重性，如 $CaCl_2$ 既是防冻剂，又是早强剂，$NaNO_2$ 既是防冻剂，又是阻锈剂，而且还具有缓凝塑化作用。

五是对醇类和酮类的有机盐防冻剂，其降低冰点效应极佳，但其缺陷是对水泥水化有严重的抑制作用，这对冬期施工是一个矛盾。如何开发这类防冻剂在工程上使用的实用价值是尚待研究的课题。

至于每种化学外加剂在工程上使用时掺量多少，这和使用时的温度有关，应根据具体情况通过试验确定。在掺防冻剂混凝土中，实际上只有两个明确的温度概念，即环境温度(或称外界气温)和养护温度(或称为防冻剂的最低适应温度)。前者受自然条件制约，后者温度为防冻剂的方案设计温度。这里应特别指出，在冬期施工中，如果混凝土结构或构件无保温层覆盖，则养护温度为环境温度，如有保温层覆盖时，则养护温度不等于环境温度。所以说，-10℃的防冻剂，亦可用于-10℃以下的气温环境，但其前提必须有保温材料覆盖，且随着气温的持续降低，即 $t_w \leq -10℃$ 时保温材料的传热系数 K 值也必须逐步减小。换言之，保温材料应选用高效保温材料，使混凝土的温度 $t \geq -10℃$ 即可。若 $t < -10℃$，若混凝土未达到"临界抗冻强度"，即使掺有防冻剂，仍会遭受冻害。因此防冻剂只有和蓄热法联合使用才能得到最佳效果。表11-6列出一些国内常见的化学防冻剂参考配方，供冬期施工选择使用。

表 11-6 化学防冻剂参考配方

规定温度/℃	防冻剂配方(占水泥重%)
0	食盐 2+硫酸钠 2+木钙 0.25； 尿素 3+硫酸钠 2+木钙 0.25； 硝酸钠 3+硫酸钠 2+木钙 0.25； 亚硝酸钠 3+硫酸钠 2+木钙 0.25； 碳酸钾 3+硫酸钠 2+木钙 0.25
−5	食盐 5+硫酸钠 2+木钙 0.25； 硝酸钠 6+硫酸钠 2+木钙 0.25； 亚硝酸钠 4+硫酸钠 2+木钙 0.25； 亚硝酸钠 2+硝酸钠 3+硫酸钠 2+木钙 0.25； 碳酸钾 6+硫酸钠+木钙 0.25； 碳酸钾 3+硫酸钠 2+木钙 0.25
−10	亚硝酸钠 7+硝酸钠+木钙 0.25； 乙酸钠 2+硝酸钠 6+硫酸钠 2+木钙 0.25； 亚硝酸钠 3+硝酸钠 5+硫酸钠 2+木钙 0.25； 尿素 3+硝酸钠 5+硫酸钠+木钙 0.25

注：① 规定温度即混凝土本身硬化养护的温度。
② 掺食盐配方仅用于无筋混凝土。

11.3.7 化学防冻外加剂的设计理论和设计方案

在混凝土冬期施工中，采用化学防冻外加剂的主要目的是使混凝土在负温条件下不冻结，以消除水结冰时产生的破坏作用，同时又能使水泥在负温下继续与水进行水化反应，不断增大其强度。但是，到目前为止，除了 $CaCl_2$ 以外，尚未找出另一种较好的既能降低混凝土中的液相冰点，又可以使混凝土早强的单体防冻外加剂。因而在防冻外加剂研究中，各国都在向复合方案发展，以求达到更好的效果。

化学防冻外加剂的设计理论目前有两种：

1. 冰点理论

水在标准条件下具有固定的性质，如 0℃结冰，100℃沸腾，而在一定的温度下又有其固定的饱和蒸气压。但当在水中加入一定量的电解质盐时，混凝土拌和物中的液相即成为具有电解质的盐溶液，由于盐溶液的饱和蒸气压下降，导致其冰点亦降低。其冰点下降多少和盐溶液中溶质浓度有关，根据拉乌尔定律，溶液的冰点下降可按下式计算：

$$T = T_0 - K_f mi \tag{11-8}$$

式中：T——溶液的冰点；
T_0——水的冰点；
K_f——水的冰点下降常数，$K_f =1.86$；
m——溶液的重量摩尔浓度；
i——电解质系数。

在实际应用时，可以根据式(11-8)来设计外加剂溶液的浓度和冰点的关系。按式(11-8)计算出的冰点是理论溶液的冰点，但是实际混凝土拌和物中除了防冻剂外，还有其他溶质存在，实际冰点比理论计算值稍低些，对此可不予考虑。

2. 容许成冰率理论

从拉乌尔定律看出，对某一固定的防冻剂来说，要求的设计冰点越低时，所需溶解的外加剂用量也越多。也就是说，气温越低，要加入的防冻剂也越多。这在实际应用上带来两个问题，一是过大的外加剂掺量会使施工增价过高，二是大掺量也会给混凝土的一些性能带来不良后果。

俄罗斯学者 E·II·库滋民在进行氨水混凝土的试验时发现，掺防冻剂的混凝土在一定条件下，当按冰点理论设计外加剂的掺量，混凝土在规定温度下进行养护，其后期性能并不一定是最好的。相反，如果外加剂掺量适当减少，使混凝土中含有一定的结冰率，其后期强度反而比冰率为零时好。他们又用 $NaNO_2$、K_2CO_3 等多种外加剂进行试验，亦发现了类似的规律，因而提出了容许成冰率的设想方案，这就是容许成冰率理论。这一理论的提出，无疑对化学防冻外加剂的研究是一个很大的突破。尽管这一理论还在不断完善之中，但其意义是很大的。我国有的单位曾经将三乙醇胺与食盐复合的外加剂用于最低气温-5℃条件下的施工，收到一定效果，但这一方案按冰点理论计算达不到-5℃是否客观上吻合了这一理论，其容许含冰率到底为多少，尚需进一步研究。

化学防冻剂的设计方案归纳起来有以下几种：

(1) 单体防冻剂方案。
(2) 防冻剂＋减水剂方案。
(3) 防冻剂＋早强剂方案。
(4) 防冻剂＋阻锈剂方案。
(5) 防冻剂＋早强剂＋减水剂方案。
(6) 防冻剂＋早强剂＋阻锈剂方案。
(7) 防冻剂＋早强剂＋阻锈剂＋减水剂方案。

上述各种设计方案中，减水剂大多选用引气型减水剂(如木素磺酸钙等)，因而引气剂在方案设计中即不单独采用了。

11.3.8 混凝土冬期施工的工艺要求

在一般情况下，混凝土冬期施工要求正温浇筑、正温养护。对原材料的加热，以及混凝土的搅拌、运输、浇筑和养护应进行热工计算，并据此施工。

1. 混凝土原材料的加热

冬期施工中配制混凝土用的水泥，应优先选用活性高、水化热量大的硅酸盐水泥和普通硅酸盐水泥，不宜用火山灰质硅酸盐水泥和粉煤灰硅酸盐水泥。如是蒸汽养护，所用水泥品种经试验确定。水泥的标号不应低于 425 号，最小水泥用量不宜少于 $300 kg/m^3$。水灰比不应大于 0.6。水泥不得直接加热，使用前 1~2d 运入暖棚存放，暖棚温度宜在 5℃以上。

因为水的比热是砂、石骨料的五倍左右，所以冬期拌制混凝土时应优先采用加热水的方法，但加热温度不得超过表 11-7 中规定的数值。

表 11-7 拌和水及骨料的最高温度

项 目	水泥标号	拌和水/℃	骨料/℃
1	标号小于 525 号普通硅酸盐水泥、矿渣硅酸盐水泥	80	60
2	标号等于和大于 525 号普通硅酸盐水泥、硅酸盐水泥	60	40

水的加热方法有三种：用锅子烧水；用蒸汽加热水；用电极加热水。

骨料要求提前清洗和储备，做到骨料清洁，无冻块和冰雪。冬期骨料所用储备场地应选择地势较高不积水的地方。

冬期施工拌制混凝土的砂、石温度要符合热工计算需要的温度。骨料加热的方法有，将骨料放在铁板上面，底下燃烧直接加热；或者通过蒸汽管、电热线加热等。但不得用火焰直接加热骨料。加热的方法可因地制宜，但以蒸汽加热法为好。其优点是加热温度均匀，热效率高。缺点是骨料中的含水量增加。

原材料不论用何种方法加热，在设计加热设备时，必须先求出每天的最大用料量和要求达到的温度，根据原材料的初温和比热，求出需要的总热量。同时考虑加热过程中热量的损失。有了要求的总热量，可以决定采用热源的种类、规模和数量。

2. 混凝土的搅拌

混凝土不宜露天搅拌，应尽量搭设暖棚，优先选用大容量的搅拌机，以减少混凝土的热量损失。搅拌前，用热水或蒸汽冲洗搅拌机。混凝土搅拌时间应根据各种原材料的温度情况，考虑相互间的热平衡过程，通过试拌确定延长的时间，一般为常温搅拌时间的 1.25～1.5 倍。即比常温规定时间延长 50%。由于水泥和 80℃ 左右的水拌和会发生骤凝现象，所以材料的投料顺序，先将水和砂石投入拌和，然后加入水泥。若能保证热水不和水泥直接接触，水可以加热到 100℃。

混凝土冬期施工对搅拌机的选择，应考虑水灰比的减少，化学外加剂的掺入，骨料难于自由拌和，宜采用强制式搅拌机，以加强搅拌效果。一般强制式搅拌机鼓筒的转速为 6～7r/min，叶片转轴的转速为 30r/min。转速过小，不能拌匀；转速过大，由于离心力作用，也会影响混凝土拌和物的均匀性。因此，绝不能用增大转速的方法来缩短搅拌时间。

拌制混凝土所使用的外加剂，目前取液态型式为多，溶液应配成浓度大的标准溶液及施工用的混合溶液，使用时随时测定其浓度，保持均匀一致，并应注意溶解度与温度的关系，对于怕冻和在低温条件下溶解度很低的外加剂，应提供相适应的温度环境，混凝土拌制过程的温度损失见表 11-8。

表 11-8 混凝土拌制过程的温度损失

拌和物温度与环境温度差/℃	15	20	25	30	35	40	45	50	55	60
拌制的温度损失/℃	3.0	3.5	4.0	4.5	5.0	6.0	7.0	8.0	9.0	10.5
温度损失系数	0.200	0.175	0.160	0.150	0.143	0.150	0.156	0.160	0.164	0.175

11.3.9 混凝土拌和物温度计算

1. 混凝土拌和物的理论温度计算

混凝土拌和物温计算可根据组成材料的温度,依据热平衡原理"混凝土拌和物所获得的热量等于拌和物中各组分热量之和"即:"原材料带给混凝土拌和物的总热量等于原材料重量、比热和温度的乘积",因而混凝土拌和物的理论温度,可按下式计算:

$$T_0 = [0.92(m_{ce}T_{ce} + m_{sa}T_{sa} + m_gT_g) + 4.2T_w(m_w - w_{sa}m_{sa} - w_gm_g)$$
$$+ c_1(w_{sa}m_{sa}T_{sa} + w_gm_gT_g) - c_2(w_{sa}m_{sa} + w_gm_g)]$$
$$\div [4.2m_w + 0.92(m_{ce} + m_{sa} + m_g)] \tag{11-9}$$

式中:T_0——混凝土拌和物温度(℃);

m_w、m_{ce}、m_{sa}、m_g——分别为水、水泥、砂子、石子的用量(kg);

T_w、T_{ce}、T_{sa}、T_g——分别为水、水泥、砂子、石子的温度(℃);

w_{sa}、w_g——分别为砂子、石子的含水率(%);

c_1——水的比热容(kJ/kg·K);

c_2——冰的溶解热(kJ/kg)。

当骨料温度大于0℃时,$c_1 = 4.2$,$c_2 = 0$;

当骨料温度小于或等于0℃时,$c_1 = 2.1$,$c_2 = 335$。

【例 11.1】 已知C20混凝土每 m^3 的材料用量为:水泥300kg、砂650kg、石子1250kg、水175kg。材料的温度分别为:水泥6℃、砂30℃、石子24℃、水50℃。实测骨料含水率:砂3%,石子2%。求混凝土拌和物的温度。

解

$$T_0 = [0.9(300 \times 6 + 650 \times 30 + 1250 \times 24) + 4.2 \times 50(175 - 0.03 \times 650 + 0.02 \times$$
$$1250) + 4.2(0.03 \times 650 \times 30 + \times 1250 \times 24)] \div [4.2 \times 175 + 0.9(300 + 650 + 1250)]$$
$$= (0.9 \times 51300 + 210 \times 130.5 + 4.2 \times 1185) \div (735 + 1980)$$
$$= (46170 + 27405 + 4977) \div 2715$$
$$= 28.93(℃)$$

2. 混凝土实际的出机温度计算

冬期混凝土在搅拌过程中,由于周围环境温度的影响,出机时的温度常低于理论温度,混凝土实际的出机温度可按下式计算:

$$T_1 = T_0 - 0.16(T_0 - T_i) \tag{11-10}$$

式中:T_1——混凝土拌和物出机温度(℃);

T_0——混凝土拌和物温度(℃);

T_i——搅拌机棚内温度(℃)。

11.3.10 混凝土的运输及温度损失计算

1. 混凝土的运输

混凝土的运输时间和距离应保证混凝土不离析、不丧失塑性。采取的措施主要为减少运输时间和距离；使用大容积的运输工具并加以适当保温。

混凝土拌和物出机后，应及时运到浇筑地点。在运输过程中，注意防止混凝土热量散失、表层冻结、混凝土离析、水泥砂浆流失、坍落度变化等现象发生。在运输距离长，倒运次数多的情况下，要改善运输条件，加强运输工具的保温覆盖，在可能的条件下，制作定型保温车或运输采暖设备。途中混凝土温度不能降低过快，一般每小时温度降低不宜超过 5～6℃。如混凝土从运输到浇筑过程中发生冻结现象时，必须在浇筑前进行人工二次加热拌和。为防止混凝土坍落度的变化，运输工具除保温防风外，还必须严密，不漏浆，不吸水，并应在使用中经常清除容器中黏附的硬化混凝土残渣并及时清除冰雪冻块，容器用后要盖严。

混凝土的运输过程是热损失的关键阶段。混凝土浇筑时入模温度除与拌和物的出机温度有关外，主要决定于运输过程中的蓄热程度。因此，运输速度要快，运输距离要短，倒运次数要少，保温效果要好，尽量缩短运输时间。目前冬期施工常用的水平运输工具有：单轮或双轮手推车、轻便小型翻斗车及自卸汽车等。垂直运输工具有：各种升降机、卷扬机、井架运输机、塔式起重机等，并配合采用吊斗等容器装运混凝土。在高层建筑施工时，可将水平运输工具和垂直运输机械相配，形成运输联动线，这样既可缩短运输时间和距离、减少热损失，又可提高工效。

2. 混凝土运输途中的温度损失计算

当混凝土量大且集中时，可用混凝土泵作水平和垂直的连续运输设备，它具有节省人力和设备、快速方便以及灵活性大等特点，但由于它对混凝土流动性有一定要求，管道又须很好保温，这在寒冷的冬天不易做到，故用于冬期施工应慎重。混凝土拌和物从出机运输到浇筑地点，温度会逐渐降低，至成型完成时的温度按下式计算：

$$T_2 = T_1 - (\alpha t_1 + 0.032n)(T_1 - T_a) \tag{11-11}$$

式中：T_2——混凝土拌和物运输到浇筑地时的温度(℃)；

T_1——混凝土拌和物出机温度(℃)；

t_1——混凝土拌和物自运输到浇筑地时的时间(h)；

n——混凝土拌和物转运次数；

T_a——混凝土拌和物运输时的环境温度(℃)；

α——温度损失系数(h^{-1})：

当用混凝土搅拌车运输时，$\alpha = 0.25$；

当用开敞式大型自卸汽车时，$\alpha = 0.20$；

当用开敞式小型自卸汽车时，$\alpha = 0.30$；

当用封闭式自卸汽车时，$\alpha = 0.10$；

当用手推车时，$\alpha = 0.50$。

11.3.11 混凝土的浇筑及入模后养护起始温度 T_3 的计算

混凝土冬期施工在浇筑前，应清除模板和钢筋上的冰雪和污垢。浇筑时，拌和物从拌板、料斗、漏斗或各类运输工具中卸出，砂浆容易与容器冻结，故在浇筑前应采取防风、防冻保护措施，一旦发现混凝土遭冻应进行二次加热搅拌，使拌和物具有适宜的施工和易性再浇筑。浇筑前还应特别对所用脚手架、马道的搭设和防滑措施进行检查，杜绝不安全的隐患。

对于强冻胀性地基土不能浇筑混凝土；在弱冻胀性地基土上浇筑混凝土时，基土不得遭冻；在非冻胀性地基土上可以浇筑混凝土。

对加热养护的现浇混凝土结构，混凝土的浇筑程序和施工缝的位置，应能防止在加热养护时产生较大的温度应力，当加热温度在40℃以上时，应征得设计单位同意。

浇筑大体积混凝土结构，工业建筑中多为设备基础，在高层建筑中多为厚大的基础板底，因其上面荷载很大，整体性要求较高，往往不允许留施工缝，要求一次连续浇筑完毕。另外，大体积混凝土结构浇筑后，由于结构表面系数小，体积大，水泥水化热量高，水化热积聚在内部不易散发，混凝土内部温度将逐渐增高，而表面散热甚快，形成较大的内外温差，内部产生压应力，外部表面产生拉应力。如混凝土内外温差大于20℃，则混凝土表面易产生裂纹。当混凝土内部逐渐冷却，产生收缩时，由于基底或已浇筑混凝土的约束，接触处将产生很大的拉应力。当拉应力超过混凝土的极限抗拉强度时，在约束接触处会产生裂缝，甚至会贯穿整个混凝土块体，带来严重的危害。浇筑大体积混凝土结构时，混凝土本身的内外温差和混凝土表面与自然或介质间的温差所造成的裂纹，都应设法预防。为此，应优先选用低水化热值的水泥，降低水泥用量，掺入适量粉煤灰，降低浇筑速度并减少浇筑层的厚度，或采取保温措施提高环境温度，将温差控制在20℃以内。

分层浇筑大体积结构时，已浇筑层的混凝土温度，在被上一层混凝土覆盖前，不得低于按热工计算的温度，且不得低于2℃。

在施工操作上要加强混凝土的振捣，尽可能提高混凝土的密实程度。冬期振捣混凝土要采用机械振捣，振捣时间比常温时有所增加。

混凝土入模温度与自然气温、保温材料等要求有关，另外还要考虑模板和钢筋吸热影响而导致的温度降低，之后开始养护起始温度 T_3 的计算，起始温度 T_3 可按下列公式计算：

$$T_3 = \frac{c_c m_c T_2 + c_f m_f T_f + c_s m_s T_s}{c_c m_c + c_f m_f + c_s m_s} \tag{11-12}$$

式中：T_3——考虑模板和钢筋吸热影响，混凝土成型完成时的温度(℃)；

c_c、c_f、c_s——分别为混凝土、模板、钢筋的比热容(kJ/kg·℃)；

m_c——每 m^3 混凝土的重量(kg)；

m_f、m_s——分别为每 m^3 混凝土相接触的模板、钢筋重量(kg)；

T_f、T_s——分别为模板、钢筋的温度，未预热时可采用当时的环境温度(℃)。

式(11-12)是根据混凝土、模板和钢筋三者之间的热平衡原理建立的，也为混凝土蓄热养护过程中的温度计算提供较准确的混凝土养护起始温度。

11.3.12 混凝土冬期施工非加热养护方法

混凝土冬期施工养护方法一般分为非加热养护和加热养护两大类,非加热养护方法有:冷混凝土法、蓄热法、扩大蓄热法、综合蓄热法;加热养护方法有:蒸汽养护法、电热法、暖棚法、红外线热养护法。

1. 冷混凝土法

冷混凝土法是指混凝土在正温环境中搅拌,浇筑成型后不作任何保温或加热措施,直接掺入氯盐使混凝土在负温环境中硬化。氯盐掺量应根据混凝土在硬化最初 15 昼夜内混凝土内部的最低温度来确定。为确保钢筋混凝土结构中钢筋不会产生由氯盐引起的锈蚀,在钢筋混凝土中,氯盐掺量不得超过水泥重量的 1%(按无水状态计算)。在无筋混凝土中用热拌材料拌制时,氯盐掺量不得大于水泥重量的 3%,用冷材料拌制时,氯盐掺量不得大于拌和水重量的 15%。由于氯盐对钢筋有锈蚀,故在钢筋混凝土工程和预应力混凝土工程中使用受到限制。为防止钢筋锈蚀,可加入水泥重量 2%的亚硝酸钠阻锈剂。

2. 负温混凝土法

负温混凝土法是指在负温下配制混凝土时,排除单掺氯盐的化学外加剂,但不排除对原材料的保温、防护或加热,在养护过程中可与蓄热法等冬期施工措施结合。选择该名称是为与以往掺氯盐的冷混凝土相区别。

3. 蓄热法

蓄热法的定义是:将混凝土预为加热,使混凝土经过搅拌、运转、浇捣入模后仍有一定温度,用有保温作用的外套,将混凝土包盖起来,充分利用水泥的水化热,使混凝土慢慢冷却。在混凝土冷却终了之前,混凝土已经达到要求强度。这种强度,因设计要求而定:如耐冻强度,拆模强度,负载强度和起吊强度等。

蓄热法的特点是混凝土养护不需要外加热源,冬期施工费用成本较低,经济技术效果显著,施工简便、安全可靠,在一定气温和结构条件下,它是国内外混凝土冬期施工中最主要和最基本的优良方法。适用于气温不太寒冷的地区或是初冬和冬末季节。我国《混凝土结构工程施工及验收规范》(GB 50204—1992)第 7.5.1 条规定:"当室外最低温度不低于 $-15℃$ 时,地面以下的工程或表面系数不大于 15"的结构,应优先采用蓄热法养护。"只有在技术条件不易满足热工计算或因施工期限紧迫才采用其他方法。

蓄热法的适用性取决于结构的尺寸(即表面系数 M),水泥的活性(即水泥品种和标号),正在浇筑混凝土的温度,环境气温,风速以及工程进度所允许的混凝土养护期间。这些因素的综合结果决定了蓄热法的应用范围。事实证明:早在 1959 年和 20 世纪 60 年代初期,我国北方大力采用蓄热法,在 $-5\sim-10℃$ 时,无论何种混凝土结构,即使表面系数达到 $25m^2/m^3$ 的混凝土板,采用此法均获成功。此法也可在更低温度下采用。

蓄热法使用的保温材料应该以传热系数小、价格低廉和易于获得的地方材料为宜,如草帘、草袋、锯末、炉渣等。保温材料必须干燥,以免降低保温性能,可按表 11-9 选用。

表 11-9　各种材料的质量密度、导热系数及比热

材料名称	质量密度 ρ /(kg/m³)	导热系数 λ /(W/m·℃)	比热 c /(kJ/kg·℃)
新捣实混凝土	2400	1.55	1.05
硬化的混凝土	2200	1.28	0.84
珍珠岩混凝土	800~600	0.26~0.17	0.84
加气混凝土	600~400	0.21~0.14	0.84
泡沫混凝土	600~400	0.21~0.14	0.84
干砂	1600	0.58	0.84
炉渣	1000~700	0.29~0.22	0.84
高炉水渣	900~500	0.20~0.16	0.84
矿渣	150		0.75
蛭石	120~150	0.07~0.09	1.34
玻璃棉	100	0.06	0.75
木材	550	0.17	2.51
刨花板	350~500	0.12~0.20	2.51
岩棉板		0.04	
石棉	1000(压实)	0.22	
锯屑	250	0.09	2.51
草袋、草帘	150	0.10	1.47
草垫	120	0.06	1.47
稻壳	250	0.21	1.88
油毡、油纸	600	0.17~0.23	1.51
水泥袋纸	500	0.07	1.51
厚纸板	1000	0.23	
毛毡	150	0.06	
聚氯乙烯泡沫	190	0.06	1.47
聚氨酯泡沫塑料		0.025	
钢板	7850	58	0.63
干而松的雪	300	0.29	2.09
潮湿密实的雪	500	0.64	2.09
水	1000	0.58	4.19
冰	900	2.33	2.09

采用蓄热法施工时，最好使用活性高、水化热大的普通硅酸盐水泥和硅酸盐水泥。可按表 11-10 选用。

表 11-10　水泥水化累计最终放热量 Q_{ce} 和水泥水化速度系数 V_{ce}

水泥品种及标号	Q_{ce} /(kJ/kg)	V_{ce} /h^{-1}
525 号硅酸盐水泥	400	0.13
525 号普通硅酸盐水泥	360	0.13
425 号普通硅酸盐水泥	330	0.13
425 号矿渣、火山灰、粉煤灰硅酸盐水泥	240	0.13

4. 扩大蓄热法

在蓄热法工艺的基础上，在混凝土中掺入化学防冻外加剂，以延长硬化时间和提高抗冻坏能力。扩大蓄热法的适用范围一般在 $-10 \sim -15$ ℃时，表面系数 $M \leqslant 25\text{m}^{-1}$。

5. 综合蓄热法

综合蓄热法是通过高效能的保温围护结构，使加热拌制的混凝土缓慢冷却，充分利用高标号的水泥水化热和掺入相应的化学外加剂，或采用短时外部加热的综合措施，来提高混凝土的早期强度，增加减水和防冻效果，使混凝土温度在降低到冰点前就能达到预期的强度。

蓄热法和扩大蓄热法主要是使混凝土缓慢冷却至冰点前达到允许受冻的临界强度；综合蓄热法则要求混凝土在养护期间达到受荷强度。

11.3.13　非大体积混凝土蓄热养护热工计算方法——吴震东公式简介

1. 简述

蓄热法的设计，主要有下列两项精确计算：

(1) 在初步确定起始温度(T_3)，选择保温材料和保温外套的构造以后，要作混凝土冷却时间(t)的计算。

(2) 在冷却时间(t)以内，混凝土冷却过程中平均温度($T_{m,a}$)的计算。

只有根据这两项计算，才能预先判断混凝土到达的强度，是否可以拆模，是否可以负载，是否可以起吊，以及冬期中在一定冻融循环之内，是否可以免遭冻害。

关于这两项的计算，在 20 世纪 80 年代以前，国内文献及教材中均采用前苏联学者斯克拉姆塔耶夫教授按稳定传热建立的冷却公式，但计算误差较大；1981 年我国学者湖南大学吴震东先生依据不稳定传热理论建立一整套精确的混凝土蓄热冷却计算理论公式为我国工程界广泛采用，1992 年 9 月，吴震东公式纳入国家技术监督局和建设部联合发布的"中华人民共和国国家标准《混凝土结构工程施工及验收规范》GB 50204—1992"，作为强制性国家标准于 1993 年 5 月 1 日起在全国实施，从而结束了经典的 Б.Г.斯克拉姆塔耶夫公式在我国沿用 40 年之久的历史。

2. 吴震东公式

吴震东公式的计算包括：混凝土蓄热养护开始到任一时刻 t 的温度(T)计算和混凝土蓄热养护开始到任一时刻 t 的平均温度($T_{m,a}$)计算及混凝土蓄热养护冷却至 0℃时间(t_0)的计算等。

(1) 混凝土蓄热养护开始到任一时刻 t 的温度 (T) 按下式计算：

$$T = \eta e^{-\theta V_{ce}t} - \varphi e^{-V_{ce}t} + T_{m,a} \qquad (11\text{-}13)$$

其中，$\eta = T_3 - T_{m,a} + \varphi$；$\varphi = \dfrac{V_{ce} Q_{ce} m_{ce}}{V_{ce} c_c \rho_c - \omega KM}$；$\theta = \dfrac{\omega KM}{V_{ce} c_c \rho_c}$

$$K = \dfrac{3.6}{0.04 + \sum\limits_{i=1}^{n} \dfrac{d_i}{\lambda_i}} ; \quad M = \dfrac{\sum\limits_{i}^{n} A}{V}$$

式中：T——混凝土蓄热养护开始到任一时刻 t 的温度(℃)；

η、φ、θ——分别为综合参数；

e——自然对数底，可取 $e = 2.72$；

ω——透风系数，查表 11-11 和表 11-14；

K——结构围护层的总传热系数(kJ/m²·h·℃)，可计算；也可从表 11-12 中选取；

V_{ce}——水泥水化速度系数(h^{-1})或(d^{-1})，查表 11-13；

t——混凝土蓄热养护开始到任一时间(h)；

$T_{m,a}$——混凝土蓄热养护开始到任一时刻 t 的平均气温(℃)；取法可采用蓄热养护开始至 t 时气象预报的平均气温，亦可按每时或每日平均气温计算；

T_3——混凝土入模后养护起始温度(℃)；

Q_{ce}——水泥水化累计最终放热量(kJ/kg)，见表 11-13；

m_{ce}——每 m³ 混凝土水泥用量(kg/m³)；

c_c——混凝土的比热容(kJ/kg·℃)；

ρ_c——混凝土的质量密度(kg/m³)；

d_i——第 i 层围护层厚度(m)；

λ_i——第 i 层围护层的导热系数(W/m·℃)；1W=3.6J/h；

M——结构的表面系数(m²/m³)或(m⁻¹)；

A——混凝土结构的表面积(m²)；

V——混凝土结构的体积(m³)。

表 11-11 透风系数 ω

围护层种类	透风系数 ω		
	小 风	中 风	大 风
围护层由易透风材料组成	2.0	2.5	3.0
易透风保温材料外包不易透风材料	1.5	1.8	2.0
围护层由不易透风材料组成	1.3	1.45	1.6

注：小风速度：$V_w = 3$m/s；中风速度：3m/s$\leqslant V_w \leqslant 5$；大风速度：$V_w > 5$m/s。

表 11-12 围护层的传热系数 K

顺序	围护层构造	传热系数 K /(W/m² · ℃)
1	塑料薄膜一层	12.0
2	塑料薄膜二层	7.0
3	钢模板	12.0
4	木模板 20mm 厚外包岩棉毡 30mm 厚	1.1
5	钢模板外包毛毡三层	3.6
6	钢模板外包岩棉被 30mm 厚	3.6
7	钢模板区格间填以聚苯乙烯板 50mm 厚	3.0
8	钢模板区格间填以聚苯乙烯板 50mm 厚,外包岩棉被 30mm 厚	0.9
9	混凝土与天然地基的接触面	5.5
10	表面不覆盖	30.0

表 11-13 水泥在不同期限内的发热量和水化速度系数

水泥品种	标号	水泥水化热量及最终累计水化热量 Q_{ce} /(kJ/kg)				水化速度系数 V_{ce}	
		3d	7d	28d	>28d	(1/d)	(1/h)
硅酸盐水泥	525	314	356	377	377.2	0.413	0.0172
	425	251	272	335	335	0.24	0.0100
	325	209	230	293	297.3	0.22	0.0092
	275	168	188	251	260	0.19	0.0079
矿渣硅酸盐水泥	425	188	251	335	366.2	0.196	0.0082
	325	147	209	273	273	0.208	0.0087
	275	105	190	230	231	0.243	0.0101
火山灰硅酸盐水泥	425	168	230	315	315.7	0.187	0.0078
	325	125	165	250	254.6	0.158	0.0066
	275	105	145	210	231	0.169	0.0070

注:① 本表按平均温度为+15℃编制的,当硬化时的平均温度为7~10℃时,则 Q_{ce} 值按表内数值的 60%~70% 采用。
② 本表是作者提出的理论计算值,表 11-10 是作者参与规范研讨时为简化取值的表,二者均可选用,且计算误差很小。

表 11-14 透风系数 ω 参考表

项次	保温层组成	透风系数	
		ω_1	ω_2
1	单层模板	2.0	3.0
2	不盖模板的表面,用芦苇板、稻草、锯末、炉渣覆盖	2.6	3.0
3	密实模板或不盖模板的表面用毛毡、棉毛毡或矿物棉覆盖	1.3	1.5
4	外层用第 3 项材料,内层用第 2 层材料,内层用第 3 层材料做双层覆盖	2.0	2.3
5	外层用第 3 层材料,内层用第 2 项材料做双层覆盖	1.6	1.9
6	内外层均用第 3 项材料,中间夹间用第 2 项材料做第 3 层覆盖	1.3	1.5

注:① ω_1 为风速小于 4m/s(相当于 3 级以下),结构高度高出地面不大于 25m 情况下的系数。
② ω_2 为风速和高度大于注①情况的系数。

(2) 混凝土蓄热养护开始到任一时刻 t 的平均温度按下式计算：

$$T_{\mathrm{m}} = \frac{1}{V_{\mathrm{ce}}t}\left(\varphi \mathrm{e}^{-V_{\mathrm{ce}}t} - \frac{\eta}{\theta}\mathrm{e}^{-\theta V_{\mathrm{ce}}t} + \frac{\eta}{\theta} - \varphi\right) + T_{\mathrm{m,a}} \tag{11-14}$$

式中：T_{m}——混凝土蓄热养护开始到任一时刻 t 的平均温度(℃)。

(3) 混凝土蓄热养护冷却到 0℃ 的时间按下式计算：

当需要计算混凝土蓄热养护冷却到 0℃ 的时间时，可根据式(11-13)采用逐次逼近的方法进行计算。当蓄热养护条件满足 $\dfrac{\varphi}{T_{\mathrm{m,a}}} \geqslant 1.5$，且 $KM \geqslant 50$ 时，可按下式直接计算：

$$t_0 = \frac{1}{V_{\mathrm{ce}}} \ln \frac{\varphi}{T_{\mathrm{m,a}}} \tag{11-15}$$

式中：t_0——混凝土蓄热养护冷却到 0℃ 的时间(h)。

混凝土冷却到 0℃ 的时间内的平均温度可根据式(11-14)取 $t = t_0$ 进行计算。

【例 11.2】 某工程混凝土冬期施工，施工早期 3d 的平均气温 $T_{\mathrm{m,a}} = -9$ ℃，结构表面系数 $M = 8.33\ \mathrm{m}^{-1}$，保温层总传热系数 $K = 10\mathrm{kJ/m^2 \cdot h \cdot K}$，采用普通硅酸盐水泥，水泥用量 $m_{\mathrm{ce}} = 360\ \mathrm{kg/m^3}$，水泥水化速度系数 $V_{\mathrm{ce}} = 0.017\mathrm{h}^{-1}$，水泥水化放热量 $Q_{\mathrm{ce}} = 250\mathrm{kJ/kg}$，混凝土质量密度 $\rho_{\mathrm{c}} = 2500\mathrm{kg/m^3}$，混凝土的比热容 $c_{\mathrm{c}} = 0.96\mathrm{kJ/kg \cdot K}$，混凝土入模初温 $T_3 = 15$ ℃，透风系数 $\omega = 1.3$，试计算混凝土冷却至 0℃ 时的时间 t_0 和混凝土平均温度 $T_{\mathrm{m,a}}$。

解

(1) 计算 3 个综合参数

$$\theta = \frac{\omega K M}{V_{\mathrm{ce}} c_{\mathrm{c}} \rho_{\mathrm{c}}} = \frac{1.3 \times 10 \times 8.33}{0.017 \times 0.96 \times 2500} = 2.65$$

$$\varphi = \frac{V_{\mathrm{ce}} Q_{\mathrm{ce}} m_{\mathrm{ce}}}{V_{\mathrm{ce}} c_{\mathrm{c}} \rho_{\mathrm{c}} - \omega K M} = \frac{0.017 \times 250 \times 360}{0.017 \times 0.96 \times 2500 - 1.3 \times 10 \times 8.33} = 22.67$$

$$\eta = T_3 - T_{\mathrm{m,a}} + \varphi = 15 - (-9) + (-22.67) = 1.33$$

(2) 计算冷却时间 t_0

利用式(11-13)

$$T = \eta \mathrm{e}^{-\theta V_{\mathrm{ce}}t} - \varphi \mathrm{e}^{-V_{\mathrm{ce}}t} + T_{\mathrm{m,a}}$$

将三个综合参数代入上式得：

$$T = 1.33\mathrm{e}^{-2.65 \times 0.017t} + 22.67\mathrm{e}^{-0.017t} - 9$$

先估计一个 $t = 50\mathrm{h}$，代入上式计算得：

$$T = 1.33\mathrm{e}^{-2.65 \times 0.017 \times 50} + 22.67\mathrm{e}^{-0.017 \times 50} - 9 = 0.8293\ ℃$$

说明混凝土蓄热养护至 50h，混凝土温度为 0.8293℃，仍处于正温，继续养护后才降至 0℃，故估计 $t = 60\mathrm{h}$，代入上式得：

$$T = 1.33\mathrm{e}^{-2.65 \times 0.017 \times 60} + 22.67\mathrm{e}^{-0.017 \times 60} - 9 = -0.7362\ ℃$$

混凝土在养护 60h 后，已处于负温，说明混凝土冷却到 0℃ 时的时间，必在 50h 与 60h 之间，再估计 $t = 55\mathrm{h}$，代入上式得：

$$T = 1.33\mathrm{e}^{-2.65 \times 0.017 \times 55} + 22.67\mathrm{e}^{-0.017 \times 55} - 9 = 0.0115 \approx 0\ ℃$$

计算结果：$t = 55\mathrm{h}$。

(3) 计算平均温度

将以上参数代入式(11-14)得：

$$T_m = \frac{1}{V_{ce}t}\left(\varphi e^{-V_{ce}t} - \frac{\eta}{\theta}e^{-\theta V_{ce}t} + \frac{\eta}{\theta} - \varphi\right) + T_{m,a}$$

$$= \frac{1}{0.017 \times 55}\left(-22.67 e^{-0.017 \times 55} - \frac{1.33}{2.65}e^{-2.65 \times 0.017 \times 55} + \frac{1.33}{2.65} + 22.67\right) - 9$$

$$= 1.0695 \times (-22.67 \times 0.3926 - 0.5018 \times 0.0839 + 0.5018 + 22.67) - 9$$

$$= 1.0695 \times 14.2295 - 9$$

$$= 6.2184\,(\text{℃}) \approx 6.2\,(\text{℃})$$

故知混凝土冷却到0℃的时间为55h，平均温度为6.2℃。

11.3.14 加热养护方法

1. 蒸汽加热法

混凝土冬期施工，对表面系数较大，养护时间要求很短的混凝土工程，当自然气温很低，在技术上有困难时，可以利用蒸汽养护新浇筑的混凝土。蒸汽是一种良好的热载体，它在冷凝时放热量大，具有较高的放热系数，它既能加热，使混凝土在较高的温度下硬化，又供给一定的水分，使混凝土不致蒸发过量而干燥脱水。在工艺上它比短时加热复杂；在混凝土强度增长上它可根据要求达到拆模或受荷强度，这是一种快速湿热养护方法。尽管如此，要通过蒸汽加热得到质地优良的混凝土仍然是一个很复杂的问题，其中最关键的是精确的热工计算和确定一套最佳的蒸汽制度，进行严格的控制，否则很容易出现质量问题。

蒸汽加热法的分类见表11-15。

表11-15 蒸汽加热法的分类

加热方法	特　点	适用范围
棚罩法	设施灵活，施工简便，费用较小，但耗气量大，温度不易均匀	常用于预制梁、板、地下基础，沟管等
汽套法	在模板外加密闭不透风的外套，或利用结构本身，从下部通入蒸汽。分段送汽，温度能适当控制,加热效果取决于保温构造	常用于现浇梁板架、筒体结构、墙、柱等
热模法	利用模板通蒸汽加热混凝土，加热均匀，温度能控制，养护时间短，设备费用较大	常用于垂直构件、墙、柱及框架结构等
内部通汽法	将蒸汽通入构件内部预留孔道加热混凝土，节省蒸汽，费用较低，但要注意冷凝水的处理及入汽端过热易发生的裂缝	适用于预制梁、柱、桁架、现浇梁、柱、框架单梁等

(1) 蒸汽养护混凝土应注意的问题

蒸汽加热混凝土时的水泥水化过程，虽然水化产物与常温相同，但存在水泥石凝胶量减少和晶体颗粒变大的倾向。另外，处于热介质作用下的一系列物理变化也可能使混凝土面层疏松开裂，因此必须对热载体的温湿参数进行调节和控制。一般蒸养制品生产中，普通硅酸盐水泥配制的混凝土的抗压强度比标准养护要低10～15%左右。与普通水泥相比，矿渣水泥和火山灰质水泥有更好的蒸养适应性，蒸汽加热不仅可以促使早强，而且后期强度也有提高,临界温度和时间的限制也较宽,只是就绝对强度值看仍不如普通水泥优越。蒸养混凝土的水灰比与常规养护相同,水灰比低,稠度低、干硬度高者强度发展快,蒸养适应性也好,但必须满足浇筑密实和必要的水化用水,否则效果会适得其反。

对于化学外加剂的选用,蒸汽加热混凝土时应慎重,不同类型的外加剂或不同养护可能有不同的蒸养特征。一般来说,氯盐会使锈蚀加剧;硫酸盐早强作用明显有利抵抗热胀,但早强剂多半要增加混凝土的收缩值;减小引气类的表面活性剂,在一般的蒸养下变形加剧,强度降低,其含气量和推迟凝结可能是招致缺陷的主要原因。

冬期施工,每 $1m^3$ 混凝土的水泥用量不宜超过 350kg,混凝土的水灰比为 0.4~0.6,坍落度在 3~5m 之间,利用在高温下混凝土强度增长曲线确定蒸汽加热的延续时间,如图 11.9 所示。

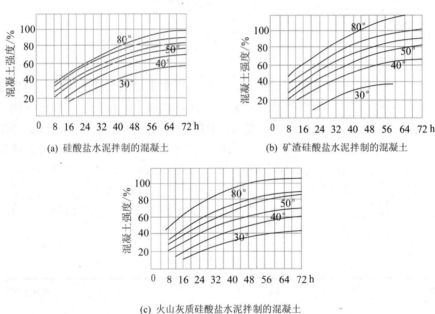

(a) 硅酸盐水泥拌制的混凝土

(b) 矿渣硅酸盐水泥拌制的混凝土

(c) 火山灰质硅酸盐水泥拌制的混凝土

图 11.9 高温下混凝土强度的增长曲线图

(2) 蒸汽加热的一般规定:

我国《混凝土结构工程施工及验收规范》(GB 50204—1992)规定:"蒸汽养护的混凝土,当采用普通硅酸盐水泥时,养护温度不宜超过 80℃;当采用矿渣硅酸盐水泥时,养护温度可提高到 85~95℃";当采用蒸汽养护混凝土时,应使用低压饱和蒸汽,加热应均匀,并排除冷凝水和防止冻结。

对不应受水浸的基土或掺用引气型外加剂的混凝土,不应采用蒸汽法养护。

整体浇筑的结构,当采用加热养护时,混凝土的升、降温度,见表 11-16,蒸汽加热过程中,混凝土强度在开始 24~36h 内增长最快,一般规定蒸汽加热的时间为 1~1.5 昼夜,以防出现裂缝。混凝土的最高加热温度,如为硅酸盐水泥,不得超过 80℃;如为矿渣水泥和火山灰水泥,可提高到 95℃。一般蒸汽养护制度包括升温—等温—降温三个阶段。在高温下蒸汽加热的延续时间可以缩短。

表 11-16 加热养护混凝土的升、降温速度

表面系数/m^{-1}	升温速度/(℃/h)	降温速度/(℃/h)
≥6	15	10
<6	10	5

注：大体积混凝土应根据实际情况确定。

2. 蒸汽加热混凝土的方式

1) 蒸汽棚罩法

这种方法是使用帆布或特殊罩子将混凝土就地覆盖或扣罩，棚罩内通以蒸汽进行养护。这种临时性设施简单，但保温性能差，蒸汽消耗大，每 1m³ 混凝土耗汽达 600～900kg，而且温度也难以保持均匀，往往影响混凝土质量的均匀性。

2) 蒸汽毛管法

将普通木模板加以改造，即在模板内侧靠混凝土沿高度方向做成沟槽，通以蒸汽加热混凝土。但由于木模应用受到限制，目前已很少采用。

3) 蒸汽热模法

此法类似蒸汽毛管法。近年来，混凝土冬期施工大多采用蒸汽热模工艺。尤其是在钢模板的一侧焊蒸汽排管(或利用钢模作散热器)，外面用矿棉保温。大模板混凝土蒸汽热模的构造及蒸汽管道系统图如图 11.10 所示。在模板的背面安有蒸汽排管，用蒸汽加热模板，并同刚成型的混凝土进行热交换。为减少热损失在模板背面还应设有保温层，每块热模的出汽口可与另一块热模的进汽口相连接。

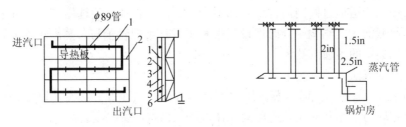

(a) 蒸汽热模构造　　　　　　　　(b) 蒸汽管道系统

图 11.10　大模板混凝土蒸汽热模的构造及蒸汽管道系统图

1—横肋；2—模板面；3—蒸汽管；4—0.5mm 厚铁皮；5—30mm 厚矿棉；6—1mm 铁皮

柱蒸汽热模构造如图 11.11 所示。板的骨架由 L50×5 和 10 号槽钢组成。双面用 3～5mm 厚钢板包严，形成一个不透水的空腔。内部隔板设置若干个 $\phi20$ 的汽孔，模板外侧设保温层并用铁皮保护。如果在每片空腔内增加 3 根竖向 $1\frac{1}{4}$in 铁管，同时取消外层钢板，则构成排管式热模。进汽管由模板上面通入，模板下端设回水管。

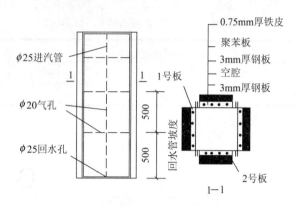

图 11.11　柱蒸汽热模构造图

安排蒸汽管路时应保证做到热模的各部分温度均匀。特别要注意提高模板下缘和两侧的温度。一般低温环境下养护时间为 12~16h，严寒季节需适当延长。当蒸汽压力在 0.15~0.2MPa 时，混凝土的平均温度可达 40~60℃，经 12h 左右养护，混凝土强度可达设计标号的 40%。混凝土浇灌前应预热模板，并预热接搓处。拆模时应控制降温速度，以防止因混凝土暴冷而产生裂缝。热模养护属于干热养护，与湿热养护相比，容易保证混凝土的质量。

4) 内部通汽法

内部通汽法是在被加热的混凝土结构内部，用钢管(或充气胶管)构成孔道，通入蒸汽而不需要进行外围的加热。为减少结构与环境的温差，常采用保温材料覆盖模板。为便于从混凝土中拔出钢管，在浇筑过程中应及时转动钢管。采用内部通汽法，应妥善地用保温材料围护突出的钢筋和预埋件，以保证这部分混凝土不受冻害。

蒸汽由输入管道通过阀门向构件内部通汽，蒸汽管直径一般选用 25~50mm。当在横梁、梁和其他截面大的结构中同时埋设几根管子时，常把管子与总蒸汽管连成梳形，采用梳形管分送到梁中的各通汽孔道。

采用内部通汽法，须满足下列要求：

(1) 使用低压饱和蒸汽时，蒸汽压力不宜过大。升温速度宜缓慢，以使构件的内部和表面温度分布均匀，尤其应注意避免构件在蒸汽入口端产生温度裂缝。

(2) 送汽的水下管道应设置 1/1000 的回水坡度，支气管道应设置 1/2000 的回水坡度，埋设于梁内的水平孔道应设置 1/5000 的回水坡度，以免凝结水堵塞。柱子的垂直孔道下端应设排水口。

(3) 管道的直径与数量应根据断面大小，通过热工计算确定。

(4) 注意防止构件四角受冻，并防止混凝土成型过程使孔道位置改变或造成塌陷堵管现象。

3. 电加热法

电加热法是由电能转换为热能来加热养护混凝土的一种冬期施工方法，也可用于常温季节，作为一种加速混凝土硬化的措施。电加热法一般属于干热高温养护，混凝土强度发展迅速，效率高，但控制不当容易脱水。电加热法的设备较简单，操作方便又能适用各种条件，目前由于电力紧张已很少大量采用。下面介绍几种冬期施工常用的电加热法。

1) 电极加热法

电极加热属于电加热的一种形式,主要利用电流通过不良导体混凝土所发生的热量来养护混凝土。这种方法简单方便,热量损失少。其分类及适用范围见表 11-17。

表 11-17　电极加热法的分类及适用范围

分类		常用规格	特点	适用范围
内部电极	棒形	$\phi 6 \sim 12$ 钢筋短棒	混凝土浇灌后将电极经过模板或直接插入混凝土内	梁、柱、墙的厚度大于 15cm 的板、柱基、设备基础以及大型结构
	弦形	$\phi 6 \sim 16$ 钢筋长 $2 \sim 2.5m$	电极应在浇灌前装入,其位置与结构纵向平行,电极两端弯成直角,由模板孔引出	含筋较少的墙、梁、柱、大型基础以及厚 20cm 以上并单侧配筋的板等
片状电极	带形	$\phi 6$ 钢筋或 $1 \sim 2mm$ 厚、$30 \sim 60mm$ 宽的扁钢	电极固定在模板内侧或装在混凝土的外表面上	条形基础、墙及保护层$\geqslant 5cm$ 的大体积混凝土结构和地面等
	贴面	$\phi 6$ 钢筋或薄钢板		

(1) 电极法的线路布置和主要电气设备

电极法的线路布置可概括为:高压电流经油开关接于变压器,每个变压器原则上应设一个配电盘,在配电盘上将变压器的二次电源接于总闸刀开关上,总闸刀开关下分设几个分闸刀开关,由分闸刀开关引出电线,接于混凝土构件某一段电路上。若某一电路发生故障,即可以关闭一个分闸刀开关,而不致影响整个电路的供电和整个混凝土结构的加热。固定在配电盘上的电压表和电流表同变压器的二次电源相连接,以观察二次电压和二次电流的变化情况。

电压表和电流表的规格依不同的变压器容量配置,最好是保证每个变压器均配有电压表和电流表。电线的规格应按电流大小来确定。由于冬期室外气温低,在一般情况下,可以让电路略超过本身的负荷。电极加热法施工所需主要设备见表 11-18。

表 11-18　电极加热法主要设备

仪表及设备名称	用途
变压器	变调压
油开关	控制电路安全
配电盘	固定仪表与开关
电流电压表	测量电流、电压
钳式电流表	测量电路电流、电压和电能消耗

(2) 变压器的使用和调节

变压器常采用三相电流变压器和单相电流变压器,也可用焊接变压器改制,在加热过程中用于改变与调节电功率。变压器容量可根据混凝土加热的体积并适当增加平衡系数来确定,一般宜选用电容量为 50kVA 的低压多级可变变压器,其一次电压为 380V/220V,二次电压分别为 51V、65V、87V、106V。为充分利用电容量,应合理安排升温和恒温加热的混凝土数量，对于强度已达到 $50\%f_{cu,28}$ 的混凝土采取轮流间断供电方式，升温与恒温的比例约为 1:2。加热过程务必与测温密切配合，注意控制升温速度。如用 6 台 50kVA 变压器，一般电极法加热混凝土 1 昼夜可满足浇灌 $20m^3$ 混凝土的需要。

(3) 电极加热法的一般规定

混凝土升降温速度和极限加热温度应由切断电流或调整电压加以控制，按表 11-16 规定进行，养护过程最高温度的规定见表 11-19。

表 11-19 电极加热法养护混凝土的温度(℃)

水泥标号	结构表面系数/m^3		
	<10	10~15	>15
425		40	35

线路接好，检查合格后，应按逐个闸刀送电，这样容易检查和排除故障。当混凝土工程量大，需边浇灌边通电时，应将钢筋接地线，地线深度不得小于 1~1.5m。

棒形电极和弦形电极应采取固定措施，不允许电极移位，更不允许它和钢筋接触。一般规定电极与钢筋的距离为：

电压为 65V 时，距离不小于 5~7cm；

电压为 87V 时，距离不小于 8~10cm；

电压为 106V 时，距离不小于 12~15cm。

若因配筋密度大，而不能保证钢筋与电极间的上述距离时，应隔以适当的绝缘物。

电极法加热混凝土应使用交流电，不得使用直流电。直流电会引起电解、锈蚀及电极表面放出气体而造成屏蔽。其工作电压一般为 50~110V，在无筋混凝土或每 $1m^3$ 含钢量不大于 50 kg 的结构中可采用 120~220V 的电压。

根据热工计算，选择合理的电极布置方式，防止电场发生畸变，保证混凝土中有一均匀的电场，使加热均匀，这是电极法加热的技术关键，要特别注意。水泥应优先选用矿渣、火山灰及粉煤灰等掺有混合料的水泥品种。

2) 电热器件加热法

以电热器件发出热量加热混凝土，这是一种间接电热法；根据施工条件和需要，电热器可制成各种形状。①加热现浇楼板可制成板状电热器；②加热大模板现浇墙体可用电热毯，即在大模板背面装电阻丝，外面用岩棉毡保温板，其间形成一个热夹层，既可阻止冷空气侵入，又可防止混凝土热量散失，这是当前应用较多的一种方法；③加热装配整体式钢筋混凝土框架的接点可用针状电热器，亦可用电热毯；④加热圈梁或过梁可用电热线直接固定在模板内侧以加热混凝土。

电热器法施工取决于混凝土结构类型、所用水泥品种、混凝土要求的强度及自然气温。一般情况下，电热器法是综合蓄热法中短时加热的一种有效措施。施工养护期间，为避免因加热速度过快而产生较大温度应力，在任何情况下，紧贴混凝土的模板表面温升不得超过表 11-19 的规定。电热器件加热法的有效加热深度与自然气温、结构表面系数及保温效果有关，一般有效加热深度为 20cm；对薄壁结构，当只从一面加热时，有效加热深度为 15cm。电热器法的效果在很大程度上取决于所用的加热器形式。电热器电源电压一般用 110V 或 220V 电热器的电压应选用 60V 为宜。为节省能源，加热器形式，加热元件、加热时间及保温构造应尽量设计合理。与其他热养护方法一样,电热器也要防止混凝土过分失水干燥,外露面也应适当覆盖隔汽层,以防失水。

(1) 大模板现浇混凝土电热毯法施工。

施工顺序如下:钢模板组装→逐格敷设电热毯→填充岩棉保温板→用107胶黏水泥袋纸或钉铁皮或纤维板→固定模板→通电预热模板→浇筑混凝土→通电保温养护→切断电源→拆模。

上述施工中的关键是控制好通、断电时间。一般连续通电不超过2h,间断时间1h,拆模前2h断电,养护时间为12~16h。施工中可分段供电,并根据气温情况适当调整供电时间。待混凝土温度与自然气温接近时即可拆模。

主要设备、材料及电路图如下:

① 电热毯。电热毯由4层玻璃纤维布中间夹电阻丝制成。将0.6mm铁铬铝合金丝在适当直径的石棉绳上缠绕成螺旋状,按蛇形线路铺设在玻璃纤维布上,电阻丝之间的距离要均匀,避免死弯,缝合固定。电热毯的尺寸按大模板背面区格确定,根据需要可另设异型电热毯。电热毯要有一定强度,能立放在模板的区格中,电热毯的电压采用60V。功率为75W/块。

② 保温材料。保温材料可选用岩棉,其价格便宜,导热系数小,又具有一定强度。

③ 电源变压器。电热毯养护工艺需低压供电,三条轴线的电热毯可由一只变压器供电。变压器的容量为75kVA。输入电压380V,二次电压为60V、70V和80V三挡。

④ 电热毯养护的电路图。电热毯养护混凝土的电路图如图11.12所示。二次线用50~70mm^{2}电焊把线,每块大模板背后安装一块胶盖闸刀,闸前以6mm^{2}线与电焊把线连接,闸后用6mm^{2}线在模板平面组成两个回路,各自连接若干块电热毯。全部电线接头要封闭严密。

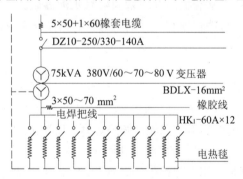

图11.12 电热毯养护混凝土电路图

(2) 装配式整体框架节点电热水套加热法。

电热水套加热法的原理是采用碳化硅电烙铁芯作为热源,以外加存水套导热。套内水加热后,水作自下而上的对流运动,将热量均匀地传递给接触物的表面,同时又使热源四周得到冷却,综合利用传导、对流和辐射等热传递方式加热混凝土。框架节点电热水套加热混凝土的热源装置及构造如图11.13所示。

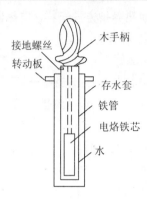

图 11.13 电热水套混凝土的热源装置构造图

碳化硅电烙铁芯的电压为 220V，功率为 500W。电热水套装置具有构造简单、使用方便、热量传递快和温度均匀等特点。采用此项电热法工艺施工时，应与下列技术措施相配合：

① 节点处混凝土浇筑后，应及时进行电热养护。
② 混凝土的入模温度一般不应低于 25℃。
③ 选用高标号水泥或掺用早强剂。
④ 节点混凝土捣实后，即往存水套内注入 60℃以上的热水。
⑤ 应采取良好的防风和保温措施。
⑥ 每小时测温一次，升温速度≤10℃/h，至 60℃恒温。总的加热时间一般控制在 480℃·h 左右。
⑦ 每 0.1m³ 混凝土需碳化硅电烙铁芯一支，但结构断面削弱不得超过 3%。
⑧ 电热养护完毕，将存水套抽出并填塞同标号水泥砂浆。
⑨ 电烙铁芯及引出线与铁管须有良好的绝缘，电热棒外壳应接地，并应以单独插座与电源相联。

3) 电磁感应加热法
(1) 电磁感应加热原理

众所周知，在线圈中通入交流电，则在线圈周围产生交变磁场。当通电线圈内放有铁芯时，电磁场的磁力线通过铁芯引起涡流，按照焦耳—楞次定律，涡流的能量转换为热量。如果在结构模板表面缠上连续的感应线圈，线圈中通入交流电，则在钢模板及钢筋中都会有涡流循环。感应加热就是利用在电磁场中铁质材料发热的原理，使钢模板及钢筋中都会固有涡流循环而发热，并将热量传至混凝土而达到养护的目的。

从能量转换与守恒来看，电能与磁能的转换效率较高，由磁能转换的热能又能直接传递给混凝土，中间无媒介，因此也迅速得多，而且加热均匀。另外，电磁场对新鲜混凝土中的水分及其他物质还有磁化作用，使分子产生高频振动，因而能起到一种微拌和作用，并加大内部无水成分的溶解度，使水泥水化反应加速，促进混凝土的成熟。

电磁感应加热主要有工业频率与超高频电磁场两种。目前国内已成功采用工频涡流的加热养护工艺，而且利用钢模板本身作为电磁感应元件。实践表明，加热方法较为简便，温度均匀，电热转换的利用率较高，可达 60%。每 1m³ 混凝土养护耗能为电极法的 1/2，为远红外线的 3/5。当在 -10℃气温施工，表面系数为 10 的结构，混凝土强度达到设计强度的 40%时，1m³ 体积混凝土耗电量在 120 度左右。

(2) 感应加热法的适用范围

① 气温在 -20℃条件下的墙、板、柱及柱或梁的接头处养护。
② 配筋均匀的线型钢筋混凝土构件(梁、柱、桁架及管)。
③ 有突出的连接钢筋及预埋件的预制混凝土构件间的接头处理。

(3) 感应加热法的技术要求

① 室外最低温度和混凝土养护允许的最高温度：一般情况下，室外气温取 -20℃，混凝土允许养护温度控制在 80～90℃。
② 根据混凝土受冻临界强度及连续施工受荷强度要求确定感应加热时间和温度。
③ 计算模板的散热功率时应考虑对流和传导构成空气散热；还应考虑模板向四周辐射热。当模板温度和平均气温之差较小时，向空气散热大于模板辐射热；当差值较大时，对流传导构成的传热亦增大，说明使混凝土达到同一设计强度时，不同温差值下养护混凝土的电热利用率也不同。
④ 当采用大模板或定型模板组合成大模板，混凝土一次浇筑量在 15m³ 以上时，一般采用一根导线穿一块板，可直接采用三相电源连成星形，电压为 220V；当一次浇筑量为 3.5～7.5m³ 时，可用三相隔变压器供电，容量 50kVA 左右，电压值 380/(110～140)V；当一次浇筑量在 3m³ 以下时，可用电焊机变压供电，容量 25kVA 左右，电压值 380/80V。为了适当控制加热温度，应准确地计算感应线圈的匝数；在端部应放置绝缘体，并减小线圈的间距。

感应加热的最高允许温度为 40～80℃，视水泥品种、标号及结构表面系数而不同，其加热制度与其他电热法相同。

4) 远红外线加热法

远红外线是一种不可见的光波，其波长为 0.76～500μm，分布范围较广。它是一种无热源的热，透过空气冲击一切可吸收它的物质分子。当远红外线射到物质原子的外层电子时，可使分子产生激烈的旋转和振荡，混凝土吸收后，即转化为热能，使混凝土温度升高从而获得早强。远红外线加热就是以高温加热器(2000～3500℃)或气体远红外线发生器，对混凝土进行密封辐射加热。如利用电能通过远红外电热管或碳化硅板产生远红外辐射。根据绝对黑体辐射原理，远红外辐射能量与辐射体表面温度的 4 次方成正比，而对流的能量只与温度的 1.25 次方成正比，热效率高。远红外线加热的特点如下：

(1) 远红外线是通过辐射传热，高温的辐射源发出的红外线直接传播热能于混凝土，而在穿透空气时几乎没有热量损失，因此不受气温和结构表面系数的限制。

(2) 远红外线加热设备简单，操作方便，升温迅速，养护时间短，可使混凝土很快达到较高的强度。用红外线辐射器照射新浇混凝土约 4h，然后再养护 1h，即可达到 28d 强度的 70%。

(3) 产生红外线的能源有电、天然气、煤气、石油液化气、沼气和热蒸汽等，可根据现有条件充分利用。

(4) 接受红外辐射的混凝土表面的温度，一般以 70～90℃为宜，此表面往往用光滑的薄钢板(或塑料薄膜)密封。一可防止水分散失，二可成为"热源"，通过直接接触将热量传给混凝土。

(5) 常用的发热元件是钢管或远红外辐射器,它的外层涂有辐射材料,如:氧化钛(TiO_2)、二氧化硅(SiO_2)、氧化锆(ZrO_2)、氧化钴(Co_2O_3)、氧化锰(MnO_2)、氧化铁(Fe_2O_3)等,其中氧化铁因价廉易得,故使用较多;它的内层设置电阻丝。钢管与电阻丝间填充 MgO 结晶绝缘物,通常使用 220V 电压,功率为 0.8~2.0kW。

(6) 远红外线加热的适用范围

① 薄壁(壳)钢筋混凝土结构的加热。

② 装配式钢筋混凝土结构接头处混凝土的加热。

③ 对固定预埋铁件的混凝土加热。

④ 对模板,钢筋或新浇筑混凝土邻接的已浇筑好的混凝土的加热。

⑤ 采用大模板施工工艺的混凝土的加热。

(7) 远红外线加热法的技术要求

① 远红外线电热模板。

远红外线装置有红外线电热管(固定在模板上)和外部保温套。所有电热管都布置在钢模板的一侧,在保温板与钢模板之间形成热辐射空腔。为增加下部的放热量,可将电热管弯成 J 型。远红外线大模板构造如图 11.14 所示。组装红外线电热线时,将有电热管的筒子模和无电线管的模板错开使用,即跳仓布置,以使温度均匀。在一般情况下,配用 1.2kW 的电热管共需通电 6h;配用 2kW 的电热管共需通电 4h。使用电热远红外线养护,混凝土降温速度很慢,一般停电 2~3h 后仍继续升温,为了充分利用混凝土内部温度,防止混凝土由于温度过大而开裂,停电 9h 后才能拆模。

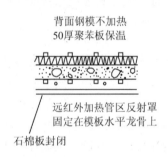 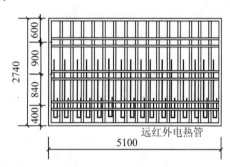

图 11.14 远红外线电热模板图

② 碳化硅板热养护。

碳化硅板即红外线辐射元件,是在碳化硅板上涂一层远红外涂料的燃烧板,板面有凹槽形或方孔形,以利充分燃烧,达到更高的温度。碳化硅板辐射元件也可改为碳化硅电阻炉,它具有设备简单,操作方便,升温迅速和拆模时间短等优点。

碳化硅电阻加热养护混凝土适宜于严寒季节,它是综合蓄热法中一种较好的短时加热措施。碳化硅板的功率为 1~1.2kW,每个房间可根据气温情况放置 3~4 组(三片碳化硅板为一组)碳化硅电阻炉。电阻炉的位置距大模板 30cm,距地面 50cm。电阻炉构造与布置如图 11.15、图 11.16、图 11.17 所示。

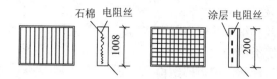

图 11.15 碳化硅板热辐射元件图

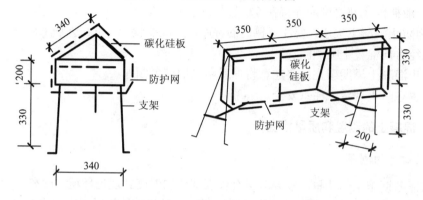

图 11.16 辐射炉(电阻炉)图

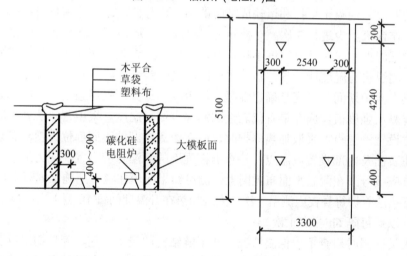

图 11.17 电阻炉布置图

采用碳化硅电阻炉应注意下列要求:

提高混凝土入模温度;采用高标号水泥;加强混凝土的保温措施,严防热量和水分的散失。

5) 暖棚法

暖棚法是将初养护的构件(或结构)置于棚中,内部安设散热器、热风机或火燃炉等,作为热源加热空气,使混凝土获得正温养护条件。暖棚可利用正式结构(如墙体适当封闭)搭设而成。

(1) 暖棚法的适用范围

① 工业厂房生活间或民用建筑的楼层结构。

② 工业建筑中钢筋混凝土平台等。

③ 大模板现浇混凝土结构。
④ 储水池、水塔及其箱形薄壁混凝土结构。
⑤ 地下室、人防等类结构。
⑥ 高层建筑框架、简体、剪力墙结构。

(2) 暖棚法的技术要求

① 一般棚内底部温度应保持在5℃左右。

② 为防止混凝土失水,要注意棚内的湿度,若湿度较低,可在火炉上放置水盆,使水分蒸发或经常向混凝土喷洒温水。

为防止混凝土早期碳化,要注意将烟或燃气烟排至棚外。

严格遵守防火规定、注意安全。

11.3.15 混凝土的测温和质量检查

1. 混凝土的测温

为保证冬期施工的质量,需要测量有代表部位的温度。现场环境温度在每天的2:00、8:00、14:00、20:00测量4次。为了使混凝土满足热工计算所规定的成型温度,就必须对原材料的温度、混凝土搅拌和运输成型时的温度进行监测。对拌和材料和抗冻剂温度的测量,每工作台班至少进行3次。对拌和物出料温度、运输、浇筑温度,每2h测量一次。如果发现测试温度和热工计算温度不相符合,应决定是否采取加强保温措施或采取其他措施。常用的测温仪有温度计、各种温度传感器、热电偶等。

在混凝土养护期间,温度是确定混凝土能否顺利达到"临界强度"的决定因素。为获得可靠的混凝土强度值,应在最有代表性的测温点测量温度。采用蓄热法施工时,应在易冷却的部位设置测温点;采取加热养护时,应在距离热源的不同部位设置测温点;厚度较大的结构在表面及内部设置测温点;检查拆模强度的测温点应布置在应力最大的部位。温度的测温点应编号画在测温平面布置图上,测温结果应填在《冬期施工混凝土日志》上。

一般蓄热法养护每昼夜应测温4次,人工加热在升温期间每1h测1次;恒温期间每2h测定1次,以后每隔6h测定1次。

测温人员应同时检查覆盖保温情况,并了解结构的浇筑日期、养护期限以及混凝土最低温度。测量时,测温表插入测温管中,并立即加以覆盖,以免受外界气温的影响,测温仪表留置在测温孔内的时间不小于3min,然后取出,迅速记下温度。如发现问题应立即通知有关人员,以便及时采取措施。

2. 混凝土的质量检查

冬期施工时,混凝土质量检查除应遵守常规施工的质量检查规定之外,尚应符合冬期施工的规定。要严格检查外加剂的质量和浓度;混凝土浇筑后应增设两组与结构同条件养护的试块,一组用以检验混凝土受冻前的强度,另一组用以检验转入常温养护28d的强度。

混凝土试块不得在受冻状态下试压,当混凝土试块受冻时,对边长为150mm的立方体试块,应在15~20℃室温下解冻5~6h,或浸入10℃的水中解冻6h,将试块表面擦干后进行试压。

11.3.16 混凝土的拆模和成熟度

1. 混凝土的拆模

混凝土养护到规定时间，应根据同条件养护的试块试压，证明混凝土达到规定拆模强度后方可拆模。对加热法施工的构件模板和保温层，应在混凝土冷却到 5℃后方可拆模。当混凝土和外界温差大于 20℃时，拆模后的混凝土应注意覆盖，使其缓慢冷却。

在拆除模板的过程中发现混凝土有冻害现象，应暂停拆模，经处理后方可拆模。

2. 混凝土的成熟度

由于热工计算的数据是根据以往的气象资料和气象预报，实际养护温度与计算温度可能有较大出入。为了使选定的冬期施工方案对混凝土早期强度的增长处于正常的控制状态，用成熟度方法可以很方便地对其进行预测，作为施工时掌握混凝土强度增长情况的参考数据。所谓混凝土早期强度是指混凝土浇筑完毕后 1~3d 的强度。成熟度的定义是温度和时间的乘积，单位为℃h 或℃d。其原理是：相同配合比的混凝土，在不同的温度——时间下养护，只要成熟度相等，其强度大致相同。因此，施工单位应在事先对常用的各种配合比的混凝土分别作出 20℃标准养护条件下强度时间曲线。以供查用。我国《混凝土结构工程施工及验收规范》(GB 50204—1992)提供了不同的温度下的强度增长曲线图，值得参考和应用，如图 11.18 所示。

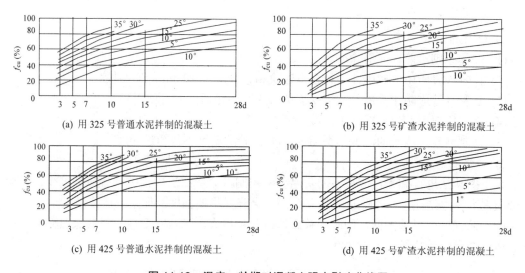

图 11.18 温度、龄期对混凝土强度影响曲线图

11.4 砌筑工程冬期施工

砌筑工程的冬期施工应优先选用外加剂法，可使用氯盐或亚硝酸钠等盐类外加剂拌制砂浆，氯盐应以氯化钠为主。当气温低于−15℃时也可与氯化钙复合使用。对保温绝缘、装饰等有特殊要求的工程可采用冻结法或其他方法。

11.4.1 掺盐砂浆法

掺入盐类的水泥砂浆、水泥混合砂浆或微沫砂浆称为掺盐砂浆。采用这种砂浆砌筑的方法称为掺盐砂浆法。

1. 掺盐砂浆法的原理和适用范围

掺盐砂浆法就是在预先加热的拌和水内掺入一定数量的氯盐，来降低水溶液的冰点，从而保证砂浆中有液态水存在，使水化反应在一定负温下进行，溶液浓度增加，溶液的冰点随之下降，水化反应不间断地进行，使砂浆在负温下强度能够继续缓慢增长。同时，由于降低了砂浆中水的冰点，砌体的表面不会立即结冰而形成冰膜，故砂浆和砌体能较好地黏结。

掺盐砂浆中的抗冻化学剂，目前主要是氯化钠和氯化钙。

采用掺盐砂浆法具有施工简便，施工费用低，货源易于解决等优点，所以在我国的砌体工程冬期施工中普遍采用掺盐砂浆法。

由于掺盐砂浆吸湿性大，使结构保温性能下降，并有析盐现象等。

对下列工程严禁采用掺盐砂浆法施工：对装饰有特殊要求的建筑物；使用湿度大于80%的建筑物；接近高压电路的建筑物；热工要求高的建筑物；配筋砌体；钢埋件无可靠的防腐处理措施的砌体；处于地下水位变化范围内，以及在水下未设防水保护层的结构。

2. 掺盐砂浆法的施工工艺

1) 材料的要求

(1) 砌体在砌筑前，应清除冰霜。
(2) 拌制砂浆所用的砂中，不得含有冰块和直径大于10mm的冻结块。
(3) 石灰膏等应防止受冻，如遭受冻结，应经融化后，方可使用。
(4) 水泥应选用普通硅酸盐水泥。
(5) 拌制砂浆时，水的温度不得超过80℃；砂的温度不得超过40℃。

2) 砂浆的要求

采用掺盐法进行施工，应按不同负温界限控制掺盐量；当砂浆中氯盐掺量过少，砂浆内会出现大量冰结晶体，水化反应极其缓慢，会降低早期强度。如果氯盐掺量大于10%，砂浆的后期强度会显著降低，同时导致砌体析盐量过大，增大吸湿性，降低保温性能。按气温情况规定的掺盐量见表11-20。

表 11-20 氯盐外加剂掺量(占用水重量/%)

氯盐及砌体材料种类			日最低气温/℃		
			≥−10	−11～−15	−16～−20
单盐	氯化钠	砌砖	3	5	7
		砌石	4	7	10
复盐	氯化钠	砌砖	—	—	5
	氯化钙		—	—	2

掺盐砂浆法的砂浆砌筑时温度不应低于5℃。当日最低气温等于或低于-15℃时,对砌筑承重砌体的砂浆强度等级应按常温施工时提高一级;拌和砂浆前要对原材料进行加热,应优先加热水;当满足不了温度时,再进行砂的加热。当拌和水的温度超过60℃时,拌制时的投料顺序是:水和砂先拌,然后再投放水泥。掺盐砂浆中掺入微沫剂时,盐溶液和微沫剂在砂浆拌和过程中先后加入;砂浆应采用机械进行拌和,搅拌的时间应比常温季节增加一倍。拌和后的砂浆应注意保温。

3. 施工准备工作

采用氯盐砂浆时砌体中配置的钢筋及钢预埋件,应预先做好防腐处理。钢筋可以涂樟丹2~3道或者涂沥青1~2道,以防钢筋锈蚀。

普通砖和空心砖在正温度条件下砌筑时,应采用随浇水随砌筑的办法;负温度条件下,只要有可能应该尽量浇热盐水。当气温过低,浇水确有困难,则必须适当增大砂浆的稠度。抗震设计烈度为九度的建筑物,普通砖和空心砖无法浇水湿润时,无特殊措施,不得砌筑。

4. 砌筑施工工艺

掺盐砂浆法砌筑砖砌体,应采用"三一法"进行操作。即一铲灰、一块砖、一揉压,使砂浆与砖的接触面能充分结合,提高砌体的抗压、抗剪强度。不得大面积铺灰,减少砂浆温度的失散。砌筑时要求灰浆饱满;灰缝厚薄均匀,水平缝和垂直缝的厚度和宽度,应控制在8~10mm;采用掺盐砂浆法砌筑砌体,砌体转角处和交接处应同时砌筑,对不能同时砌筑而又必须留置的临时间断处,应砌成斜槎;砌体表面不应铺设砂浆层,宜采用保温材料加以覆盖;继续施工前,应先用扫帚扫净砖表面,然后再施工。

冬期施工砂浆试块的留置,除应按常温规定要求外,尚应增加不少于1组与砌体同条件养护的试块,测试检验28d强度。

11.4.2 冻结法

冻结法是指采用不掺化学外加剂的普通水泥砂浆铺砌完毕后,允许砌体冻结的施工方法。

1. 冻结法的原理和适用范围

受冻的砂浆可获得较大的冻结强度,而且冻结的强度随气温的降低而增高。利用冻结强度来保证砌体的承载力与稳定性,但当气温升高而砌体解冻时,砂浆强度几乎为零。当气温转入正温后,水泥水化作用继续进行,砂浆强度可不断增长。

冻结法允许砂浆无砌筑后遭受冻结,且在解冻后其强度仍可继续增长。所以对有保温、绝缘、装饰等特殊要求的工程和受力配筋砌体以及不受地震区条件限制的其他工程,均可采用冻结法施工。

冻结法施工的砂浆,经冻结、融化和硬化3个阶段后,使砂浆强度,砂浆与砖石砌体间的黏结力都有不同程度的降低。砌体在融化阶段,由于砂浆强度接近于零,将会增加砌体的变形和沉降。所以对下列结构不宜选用:空斗墙;毛石墙;承受侧压力的砌体;在解冻期间可能受到振动或动力荷载的砌体;在解冻时,不允许发生沉降的砌体。

2. 冻结法的施工工艺

(1) 材料的要求

冻结法的砂浆使用温度不应低于10℃；当日最低气温高于或者等于-25℃时，对砌筑承重砌体的砂浆强度等级应按常温施工时提高1级；当日最低气温低于-25℃时，则应提高2级。砂浆强度等级不得小于M2.5，重要结构其等级不得小于M5.0。

(2) 砌筑施工工艺

采用冻结法施工时，应按照"三一法"砌筑，对于房屋转角处和内外墙交接处的灰缝应特别仔细砌合。砌筑时一般应采用一顺一丁的砌筑法。冻结法施工中宜采用水平分段施工，墙体一般应在一个施工段的范围内，砌筑至一个施工层的高度，不得间断。每天砌筑高度和临时间断处均不宜大于1.2m。不设沉降缝的砌体，其分段处的高差不得大于4m。

砌体水平灰缝应控制在10mm以内。为了达到灰缝平直砂浆饱满和墙面垂直及平整的要求，砌筑时要随时目测检查，发现偏差及时纠正，保证墙体砌筑质量。对超过五皮砖的砌体，如发现歪斜，不准敲墙、砸墙，必须拆除重砌。

(3) 砌体的解冻

采用冻结法施工的砌体在解冻期内应制定观测加固措施，并应保证对强度、稳定和均匀沉降要求，在验算解冻期的砌体强度和稳定时可按砂浆强度为零进行计算。

砌体在解冻时，由于砂浆的强度接近于零，所以增加了砌体解冻期间的变形和沉降，其下沉量比常温施工增大10%～20%。解冻期间，由于砂浆遭冻后强度降低，砂浆与砌体之间的黏结力减弱，致使砌体在解冻期间的稳定性较差。用冻结法砌筑的砌体，在开冻前需进行检查，开冻过程中应组织观测。如发现裂缝、不均匀下沉等情况，应分析原因并立即采取加固措施。

为保证砖砌体在解冻期间能够均匀沉降不出现裂缝，应采取下列措施：

① 解冻前应清除房屋中剩余的建筑材料等临时荷载。在开冻前，宜暂停施工。

② 留置在砌体中的洞口和沟槽等，宜在解冻前填砌完毕。

③ 跨度大于0.7m的过梁，宜采用预制构件。

④ 门窗框上部应留出3～5mm的空隙，作为化冻后预留沉降量。

⑤ 在楼板水平面上，墙的拐角处、交接处和交叉处每半砖设置一根$\phi 6$钢筋拉结。伸入相邻墙内必须大于1m。

11.4.3 暖棚法

暖棚法是利用简易结构和廉价的保温材料，将需要砌筑的工作面临时封闭起来，使砌体在正温条件下砌筑和养护。

采用暖棚法要求棚内的温度不得低于5℃，故经常采用热风装置进行加热。由于搭暖棚需要大量的材料、人工及消耗能源，所以暖棚法成本高、效率低，一般不宜多用。主要适用于地下室墙、挡土墙、局部性事故修复工程项目的砌筑工程。

11.5 其他工程冬期施工

11.5.1 装饰工程冬期施工

1. 装饰工程的环境温度

室内外装饰装修工程施工的环境条件应满足施工工艺的要求，施工环境温度不应低于5℃。当必须在低于 5℃气温下施工时，应采取保证工程质量的有效措施。

2. 一般抹灰冬期施工

(1) 热作法施工：是利用房屋的永久热源或临时热源来提高和保持操作环境的温度，人为创造一个正温环境，使抹灰砂浆硬化和固结。热作法一般用于室内抹灰。常用的热源有：火炉、蒸汽、远红外线加热器等。

室内抹灰应在屋面防水层已做好的情况下进行。在进行室内抹灰之前，应将门、窗封闭，脚手眼堵好，并且室内温度不应低于5℃。抹灰前应设法使墙体融化，墙体的融化深度应大于 1/2 墙厚，且不小于 120mm，地面基层应为正温，方能进行施工。抹灰工程结束后，至少应保持 7d 不低于+5℃的室温，方可停止供热。

(2) 冷作法施工：是在负温下不施加任何采暖措施而进行抹灰作业，称为冷作抹灰。在使用的砂浆中掺入氯化钠等抗冻剂，以降低抹灰砂浆的冰点。掺氯盐的冷作法抹灰，严禁用于高压电源部位。砂浆中的黄砂宜用中粗砂，石膏熟化时间常温下一般不少于15d。用冻结法砌筑的墙，室外抹灰应待其完全解冻后施工。不得用热水冲刷冻结的墙面或用火消除墙面的冰霜。冷作抹灰砂浆抗冻外加剂的掺量，应根据预计环境温度而定。

环境温度是指施工现场的最低温度，而室内温度应靠近外墙离地面高 500mm 处测得。

3. 其他装饰工程的冬期施工

冬期进行油漆、刷浆、裱糊、饰面工程，应采用热作法施工。应尽量利用永久性的采暖设施。室内温度应保持平衡，不得突然变化，低于规定的室内温度。否则不能保证工程质量。

冬期气温低，油漆会发黏不易涂刷，涂刷后漆膜不易干燥。为了便于施工，可在油漆中加入一定量的催干剂，保证在 24h 内干燥。

11.5.2 屋面工程冬期施工

卷材屋面冬期施工宜选择无风晴朗天气进行，利用日照使基层达到正温条件，方可铺设卷材。找平层施工气温不应低于−7℃。

冬期施工不宜采用焦油系列产品，应采用石油系列产品，沥青胶配合比应准确。沥青的熬制及使用温度应比常温季节高 10℃，且不低于 200℃。

铺设前，应检查基层的强度、含水率及平整度。基层含水率不超过 15%，防止基层含水率过大，转入常温后水分蒸发引起油毡鼓泡。

扫清基层上的霜雪、冰层、垃圾，然后涂刷冷底子油一度。铺贴卷材时，应做到随涂沥青胶随铺贴和压实油毡，以免沥青胶冷却黏结不好，产生孔隙气等。沥青胶厚度宜控制在 1~2mm，最大不超过 2mm。

11.6 雨季施工

11.6.1 雨季施工的原则

(1) 坚持预防为主的原则：进入雨季，应提前做好雨季施工中所需各种材料、设备的储备工作。各工程队(项目部)要根据各自所承建工程项目的特点，编制有针对性的雨季施工措施。要解决好雨水的排除，对于大中型工程的施工现场，必须做好临时排水系统的总体规划，其中包括阻止场外水流入现场和使现场内水排出场外两部分，做到上游截水，下游散水，坑底抽水，地面排水。规划设计时，应根据各地历年最大降雨量和降雨时期，结合各地地形和施工要求通盘考虑。施工现场道路必须平整、坚实，两侧设置排水设施，纵向坡度不得小于 0.3%，主要路面铺设矿渣、砂砾等防滑材料，重要运输路线必须保证循环畅通。临时排水沟和截水沟底设计一般应符合下列规定：纵向边坡坡度应根据地形确定，一般应小于 0.3%，平坦地区不应小于 0.2%，沼泽地区可减至 0.1%；沟的边坡坡度应根据土质和沟的深度确定，黏性土边坡一般为 1：0.7~1：1.5；横断面的尺寸应根据施工期内可能遇到的最大流量确定，最大流量则应根据当地气象资料，查出历年在这段期间的最大降雨量，再按其汇水面积计算。

(2) 坚持统筹规划的原则：根据"晴外、雨内"的原则，雨天尽量缩短室外作业时间，加强劳动力调配，组织合理的工序穿插，利用各种有利条件减少防雨措施的资金消耗，保证工程质量，加快施工进度。对不适宜雨季施工的工程要提前或暂不安排，土方工程、基础工程、地下构筑物工程等雨季不能间断施工的，要调集人力组织快速施工，尽量缩短雨季施工时间。

(3) 及时掌握气象情况，防止暴雨袭击。遇有恶劣天气，及时通知项目施工现场负责人员，以便及时采取应急措施。重大吊装，高空作业、大体积混凝土浇筑等更要事先了解天气预报，确保作业安全和保证混凝土质量。各单项工程施工现场要组织防汛小组，遇有汛情及时、有组织地进行防汛。

(4) 安全的原则：现场临时用电线路要保证绝缘性良好，架空设置，电源开关箱要有防雨设施，施工用水管线要进入地下，不得有渗漏现象，阀门应有保护措施。配电箱、电缆线接头、箱、电焊机等必须有防雨措施，防止水浸受潮造成漏电或设备事故。所有机械的操作运转，都必须严格遵守相应的安全技术操作规程，雨季施工期间应加强教育和监督检查。施工人员要注意防滑、防触电，加强自我保护，确保安全生产。

11.6.2 分部分项工程雨季施工措施

1. 土方与基础工程

(1) 雨季进行土方与基础工程时，妥善编制切实可行的施工方案、技术质量措施和安全技术措施，土方开挖前备好水泵。

(2) 雨季施工，人工或机械挖土时，必须严格按规定放坡，坡度应比平常施工时适当放缓，多备塑料布覆盖，必要时采取边坡喷砼保护。雨季施工的工作面不宜过大，应逐段、逐片地分期完成。基础挖到标高后，及时验收并浇筑混凝土垫层。基坑(槽)挖完后及时组织打砼垫层。

(3) 施工道路距基坑口不得小于5m。基坑上口3m范围内不得有堆放物和弃土。

(4) 坑内施工随时注意边坡的稳定情况，加强对边坡和支撑的检查。发现裂缝和塌方及时组织撤离，采取加固措施并确认后，方可继续施工。

(5) 基坑开挖时，应沿基坑边做小土堤，并在基坑四周设集水坑或排水沟，防止地面水灌入基坑。受水浸基坑打垫层前应将稀泥除净方可进行施工。

(6) 回填时基坑集水要及时排掉，回填土要分层夯实，干容重符合设计及规范要求。

(7) 施工中，取土、运土、铺填、压实等各道工序应连续进行，雨前应及时压完已填土层，并做成一定坡势，以利排除雨水。

(8) 混凝土基础施工时考虑随时准备遮盖挡雨和排出积水，防止雨水浸泡、冲刷、影响质量。

(9) 桩基施工前，除整平场地外，还需碾压密实，四周做好排水沟，防止下雨时造成地表松软，致使打桩机械倾斜影响桩垂直度。钻孔桩基础要随钻、随盖、随灌混凝土。每天下班前不得留有桩孔，防止灌水塌孔。重型土方机械、挖土机械、运输机械要防止场地下面有暗沟、暗洞造成施工机械沉陷。

(10) 基础施工完毕，应抓紧基坑四周的回填工作。停止人工降水时，应验算箱形基础抗浮稳定性、地下水对基础的浮力。抗浮稳定系数不宜小于1.2，以防止出现基础上浮或者倾斜的重大事故。如抗浮稳定系数不能满足要求时，应继续抽水，直到施工上部结构荷载加上后能满足抗浮稳定系数要求为止。当遇上大雨，水泵不能及时有效地降低积水高度时，应迅速将积水灌回箱形基础之内，以增加基础的抗浮能力。

2. 钢筋混凝土工程

(1) 各施工现场模板堆放要下设垫木，上部采取防雨措施，周围不得有积水。

(2) 模板支撑处地基应坚实或加好垫板，雨后及时检查支撑是否牢固。

(3) 拆模后，模板要及时修理并涂刷隔离剂。在涂刷前要及时掌握天气预报，以防隔离层被雨水冲掉。

(4) 钢筋应堆放在垫木或石子隔离层上，周围不得有积水，防止钢筋被污染锈蚀。

(5) 锈蚀严重的钢筋使用前要进行除锈，并试验确定是否应降级处理。

(6) 雨季施工时，应加强对混凝土粗细骨料含水量的测定，及时调整用水量；砼浇筑前必须清除模板内的积水。

(7) 砼浇筑前不得在中雨以上的情况下进行，遇雨停工时应采取防雨措施。继续浇灌前应清除表面松散的石子，施工缝应按规定要求进行处理。

(8) 砼初凝前，应采取防雨措施，用塑料薄膜保护。

(9) 浇灌混凝土时，如突然遇雨，要做好临时施工缝，方可收工。雨后继续施工时，先对接合部位进行技术处理后，再进行浇筑。

3. 吊装工程

(1) 构件堆放地点要平整坚实，地势较高，周围要做好排水工作，严禁构件堆放区积水、浸泡，防止泥土粘到预埋件上。

(2) 塔式起重机路基，必须高出自然地面15cm，严禁雨水浸泡路基。

(3) 雨后吊装时，要先做试吊，将构件吊至1m左右，往返上下数次稳定后再进行吊装工作。

(4) 雨天焊接作业必须在防雨棚内进行，严禁露天冒雨作业。

4. 屋面工程

(1) 卷材屋面应尽量在雨季前施工，并同时安装屋面的落水管。

(2) 雨季严禁油毡屋面施工，油毡、保温材料不准淋雨；严禁在雨中进行防水施工作业。

(3) 雨季屋面工程宜采用"湿铺法"就是在"潮湿"基层上铺贴卷材，先喷刷1～2道冷底子油，喷刷工作宜在水泥砂浆凝结初期进行操作，以防基层浸水。如基层浸水，应在基层表面干燥后方可铺贴油毡。如基层潮湿且干燥有困难时，可采用排汽屋面。

5. 抹灰工程

(1) 雨天不准进行室外抹灰，至少应能预计1～2d的大气变化情况。对已经施工的墙面，应注意防止雨水污染。

(2) 室内抹灰尽量在做完屋面后进行，至少做完屋面找平层，并铺一层油毡。

(3) 室外抹灰应及时注意遮盖，防止突然降雨冲刷，降雨时严禁进行外墙面装修作业。

6. 雨季施工的机械防雨和防雷设施

(1) 所有机械棚要搭设牢固，防止倒塌漏雨。机电设备采取防雨、防淹措施，安装接地安全装置。机动电闸箱的漏电保护装置要可靠。

(2) 雨季为防止雷电袭击造成事故，在施工现场高出建筑物的塔吊、人货电梯、钢脚手架等必须装设防雷装置。施工现场的防雷装置一般由避雷针、接地线和接地体3个部分组成。避雷针装在高出建筑物的塔吊、人货电梯、钢脚手架的最高顶端上；接地线可用截面积不大于$16mm^2$的铝导线，或用截面不小于$12mm^2$的铜导线，也可用直径不小于8mm的圆钢；接地体有棒形和带形两种。棒形接地体一般采用长度1.5m、壁厚不小于2.5mm的钢管或∟5mm×50mm的角钢。将其一端打光并垂直打入地下，其顶端离地平面不小于50cm。带形接地体可采用截面积不小于$50mm^2$，长度不小于3m的扁钢，平卧于地下500mm处。防雷装置的避雷针、接地线和接地体必须焊接(双面焊)，焊接长度应为圆钢直径的6倍或扁钢厚度的2倍以上，电阻不宜超过10Ω。

(3) 基础工程应开设排水沟、基槽、坑沟等，雨后积水应设置防护栏或警告标志，超过1m深的基槽、井坑应设支撑。

11.7 思考题与习题

【思考题】

(1) 如何根据冬期雨季施工的特点做好前期准备工作？

(2) 在土方冬期开挖中，其防冻方法有哪几种？各有什么特点？

(3) 钢筋在负温下冷拉与常温下冷拉有什么不同？应如何控制？

(4) 混凝土受冻的模式和机理是什么？

(5) 混凝土冬期施工防早期冻害的措施有哪几种？

(6) 如何解释防冻外加剂的作用和机理？根据单体防冻剂的特性如何选配复合防冻剂？

(7) 混凝土冬期施工的养护方法有几种？各自有什么特点？

(8) 简述蓄热法养护的特点、适用范围、蓄热法热工计算——吴震东公式的基本原理及要解决的关键问题。

(9) 砌筑工程的冬期施工应优先选用何种方法，对保温绝缘、装饰等有特殊要求的工程应采用何种方法？

(10) 简述各分部分项工程雨季施工的技术措施。

【习题】

某高层建筑大模板工程混凝土冬期施工，采用蓄热法施工，墙体厚 0.16m，混凝土表面系数 $M=12.5\mathrm{m^2/m^3}$，选用 525 号硅酸盐水泥拌制，水泥用量 $m_{ce}=300\mathrm{kg/m^3}$，水泥水化速度系数 $V_{ce}=0.0172\mathrm{h^{-1}}=0.413\mathrm{d^{-1}}$，实测水泥累计最终发热量 $Q_{ce}=377\mathrm{kJ/kg}$，混凝土质量密度 $\rho_c=2450\mathrm{kg/m^3}$，混凝土的比热容 $c_c=0.921\mathrm{kJ/kg\cdot ℃}$，采用钢模板，外包高效保温套，总传热系数 $K=10\mathrm{kJ/m^2\cdot h\cdot ℃}$，轻微风，透风系数 $\omega=1.16$，根据未来一周内天气预报，气温 $\in[-17, 3]$ 波动，故取 $T_{m,a}=-7℃$ 为室外环境平均计算气温，混凝土入模后起始温度 $T_3=17℃$，要求计算混凝土冷却至 0℃ 的时间 t_0 和混凝土平均温度 $T_{m,a}$。

第 12 章　施工组织概论

> **教学提示**：施工组织是工程施工顺利进行和展开的保障，主要研究工程施工资源的使用在时间和空间上的矛盾，力求最合理的施工活动组织安排，实现最佳的经济和社会效益。
>
> **教学要求**：了解基本建设的规律，了解施工组织的概念、作用和种类。

12.1　基 本 知 识

12.1.1　基本建设程序及施工程序

1. 基本建设及其程序

基本建设就是形成新的固定资产的经济过程，在国民经济中占有重要地位，它由一个个的建设项目组成，包括新建、扩建、改建、恢复工程及与之有关的工作。任何一个工程项目建设都必须遵守基本建设程序，即依次完成项目建议书、可行性研究、设计、建设准备、施工(一般土建和设备安装)、竣工验收 6 个阶段的有序工作才能建成。施工是把人们主观设想变为客观现实的过程，是基本建设程序中一个重要的阶段，通常在民用建设项目中它完成的工作量占基建总投资的 90%以上，在工业建设项目中占 60%以上。

2. 施工程序

施工阶段的工作内容很多，很复杂，按先后顺序依次有以下 5 个环节(或阶段)。

(1) 投标与签订合同阶段。建筑业企业见到投标公告或邀请函后，从作出投标决策至中标签约，实际上就是竞争承揽工程任务。本阶段的最终目标就是签订工程承包合同，合同明确了工程的范围、双方的权利与义务，以后的施工就是一个履行合同的过程。

(2) 施工准备。施工准备是保证按计划完成施工任务的关键和前提，其基本任务是为工程施工建立必要的组织、技术和物质条件，使工程能够按时开工，并在开工之后能连续施工。

(3) 组织施工。这是一个开工至竣工的实施过程，要完成约定的全部施工任务。这是一个综合合理使用技术、人力、材料、机械、资金等生产要素的过程，应有计划、有组织、有节奏地进行施工，以期达到工期短、质量高、成本低的最佳效果。

(4) 竣工验收、交付使用阶段。竣工验收是一项法律制度，是全面考察工程质量，保证项目符合生产和使用要求的重要一环。正式验收前，施工项目部应先进行自验收，通过自验收对技术资料和工程实体质量进行全面彻底的清查和评定，对不符合要求的和遗漏的子项及时处理。在通过监理预验后，申请发包人组织正式验收。工程验收合格方可交付使用。

(5) 回访与保修。工程交付使用后，应在保修期内，及时做好质量回访、保修等工作。

施工程序受制于基本建设程序，必须服从基建程序的安排，但施工程序也影响着基本建设程序，它们之间是局部与全局的关系。它们在工作内容、实施的过程、涉及的单位与部门、各阶段的目标与任务等方面均不相同。

建设工作的客观规律，以及建国几十年来工程建设正反两方面的经验与教训都要求我们在工程建设中必须遵守基本建设程序和施工程序。

12.1.2 土木工程产品及其生产的特点

就投入产出而言，土木工程产品与一般工业产品的生产过程基本一致，但建筑业之所以能够单独称为一个行业，显然它的产品及其生产具有与一般工业产品及其生产不同的方面。组织好施工必须清楚土木工程产品及其生产的特点。

1. 土木工程产品在空间上的固定性及其生产的流动性

土木工程产品根据业主的要求，在指定地点建造，建成后在固定地点使用，不可移动。由于土木工程产品的固定性，造成施工人员、材料和机械设备等随产品所在地点的不同而进行流动。随着施工部位的变化，受操作空间要求的限制，也需要施工人员与机具随之进行流动。

2. 土木工程产品的多样性及其生产的单件性

由于不同类型的土木工程产品、不同用户(业主)使用功能要求的差异，形成了产品的多样性，也就是说土木工程产品基本上是单个"定做"而非"批量"生产。产品的不同表现在建筑、结构、设备、规模等方面，而对于施工单位来讲，造成其准备工作、施工工艺、施工方法、施工机具的选用也不尽相同。即使设计很相近的工程，由于建设地点(自然条件、环境条件)、建设时间、承建人不同，也不可能采取相同的施工组织。任何土木工程产品的建造，以前没有，以后也不会有重复。因而，组织标准化生产难度大，形成了生产的单件性，亦称一次性。

3. 土木工程产品体形大，露天作业

土木工程产品相对于一般工业产品而言，体积庞大，建造时耗用的人工、材料、机械等资源品种多、数量大，形成了生产周期长、生产复杂的普遍特点。也由于其体积庞大，施工允许在不同的空间展开，形成了多道工序多专业工种同时生产的综合性活动，这就需要有组织地进行协调施工。土木工程产品露天作业，受季节、气候以及劳动条件等的影响。

12.1.3 施工对象分解

为了便于科学地制定施工组织设计，为了便于工程实施的控制、监督与协调，将施工对象进行科学的分解和分析是十分必要的。

1. 建设项目

建设项目是指按一个总体设计进行施工的若干个单项工程的总和，建成后具有设计所规定的生产能力或效益，并在行政上有独立组织，在经济上进行独立核算。例如一座工厂、一所学校等。对于每一个建设项目都编有可行性研究报告和设计任务书。

2. 单项工程(又称工程项目)

单项工程指在一个建设项目中具有独立而完整的设计文件，建成后可以独立发挥生产能力或效益的工程，它是建设项目的组成部分。如一幢公寓楼。

3. 单位工程

单位工程是指具有专业独立设计、可以独立施工，但是完工后，一般不能独立发挥能力或效益的工程，它是单项工程的组成部分。如公寓楼的一般土建、给排水、电气照明等。

4. 分部工程

分部工程一般是按单位工程的部位或及其作用、专业工种、设备种类和型号以及使用材料的不同而划分的，它是单位工程的组成部分。如一幢房屋的土建单位工程，按其部位划分为地基与基础工程、主体结构、屋面防水、装饰等分部工程；按其工种可划分为土石方、桩基、砖石、钢筋混凝土、木作、防水、装饰等分部工程。

5. 分项工程

分项工程是简单的施工活动，一般是按分部工程的不同施工方法、不同材料品种及规格等划分的，它是分部工程的组成部分。如地基基础分部工程可划分为挖土、做垫层、砌基础、回填土等分项工程。

12.1.4 组织施工的基本原则

施工组织就是针对工程施工的复杂性，讨论与研究施工过程，为达到最优效果，寻求最合理的统筹安排与系统管理客观规律的一门科学。

组织施工就是根据建筑施工的技术经济特点，国家的建设方针政策和法规，业主的计划与要求，对耗用的大量人力、材料、机具、资金和施工方法等进行合理的安排，协调各种关系，使之在一定的时间和空间内，得以实现有组织、有计划、有秩序的施工，以期在整个工程施工上达到最优效果，即进度上耗工少，工期短；质量上精度高，功能好；经济上资金省，成本低。所以组织施工是一项非常重要的工作，根据以往的实践经验，结合生产的特点，在组织施工时，应遵循以下基本原则。

1. 搞好项目排队，保证重点，统筹安排

建筑业企业及其项目经理部一切生产经营活动的根本目的在于把建设项目迅速建成，使之尽早投产或使用。因此，应根据拟建项目的轻重缓急和施工条件落实情况，对工程项目进行排队，把有限的资源优先用于国家或业主的重点工程上，使其早日投产；同时照顾一般工程项目，把两者有机结合起来，避免过多的资源集中投入，以免造成人力、物力的浪费。总之应保证重点，统筹安排，应在时间上分期、在项目上分批。还需注意辅助项目与主要项目的有机联系，注意主体工程与附属工程的相互关系，重视准备项目、施工项目、收尾项目、竣工投产项目之间的关系，做到协调一致，配套建设。

2. 科学合理安排施工顺序

土木工程活动的展开由其特点所决定，在同一场地上不同工种交叉作业，其施工的先后顺序反映了客观要求，而平行交叉作业则反映了人们争取时间的主观努力。

施工顺序的科学合理，能够使施工过程在时间上、空间上得到合理安排，尽管施工顺序随工程性质、施工条件不同而变化，但经过合理安排还是可以找到其可供遵循的规律。

1) 先准备、后施工

施工准备工作应满足一定的施工条件工程方可开工,并且开工后能够连续施工,以免造成混乱和浪费。整个建设项目开工前,应完成全场性的准备工作,如平整场地、路通、水通、电通等;同样各单位工程(或单项工程)和各分部分项工程,开工前必须完成其相应的准备工作。施工准备工作实际上贯穿整个施工全过程。

2) 先下后上,先外后内

在处理地下工程与地上工程关系时,应遵循先地下后地上和先深后浅的原则。

在修筑铁路及公路,架(敷)设电水管线时,应先场外后场内;场外由远而近,先主干后分支;排(引)水工程要先下游后上游。

3) 先土建、后安装

工程建设一般要求土建先行,土建要为设备安装和试运行创造条件,并应考虑投料试车要求。

4) 工种与空间的平行交叉

在考虑施工工艺要求的各专业工种的施工顺序的同时,要考虑施工组织要求的空间顺序,既要解决工种时间上搭接的问题,同时又要解决施工流向的问题,以保证各专业工作队能够有次序地在不同施工段(区)上不间断地完成其工作任务,目的是充分利用时间和空间。这样的施工方式具有工程质量好、劳动效率高、资源利用均衡、工期短等特点。

3. 注重工程质量,确保安全施工

工程的质量优劣直接影响其寿命和使用效果,也关系到建筑企业的信誉,应严格按设计要求组织施工,严格按施工规范(规程)进行操作,确保工程质量。安全是顺利开展工程建设的保障,只有不造成劳动者的伤亡和不危害劳动者的身体健康,才有施工质量的保证,才有进度的保证,也才不会造成财产损失。"质量第一"、"安全为先"是综合控制的重要观念。

4. 尽量采用先进技术,提高建筑工业化程度

技术是第一生产力,正确使用技术是保证质量、提高效率的前提条件。应积极采用新材料、新工艺、新设备。技术运用与技术革新要结合工程特点和施工条件,使技术的先进性、适用性和经济性相结合。

建筑技术进步的重要标志之一是建筑工业化,而建筑工业化主要体现在认真执行工厂预制和现场预制相结合的方针,努力提高施工机械化程度等。

5. 恰当地安排冬期雨季施工项目

由于建筑产品露天作业的特点,施工必然受气候和季节的影响。冬季的严寒和夏季的多雨,都不利于建筑施工的进行,应恰当安排冬期雨季施工项目。对于那些进入冬期雨季施工的工程,应落实季节性施工措施,这样可以增加全年的施工日数,提高施工的连续性和均衡性。

6. 尽量减少暂设工程,合理布置施工现场,努力提高文明施工水平

尽量利用正式工程、原有或就近已有设施,以减少各种暂设工程;尽量利用当地资源,

合理安排运输、装卸及储存作业，减少物资运输量，避免二次搬运，在保证正常供应的前提下，储备物资数额要尽可能减少，以减少仓库与堆场的面积；精心规划布置场地，节约施工用地，做到文明施工。

7. 采用科学规范的管理方法

先进施工技术水平的发挥离不开先进的管理方法，施工项目管理要求两层(企业管理层和项目管理层)分离，实行项目经理责任制；要求实行目标管理，施工的最终目的就是实现"项目管理目标责任书"中约定的工期、质量、成本、安全等目标；要求实行全过程、全面的、动态的管理。

12.2 施工准备工作

常言道"不打无准备之仗"，搞工程也是同样的道理。由于建筑施工是在各种各样的条件下进行的，投入的资源多，影响因素多，在施工过程中必然遇到各种各样的技术问题、协作配合问题等。对于这样一项复杂而庞大的系统工程，如果事先缺乏全面充分的安排，必然使施工活动陷于被动，使工程施工无法正常进行，欲速则不达。进行施工准备是为了能够使工程开工以后按计划顺利进行，进行得更好更快。

施工准备工作有计划、有步骤、分阶段地进行，其内容很多，可归纳为以下几个方面。

12.2.1 技术准备

1. 原始资料的调查分析

通过原始资料的调查分析，可以获取建设地点的第一手资料。

1) 建设地区自然条件的调查分析

建设地区自然条件调查的内容和目的见表12-1。

表12-1 建设地区自然条件调查内容和目的

序号	项目		调查内容	调查目的
1	气象	气温	(1) 年平均最高、最低、最冷、最热月的逐月平均温度，结冰期，解冻期； (2) 冬、夏季室外极限温度； (3) ≤-3℃、0℃、5℃的天数，起止时间	(1) 防暑降温； (2) 冬期施工； (3) 估计混凝土、砂浆强度的增长情况
		雨	(1) 雨期起止时间； (2) 全年降水量、一日最大降水量； (3) 全年雷暴日数	(1) 雨期施工； (2) 工地排水、防涝； (3) 防雷
		风	(1) 主导风向及频率； (2) ≤8级风全年天数、时间	(1) 布置临时设施； (2) 高空作业及吊装措施

续表

序号	项 目		调查内容	调查目的
2	工程地质、地形	地形	(1) 区域地形图; (2) 工程位置地形图; (3) 该区域的城市规划; (4) 控制桩、水准点的位置	(1) 选择施工用地; (2) 布置施工总平面图; (3) 计算现场平整土方量; (4) 掌握障碍物及数量
		地质	(1) 通过地质勘察报告,搞清地质剖面图、各层土类别及厚度、地基土强度等; (2) 地下各种障碍物及问题坑井等	(1) 选择土方施工方法; (2) 确定地基处理方法; (3) 基础施工; (4) 障碍物拆除和问题土处理
		地震	地震级别及历史记载情况	施工方案
3	工程水文地质	地下水	(1) 最高、最低水位及时间; (2) 流向、流速及流量; (3) 水质分析	(1) 基础施工方案的选择; (2) 确定是否降低地下水位及降水办法; (3) 水侵蚀性及施工注意事项
		地面水	(1) 附近江河湖泊及距离; (2) 洪水、枯水时期; (3) 水质分析	(1) 临时给水; (2) 施工防洪措施

2) 建设地区技术经济条件的调查分析

(1) 地方建筑业状况,如地方建筑队及劳动力水平与数量,各种构配件加工条件等。

(2) 地方材料状况,如砖、石、砂、石灰等供应情况。

(3) 三大主材(钢材、木材、水泥)、特殊材料、装饰材料的供应状况。

(4) 地方资源和交通运输条件。

(5) 当地生活供应、教育和医疗卫生状况。

(6) 环境保护与防治公害的标准。

(7) 本单位及参加施工的各单位的能力调查,如可能参与施工的人员数量、素质,机械装备等。

3) 施工现场情况

如施工用地范围,可利用的建筑物及设施,附近建筑物情况等。

2. 熟悉、审查施工图纸及有关技术资料

只有在充分了解设计意图,掌握建筑、结构特点及技术要求的基础上,才能顺利作出"符合"设计要求的产品;通过审图,发现施工图中存在的问题和错误并得以及时纠正,为今后施工提供准确完整的施工图纸。

3. 编制中标后的施工组织设计

中标后的施工组织设计是指导施工现场全部生产活动的技术经济文件,它是施工准备工作的重要组成部分。建筑施工生产活动的全过程是非常复杂的物质财富再创造的过程,工程开工之前,根据拟建工程的规模、结构特点,在原始资料调查分析的基础上由项目经理部负责编制完成。

标后施工组织设计核心内容是讲如何具体组织工程的实施,是项目经理向企业法人代表说明在实施中采用什么方法与措施,确保企业法人代表与发包方签订的合同能履约,并实现企业对项目经理部的责任目标。需要注意,标前施工组织设计并不能代替标后施工组织设计,旨在作为投标依据和满足投标文件及签订合同要求的标前施工组织设计,编制人是企业,核心内容是投标人向发包人说明将如何组织项目实施,实现标书规定的工期、质量、造价目标,是企业对外的承诺,它是组织施工的一个宏观的控制性计划文件。标后施工组织设计的作用是指导性的,它的编制受标前施工组织设计的约束。

标后施工组织设计一经企业主管部门批准,该文件的性质就成为企业法人代表对项目经理的指令,当主客观条件发生变化需要对标后施工组织设计进行修改、变更时,应报请原审批人同意后方可实施。

4. 施工预算

在单位工程开工前,项目经理部应组织编制施工预算,确定项目的计划目标成本。施工预算是根据中标后的合同价、施工图纸、施工组织设计或施工方案、施工定额等文件进行编制的,它直接受中标后的合同价的控制。根据责任目标成本,结合技术节约措施确定计划目标成本,它是控制施工成本费用开支、考核用工、签发施工任务书、限额领料及成本核算的依据。

12.2.2 物资准备

施工必需的劳动对象(材料、构配件等)和劳动手段(施工机械、工具等)等的准备是保证施工顺利进行的物质基础。物资准备必须在开工之前,根据各种物资的需要量计划,分别落实货源,组织运输和安排储备,使其能满足连续施工的需要。

1. 建筑材料准备

(1) 按工程进度合理确定分期分批进场的时间和数量。
(2) 合理确定现场材料的堆放。
(3) 做好现场的抽检与保管工作。

2. 各种预制构件和配件准备

包括各种预制混凝土和钢筋混凝土构件、门窗、金属构件、水泥制品、卫生洁具及灯具等,均应在图纸会审之后立即提出预制加工清单,并确定加工方案和供应渠道以及进场后的储存地点和方式。大型构件在现场预制时,应做好场地规划与底座施工,并提前加工预制。

3. 施工机具准备

包括施工中确定的各种土方机械,地基处理与桩基机械,混凝土、砂浆搅拌机械,垂直及水平运输机械,吊装机械,钢筋加工机械,木工机械,抽水设备等。根据采用的施工方案,安排的进度,确定各种机械的型号、数量、进场时间及进场后的存放地点和方式。其中大型机械应提前制定出计划以便平衡落实。

4. 模板及脚手架准备

模板和脚手架是施工现场使用量大，堆放占地面积大的周转材料。目前，模板多采用组合钢模板和竹胶板，脚手架多采用扣件式和碗扣式钢管脚手架。

5. 安装设备的准备

根据拟建工程生产工艺流程及工艺设备的布置图，统计出工艺设备的名称、型号、数量，按照设备安装计划，确定分期分批进场时间和保管方式。

12.2.3 劳动组织准备

施工的一切结果都是人创造的，人有主观能动性，选好人，用好人是整个工程的关键。

1. 建立项目经理部

遴选项目经理，建立一个精干、高效、高素质的项目管理组织机构——项目经理部，是搞好施工的前提和首要任务。项目经理部的建立应遵循以下原则：根据工程的规模、专业特点和复杂程度，确定机构名额和人选；坚持合理分工与密切协作相结合；将富有经验、有创新意识的、有工作效率的人选入管理班子；因事设职，因职选人。

项目经理部管理制度是针对施工项目实施所必需的工作规定和条例的总称，是项目经理部进行项目管理工作的标准和依据。它是在企业管理制度的前提下，针对施工项目的具体要求而制定的，是规范项目管理行为，约束项目实施活动，保证项目目标实现的前提和保证。内容包括岗位责任制度，技术管理制度，质量管理制度，安全管理制度，计划、统计与进度管理制度，成本核算制度，材料与设备管理制度，现场管理制度等。

2. 建立精干的施工队伍

施工队(组)的建立，应根据工程的特点和劳动力需要量计划确定，并应认真考虑专业工种合理的配合，技工和普工的比例等。施工队伍的建立应坚持合理精干的原则，并应考虑施工组织方式的要求，确定是建立专业施工队，还是建立混合施工队。

3. 施工队伍的教育和技术交底

施工前，项目经理部应对施工队伍进行劳动纪律、施工质量和安全教育，要求职工和施工人员必须做好遵守劳动时间、坚守工作岗位、遵守操作规程、保证产品质量、保证施工工期、保证安全生产、服从调动、爱护公物。

技术交底是管理者就某项工程的构造、材料要求、使用的机具、操作工艺、质量标准、检验方法及安全、劳保、环保要求等，在施工前对操作者所作的系统说明。整个工程施工，各分部分项工程施工，均须作技术交底，特殊和隐蔽工程更应认真做好技术交底。在交底时应着重强调易发生质量事故与工伤事故的工程部位，防止各种事故的发生。通过技术交底使职工对技术要求做到心中有数，科学地进行生产活动。

4. 做好施工人员的生活后勤保障工作

做好衣、食、住、行、医、文化生活等后勤工作，保障生活供应是稳定施工队伍，调动广大职工工作积极性的根本前提。

12.2.4 施工现场准备

施工现场准备应按施工组织设计的要求和安排进行，主要有以下工作：

1. 场地控制网的测量

按建筑总平面测出占地范围，并在场地内建立坐标控制网和高程控制点。

2. 现场"三通一平"

按设计要求进行场地平整工作，清理地上及地下的障碍物。修建施工临时道路及施工用水电管线。做好排水防洪设施，以及蒸汽、压缩空气等能源的供应。

3. 搭建临时设施

组织修建各种生产、生活需用的临时设施，包括各种仓库、混凝土搅拌站、预制构件场、各种生产场(站)、办公用房、宿舍、食堂、文化生活设施等。

为了施工方便和安全，现场应当用围挡封闭，并在出入口设置标志牌，标明工程名称、施工单位、工地负责人等。

12.3 施工组织设计

12.3.1 施工组织设计的任务和作用

1. 施工组织设计的任务

施工组织设计是在施工前编制的，用来指导拟建工程施工准备和组织施工的全面性的技术经济文件，它是对整个施工活动实行科学管理的有力手段。

施工组织设计的基本任务是根据业主对建设项目的各项要求，选择经济、合理、有效的施工方案；确定紧凑、均衡、可行的施工进度；拟订有效的技术组织措施；优化配置和节约使用劳动力、材料、机械设备、资金和技术等生产要素(资源)；合理利用施工现场的空间等。据此，施工就可以有条不紊地进行，将达到多、快、好、省的目的。

2. 施工组织设计的作用

(1) 施工组织设计是整个施工准备工作的核心。
(2) 施工组织设计是沟通工程设计和施工之间的桥梁。
(3) 施工组织设计具有战略部署和战术安排的双重作用。
(4) 施工组织设计是建筑业企业及其施工项目部进行管理的基础。

12.3.2 施工组织设计的分类

1. 按编制对象范围的不同分类

施工组织设计按编制对象范围的不同可分为施工组织总设计、单位工程施工组织设计、分部分项施工组织设计 3 种。

(1) 施工组织总设计是以一个建设项目或一个建筑群为对象编制的，对整个建设工程的施工全过程各项施工活动进行全面规划、统筹安排和战略部署,是全局性施工的技术经济文件。

(2) 单位工程施工组织设计以一个单位工程为对象编制,是用于直接指导其施工全过程的各项施工活动的技术经济文件。

(3) 分部分项施工组织设计或作业计划是针对某些较重要的、技术复杂、施工难度大,或采用新工艺、新材料施工的分部分项工程,如深基础、无黏结预应力混凝土、大型安装、高级装修工程等为对象编制的,其内容具体详细,可操作性强,是直接指导分部(分项)工程施工的技术计划。

施工组织总设计是整个建设项目的全局性战略部署,其范围和内容大而概括,属规划和控制型;单位工程施工组织设计是在施工组织总设计的控制下考虑企业施工计划编制的,针对单位工程,把施工组织总设计的内容具体化,属实施指导型;分部分项工程施工组织设计是以单位工程施工组织设计和项目部施工计划为依据编制的,针对特殊的分部分项工程,把单位工程施工组织设计进一步详细化,属实施操作型。因此,它们之间是同一建设项目不同广度、深度和控制与被控制的关系。他们的目标是一致的,编制原则是一致的,主要内容是相通的。不同的是:编制的对象和范围不同,编制的依据不同,参与编制的人员不同,编制的时间不同,所起的作用不同。

2. 按中标前后分类

施工组织设计按中标前后的不同可分为投标前的施工组织设计(简称标前设计)和中标后的施工组织设计(简称标后设计)两种。

投标施工组织设计是在投标前编制的施工组织设计,是对项目各目标实现的组织与技术的保证。标前设计主要是说给发包方听的,目的是竞争承揽工程任务。签订工程承包合同后,应依据标前设计、施工合同、企业施工计划,在开工前由中标后成立的项目经理部负责编制详细的实施指导性标后设计,它是说给企业听的,目的是保证要约和承诺的实现。因此,两者之间有先后次序关系、单向制约关系,具体不同之处见表12-2。

表12-2 两类施工组织设计的特点

种　　类	服务范围	编制时间	编制者	主要特征	追求的目标
标前设计	投标与签约	投标书编制前	经营管理层	规划性	中标与经济效益
标后设计	施工准备至工程验收	签约后开工前	项目管理层	指导性	施工效率和效益

另外,对于大型项目、总承包的"交钥匙"工程项目,施工组织设计的编制往往是随着项目设计的深入而编制不同广度、深度和作用的施工组织设计。例如,当项目按三阶段设计时,在初步设计完成后,可编制施工组织设计大纲(施工组织条件设计);技术设计完成后,可编制施工组织总设计;在施工图设计完成后,可编制单位工程施工组织设计。当项目按两阶段设计时,对应于初步设计和施工图设计,分别编制施工组织总设计和单位工程施工组织设计。

施工组织设计如按编制内容的繁简程度不同,可划分为完整的施工组织设计和简明的施工组织设计。对于小型项目及熟悉的工程项目,施工组织设计的编制内容可以简化。

12.3.3 施工组织设计的编制依据

(1) 设计资料。包括已批准的设计任务书、设计图纸和设计说明书等。

(2) 自然条件资料。包括地形、地质、水文和气象资料。

(3) 技术经济条件资料。包括建设地区的资源、供水、供电、交通运输、生产和生活基础设施情况等。

(4) 施工合同规定的有关指标。包括建设项目分期分批及配套建设的要求，交工日期，施工中要求采用的新技术和有关先进技术指标要求等。

(5) 施工条件。施工企业及相关协作单位可配备的人力、机械设备和技术状况，以及类似工程施工经验资料等。

(6) 工具性参考资料。国家和地方有关的现行规范、规程、标准、定额等。

12.3.4 施工组织设计的基本内容

施工组织设计的内容是由其应回答和解决的问题组成的，无论是单位工程还是群体工程，其基本内容可以概括为以下几方面。

1. 工程概况及特点分析

施工组织设计应首先对拟建工程的概况及特点进行分析并加以简述，目的在于搞清工程任务的基本情况。这样做可使编制者对症下药；也使使用者心中有数；亦使审批者对工程有概略的认识。

工程概况包括拟建工程的性质、规模，建筑、结构特点，建设条件，施工条件，建设单位及上级的要求等。

2. 施工部署和施工方案

施工部署是对整个建设项目施工(土建和安装)的总体规划和安排，包括施工任务的组织与分工，工期规划，分期分批完成的内容，施工用地的划分，全场性的技术组织措施等。

施工方案的选择是在工程概况及特点分析的基础上，结合人力、材料、机械、资金和可采用的施工方法等生产因素与时空优化组合，全面具体布置施工任务，安排施工流向和施工顺序，确定施工方法和施工机械，制定保证质量、安全的技术组织措施，对拟建工程可能采用的几个方案进行技术经济的对比分析，选择最佳方案。

3. 施工进度计划

施工进度计划反映了最佳施工方案在时间上的安排，是组织与控制整个工程进度的依据。因此，施工进度计划的编制应采用先进的组织方法(如流水施工)、计划理论(如网络计划、横道计划)和计算方法(如时间参数、资源量等)，合理规定施工的步骤和时间，综合平衡进度计划，以期达到各项资源在时空上的科学合理利用，满足既定工期目标。

施工进度计划的编制包括划分施工过程，计算工程量，计算劳动量或机械量，确定工作天数及相应的作业人数或机械台数，编制进度计划表及检查与调整等。

4. 施工准备工作计划与支持性计划

施工准备工作计划主要是明确施工前应完成的施工准备工作的内容、起止期限、质量要求等。整个建设项目、一个单位工程或一个分部分项工程,在其计划开工前相应的准备工作都需要按时完成。

劳动力、主要材料、预制件、半成品及机械设备需要量计划,资金收支预测计划统称为施工进度计划的支持性计划,即以资源支持施工。各项资源需要量计划是提供资源保证的依据和前提,是保证施工计划实现的支持性计划,应根据施工进度计划编制。

5. 施工(总)平面图

施工现场(总)平面图是施工方案(施工部署)和施工进度计划在空间上的全面安排。它以合理利用施工现场空间为原则,本着方便生产、有利生活、文明施工的目的,把投入的各项资源和工人的生产、生活活动场地,作出合理的现场施工(总)平面布置。

6. 技术措施

一项工程的完成除了施工方案选择合理,进度计划安排的科学外,还应充分地注意采取各项措施,确保质量、工期、文明安全以及节约开支。应加强各项措施的制定,并以文字、图表的形式加以阐明,以便在贯彻施工组织设计时目标明确、措施得当。

7. 主要技术经济措施

技术经济指标用以衡量组织施工的水平,它是对确定的施工方案、施工进度计划及施工(总)平面图的技术经济效益进行全面的评价。主要指标通常指施工工期、全员劳动生产率、资源利用系数、机械使用总台班量等。

12.3.5 施工组织设计的编制

标前设计和标后设计分别由企业有关职能部门(如总工办)和项目经理(或项目技术负责人)负责牵头编制。

施工组织设计编制要吸收相关职能部门施工经验丰富的技术人员参加,根据建设单位的要求和有关规定进行编制,要广泛征求各协作施工单位的意见。对结构复杂、施工难度大的以及采用新工艺、新技术的工程,要进行专业研究、集思广益。当初稿完成后,要组织参编人员及单位讨论,经逐项逐条地研究修改后,最终形成正式文件,送主管部门审批。

施工组织设计要能正确指导施工,体现施工过程的规律性、组织管理的科学性、技术的先进性。为此,在编制时需要注意处理好以下问题。

(1) 时间与空间的充分利用问题。
(2) 满足工艺、工期要求的设备选择及其配套优化问题。
(3) 节约问题。
(4) 专业化生产与紧密协作相结合的问题。
(5) 资源供应与消耗的协调问题。

12.4 思 考 题

(1) 何谓施工程序？它分为几个阶段？
(2) 何谓施工组织设计？组织施工的主要原则有哪些？
(3) 为什么说施工准备工作应贯穿于施工的始终？
(4) 施工准备有哪几方面的工作？
(5) 技术准备工作主要有哪些内容？
(6) 施工组织设计有哪些类型？
(7) 施工组织设计的基本内容是什么？

第 13 章　流水施工基本原理

教学提示：流水施工是一种比较科学的组织方式，它突出之处在于能够保证施工的连续、均衡、有节奏，在工程施工组织中应用很广泛。

教学要求：掌握流水施工组织的基本原理和方法，掌握流水施工基本参数的确定方法，了解三种施工组织方式的使用条件。

13.1　流水施工概述

流水施工是一种诞生较早，在建筑业中广泛使用且行之有效的科学组织施工的计划方法。它建立在分工协作和大批量生产的基础上，其实质就是连续作业，组织均衡施工。但是，由于建筑产品及其生产的特点，使得流水施工的概念、特点和效果与其他工业产品的流水作业有所不同。

13.1.1　流水施工的方式

为了说明建筑工程中采用流水施工的特点，可以比较建造四幢相同的房屋时，施工中一般采用的依次施工、平行施工和流水施工三种不同的施工组织方法。举例如下：四幢相同的建筑物基础工程由挖土、做垫层、砌基础、回填土4个施工过程组成，每个施工过程的施工天数均为4天，各作业班组人数分别由8人、6人、14人、5人组成。

依次施工是各工程或施工过程依次开工，依次完成的一种施工组织方式。施工时通常有两种组织方式，分别如图 13.1、图 13.2 所示，这两种形式工期相同但每天所需的资源消耗不相同。它是一种最基本最原始的施工组织方式，这种方法同时投入的劳动力和物资等资源数量比较少，但各专业工作队在该工程中的工作是有间歇的，施工中对某一物资的消耗也是间断的，工期拖得很长。

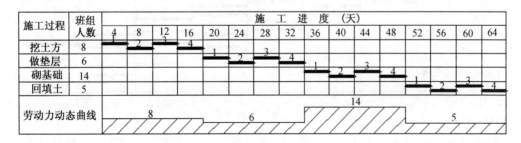

图 13.1　按施工过程依次流水

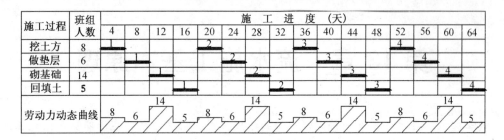

图 13.2 按工程对象依次流水

平行施工是全部工程任务的各施工过程组织几个相同的作业班组，在不同的空间对象上同时开工，同时完成的一种施工组织方式。如图 13.3 所示，完成 4 幢房屋基础工程施工所需时间等于完成一幢施工的时间。它是一种在拟建工程任务十分紧迫等特殊情况下才会采取的施工组织形式，这种方法显然可以大大缩短工期，但是各专业工种同时投入工作的班组数量却大大增加，相应的劳动力及物资的消耗量集中且不连续，给施工带来不良的经济效果。

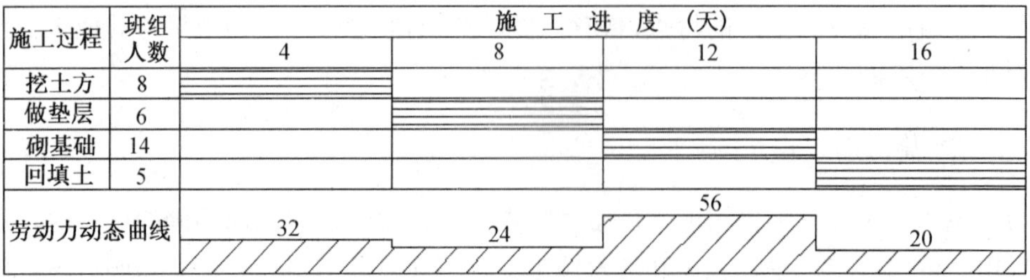

图 13.3 平行施工

流水工程是将所有施工过程按一定的时间间隔依次投入施工，各个施工过程陆续开工，陆续完工。如图 13.4 所示，即把各施工过程搭接起来，其中有若干幢房屋处在同时施工状态，使各专业工作队的工作具有连续性，而资源的消耗具有均衡性(与平时施工比较)，施工工期较短(与依次施工比较)。

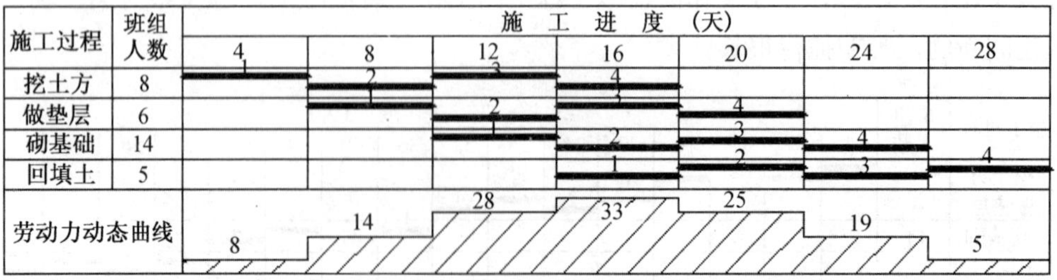

图 13.4 流水施工

如果只有一幢房屋在建造，也可以组织流水施工，这需要将拟建工程项目在平面上划分成若干个劳动量大致相等的施工段。假如划分为两个施工段，其基础工程流水施工如图 13.5 所示。为了更好地比较三种组织的方式和特点，本图也反映了依次施工、平行施工的情况。

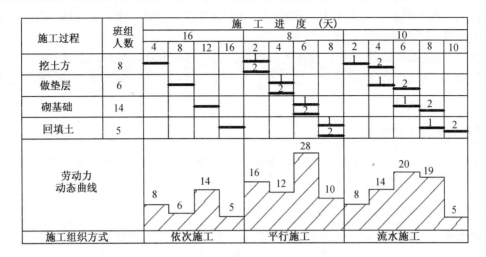

图 13.5 不同施工组织方式的比较

当房屋在竖向施工中存在专业工种对操作高度的要求时,就需要在竖向上划分成若干个施工层。这样一来,各施工过程的不同专业工作班组在各施工层各施工段上就可以组织流水施工了。

13.1.2 流水施工的实质

1. 组织流水作业的条件

(1) 把建筑物的整个建造过程分解为若干施工过程,每个施工过程分别由固定的专业施工队负责实施完成。

划分施工过程是为了对施工对象的建造过程进行分解,这样才能逐一实现局部对象的施工,进而使施工对象整体得以实现。也只有这种合理的解剖,才能组织专业化施工和有效的协作。

(2) 把建筑物尽可能地划分为劳动量大致相等的若干个施工段(区)。通常是单体建筑物施工分段,群体建筑物施工分区。划分施工段(区)是为了把庞大的建筑物(建筑群)划分成"批量"的假定"产品",从而形成流水作业的前提。没有批量就不可能组织流水施工,每一个段(区)就是一个假定的"产品"。

(3) 各专业队按一定的施工工艺,配备必要的机具,依次地、连续地由一个施工段转移到另一个施工段,重复地完成各段上的同类工作。也就是说,专业化工作队要连续地对假定产品进行逐个的专业"加工"。由于建筑产品的固定性,只能是专业队(组)在不同段上"流水",而一般工业生产流水作业的区别是产品"流水",而设备、人员固定不动。

2. 组织流水作业的效果

(1) 可以缩短工期。相对于依次作业可以"节省"工作时间,实现"节省"的手段是"搭接","搭接"的前提是分段,合理利用工作面,保证投入施工的专业队工作不间断。

(2) 可以实现均衡、有节奏的施工。班组人员按一定的时间要求投入作业,在每段的工作时间安排上尽量地有规律。综合各班组的工作,便可以形成均衡、有节奏的特征。"均衡"是指不同时间段的资源数量变化较小,这对组织施工十分有利,可以达到节约使用资源的目的；有"节奏"是指工人作业时间有一定规律性，可以带来良好的施工秩序，和谐的施工气氛，可观的经济效果。

(3) 可以提高劳动生产率，保证工程质量。由于组织专业化生产，必然有利于发挥工人的技术和不断提高其劳动熟练程度，必然有利于改进操作方法和施工工具，结果是有利于保证工程质量，提高劳动生产率。

13.1.3 流水施工的分类

为了适应不同项目的具体情况和进度计划安排的要求，应采用相应类型的流水作业，以便取得更好的效果。

1. 按施工过程分解的深度分类

根据施工组织的需要，有时要求将工程对象的施工过程分解得细些，有时则要求分解得粗些。

(1) 彻底分解流水。经过分解后的所有施工过程都是属于单一工种就可以完成的。为完成该施工过程，所组织的工作队就应该是由单一工种的工人(或机械)组成，属专业班组。

(2) 局部分解流水。在进行施工过程的分解时将一部分施工工作适当合并在一起形成多工种协作的综合性施工过程，这是不彻底分解的施工过程。这种包含多工种协作的施工过程的流水就是局部分解流水。如果钢筋混凝土圈梁作为一个施工过程，实际包含了支模、扎筋和混凝土浇筑这几项工作。该施工过程是由有木工、钢筋工、混凝土工组成的混合班组负责施工。

2. 按流水施工对象的范围分类

(1) 细部流水。指一个专业班组使用同一生产工具，依次地连续不断地在各施工段(区)中完成同一施工过程的工作流水。细部流水也称为分项工程流水。

(2) 专业流水。把若干个工艺上密切联系的细部流水组合起来，就形成了专业流水。它是各相关专业队共同围绕完成一个分部工程的流水，也称分部工程流水。如某现浇钢筋混凝土工程是由安装模板、绑扎钢筋和浇筑混凝土三个细部流水组成的。

(3) 工程项目流水。即为完成一单位工程而组织起来的全部专业流水的总和，亦称单位工程流水。例如，多层框架结构房屋，它是由基础分部工程流水、主体分部工程流水、装饰分部工程流水等组成。

(4) 综合流水。是为完成工业建筑或民用建筑群而组织起来的全部工程项目流水的总和，亦谓建筑群流水。

3. 按流水的节奏特征分类

(1) 有节奏流水。指流水组中，每一个施工过程本身在各施工段上的作业时间(流水节拍)都相同，也就是一个施工过程有一个统一的流水节拍。如果各个施工过程相互之间流水节拍也相等，称之为等节奏流水；如果不同施工过程之间流水节拍不一定相等，称之为异节奏流水。

(2) 无节奏流水。指流水组中，各施工过程本身在各流水段上的作业时间(流水节拍)不完全相等，相互之间亦无规律可循。

13.2 流水施工参数

在组织流水施工时，用以表达流水施工在工艺流程、空间布置、时间安排等方面的特征和各种数量关系的参数，称为流水施工参数。只有对这些参数进行认真的、有预见的研究和计算，才可能成功地组织流水施工。

13.2.1 工艺参数

工艺参数是指在组织流水施工时，用来表达施工工艺开展的顺序及其特征的参数，包括施工过程数和流水强度两种参数。

1. 施工过程数(N)

在组织流水施工时，用以表达流水施工在工艺上开展层次的有关过程，统称施工过程。施工过程数是指一组流水中施工过程的个数，以 N 表示。施工过程数目要适当，以便于组织施工。若施工过程数过小，达不到好的流水效果；若施工过程数过大，需要的专业工作队(组)就多，相应地需要划分的流水段也多，也达不到好的流水效果。至于专业队(组)数以 N' 表示。施工中，有时由几个专业队负责完成一个施工过程或一个专业队完成几个施工过程，于是施工过程数(N)与专业队数(N')便不相等。组织流水的施工过程如果各由一个工作队施工，则 N 与 N' 相等。

在划分施工过程时，只有那些对工程施工具有直接影响的施工内容才予以考虑并组织在流水中。对于预先加工和制造建筑半成品、构配件的制备类施工过程(如砂浆和混凝土的配制、钢筋的制作等)，对于运输类施工过程(如将建筑材料、构配件及半成品运至工地等)，当其不占用施工对象的空间、不影响总工期时，不列入施工进度计划表中，否则要列入施工进度计划表中。对于在施工对象上直接进行加工而形成建筑产品的建造类施工过程(如墙体砌筑、构件安装等)，由于占用施工对象的空间而且影响总工期，所以划分施工过程主要按建造类划分。

施工过程可以根据计划的需要确定其粗细程度，既可以是分项、分部工程，也可以是单位、单项工程。施工过程数与工程项目的规模大小、房屋的复杂程度、结构的类型乃至施工方法等有关。对复杂的施工内容应分得细些，简单的施工内容分得不要过细。

对工期影响较大的，或对整个流水施工起决定性作用的施工过程(如工程量大，工作时间长，须配备大型机械等)，称为主导施工过程。在划分施工过程以后，首先应找出主导施工过程，以便抓住流水作业的关键环节。

2. 流水强度(V)

流水强度指某一施工过程在单位时间内能够完成的工程量。它取决于该施工过程投入的工人数和机械台数及劳动生产率(定额)。

13.2.2 空间参数

空间参数是用来表达流水施工在空间布置上所处状态的参数，包括施工段数、工作面和施工层数。

1. 工作面(A)

在组织施工时,某专业工种所必须具备的活动空间,称为该工种的工作面。它的大小是根据相应工种单位时间内的产量定额、建筑安装工程操作规范和安全规程等的要求确定的。确定工人班组人数必须考虑工作面的大小,否则会影响到专业工种工人的劳动生产效率。有关工种的工作面参考数据见表 13-1。

表 13-1 有关工种工作面参考数据表

工作项目	每个技工的工作面	说 明
砖基础	7.6m/人	以 1½砖计(2 砖乘 0.8、3 砖乘 0.55)
砌砖墙	8.5m/人	以 1 砖计(1½砖乘 0.71、2 砖乘 0.57)
混凝土柱、墙基础	8m^3/人	机拌、机捣
混凝土设备基础	7m^3/人	机拌、机捣
现浇钢筋混凝土柱	2.45m^3/人	机拌、机捣
现浇钢筋混凝土梁	3.20m^3/人	机拌、机捣
现浇钢筋混凝土墙	5m^3/人	机拌、机捣
现浇钢筋混凝土楼板	5.3m^3/人	机拌、机捣
混凝土地坪及面层	40m^2/人	机拌、机捣
外墙抹灰	16m^2/人	
内墙抹灰	18.5m^2/人	
卷材屋面	18.5m^2/人	
防水水泥砂浆屋面	16m^2/人	
门窗安装	11m^2/人	

2. 施工段数(M)

为了有效地组织流水施工,将施工对象在平面空间上划分为若干个劳动量大致相等,可供工作队(组)转移施工的段落,这些施工段落称为施工段,其数目以 M 表示。划分施工段的目的在于能使不同工种的专业工作队同时在工程对象的不同段落工作面上进行作业,以充分利用空间。通常一个施工段上在同一时间内只有一个专业工作队施工,必要的话也可以两个工作队在同一施工段上穿插或搭接施工。划分施工段应遵循以下原则。

(1) 尽量使各段的工程量大致相等,以便组织节奏流水,使施工连续、均衡、有节奏。

(2) 有利于保证结构整体性,尽量利用结构缝(沉降缝、抗震缝等)及在平面上有变化处。住宅可按单元、按楼层划分;厂房可按生产线、按跨划分;线性工程可依主导施工过程的工程量为平衡条件,按长度分段;建筑群可按栋、按区分段。

(3) 段数的多少应与主导施工过程相协调,以主导施工过程为主形成工艺组合。工艺组合数应等于或小于施工段数。因此分段不宜过少,不然流水效果不显著甚至可能无法流水,使劳动力或机械设备窝工;分段过多,则可能使施工面狭窄,投入施工的资源量减少,反而延长了工期。

(4) 分段大小应与劳动组织相适应，有足够的工作面。以机械为主的施工对象还应考虑机械的台班能力的发挥。混合结构、大模板现浇混凝土结构、全装配结构等工程的分段大小，都应考虑吊装机械能力的充分利用。

3. 施工层数(J)

施工层数是指在施工对象的竖直空间上划分的作业层数。这是为了满足操作高度和施工工艺的要求。如砌筑工程可按一步架高 1.2m 为一个施工层，再如装修工程多以一个楼层为一个施工层。

多层建筑施工既要在平面上划分施工段，又要在竖向上划分施工层，以组织有节奏、均衡、连续地流水施工。为了保证各专业工作队连续作业，则要求施工段数与施工过程数(或施工班组数)保持一定的比例协调关系。若组织等节奏流水施工，施工段数与施工过程数的关系如下：

(1) 当 $M > N$ 时，各专业队能连续施工，但施工段有空闲。
(2) 当 $M = N$ 时，各专业队能连续施工，且施工段也无闲置，这种情况是最理想的。
(3) 当 $M < N$ 时，对单栋建筑物流水施工时，专业队就不能连续施工而产生窝工现象。但两栋以上的建筑群中，与别的建筑物可以组织流水，实现工作队连续作业。

【例 13.1】 某三层砖混楼房，在平面上划分为 3 个施工段，按砌墙、安装楼板两个施工过程组织施工，各施工过程在各段上的作业时间均为 3d，其流水进度如图 13.6 所示。

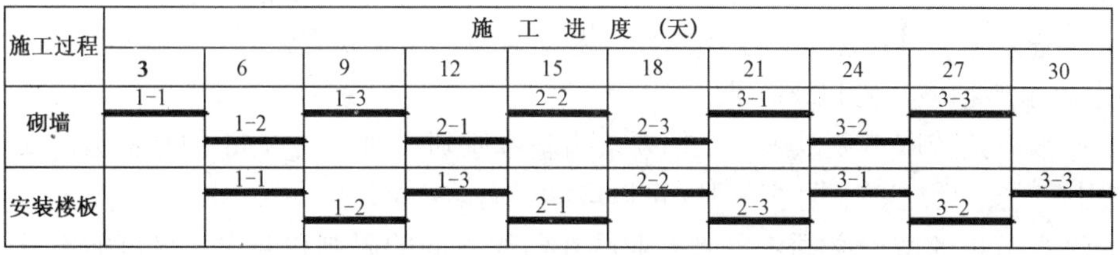

施工过程	施工进度（天）									
	3	6	9	12	15	18	21	24	27	30
砌墙	1-1	1-2	1-3	2-1	2-2	2-3	3-1	3-2	3-3	
安装楼板		1-1	1-2	1-3	2-1	2-2	2-3	3-1	3-2	3-3

图 13.6 流水施工进度图

可以看出，两个工作队均能连续施工，但每一层安装完楼板后不能马上投入其上一层的砌砖施工。施工段有空闲，一般会影响工期，但在空闲的工作面上如能安排一些准备(如验收、放线)或辅助工作(如材料运输)，则会使后继工作进展顺利，也不一定有害。

【例 13.2】 某三层框架主体工程分两段进行施工，施工过程为支模、扎筋和浇筑混凝土，各施工过程在各段上的作业天数都为 3d，其流水施工进度如图 13.7 所示。

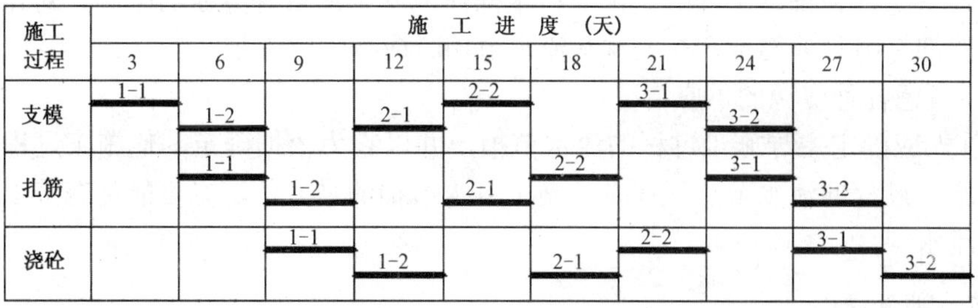

施工过程	施工进度（天）									
	3	6	9	12	15	18	21	24	27	30
支模	1-1	1-2	2-1	2-2	3-1	3-2				
扎筋		1-1	1-2	2-1	2-2	3-1	3-2			
浇砼			1-1	1-2	2-1	2-2	3-1	3-2		

图 13.7 流水施工进度图

可以看出，第一个施工过程(支模)在下一层最后一个施工段上完工后，因为最后一个施工过程(浇混凝土)在该层第一段上还未完工，所以不能及时转移到上一层第一段。而工作队作业不连续，在一个施工项目中是不可取的。除了能将窝工的工作队转移到其他建筑物或工地上进行大流水。

13.2.3 时间参数

时间参数是指用来表达组织流水施工时，各施工过程在时间排列上所处状态的参数。主要包括：流水节拍、流水步距、平行搭接时间、间歇时间及施工过程流水持续时间和流水施工工期。

1. *流水节拍(t)*

流水节拍是指某个专业队在某一施工段上的施工作业时间。其大小反映施工速度的快慢，确定方法主要有定额计算法、经验估计法和按工期倒排法。定额计算法的公式是：

$$t = \frac{Q}{RS} = \frac{P}{R} \tag{13-1}$$

式中：t——流水节拍；

Q——某施工段上的工程量；

R——专业队的人数或机械台数；

S——产量定额，即某施工过程单位时间(工日或台班)完成的工程量；

P——某施工过程在某施工段需要的劳动量或机械台班量。

确定流水节拍应注意以下几点：

(1) 流水节拍的取值要以满足工期要求为基本原则。通常取 0.5d 的整倍数。如果工期短，t 就小一些；反之若工期长，则 t 可以取大一些。

(2) 流水节拍的取值必须考虑到专业队在组织方面的限制和要求。尽可能不过多地改变原来的劳动组织状况，以便于对专业队进行管理。专业队的人数应有起码的要求，以使他们具备集体协作的能力。

(3) 流水节拍的确定，应考虑到工作面的限制，专业队必须有足够的施工操作空间，才能保证操作安全和充分发挥劳动效率。

(4) 流水节拍的确定，应考虑到机械设备的实际负载水平和可能提供的机械设备数量，同时也要考虑机械设备操作场所安全和质量的要求。

(5) 有特殊技术要求和限制的工程，如有防水要求的钢筋混凝土工程，受交通条件影响的道路改造工程、铺管工程等，都受技术操作或安全质量等方面的限制，对作业时间长度和连续性都有限制或要求，在安排其流水节拍时应当予以满足。

(6) 要考虑各种资源的供应情况。

(7) 首先应确定主导施工过程的流水节拍，并以它为依据确定其他施工过程的流水节拍。主导施工过程的流水节拍往往是各施工流水节拍的最大值，尽可能是有节奏的，以便组织节奏流水。

2. *流水步距(k)*

流水步距指两个相邻的工作队相继投入流水作业的最小时间间隔。流水步距的大小对工期的长短有直接的影响。流水步距的大小取决于流水节拍。

当施工段不变时,假设工作面条件允许专业队人数变化,使流水节拍改变,流水步距越大工期越长;反之工期越短。如图 13.8(a)与图 13.8(b)进行比较可以看出:流水步距随流水节拍的增大而增大,随流水节拍的缩小而缩小。

如果人数不变,增加施工段数,使每段工作面达到饱和,而施工过程流水持续时间不变,因各工作队步距缩小,使工期变短。如图 13.8 所示,图 13.8(a)与图 13.8(c)比较可以看出,当施工段数大于施工过程数($M>N$)时,工期变短了 1 天;当施工段数最终没有超过施工过程数($M \leqslant N$)时,无空间闲置,流水节拍和流水步距都相应缩小,工期是变短为 3 天。需要注意,若过度增加施工段,势必使得投入施工的作业人数减少,反而会使工期拖长。

(a) 某施工进度计划

(b) 施工段不变,人数增倍

(c) 人数不变,增加施工段($M>N$)

图 13.8　流水步距、流水节拍、施工段的关系

流水步距的长度要根据需要及流水方式的类型,通过分析计算确定。确定时应考虑的因素有以下几点:

(1) 每个专业队连续施工的需要。必须使专业队进场后不发生停工、窝工现象。

(2) 技术间歇的需要。有些施工过程完成后,后续施工过程不能立即投入施工,必须有一定的时间"间歇",这个间歇时间应尽量安排在专业队进场之前,不然便不能保证专业队工作的连续。

(3) 流水步距的长度应保证各个施工段的施工作业程序不乱,即不发生前一施工过程尚未全部完成,而后一施工过程便开始施工的现象。有时为了缩短时间,某些次要的专业队可以提前穿插进去,但必须在技术上可行,而且不影响前一专业队的正常工作。提前插入的现象越少越好,多了会打乱节奏,影响均衡施工。

3. 流水施工工期(T_t)

流水施工工期是指从第一个专业队投入流水作业开始，到最后一个专业队完成最后一个施工过程的最后一段工作退出流水作业为止的整个持续时间。由于一项工程往往由许多流水组组成，流水施工工期说的是一个流水组的工期，它小于工程对象的总工期(T)；对分组采用流水施工的工程对象来说，流水施工工期就等于工程对象的施工总工期。

在安排流水施工之前，应有一个基本的流水施工工期目标，以在总体上约束具体的流水作业组织。在进行流水作业安排以后，可以通过计算确定工期，并与目标工期比较，流水施工工期应小于或等于目标工期。如果绘制了流水图(表)，在图上若可观察到工期长度，可以用计算工期来检验图表绘制的正确与否。

13.3 流水施工的组织方法

13.3.1 等节奏流水

等节奏流水也叫全等节拍流水或固定节拍流水，指流水速度相等。这是最理想的组织流水方式，在可能的情况下，应尽量采用这种流水方式。它的基本特征首先是施工过程本身在各施工段上的流水节拍相等；其次是施工过程的流水节拍彼此都相等；第三，当没有平行搭接和间歇时，流水步距等于流水节拍。

(1) 在没有技术间歇和插入时间的情况下，工期的计算公式是：

$$T_t = (M + N' - 1)t \tag{13-2}$$

这种情况下的组织形式如图 13.9 所示，横道图有水平指示图表和斜线(垂直)指示图表两种。在水平指示图表中，呈梯形分布的水平线段表示流水施工活动的开展情况；在垂直指示图表中，N 条斜线段表示各专业队(或施工过程)开展流水施工的情况。

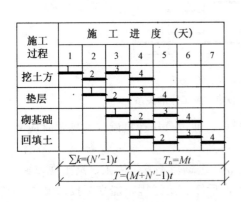 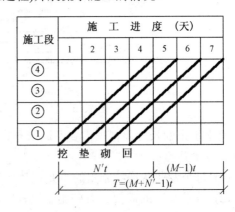

(a) 水平图表　　　　　　　　　　　　　(b) 斜线图表

图 13.9　无搭接无间歇情况下的等节奏流水进度图表

式(13-2)适用于无施工层的流水工期计算，如果存在施工层($M \geq N$)，工期计算公式如下：

$$T_t = (JM + N' - 1)t \tag{13-3}$$

(2) 在有技术间歇和插入时间的情况下，工期的计算公式是：

$$T_t = (M + N' - 1)t - \sum C + \sum Z \tag{13-4}$$

式中：$\sum Z$ ——间歇时间之和；

$\sum C$ ——插入时间之和。

如图 13.10 所示是一个等节奏流水的作业图。其中 $M = 4$，$N = N' = 5$，$t = 4$ 天，$\sum Z = 4$ 天，$\sum C = 4$ 天，故其工期计算如下：

$$\begin{aligned} T_t &= (M + N' - 1)t + \sum Z - \sum C \\ &= (4 + 5 - 1) \times 4 + 4 - 4 = 32\,(天) \end{aligned}$$

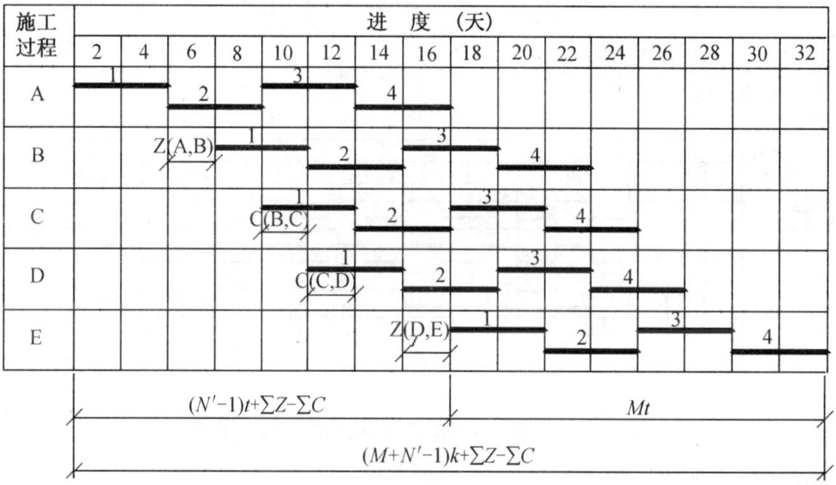
施工过程
进 度 （天）
2 4 6 8 10 12 14 16 18 20 22 24 26 28 30 32
A
B
C
D
E
Z(A,B)
C(B,C)
C(C,D)
Z(D,E)
(N′−1)t+∑Z−∑C
Mt
(M+N′−1)k+∑Z−∑C

图 13.10　有搭接和间歇情况下的流水进度水平图表

在有层间关系或施工层时,为保证各专业队能连续施工，应按式(13-5)确定施工段数。

$$M = N + \frac{\sum Z_1 - \sum C_1}{k} + \frac{Z_{1,2}}{k} \tag{13-5}$$

式中：$\sum C_1$ ——第一个楼层内各施工过程平行搭接时间之和为 $\sum C_1$，若各层的 $\sum C_i$ 均相等。

$\sum Z_1$ ——第一个楼层内各施工过程间的间歇时间之和为 $\sum Z_1$，若各层的 $\sum Z_i$ 均相等。

$\sum Z_{1,2}$ ——一、二楼层间歇时间为 $\sum Z_{1,2}$，若各楼层间间歇 $\sum Z_{i,i+1}$ 均相等。

在有层间关系或施工层时,工期计算公式如下：

$$T_t = (JM + N' - 1)t + \sum Z_1 - \sum C_1 \tag{13-6}$$

式中没有二层及二层以上的 $\sum Z_1$、$\sum C_1$ 和 $\sum Z_{1,2}$ 是因为他们均已包括在式中的 M、J、t 项内。

【例 13.3】 某三层建筑物的主体工程由 4 个施工过程组成，第二个施工过程需待第一个施工过程完工后 2d 才能开始进行，第四个施工过程与第三个施工过程需搭接 1d，且层间还需有 1d 间歇时间，流水节拍为 2d。试确定施工段数，计算工期，绘制流水施工进度图表。

解

(1) 确定流水步距：

因为 $t_1 = t = 2$ (天)

所以 $k = t = 2$ (天)

(2) 确定施工段数：

因项目施工分层，按式(13-5)确定施工段数

$$M = N + \frac{\sum Z_1 - \sum C_1}{k} + \frac{Z_{1,2}}{k} = 5$$

(3) 计算工期：

$$T_t = (JM + N' - 1)t + \sum Z - \sum C = (3 \times 5 + 4 - 1) \times 2 + 2 - 1 = 37 \text{ (天)}$$

(4) 绘制流水施工进度图表：

如图 13.11 所示。

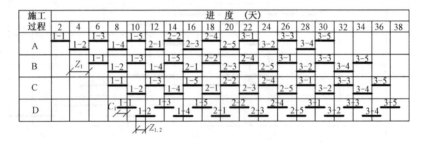

图 13.11 例 13.3 的流水施工进度水平图表

13.3.2 异节奏流水

组织流水施工时，如果某施工过程的工程量过小，或某施工过程要求尽快完成，在这种情况下，这一施工过程的流水节拍就小；如果施工过程因其工艺特性或复杂程度而又受制于工作面约束，不能投入较多的人力或机械，这一施工过程的流水节拍就大。这就出现了施工过程的流水节拍不能相等的情况，这就要组织异节奏流水。

1. 异节奏流水的一般情况

异节奏流水的基本特征首先是同一施工过程在各施工段上的流水节拍都相等；其次是不同施工过程之间彼此的流水节拍部分或全部不相等，如图 13.12 所示。

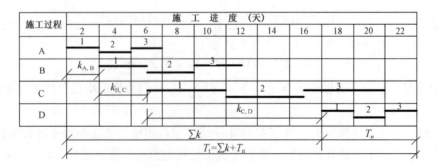

图 13.12 异节奏流水示意图

组织异节奏流水,关键是确定流水步距。为了保证各施工过程连续作业,通过如图 13.12 所示的分析,显然可以得出如下结论:

当 $t_i \leqslant t_{i+1}$ 时 $\qquad k_{i,i+1} = t_i$ (13-7)

当 $t_i > t_{i+1}$ 时 $\qquad k_{i,i+1} = Mt_i - (M-1)t_{i+1}$ (13-8)

异节奏流水的工期可按下式计算:

$$T_t = \sum k + T_n = \sum k + Mt_n \qquad (13\text{-}9)$$

式中: $\sum k$ ——流水步距之和;

T_n ——最后一个施工过程的流水持续时间;

t_n ——最后一个施工过程的流水节拍。

2. 成倍节拍流水

成倍节拍流水是异节奏流水的一种特殊情况。当同一施工过程在各施工段上的流水节拍都相等,不同施工过程之间的流水节拍全部或部分不相等,但互为倍数时,可组织成倍节拍流水。它的组织方式是在资源供应能够满足的前提下,对流水节拍长的施工过程组织几个专业队去完成不同施工段上的任务,各专业队以各流水节拍的最大公约数(k)为步距依次投入施工,以加速流水施工速度,缩短工期。

成倍节拍流水的工期可按下式计算:

$$T_t = (M + N' - 1) \cdot k \qquad (13\text{-}10)$$

【例 13.4】 某两层现浇钢筋混凝土框架主体工程,划分为模板支设、钢筋绑扎、混凝土浇筑 3 个施工过程,流水节拍分别为 4 天、4 天、2 天。第一层混凝土浇筑后养护一天,才能开展第二层的工作。试确定流水工期,并绘制流水进度图表。

解 已知 $t_{模} = 4$ 天、$t_{筋} = 4$ 天、$t_{混凝土} = 2$ 天,所以本工程宜采用成倍节拍流水作业方式。

(1) 确定流水步距:

$$k = 最大公约数\{t_{模}, t_{筋}, t_{混凝土}\} = 12 天$$

(2) 确定专业队数:

$$b_{模} = \frac{t_{模}}{k} = \frac{4}{2} = 2$$

$$b_{筋} = \frac{t_{筋}}{k} = \frac{4}{2} = 2$$

$$b_{混凝土} = \frac{t_{混凝土}}{k} = \frac{2}{2} = 1$$

施工作业队总数 $N' = b_{模} + b_{筋} + b_{混凝土} = 2 + 2 + 1 = 5 (个)$。

(3) 确定每层施工段数:

为满足层间间歇和各专业队连续施工的要求,必须取 $M \geqslant \sum b + \dfrac{\sum Z_{1,2}}{k}$。实取 $M = \sum b + \dfrac{\sum Z_{1,2}}{k} = 6$。

(4) 计算流水工期：

由式(13-10)得：
$$T_t = (JM + N' - 1)k = (2 \times 6 + 5 - 1) \times 2 = 32 \text{ (天)}$$

(5) 绘制流水进度图表：

如图 13.13 所示。

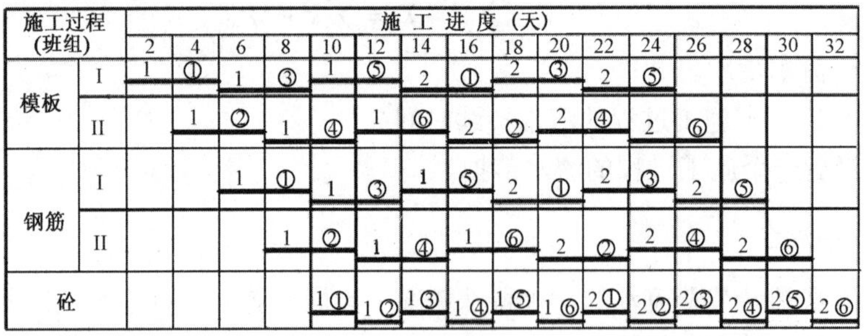

图 13.13　例 13.4 的成倍节拍流水施工进度水平图表

13.3.3　无节奏流水

在实际工程中，每个施工过程在各施工段上的工程量往往并不相等，而且各专业队的劳动效率相差悬殊，这就造成了同一施工过程在各施工段的流水节拍部分或全部不相等，各施工过程彼此的流水步距也不尽相等，不能组织等节奏或异节奏流水。大多数流水节拍不能相等这是流水施工的普遍情况。

在这种情况下，可根据流水施工的基本概念，采用一定的计算方法，确定相邻施工过程之间的流水步距，使各施工过程在时间上最大限度地搭接起来，并使每个专业队都能连续作业。这种组织方式叫无节奏流水，也称分别流水。

组织无节奏流水施工，确定流水步距是关键，最简便的方法是潘特考夫斯基法，也称"累加数列错位相减取最大差"法。

【例13.5】某分部工程有 4 个施工过程，划分为 4 个施工段，各施工过程在各施工段上的流水节拍见表 13-2，试组织流水施工。

表 13-2　各施工过程的流水节拍

施工过程 \ 施工段	①	②	③	④
A	4	3	4	3
B	3	3	3	4
C	4	4	2	2
D	3	3	2	1

解　据题意可知，该工程只能组织无节奏流水。

(1) 求各施工过程流水节拍的累加数列：

A：4　7　11　14

B：3　6　9　13

C: 4　　8　　10　　12
D: 3　　6　　8　　9

(2) 确定流水步距：

① $k_{A,B}$

$$\begin{array}{r} 4\quad 7\quad 11\quad 14\\ -\quad 3\quad 6\quad 9\quad 13\\ \hline 4\quad 4\quad 5\quad 5\quad -13 \end{array}$$

$k_{A,B} = \max\{4,4,5,5,-13\} = 5$ (天)。

② $k_{B,C}$

$$\begin{array}{r} 3\quad 6\quad 9\quad 13\\ -\quad 4\quad 8\quad 10\quad 12\\ \hline 3\quad 2\quad 1\quad 3\quad -12 \end{array}$$

$k_{B,C} = \max\{3,2,1,3,-12\} = 3$ (天)。

③ $k_{C,D}$

$$\begin{array}{r} 4\quad 8\quad 10\quad 12\\ -\quad 3\quad 6\quad 8\quad 9\\ \hline 4\quad 5\quad 4\quad 4\quad -9 \end{array}$$

$k_{C,D} = \max\{4,5,4,4,-9\} = 5$ (天)。

(3) 确定流水施工工期：
$$T_t = \sum k_{i,i+1} + T_n = (5+3+5) + (3+3+2+1) = 22 \text{ (天)}$$

(4) 绘制流水施工进度图表：

如图 13.14 所示。

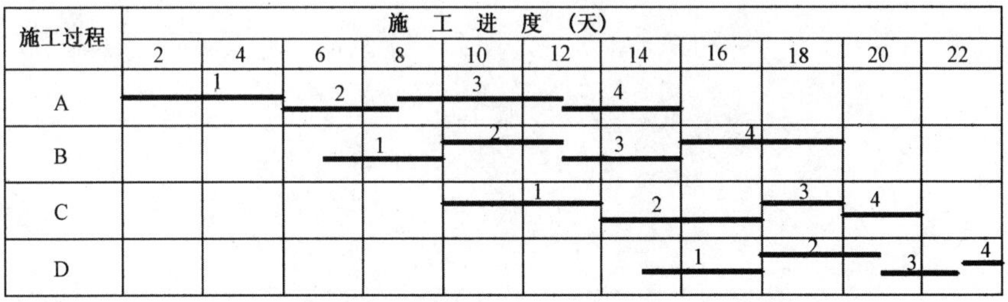

图 13.14　例 13.5 的无节奏流水施工进度水平图表

13.4 习　　题

(1) 试组织下列工程的流水施工，划分施工段、计算工期，并绘制水平指示图表。已知各施工过程的流水节拍为：

① $t_A = t_B = t_C = t_D = 4d$。

② $t_A = t_B = t_C = 6d$，第三个施工过程需待第二个施工过程完工后两天才能进行作业。

③ $t_A = 5d$；$t_B = 4d$；$t_C = 6d$；$t_D = 3d$。

④ $t_A = t_B = 4d$;$t_C = 2d$。共有两个施工层,层间间隙两天。

(2) 某混凝土路面道路工程 600m,每 50m 为一施工段;道路路面宽度为 15m,要求先挖去表层土 0.2m,并压实一遍;再用砂石三合土回填 0.3m 并压实两遍;上面为强度等级为 C15 的混凝土路面,厚 0.15m。设该工程划分为挖土、回填、混凝土 3 个施工过程,其产量定额及流水节拍分别为挖土:$5m^3$/工日、2 天;回填:$3m^3$/工日、4 天;混凝土:$0.7m^3$/工日、6 天。试组织成倍节拍流水施工,并绘出横道图和劳动力动态变化曲线。

(3) 已知各施工过程在各施工段上的作业时间,见表 13-3,试组织流水施工。

表 13-3 流水参数

施工过程 \ 施工段	①	②	③	④
I	5	3	4	2
II	4	5	3	5
III	2	5	3	4
IV	3	3	2	2

第 14 章　网络计划技术

教学提示：计划图表有多种，网络计划是其中最先进的，网络计划图的组成要素、绘制方法和时间参数计算是本章教学的重点。

教学要求：掌握双代号和时标网络图的绘制方法，掌握时间参数的有关计算方法，了解网络计划的优化原理。

14.1　网络图的基本概念

14.1.1　网络计划的应用与特点

建立在网络图基础上的网络计划技术，是在 20 世纪 50 年代，为了适应工业生产发展和复杂的科学研究工作开展的需要而产生并逐步发展起来的，它是目前最先进的计划管理方法。由于这种方法主要用于进度计划编制和实施控制，因此，它在缩短建设工期，提高工效，降低造价以及提高管理水平等方面取得了显著的效果。

这种方法逻辑严密，主要矛盾突出，有利于计划的优化调整和电子计算机的应用。我国于 20 世纪 60 年代开始引进和应用这种方法，目前网络计划技术已经广泛应用于投标、签订合同及进度和造价控制。

网络图是指由箭线和节点组成的，用来表示工作流程的有向、有序网状图形。利用网络图的形式表达各项工作之间的相互制约和相互依赖关系，并分析其内在规律，从而寻求最优方案的方法称为网络计划技术。它的基本原理首先是应用网络图的形式表达一项计划中各项工作开展的先后顺序和相互之间的逻辑关系；然后是通过时间参数的计算，找出计划中决定工期的关键工作和关键线路；再按一定的目标，不断优化计划安排；并在计划的实施过程中，通过检查、调整，控制计划按期完工。

图络图与横道图比较，具有许多优点。首先是把整个计划中的各项工作组成一个有机整体，全面地、明确地反映各项工作之间相互制约和相互依赖关系；其次，能够通过计算，确定各项工作的开始时间和结束时间等，找出影响工程进度的关键，以便于管理人员抓住主要矛盾，更好地支配人、财、物等资源；最后在计划执行中，可以通过检查，发现工期的提前和拖后，便于调整。需要注意的是，网络图的绘制、计算、优化、调整可以借助于计算机进行，对于复杂工程的建设，这一点是非常重要的。但是不带时标的网络计划没有横道图形象直观。

网络图形式多样，所以网络计划技术有许多种类。根据绘图符号表示的含义不同，网络计划可以分为双代号和单代号网络计划；按工作持续时间是否受时间标尺的制约，网络计划可分为时标网络计划和非时标网络计划；按是否在网络图中表示不同工作(工程活动)之间的各种搭接关系，网络计划可分为搭接网络计划和非搭接网络计划。目前在我国的工程项目管理中习惯使用的是双代号网络图及双代号时标网络图。

14.1.2 双代号网络计划的基本形式

双代号网络图是由若干表示工作的箭线和节点所组成的,其中每一项工作都用一根箭线和两个节点表示,每个节点都编以号码,箭线前后两个节点的号码即代表该箭线所表示的工作,"双代号"名称由此而来。如图14.1所示的就是双代号网络图。双代号网络图由工作、节点、线路三个基本要素组成。

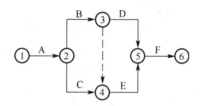

图 14.1 双代号网络图

1. 工作

一条箭线与其两端的节点表示一项工作(又称工序、作业、活动等),工作的名称写在箭线的上面,工作的持续时间(又称作业时间)写在箭线的下面,箭线所指的方向表示工作进行的方向,箭尾表示工作的开始,箭头表示工作的结束,箭线可以是水平直线也可以是折线或斜线,但不得中断。

工作可根据一项计划(工程)的规模大小、复杂程度不同等,结合需要进行灵活的项目分解,可以是一个检验批(分项工程),也可以是一个分部工程,甚至一个单位工程或单项工程。就某工作而言,紧靠其前面的工作叫紧前工作,紧靠其后面的工作叫紧后工作,与之同时开始和结束的工作叫平行工作,该工作本身则叫"本工作"。如图14.1所示,E的紧前工作是C、B,紧后工作是F。

一项工作要占用一定的时间,一般地讲都要消耗一定的资源,因此,凡是占用一定时间的施工过程都应作为一项工作看待。在双代号网络图中,除有表示工作的实箭线外,还有一种一端带箭头的虚线,称为虚箭线,它表示一项虚工作。如图14.1中所示的③┈▶④工作,虚工作是虚拟的,工程中实际并不存在,因此它没有工作名称,不占用时间,不消耗资源,其作用是在网络图中解决工作之间的连接关系问题,这是双代号网络图所特有的。

2. 节点

网络图中用圆圈表示的箭线之间连接点称节点。节点只是标志工作开始和结束的一个"瞬间",具有承上启下的作用。各项工作都有一个开始节点(箭尾节点),一个结束节点(箭头节点)。对一个节点来讲,通向该节点的箭线称为"内向箭线",从此节点发出的箭线称为"外向箭线"。网络图中第一个节点叫起点节点,它意味着一项工程或任务的开始,它只有外向箭线;最后一个节点叫终点节点,它意味着一项工程或任务的完成,它只有内向箭线而无外向箭线;网络图中的其他节点称为中间节点,它既有内向箭线,又有外向箭线。

为了使网络图便于检查和计算,所有节点均应统一编号。编号应从起点节点沿箭线方向,从小到大,直到终点节点,不能重号,并且箭尾节点的编号应小于箭头节点的编号。考虑到以后会增添或改动某些工作,可以预留备用节点,即利用不连续编号的方法。

一项工作的完整表示方法如图 14.2 所示，D_{i-j} 为工作的持续时间。

3. 线路

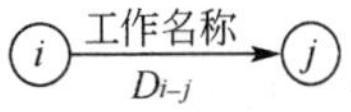

网络图中从起点节点出发，沿箭头方向经由一系列箭线和节点，直至终点节点的"通道"称为线路。每一条线路上各项工作持续时间的总和称为该线路长度，反映完成该条线路上所有工作的计划工期。工期最长的线路称为关键线路，关键线路上的工作称为关键工作，其他工作称为非关键工作。在网络图中，可能同时存在若干条关键线路。

图 14.2 工作的完整表示方法

关键线路与非关键线路在一定条件下可以相互转化。关键线路在网络图上应当用粗线，或双线，或彩色线标注。

14.1.3 单代号网络图

单代号网络图是由若干表示工作的节点以及联系箭线所组成的，其中一个节点(圆圈或方框)代表一项工作，节点编号、工作名称、持续时间一般都标注在圆圈或方框内，箭线仅表示工作之间的逻辑关系。由于用一个号码代表一项工作，"单代号"名称由此而来。如图 14.3 所示的就是单代号网络图。

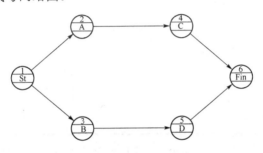

图 14.3 单代号网络图

单代号网络图与双代号网络图比较，虽然也是由许多节点和箭线组成的，但其节点、箭线、编号等基本符号及其含义不完全相同，一项工作的完整表示方法如图 14.4 所示。单代号网络图具有绘图简单，便于检查、修改等优点。

使用单代号网络图时，当有多项开始工作或多项结束工作时，应在网络图的两端设置一项虚工作(虚拟节点)，并在其内标注"起点"、"终点"，作为网络图的起点节点和终点节点，如图 14.3 所示。

单代号网络图时间参数的标注形式之一如图 14.5 所示，其中，$LAG_{i,j}$ 表示前面一项工作 i 的最早可能完成时间至其紧后工作 j 的最早可能开始时间的时间间隔。

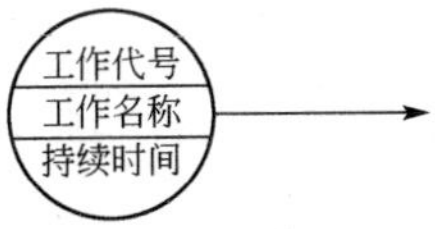

图 14.4 工作的完整表示方法 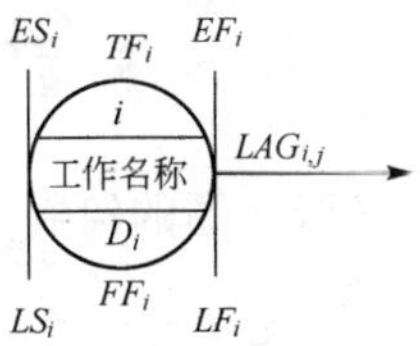　　图 14.5 单代号网络图时间参数标注形式之一

14.1.4 时标网络计划

"时标网络计划"是以时间坐标为尺度编制的网络计划。这里所述的是双代号时标网络计划(简称时标网络计划),如图 14.6 所示的就是一时标网络计划。

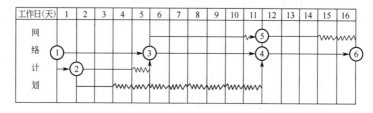

图 14.6　时标网络计划

时标网络计划绘制在时标计划表上。时标的时间单位,应根据需要在编制时标网络计划之前确定,可以是小时、天、周、月或季等。时标的长度单位必须注明时间,时间可以标注在时标计划表顶部(如图 14.6 所示),也可以标注在底部,必要时还可以在顶部或底部同时标注。表 14-1 为有日历时标计划表的表达形式。时标计划表中的刻度线宜为细线,为使图面清晰,该刻度线可以少画或不画。

表 14-1　有日历时标计划表

日　历									
时间单位	1	2	3	4	5	6	7	8	…
网络计划									
时间单位	1	2	3	4	5	6	7	8	…

时标网络计划基本符号的含义简单,工作以实箭线表示,自由时差($FF_{i\text{-}j}$)以波形线表示,虚工作以虚箭线表示。当实箭线之后有波形线且其末端有垂直部分时,其垂直部分用实线绘制;当虚箭线有时差且其末端有垂直部分时,其垂直部分用虚线绘制。

时标网络计划与无时标网络比较,有显著的特点。各项工作的开工与完工时间一目了然,便于管理人员在把握工期限制条件的同时,通过观察工作时差,实施各种控制活动,适时调整,优化计划。还便于在整体计划的工期范围内,逐日统计各种资源的计划需要量,在此基础上可直接编制资源需要量计划及工程项目的成本计划。由于箭线的长短受时标制约,故绘图麻烦,修改网络计划的工作持续时间时必须重新绘制。基于上述优点,加之过去人们习惯使用横道图计划,故时标网络计划容易被接受,在我国应用面最广。

14.2　网络图的绘制与计算

14.2.1　双代号网络图的绘制

1. 双代号网络图各种逻辑关系的表示方法

1) 逻辑关系

逻辑关系是指工作进行时客观存在的一种相互制约或依赖的关系,也就是先后顺序关系。在网络图中，根据施工工艺和施工组织的要求，正确反映各项工作之间的相互依赖和相互制约的关系，这是网络图与横道图的最大不同之处。各工作间的逻辑关系是否表示得正确，是网络图能否反映工程实际情况的关键。

要画出一个正确地反映工程逻辑关系的网络图，首先就要搞清楚各项工作之间的逻辑关系，也就是要具体解决各项工作的三个问题：第一，该项工作必须在哪些工作之前进行；第二，该项工作必须在哪些工作之后进行；第三，该项工作可以与哪些工作平行进行？

按施工工艺确定的先后顺序关系称为工艺逻辑关系，一般是不得随意改变的，如先基础工程，再结构工程，最后装修工程；如先挖土，再做垫层，后砌基础，最后回填土。在不违反工艺关系的前提下，人为安排的工作的先后顺序关系称组织逻辑关系，如流水施工中各段的先后顺序；建筑群中各个建筑物的开工顺序的先后。

2) 各种逻辑关系的正确表示方法

在网络图中，各工作之间在逻辑上的关系是变化多端的，表14-2 所列的是网络图中常见的一些逻辑关系及其表示方法。

表 14-2　网络图中常见的各工作逻辑关系表示法

序号	工作之间的逻辑关系	网络图中的表示方法
1	A 完成后进行 B	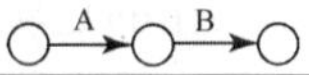
2	A、B、C 同时开始施工	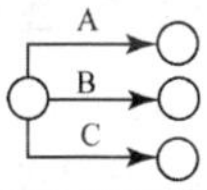
3	A、B、C 同时结束施工	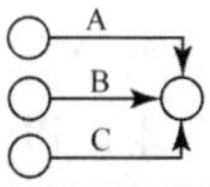
4	A 完成后进行 B 和 C	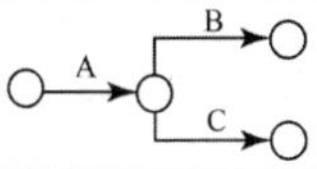
5	A、B 均完成以后进行 C	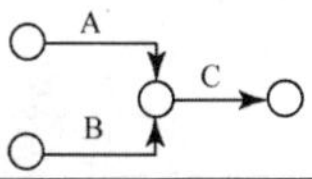
6	A、B 均完成以后同时进行 C 和 D	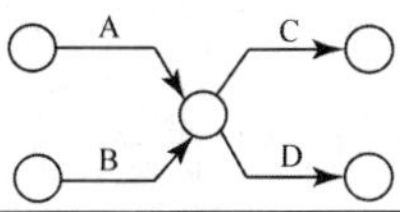
7	A 完成后进行 C；A、B 均完成后进行 D	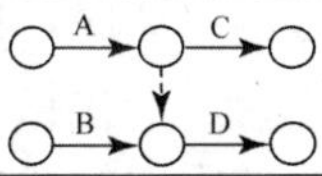
8	A 完成后进行 C；A、B 均完成后进行 D；B 完成后进行 E	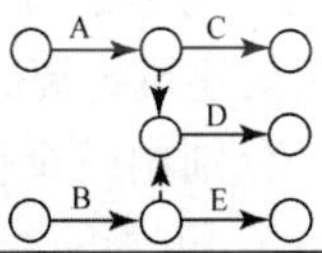
9	A、B 均完成以后进行 D；B、C 均完成后进行 E	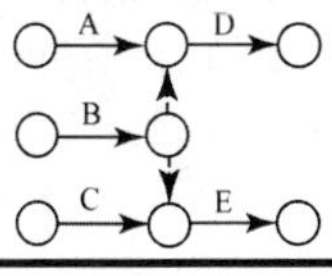

续表

序号	工作之间的逻辑关系	网络图中的表示方法
10	A、B 均完成以后进行 D；A、B、C 均完成以后进行 E	
11	A、B 两项工作分成三个施工段，分段流水施工：A_1 完成以后进行 A_2、B_1；A_2 完成以后进行 A_3、B_2；A_2、B_1 完成以后进行 B_2；A_3、B_2 完成后进行 B_3	有两种表示方法：

2. 虚箭线的应用

虚箭线的作用是帮助正确表达各工作间的先后关系，避免逻辑错误。

1) 虚箭线在工作的逻辑连接方面的应用

绘制网络图时，经常会遇到如图 14.7 所示的情况，A 工作结束后可同时进行 B、D 两项工作；C 工作结束后进行 D 工作。这四项工作的逻辑关系是：A 的紧后工作为 B，C 的紧后工作为 D，但 D 又是 A 的紧后工作，为了把 A、D 两项工作紧前紧后的关系表达出来，就需引入虚箭线。虽然 A、D 间隔有一条虚箭线，又有两个节点，但二者的关系仍是在 A 工作完成后，D 工作才可以开始。

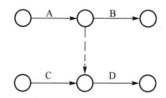

图 14.7　虚箭线的应用之一

2) 虚箭线在工作的逻辑"断路"方面的应用

绘制双代号网络图时，最容易产生的错误是把本来没有逻辑关系的工作联系起来了，使网络图发生错误。产生错误的地方总是在同时有多条内向和外向箭线的节点处。遇到这种情况，就必须使用虚箭线加以处理，以隔断不应有的工作联系。

例如，绘制某建筑物混凝土地面工程的网络图，该基础共有回填土、垫层、浇筑混凝土三个施工过程，分别由三个作业队在三个施工段上进行流水施工，如果绘制成如图 14.8 所示的形式那就错了，正确的网络图应如图 14.9 所示。此流水施工网络图亦可绘制成如图 14.10 所示，或如图 14.11 所示的形式。这种"断路"的方法在组织分段流水作业的网络图中使用很多，十分重要。

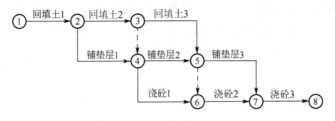

图 14.8 逻辑关系错误

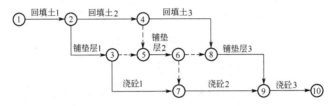

图 14.9 虚箭线的应用之二：正确表达逻辑关系

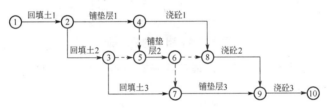

图 14.10 正确逻辑关系

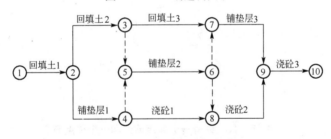

图 14.11 正确的逻辑关系

3) 虚箭线在两项或两项以上工作同时开始和同时完成时的应用

两项或两项以上的工作同时开始和同时完成时，需要避免这些工作共用一个双代号的现象，这时必须引进虚箭线，以免造成混乱，如图 14.12 所示。

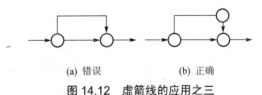

图 14.12 虚箭线的应用之三

3. 绘制双代号网络图的基本规则

(1) 双代号网络图必须正确表达已定的逻辑关系。绘制网络图之前，要正确确定工作顺序，明确各项工作之间的衔接关系，根据工作的先后顺序从左到右逐步把代表各项工作的箭线连接起来，绘制出网络图。

(2) 双代号网络图中，严禁出现循环回路，如图 14.13 所示。循环回路所表示的逻辑关系是错误的，在工艺顺序上是相互矛盾的。

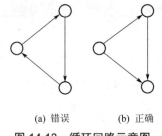

(a) 错误　　　　(b) 正确

图 14.13　循环回路示意图

(3) 在节点之间严禁出现带双向箭头或无箭头的箭线。工程网络图是一种有序有向图，工作沿着箭头指引的方向进行，如图 14.14 中的②—③和②→④都是错误的。

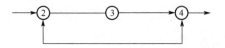

图 14.14　错误的箭线画法

(4) 双代号网络图中严禁出现箭尾或箭头没有节点，如图 14.15 所示。

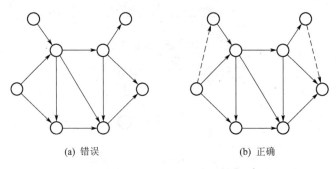

(a) 错误　　　　　　　　　　(b) 正确

图 14.15　只允许有一个起点节点和一个终点节点

(5) 严禁在箭线中间引入或引出箭线，如图 14.16 所示。这样的箭线不能表示它所代表的工作在何处开始，或不能表示他所代表的工作在何处完成。

当网络图的起点节点有多条外向箭线，或终点节点有多条内向箭线时，可用母线法绘制，如图 14.17 所示。

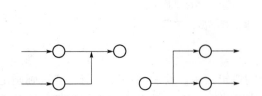

图 14.16　在箭线上引入或引出箭线的错误画法

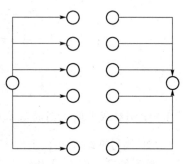

图 14.17　母线法绘图

(6) 绘制网络图时，箭线不宜交叉，当交叉不可避免时，可用过桥法或指向法，如图 14.18 所示。

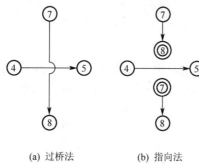

(a) 过桥法　　　　(b) 指向法

图 14.18　箭线交叉的表示方法

(7) 双代号网络图中应只有一个起点节点；在不分期完成任务的单目标网络图中，应只有一个终点节点。

4. 网络图的绘制

绘图时可根据紧前工作和紧后工作的任何一种关系进行绘制。按紧前工作绘制时，从没有紧前工作的工作开始，依次向后，将紧前工作一一绘出，注意用好虚箭线，不要把没有关系的拉上了关系，并将最后工作结束于一点，以形成一个终点节点；按紧后工作进行绘制时，亦应从没有紧前工作的工作开始，依次向后，将紧后工作一一绘出，直到没有紧后工作的工作绘完为止，形成一个终点节点。通常是使用一种关系绘完图后，可利用另一种关系检查，无误后再自左向右编号，各工作逻辑关系见表 14-3。

表 14-3　各工作逻辑关系表

工作名称	A	B	C	D	E	F	G	H	I	J	K
紧前工作		A	A	B	B	E	A	D,C	E	F,G,H	I,J
紧后工作	B,C,G	D,E	H	H	F,I	J	J	J	K	K	

根据表 14-3 给出的关系绘制出的双代号网络图如图 14.19 所示。

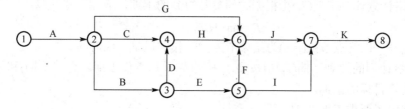

图 14.19　按表 14-3 绘出的网络图

在绘制网络图时，要始终遵守绘图的基本规则，只有多多练习，才能熟练绘图。

网络图是用来指导实际工作的，所以除了符合逻辑外，要求网络图按一定的次序排列布置，做到条理清楚、层次分明、形象直观。通常是先绘出草图(比较零乱)，然后再加以整理(清晰，逻辑关系不变)。

14.2.2 双代号网络图时间参数计算

1. 工作计算法

1) 工作持续时间

工作持续时间的计算如上章所述,通常用劳动定额(产量定额或时间定额)计算。当工作持续时间不能用定额计算时,可采用"三时估算"的方法,其计算公式是:

$$D_{i\text{-}j} = \frac{a+4b+c}{6} \tag{14-1}$$

式中：$D_{i\text{-}j}$——$i\text{-}j$ 工作持续时间；
  a——工作的乐观(最短)持续时间估计值；
  b——工作的最可能持续时间估计值；
  c——工作的悲观(最长)持续时间估计值。

虚工作必须视同工作进行时间参数计算,其持续时间为零。

2) 工作最早时间及工期的计算

(1) 工作最早开始时间的计算:工作最早开始时间指各紧前工作全部完成后,本工作有可能开始的最早时刻。工作最早时间应从网络计划的起点节点开始,顺着箭线方向依次逐项计算。工作 $i\text{-}j$ 的最早开始时间 $ES_{i\text{-}j}$ 的计算步骤如下:

① 以起点节点($i=1$)为开始节点的工作的最早开始时间如无规定时,其值为零,即

$$ES_{1\text{-}j}=0 \tag{14-2}$$

② 当工作 $i\text{-}j$ 只有一项紧前工作 $h\text{-}i$ 时,其最早开始时间 $ES_{i\text{-}j}$ 应为

$$ES_{i\text{-}j} = ES_{h\text{-}i}+D_{h\text{-}i} \tag{14-3}$$

③ 当工作 $i\text{-}j$ 有多个紧前工作时,其最早开始时间 $ES_{i\text{-}j}$ 应为

$$ES_{i\text{-}j}=\max\{ES_{h\text{-}i}+D_{h\text{-}i}\} \tag{14-4}$$

(2) 工作最早完成时间的计算:工作最早完成时间指各紧前工作完成后,本工作可能完成的最早时刻。工作 $i\text{-}j$ 的最早完成时间 $EF_{i\text{-}j}$ 应按下式进行计算:

$$EF_{i\text{-}j}=ES_{i\text{-}j}+D_{i\text{-}j} \tag{14-5}$$

(3) 网络计划的计算工期与计划工期:

① 网络计划计算工期(T_c)指根据时间参数得到的工期,应按下式计算:

$$T_c=\max\{EF_{i\text{-}n}\} \tag{14-6}$$

式中：$EF_{i\text{-}n}$——以终点节点($j=n$)为结束节点的工作的最早完成时间。

② 网络计划的计划工期(T_p)指按要求工期(如项目责任工期,合同工期)和计算工期确定的作为实施目标的工期。

当已规定了要求工期 T_r 时

$$T_p \leq T_r \tag{14-7}$$

当未规定要求工期时

$$T_p=T_c \tag{14-8}$$

计划工期标注在终点节点右侧,并用方框框起来。

现以如图 14.20 所示为例进行计算,结果直接标注在此图上。计算过程如下:

$ES_{1\text{-}2}=0$ $\qquad\qquad\qquad EF_{1\text{-}2}=ES_{1\text{-}2}+D_{1\text{-}2}=0+1=1$

$ES_{1-3}=0$ $EF_{1-3}=ES_{1-3}+D_{1-3}=0+5=5$

$ES_{2-3}=EF_{1-2}=1$ $EF_{2-3}=ES_{2-3}+D_{2-3}=1+3=4$

$ES_{2-4}=EF_{1-2}=1$ $EF_{2-4}=ES_{2-4}+D_{2-4}=1+2=3$

$ES_{3-4}=\max\{EF_{1-3},EF_{2-3}\}=\max\{5,4\}=5$ $EF_{3-4}=ES_{3-4}+D_{3-4}=5+6=11$

$ES_{3-5}=ES_{3-4}=5$ $EF_{3-5}=ES_{3-5}+D_{3-5}=5+5=10$

$ES_{4-5}=\max\{EF_{2-4},EF_{3-4}\}=\max\{3,11\}=11$ $EF_{4-5}=ES_{4-5}+D_{4-5}=11+0=11$

$ES_{4-6}=ES_{4-5}=11$ $EF_{4-6}=ES_{4-6}+D_{4-6}=11+6=17$

$ES_{5-6}=\max\{EF_{3-5},EF_{4-5}\}=\max\{10,11\}=11$ $EF_{5-6}=ES_{5-6}+D_{5-6}=11+4=15$

因无规定工期，所以

$T_p=T_c=\max\{EF_{4-6},EF_{5-6}\}=\max\{17,15\}=17$

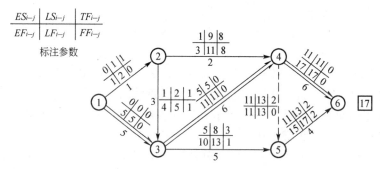

图 14.20   时间参数工作计算法示意图

3) 工作最迟时间的计算

(1) 工作最迟完成时间的计算：工作最迟完成时间指在不影响整个任务按期完成的前提下，工作必须完成的最迟时刻。工作最迟完成时间应从网络计划的终点节点开始，逆着箭线方向依次逐项计算。工作 $i\text{-}j$ 的最迟完成时间 $LF_{i\text{-}j}$ 的计算步骤如下：

① 以终点节点($j=n$)为结束节点的工作的最迟完成时间 $LF_{i\text{-}n}$，应按网络计划的计划工期 T_p 确定，即

$$LF_{i\text{-}n}=T_p \tag{14-9}$$

② 其他工作 $i\text{-}j$ 的最迟完成时间 $LF_{i\text{-}j}$，应按下式计算：

$$LF_{i\text{-}j}=\min\{LF_{j\text{-}k}-D_{j\text{-}k}\} \tag{14-10}$$

式中：$LF_{j\text{-}k}$——工作 $i\text{-}j$ 的各项紧后工作 $j\text{-}k$ 的最迟完成时间。

(2) 工作最迟开始时间的计算：工作最迟开始时间指在不影响整个任务按期完成的前提下，工作必须开始的最迟时刻。工作 $i\text{-}j$ 的最迟开始时间 $LS_{i\text{-}j}$ 应按下式计算：

$$LS_{i\text{-}j}=LF_{i\text{-}j}-D_{i\text{-}j} \tag{14-11}$$

网络计划图 14.20 的各项工作必须开始的最迟时间计算如下：

$LF_{5-6}=T_p=17$ $LS_{5-6}=LF_{5-6}-D_{5-6}=17-4=13$

$LF_{4-6}=T_p=17$ $LS_{4-6}=LF_{4-6}-D_{4-6}=17-6=11$

$LF_{4-5}=LS_{5-6}=13$ $LS_{4-5}=LF_{4-5}-D_{4-5}=13-0=13$

$LF_{3-5}=LF_{4-5}=13$ $LS_{3-5}=LF_{3-5}-D_{3-5}=13-5=8$

$LF_{3-4}=\min\{(LF_{4-5}-D_{4-5}),(LF_{4-6}-D_{4-6})\}=\min\{(13-0),(17-6)\}$
$=\min\{13,11\}=11$ $LS_{3-4}=LF_{3-4}-D_{3-4}=11-6=5$

$LF_{2-4}=LF_{3-4}=11$ $LS_{2-4}=LF_{2-4}-D_{2-4}=11-9=2$

$LF_{2-3}=\min\{(LF_{3-4}-D_{3-4}),(LF_{3-5}-D_{3-5})\}=\min\{(11-6),(13-5)\}$
$=\min\{5,8\}=5$ $LS_{2-3}=LF_{2-3}-D_{2-3}=5-3=2$

$LF_{1-3}=LF_{2-3}=5$ $LS_{1-3}=LF_{1-3}-D_{1-3}=5-5=0$

$LF_{1-2}=\min\{(LF_{2-4}-D_{2-4}),(LF_{2-3}-D_{2-3})\}=\min\{(11-2),(5-3)\}$
$=\min\{9,2\}=2$ $LS_{1-2}=LF_{1-2}-D_{1-2}=2-1=1$

4) 工作时差的计算与关键线路的判定

(1) 工作总时差的计算：工作总时差指在不影响总工期的前提下，本工作可以利用的机动时间。工作 $i\text{-}j$ 的总时差 $TF_{i\text{-}j}$ 应按下式计算：

$$TF_{i\text{-}j}=LS_{i\text{-}j}-ES_{i\text{-}j} \quad (14\text{-}12)$$

$$TF_{i\text{-}j}=LF_{i\text{-}j}-EF_{i\text{-}j} \quad (14\text{-}13)$$

(2) 关键线路的判定：总时差为零的工作在计划执行过程中不具备机动时间，这样的工作称为关键工作。由关键工作组成的线路称为关键线路。

判定关键工作的充分条件是 $ES_{i\text{-}j}$ 等于 $LS_{i\text{-}j}$ 或 $EF_{i\text{-}j}$ 等于 $LF_{i\text{-}j}$。必须指出，当工期有规定时，总时差最小的工作为关键工作。

(3) 工作自由时差的计算：工作自由时差指在不影响其紧后工作最早开始时间的前提下，本工作可以利用的机动时间。工作 $i\text{-}j$ 的自由时差 $FF_{i\text{-}j}$ 的计算应符合下列规定：

① 当工作 $i\text{-}j$ 有紧后工作 $j\text{-}k$ 时，其自由时差应为：

$$FF_{i\text{-}j}=ES_{j\text{-}k}-EF_{i\text{-}j} \quad (14\text{-}14)$$

② 以终点节点($j=n$)为结束节点的工作，其自由时差为：

$$FF_{i\text{-}n}=T_p-ES_{i\text{-}n} \quad (14\text{-}15)$$

如图 14.20 所示的各项工作的时差计算如下：

$TF_{1-2}=LS_{1-2}-ES_{1-2}=1-0=1$ $FF_{1-2}=ES_{2-3}-EF_{1-2}=1-1=0$

$TF_{1-3}=LS_{1-3}-ES_{1-3}=0-0=0$ $FF_{1-3}=ES_{3-4}-EF_{1-3}=5-5=0$

$TF_{2-3}=LS_{2-3}-ES_{2-3}=2-1=1$ $FF_{2-3}=ES_{3-4}-EF_{2-3}=5-4=1$

$TF_{2-4}=LS_{2-4}-ES_{2-4}=9-1=8$ $FF_{2-4}=ES_{4-6}-EF_{2-4}=11-3=8$

$TF_{3-4}=LS_{3-4}-ES_{3-4}=5-5=0$ $FF_{3-4}=ES_{4-6}-EF_{3-4}=11-11=0$

$TF_{3-5}=LS_{3-5}-ES_{3-5}=8-5=3$ $FF_{3-5}=ES_{5-6}-EF_{3-5}=11-10=1$

$TF_{4-5}=LS_{4-5}-ES_{4-5}=13-11=2$ $FF_{4-5}=ES_{5-6}-EF_{4-5}=11-11=0$

$TF_{4-6}=LS_{4-6}-ES_{4-6}=11-11=0$ $FF_{4-6}=T_p-EF_{4-6}=17-17=0$

$TF_{5-6}=LS_{5-6}-ES_{5-6}=13-11=2$ $FF_{5-6}=T_p-EF_{5-6}=17-15=2$

为了进一步说明总时差和自由时差之间的关系，如图 14.21 所示，总时差与自由时差是相互关联的。动用本工作自由时差不会影响紧后工作的最早开始时间，而在本工作总时差范围内动用机动时间(时差)超过本工作自由时差范围，则会相应减少紧后工作拥有的时差，并会引起该工作所在线路上所有其他非关键工作时差的重新分配。

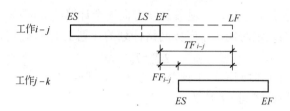

图 14.21 自由时差与总时差的关系

2. 节点计算法

1) 节点最早时间的计算

节点最早时间指以该节点为开始节点的各项工作的最早开始时间。节点最早时间从网络计划的起点节点开始,顺着箭线方向依次逐个计算。当然,终点节点的最早时间 ET_n 就是网络计划的计算工期。节点 i 的最早时间 ET_i 的计算规定如下:

(1) 起点节点的最早时间如无规定时,其值为零,即

$$ET_1=0 \qquad (14\text{-}16)$$

(2) 当节点 j 只有一条内向箭线时,其最早时间

$$ET_j=ET_i+D_{i\text{-}j} \qquad (14\text{-}17)$$

式中:ET_i——工作 $i\text{-}j$ 的开始(箭尾)节点 i 的最早时间。

(3) 当节点 j 有多条内向箭线时,其最早时间

$$ET_j=\max\{ET_i+D_{i\text{-}j}\} \qquad (14\text{-}18)$$

现以如图 14.20 所示的网络图为例进行计算,结果直接标注在图 14.22 上。

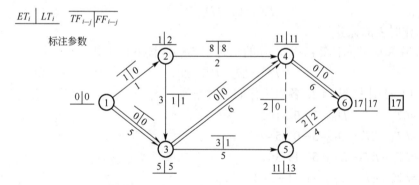

图 14.22 时间参数节点计算法示意图

$ET_1=0$

$ET_2=ET_1+D_{1\text{-}2}=0+1=1$

$ET_3=\max\{(ET_1+D_{1\text{-}3}),(ET_2+D_{2\text{-}3})\}=\max\{(0+5),(1+3)\}=\max\{5,4\}=5$

$ET_4=\max\{(ET_2+D_{2\text{-}4}),(ET_3+D_{3\text{-}4})\}=\max\{(1+2),(5+6)\}=\max\{3,11\}=11$

$ET_5=\max\{(ET_3+D_{3\text{-}5}),(ET_4+D_{4\text{-}5})\}=\max\{(5+5),(11+0)\}=\max\{10,11\}=11$

$ET_6=\max\{(ET_4+D_{4\text{-}6}),(ET_5+D_{5\text{-}6})\}=\max\{(11+6),(11+4)\}=\max\{17,15\}=17$

$T_p=T_c=ET_n=17$

2) 节点最迟时间的计算

节点最迟时间指以该节点为完成节点的各项工作的最迟完成时间。节点 i 的最迟时间

LT_i 应从网络计划的终点节点开始，逆着箭线方向逐个计算，并应符合下列规定：

(1) 终点节点 n 的最迟时间 LT_n 应按网络计划的计划工期 T_p 确定，即

$$LT_n = T_p \tag{14-19}$$

分期完成节点的最迟时间应等于该节点的分期完成时间。

(2) 其他节点的最迟时间 LT_i 应为

$$LT_i = \min\{LT_j - D_{i\text{-}j}\} \tag{14-20}$$

式中：LT_j——工作 $i\text{-}j$ 的箭头(结束)节点 j 的最迟时间。

如图 14.22 所示各节点最迟时间的计算过程如下：

$LT_6 = T_p = T_c = 17$

$LT_5 = LT_6 - D_{5\text{-}6} = 17 - 4 = 13$

$LT_4 = \min\{(LT_6 - D_{4\text{-}6}),(LT_5 - D_{4\text{-}5})\} = \min\{(17-6),(13-0)\} = \min\{11,13\} = 11$

$LT_3 = \min\{(LT_4 - D_{3\text{-}4}),(LT_5 - D_{3\text{-}5})\} = \min\{(11-6),(13-5)\} = \min\{5,8\} = 5$

$LT_2 = \min\{(LT_3 - D_{2\text{-}3}),(LT_4 - D_{2\text{-}4})\} = \min\{(5-3),(11-2)\} = \min\{2,9\} = 2$

$LT_1 = \min\{(LT_2 - D_{1\text{-}2}),(LT_3 - D_{1\text{-}3})\} = \min\{(2-1),(5-5)\} = \min\{1,0\} = 0$

3) 各项工作最早、最迟时间的计算

按节点计算法的要求，不需要在网络图上标出工作时间参数，但工作时间参数依据节点时间的概念可按如下规定计算：

$$ES_{i\text{-}j} = ET_i \tag{14-21}$$

$$EF_{i\text{-}j} = ET_i + D_{i\text{-}j} \tag{14-22}$$

$$LF_{i\text{-}j} = LT_j \tag{14-23}$$

$$LS_{i\text{-}j} = LT_j - D_{i\text{-}j} \tag{14-24}$$

4) 工作时差的计算

(1) 工作总时差的计算：工作 $i\text{-}j$ 的总时差 $TF_{i\text{-}j}$ 应按下式计算：

$$TF_{i\text{-}j} = LT_j - ET_i - D_{i\text{-}j} \tag{14-25}$$

按式(14-21)计算图 14.22 各项工作的总时差为：

$TF_{1\text{-}2} = LT_2 - ET_1 - D_{1\text{-}2} = 2 - 0 - 1 = 1$

$TF_{1\text{-}3} = LT_3 - ET_1 - D_{1\text{-}2} = 5 - 0 - 5 = 0$

$TF_{2\text{-}3} = LT_3 - ET_2 - D_{2\text{-}3} = 5 - 1 - 3 = 1$

$TF_{2\text{-}4} = LT_4 - ET_2 - D_{2\text{-}4} = 11 - 1 - 2 = 8$

$TF_{3\text{-}4} = LT_4 - ET_3 - D_{3\text{-}4} = 11 - 5 - 6 = 0$

$TF_{3\text{-}5} = LT_5 - ET_3 - D_{3\text{-}5} = 13 - 5 - 5 = 3$

$TF_{4\text{-}5} = LT_5 - ET_4 - D_{4\text{-}5} = 13 - 11 - 0 = 2$

$TF_{4\text{-}6} = LT_6 - ET_4 - D_{4\text{-}6} = 17 - 11 - 6 = 0$

$TF_{5\text{-}6} = LT_6 - ET_5 - D_{5\text{-}6} = 17 - 11 - 4 = 2$

将总时差为零的工作沿箭线方向连续起来，即为关键线路，如图 14.22 所示。

(2) 工作自由时差的计算：工作 $i\text{-}j$ 的自由时差 $FF_{i\text{-}j}$ 按下式计算：

$$FF_{i\text{-}j} = ET_j - ET_i - D_{i\text{-}j} \tag{14-26}$$

图 14.22 各项工作的自由时差计算如下：

$FF_{1\text{-}2} = ET_2 - ET_1 - D_{1\text{-}2} = 1 - 0 - 1 = 0$

$FF_{1-3}=ET_3-ET_1-D_{1-3}=5-0-5=0$

$FF_{2-3}=ET_3-ET_2-D_{2-3}=5-1-3=1$

$FF_{2-4}=ET_4-ET_2-D_{2-4}=11-1-2=8$

$FF_{3-4}=ET_4-ET_3-D_{3-4}=11-5-6=0$

$FF_{3-5}=ET_5-ET_3-D_{3-5}=11-5-5=1$

$FF_{4-5}=ET_5-ET_4-D_{4-5}=11-11-0=0$

$FF_{4-6}=ET_6-ET_4-D_{4-6}=17-11-6=0$

$FF_{5-6}=ET_6-ET_5-D_{5-6}=17-11-4=2$

14.2.3 双代号时标网络计划的绘制与计算

1. 绘图的基本要求

(1) 时间长度是以所有符号在时标表上的水平位置及其水平投影长度表示的,与其所代表的时间值对应。

(2) 节点的中心必须对准时标的刻度线。

(3) 虚工作必须以垂直箭线表示,有时差时加波形线表示。

(4) 时标网络计划宜按最早时间编制,不宜按最迟时间编制。

(5) 时标网络计划编制前,必须先绘制无时标网络计划。

2. 时标网络计划的绘制

时标网络计划的绘制方法有间接绘制法和直接绘制法两种。

1) 间接绘制法

所谓间接绘制法是先计算无时标网络图计划的时间参数,再按该计划在时标表上进行绘制。以如图 14.23 所示为例,绘制完成的时标网络计划如图 14.24 所示。具体绘制步骤如下:

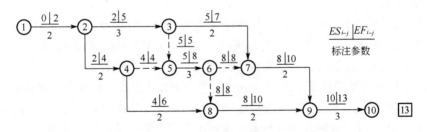

图 14.23 无时标网络计划

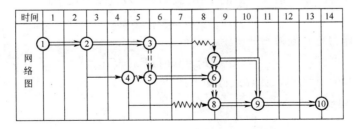

图 14.24 完成的时标网络计划

(1) 绘制时标计划表。

(2) 计算各项工作的最早开始时间和最早完成时间,如图 14.23 所示。

(3) 将每项工作的箭尾节点按最早开始时间定位在时标计划表上,布局应与不带时标的网络计划基本相当,然后编号。

(4) 用实线绘制出工作持续时间,用虚线绘制无时差的虚工作(垂直方向),用波形线绘制工作和虚工作的自由时差。

2) 直接绘制法

不计算时间参数,直接根据无时标网络计划在时标表上进行绘制。仍以图 14.23 所示为例,绘制步骤如下:

(1) 绘制时标计划表。

(2) 将起点节点定位在时标计划表的起始刻度线上,如图 14.24 所示节点①。

(3) 按工作持续时间在时标表上绘制起点节点的外向箭线,如图 14.24 所示的①→②。

(4) 工作的箭头节点,必须在其所有内向箭线绘出以后,定位在这些内向箭线中最晚完成的实箭线箭头处,如图 14.24 中的节点⑤、⑦、⑧、⑨。

(5) 某些内向实箭线长度不足以达到该箭头节点时,用波形线补足,如图 14.24 中的③→⑦、④→⑧。如果虚箭线的开始节点和结束节点之间有水平距离时,以波形线补足,如箭线④→⑤;如果无水平距离,绘制垂直虚箭线,如③→⑤、⑥→⑦、⑥→⑧。

(6) 用上述方法,自左向右依次确定其他节点的位置,直至终点节点定位完成,然后编号。在确定节点的位置时,尽量保持无时标网络图的布局不变。

3. 时标网络计划关键线路和时间参数的确定

1) 关键线路的确定

自终点节点逆箭线方向朝起点节点依次观察,自终点节点至起点节点都不出现波形线的线路称为关键线路。如图 14.6、图 14.24 中的粗线或双线表达的线路。

2) 时间参数的确定

(1) 工作最早时间的确定:每条箭线尾节点所对应的时标值,代表工作的最早开始时间。实箭线实线部分右端(有波形线时)或箭头节点中心(无波形线时)所对应的时标值代表工作的最早完成时间。虚箭线的最早完成时间与最早开始时间相等。

(2) 工作自由时差的确定:工作自由时差值等于其波形线在时标上水平投影的长度。

(3) 工作总时差的确定:工作总时差应自右向左进行依次逐项计算。工作总时差值等于其诸紧后工作总时差值的最小值与本工作自由时差之和。其计算规定是:

① 以终点节点($j=n$)为箭头节点的工作的总时差 TF_{i-j} 按下式计算:

$$TF_{i-n}=T_p-EF_{i-n} \tag{14-27}$$

② 其他工作的总时差为

$$TF_{i-j}=\min\{TF_{j-k}\}+FF_{i-j} \tag{14-28}$$

以如图 14.24 所示为例,计算过程如下:

$TF_{9-10}=13-13=0$

$TF_{8-9}=0+0=0$

$TF_{7-9}=0+0=0$

$TF_{6-8}=0+0=0$

$TF_{4-8}=0+2=2$

$TF_{6-7}=0+0=0$

$TF_{3-7}=0+1=1$

$TF_{5-6}=\min\{0, 0\}+0=0+0=0$

$TF_{4-5}=0+1=1$

$TF_{3-5}=0+0=0$

$TF_{2-3}=\min\{0, 1\}+0=0+0=0$

$TF_{2-4}=\min\{1, 2\}+0=1+0=1$

$TF_{1-2}=\min\{0, 1\}+0=0+0=0$

如果有必要，可将工作总时差值标注在相应的实箭线或波形线之上。

(4) 工作最迟时间的计算：由于知道最早开始和最早结束时间，当计算出总时差后，工作最迟时间可用以下公式计算：

$$LS_{i-j} = ES_{i-j} + TS_{i-j} \tag{14-29}$$

$$LF_{i-j} = EF_{i-j} + TF_{i-j} \tag{14-30}$$

14.2.4 网络图在工程中的应用实例

1. 网络图进度计划实例

【例 14.1】 一现浇多层框-剪结构房屋，由柱、梁、楼板、抗震剪力墙组合成整体结构，并设有电梯井(井壁为混凝土墙)和楼梯(楼梯间墙非混凝土墙)等。该工程一个结构层的施工顺序大致如下：柱和抗震墙先绑扎钢筋，后支模板；电梯井壁先支内壁模板，后绑扎钢筋，再支外壁模板；梁的模板必须待柱子模板都支好后才能开始，梁模板支好后再支楼板的模板；先浇捣柱子、抗震墙及电梯井壁的混凝土，然后开始梁和楼板的钢筋绑扎，同时在楼板上预埋暗管，完成后再浇捣梁和楼板的混凝土。由各施工过程的工程量和企业的劳动生产力水平计算知道各施工过程的工作持续时间。试绘制一标准层双代号网络图施工进度计划。

解 按上述施工顺序，可绘制成如图 14.25 所示的双代号施工网络图。

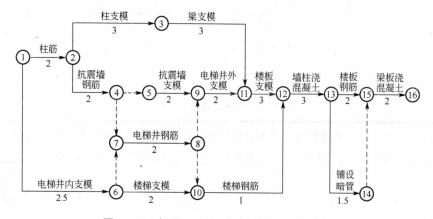

图 14.25 标准层双代号网络图施工进度计划

2. 网络图进度控制实例

【例 14.2】 某工程项目的施工进度计划如图 14.26 所示,该图是按各工作的正常工作持续时间和最早时间绘制的双代号时标网络计划。图中箭线下方括号内外数字分别为该工作的最短工作持续时间和正常工作持续时间。第五天收工后检查施工进度完成情况发现:A 工作已完成,D 工作尚未开始,C 工作进行 1 天,B 工作进行 2 天。

已知:工期调整时,综合考虑对质量、安全、资源等影响后,压缩工作持续时间的先后次序为 D、I、H、C、E、B、G。

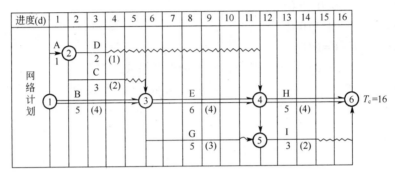

图 14.26 时标网络施工进度计划

分析此工程进度是否正常?若工期延误,试按原工期目标进行进度计划调整。

解

(1) 绘制实际进度前锋线,了解进度计划执行情况,如图 14.27 所示。

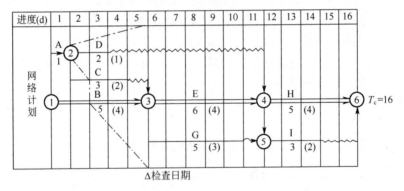

图 14.27 实际进度前锋线检查

(2) 进度检查结果的分析见表 14-4。

表 14-4 网络计划检查结果分析

工作代号	工作名称	检查时尚需时间	到计划最迟完成前尚有时间	原有总时差	尚有总时差	情况判断
2-4	D	2-0=2	11-5=6	8	6-2=4	正常
2-3	C	3-1=2	5-5=0	1	0-2=-2	拖期二天
1-3	B	5-2=3	5-5=0	0	0-3=-3	拖期三天

其中，工作 D、C、B 的最迟必须完成时间的计算过程如下：

$LF_{2-4} = EF_{2-4} + TF_{2-4} = 3 + 8 = 11$

$LF_{2-3} = EF_{2-3} + TF_{2-3} = 4 + 1 = 5$

$LF_{1-3} = EF_{1-3} + TF_{1-3} = 5 + 0 = 5$

其中，工作 D、C、B 的总时差计算过程如下(其他工作总时差的计算过程此处省略)：

$TF_{2-4} = \min[TF_{4-5}, TF_{4-6}] + FF_{2-4} = \min[2, 0] + 8 = 8$

$TF_{2-3} = \min[TF_{3-4}, TF_{3-5}] + FF_{2-3} = \min[0, 3] + 1 = 1$

$TF_{1-3} = \min[TF_{3-4}, TF_{3-5}] + FF_{1-3} = \min[0, 3] + 0 = 0$

(3) 未调整前的网络计划，即实际进度网络计划如图 14.28 所示。实际进度的网络计划绘制很简单，只须按检查日期，将实际进度前锋线拉直即可，显然它与列表分析的结论是一致的，列表分析与实际进度网络计划可以相互验证，以免出错。

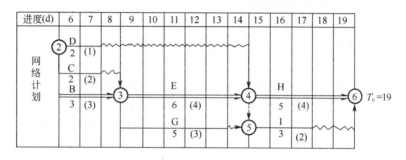

图 14.28 未调整前的时标网络计划

(4) 应压缩工期为：$\Delta T = T_c - T_r = 19 - 16 = 3(天)$。

根据关键线路及其关键工作的排序，通过两次压缩关键工作持续时间使工期缩短了 3 天(第一次调整压缩工作 H 持续时间 1 天，第二次调整压缩工作 E 持续时间二天)，满足了需求，计划调整完毕。如图 14.29 所示，调整后的网络计划就是修正计划。

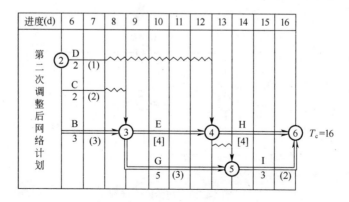

图 14.29 第二次调整后的时标网络计划

14.3 网络计划的优化

按既定施工工艺及组织关系的要求编制的初始网络计划,通常应满足工程项目的工期、资源配置、成本等责任目标的要求,为此就有可能通过改变相应工作的开始与结束时间,或压缩工作的持续时间,以形成新的计划安排。具有明确目标,在一定约束条件下对初始网络计划进行改进,寻求最优计划方案的过程就是网络计划的优化。

14.3.1 工期优化

当计算工期大于要求工期(即 $T_c > T_r$)时,可通过压缩关键工作的持续时间,以满足要求工期的目标。在优化过程中,不能一次性把关键工作压缩成非关键工作;有多条关键线路时,必须同步压缩。工期优化步骤如下:

(1) 计算网络计划的计算工期并找出关键线路。

(2) 确定应压缩的工期 ΔT:

$$\Delta T = T_c - T_r \tag{14-31}$$

(3) 将应优化缩短的关键工作压至最短持续时间,并找出关键线路,若被压缩的工作变成了非关键工作,则比照新关键线路长度,减少压缩幅度,使之仍保持为关键工作。

在本步骤中,优先考虑压缩的关键工作是指缩短其持续时间对质量、安全影响小,或有充足备用资源,或造成的费用增加最少的工作。

(4) 若计算工期仍超过要求工期,则重复步骤(3),直到满足工期要求或工期已不能再缩短为止。

若所有关键工作的持续时间都已达到最短持续时间而工期仍不能满足要求时,应对计划的技术方案、组织方案进行修改,以调整原计划的工作逻辑关系,或重新审定要求工期。

【例 14.3】 试对如图 14.30 所示的初始网络计划实施工期优化。箭线下方括号内外的数据分别表示工作极限与正常持续时间,要求工期为 48 天。工作优先压缩顺序为 D、H、F、C、E、A、G、B。

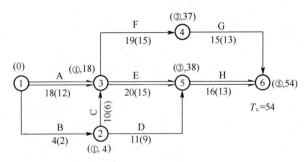

图 14.30 初始网络计划

解 第一,用标号法确定正常工期及关键线路。

标号法是直接寻求关键线路的简便方法。它对每个节点用源节点和标号值进行标号,将节点都标号后,从网络计划终点节点开始,从右向左按源节点寻求出关键线路。网络计划终点节点标号值即为计算工期。标号值的确定如下:

(1) 设起点节点的标号值为零，即
$$b_1=0 \tag{14-32}$$
(2) 其他节点的标号值等于该节点的内向工作的尾节点标号值加该工作的持续时间之和的最大值，即
$$b_j=\max\{b_i+D_{i\text{-}j}\} \tag{14-33}$$
如图 14.30 所示的网络计划的标号值计算如下：

$b_1=0$

$b_2=b_1+D_{1\text{-}2}=0+4=4$

$b_3=\max\{(b_1+D_{1\text{-}3}),(b_2+D_{2\text{-}3})\}=\max\{(0+18),(4+10)\}=\max\{18,14\}=18$

$b_4=b_3+D_{3\text{-}4}=18+19=37$

$b_5=\max\{(b_2+D_{2\text{-}5}),(b_3+D_{3\text{-}5})\}=\max\{(4+11),(18+20)\}=\max\{15,38\}=38$

$b_6=\max\{(b_4+D_{4\text{-}6}),(b_5+D_{5\text{-}6})\}=\max\{(37+15),(38+16)\}=\max\{52,54\}=54$

以上计算的标号值及源节点标在图 14.30 所示位置上，计算工期为 54 天。从终点节点逆向溯源，即将相关源节点连接起来，找出关键线路为①→③→⑤→⑥，关键工作为 A、E、H。

第二，应缩短工期为：$\Delta T=T_c-T_r=54-48=6(\text{d})$

第三，依题意先将 H 工作持续时间压缩 3 天至最短持续时间，再用标号法找出关键工作为 A、F、G，如图 14.31 所示。

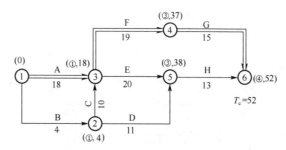

图 14.31 将 H 工作压缩至 13 天后的网络计划

为此，减少 H 工作的压缩幅度(此谓"松弛")，最终压缩 2 天，使之仍成为关键工作，如图 14.32 所示。

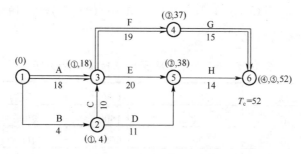

图 14.32 将 H 工作压缩至 14 天("松弛"1d)后的网络计划

第四，同步压缩 A、E、H 和 A、F、G 两条关键线路。依题目所给工作压缩次序，按工作允许压缩限度，H、E 分别压缩 1 天，3 天；F 压缩 4 天。如图 14.33 所示，工期满足要求。

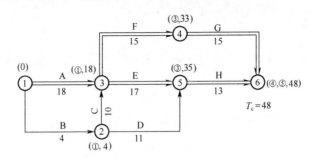

图 14.33 优化后的网络计划

14.3.2 费用优化

费用优化又称工期——成本优化，是寻求最低成本对应的工期安排。工程总成本费用由直接费用和间接费用组成。随工期延长工程直接费用(C_1)支出减少而间接费用(C_2)支出增加；反之则直接费用增加而间接费用减少，如图 14.34 所示，总成本(C)存在最小值。按照直接费用增加代价小则优先压缩的原则，通过依次选择并压缩初始网络计划关键线路及后来出现的新关键线路上各项关键工作的持续时间(关键工作压缩幅度同样要求保证本工作所在关键线路不能变成非关键线路)，在此过程中观察随工期缩短相应引起的费用总体变化情况，最终找到总成本费用取值达到最小的适当工期。

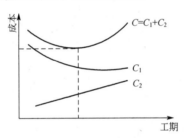

图 14.34 工期——成本关系

【例 14.4】 某初始网络计划如图 14.35 所示。箭杆上方为直接费用变化的斜率，亦称直接费率，即每压缩该工作一天其直接费用平均增加的数额(千元)。箭杆下方括号内外分别为最短持续时间和正常持续时间。各工作正常持续时间(DN_{i-j})，加快的持续时间(DC_{i-j})，及与其相应的直接费用(CN_{i-j} 和 CC_{i-j})，计算后所得的费用率(ΔC_{i-j}^D)见表 14-5。假定间接费率为 0.13(千元/d)。试进行费用优化。

表 14-5 各工作的工期(天)、直接成本(元)数据

工作(i-j)	DN_{i-j}	DC_{i-j}	CN_{i-j}	CC_{i-j}	ΔC_{i-j}^D
1-2	6	4	1500	2000	0.250
1-3	30	20	9000	10000	0.100
2-3	18	10	5000	6000	0.125
2-4	12	8	4000	4500	0.125
3-4	36	22	12000	14000	0.143

工作(i-j)	DN_{i-j}	DC_{i-j}	CN_{i-j}	CC_{i-j}	ΔC_{i-j}^{D}
3-5	30	18	8500	9200	0.058
4-6	30	16	9500	10300	0.057
5-6	18	10	4500	5000	0.063

解 首先计算各工作以正常持续时间施工时的计算工期，并找出关键线路，如图 14.35 所示。且知工程总直接费、总成本为

总直接费($\sum C^D$)=1.5+9+5+4+12+8.5+9.5+4.5=54(千元)

总成本($\sum C$)=直接成本+间接成本=54+0.13×96=66.480(千元)

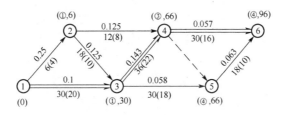

图 14.35 初始网络计划

第一次工期压缩：先压缩关键线路①→③→④→⑥上直接费率最小的工作④→⑥，至最短持续时间(16 天)，再用标号法找出关键线路。由于原关键工作④→⑥变成了非关键工作，须将其"松弛"至 18 天，使其仍为关键工作，如图 14.36 所示。

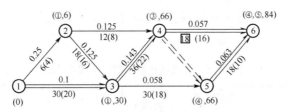

图 14.36 第一次压缩后的网络计划

第二次工期压缩：比较工作①→③、工作③→④、组合工作④→⑥和⑤→⑥的直接费率(或组合直接费率)分别为 0.1 千元/d、0.143 千元/d、0.12 千元/d，故决定缩短工作①→③，并使之仍为关键工作，则其持续时间只能缩短至 24 天，如图 14.37 所示。

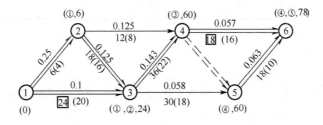

图 14.37 第二次压缩后的网络计划

第三次工期压缩：有四个方案，具体方案和相应直接费率见表 14-6。

表 14-6 关键线路工作组合

序 号	工作组合(i-j)	直接费率/(千元/d)
I	1-2 和 1-3	0.350
II	2-3 和 1-3	0.225
III	3-4	0.143
IV	4-6 和 5-6	0.120

决定采用直接费率最低的方案Ⅳ，结合工作④→⑥的最短工作持续时间为16天，现将④→⑥和⑤→⑥均压缩2天，如图14.38所示。由于④→⑥已不能再缩短，故令其直接费率为无穷大。

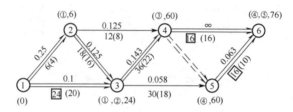

图 14.38 优化后的网络计划

此后，如再需要压缩工期，应采用方案Ⅲ，就此例而言，工作③→④的直接费率为0.143千元/d，大于间接费率0.13千元/d，费率差成为正值，再压缩的话，总费用反而会呈上升趋势，故第三次压缩后就是本例的最优工期了。

优化过程中的工期、费用变化情况见表14-7。经过优化调整，工期缩短了20天，而成本降低了3.076千元。

表 14-7 优化过程的工期——成本情况

缩短次数	被缩工作		直接费率或组合费率	费率差	直接费/千元	间接费/千元	总费用/千元	工期/天
	代号	名称						
0					54.000	12.480	66.480	96
1	4-6		0.057	-0.073	54.684	10.920	65.604	84
2	1-3		0.100	-0.030	55.284	10.140	65.424	78
3	4-6、5-6		0.120	-0.010	55.524	9.880	65.404	76
4	3-4		0.143	+0.013				

注：费率差＝(直接费率或组合费率)－(间接费率)。

14.3.3 资源优化

施工过程就是消耗人力、材料、机械和资金等各种资源的过程，编制网络计划必须解决资源供求矛盾，实现资源的均衡利用，以保证工程项目的顺利完成，并取得良好的经济效果。资源优化有两种不同的目标：资源有限，工期最短；工期一定，资源均衡。

1. 资源有限——工期最短的优化

如图14.39所示的实例，尽管网络计划的各工作工艺逻辑和组织逻辑都是正确的，但如果每天能够提供的劳动力只有30人，原计划也无法得到执行，而必须进行调整，使得每天劳动力的总需要量不超过限制。这种调整称为"资源有限，工期最短"优化，其实质就是利用各工作所具有的时差，以资源限制为约束条件，以工期延长幅度最小甚至不延长为目标，改变网络计划的进度安排。

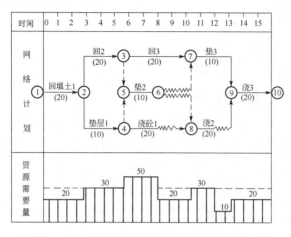

图 14.39　时标网络图及资源需要量动态曲线

1) 优化步骤

(1) 将初始网络计划绘成时标网络图，计算并绘出资源需要量曲线。

(2) 从左到右检查资源动态曲线的各个时段(日资源需要量不变且连续的一段时间)，如遇某时段所需资源超过限制数量，就对与此时段有关的工作排队编号，并按排队编号的顺序依次给各工作分配所需的资源数。对于编号排队靠后，分不到资源的工作，就顺推到此刻时段后面开始。

2) 排队规则

对工作进行排队，是以资源调整对工期影响最小为出发点的，体现了资源优化分配的原则。

(1) 在本时段之前已经开始作业的工作应保证其资源供应，使之能够连续作业。

(2) 在本时段内开始的关键工作应优先满足其资源需要，因为关键工作的推迟，意味着工期的延长。当关键工作有多项时，每天所需资源数量大的排前，小的排后。

(3) 本时段内开始的非关键工作，当有多项时，总时差小的排前，大的排后。若遇工作总时差相等时，则每天所需资源量大的排前，小的排后。

2. 工期固定——资源均衡的优化

均衡施工是指在整个施工过程中，对资源的需要量不出现短时期的高峰和低谷。资源消耗均衡可以减小现场各种加工场(站)、生活和办公用房等临时设施的规模，有利于节约施工费用。"工期固定——资源均衡"优化就是在工期不变的情况下，利用时差对网络计划做一些调整，使每天的资源需要量尽可能地接近于平均。

1) 优化原理

评价均衡性的指标有多个，最常用指标是均方差(σ^2)，方差愈小，施工愈均衡。方差计算如下：

$$\sigma^2 = \frac{1}{T}\sum_{t=1}^{T}(R_t - R_m)^2$$

$$= \frac{1}{T}\left[(R_i - R_m)^2 + (R_2 - R_m)^2 + L + (R_T - R_m)^2\right]$$

$$= \frac{1}{T}\left[\sum_{t=1}^{T}R_t^2 - 2R_m\sum_{t=1}^{T}R_t + TR_m^2\right]$$

因为 $R_m = \dfrac{R_1 + R_2 + L + R_T}{T} = \dfrac{1}{T}\sum_{t=1}^{T}R_t$

所以 $\sigma^2 = \dfrac{1}{T}\left[\sum_{t=1}^{T}R_t^2 - 2R_mTR_m + TR_m^2\right]$

$$= \frac{1}{T}\sum_{t=1}^{T}R_t^2 - R_m^2 \tag{14-34}$$

式中：σ^2——资源消耗的均方差；

T——计划工期；

R_t——资源在第 t 天的消耗量；

R_m——资源的平均消耗量。

由式(14-34)可以看出：T 和 R_m 为常量，欲使 σ^2 最小，必须使 $\sum_{t=1}^{T}R_t^2$ 最小。

如图 14.40 所示，假如有一非关键工作 $i\text{-}j$，开始与结束时间分别为 t_{ES}、t_{EF}，每天资源消耗量为 $r_{i\text{-}j}$。如果将该工作向右移动一天，则第 t_{ES+1} 天的资源消耗量 R_{ES+1} 将减少 $r_{i\text{-}j}$，而第 t_{EF+1} 天的资源消耗量 R_{EF+1} 将增加 $r_{i\text{-}j}$，其他天的消耗量不变。

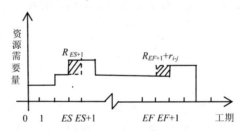

图 14.40 资源需要量动态曲线

注：虚线为工作 $i\text{-}j$ 推迟一天的情况

工作 $i\text{-}j$ 推后一天时，$\sum_{t=1}^{T}R_t^2$ 的增加量 Δ 为：

$$\Delta = (R_{ES+1} - r_{i\text{-}j})^2 + (R_{EF+1} + r_{i\text{-}j})^2 - (R_{ES+1}^2 + R_{EF+1}^2)$$

$$= 2r_{i\text{-}j}(R_{EF+1} - R_{ES+1} + r_{i\text{-}j}) \tag{14-35}$$

如果 Δ 为负值，则工作 $i\text{-}j$ 右移一天，能使 $\sum_{t=1}^{T}R_t^2$ 值减少，即方差减少。也就是说当工作 $i\text{-}j$ 开始工作第一天的资源消耗量 R_{ES+1} 大于其完成那天的后一天的资源消耗量 R_{EF+1} 与该工作资源强度 $r_{i\text{-}j}$ 之和时，该工作右移一天能使方差减少，这时，就可将工作 $i\text{-}j$ 右移一天。

如此判断右移，直至不能右移或该工作的总时差用完为止。如在右移的过程中某次调整出现 $R_{ES+1} \leqslant R_{EF+1} + r_{i\text{-}j}$ 时，仍然可试着右移，如在此后出现该次至以后各次调整的 Δ 值累计为负,亦可将之右移至相应位置。

2) 优化步骤

调整应自网络计划终点节点开始,从右向左逐项进行。按工作的结束节点的编号值从大到小的顺序进行调整。同一个结束节点的工作则由开始时间较迟的工作先调整。在所有工作都按上述原理方法自右向左进行了一次调整之后,为使方差值进一步减少,需要自右向左再次进行调整,甚至多次调整,直到所有工作的位置都不能再移动为止。

14.4 网络计划的电算方法简介

网络计划的时间参数计算、方案的各种优化及实施期间的进度控制都要进行大量的,甚至复杂的计算。而电子计算机的出现为解决这一问题创造了有利条件,尤其是 PC 机的普及,使得网络电算在建筑企业及其项目中的应用成为现实。

网络计划电算程序相对于其他的电算程序,有数据变量多、计算过程简单等特点,它介于计算程序和数据处理程序之间。本节主要介绍在微机上实现网络电算的基本方法,仅供参考。

14.4.1 建立数据文件

一个网络计划是由许多工作组成的,每一项工作又有若干相关的数据,所以网络计划的时间参数计算过程很大程度上是在进行数据处理。为了计算上的方便,也为了便于数据的检查与调整,有必要建立用来存放原始数据的数据文件。

为了使用的方便,编制数据文件的程序时,不但要考虑到学过计算机语言的人能使用,更要考虑到没学过计算机语言的人也能使用,可以利用人机对话的优点,进行一问一答的交换信息。其程序原理如图 14.41 所示。

图 14.41 数据文件程序原理

14.4.2 计算程序

网络计划的时间参数计算程序的关键是确定其计算公式,用迭代公式进行计算。通过上几节知识的学习可知,尽管网络计划时间参数很多,但若节点最早时间(ET),节点最迟时间(LT)确定后,其余参数均可据此算出。所以其计算方法中的关键就是ET、LT两个参数的计算。

1. 参数 ET 的计算

参数 ET 理论计算式为:
$$ET_j = \max(ET_i + D_{i\text{-}j})$$

上式可以表达为:

$$\left. \begin{array}{l} ET_i + D_{i\text{-}j} \leqslant ET_j \\ \text{如果} \qquad ET_i + D_{i\text{-}j} > ET_j \\ \text{则令} \qquad ET_j = ET_i + D_{i\text{-}j} \end{array} \right\} \qquad (14\text{-}36)$$

式(14-36)即为利用计算机进行 ET 计算的叠加公式。当然计算机不能直观地进行比较,必须依节点顺序依次计算比较,所以在进行参数计算之前,程序先要对所有工作按其箭头节点、箭尾节点的顺序进行自然排序。所谓工作的自然排序就是按工作箭头节点的编号从小到大,当箭头节点相同时按箭尾节点的编号从小到大进行次序排列的过程。

计算 ET 的框图如图 14.42 所示。

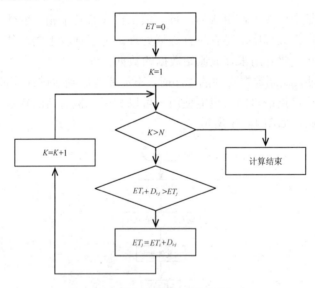

图 14.42 计算 ET 的框图

2. 参数 LT 的计算

参数 LT 的理论计算公式为:
$$LT_i = \min(LT_j - D_{i\text{-}j})$$

上式可以表达为:

$$\left. \begin{array}{l} LT_j - D_{i\text{-}j} \geqslant LT_i \\ \text{如果} \qquad ET_j - D_{i\text{-}j} < LT_i \\ \text{则令} \qquad LT_i = LT_j - D_{i\text{-}j} \end{array} \right\} \qquad (14\text{-}37)$$

LT 计算框图如图 14.43 所示。

图 14.44 绘出了网络时间参数计算的粗框图。

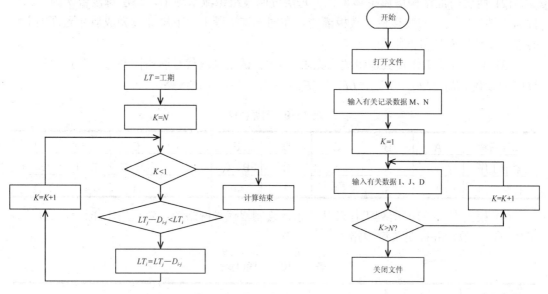

图 14.43 计算 LT 的框图　　　　图 14.44 网络计划时间参数计算的粗框图

14.4.3 输出部分

计算结果的输出也是程序设计的主要部分。首先解决输出的表格形式，目前输出的表格形式一种是采用横道图形式，另一种是直接用表格形式，输出相应的各时间数值(如表 14-8 所示)。无论什么形式总是先要设计好格式，用 TAB 或 PRINT USING 语句等严格控制好打印位置、换行的位置。

表 14-8　输出的各时间数值

I	J	D	ES	EF	LS	LF	FF	TF	C_p
1	2	3	0	3	1	4	0	1	!!!
1	3	4	0	4	0	4	0	0	
2	4	3	3	6	7	10	4	4	!!!
3	4	6	4	10	4	10	0	0	
⋮	⋮	⋮	⋮	⋮	⋮	⋮	⋮	⋮	⋮

注：C_p——关键线路；!!!——关键工作。

14.5　习　　题

(1) 根据所给逻辑关系绘制下列各题的双代号网络图。
① E 的紧前工序为 A、B；F 的紧前工序为 B、C；G 的紧前工序为 C、D。
② E 的紧前工序为 A、B；F 的紧前工序为 B、C、D；G 的紧前工序为 C、D。
③ E 的紧前工序为 A、B、C；F 的紧前工序为 B、C、D。

④ F 的紧前工序为 A、B、C；G 的紧前工序为 B、C、D；H 的紧前工序为 C、D、E。

(2) 两层砖混结构房屋主体工程，每层分两段组织流水施工，每层每段依次施工的过程为砌墙、圈梁、安装楼板、楼板灌缝，在同一施工段上，下层灌缝完成后才允许砌上层砖墙。试绘制双代号网络图。

(3) 某工程的工作及其逻辑关系见表 14-9。试绘制双代号网络图并进行节点编号。计算时间参数 ES_{i-j}、EF_{i-j}、LS_{i-j}、LF_{i-j}、TF_{i-j}、FF_{i-j}，判定关键线路。

表 14-9　习题(3)表

工序名称	A	B	C	D	E	F	G	H	I
紧前工序		A	A	B	B、C	C	D、E	E、F	G、H
持续时间	3	3	3	2	4	1	3	2	2

(4) 根据表 14-10 所列工作及其关系，绘制双代号网络图，然后用工作计算法计算各工作时间参数，并标明关键线路。

表 14-10　习题(4)表

工序名称	A	B	C	D	E	F
持续时间	2	4	2	8	4	3
紧前工序		A	A	A	C	B、D、E
紧后工序	B、C、D	F	E	F	F	

(5) 用节点计算法计算如图 14.45 所示网络图的时间参数，并判定关键工作。

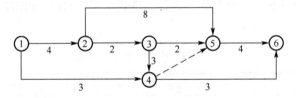

图 14.45　习题(5)图

(6) 根据表 14-11 所列双代号网络图的有关数据，进行"资源有限，工期最短"的优化。假定每天只能供应 20 个劳动力。

表 14-11　习题(6)表

工序代号	0-1	0-2	1-2	1-3	2-3	2-4	3-5	4-5
班组人数	10	8	12	12	8	9	6	10
持续时间	2	6	3	5	8	7	10	6

第 15 章　单位工程施工组织设计

教学提示：单位工程施工组织设计是单位工程施工管理中非常重要的技术经济文件，不仅涉及施工的具体活动，而且也反映出一定时期科技经济水平和政策的先进性，综合性很强。

教学要求：掌握单位工程施工组织编制的依据、内容和方法，通过设计实例锻炼学生处理单位工程施工组织设计问题的能力。

单位工程施工组织设计是用来规划和指导单位工程从施工准备到竣工验收全部施工活动的技术经济文件。对施工企业实现科学的生产管理，保证工程质量，节约资源及降低工程成本等，起着十分重要的作用。单位工程施工组织设计也是施工单位编制季、月、旬施工计划和编制劳动力、材料、机械设备计划的主要依据。

单位工程施工组织设计一般是在施工图完成并进行会审后，由施工单位项目部的技术人员负责编制，报上级主管部门审批。

15.1　单位工程施工组织设计内容

单位工程施工组织设计应根据拟建工程的性质、特点及规模不同，同时考虑到施工要求及条件进行编制。设计必须真正起到指导现场施工的作用。一般包括下列内容。

(1) 工程概况。主要包括工程特点、建筑地段特征、施工条件等。

(2) 施工方案。包括确定总的施工顺序及确定施工流向，主要分部分项工程的划分及其施工方法的选择、施工段的划分、施工机械的选择、技术组织措施的拟定等。

(3) 施工进度计划。施工进度计划主要包括划分施工过程和计算工程量、劳动量、机械台班量、施工班组人数、每天工作班次、工作持续时间，以及确定分部分项工程(施工过程)施工顺序及搭接关系、绘制进度计划表等。

(4) 施工准备工作计划。施工准备工作计划主要包括施工前的技术准备、现场准备、机械设备、工具、材料、构件和半成品构件的准备，并编制准备工作计划表。

(5) 资源需用量计划。资源需用量计划包括材料需用量计划、劳动力需用量计划、构件及半成品构件需用量计划、机械需用量计划、运输量计划等。

(6) 施工平面图。施工平面图主要包括施工所需机械、临时加工场地、材料、构件仓库与堆场的布置及临时水网电网、临时道路、临时设施用房的布置等。

(7) 技术经济指标分析。技术经济指标分析主要包括工期指标、质量指标、安全指标、降低成本等指标的分析。

15.2 单位工程施工方案设计

施工方案是单位工程施工组织设计的核心内容，施工方案选择是否合理，将直接影响到工程的施工质量、施工速度、工程造价及企业的经济效益，故必须引起足够的重视。

施工方案的选择包括确定施工顺序和施工流向、流水工作段的划分、施工方法的选择、机械设备的选用、施工技术组织措施的拟定等。

在选择施工方案时，为了防止所选择的施工方案可能出现的片面性，应多考虑几个方案，从技术、经济的角度进行比较，最后择优选用。

15.2.1 施工方案的基本要求

1. 制定与选择施工方案的基本要求

(1) 切实可行。制定施工方案首先要从实际出发，能切合当前的实际情况，并有实现的可能性。否则，任何方案均是不可取的。施工方案的优劣，首先不取决于技术上是否先进，或工期是否最短，而是取决于是否切实可行。只能在切实可行，有实现可能性的范围内，求技术的先进或快速。

(2) 施工期限是否满足(工程合同)要求，确保工程按期投产或交付使用，迅速地发挥投资效益。

(3) 工程质量和安全生产有可行的技术措施保障。

(4) 施工费用最低。

以上所述施工方案的要求，是一个统一的整体，应作为衡量施工方案优劣的标准。

2. 施工方案的基本内容及相互关系

施工方案的基本内容，主要有四项：施工方法和施工机械；施工顺序、流向和工种施工组织。前两项属于施工技术方面的，后两项属于施工组织方面的。然而，在施工方法中有施工顺序问题(如单层工业厂房施工中，柱和屋架的预制排列方法与吊装顺序开行路线有关)。施工机械选择中也有组织问题(如挖土机与汽车的配套计算)。施工技术是施工方案的基础，同时又要满足施工组织方面的要求。而施工组织将施工技术从时间和空间上联系起来，从而反映对施工方案的指导作用，两者相互联系，又相互制约。至于施工技术措施，则成为施工方案各项内容必不可少的延续和补充，成为施工方案的构成部分。

15.2.2 单位工程施工方案的确定

1. 施工方法的确定和施工机械的选择

1) 施工方法的确定

施工方法在施工方案中具有决定性的作用。施工方法一经确定，施工机具、施工组织也只能按确定的施工方法进行。

确定施工方法时，首先要考虑该方法在工程上是否有实现的可能性，是否符合国家技术政策，经济上是否合算。其次，必须考虑对其他工程施工的影响。比如，现浇钢筋混凝土楼盖施工采用满堂脚手架作支柱，纵横交错，就会影响后续工序的平行作业或提前插入施工，如果在可能的条件下改用桁架式支撑系统，就可克服上述缺点；又比如，单层工业厂结构吊装工程的安装方法，有单件吊装法和综合吊装法两种。单件吊装法可以充分利用机械能力，校正容易，构件堆放不拥挤。但不利于其他工序插入施工；综合吊装法优缺点正好与单件吊装法相反，采用哪种方案为宜，必须从工程整体考虑，择优选用。

确定施工方法时，要注意施工质量要求，以及相应的安全技术措施。

在确定施工方法时，还必须就多种可行方案进行经济比较，力求降低施工成本。

拟定施工方法时，应着重考虑影响整个单位工程施工的分部分项工程的施工方法，或新技术、新工艺和对工程质量起关键作用的分部分项工程。对常规做法和工人熟悉的项目，则不必详细说明。

2) 施工机械选择

施工机械的选择应注意以下几点：

(1) 首先选择主导工程的施工机械。如地下工程的土石方机械、桩机械；主体结构工程的垂直和水平运输机械；结构工程吊装机械等。

(2) 所选机械的类型与型号，必须满足施工需要。此外，为发挥主导工程施工机械的效率，应同时选择与主机配套的辅助机械。

(3) 只能在现有的或可能获得的机械中进行选择。尽可能做到适用性与多用性的统一，减少机械类型，简化机械的现场管理和维修工作，但不能大机小用。

施工方法与施工机械是紧密联系的。在现代建筑施工中，施工机械选择是确定施工方法的中心环节。在技术上，它们都是解决各施工过程的施工手段；在施工组织上，它们是解决施工过程的技术先进性和经济合理性的统一。

3) 主要分部分项工程施工方法的选择

(1) 土方工程。土方工程应着重考虑以下几个方面的问题：

① 大型的土方工程(如场地平整、地下室、大型设备基础、道路)施工，是采用机械还是人工进行。

② 一般建筑物、构筑物墙、柱的基础开挖方法及放坡、支撑形式等。

③ 挖、填、运所需的机械设备的型号和数量。

④ 排除地面水、降低地下水的方法，以及沟渠、集水井和井点的布置和所需设备。

⑤ 大型土方工程土方调配方案的选择。

(2) 混凝土和钢筋混凝土工程。混凝土和钢筋混凝土工程应着重于模板工程的工具化和钢筋、混凝土工程施工的机械化。

① 模板类型和支模方法：根据不同结构类型、现场条件确定现浇和预制用的各种模板(如组合钢模、木模、土、砖胎模等)，各种支承方法(如支撑系统是钢管、木立柱、桁架、钢制托具等)和各种施工方法(如快速脱模、分节脱模、滑模等)，并分别列出采用项目、部位和数量，说明加工制作和安装的要点。

② 隔离剂的选用：如废机油、皂脚等。

③ 钢筋加工、运输和安装方法：明确在加工厂或现场加工的范围(如成型程度是加工成单根、网片还是骨架)。除锈、调直、切断、弯曲、成型方法，钢筋冷拉，预加应力方法，焊接方法(对焊、气压焊、电弧焊、点焊)，以及运输和安装方法。从而提出加工申请计划

和所需机具计划。

④ 混凝土搅拌和运输方法：确定是采用商品混凝土还是分散搅拌，及砂石筛洗、计量和后台上料方法，混凝土输送方法，并选用搅拌机的类型和型号，以及所需的掺和料，外加剂的品种数量，提出所需材料机具设备数量。

⑤ 混凝土浇筑顺序、流向、施工缝的位置（或后浇带）、分层高度、振捣方法、养护制度、工作班次等。

(3) 结构吊装工程：

① 按构件的外形尺寸、重量和安装高度，建筑物外形和周围环境，选定所需的吊装机械类型、型号和数量。

② 确定结构吊装方法(分件吊装还是节间综合吊装)，安排吊装顺序、机械停机点和行驶路线，以及制作、绑扎、起吊、对位和固定的方法。

③ 构件运输、装卸、堆放方法，以及所需的机具设备的型号和数量。

④ 采用自制设备时，应经计算确定。

(4) 现场垂直、水平运输：

① 确定标准层垂直运输量。如砖、砌块、砂浆、模板、钢筋、混凝土、各种预制构件、门窗和各种装修用料、水电材料，工具脚手等。

② 选择垂直运输方式时，充分利用构件吊装机械作一部分材料的垂直运输。当吊装机械不能满足时，一般可采用井架(附拔杆)、门架等垂直运输设备，并确定其型号和数量。

③ 选定水平运输方式，如各种运输车(手推车、机动小翻斗车、架子车、构件安装小车、钢筋小车等)和输送泵及其型号和数量。

④ 确定与上述配套使用的工具设备，如砖车、砖笼、混凝土车、砂浆车和料车等。

⑤ 确定地面和楼层水平运输的行驶路线。

⑥ 合理布置垂直运输位置，综合安排各种垂直运输设施的任务和服务范围。如划分运送砖、砌块、构件、砂浆、混凝土的时间和工作班次。

⑦ 确定搅拌混凝土、砂浆后台上料所需的机具，如手推车、皮带运输机，提升料斗、铲车、推土机、装载机或水泥溜槽的型号和数量。

(5) 装饰工程。装饰工程主要包括室内外墙面抹灰、门窗安装、油漆和玻璃等。

① 确定工艺流程和施工组织，组织流水施工。如按室内外抹灰划分组成专业队进行大流水施工。

② 确定装饰材料(如门窗、隔断、墙面、地面、水电暖卫器材等)逐层配套堆放的平面位置和数量。如在结构施工时，充分利用吊装机械，在每层楼板施工前，把该层所需的装饰材料一次运入该层，堆放在规定的房间内，以减少装饰施工时的材料搬运。

4) 特殊项目的施工方法和技术措施

如采用新结构、新材料、新工艺和新技术，高耸、大跨、重型构件，以及深基、护坡、水下和软弱地基项目等应单独编制作业方法。其主要内容为：

(1) 工艺流程。

(2) 需要表明的平面、剖面示意图，工程量。

(3) 施工方法、劳动组织、施工进度。

(4) 技术要求和质量安全注意事项。

(5) 材料、机械设备的规格、型号和需用量。

5) 质量和安全技术措施

在严格执行现行施工规范、规程的前提下，针对工程施工的特点，明确质量和安全技术措施有关内容。

(1) 工程质量方面：

① 对于采用的新工艺、新材料、新技术和新结构，须制定有针对性的技术措施，保证工程质量。

② 确保定位放线准确无误的措施。

③ 确保地基基础，特别是软弱地基的基础、复杂基础的技术措施。

④ 确保主体结构中关键部位的质量措施。

(2) 安全施工方面：

① 对于采用的新材料、新工艺、新技术和新结构，须制定有针对性的，行之有效的专门安全技术措施，以确保施工安全。

② 预防自然灾害措施。如冬季防寒防冻防滑措施；夏季防暑降温措施；雨季防雷防洪措施；防水防爆措施等。

③ 高空或立体交叉作业的防护和保护措施。如同一空间上下层操作的安全保护措施；人员上下设专用电梯或行走马道。

④ 安全用电和机电设备的保护措施。如机电设备的防雨防潮设施和接地、接零措施；施工现场临时布线，需按有关规定执行。

2. 施工顺序的安排

在一个单位工程施工中，相邻的两个分部分项工程，有些宜于先施工，有些宜于后施工。其中，有些是由于施工工艺要求、先后次序固定不变的。比如，先做基础，再做主体结构，最后装修，这是必须遵守而不可改变的施工顺序；又如基础工程施工中的挖土、垫层、钢筋混凝土、养护、回填土等分项工程的施工顺序，也受工艺限制而不能随意改变的。但除了这类不可改变的施工顺序之外，有些分部分项工程施工先后并不受工艺限制，而有很大灵活性。比如，多层房屋内抹灰工程施工，既可由上而下进行，也可由下而上进行；地面与墙面抹灰，可以先做墙面抹灰，后做地面，反之也可安排。前一种做法有利于地面质量保护。后一种做法有利于立体交叉湿作业，加快施工进度。对于这一类可先可后的分项工程施工顺序安排，应注意以下几点：

一要施工流向合理。要适应施工组织分区、分段，也要适应主导工程的施工顺序。因此，单层建筑要定出分段(跨)在平面上的流向，多层建筑除了定出平面流向外，还要定出分层的施工流向。

二要技术上合理，能够保证质量，并有利于成品保护。比如，室内装饰宜自上而下，先做湿作业，后做干作业，并便于后续工序插入施工。又比如安装灯具和粉刷，一般应先粉刷后装灯具，否则玷污灯具，不利于成品保护。

三要减少工料消耗，有利于成本费用降低。比如室内回填土与底层墙体砌筑，哪个先做都可以，但考虑为后续工序创造条件，节约工料，先做回填土比较合理。因为可以节约水平运输，提高工效(为砌墙创造了条件)，在分段流水作业条件下，回填土可不占用有效工期,也不致延长总工期。

四要有利于缩短工期。缩短工期,加快施工进度,可以靠施工组织手段在不附加资源的情况下带来经济效益。比如装饰工程通常是在主体结构完成后,由上而下进行,这种做法使结构有一定沉降时期,能保证装饰工程质量,减少立体交叉作业,有利于安全生产。但工期较长。如果在不同部位,不同的分项工程采用与主体结构交叉施工,将有利于缩短工期。室内外装饰工程的次序,如果从实际出发,也有利于缩短工期。因此,合理安排施工顺序,使其达到好和快的目的,最根本的就是要减少工人和机械的停歇时间和充分利用工作面,使各分部分项工程的主导工序能连续均衡地进行。

一般各分部工程的施工顺序确定方法如下:

1) 基础工程的施工顺序

(1) 工业厂房一般应先主体结构后设备基础。但有些工业厂房(如冶金、火车站等主要厂房)是土建主体工程先施工(封闭式施工),还是设备基础先施工(开放式),要从及早提供安装构件或施工条件来确定。

当设备基础的埋深超过柱基深度时,设备基础先施工;当其埋深相同时,一般宜同时施工;当结构吊装机械必须在跨内行驶,又要占据部分设备基础位置时,这些设备基础应在结构吊装后施工,或先完成地面以下部分,以免妨碍吊车行驶。

(2) 室内回填土原则上应在基础工程完成后及时地一次填完,以便为下道工序创造条件并保护地基。但是,当工程量较大且工期要求紧迫时,为了使回填土不占或少占工期,可分段与主体结构施工交叉进行,或安排在室内装饰施工前进行。有的建筑(如升板、墙板工程)应先完成室内回填土,做完首层地面后,方可安排上部结构的施工。

2) 装饰工程中的施工顺序

(1) 室内外装修工程施工一般是待结构工程完工后自上而下进行。但工期要求紧迫或层数较多时,室内装修亦可在结构工程完成相当层数后(要根据不同的结构体系、工艺确定),就可以与上部结构施工平行进行,但必须采取防雨水渗漏措施。如果室外装修也采取与结构平行施工时,还需采取成品防污染和操作人员防砸伤等措施。

(2) 室内和室外装修的顺序,有先室外后室内,先室内后室外,或室内外平行施工三种。应根据劳动力配备情况、工期要求、气候条件和脚手架类型(如果用单排脚手架,其搭墙横杆是否穿透墙身而影响抹灰)等综合考虑决定。

(3) 室内装修工序较多,施工顺序可有多种方案。一般是先做墙面,后做地面、踢脚线;也有先做地面,后做墙面、踢脚线。而首层地面多留在最后施工。因此,应根据具体情况,从有利于为下一工序创造条件,有利于装饰成品的保护,不留破搓,保证工程质量,省工、省料和缩短工期出发,进行合理安排。

3) 工序间的一些必要的技术间歇

在施工过程中或施工进度安排中,常遇到一些技术间歇,如混凝土浇筑后的养护时间,现浇结构在拆模前所需的强度增长时间,卷材防水(潮)层铺设前对基层(找平层)所需的干燥时间等,这些技术间歇时间根据工艺流程的不同要求,都在施工规范中作了相应规定。

3. 施工方案的技术经济比较

施工方案的选择，必须建立在几个可行方案的比较分析上。确定的方案应在施工上是可行的，技术上是先进的，经济上是合理的。

施工方案的确定依据是技术经济比较。它分定性比较和定量比较两种方式。定性比较是从施工操作上的难易程度和安全可靠性，为后续工程提供有利施工条件的可能性，对冬、雨季施工带来的困难程度，对利用现有机具的情况，对工期、单位造价的估计以及为文明施工可创造的条件等方面进行比较。定量比较一般是计算不同施工方案所耗的人力、物力、财力和工期等指标进行数量比较。其主要指标是：

(1) 工期。在确保工程质量和施工安全的条件下，工期是确定施工方案的首要因素。应参照国家有关规定及建设地区类似建筑物的平均期限确定。

(2) 单位建筑面积造价。它是人工、材料、机械和管理费的综合货币指标。

(3) 单位建筑面积劳动消耗量。

(4) 降低成本指标。它可综合反映单位工程或分部分项工程在采用不同施工方案时的经济效果。可用预算成本和计划成本之差与预算成本之比的百分数表示。

预算成本是以施工图为依据按预算价格计算的成本，计划成本是按采用的施工方案确定的施工成本。

施工方案经技术经济指标比较，往往会出现某一方案的某些指标较为理想，而另外方案的其他指标则比较好，这时应综合各项技术经济指标，全面衡量，选取最佳方案。有时可能会因施工特定条件和建设单位的具体要求，某项指标成为选择方案的决定条件，其他指标则只作为参考，此时在进行方案选择时，应根据具体对象和条件作出正确的分析和决策。

15.3 单位工程施工进度计划和资源需要量计划编制

施工进度计划是单位工程施工组织设计的重要组成部分。它的任务是按照组织施工的基本原则，根据选定的施工方案，在时间和施工顺序上作出安排，达到以最少的人力、财力，保证在规定的工期内完成合格的单位建筑产品。

施工进度计划的作用是控制单位工程的施工进度；按照单位工程各施工过程的施工顺序，确定各施工过程的持续时间以及它们相互间(包括土建工程与其他专业工程之间)的配合关系；确定施工所必需的各类资源(人力、材料、机械设备、水、电等)的需要量。同时，它也是施工准备工作的基本依据，是编制月、旬作业计划的基础。

编制施工进度计划的依据是单位工程的施工图，建设单位要求的开工、竣工日期，单位工程施工图预算及采用的定额和说明，施工方案和建筑地区的地质、水文、气象及技术经济资料等。

15.3.1 施工进度计划的形式

施工进度计划一般采用水平图表(横道图)，垂直图表和网络图的形式。本节主要阐述用横道图编制施工进度计划的方法及步骤。

单位工程施工进度计划横道图的形式和组成见表 15-1。表的左面列出各分部分项工程的名称及相应的工程量、劳动量和机械台班等基本数据。表的右面是由左面数据算得的指示图线，用横线条形式可形象地反映出各施工过程的施工进度以及各分部分项工程间的配合关系。

表 15-1　单位工程施工进度计划表

序号	分部分项工程名称	工程量		××定额	劳动量		需用机械		每日工作班数	每日工作人数	工作天数	进度日程							
		单位	数量		工种	工日	名称	台班				×月					×月		
												5	10	15	20	25	5	10	15

15.3.2　编制施工进度计划的一般步骤

1. 确定工程项目

编制施工进度计划应首先按照施工图和施工顺序将单位工程的各施工项目列出，项目包括从准备工作直到交付使用的所有土建、设备安装工程，将其逐项填入表中工程名称栏内(名称参照现行概(预)算定额手册)。

工程项目划分取决于进度计划的需要。对控制性进度计划，其划分可较粗，列出分部工程即可。对实施性进度计划，其划分需较细，特别是对主导工程和主要分部工程，要求更详细具体，以提高计划的精确性，便于指导施工。如对框架结构住宅，除要列出各分部工程项目外，还要把各分部分项工程都列出。如现浇工程可先分为柱浇筑、梁浇筑等项目，然后还应将其分为支模、扎筋、浇筑混凝土、养护、拆模等项目。

施工项目的划分还要结合施工条件，施工方法和劳动组织等因素。凡在同一时期可由同一施工队完成的若干施工过程可合并，否则应单列。对次要零星项目，可合并为"其他工程"，其劳动量可按总劳动量的 10%～20%计算。水暖电卫，设备安装等专业工程也应列于表中，但只列项目名称并标明起止时间。

2. 计算工程量

工程量的计算应根据施工图和工程量计算规则进行。若已有预算文件且采用的定额和项目划分又与施工进度计划一致，可直接利用预算工程量，若有某些项目不一致，则应结合工程项目栏的内容计算。计算时要注意以下问题。

(1) 各项目的计量单位，应与采用的定额单位一致。以便计算劳动量、材料、机械台班时直接利用定额。

(2) 要结合施工方法和满足安全技术的要求，如土方开挖应考虑坑(槽)的挖土方法和边坡稳定的要求。

(3) 要按照施工组织分区、分段、分层计算工程量。

3. 确定劳动量和机械台班数

根据各分部分项工程的工程量 Q，计算各施工过程的劳动量或机械台班数 p。

4. 确定各施工过程的作业天数

单位工程各施工过程作业天数 T 可根据安排在该施工过程的每班工人数或机械台数 n 和每天工作班数 b 计算。

工作班制一般宜采用一班制，因其能利用自然光照，适宜于露天和空中交叉作业，有利于安全和工程质量。在特殊情况下可采用二班制或三班制作业以加快施工进度，充分利用施工机械。对某些必须连续施工的施工过程或由于工作面狭窄和工期限定等因素亦可采用多班制作业。在安排每班劳动人数时，须考虑最小劳动组合，最小工作面和可供安排的人数。

5. 安排施工进度表

各分部分项工程的施工顺序和施工天数确定后，应按照流水施工的原则，力求主导工程连续施工。在满足工艺和工期要求的前提下，尽量使最大多数工作能平行地进行，使各个工作队的工作最大可能地搭接起来，并在施工进度计划表的右半部画出各项目施工过程的进度线。根据经验，安排施工进度计划的一般步骤如下：

(1) 首先找出并安排控制工期的主导分部工程，然后安排其余分部工程，并使其与主导分部工程最大可能地平行进行或最大限度地搭接施工。

(2) 在主导分部工程中，首先安排主导分项工程，然后安排其余分项工程，并使进度与主导分项工程同步而不致影响主导分项工程的展开。如框架结构中柱、梁浇筑是主导分部工程之一。它由支模、绑扎钢筋、浇筑混凝土、养护、拆模等分项工程组成。其中浇筑混凝土是主导分项工程。因此安排进度时，应首先考虑混凝土的施工进度，而其他各项工作都应在保证浇筑混凝土的浇筑速度和连续施工的条件下安排。

(3) 在安排其余分部工程时，应先安排影响主导工程进度的施工过程，后安排其余施工过程。

(4) 所有分部工程都按要求初步安排后，单位工程施工工期就可直接从横道图右半部分起止日期求得。

6. 施工进度计划的检查与调整

施工进度计划表初步排定后，要对单位工程限定工期、施工期间劳动力和材料均衡程度、机械负荷情况、施工顺序是否合理、主导工序是否连续及工序搭接是否有误等进行检查。检查中发现有违上述各点中的某一点或几点时，要进行调整。调整进度计划可通过调整工序作业时间，工序搭接关系或改变某分项工程的施工方法等实现。当调整某一施工过程的时间安排时，必须注意对其余分项工程的影响。通过调整，在工期能满足要求的前提下，使劳动力、材料需用量趋于均衡，主要施工机械利用率比较合理。

15.3.3 资源需要量计划

单位工程施工进度计划确定之后，应该编制主要工种的劳动力、施工机具、主要建筑材料、构配件等资源需用量计划，提供有关职能部门按计划调配或供应。

1. 劳动力需要量计划

将各分部分项工程所需要的主要工种劳动量叠加,按照施工进度计划的安排,提出每月需要的各工种人数,见表 15-2。

表 15-2 劳动力需要量计划表

序 号	工种名称	总工日数	每月人数				
			1	2	3	4	…12

2. 施工机具需要量计划

根据施工方法确定机具类型和型号,按照施工进度计划确定数量和需用时间,提出施工机具需要量计划,见表 15-3。

表 15-3 施工机具需要量计划表

序 号	机具名称	型 号	需 要 量		使用时间
			单 位	数 量	

3. 主要材料需要量计划

主要材料根据预算定额按分部分项工程计算后分别叠加,按施工进度计划要求组织供应,见表 15-4。

表 15-4 主要材料需要量计划表

序 号	材料名称	规 格	单 位	数 量	每月需要量					
					1	2	3	4	5	…12

4. 构、配件需要量计划

构件和配件需要量计划根据施工图纸和施工进度计划编制,见表 15-5。

表 15-5 构、配件需要量计划表

序 号	构(配)件名称	规格图号	单 位	数 量	使用部位	每月需要量			
						1	2	3	…12

15.4 施工现场布置平面图设计及技术经济指标分析

施工平面图是在拟建工程的建筑平面上(包括周围环境),布置为施工服务的各种临时建筑、临时设施以及材料、施工机械等在现场的位置图。单位工程施工平面图为一个单项工程施工服务。

施工平面图是单位工程施工组织设计的组成部分,是施工方案在施工现场的空间体现。它反映了已建工程和拟建工程之间,临时建筑、临时设施之间的相互空间关系。它布置得恰当与否,执行管理的好坏,对施工现场组织正常生产,文明施工,以及对施工进度、工程成本、工程质量和安全都将产生直接的影响。因此,每个工程在施工前都要对施工现场布置进行仔细的研究和周密的规划。

如果单位工程是拟建建筑群的组成部分,其施工平面图设计要受全工地性的施工总平面图的约束。

施工平面图的比例一般是 1:200～1:500。

15.4.1 施工平面图设计的内容、依据和原则

1. 设计内容

(1) 拟建单位工程在建筑总平面图上的位置、尺寸及其与相邻建筑物或构筑物的关系。
(2) 移动式(或轨道)起重机开行路线及固定式垂直运输设备的位置。
(3) 建筑物或构筑物定位桩和弃取土方地点(区域)。
(4) 为施工服务的生产、生活临时设施的位置、大小、及其相互关系。主要应包含如下内容:
① 场地内的运输道路及其与建设地区的铁路、公路和航运码头的关系。
② 各种加工厂,半成品制备站及机械化装置等。
③ 各种材料(含水暖电卫空调)、半成品构件以及工艺设备的仓库和堆场。
④ 装配式建筑物的结构构件预制,堆放位置。
⑤ 临时给水排水管线,供电线路,热源气源等管道布置和通信线路等。
⑥ 行政管理及生活福利设施的位置。
⑦ 安全及防火设施的位置。

2. 设计依据

单位工程施工平面图的设计依据下列资料:
1) 设计资料
(1) 标有地上、地下一切已建和拟建的建筑物、构筑物的地形、地貌的建筑总平面图,用以决定临时建筑与设施的空间位置。
(2) 一切已有和拟建的地上、地下的管道位置及技术参数。用以决定原有管道的利用或拆除以及新管线的敷设与其他工程的关系。
2) 建设地区的原始资料
(1) 建筑地域的竖向设计资料和土方平衡图,用以决定水、电等管线的布置和土方的

填挖及弃土、取土位置。

(2) 建设地区的经济技术资料，用以解决由于气候(冰冻、洪水、风、雹等)、运输等相关问题。

(3) 建设单位及工地附近可供租用的房屋、场地、加工设备及生活设施，用以决定临时建筑物及设施所需量及其空间位置。

3) 施工组织设计资料

施工组织设计资料包括施工方案、进度计划及资源计划等，用以决定各种施工机械位置，吊装方案与构件预制、堆场的布置，分阶段布置的内容，各种临时设施的形式、面积尺寸及相互关系。

3. 设计原则

(1) 在满足施工的条件下，平面布置要力求紧凑；在市区改建工程中，只能在规定时间内占用道路或人行道，要组织好材料的动态平衡供应。

(2) 最大限度缩短工地内部运距，尽量减少场内二次搬运。各种材料、构件、半成品应按进度计划分期分批进场，尽量布置在使用点附近，或随运随吊。

(3) 在保证施工顺利进行的条件下，使临时设施工程量最小。能利用的原有或拟建房屋和管线、道路应尽量利用。必须建造的临时建筑要采用装卸式或临时固定式，布置要有利生产、方便生活。

(4) 符合劳动保护、技术安全、防火要求。

根据以上原则并结合现场实际，施工平面图应设计若干个不同方案。根据施工占地面积、场地利用率、场内运输、管线、道路长短，临时工程量等进行技术经济比较，从中选出技术上先进，安全上可靠，经济上最省的最佳方案。

15.4.2 施工平面图设计的步骤

单位工程施工平面图设计步骤如下：

1. 决定起重机械位置

建筑产品是由各种材料、构件、半成品构成的空间结构物，它离不开垂直、水平运输。因此起重机械的位置直接影响仓库、堆场、砂浆和混凝土制备站的位置，以及道路和水电线路的布置。所以，必须首先决定起重机械位置。

井架、龙门架、桅杆等固定式垂直运送设备的布置，主要是根据机械性能，建筑物的平面形状和大小，施工段的划分，材料的来向和已有道路以及每班需运送的材料数量等而定。应尽量做到充分发挥机械效率，使地面、楼面上的水平运距最小，使用方便、安全。当建筑物各部位高度相同时，则布置在施工段分界点附近；当高度不一时，宜布置在高低并列处。这样可使各施工段上的水平运输互不干扰。如有可能，井架、门架最好布置在门窗口处，这样可减少砌墙留槎和拆架后的修补工作。为保证司机能看到起重物的全部升降过程，固定式起重机械的卷扬机和起重架应有适当距离。

布置自行式起重机的开行路线主要取决于拟建工程的平面形状、构件的重量、安装高度和吊装方法等。

轨道式起重机有沿建筑物一侧或双侧布置两种情况。主要取决于工程的平面形状、尺寸、场地条件和起重机的起重半径,应使材料和构件可直接送至建筑物的任何施工地点而不出现死角。轨道与拟建工程应有最小安全距离,行驶方便,司机视线不受阻碍。

2. 布置搅拌站、仓库、材料和构件堆场及加工棚

搅拌站、仓库、材料和构件堆场应尽量靠近使用地点或起重机的回转半径内,并兼顾运输和装卸的方便。

(1) 根据施工阶段、施工层部位的不同标高和使用的时间先后,材料、构件等堆场位置可作如下布置:

① 基础及第一层所使用的材料,可沿建筑物四周布放。但应注意不要因堆料造成基槽(坑)土壁失去稳定,即必须留足安全尺寸。

② 第二层以上使用的材料,应布置在起重机附近,以减少水平搬运。

③ 当多种材料同时布置时,对大宗的,单位重量大的和先使用的材料应尽量靠近使用地点或起重机附近;对量少、质轻和后期使用的材料则可布置得稍远。

④ 水泥、砂、石子等大宗材料应尽可能环绕搅拌机就近布置。

⑤ 由于不同的施工阶段使用材料不同,所以同一位置可以存放不同时期使用的不同材料。例如:装配式结构单层工业厂房结构吊装阶段可布置各类构件,在围护工程施工阶段可在原堆放构件位置存放砖和砂等材料。

(2) 由于起重机械的运转方式不同,搅拌站、仓库,堆场的位置又有以下布置方式:

① 当采用固定式垂直运输设备时,仓库、堆场、搅拌站位置应尽可能靠近起重机械,以减少运距和二次搬运。

② 当采用塔式起重机械进行垂直运输时,堆场位置、仓库和搅拌站出料口应位于塔式起重机的有效起重半径内。

③ 当采用无轨自行式起重机械进行垂直和水平运输时,其搅拌站、堆场和仓库可沿开行路线布置,但其位置应在起重臂的最大外伸长度范围内。

④ 当浇筑大体积基础混凝土时,搅拌站可直接布置在基坑边缘以减少运距。

⑤ 加工棚可布置在拟建工程四周,并考虑木材、钢筋、成品堆放场地。

⑥ 石灰仓库和淋灰池的位置要靠近砂浆搅拌机且位于下风向,沥青堆场及熬制位置要放在下风向且离开易燃仓库和堆场。

3. 布置运输道路

现场主要道路应尽可能利用永久性道路或先建好永久性道路的路基以供施工期使用,在土建工程结束前铺好路面。道路要保证车辆行驶通畅,最好能环绕建筑物布置成环形,路宽不小于 3.5m。

4. 布置临时设施

为单位工程服务的生活用临时设施较少,一般仅有办公室、休息室、工具库等。它们的位置应以使用方便、不碍施工、符合防火保安为原则。

5. 布置水电管网

(1) 施工用的临时给水管,一般由建设单位的干管和总平面设计的干管接到用水地点,

管径的大小和龙头数目和管网长度须经计算确定。管道可埋置于地下,也可铺设在地面。视使用期限长短和气温而定。工地内要设消防栓,且距建筑物不小于5m,也不大于25m,距路边不大于2m。如附近有城市或建设单位永久消防设施,在条件允许时,应尽量利用。

为防止水的意外中断,有时可在拟建工程附近设置简易蓄水池,储存一定数量的生产、消防用水,若水压不足尚需设置高压水泵。

(2) 为便于排除地面水和降低地下水,要及时接通永久性下水道,并结合现场地形在建筑物四周开挖排除地面水和地下水的沟渠。

(3) 单位工程施工临时用电应在全工地性施工总平面图中统筹考虑。独立的单位工程施工时,应根据计算的用电量和建设单位可供电量决定是否需选用变压器。变压器的位置应避开交通要道口。安置在施工现场边缘的高压线接入处,四周要用铁丝网或围墙圈住,以保安全。

施工中使用的各种机具、材料、构件、半成品随着工程的进展而逐渐进场、消耗和变换位置。因此,对较大的建筑工程或施工期限较长的工程需按施工阶段布置几张施工平面图,以便具体反映不同施工阶段内工地上的布置。

在设计各施工阶段的施工平面图时,凡属整个施工期间内使用的运输道路、水电管网、临时房屋、大型固定机具等不要轻易变动,以节省费用。对较小的建筑物,一般按主要施工阶段的要求设计施工平面图,同时考虑其他施工阶段对场地的周转使用。在设计重型工业厂房的施工平面图时,应考虑一般土建工程同其他专业工程的配合问题。以土建为主,会同各专业施工单位,通过充分协商,编制综合施工平面图,以反映各专业工程在各个施工阶段的要求,要做到对整个施工现场统筹安排,合理划分。

15.4.3 施工平面图管理

施工平面图是对施工现场科学合理的布局,是保证单位工程工期、质量、安全和降低成本的重要手段。施工平面图不但要设计好,且应管理好,忽视任何一方面,都会造成施工现场混乱,使工期、质量、安全和成本受到严重影响。因此,加强施工现场管理对合理使用场地,保证现场运输道路、给水、排水、电路的畅通,建立连续均衡的施工秩序,都有很重要的意义。一般可采取下述管理措施。

(1) 严格按施工平面图布置施工道路,水电管网、机具、堆场和临时设施。
(2) 道路,水电应有专人管理维护。
(3) 准备施工阶段和施工过程中应做到工完料净、场清。
(4) 施工平面图必须随着施工的进展及时调整补充,以适应变化情况。

15.4.4 主要技术经济指标

技术经济指标是从技术和经济的角度,进行定性和定量的比较,评价单位工程施工组织设计的优劣。从技术上评价所采用的技术是否可行,能否保证质量;从经济角度考虑的主要指标有:工期、劳动生产率、降低成本指标和劳动消耗量。

1. 工期

工期是从施工准备工作开始到产品交付用户所经历的时间。它反映国家一定时期的和当地的生产力水平。应将单位工程完成的实用天数与国家规定的工期或建设地区同类型建筑物的平均工期进行比较。

2. 劳动生产率

劳动生产率标志一个单位在一定的时间内平均每人所完成的产品数量或价值的能力。其高低表示一个单位(企业、行业、地区、国家等)的生产技术水平和管理水平。它有实物数量法和货币价值法两种表达形式。

3. 降低成本率

降低成本率按下式计算：

$$降低成本率=(预算成本-计划成本)\div预算成本\times100\%$$

预算成本是根据施工图按预算价格计算的成本。计划成本是按采用的施工方案所确定的施工成本。降低成本率的高低可反映采用不同的施工方案产生的不同经济效果。

4. 单位面积劳动消耗量

单位面积劳动消耗量是指完成单位工程合格产品所消耗的活劳动。它包括完成该工程所有施工过程主要工种、辅助工种及准备工作的全部用工，它从一个方面反映了施工企业的生产效率及管理水平以及采用不同的施工方案对劳动量的需求。可用下式计算：

单位面积劳动消耗量=完成单位工程的全部工日数÷单位工程建筑面积(工日/平方米)

不同的施工方案，其技术经济指标若互相矛盾，则应根据单位工程的实际情况加以确定。

15.5 单位工程施工组织设计实例

单层工业厂房施工组织设计实例：

1. 工程概况和施工条件

1) 工程概况

本工程为某厂金工联合车间。建筑面积为 $3087.68m^2$，全长 6m×l2=72m，全宽 24+18=42m。系装配式钢筋混凝土单层工业厂房，主要构件有：钢筋混凝土工字形柱、吊车梁、连系梁、基础梁、后张预应力屋架、天窗架和大型屋面板。安装参数见表 15-6。

表 15-6 预制构件参数

附件名称	单位	构件数量					单位重量/t	长度/m	安装标高/m
		Ⓐ轴	ⒶⒷ跨	Ⓑ©轴	©Ⓓ跨	Ⓓ轴			
边柱	根	13				13	7.50	13.70	
							7.20	11.50	
中柱	根	13					9.50	13.70	
抗风柱	根		6		4		8.66	16.85	
							6.10	13.80	

续表

附件名称	单位	构件数量				单位重量/t	长度/m	安装标高/m
		Ⓐ轴	ⒶⒷ跨	ⒷⒸ轴	ⒸⒹ跨	Ⓓ轴			
屋架	榀		13		13		8.68 6.28	24 18	12.40 10.20
屋面板	块		192		144		1.43	5.95	16.05 13.10
吊车梁	根	12		24		16	3.42	5.95	8.80 7.00
连系梁	根	35	17	24	16	23	1.08		
基础梁	根	11	5		5	11	1.69		

如图 15.1 所示为车间的剖面图和基础平面图。

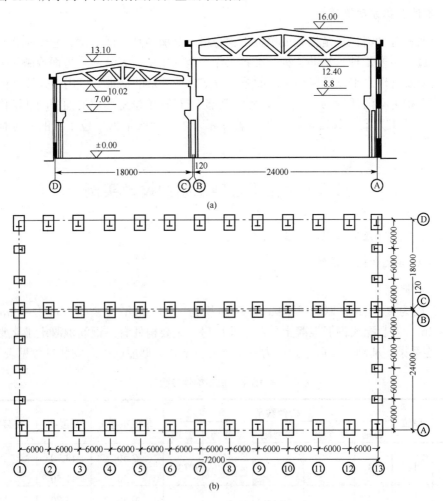

图 15.1 车间的剖面图和基础平面图

墙体：240mm 厚 MU10 红机砖 M2.5 砂浆砌筑。外墙面 1∶1 水泥砂浆勾缝，局部粉刷；内墙面原浆勾缝，喷白灰浆二度。钢门窗。

室内地坪：素土夯实，100mm 厚道碴垫层，120mm 厚混凝土面层，设 6m×6m 分仓缝。

屋面工程：水泥砂浆找平层，二毡三油防水层。

2) 施工条件

交通运输：金工车间位于厂区中部，四周已有厂内永久性道路(见施工平面图)。吊车梁、连系梁、基础梁、以及屋面板等构件由预制厂供应。建筑材料、成品、半成品和施工设备由汽车运入现场。

水文地质：基础设计标高以下为坚土层，地基承载能力满足设计要求。地下水位较低，对施工无影响。该地区 4~5 月为雨季，1~2 月室外最低温度−10℃，平均气温 5℃。

水电供应：厂区高压线和上下水管网均可接通至现场，不另设变压器和加压水泵。

材料和机械供应：全部建筑材料由公司组织供应，施工机具和吊装机具的类型和型号均可满足工程施工需要。

现场条件：施工场地"三通一平"已完成，拟建车间周围可供柱和屋架的预制场地使用。

2. 施工方案

根据本工程的特点和施工条件，划分为 4 个施工阶段，即基础工程、预制工程、结构吊装工程及其他工程。以下就 4 个施工阶段的施工顺序、施工方法和流水施工组织等方面加以说明。

1) 基础工程

基础工程包括：柱基础挖土、垫层、扎钢筋、支模板、浇筑混凝土以及柱基回填土等工序。

柱基挖土选用两台 $0.2m^2$ 抓斗挖土机，人工配合修整。如发现地基土与设计要求不符时，应组织有关单位进行验槽，共同研究处理方案，并做好隐蔽工程记录。

柱基杯口底标高宜比设计标高约低 50mm，以便在柱吊装前根据柱的实际长度，用水泥砂浆将杯底抄平至设计标高。

柱基拆模后尽快组织回填土，为现场预制构件制作创造工作面。回填土必须分层夯实，防止不均匀下沉使预制构件产生裂缝。

基础工程划分为三个施工段，各段工作内容如下：第一施工段为Ⓐ轴的 13 个柱基及①轴 24m 跨的 3 个抗风柱基；第二施工段为Ⓑ、Ⓒ轴的 13 个柱基及⑬轴 24m 跨的 3 个抗风柱基；第三施工段为Ⓓ轴的 13 个柱基及 18m 跨的全部抗风柱基。各段的工程量和作业时间，见表 15-7。

表 15-7 工程量和作业时间

工序名称		单位	数量	定额	劳动量/工日	每班人(台)数	作业班制	作业天数
挖土	一段	m³	620.12	42	14.76	2	2	4
	二段	m³	685.48	42	16.32	2	2	4
	三段	m³	506.03	42	12.05	2	2	3

续表

工序名称		单位	数量	定额	劳动量/工日	每班人(台)数	作业班制	作业天数
垫层	一段	m³	21.21	1.53	13.86	7	1	2
	二段	m³	24.18	1.53	15.80	7	1	2
	三段	m³	20.70	1.53	13.53	7	1	2
扎钢筋	一段	t	4.20	0.2	21	11	1	2
	二段	t	4.80	0.2	24	11	1	2
	三段	t	4.00	0.2	20	11	1	2
支模板	一段	m²	126.08	5.05	24.97	13	1	2
	二段	m²	130.20	5.05	25.78	13	1	2
	三段	m²	131.90	5.05	26.12	13	1	2
混凝土	一段	m³	61.03	1.63	37.44	18	1	2
	二段	m³	70.00	1.63	42.94	18	1	2
	三段	m³	55.40	1.63	33.99	18	1	2
回填土	一段	m³	262.02	5	52	26	1	2
	二段	m³	270.00	5	54.12	26	1	2
	三段	m³	254.36	6	50.87	26	1	2

根据计算所得各工序作业时间,按施工顺序搭接起来,组成基础工程施工网络计划,如图15.2所示。

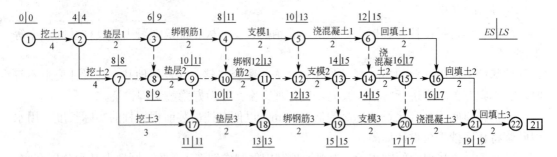

图15.2 基础工程施工网络计划图

2) 现场预制工程

现场预制构件有后张预应力混凝土屋架和钢筋混凝土工字形柱。

柱和屋架制作时土底模的做法是:先将原土夯实,为了减少土层对构件的附着力,在夯实土层上铺砂垫层,夯实抄平后用混合砂浆抹面;隔离层刷废机油两道并加洒滑石粉一层。土底模完成后应及时浇筑柱与屋架的混凝土,振捣时严防振动棒头插入底模。

柱沿各纵轴线按"三点共弧"单根斜向布置。Ⓐ和Ⓓ轴柱布置在跨外(牛腿背向起重机),中柱布置在24m跨内靠Ⓑ、Ⓒ轴一侧。

屋架三榀叠浇,叠浇时要考虑扶直就位的先后次序,即先扶直的放在上层,后扶直的放在下层。考虑就位范围和支模、浇筑混凝土、抽管、穿筋及张拉等工序的工作面。

构件预制阶段平面布置如图15.3所示。

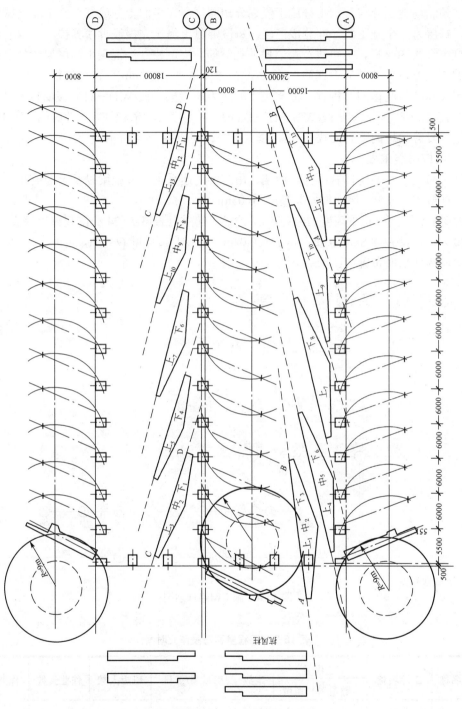

图 15.3 构件预制阶段平面布置图

柱的制作顺序：底模→扎钢筋→支侧模→浇筑混凝土→拆模养护。

屋架的制作顺序：底模→扎钢筋→支侧模→浇筑混凝土→拆模养护→穿筋张拉→孔道灌浆等工序。

柱预制场地划分与基础工程施工段划分相同，即在平面上分成三个施工段。屋架三层迭浇，每层为一个施工段，即分成三段，每段混凝土浇筑完，经拆模养护，其强度达到设计强度等级的30%后，方可进行第二段的扎钢筋、支侧模、浇混凝土。屋架达到设计强度等级的75%方可张拉预应力钢筋，当孔道灌浆强度达到15N/mm²后方可进行屋架扶直就位。

屋架和柱的制作同时进行。流水施工顺序为，屋架一段(W1)→柱一段(Z1)→屋架二段(W2)→柱二段(Z2)→屋架三段(W3)→柱三段(Z3)。各工序工程量和每段作业时间见表15-8(计划已把各段劳动量调整到大致相等)。施工网络计划如图15.4所示。

3) 结构吊装工程

结构吊装的主要构件有：柱、屋架、吊车梁、连系梁、基础梁以及天沟板和屋面板。其中，柱最重为9.5t，屋面板安装高度16.05m。

经验算，屋面板起重高度H=19.05m，须最小起重臂长度L=24.8m，起重半径R=15.3m。屋架最大起重量Q=8.88t，起重高度H=20.04m。柱最大起重量Q=9.7t，起重高度H=14.9m。预制阶段构件平面布置如图15.3所示。

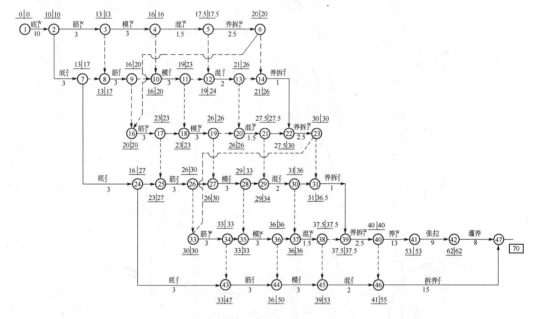

图15.4 施工网络计划图

表15-8 工程量和每段作业时间

构件名称	工序名称	工程量		定额	劳动量/工日	班组人数	作业天数	作业班制
		数量	单位					
柱	底模	538.20	m²	3	179.4	20	9	1
	支钢模	1018.88	m²	5.30	162	18	9	1
	扎钢筋	35.13	m²	0.25	142.2	16	9	1
	混凝土	150.18	m²	1.43	105.2	18	6	1

续表

构件名称	工序名称	工程量 数量	工程量 单位	定额	劳动量/工日	班组人数	作业天数	作业班制
屋架	底模	582.10	m²	3	194	20	10	1
	支钢模	874.64	m²	5.60	156.2	18	9	1
	扎钢筋	23.50	t	0.17	142.4	16	9	1
	混凝土	77.74	m²	1.32	64	18	4.5	1
	张拉	26	榀	3			9	1

注：屋架浇筑混凝土另加腹杆装配 5 工日。

根据上述的构件吊装参数，选用 W1-200 型履带式起重一台，起重臂长 30m，作为吊装主机械，各构件采用的吊装参数如下：

柱：$L=30m$，$R=9m$。

屋架：$L=30m$，$H=26.3m$，$R=9m$。

屋架扶直、就位：$L=30m$，$R=12m$。

吊车梁、连系梁和基础梁：$R=30m$，$R=12m$。

屋面板：$L=30m$，$H=23.5m$，$R=16m$。

根据柱预制阶段布置方案，采用"三点共弧"旋转法起吊，每一停机点吊装一根柱，起重机开行路线距基础中心线取 8m。边柱吊装在跨外开行，中柱吊装在 24m 跨内靠Ⓑ轴开行。

屋架和梁类构件吊装，起重机在跨中开行。

起重机开行路线及构件吊装顺序如下：

起重机自Ⓐ轴线跨外进场，由①至⑬吊装Ⓐ列柱→24m 跨，自⑬至①吊装Ⓑ、Ⓒ列柱→沿Ⓓ轴跨外开行。自①至⑬吊装Ⓓ列柱→18m 跨，自⑬至①扶直就位屋架→24m 跨，①至⑬扶直就位屋架→24m 跨跨中开行。沿⑬至①吊装Ⓐ和Ⓑ列吊车梁、连系梁、基础梁及柱间支撑→18m 跨跨中开行。沿①至⑬吊装Ⓒ和Ⓓ列吊车梁、连系梁、基础梁及柱间支撑→24m 跨⑬轴的 3 根抗风柱、⑬至①吊装屋架、支撑、天沟板和屋面板、①轴的 3 根抗风柱→18m 跨跨中开行。先吊①轴 2 根抗风柱、再由①至⑬吊装屋盖系统，最后吊装⑬轴 2 根抗风柱，至此，结构吊装完成，起重机退场。

为了缩短工期、保证吊装机械工作的连续，另选一台 Q2—8 型汽车式起重机、臂长 6.95m，作为吊车梁、屋面板等场外预制构件进场就位的辅助机械。

柱吊装前应对基础杯底标高进行全面复查。柱校正后应立即进行最后固定，浇筑的混凝土强度须达到设计强度等级的 75%后，方可吊装上部构件。

屋架扶直后靠异侧柱边斜向就位。

构件吊装阶段就位布置如图 15.5 所示。

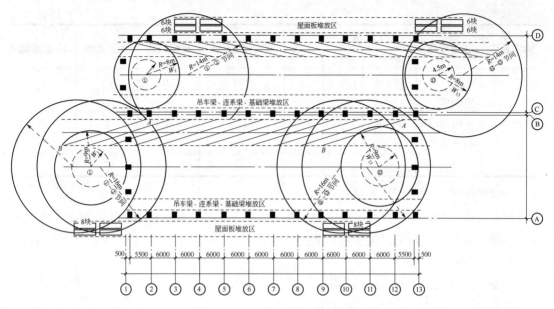

图 15.5 构件吊装阶段就位布置图

结构吊装工程主要工程量及作业时间见表 15-9。施工网络计划图如图 15.6 所示。图中屋盖系统吊装包括该跨两端的抗风柱和屋面支撑、天沟板、屋面板以及天窗构件。

表 15-9 结构吊装工程主要工程量及作业时间

工序名称	工程表		最大重量/t	产量定额	台班数	作业天数	作业班制
柱	49	根	9.5	13	4	4	1
24m 屋架就位	13	榀	8.68	7	2	2	1
18m 屋架就位	13	榀	7.5	7	2	2	1
吊车梁就位安装	52	根	3.42	64 / 20	1 / 2.5	1 / 2.5	1
基础梁就位安装	32	根	1.69	64 / 30	0.5 / 1	0.5 / 1	1
连系梁就位安装	114	根	1.08	64 / 24	2 / 5	2 / 5	1
屋面板就位	336	块	1.43	79	4	4	1
柱间支撑安装	12	件	0.5	13	1	1	1
天窗里架安装	62	件		15	4	4	1
侧板安装	40	件		50	1	1	1
天沟板安装	48	块		70	0.5	0.5	1
24m 屋架安装	13	榀		6	2	2	1
18m 屋架安装	13	榀		7	2	2	1
屋面板安装	336	块		50	7	7	1
收尾工作						2	1

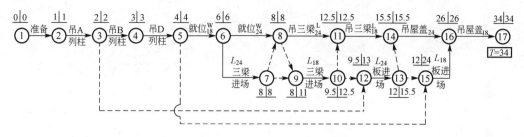

图 15.6 结构吊装施工网络图

4) 其他工程

其他工程包括：围护结构(砌墙、雨篷、过梁、圈梁、勾缝)；屋面工程(找平层、刷冷底子油、二毡三油)；地坪(夯实、垫层、混凝土面层)；装饰工程(内墙面和构件喷白、油漆、玻璃及其他)以及水电管线安装。

砌墙用扣件式钢管脚手架，垂直运输采用四座井架，南北面各设斜道一座。砌墙砂浆按规定留足试块。

屋面铺贴油毡之前，砂浆找平层必须干透方可刷冷底子油，铺贴油毡采用刷油法。油毡平行于屋脊自下而上铺贴，使接头顶流水方向，垂直接缝应顺常年主导风向搭接。

地坪施工前应清除杂物草皮，并分层回填夯实。混凝土面层加浆抹面，并按 6m×6m 分区间隔浇筑，养护期不少于 5~7 天。

其他工程的施工组织：结构吊装完成后围护结构即可开始，屋面工程可与围护结构同时开始平行施工，两者完成后地坪和装饰开始施工。水电管线及电器安装在围护结构开工后配合进行至装饰工程完成。

其他工程各工序工程量及作业时间见表 15-10。施工网络计划图如图 15.7 所示。

表 15-10 其他工程量及作业时间

工序名称		工程量	单位	定额	劳动量	每班人数	作业天数	作业班数
围护结构	砌 墙	146.11	m³	0.855	171	22	8	1
	雨篷、过梁	36.46	m³	0.55	66	24	3	1
	勾 缝	2795.76	m³	13	220	22	10	1
屋面	找 平 层	3957.41	m³	13.5	293	22	13	1
	二毡三油			23.40	169	10	17	1
地坪	夯 实	3896.64	m³	150	26	6	4	1
	垫 层	389.66	m³	6	65	17	4	1
	混 凝 土	467.60	m³	1.93	242	24	10	1
装饰	刷 白	4128	m³	83.3	50	12	4	1
	油 膝	665.2	m³	10	67	6	11	1
	玻 璃	573	m³	10	57	10	6	1
水电管线安装							25	

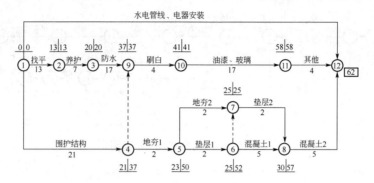

图 15.7 其他工程施工网络计划图

3. 施工进度计划

在本车间的四个施工阶段的分网络计划确定之后，便可编制单位工程施工进度计划，即金工车间施工网络计划。编制时需考虑各施工阶段间尽可能最大搭接。

搭接方法是把各施工阶段间相互在施工顺序上有联系的工序搭接起来，即把相邻两个施工阶段中前者的最后工序与后者的开始工序搭接好，搭接时尽可能采取必要的技术措施，使其搭接时间最大，有利于缩短工期。

如基础工程与预制工程搭接。基础工程的最后一个工序是回填土，预制工程的第一个工序是土底模制作，在编制单位工程施工网络计划时要处理好回填土与屋架底模制作的搭接关系。如果在施工组织上采取措施，先把屋架预制场地同柱基回填土协调起来，在回填基坑的同时把预制场地回填清理好，这样底模制作可提前两天插入搭接。其他各施工阶段间的搭接方法同此。搭接结果编制成金工车间施工网络计划图，如图 15.8 所示。

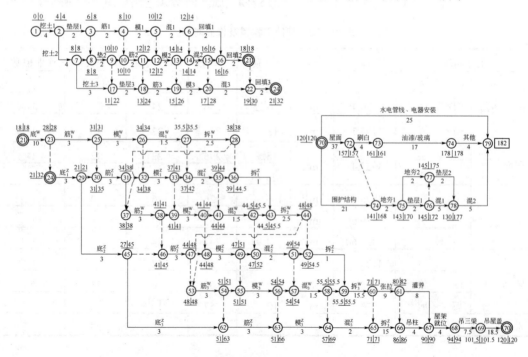

图 15.8 金工车间施工网络计划图

4. 施工平面图

为了便于管理，工地办公室、工具间、木工棚、钢筋棚等集中在北面布置。四座井架设在车间每边中部。混凝土和砂浆搅拌机集中布置在车间北面中部，有利于水泥和骨料的堆放和使用。南北面各搭斜道。工地运输道环形畅通。

施工用电、水管网设在车间四周，水、电源由建设单位供应，不另设变压器、加压水泵和消防龙头。

施工平面布置如图 15.9 所示。

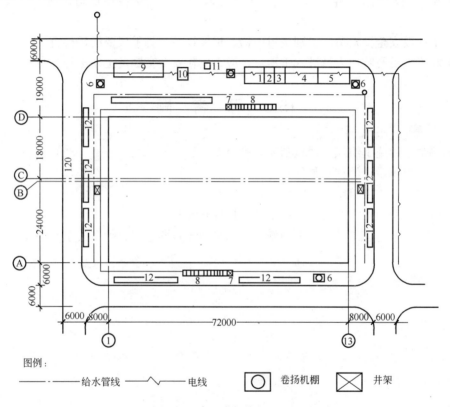

图 15.9 金工车间施工平面图

1—办公室；2—工具库；3—机修车间；4—杠棚；5—钢筋棚；6—卷扬机棚；7—井架；
8—斜道；9—水泥仓库；10—混凝土搅拌机棚；11—化灰池；12—砖堆

5. 质量和安全措施

施工中除应遵照建筑工程质量验收规范及建筑工程安全操作规程所规定的条例外，结合本工程应注意如下几点。

1) 质量方面

(1) 柱基混凝土浇筑前应事先把积水抽干，浇筑时做好临时排水工作。

(2) 柱基杯底标高及厂房各轴线位置，在结构吊装前均应进行全面复查。

(3) 使用的钢筋应具有出厂合格证明，并符合设计要求。预应力钢筋在使用前必须按规定检验，冷拔质量符合规范要求。必要时进行化学性能成分检验。

(4) 混凝土施工配合比准确，浇筑后要专人负责养护。

(5) 预应力张拉设备在使用前按规定进行配套检验。张拉程序、张拉控制应力严格按设计规定，保证构件建立有效应力。

(6) 建立质量安全交底负责制，岗位责任制和隐蔽工程记录验收制。

2) 安全方面

(1) 预应力构件张拉时，两端严禁站人，工作人员应在构件两侧操作。

(2) 外脚手架外围应有安全保护设施。脚手架上堆砖高度不应超过三层。

(3) 施工现场机械、电器设备要有专人管理和操作。电线通过道路时一定要加保护措施。

(4) 工地设安全检查员，特别是对电器、机械设备和脚手架要经常检查。

(5) 施工人员及其他人员进入工地后，应事先作安全交底，定期进行安全教育。

15.6 思 考 题

(1) 单位工程施工组织设计包括哪些内容？
(2) 施工组织设计的核心是什么？
(3) 单位工程施工组织设计的依据有哪些？
(4) 单位工程施工方案的主要技术经济指标有哪些？
(5) 施工方案与施工进度计划和施工现场平面布置图之间有什么关系？

第 16 章　施工组织总设计

教学提示：施工组织总设计作用、内容构成和编制方法与单位工程施工组织设计不完全相同，必须注意两者间的不同之处。

教学要求：了解施工组织总设计的编制依据、程序和作用；掌握如何制定建设项目的施工部署、施工方案；了解施工总进度计划的编制方法和施工总平面图的设计内容及设计步骤。

16.1　施工组织总设计概述

16.1.1　施工组织总设计的作用与内容

1. 施工组织总设计的作用

施工组织总设计以一个建设项目或建筑群为对象，根据初步设计或扩大初步设计图纸以及其他有关资料和现场施工条件编制，是用以指导整个施工现场各项施工准备和组织施工活动的技术经济文件。一般由建设总承包单位总工程师主持编制。其主要作用是：

(1) 为建设项目或建筑群的施工作出全局性的战略部署。
(2) 为做好施工准备工作、保证资源供应提供依据。
(3) 为建设单位编制工程建设计划提供依据。
(4) 为施工单位编制施工计划和单位工程施工组织设计提供依据。
(5) 为组织项目施工活动提供合理的方案和实施步骤。
(6) 为确定设计方案的施工可行性和经济合理性提供依据。

2. 施工组织总设计的内容

施工组织总设计编制内容根据工程性质、规模、工期、结构特点以及施工条件的不同而有所不同，通常包括下列内容：工程概况及特点分析、施工部署和主要工程项目施工方案、施工总进度计划、施工资源需要量计划、施工准备工作计划、施工总平面图和主要技术经济指标等。

16.1.2　施工组织总设计编制依据和程序

1. 施工组织总设计编制依据

为了保证施工组织总设计的编制工作顺利进行并提高质量，使设计文件更能结合工程实际情况，更好地发挥施工组织总设计的作用，在编制施工组织总设计时，应具备下列编制依据。

(1) 计划文件及有关合同。包括国家批准的基本建设计划、工程项目一览表、分期分批施工项目和投资计划、主管部门的批件、施工单位上级主管部门下达的施工任务计划、招投标文件及签订的工程承包合同、工程材料和设备的订货合同等。

(2) 有关资料。包括建设项目的初步设计、扩大初步设计或技术设计的有关图纸、设计说明书、建筑总平面图、建设地区区域平面图、总概算或修正概算等。

(3) 工程勘察和原始资料。包括建设地区地形、地貌、工程地质及水文地质、气象等自然条件；交通运输、能源、预制构件、建筑材料、水电供应及机械设备等技术经济条件；建设地区政治、经济文化、生活、卫生等社会生活条件。

(4) 现行规范、规程和有关技术规定。包括国家现行的设计、施工及验收规范、操作规程、有关定额、技术规定和技术经济指标。

(5) 类似工程的施工组织总设计和有关的参考资料。

2. 施工组织总设计编制程序

施工组织总设计编制程序如图 16.1 所示。

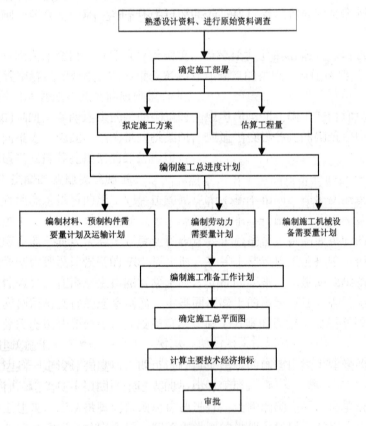

图 16.1 施工组织总设计编制程序

16.2 工程概况

工程概况及特点分析是对整个建设项目的总说明和总分析，是对整个建设项目或建筑群所作的一个简单扼要、突出重点的文字介绍。有时为了补充文字介绍的不足，还可以附有建设项目总平面图，主要建筑物的平、立、剖面示意图及辅助表格。

16.2.1 建设项目与建设场地特点

1. 建设项目特点

包括工程性质、建设地点、建设总规模、总工期、总占地面积；总建筑面积、分期分批投入使用的项目和工期；总投资、主要工种工程量、设备安装及其吨数、建筑安装工程量、生产流程和工艺特点；建筑结构类型、新技术、新材料、新工艺的复杂程度和应用情况等。

2. 建设场地特点

包括地形、地貌、水文、地质、气象等情况，建设地区资源、交通、运输、水、电、劳动力、生活设施等情况。

16.2.2 工程承包合同目标

工程承包合同的内容以完成建设工程为主，它确定了工程所要达到的目标和与目标相关的所有具体问题。合同确定的工程目标主要有三个方面。

(1) 工期。包括工程开始、工程结束以及工程中的一些主要活动的具体日期等。

(2) 质量。包括详细、具体的工作范围、技术和功能等方面的要求。如建筑材料、设计、施工等的质量标准、技术规范、建筑面积、项目要达到的生产能力等。

(3) 费用。包括工程总造价、各分项工程的造价，支付形式、支付条件和支付时间等。

16.2.3 施工条件

包括施工企业的生产能力、技术装备、管理水平、主要设备、材料和特殊物资供应情况，以及土地征用范围、数量和居民搬迁时间等情况。

16.3 施工部署和施工方案

施工部署是对整个建设项目作出的统筹规划和全面安排，主要解决影响建设项目全局的组织问题和技术问题。

施工部署由于建设项目的性质、规模和施工条件等不同，其内容也有所区别，主要包括：项目经理部的组织结构和人员配备、确定工程开展程序、拟定主要工程项目的施工方案、明确施工任务划分与组织安排、编制施工准备工作计划等。

16.3.1 确定工程施工程序

确定建设项目中各项工程施工的合理程序是关系到整个建设项目能否顺利完成投入使用的重点问题。对于一些大中型工业建设项目，一般要根据建设项目总目标的要求，分期分批建设，既可使各具体项目尽快建成，尽早投入使用，又可在全局上实现施工的连续性和均衡性，减少暂设工程数量，降低工程成本。至于分几期施工，各期工程包含哪些项目，则要根据生产工艺的要求，建设部门的要求、工程规模的大小和施工的难易程度、资金、技术等情况，由建设单位和施工单位共同研究确定。

例如，一个大型发电厂工程，按其工艺过程可分为：热工系统、燃料供应系统、除灰系统、水处理系统、供水系统、电气系统、生产辅助系统、全厂性交通及公用工程、生活福利系统等。如果一次建成,建设周期为 7 年。由于技术、资金、原料供应等原因,工程分两期建设。一期工程安装两台 20 万千瓦国产汽轮发电机组和各种辅助生产、交通、生活福利设施。建成投产两年后,继续建设二期工程,安装一台 60 万千瓦国产汽轮发电机组,最终形成 100 万千瓦的发电能力。

对于大中型民用建设项目(如居民小区),一般也应分期分批建设。除考虑住宅以外,还应考虑幼儿园、学校、商店和其他公共设施的建设,以便交付使用后能及早发挥经济效益、社会效益和环保效益。

对于小型工业与民用建筑或大型建设项目中的某一系统,由于工期较短或生产工艺的要求,亦可不必分期分批建设,而采取一次性建成投产的方法建设。

16.3.2 主要项目的施工方案

施工组织总设计中要拟定的一些主要工程项目的施工方案与单位工程施工组织设计中要求的内容和深度是不同的。这些项目是整个建设项目中工程量大、施工难度大、工期长,对整个建设项目的完成起关键作用的建筑物或构筑物,以及全场范围内工程量大、影响全局的特殊分项工程。拟定主要工程项目施工方案的目的是为了进行技术和资源的准备工作,同时也为了施工顺利进行和现场的合理布局。它的内容包括施工方法、施工工艺流程、施工机械设备等。

对施工方法的确定主要是针对建设项目或建筑群中的主要工程施工工艺流程与施工方法提出原则性的意见。如土石方、基础、砌体、架子、模板、钢筋。混凝土、结构安装、防水、装修工程以及管道安装、设备安装、垂直运输等。具体的施工方法可在编制单位工程施工组织设计中确定。

对施工方法的确定要考虑技术工艺的先进性和经济上的合理性,着重确定工程量大、施工技术复杂、工期长,特殊结构工程或由专业施工单位施工的特殊专业工程的施工方法,如基础工程中的各种深基础施工工艺,结构工程中现浇的施工工艺,如大模板、滑模施工工艺等。

机械化施工是实现建筑工业化的基础,因此,施工机械的选择是施工方法选择的中心环节。应根据工程特点选择适宜的主导施工机械,使其性能既能满足工程的需要,又能发挥其效能,在各个工程上能够实现综合流水作业,减少其拆、装、运的次数,对于辅助配套机械,其性能应与主导施工机械相适应,以充分发挥主导施工机械的工作效率。

16.3.3 明确施工任务划分与组织安排

在已明确项目组织结构的规模、形式,且确定了施工现场项目部领导班子和职能部门及人员之后,应划分各参与施工单位的施工任务,明确总包与分包单位的分工范围和交叉施工内容,以及各施工单位之间协作的关系,划分施工阶段,确定各施工单位分期分批的主导施工项目和穿插施工项目。

16.3.4 编制施工准备工作计划

编制施工准备工作计划的内容包括:提出分期施工的规模、期限和任务分工;提出"六通一平"的完成时间；及时作好土地征用，居民拆迁和障碍物的清除工作；按照建筑总平面图做好现场测量控制网；了解和掌握施工图出图计划、设计意图和拟采用的新结构、新材料、新技术、新工艺，并组织进行试制和试验工作；编制施工组织设计和研究有关施工技术措施；暂设工程的设置；组织材料、设备、构件、加工品、机具等的申请、订货、生产和加工工作。

16.4 施工总进度计划的编制

施工总进度计划是施工现场各项施工活动在时间和空间上的体现。编制施工总进度计划是根据施工部署中的施工方案和工程项目开展的程序，对整个工地的所有工程项目作出时间和空间上的安排。其作用在于确定各个建筑物及其主要工种、工程、准备工作和全工地性工程的施工期限及开、竣工的日期，从而确定建筑施工现场劳动力、材料、成品、半成品、施工机械的需要数量和调配情况，以及现场临时设施的数量、水电供应数量和能源、交通的需要数量等。因此，正确地编制施工总进度计划是保证各项目以及整个建设工程按期交付使用，充分发挥投资效益，降低建筑工程成本的重要条件。

编制施工总进度计划的基本要求是：保证拟建工程在规定的期限内完成，采用合理的施工方法保证施工的连续性和均衡性，发挥投资效益，节约施工费用。

根据施工部署中拟建工程分期分批投产的顺序，将每个系统的各项工程分别划出，在控制的期限内进行各项工程的具体安排；如建设项目的规模不大，各系统工程项目不多时，也可不按分期分批投产顺序安排，而直接安排总进度计划。

16.4.1 施工总进度计划的编制依据、原则与内容

1. 施工总进度计划的编制依据

(1) 经过审批的建筑总平面图、地质地形图、工艺设计图、设备与基础图、采用的各种标准图等，以及与扩大初步设计有关的技术资料。

(2) 施工工期要求及开、竣工日期。

(3) 施工条件、劳动力、材料、构件等供应条件、分包单位情况等。

(4) 确定的重要单位工程的施工方案。

(5) 劳动定额及其他有关的要求和资料。

2. 施工总进度计划的编制原则

(1) 合理安排施工顺序，保证在人力、物力、财力消耗最少的情况下，按规定工期完成施工任务。

(2) 采用合理的施工组织方法，使建设项目的施工保持连续、均衡、有节奏地进行。

(3) 在安排全年度工程任务时，要尽可能按季度均匀分配基本建设投资。

3. 施工总进度计划的编制内容

施工总进度计划的编制内容一般包括：计算各主要项目的实物工程量，确定各单位工程的施工期限，确定各单位工程开竣工时间和相互搭接关系以及施工总进度计划表的编制。

16.4.2 施工总进度计划的编制方法

1. 列出工程项目一览表并计算工程量

施工总进度计划主要起控制总工期的作用，因此项目划分不宜过细，可按确定的主要工程项目的开展顺序排列，一些附属项目、辅助工程及临时设施可以合并列出。

在列出工程项目一览表的基础上，计算各主要项目的实物工程量。计算工程量可按初步(或扩大初步)设计图纸并根据各种定额手册进行计算。常用的定额资料有以下几种：

(1) 万元、十万元投资的工程量、劳动力及材料消耗扩大指标。这种定额规定了某一种结构类型建筑，每万元或十万元投资中劳动力、主要材料等的消耗数量。根据设计图纸中的结构类型，即可计算出拟建工程各分项工程需要的劳动力和主要材料的消耗数量。

(2) 概算指标或扩大概算定额。查定额时，首先查找与本建筑物结构类型、跨度、高度相类似的部分，然后查出这种建筑物按定额单位所需要的劳动力和各项主要材料消耗量，从而推算出拟计算建筑物所需要的劳动力和材料的消耗数量。

(3) 标准设计或已建房屋、构筑物的资料。在缺少上述几种定额手册的情况下，可采用与标准设计或已建成的类似房屋实际所消耗的劳动力及材料进行类比，按比例估算。但是，由于和拟建工程完全相同的已建工程是极为少见的，因此，在采用已建工程资料时，一般都要进行折算、调整。

除房屋外，还必须计算主要的全工地性工程的工程量，如场地平整、铁路及道路和地下管线的长度等，这些可以根据建筑总平面图来计算。

将按上述方法计算的工程量填入统一的工程量汇总表中，见表 16-1。

表 16-1 工程项目工程量汇总表

工程项目分类	工程项目名称	结构类型	建筑面积	幢(跨)数	概算投资	主要实物工程表						
						场地平整	土方工程	桩基工程	…	砖石工程	钢筋混凝土工程	…	装饰工程	…
			1000m²	个	万元	1000m²	1000m³	1000m²		1000m³	1000m²		1000m²	
全工地性工程												
主体项目												
辅助工程												
永久住宅												
临时建筑												
合计												

2. 确定各单位工程的施工期限

单位工程的施工期限应根据施工单位的具体条件(施工技术与施工管理水平、机械化程度、劳动力和材料供应等)及单位工程的建筑结构类型、体积大小和现场地形地质、施工条件、现场环境等因素加以确定。此外,也可参考有关的工期定额来确定各单位工程的施工期限。

3. 确定各单位工程的开工、竣工时间和相互之间的搭接关系

根据施工部署及单位工程施工期限,就可以安排各单位工程的开竣工时间和相互之间的搭接关系。通常应考虑下列因素。

(1) 保证重点,兼顾一般。在安排进度时,要分清主次,抓住重点,同时期进行的项目不宜过多,以免分散有限的人力和物力。

(2) 要满足连续、均衡的施工要求。应尽量使劳动力和材料、施工机械消耗在全工地上达到均衡,避免出现高峰或低谷,以利于劳动力的调配和材料供应。

(3) 要满足生产工艺要求,合理安排各个建筑物的施工顺序,以缩短建设周期,尽快发挥投资效益。

(4) 全面考虑各种条件的限制。在确定各建筑物施工顺序时,应考虑各种客观条件的限制,如施工企业的施工力量,各种原材料、机械设备的供应情况,设计单位提供图纸的时间,各年度建设投资数量等,对各项建筑物的开工时间和先后顺序予以调整。同时,由于建筑施工受季节、环境影响较大,经常会对某些项目的施工时间提出具体要求,从而对施工的时间和顺序安排产生影响。

(5) 安排施工总进度计划。施工总进度计划可以用横道图和网络图表达。由于施工总进度计划只是起控制性作用,而且施工条件复杂,因此项目划分不必过细。当用横道图表达施工总进度计划时,项目的排列可按施工总体方案所确定的工程展开程序排列。横道图上应表达出各施工项目开竣工时间及其施工持续时间,见表16-2。

表16-2 施工总进度计划

序号	工程项目名称	结构类型	工程量	建筑面积	总工日	施工进度计划		
						××年	××年	××年

近年来,随着网络技术的推广,采用网络图表达施工总进度计划已经在实践中得到广泛应用。采用时间坐标网络图表达施工总进度计划,比横道图更加直观明了,还可以表达出各施工项目之间的逻辑关系。同时,由于网络图可以应用计算机计算和输出,便于对进度计划进行调整、优化、统计资源数量等。

4. 施工总进度计划的调整和修正

施工总进度计划表绘制完成后,将同一时期各项工程的工作量加在一起,用一定的比例画在施工总进度计划的底部,即可得出建设项目工作量的动态曲线。若曲线上存在较大的高峰和低谷,则表明在该时间内各种资源的需求量变化较大,需要调整一些单位工程的施工速度或开竣工时间,以便消除高峰和低谷,使各个时期的工作量尽可能达到均衡。

16.5 各项资源需要量与施工准备工作计划

16.5.1 各项资源需要量计划

各项资源需要量计划是做好劳动力及物资供应、平衡、调度、落实的依据,其内容一般包括以下几个方面。

1. 劳动力需要量计划

劳动力需要量计划是规划暂设工程和组织劳动力进场的依据。编制时首先根据工程量汇总表中分别列出的各个建筑物的主要实物工程量,查阅有关资料,便可得到各个建筑物主要工种的劳动量,再根据施工总进度计划表各单位工程分工种的持续时间,即可得到某单位工程在某段时间里的平均劳动力数量。按同样方法可计算出各个建筑物各主要工种在各个时期的平均工人数。将施工总进度计划表纵坐标方向上各单位工程同工种的人数叠加在一起并连成一条曲线,即为某工种的劳动力动态曲线图。其他工种也用同样方法绘成曲线图,从而根据劳动力曲线图列出主要工种劳动力需要量计划表。见表16-3。

表16-3 劳动力需要量计划

序号	工种	劳动量	施工高峰人数	××年		××年		现有人数	多余或不足

2. 材料、构件和半成品需要量计划

根据工程量汇总表所列各建筑物的工程量,查有关定额或资料,便可得出各建筑物所需的建筑材料、构件和半成品的需要量。然后根据施工总进度计划表,大致算出某些建筑材料在某一时间内的需要量,从而编制出建筑材料、构件和半成品的需要量计划。见表16-4。这是材料供应部门和有关加工厂准备工程所需的建筑材料、构件和半成品并及时供应的依据。

表16-4 主要材料、构件和半成品需要量计划

序号	工程名称	材料、构件和半成品名称							
		水泥/t	砂/m³	砖块	…	混凝土/m³	砂浆/m³	…	木结构/m²	…

3. 施工机具需要量计划

主要施工机械(如挖土机、塔吊等)的需要量，根据施工总进度计划、主要建筑物的施工方案和工程量，并套用机械产量定额求得。辅助机械可根据建筑安装工程每十万元扩大概算指标求得。运输机具的需要量根据运输量计算。施工机具需要量计划见表16-5。

表16-5 施工机具需要量计划

序号	机具名称	规格型号	数量	电动机功率	需要量计划								
					××年				××年			××年	

16.5.2 施工准备工作计划

为了落实各项施工准备工作，加强检查和监督，必须根据各项施工准备工作的内容、时间和人员，编制出施工准备工作计划。见表16-6。

表16-6 施工准备工作计划

序号	施工准备项目	内容	负责单位	负责人	起止时间		备注
					××月	××月	

16.6 施工总平面图设计

施工总平面图是拟建项目施工场地的总布置图。它是按照施工方案和施工总进度计划的要求，将施工现场的交通道路、材料仓库、附属企业、临时房屋、临时水电管线等作出合理的规划布置，从而正确处理全工地施工期间所需各项设施与永久性建筑以及拟建项目之间的空间关系。

16.6.1 施工总平面图设计的原则与内容

1. 施工总平面图设计的原则

(1) 尽量减少施工用地，少占农田，使平面布置紧凑合理。
(2) 合理组织运输、减少运输费用，保证运输方便通畅。
(3) 施工区域的划分和场地的确定，应符合施工流程要求，尽量减少专业工种和各工程之间的干扰。
(4) 充分利用各种永久性建筑物、构筑物和原有设施为施工服务，降低临时设施费用。
(5) 各种临时设施应便于生产和生活需要。
(6) 满足安全防火、劳动保护、环境保护等要求。

2. 施工总平面图设计的内容

(1) 建设项目建筑总平面图上一切地上和地下的建筑物、构筑物以及其他设施的位置和尺寸。

(2) 一切为全工地施工服务的临时设施的布置,包括:

① 施工用地范围,施工用的各种道路。
② 加工厂、搅拌站及有关机械的位置。
③ 各种建筑材料、构件、半成品的仓库和堆场,取土弃土位置。
④ 行政管理用房、宿舍、文化生活和福利设施等。
⑤ 水源、电源、变压器位置,临时给排水管线和供电、动力设施。
⑥ 机械站、车库位置。
⑦ 安全、消防设施等。
⑧ 永久性测量放线标桩位置。

许多规模巨大的建设项目,其建设工期往往很长。随着工程的进展,施工现场的面貌将不断改变。在这种情况下,应按不同阶段分别绘制若干张施工总平面图,或根据工地的实际变化情况,及时对施工总平面图进行调整和修正,以便适应不同时期的需要。

16.6.2 施工总平面图的设计方法

1. 场外交通的引入

设计全工地性施工总平面图时,首先应从大宗材料、成品、半成品、设备等进入工地的运输方式入手。当大批材料由铁路运来时,首先要解决铁路的引入问题;当大批材料由水路运来时,应首先考虑原有码头的运用和是否增设专用码头的问题;当大批材料由公路运入工地时,由于汽车线路可以灵活布置,因此,一般先布置场内仓库和加工厂,然后再引入场外交通。

2. 仓库与材料堆场的布置

仓库与材料堆场通常考虑设置在运输方便、位置适中、运距较短及安全防火的地方,并应根据不同材料、设备和运输方式来设置。

(1) 当采用铁路运输时,仓库应沿铁路线布置,并且要有足够的装卸前线;如果没有足够的装卸前线,必须在附近设置转运仓库。布置铁路沿线仓库时,应将仓库设置在靠近工地一侧,避免运输跨越铁路。同时仓库不宜设置在弯道或坡道上。

(2) 当采用水路运输时,一般应在码头附近设置转运仓库,以缩短船只在码头上的停留时间。

(3) 当采用公路运输时,仓库的布置较灵活。一般中心仓库布置在工地中央或靠近使用的地方,也可以布置在靠近与外部交通连接处。水泥、砂、石、木材等仓库或堆场宜布置在搅拌站、预制场和加工厂附近;砖、预制构件等应该直接布置在施工对象附近,避免二次搬运。工业项目建筑工地还应考虑主要设备的仓库或堆场,一般较重设备应尽量放在车间附近,其他设备可布置在外围空地上。

3. 加工厂和搅拌站的布置

各种加工厂布置，应以方便使用、安全防火、运输费用少、不影响建筑安装工程施工的正常进行为原则。一般应将加工厂与相应的仓库或材料堆场布置在同一地区，且多处于工地边缘。

(1) 预制加工厂。尽量利用建设地区永久性加工厂，只有在运输困难时，才考虑在现场设置预制加工厂，现场预制加工厂一般设置在建设场地空闲地带上。

(2) 钢筋加工厂。一般采用分散或集中布置。对于需要进行冷加工、对焊、点焊的钢筋或大片钢筋网，宜集中布置在中心加工厂；对于小型加工件，利用简单机具成型的钢筋加工，宜分散在钢筋加工棚中进行。

(3) 木材加工厂。应视木材加工的工作量、加工性质和种类决定是集中设置还是分散设置。

(4) 混凝土供应站。根据城市管理条例的规定，并结合工程所在地点的情况，有两种选择：有条件的地区，尽可能采用商品混凝土供应方式；若不具备商品混凝土供应的地区，且现浇混凝土量大时，宜在工地设置搅拌站。当运输条件好时，以采用集中搅拌为好；当运输条件较差时，宜采用分散搅拌。

(5) 砂浆搅拌站。宜采用分散就近布置。

(6) 金属结构、锻工、电焊和机修等车间。由于它们在生产上联系密切，应尽可能布置在一起。

4. 场内道路的布置

根据各加工厂、仓库及各施工对象的相对位置，考虑货物运转，区分主要道路和次要道路，进行道路的规划。

(1) 合理规划临时道路与地下管网的施工程序。应充分利用拟建的永久性道路，提前修建永久性道路或先修路基和简易路面，作为施工所需的临时道路，以达到节约投资的目的。

(2) 保证运输畅通。应采用环形布置，主要道路宜采用双车道，宽度不小于 6m，次要道路宜采用单车道，宽度不小于 3.5m。

(3) 选择合理的路面结构。根据运输情况和运输工具的不同类型而定，一般场外与省、市公路相连的干线，宜建成混凝土路面；场区内的干线，宜采用碎石级配路面；场内支线一般为土路或砂石路。

5. 临时设施布置

临时设施包括：办公室、汽车库、休息室、开水房、食堂、俱乐部、厕所、浴室等。根据工地施工人数，可计算临时设施的建筑面积。应尽量利用原有建筑物，不足部分另行建造。

一般全工地性行政管理用房宜设在工地入口处，以便对外联系；也可设在工地中间，便于工地管理。工人用的福利设施应设置在工人较集中的地方，或工人必经之处。生活区应设在场外，距工地 500~1000m 为宜。食堂可布置在工地内部或工地与生活区之间。临时设施的设计，应以经济、适用、拆装方便为原则，并根据当地的气候条件、工期长短确定其结构形式。

6. 临时水电管网及其他动力设施的布置

当有可以利用的水源、电源时，可以将水电直接接入工地。临时的总变电站应设置在高压电引入处，不应放在工地中心。临时水池应放在地势较高处。

当无法利用现有水电时，为获得电源，可在工地中心或附近设置临时发电设备。为获得水源，可利用地下水或地上水设置临时供水设备(水塔、水池)。施工现场供水管网有环状、枝状和混合式三种形式。过冬的临时水管必须埋在冰冻线以下或采取保温措施。

消防栓应设置在易燃建筑物附近，并有通畅的出口和车道，其宽度不小于 6m，与拟建房屋的距离不得大于 25m，也不得小于 5m，消防栓间距不应大于 100m，到路边的距离不应大于 2m。

临时配电线路的布置与供水管网相似。工地电力网，一般 3~10kV 的高压线采用环状，沿主干道布置；380/220V 低压线采用枝状布置。通常采用架空布置方式，距路面或建筑物不小于 6m。

上述布置应采用标准图例绘制在总平面图上，比例为 1∶1000 或 1∶2000。上述各设计步骤不是独立的，而是相互联系、相互制约的，需要综合考虑、反复修正才能确定下来。若有几种方案时，应进行方案比较。

16.7 思 考 题

(1) 施工组织总设计有什么作用？
(2) 施工组织总设计编制的依据是什么？
(3) 施工组织总设计包括哪些内容？施工组织总设计与单位工程施工组织设计有什么关系？

参 考 文 献

[1] 现行系列规范：GB 50010－2002，GB 50204－2002，GB50214－2001 等.
[2] 现行系列规程：JGJ 18－1996，JGJ 109－1996 等.
[3] 刘宗仁. 土木工程施工. 北京：高等教育出版社，2002.
[4] 钟晖. 土木工程施工. 重庆：重庆大学出版社，2001.
[5] 毛鹤琴. 土木工程施工. 第 2 版. 武汉：武汉理工大学出版社，2004.
[6] 应惠清. 土木工程施工. 北京：高等教育出版社，2004.
[7] 《建筑施工手册》编写组. 建筑施工手册. 第 4 版. 北京：中国建筑工业出版社，2003.
[8] 中华人民共和国行业标准. 公路路面基层施工技术规范. 北京：人民交通出版社，2000.
[9] 重庆大学，同济大学，哈尔滨工业大学. 土木工程施工(下册). 北京：中国建筑工业出版社，2003.
[10] 邓学钧. 路基路面工程. 北京：人民交通出版社，2000.
[11] 应惠清，曾进伦. 土木工程施工(下册). 上海：同济大学出版社，2003.
[12] 姚玲森. 桥梁工程. 北京：人民交通出版社，2001.
[13] 中华人民共和国行业标准. 公路桥涵施工技术规范(JTJ 041－2000). 北京：人民交通出版社，2000.
[14] 姚刚，应惠清，张守键. 土木工程施工(上、下册). 北京：中国建筑工业出版社，2003.
[15] 国振喜. 实用建筑工程施工及验收手册. 第 2 版. 北京：中国建筑工业出版社，2004.
[16] 中国建筑工程总公司. 建筑工程施工工艺标准汇编(缩印本). 北京：中国建筑工业出版社，2005.
[17] 侯君伟. 建筑工程施工常用资料手册. 北京：机械工业出版社，2004.
[18] 赵志缙，应惠清. 建筑施工. 上海：同济大学出版社，1997.
[19] 李建峰. 建筑施工. 北京：中国建筑工业出版社，2004.
[20] 贾晓弟，王文秋. 建筑施工教程. 北京：中国建材工业出版社，2004.
[21] 重庆大学，同济大学，哈尔滨工业大学. 土木工程施工(上册). 北京：中国建筑工业出版社，2003.
[22] 何平，卜龙章. 装饰施工. 南京：东南大学出版社，2003.
[23] 马有占. 建筑装饰施工技术. 北京：机械工业出版社，2004.
[24] 刘津明，韩明. 土木工程施工. 天津：天津大学出版社，2001.
[25] 邓铁军，邓寿昌，罗麒麟. 高层建筑主体混凝土结构施工. 长沙：湖南科学技术出版社，1995.
[26] 项玉璞. 冬期施工手册. 北京：中国建筑工业出版社，1988.
[27] 赵志缙. 高层建筑施工手册. 上海：同济大学出版社，1991.
[28] 杨嗣信. 高层建筑施工手册. 北京：中国建筑工业出版社，1992.
[29] 傅温. 混凝土工程新技术. 北京：中国建材工业出版社，1994.
[30] 北京市建筑工程总公司. 建筑工法与实例. 北京：中国建筑工业出版社，1992.
[31] 刘道宜. 混凝土蓄热法施工. 北京：人民铁道出版社，1960.
[32] Miceal W·steaue, leshie.N.Mcclellen,Colling of concrete dans, Bares of Reclamation of United States Department of the Interoir Press, 1949.
[33] Warren M. Rohsenow, Handbook of heat transfer, Mcgraw-Hill, 1973.

[34] С.Г.ГОлОВНЕВ、А.Б.ВАлБТ,ОлРNМЕНЕНИИРАЗлИЦЫХТИлОВ ОПАлУБОК лРИ ЗИМНЕМ БЕТОНИРОВАНИИ ПРОМБПЕННОЕ СТРОИТЕлБСТВО,1978 (4)

[35] Rilem, recommendations for concreting in cold weather, Espoo,January 1988.

[36] 徐光辉，邓寿昌. 非大体积蓄热冷却计算理论研究的状况及其分析. 建筑技术. 1922 (10)，593～596.

[37] С.САТАЕВ, ТЕХНОлОГлИя ИНДУСТРИАГО СТР ОИТЕлъТЕАИЗ МОНОлТНОГО ъНТОНА.МОСКСТРОИИЗДАТ 1990.

[38] 邓寿昌. 吴震东蓄热微分方程与Г·Г斯克拉姆塔耶夫公式的理论分析与计算机精度的比较. 工业建筑. 1992(12)，31～39.

[39] 杨崇永. 钢筋混凝土工程. 北京：中国建筑工业出版社，1988.

[40] 邓寿昌，解其良，邓铁军. 吴震东公式简化计算理论研究. 湖南大学学报. 1993.(2) 95～102.

[41] 邓寿昌. 吴震东公式纳于 GB 50204—1992 的增补说明. 低温建筑技术，1995(1)：14～16.

[42] 李建峰. 建筑施工. 北京：中国建筑工业出版社，2004.

北京大学出版社土木建筑系列教材(已出版)

序号	书名	主编	定价	序号	书名	主编	定价
1	建筑设备	刘源全 张国军	35.00	40	土木工程课程设计指南	许 明 孟苗超	25.00
2	土木工程测量	陈久强 刘文生	35.00	41	桥梁工程	周先雁 王解军	52.00
3	土木工程材料	柯国军	35.00	42	房屋建筑学(上:民用建筑)	钱 坤 王若竹	32.00
4	土木工程计算机绘图	袁 果 张渝生	28.00	43	房屋建筑学(下:工业建筑)	钱 坤 吴 歇	26.00
5	工程地质	何培玲 张 婷	20.00	44	工程管理专业英语	王竹芳	24.00
6	建设工程监理概论(第2版)	巩天真 张泽平	30.00	45	建筑结构CAD教程	崔钦淑	36.00
7	工程经济学	冯为民 付晓灵	34.00	46	建设工程招投标与合同管理实务	崔东红	38.00
8	工程项目管理	仲景冰 王红兵	32.00	47	工程地质	倪宏革 时向东	25.00
9	工程造价管理	车春鹂 杜春艳	24.00	48	工程经济学	张厚钧	36.00
10	工程招标投标管理	刘昌明 宋会莲	20.00	49	工程财务管理	张学英	38.00
11	工程合同管理	方 俊 胡向真	23.00	50	土木工程施工	石海均 马 哲	40.00
12	建筑工程施工组织与管理	余群舟	20.00	51	土木工程制图	张会平	34.00
13	建设法规	胡向真 肖 铭	20.00	52	土木工程制图习题集	张会平	22.00
14	建设项目评估	王 华	35.00	53	土木工程材料	王春阳 裴 锐	40.00
15	工程量清单的编制与投标报价	刘富勤 陈德方	25.00	54	结构抗震设计	祝英杰	30.00
16	土木工程概预算与投标报价	叶 良 刘 薇	28.00	55	土木工程专业英语	霍俊芳 姜丽云	35.00
17	室内装饰工程预算	陈祖建	30.00	56	混凝土结构设计原理	邵永健	40.00
18	力学与结构	徐吉恩 唐小弟	42.00	57	土木工程计量与计价	王翠琴 李春燕	35.00
19	理论力学	张俊彦 黄宁宁	26.00	58	房地产开发与管理	刘 薇	38.00
20	材料力学	金康宁 谢群丹	27.00	59	土力学	高向阳	32.00
21	结构力学简明教程	张系斌	20.00	60	建筑表现技法	冯 柯	42.00
22	流体力学	刘建军 章宝华	20.00	61	工程招投标与合同管理	吴 芳 冯 宁	39.00
23	弹性力学	薛 强	22.00	62	工程施工组织	周国恩	28.00
24	工程力学	罗迎社 喻小明	30.00	63	建筑力学	邹建奇	34.00
25	土力学	肖仁成 俞 晓	18.00	64	土力学学习指导与考题精解	高向阳	26.00
26	基础工程	王协群 章宝华	32.00	65	建筑概论	钱 坤	28.00
27	有限单元法	丁 科 陈月顺	17.00	66	岩石力学	高 玮	35.00
28	土木工程施工	邓寿昌 李晓目	42.00	67	交通工程学	李 杰 王 富	39.00
29	房屋建筑学	聂洪达 郄恩田	36.00	68	建筑表现技法	冯 柯	42.00
30	混凝土结构设计原理	许成祥 何培玲	28.00	69	房地产策划	王直民	42.00
31	混凝土结构设计	彭 刚 蔡江勇	28.00	70	中国传统建筑构造	李合群	35.00
32	钢结构设计原理	石建军 姜 袁	32.00	71	房地产开发	石海均 王 宏	34.00
33	结构抗震设计	马成松 苏 原	25.00	72	室内设计原理	冯 柯	28.00
34	高层建筑施工	张厚先 陈德方	32.00	73	建筑结构优化及应用	朱杰江	30.00
35	高层建筑结构设计	张仲先 王海波	23.00	74	高层与大跨建筑结构施工	王绍君	45.00
36	工程事故分析与工程安全	谢征勋 罗 章	22.00	75	工程造价管理	周国恩	42.00
37	砌体结构	何培玲	20.00	76	土建工程制图	张黎骅	29.00
38	荷载与结构设计方法	许成祥 何培玲	20.00	77	土建工程制图习题集	张黎骅	26.00
39	工程结构检测	周 详 刘益虹	20.00				

电子书(PDF 版)、电子课件和相关教学资源下载地址:http://www.pup6.com/ebook.htm,欢迎下载。
欢迎免费索取样书,请填写并通过 E-mail 提交教师调查表,下载地址:http://www.pup6.com/down/教师信息调查表excel版.xls,欢迎订购。
联系方式:010-62750667,wudi1979@163.com,linzhangbo@126.com,欢迎来电来信。